数学

分析理论及应用

SHUXUE FENXI LILUN JI YINGYONG

主　编　许尔伟　毛耀忠　安乐
副主编　于海燕　张志莉　王晖　李晨松

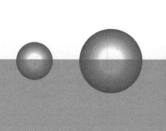

中国水利水电出版社
www.waterpub.com.cn

内 容 提 要

　　全书共分 12 章,主要内容包括函数、极限与连续;导数与微分;微分基本定理及其应用;不定积分;定积分及其应用;数项级数;函数项级数;多元函数的极限与连续;多元函数微分学及其应用;反常积分与含参变量的积分;重积分及其应用;曲线积分与曲面积分等.

　　本书结构合理、阐述准确、通俗易懂、深入浅出、条理清楚、逻辑性强,易于学习和理解.本书既可作为数学专业学生的参考书,可也作为非数学专业学生的参考书,对其他课程的学习也具有很好的参考价值.

图书在版编目(CIP)数据

　　数学分析理论及应用/许尔伟,毛耀忠,安乐主编.
--北京:中国水利水电出版社,2014.3(2025.6重印)
　　ISBN 978-7-5170-1811-7

　　Ⅰ. ①数…　Ⅱ. ①许… ②毛… ③安…　Ⅲ. ①数学分
析　Ⅳ. ①O17

　　中国版本图书馆 CIP 数据核字(2014)第 049208 号

策划编辑:杨庆川　　责任编辑:杨元泓　　封面设计:马静静

书　　名	**数学分析理论及应用**
作　　者	主 编　许尔伟　毛耀忠　安　乐
	副主编　于海燕　张志莉　王　晖　李晨松
出版发行	中国水利水电出版社
	(北京市海淀区玉渊潭南路 1 号 D 座 100038)
	网址:www. waterpub. com. cn
	E-mail:mchannel@263. net(万水)
	sales@waterpub. com. cn
	电话:(010)68367658(发行部)、82562819(万水)
经　　售	北京科水图书销售中心(零售)
	电话:(010)88383994、63202643、68545874
	全国各地新华书店和相关出版物销售网点
排　　版	北京鑫海胜蓝数码科技有限公司
印　　刷	三河市天润建兴印务有限公司
规　　格	184mm×260mm　16 开本　25.25 印张　646 千字
版　　次	2014 年 5 月第 1 版　2025 年 6 月第 3 次印刷
印　　数	0001—3000 册
定　　价	86.00 元

前　　言

数学分析理论的萌芽始于阿基米德(前287—前212)为计算抛物线弓形的面积而使用的穷竭法,它是使用多边形面积逼近所要计算的面积的方法,这也是直到现在唯一可行的方法,这就是积分的前身.

本书在编写过程中,有以下几个特点:

第一,本书对数学符号的使用非常慎重.在保留通用符号的前提下,我们尝试对函数的各种极限,如单侧极限、自变量趋于正负无穷时函数的极限、函数值趋于正负无穷的情况等给出统一的定义和记法,并在定理的叙述和证明中不增加篇幅地涵盖多种情况;

第二,为数学分析的应用考虑,绝大多数定理给出尽可能一般的形式并有严密的证明;

第三,在遵循知识体系的基础上适当调整或删减内容.

本书共有12章,第1章介绍了函数、极限与连续的基本概念和简单性质;第2章主要介绍了导数和微分的基本概念以及函数的求导法则;第3章主要讨论了微分基本定理及应用,研究函数的单调性、极值、凹凸性、曲线的曲率与函数作图,讨论了导数在经济分析中的应用;第4章主要介绍了不定积分的概念、性质、基本积分方法与有理函数和可化为有理函数的积分;第5章介绍了定积分的概念、性质及积分方法,主要讨论定积分在几何学、物理学和近似计算中的应用;第6章主要介绍了数项级数、正项级数、任意项级数和无穷乘积;第7章介绍了函数项级数,讨论了一致收敛性、幂级数、函数幂级数展开式及其应用、泰勒级数与逼近定理和傅里叶级数;第8章在欧氏空间的基础上主要介绍了多元函数的概念、极限和连续;第9章在第8章的基础之上,介绍了偏导数与全微分的概念,并给出了复合函数求导法与隐函数存在定理,重点讨论了偏导数的几何应用和多元函数微分学的应用;第10章为反常积分与含参变量的积分,介绍了反常积分的性质与收敛判别、瑕积分的性质与收敛判别、含参变量的常义积分和广义积分、欧拉积分;第11章介绍了二重积分和三重积分的概念、性质与计算,讨论了重积分的应用;第12章介绍了第一类、第二类曲线积分与曲面积分的概念及相关理论,同时还讨论了高斯公式与斯托克斯公式的内容.

全书由许尔伟、毛耀忠、安乐担任主编,于海燕、张志莉、王晖、李晨松担任副主编,并由许尔伟、毛耀忠、安乐负责统稿,具体分工如下:

第6章、第10章、第11章:许尔伟(兰州城市学院数学学院);

第1章、第12章:毛耀忠(兰州城市学院数学学院);

第2章、第4章、第8章:安乐(天水师范学院);

第5章:于海燕(内蒙古民族大学);

第3章:张志莉(呼伦贝尔学院数学科学院);

第7章:王晖(内蒙古民族大学);

第9章:李晨松(内蒙古民族大学)。

本书的顺利完成,得到了许多同行专家的支持和帮助,他们提出了许多宝贵意见,令我们受益匪浅,在此,表示衷心的感谢。由于编者水平有限,书中不妥之处在所难免,恳请读者见谅并提出意见,本书将不断改进并完善,进一步提高质量,突显特色,从而更好地为读者服务。欢迎同行们和广大读者批评指正。

编者
2014 年 1 月

目　　录

第1章　函数、极限与连续 ……………………………………………………………… 1

　1.1　实数集与不等式 ……………………………………………………………… 1

　1.2　函数及其性质 ………………………………………………………………… 6

　1.3　初等函数 ……………………………………………………………………… 13

　1.4　数列极限与函数极限 ………………………………………………………… 20

　1.5　极限存在准则与两个重要极限 ……………………………………………… 28

　1.6　无穷小量与无穷大量 ………………………………………………………… 32

　1.7　函数的连续与间断 …………………………………………………………… 37

第2章　导数与微分 ……………………………………………………………………… 43

　2.1　导数的基本概念 ……………………………………………………………… 43

　2.2　函数的求导法则 ……………………………………………………………… 47

　2.3　隐函数求导法则及由参数方程确定的函数的导数 ………………………… 53

　2.4　高阶导数 ……………………………………………………………………… 58

　2.5　函数的微分 …………………………………………………………………… 64

第3章　微分基本定理及其应用 ………………………………………………………… 72

　3.1　微分中值定理 ………………………………………………………………… 72

　3.2　未定式极限 …………………………………………………………………… 78

　3.3　泰勒(Taylor)公式 …………………………………………………………… 83

　3.4　函数的单调性、极值与凹凸性 ……………………………………………… 89

　3.5　平面曲线的曲率与函数作图 ………………………………………………… 94

　3.6　导数在经济分析中的应用 …………………………………………………… 102

第4章　不定积分 ………………………………………………………………………… 109

　4.1　不定积分的概念与性质 ……………………………………………………… 109

　4.2　积分方法——换元法、部分积分法 ………………………………………… 116

　4.3　有理函数的不定积分 ………………………………………………………… 136

第5章　定积分及其应用 ………………………………………………………………… 145

　5.1　定积分概念与性质 …………………………………………………………… 145

　5.2　连续函数的可积性 …………………………………………………………… 149

　5.3　微积分基本定理 ……………………………………………………………… 150

　5.4　定积分的计算方法 …………………………………………………………… 153

　5.5　定积分在几何中的应用 ……………………………………………………… 160

　5.6　定积分的近似计算 …………………………………………………………… 169

　5.7　定积分在物理学中的应用 …………………………………………………… 172

第6章　数项级数 ………………………………………………………………………… 175

　6.1　数项级数的基本概念与性质 ………………………………………………… 175

	6.2	正项级数	182
	6.3	任意项级数	189
	6.4	无穷乘积	195

第 7 章	函数项级数		197
	7.1	一致收敛性	197
	7.2	幂级数	203
	7.3	函数幂级数展开式及其应用	211
	7.4	傅里叶级数	219

第 8 章	多元函数的极限与连续		227
	8.1	欧氏空间	227
	8.2	多元函数与向量值函数的极限	231
	8.3	多元函数连续	240

第 9 章	多元函数微分学及其应用		244
	9.1	偏导数与全微分	244
	9.2	复合函数求导法	251
	9.3	隐函数存在定理	254
	9.4	偏导数的几何应用	258
	9.5	多元函数微分学的应用	263

第 10 章	反常积分与含参变量的积分		276
	10.1	反常积分的性质与收敛判别	276
	10.2	瑕积分的性质与收敛判别	279
	10.3	含参变量常义积分	282
	10.4	含参变量广义积分	285
	10.5	欧拉积分	295

第 11 章	重积分及其应用		301
	11.1	二重积分的概念与性质	301
	11.2	二重积分的计算	307
	11.3	二重积分的换元法	320
	11.4	三重积分的概念与计算	327
	11.5	应用举例	344

第 12 章	曲线积分与曲面积分		354
	12.1	第一类曲线积分	354
	12.2	第二类曲线积分	359
	12.3	格林公式及其应用	364
	12.4	第一类曲面积分	371
	12.5	第二类曲面积分	378
	12.6	高斯公式	385
	12.7	斯托克斯公式	390

| 参考文献 | | | 397 |

第1章 函数、极限与连续

1.1 实数集与不等式

1.1.1 集合

定义 1.1.1 一个集合(set) S 是某些个体的总和,这些个体或者符合某种规定或者具有某些可以识别的相同属性. 集合 S 中的每一个个体 a 称为 S 的元素(element),记为
$$a \in S,$$
读作" a 属于 S ";如果 a 不是 S 的元素,则记为
$$a \notin S,$$
读作" a 不属于 S ".

集合有两种表示方法,列举法和属性法.

表示一个集合可以通过列出它所有元素的方法称为列举法. 比如,集合
$$A = \{1,2,3,4\}.$$

通过描述集合中元素的属性的方式称为描述法,常写为 $\{x \,|\, \text{使 } x \text{ 属于 } A \text{ 的性质}\}$,比如,集合
$$S = \{n \,|\, n \text{ 是小于 } 10 \text{ 的非负整数}\},$$
一次函数集合
$$S = \{f(x) \,|\, f(x) = kx + b, k \neq 0, k, b \in \mathbb{R}\}.$$

在数学中经常用描述法来表示一个集合,即用 $\{x \,|\, p(x)\}$ 表示所有满足命题 $p(x)$ 的实数 x 组成的集合. 比如, $\{x \,|\, x^2 + 1 = 2\}$ 表示所有满足等式 $x^2 + 1 = 2$ 的实数 x 所构成的集合; $[a,b] = \{x \,|\, a \leqslant x \leqslant b\}$ 表示所有满足不等式 $a \leqslant x \leqslant b$ 的实数 x 构成的集合.

定义 1.1.2 如果集合 A 中每一个元素都属于集合 B ,则称 A 是 B 的子集,记为
$$A \subset B,$$
也称 A 包含于 B 或 B 包含 A ;如果集合 A 和集合 B 互为子集, $A \subset B$ 且 $B \subset A$,则称集合 A 和集合 B 相等,记为
$$A = B.$$
不含任何元素的集合称为空集,记为 $\varnothing$.

规定空集是任何集合的子集. 比如,集合 $\{x \,|\, x^2 + 1 = 0, x \in \mathbb{R}\}$ 就是空集. 空集不含任何元素,所以空集是任何集合的子集. 今后在提到一个集合时,如果没有特别声明,一般都是非空集合.

集合有并、交、差三种运算. 设 A, B 是两个集合,则

(1) 由所有属于 A 或者属于 B 的元素组成的集合称为 A 和 B 的并集,简称并,记为
$$A \cup B,$$

即
$$A \bigcup B = \{x \mid x \in A \text{ 或 } x \in B\};$$

（2）由所有属于 A 又属于 B 的元素组成的集合称为 A 和 B 的交集，简称交，记为
$$A \bigcap B,$$

即
$$A \bigcap B = \{x \mid x \in A \text{ 且 } x \in B\}.$$

比如
$$\{1,2,3,4,5\} \bigcup \{1,3,5,7,9\} = \{1,2,3,4,5,7,9\},$$
$$\{1,2,3,4,5\} \bigcap \{1,3,5,7,9\} = \{1,3,5\}.$$

定义 1.1.3 由数组成的集合称为数集.

有时我们在表示数集的的字母的右上角标上"＋"、"－"等上标来表示该数集的特定的子集.

$\mathbb{N}$ 表示全体非负整数即所有自然数构成的集合，称为自然数集，即
$$\mathbb{N} = \{0,1,2,\cdots,n,\cdots\};$$

$\mathbb{N}^+$ 表示所有正整数的集合，即
$$\mathbb{N}^+ = \{1,2,\cdots,n,\cdots\};$$

$\mathbb{Z}$ 表示所有整数的集合，称为整数集，即
$$\mathbb{Z} = \{\cdots,-n,\cdots,-2,-1,0,1,2,\cdots,n,\cdots\};$$

$\mathbb{Q}$ 表示所有有理数的集合，称为有理数集，即
$$\mathbb{Q} = \left\{ \frac{p}{q} \mid p \in \mathbb{Z}, q \in \mathbb{N}^+, \text{且 } p \text{ 与 } q \text{ 互质} \right\};$$

$\mathbb{R}$ 表示所有实数构成的集合，称为实数集；$\mathbb{R}^+$ 表示正实数集；$\mathbb{R}^*$ 为排除数 0 的实数集.

1.1.2 实数集的界与确界

对实数集，我们引入了有界的概念.

定义 1.1.4 对于非空数集 $E \subset \mathbb{R}$，如果存在 $b \in \mathbb{R}$ 使得对所有的 $x \in E$，都有
$$x \leqslant b,$$
则称集合 E 是有上界的，称 b 是集合 E 的一个上界；如果存在 $a \in \mathbb{R}$ 使得对所有的 $x \in E$，都有
$$x \geqslant a,$$
则称集合 E 是有下界的，称 a 是集合 E 的一个下界. 如果实数的子集 E 既有上界又有下界，则称 E 是有界集.

易得集合 E 有界的充分必要条件是存在正数 M，使得所有的 $x \in E$，都有 $|x| \leqslant M$. 我们称 M 是集合 E 的界.

比如，自然数集 $\mathbb{N} = \{0,1,2,3,\cdots\}$，0 或者任何一个负数都是它的下界，但是它没有上界，所以它是无界的. 而集合 $A = \{x \mid x^2 < 2, x \in \mathbb{R}\}$，有 $|x| < \sqrt{2}$（$\forall x \in A$），所以集合 A 是有界的，$\sqrt{2}$ 是它的界，$\sqrt{2}$，$-\sqrt{2}$ 分别是它的上界和下界.

很显然，如果一个数集有上界，那么它就有无穷多个上界. 实际上，若 M 是集合 E 的一个上界，那么 M 与任何正数 c 的和 $M+c$ 仍是 E 的上界. 在这些上界中有一个具有特别重要的作用，那就是上确界.

定义 1.1.5 设集合 E 有上界，如果所有上界中有一个最小的数，则称这个最小的上界是集

合 E 的上确界,记为

$$\sup E \;;$$

设集合 E 有下界,如果所有下界中有一个最大的数,则称这个最大的下界是集合 E 的下确界,记为

$$\inf E .$$

上确界和下确界统称为确界.

如果一个数集 E 中存在最大的数 b,记为 $b = \max E$,显然 b 就是 E 的上确界;同样如果 E 中存在最小的数 a,记为 $a = \min E$,那么 a 就是 E 的下确界.然而反之不一定成立.一个数集 S 的上确界或下确界并不一定是数集 S 中的数,即数集 S 的上确界或下确界可以存在,但它的最大数或最小数不一定存在.

比如,数集 $E = \{x \mid -2 \leqslant x \leqslant 3\}$,容易看出 E 中有最大数 3,最小数 -2,所以 3 和 -2 就是 E 的上确界和下确界;数集 $A = \{x \mid x^2 < 9, x \in \mathbb{R}\}$ 的 $\sup A = 3$,$\inf A = -3$,但是 3 和 -3 都不是 A 中的数.

定义 1.1.6 如果数集 E 没有上界,那么它也没有上确界,我们规定 $\sup E = +\infty$;同样如果数集 E 没有下界,我们规定 $\inf E = -\infty$.

那么在数集有上(下)界时,它是否一定有上(下)确界呢?关于这一点,结论是肯定的.

定理 1.1.1(确界存在性定理)

(1)如果非空数集 E 有上界,则 E 必有上确界;

(2)如果非空数集 E 有下界,则 E 必有下确界.

确界存在性定理简称确界定理.从直观上看,一个数集 E 是数轴上的一个点集,上界代表着这样的点:它的右边没有 E 中的点,因此它的右边全是 E 的上界,也就是说,E 的所有上界点的集合是数轴上的一条正向射线,射线的始点恰好是 E 的上确界.确界存在性反映了实数集的连续性这一重要而基本的性质,即实数充满了数轴而连续不断.如果实数间留有不是实数的"空隙"点,那么这"空隙"点左边的数集就没有上确界,"空隙"右边的数集就没有下确界了,此时确界定理就不成立了.所以确界定理是刻画实数连续性的一个重要定理.

定理 1.1.2 设 E 是非空集合,a, b 是实数,则有

(1) $\sup E = b$ 的充分必要条件是同时满足:

① b 是 E 的一个上界;

②对于任意满足 $c > b$ 的实数 c,存在 $x \in E$ 使得 $x > c$.

(2) $\inf E = a$ 的充分必要条件是同时满足:

① a 是 E 的一个下界;

②对于任意满足 $c > a$ 的实数 c,存在 $x \in E$ 使得 $x < c$.

证明 (1)必要性 设 $\sup E = b$.由定义可得,b 必然是 E 的一个上界.其次,由于 $\sup E = b$ 是集合 E 的最小上界,所以当 $c < b$ 时,c 不是集合 E 的上界,于是至少存在一个 $x \in E$ 使得 $x > c$;

充分性 b 是 E 的一个上界.为了证明 $\sup E = b$,只需证明当 $c < b$ 时,c 不是集合 E 的上界,而这一点可由条件②得到,即证.

(2)参照(1)的证明,留给读者思考.

例 1.1.1 证明数集 $A = \left\{ \dfrac{1}{2}, \dfrac{2}{3}, \dfrac{3}{4}, \cdots, \dfrac{n}{n+1}, \cdots \right\}$ 的 $\inf A = \dfrac{1}{2}$，$\sup E = 1$.

证明 对于 $\dfrac{n}{n+1} \in A (n = 1, 2, \cdots)$，总有

$$\frac{1}{2} \leqslant \frac{n}{n+1} \leqslant 1,$$

所以 $\dfrac{1}{2}$，1 分别是 A 的一个下界和一个上界.

对于 $\varepsilon > 0$，存在 $\dfrac{1}{2} \in A$ 使得

$$\frac{1}{2} < \frac{1}{2} + \varepsilon,$$

即任何大于 $\dfrac{1}{2}$ 的数 $\dfrac{1}{2} + \varepsilon$ 都不是 A 的下界，则 $\dfrac{1}{2}$ 是 A 的最大下界，所以

$$\inf A = \frac{1}{2};$$

对于 $\varepsilon > 0$，取 $k = \left[\dfrac{1}{\varepsilon} \right] + 1$（$\left[\dfrac{1}{\varepsilon} \right]$ 表示不超过 $\dfrac{1}{\varepsilon}$ 的最大整数），则

$$k > \frac{1}{\varepsilon},$$

从而 $\varepsilon > \dfrac{1}{k}$，于是有

$$\frac{k}{k+1} \in A,$$

使得

$$\frac{k}{k+1} = 1 - \frac{1}{k+1} > 1 - \frac{1}{k} > 1 - \varepsilon,$$

即任何小于 1 的数 $1 - \varepsilon$ 都不是 A 的上界，则 1 是 A 的最小上界，所以

$$\sup A = 1,$$

证毕.

1.1.3 不等式

在数学分析中，要常常用到许多不等式，在此给出一些常见的不等式.

(1)绝对值不等式.

与实数有关的一些不等式是重要的，我们先回忆与绝对值有关的不等式：

①如果 $\delta \in \mathbb{R}^+, x, a \in \mathbb{R}$，则

$$|x - a| < \delta \Leftrightarrow a - \delta < x < a + \delta;$$

②如果 $x, y \in \mathbb{R}$，则

$$\big| |x| - |y| \big| \leqslant |x \pm y| \leqslant |x| + |y|.$$

(2) $A - G$ 不等式，即平均值不等式，"正数的算术平均值不小于它们的几何平均值". 如果 $x_1, x_2, \cdots, x_n \in \mathbb{R}^+, n \in \mathbb{N}^+$，则

$$\frac{x_1 + x_2 + \cdots + x_n}{n} \geqslant \sqrt[n]{x_1 x_2 \cdots x_n}.$$

证明　用数学归纳法证明，令 $A_n = \dfrac{x_1 + x_2 + \cdots + x_n}{n}$，$G_n = \sqrt[n]{x_1 x_2 \cdots x_n}$，$n \in \mathbb{N}^+$.

当 $n = 1$ 时，$A_1 = x_1 = G_1$，则 $A_1 \geqslant G_1$ 成立；

假设当 $n = k$ 时结论成立，即

$$A_k = \frac{x_1 + x_2 + \cdots + x_k}{k} \geqslant \sqrt[k]{x_1 x_2 \cdots x_k} = G_k，$$

则当 $n = k + 1$ 时，因为 $x_1, x_2, \cdots, x_{k+1}$ 中必有最大正数，不妨设为 x_{k+1}，则有

$$A_{k+1}^{k+1} = \left(\frac{x_1 + x_2 + \cdots + x_{k+1}}{k+1}\right)^{k+1} = \left(\frac{kA_k + x_{k+1}}{k+1}\right)^{k+1} = \left(A_k + \frac{x_{k+1} - A_k}{k+1}\right)^{k+1},$$

用二项式展开得

$$\begin{aligned}
A_{k+1}^{k+1} &\geqslant A_k^{k+1} + C_{k+1}^k A_k^k \left(\frac{x_{k+1} - A_k}{k+1}\right) \\
&= A_k^{k+1} + A_k^k x_{k+1} - A_k^{k+1} \\
&= A_k^k x_{k+1} \geqslant G_k^k x_{k+1} \\
&= x_1 x_2 \cdots x_k x_{k+1} \\
&= G_{k+1}^{k+1}
\end{aligned}$$

即得

$$A_{k+1} \geqslant G_{k+1}，$$

由此可得，当 $x_1, x_2, \cdots, x_n \in \mathbb{R}^+$，$n \in \mathbb{N}^+$ 时，$\dfrac{x_1 + x_2 + \cdots + x_n}{n} \geqslant \sqrt[n]{x_1 x_2 \cdots x_n}$，得证.

（3）伯努利不等式.

如果 $x > -1$，$n \geqslant 2$ 为正整数，则

$$(1+x)^n \geqslant 1 + nx，$$

其中，当且仅当 $x = 0$ 时，等号成立.

证明　用数学归纳法证明.

当 $n = 2$ 时，显然成立；

假设 $n = k$ 时成立，即

$$(1+x)^k \geqslant 1 + kx，$$

则当 $n = k + 1$ 时有

$$\begin{aligned}
(1+x)^{k+1} &= (1+x)(1+x)^k \geqslant (1+x)(1+kx) \\
&= 1 + (1+k)x + kx^2 \geqslant 1 + (1+k)x,
\end{aligned}$$

即不等式对 $n \geqslant 2$ 的正整数均成立，且当且仅当 $x = 0$ 时，等号成立.

（4）三角不等式.

如果 $a, b, c \in \mathbb{R}$，则有

$$|a - c| \leqslant |a - b| + |b - c|.$$

（5）对任意 $a, b \in \mathbb{R}$，有

$$2ab \leqslant 2|ab| \leqslant a^2 + b^2.$$

（6）如果 $x \in (0, 1)$，则有

$$x(1 - x) \leqslant \frac{1}{4}，$$

其中,当且仅当 $x = \dfrac{1}{2}$ 时,等号成立.

(7)如果 n 为正整数,则有

$$\frac{1}{2\sqrt{n}} \leqslant \frac{(2n-1)!!}{(2n)!!} < \frac{1}{\sqrt{2n+1}}.$$

1.2 函数及其性质

1.2.1 函数的概念

定义 1.2.1 设两个变量 x 和 y,D 是一个非空实数集合,$x \in D$,存在一个法则 f,使得对于每个 x,都存在确定的变量 y 与之对应,则称 y 是 x 的函数,记为

$$y = f(x),\ x \in D,$$

其中,x 是自变量,y 是因变量,D 为这个函数的定义域,也记为 $D(f)$.

定义 1.2.2 按照对应法则,对于 $x_0 \in D$,有确定的值 y_0,记为 $f(x_0)$ 与之对应,则称 $f(x_0)$ 为函数在点 x_0 处的函数值. 当 x 取遍 D 的所有数值时,对应的所有函数值 $f(x)$ 的集合称为函数的值域,记作

$$Z(f) = \{y \mid y = f(x), x \in D\},$$

自变量与因变量之间的这种相依关系被称为函数关系. 在函数的定义中,自变量的取值范围就是函数的定义域.

用数学运算式来表示的函数,函数的定义域是指能使该算式在实数范围内有意义的全体自变量的值集合. 确定这种函数的定义域时,必须依据以下基本规定:

(1)分式的分母不能等于 0;

(2)负数不能开偶次方;

(3)对数的真数要大于 0;

(4)正弦和余弦的绝对值不能大于 1;

(5)表达式由几项组成时,应取各项定义域的公共部分.

在反映实际问题的函数关系中,其定义域要由问题本身的意义来确定. 比如,圆的面积 S 和圆的半径 r 之间的关系是

$$S = \pi r^2,$$

按实际意义,r 的定义域是 $(0, +\infty)$.

变量 x, y 之间的对应法则是函数的核心.

定义 1.2.3 一般地,我们用记号 $y = f(x)$ 表示变量 y 是变量 x 的函数,其中,字母" f "表示变量 y 和变量 x 之间的对应法则.

比如,在函数表达式 $y = f(x) = \sqrt{9 + 8x - x^2}$ 中,对应法则" f "相当于运算程序

$$f(\quad) = \sqrt{9 + 8(\quad) - (\quad)^2},$$

按这样的运算程序,如果在该函数中给出 x 的值,就可以计算出相应的 y 值. 当 $x = -1$ 时,相应的函数值

$$y = f(-1) = \sqrt{9 + 8(-1) - (-1)^2} = 0,$$

设函数 $y = f(x)$ 的定义域为 D,则对于 $x_0 \in D$,其对应的函数值可记为 $f(x_0)$ 或者 $y\big|_{x = x_0}$.

常用的函数表示方法有以下三种:

(1)解析法

用数学表达式或解析表达式把自变量和因变量之间的关系表达出来,因函数数学表达式的不同,可以分为三种,分别是:显函数、隐函数和分段函数.

①显函数:直接用 x 的解析表达式表示出函数 y.例如

$$y = \frac{1}{x} \ , \ y = x^2 - 2.$$

②隐函数:自变量 x 和因变量 y 的对应关系没有直接给出.例如

$$F(x, y) = 0 \ , \ \ln y = \sin(x + y).$$

③分段函数:即在定义域的不同分段区间内,函数有不同的解析表达式.例如

$$y = |x| = \begin{cases} x, & x \geqslant 0 \\ -x, & x < 0 \end{cases}.$$

(2)图象法

即在平面直角坐标系 xOy 中,把自变量与因变量的关系用图形表示出来的方法.

(3)表格法

把自变量与因变量的值列成表格表示的方法.

在平面直角坐标系 xOy 中,对于 $y = f(x)$,$x \in D$,取自变量 x 为横坐标,因变量 y 为纵坐标,则在坐标系中就确定了一个点 (x, y),当 x 取完定义域 D 中的每一个数值时,平面上的点集 $C = \{(x, y) \mid y = f(x), x \in D\}$ 即为函数 $y = f(x)$ 的图形.如图 1-2-1 所示.

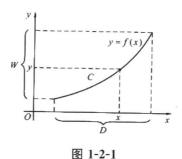

图 1-2-1

例 1.2.1 求函数 $y = \arcsin(x-1) + \ln(x-1)$ 的定义域.

解 要使 $y = \arcsin(x-1) + \ln(x-1)$ 有意义,必须满足

$$\begin{cases} |x-1| \leqslant 1, \\ x-1 > 0 \end{cases},$$

解得

$$\begin{cases} 0 \leqslant x \leqslant 2, \\ x > 1 \end{cases},$$

即

$$1 < x \leqslant 2,$$

所以函数 $y = \sqrt{1 - x^2}$ 的定义域是 $(1, 2]$.

例 1.2.2 求函数 $y = \dfrac{1}{1-x^2} + \sqrt{x+2}$ 的定义域.

解 要使此函数有意义,必须满足

$$\begin{cases} 1-x^2 \neq 0 \\ x+2 \geqslant 0 \end{cases},$$

解得

$$\begin{cases} x \neq \pm 1 \\ x \geqslant -2 \end{cases},$$

所以函数 $y = \dfrac{1}{1-x^2} + \sqrt{x+2}$ 的定义域是 $[-2,-1) \bigcup (-1,1) \bigcup (1,+\infty)$.

例 1.2.3 已知 $f(x) = x4^{x-2}$,求 $f(2),f(-2),f(t^2),f\left(\dfrac{1}{t}\right)$.

解

$$f(2) = 2,$$
$$f(-2) = -2 \times 4^{-4},$$
$$f(t^2) = t^2 4^{t^2-2},$$
$$f\left(\dfrac{1}{t}\right) = \dfrac{1}{t}4^{\frac{1}{t}-2}.$$

例 1.2.4 设 $f(x-3) = x^2-5x+3$,试求 $f(x)$,$f(x+h)-f(x)$.

解 令 $t = x-3$,则 $x = t+3$,代入上式可得
$$f(t) = (t+3)^2 - 5(t+3) + 3 = t^2 + t - 3,$$

则
$$f(x) = x^2 + x - 3,$$

那么
$$f(x+h) - f(x) = (x+h)^2 + (x+h) - 3 - (x^2+x-3)$$
$$= h(2x+h+1).$$

例 1.2.5 下列 $f(x),g(x)$ 是否表示同一函数,为什么?

(1) $f(x) = x,g(x) = \sqrt{x^2}$;

(2) $f(x) = \lg x^2,g(x) = 2\lg x$;

(3) $f(x) = |\cos x|,g(x) = \sqrt{1-\sin^2 x}$.

解 (1)由于
$$g(x) = \sqrt{x^2} = |x|,$$

当 $x < 0$ 时,$f(x) \neq g(x)$,因为对应法则不同,所以 $f(x) = x,g(x) = \sqrt{x^2}$ 不是同一函数.

(2)由于 $f(x) = \lg x^2$ 的定义域是 $(-\infty,0) \bigcup (0,+\infty)$,而 $g(x) = 2\lg x$ 的定义域是 $(0,+\infty)$,因为定义域不同,所以 $f(x) = \lg x^2,g(x) = 2\lg x$ 不是同一函数.

(3)由于 $f(x) = |\cos x|$ 和 $g(x) = \sqrt{1-\sin^2 x}$ 的定义域都是 $(-\infty,+\infty)$,且对应法则相同,所以 $f(x) = |\cos x|,g(x) = \sqrt{1-\sin^2 x}$ 表示同一函数.

例 1.2.6 求函数

$$f(x) = \begin{cases} 2x+1, & x \geqslant 0 \\ x^2+4, & x < 0 \end{cases}$$

的定义域,计算 $f(0),f(1),f(-1),f(x-1)$ 并画出 $f(x)$ 的图形.

解　$f(x)$ 的定义域是 $(-\infty,+\infty)$,

$$f(0)=1, f(1)=3, f(-1)=5 ,$$

因为

$$f(x-1) = f(x) \begin{cases} 2(x-1)+1, & x-1 \geqslant 0 \\ (x-1)^2+4, & x-1 < 0 \end{cases},$$

所以

$$f(x-1) = \begin{cases} 2x-1, & x \geqslant 1 \\ x^2-2x+5, & x < 1 \end{cases}.$$

图 1-2-2 即为函数 $f(x)$ 的图形.

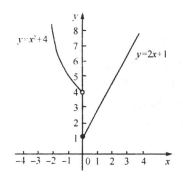

图 1-2-2

1.2.2　函数的性质

1. 函数的单调性

函数 $f(x)$ 的定义域为 D,区间 $I \subset D$,对于区间 I 上任意两点 x_1 , x_2 ,如果当 $x_1 < x_2$ 时,总有

$$f(x_1) < f(x_2) ,$$

则称函数 $f(x)$ 在区间 I 上是单调递增函数,区间 I 为单调递增区间,如图 1-2-3 所示,

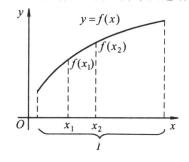

图 1-2-3

单调递增函数的图形是随着自变量 x 的增大,对应的函数值增大,是沿 x 轴正向上升的.

如果当 $x_1 < x_2$ 时,总有

$$f(x_1) > f(x_2) ,$$

则称函数 $f(x)$ 在区间 I 上是单调递减函数,区间 I 称为单调减区间,如图 1-2-4 所示,

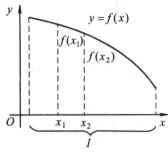

图 1-2-4

单调递减函数的图形是随着自变量 x 的增大,对应的函数值减小,是沿 x 轴正向下降的.

单调增函数和单调减函数统称为单调函数,函数的这种性质就是单调性. 例如,函数 $y = x^3$ 在 $(-\infty, +\infty)$ 上单调递增. 这里要注意函数的单调性是依附区间的,函数可以在定义域的某些区间单调递增,而在另一些区间单调递减. 例如,函数 $y = |x|$ 的单调递减区间是 $(-\infty, 0]$,单调递增区间是 $[0, +\infty)$,而在整个定义域 $\mathbb{R}$ 不是单调的.

2. 函数的奇偶性

设函数 $f(x)$ 的定义域 D 是关于原点对称的,如果对每一个 $x \in D$,总有

$$f(x) = f(-x) ,$$

则称 $f(x)$ 为偶函数,偶函数的图形是关于 y 轴对称的,如图 1-2-5 所示.

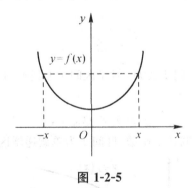

图 1-2-5

如果对每一个 $x \in D$,总有

$$f(-x) = -f(x) ,$$

则称 $f(x)$ 为奇函数,奇函数的图形是关于原点对称的,如图 1-2-6 所示.

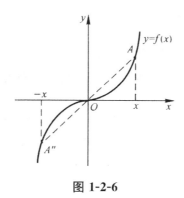

图 1-2-6

3. 函数的有界性

函数 $f(x)$ 的定义域为 D，数集 $I \subset D$，如果存在一个正数 M，使得对一切 $x \in I$，总有
$$|f(x)| \leqslant M,$$
则称函数 $f(x)$ 在 I 上有界；如果不存在这样的 M，即存在一个正数 M，使得对一切 $x_M \in I$，总有
$$|f(x_M)| > M,$$
则称函数 $f(x)$ 在 I 上无界.

例如，对于任何实数 x，都存在 $|\sin x| \leqslant 1$，所以 $y = \sin x$ 在 $(-\infty, +\infty)$ 上有界；函数 $y = x^2$，$y = 2^x$ 在定义域 $\mathbb{R}$ 上是无界的；函数 $y = \dfrac{1}{x}$ 在区间 $(0,1)$ 上无界，在 $[1, +\infty)$ 上有界. 由图 1-2-7 可知，有界函数的图形特征是它的图形完全存在于两条平行于 x 轴的直线之间.

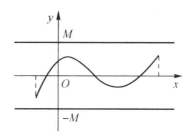

图 1-2-7

4. 函数的周期性

设函数 $f(x)$ 的定义域 D，如果存在常数 $T > 0$，使得对一切 $x \in D$ 有 $(x \pm T) \in D$，且
$$f(x + T) = f(x),$$
则称 $f(x)$ 为周期函数，并称 T 为 $f(x)$ 的周期.

由定义易得，如果 T 是 $f(x)$ 的一个周期，则 nT（n 是正整数）也是 $f(x)$ 的周期. 如果在 $f(x)$ 的周期中存在最小的正数，则称它是最小正周期. 周期函数的周期通常是指最小正周期.

例如，函数 $f(x) = \sin x$，$f(x) = \cos x$ 是在 $(-\infty, +\infty)$ 上的周期函数，并且最小正周期都为 2π；$f(x) = \tan x$ 的周期为 π；函数 $f(x) = x - [x]$（$x \in \mathbb{R}$）的周期为 1.

这里需要注意的是有的周期函数不一定存在最小正周期.

例如,狄利克雷(Dirichlet)函数

$$D(x) = \begin{cases} 1, & x \in \mathbb{Q} \\ 0, & x \in \mathbb{Q}^c \end{cases},$$

易证任何一个正有理数都是 $D(x)$ 的周期,但在所有的正有理数中不存在最小的正有理数,所以狄利克雷函数不存在最小正周期.

周期函数的图形特征是,如果把周期为 T 的函数的一个周期内的图形向左或向右平移周期的正整数倍的距离,那么它将与函数的其他部分图形重合,即每隔 T 单位函数,函数值都相等.如图 1-2-8 所示.

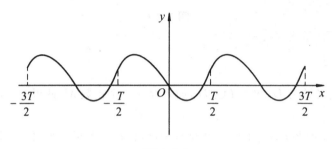

图 1-2-8

例 1.2.7 证明函数 $y = \dfrac{x}{x+1}$ 在 $(-1, +\infty)$ 上是单调递增的.

证明 令 x_1,x_2 为 $(-1, +\infty)$ 上任意两点,且 $x_1 < x_2$.那么

$$f(x_1) - f(x_2) = \frac{x}{x_1+1} - \frac{x}{x_2+1} = \frac{x_1 - x_2}{(x_1+1)(x_2+1)},$$

由于 x_1,x_2 为 $(-1, +\infty)$ 上任意两点,所以

$$x_1 + 1 > 0, x_2 + 1 > 0,且 x_1 < x_2,$$

所以

$$f(x_1) - f(x_2) = \frac{x_1 - x_2}{(x_1+1)(x_2+1)} < 0,$$

即

$$f(x_1) < f(x_2),$$

所以函数 $y = \dfrac{x}{x+1}$ 在 $(-1, +\infty)$ 上是单调递增的.

例 1.2.8 判断 $y = \ln(x + \sqrt{x^2+1})$ 的奇偶性.

解 首先函数 $y = \ln(x + \sqrt{x^2+1})$ 的定义域为 $(-\infty, +\infty)$,且

$$f(-x) = \ln(-x + \sqrt{(-x)^2+1}) = \ln(\sqrt{x^2+1} - x)$$

$$= \ln \frac{(\sqrt{x^2+1} - x)(\sqrt{x^2+1} + x)}{\sqrt{x^2+1} + x} = \ln \frac{1}{\sqrt{x^2+1} + x}$$

$$= -\ln(x + \sqrt{x^2+1})$$

$$= -f(x),$$

即 $y = \ln(x + \sqrt{x^2+1})$ 是奇函数.

例 1.2.9　证明函数 $y = \dfrac{x}{x^2+1}$ 在 $(-\infty, +\infty)$ 上是有界的.

证明　因为 $(1-|x|)^2 \geqslant 0$，展开可得 $|1+x^2| \geqslant 2|x|$，所以 $\dfrac{|x|}{|x^2+1|} \leqslant \dfrac{1}{2}$，又对于一切 x 都有

$$|f(x)| = \left|\dfrac{x}{x^2+1}\right| = \dfrac{|x|}{|x^2+1|} \leqslant \dfrac{1}{2},$$

所以函数 $y = \dfrac{x}{x^2+1}$ 在 $(-\infty, +\infty)$ 上是有界的.

1.3　初等函数

1.3.1　复合函数

在同一问题中，两个变量的连系有时不是直接的，而是通过另一变量间接联系起来的. 例如，某汽车每公里耗油为 a 公升，行驶速度为 v 公里/小时. 汽车行驶的里程是其行驶时间的函数，$s = vt$；而汽车的油耗量又是其行驶里程的函数，$y = as$，于是汽车的油耗量与汽车行驶时间之间就建立了函数关系，$y = avt$. 这时我们称函数 $y = avt$ 是由 $y = as$ 和 $s = vt$ 复合而成的复合函数，由此我们给出了复合函数的定义.

定义 1.3.1　设 $y = f(u)$ 是 u 的函数，$u = g(x)$ 是 x 的函数，如果 $u = g(x)$ 的值域和 $y = f(u)$ 的定义域的交集非空，则 y 通过中间变量 u 成为 x 的函数，则称 y 是 x 的复合函数，记为
$$y = f(g(x)),$$
其中，u 称为中间变量.

实际上，把一个函数代入另一函数而得到的新函数就是复合函数. 例如，$y = a^x$，$x = \sin t$ 可以复合成 $y = a^{\sin t}$. 复合函数也可以由多个函数构成，如 $y = \lg u$，$u = \tan t$，$t = \dfrac{x}{2}$ 就构成了 $y = \lg\tan\dfrac{x}{2}$.

这里需要注意的是，不是随便两个函数就可以构成一个复合函数的. $Z(g) \subset D(u)$，即 g 的值域和 f 的定义域的交集非空. 如果所有的函数值 $g(x)$ 都不在 $D(f)$ 中，那么 $y = f(g(x))$ 的定义域就为空集，所以复合函数 $y = f(g(x))$ 就没有意义，不存在了. 比如，函数 $y = \arcsin u$ 和 $u = x^2 + 2$ 就不能构成复合函数，因为函数 $u = x^2 + 2$ 的值域是 $[2, +\infty)$ 与 $y = \arcsin u$ 的定义域 $[-1, 1]$ 的交集是空集，对于任意的 x，$y = \arcsin(x^2 + 2)$ 都没有意义.

例 1.3.1　将下列函数分解成简单函数的复合.

(1) $y = \sin 2^x$；

(2) $y = e^{(x+1)^2}$；

(3) $y = \sqrt{\tan\dfrac{x}{2}}$.

解　(1) 函数 $y = \sin 2^x$ 是由 $y = \sin u$ 和 $u = 2^x$ 复合而成的.

(2) 函数 $y = e^{(x+1)^2}$ 是由 $y = e^u$，$u = v^2$ 和 $v = x + 1$ 复合而成的.

(3)函数 $y = \sqrt{\tan\frac{x}{2}}$ 是由 $y = \sqrt{u}, u = \tan v, v = \frac{x}{2}$ 复合而成的.

例 1.3.2 已知 $y = \ln u, u = \sin v, v = x^2$,将 y 表示成 x 的复合函数.

解 $y = \ln \sin x^2$.

例 1.3.3 有函数 $y = \ln(b+u)$ 和 $u = \arcsin x$,试判别当 b 分别为 $2, -2, \frac{\pi}{4}$ 时,两个函数是否能生成复合函数,如果能,给出复合函数的定义域.

解 由题意可得,$\begin{cases} b + \arcsin x > 0 \\ -1 \leqslant x \leqslant 1 \end{cases}$,因为

$$-1 \leqslant x \leqslant 1,$$

所以

$$-\frac{x}{2} \leqslant \arcsin x \leqslant \frac{x}{2}.$$

(1)当 $b = 2$ 时,总有 $2 + \arcsin x > 0$,所以能构成复合函数,其定义域为 $[-1,1]$.

(2)当 $b = -2$ 时,$\arcsin x - 2 < 0$,所以不能构成复合函数.

(3)当 $b = \frac{\pi}{4}$ 时,由 $\frac{\pi}{4} + \arcsin x > 0$ 得

$$x > \sin(-\frac{\pi}{4}) = -\frac{\sqrt{2}}{2},$$

又

$$-1 \leqslant x \leqslant 1,$$

其交集非空,所以能构成复合函数,其定义域为 $\left[-\frac{\sqrt{2}}{2}, 1\right]$.

例 1.3.4 已知函数 $f(x+\frac{1}{x}) = x^2 + \frac{1}{x^2}$,求 $f(x)$ 和 $f(x+1)$.

解 令 $u = x + \frac{1}{x}$,因为

$$x^2 + \frac{1}{x^2} = (x + \frac{1}{x})^2 = u^2 - 2,$$

所以

$$f(u) = u^2 - 2,$$

即

$$f(x) = x^2 - 2,$$
$$f(x+1) = (x+1)^2 - 2 = x^2 + 2x - 1.$$

1.3.2 基本初等函数

在中学的数学中,讨论过的常量函数、幂函数、指数函数、对数函数、三角函数和反三角函数统称为基本初等函数.这些函数我们已经比较熟悉,下面进行一次总结,着重从函数的角度讨论以上函数的性质和图形.

1.常数函数 $y = C$

常数函数的定义域为 $(-\infty, +\infty)$,其中,C 是常数.它的图象过点 $(0, C)$ 且平行于 x 轴,如

图 1-3-1 所示.

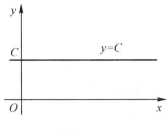

图 1-3-1

常数函数是有界函数、偶函数,当 $C = 0$ 时,也是奇函数.

2.幂函数 $y = x^a$

幂函数的定义域根据 a 的取值不同而不同,其中,a 是实数.但不论 a 为何值,它在区间$(0,$ $+\infty)$内总有定义,且图象过点$(1,1)$. $a > 0$ 和 $a < 0$ 的图象如图 1-3-2 所示,

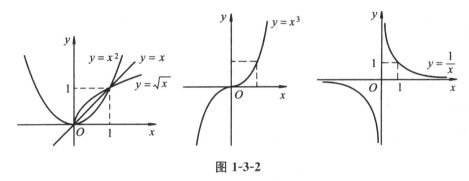

图 1-3-2

图 1-3-2 中,$a = 1, 2, \dfrac{1}{2}, 3, -1$.

3.指数函数 $y = a^x$

指数函数的定义域是 $(-\infty, +\infty)$,其中,a 为常数,且 $a > 0, a \neq 1$;值域是 $(0, +\infty)$.当 $a > 1$ 时,函数单调递增;当 $a < 1$ 时,函数单调递减.图象过点$(0,1)$,$y = a^x$ 和 $y = a^{-x}$ 的图形关于 y 轴对称,如图 1-3-3 所示.

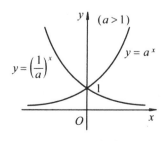

图 1-3-3

在科学记数中,最常用的是以 e(e 为无理数,e=2.71828…)为底的指数函数

$$y = e^x.$$

4. 对数函数 $y = \log_a x$

对数函数的定义域是 $(0, +\infty)$,其中,$a > 0$ 且 $a \neq 1$. 值域是 $(-\infty, +\infty)$. 当 $a > 1$ 时,函数单调递增;当 $0 < a < 1$ 时,函数单调递减. 图象过点 $(1,0)$,如图 1-3-4 所示.

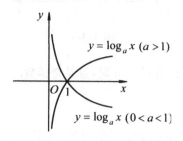

图 1-3-4

在科学记数中,常用的是以 e 为底的对数函数,称为自然对数函数,记做

$$y = \ln x.$$

5. 三角函数

常用的三角函数有以下几类:

(1)正弦函数 $y = \sin x$.

$y = \sin x$ 的定义域是 $(-\infty, +\infty)$,值域是 $[-1, 1]$. 它是奇函数并且是以 2π 为周期的周期函数,在 $\left[2k\pi - \dfrac{\pi}{2}, 2k\pi + \dfrac{\pi}{2}\right]$ 上单调递增,在 $\left[2k\pi + \dfrac{\pi}{2}, 2k\pi + \dfrac{3\pi}{2}\right]$ 上单调递减,$k \in \mathbb{Z}$,如图 1-3-5 所示.

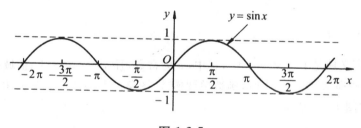

图 1-3-5

(2)余弦函数 $y = \cos x$.

$y = \cos x$ 的定义域是 $(-\infty, +\infty)$,值域是 $[-1, 1]$. 它是奇函数并且以 2π 为周期的周期函数,在 $[(2k-1)\pi, 2k\pi]$ 上单调递增,在 $[2k\pi, (2k+1)\pi]$ 上单调递减,$k \in \mathbb{Z}$,如图 1-3-6 所示.

(3)正切函数 $y = \tan x$.

$y = \tan x$ 的定义域是 $\left(k\pi - \dfrac{\pi}{2}, k\pi + \dfrac{\pi}{2}\right)$,$k \in \mathbb{Z}$,值域为 $(-\infty, +\infty)$. 它是奇函数并且是以 π 为周期的周期函数,如图 1-3-7 所示.

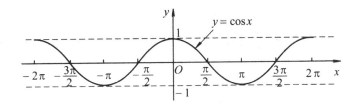

图 1-3-6

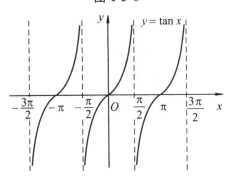

图 1-3-7

（4）余切函数 $y = \cot x$.

$y = \cot x$ 的定义域是 $(k\pi, (k+1)\pi)$，$k \in \mathbb{Z}$，值域为 $(-\infty, +\infty)$. 它是奇函数并且是以 π 为周期的周期函数，如图 1-3-8 所示.

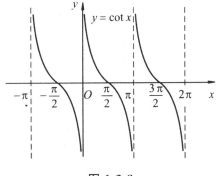

图 1-3-8

（5）正割函数 $y = \sec x = \dfrac{1}{\cos x}$ 和余割函数 $y = \csc x = \dfrac{1}{\sin x}$.

它们都是以 2π 为周期的周期函数，并且在开区间 $\left(0, \dfrac{\pi}{2}\right)$ 内都是无界函数.

6. 反三角函数

反三角函数即为三角函数的反函数. 因为三角函数 $y = \sin x$，$y = \cos x$，$y = \tan x$，$y = \cot x$ 不是单调的，为了得到其反函数，对这些函数限定在某个单调区间内来讨论.

（1）反正弦函数 $y = \arcsin x$.

函数 $y = \sin x$ 在定义域 $(-\infty, +\infty)$ 内不是单调函数，在该区间内不存在反函数，但在区间 $\left[-\dfrac{\pi}{2}, \dfrac{\pi}{2}\right]$ 上单调递增，所以在该区间上存在反函数，所以反正弦函数

$$y = \arcsin x$$

的定义域是 $[-1,1]$,值域是 $\left[-\dfrac{\pi}{2},\dfrac{\pi}{2}\right]$. 它是奇函数,在定义域上单调增加,如图 1-3-9 中的实线所示.

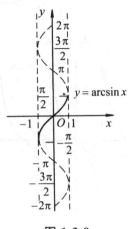

图 1-3-9

(2)反余弦函数 $y = \arccos x$.

函数 $y = \cos x$ 在区间 $[0,\pi]$ 上单调减少,存在反函数. 所以反余弦函数

$$y = \arccos x$$

的定义域是 $[-1,1]$,值域是 $[0,\pi]$,在定义域上单调递减,如图 1-3-10 中的实线所示.

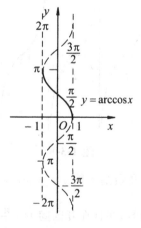

图 1-3-10

(3)反正切函数 $y = \arctan x$.

函数 $y = \tan x$ 在开区间 $\left(-\dfrac{\pi}{2},\dfrac{\pi}{2}\right)$ 上单调递增,存在反函数. 所以反正切函数

$$y = \arctan x$$

的定义域是 $(-\infty,+\infty)$,值域是 $\left(-\dfrac{\pi}{2},\dfrac{\pi}{2}\right)$. 它是奇函数,在定义域上单调递增,如图 1-3-11 中的实线所示.

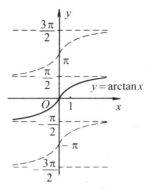

图 1-3-11

（4）反余切函数 $y = \mathrm{arccot}x$.

$y = \mathrm{arccot}x$ 的定义域是 $(-\infty, +\infty)$，值域是 $(0, \pi)$，在定义域上单调递减，如图 1-3-12 中的实线所示.

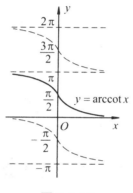

图 1-3-12

1.3.3　初等函数

定义 1.3.2　由常数和基本初等函数经过有限次复合及四则运算所构成并能用一个解析式表示的函数就是初等函数.

例如，$y = \sqrt{\sin x}$，$y = \lg\sin^2 x$，$y = 2^{\arctan\frac{x}{2}}$，$y = \dfrac{x^2 - x + 1}{\sqrt[3]{\tan x}}$ 都是初等函数.

这里要注意的是形如 $y = [f(x)]^{g(x)}$（$f(x) > 0$）的函数为幂指函数. 因为 $y = [f(x)]^{g(x)} = \mathrm{e}^{g(x)\ln f(x)}$（$f(x) > 0$），所以幂指函数也是初等函数.

虽然在高等数学中我们研究函数的手段有了本质的飞跃，微积分所讨论的函数对象远远地超出了初等函数的范围. 然而初等函数一直是我们讨论的重要对象，因此读者必须对初等函数都包含哪些函数有一个清晰的认识.

例 1.3.5　判断下列函数是否为初等函数.

（1）$y = |x|$；

(2) $\begin{cases} x^2 , & x \leqslant 0 \\ 2^x - 1 , & x > 0 \end{cases}$;

(3) $y = (2x+1)^{\sin x}$.

解 (1) $y = |x|$ 可等价表示为

$$y = \sqrt{x^2} ,$$

可以看成是由 $y = u^{\frac{1}{2}}$, $u = x^2$ 复合而成的函数,因此是初等函数.

(2) $\begin{cases} x^2 , & x \leqslant 0 \\ 2^x - 1 , & x > 0 \end{cases}$ 无法用一个解析式表示出来,所以不是初等函数.

(3) $y = (2x+1)^{\sin x} = \mathrm{e}^{\sin x \ln(2x+1)}$,是由 $y = \mathrm{e}^u$, $u = vw$, $v = \sin x$, $w = \ln t$, $t = 2x+1$ 复合而成的,所以是初等函数.

例 1.3.6 指出下面函数是由哪些基本初等函数经过运算得到的.

$$y = \left(\sin \frac{1}{x} + \cos \frac{1}{x} \right)^x .$$

解 在等式两边取对数可得

$$\ln y = x \ln \left(\sin \frac{1}{x} + \cos \frac{1}{x} \right) ,$$

即

$$y = \mathrm{e}^{x \ln \left(\sin \frac{1}{x} + \cos \frac{1}{x} \right)} ,$$

其中,e 是一个无理数,则 $y = \left(\sin \frac{1}{x} + \cos \frac{1}{x} \right)^x$ 是由幂函数、三角函数、对数函数和指数函数经过有限次四则运算得到的,所以该函数是初等函数.

1.4 数列极限与函数极限

1.4.1 数列极限

极限概念是由于某些实际问题的精确解答而产生的,如下面的例子.

我们知道当边数 n 趋于无穷时,圆内接正 n 边形的周长将趋于圆周长,单位圆的圆内接正 n 边形的半周长 p_n 为

$$p_n = n \sin \frac{180°}{n} .$$

由表 1-4-1 可以看出当 n 很大时, $p_n \approx 3.14159\cdots$.

表 1-4-1

n	5	10	100	1000	10000
p_n	2.938926⋯	3.090169⋯	3.141075⋯	3.141587⋯	3.1415926⋯

不严格的讲,当 n 趋于 $+\infty$ 时,即 n 充分大时,如果 x_n 趋于 a ,则称 a 是数列 $\{x_n\}$ 的极限,并记为

$$\lim_{n \to \infty} x_n = a ,$$

或

$$x_n \to a(n \to \infty).$$

由这种不严格的讲法,我们可得

$$\lim_{n \to \infty} p_n = 3.14159.$$

下面我们来"看出"几个数列极限.

当 $n \to +\infty$ 时,

$$\frac{1}{n} \to 0,$$

所以

$$\lim_{n \to \infty} \frac{1}{n} = 0;$$

设 $|r| < 1$,则当 $n \to +\infty$ 时,

$$r^n \to 0,$$

所以

$$\lim_{n \to \infty} r^n = 0;$$

当 $n \to +\infty$ 时,$(-1)^n$ 交替取 ± 1,不近似于任一数,所以 $\lim_{n \to \infty} (-1)^n$ 不存在;

当 $n \to +\infty$ 时,$\frac{1}{n} \to 0$,则

$$\frac{n^2 - n + 1}{2n^2 + 1} = \frac{1 - \dfrac{1}{n} + \dfrac{1}{n^2}}{2 + \dfrac{1}{n^2}} \to \frac{1}{2},$$

所以

$$\lim_{n \to \infty} \frac{n^2 - n + 1}{2n^2 + 1} = \frac{1}{2}.$$

定义 1.4.1　按一定次序排列的无穷多个数称为数列,记为

$$x_1, x_2, \cdots, x_n, \cdots,$$

简记为

$$\{x_n\}.$$

其中,每个数都称为数列的项,x_n 是数列的通项或者一般项,n 称为 x_n 的下标.

最常用的给出一个数列的方法是给出决定通项的法则或公式,如 $x_n = \dfrac{1}{n}$,它的数列是 1,$\dfrac{1}{2}, \dfrac{1}{3}, \dfrac{1}{4}, \cdots, \dfrac{1}{n}, \cdots$;另一种给出数列的方法是用递归公式表示,如 $x_1 = x_2 = 1, x_{n+1} = x_n + x_{n-1}, n \geqslant 2$,数列的前几项是 $1, 1, 2, 3, 5, 8, 13, 21, 34$.

定义 1.4.2　设有数列 $\{x_n\}$ 和常数 a,使得对于任意的 $\varepsilon > 0$,存在正整数 N,当 $n \geqslant N$ 时,

$$|x_n - a| < \varepsilon,$$

那么就称常数 a 为数列 $\{x_n\}$ 的极限,或称数列 $\{x_n\}$ 收敛于 a,记为

$$\lim_{n \to \infty} x_n = a \text{ 或 } x_n \to a(n \to \infty).$$

如果这样的常数 a 不存在,则称数列 $\{x_n\}$ 是发散的或者不收敛.

定义 1.4.2 通常称为数列极限的"$\varepsilon - N$"定义,为了书写的简便,该定义可简记为对 $\forall \varepsilon > 0, \exists N > 0,$ 当 $n > N$ 时,有 $|x_n - a| < \varepsilon.$ 其中,符号"$\forall$"表示"任意、任给",符号"$\exists$"表示"存在、可以找到".

例 1.4.1 数列 $\left\{\dfrac{n}{n+1}\right\}$ 收敛于 1.

解 因为

$$|a_n - 1| = \frac{1}{n+1},$$

对于任意的 $\varepsilon > 0,$ 取正整数 N 使得 $N > \dfrac{1}{\varepsilon},$ 当 $n \geqslant N$ 时,

$$|a_n - 1| = \frac{1}{n+1} < \frac{1}{n} \leqslant \frac{1}{N} < \varepsilon,$$

所以数列 $\left\{\dfrac{n}{n+1}\right\}$ 收敛于 1.

例 1.4.2 试证数列 $2, \dfrac{1}{2}, \dfrac{4}{3}, \dfrac{3}{4}, \cdots, \dfrac{n+(-1)^{n+1}}{n}, \cdots$ 的极限是 1.

证明 该数列的通项是

$$x_n = \frac{n+(-1)^{n+1}}{n},$$

因为

$$|x_n - 1| = \left| \frac{n+(-1)^{n+1}}{n} - 1 \right| = \frac{1}{n},$$

要使 $|x_n - 1| = \dfrac{1}{n} < \varepsilon,$ 只要 $n > \dfrac{1}{\varepsilon}$ 即可,于是取 $N = \left[\dfrac{1}{\varepsilon}\right],$ 则当 $n \geqslant N$ 时,就有 $n > \sqrt{\dfrac{2}{\varepsilon}},$ 从而

$$\left| \frac{n+(-1)^{n+1}}{n} - 1 \right| < \varepsilon,$$

即证

$$\lim_{n \to \infty} \frac{n+(-1)^{n+1}}{n} = 1.$$

例 1.4.3 证明 $\lim\limits_{n \to \infty} \dfrac{3n+5}{2n-9} = \dfrac{3}{2}.$

证明 对 $\forall \varepsilon > 0,$ 要使

$$\left| \frac{3n+5}{2n-9} - \frac{3}{2} \right| = \frac{37}{|4n-18|} \leqslant \frac{37}{n} < \varepsilon, n \geqslant 6,$$

只需 $n > \dfrac{37}{\varepsilon}$ 即可,则取 $N = \max\left\{\left[\dfrac{37}{\varepsilon}\right], 6\right\},$ 当 $n > N$ 时,有

$$\left| \frac{3n+5}{2n-9} - \frac{3}{2} \right| \leqslant \frac{37}{n} < \varepsilon,$$

所以

$$\lim_{n \to \infty} \frac{3n+5}{2n-9} = \frac{3}{2}.$$

在数列极限的定义中,还应着重理解以下几点:

(1) ε 的任意性与相对固定性.在定义 1.4.2 中,正数 ε 首先必须具有任意性,这样才能由不等式 $|x_n-a|<\varepsilon$ 表明数列 $\{x_n\}$ 无限趋近于 a.但是,为了说明数列 $\{x_n\}$ 无限趋近于 a 的渐近过程的不同阶段,ε 又必须具有相对固定性,以便依靠它来确定 N.显然 ε 的任意性是通过无限多个相对固定性表现出来的.又因为 ε 是任意小的正数,那么 ε^2,2ε 等同样也是任意小的正数,因此定义中不等式 $|x_n-a|<\varepsilon$ 可以用 $|x_n-a|<\varepsilon^2$,$|x_n-a|<2\varepsilon$,甚至 $|x_n-a|\leqslant\varepsilon$ 来代替.

(2) N 的相应性.一般地,ε 越小,N 就越大,即 N 是与 ε 有关的.但这并不意味着 N 由 ε 唯一确定,这里强调的是 N 的存在性,而不在于它的值的大小.

(3) 数列极限 $\varepsilon-N$ 定义的几何解释.由于 $|x_n-a|<\varepsilon$ 等价于 $a-\varepsilon<x_n<a+\varepsilon$,所以,当 $n>N$ 时,$a-\varepsilon<x_n<a+\varepsilon$,即 $x_n\in(a-\varepsilon,a+\varepsilon)$.这表明在数列 $\{x_n\}$ 中,从 x_N 以后的所有项 x_{N+1},x_{N+2},$\cdots$ 全部落入邻域 $(a-\varepsilon,a+\varepsilon)$ 之中,而在 $(a-\varepsilon,a+\varepsilon)$ 之外,$\{x_n\}$ 至多只有有限项.由于开区间 $(a-\varepsilon,a+\varepsilon)$ 可记为 $U(a,\varepsilon)$,所以数列极限有等价形式:$\lim\limits_{n\to\infty}x_n=a\Leftrightarrow\forall\varepsilon>0$,$\exists N>0$,当 $n>N$ 时,$x_n\in U(a,\varepsilon)\Leftrightarrow\forall\varepsilon>0$,$U(a,\varepsilon)$ 之外至多只有 $\{x_n\}$ 的有限项,其中,符号"$\Leftrightarrow$"表示等价关系或充要条件.

1.4.2　函数极限

对于函数 $y=f(x)$,根据自变量的变化过程分两种情况讨论它的极限.

1. $x\to\infty$ 时函数 $f(x)$ 的极限

定义 1.4.3　设函数 $f(x)$ 在当 $|x|>N$ 时有定义,N 为某一正整数,如果对于任意给定的 $\varepsilon>0$,存在 $X>0$ 使得当 $|x|>X$ 时有
$$|f(x)-A|<\varepsilon,$$
其中,A 为常数,则称当 $x\to\infty$ 时,函数 $f(x)$ 的极限为 A,或 $f(x)$ 收敛于 A,记作
$$\lim\limits_{x\to\infty}f(x)=A \text{ 或 } f(x)\to A(x\to\infty).$$
如果这样的常数 A 不存在,则称当 $x\to\infty$ 时,函数 $f(x)$ 的极限不存在.

在上述定义中,如果限制 x 只能取正值,即 $x>0$ 且无限增大,记为 $x\to+\infty$,只需把定义中的 $|x|>X$ 改为 $x>X$,即为极限 $\lim\limits_{x\to+\infty}f(x)=A$ 的定义;如果限制 x 只能取负值,即 $x<0$ 且 $|x|$ 无限增大,记为 $x\to-\infty$,只需把定义中的 $|x|>X$ 改为 $x<-X$,即为极限 $\lim\limits_{x\to-\infty}f(x)=A$ 的定义.

任意给定正数 ε,作平行于 x 轴的两条直线 $y=A+\varepsilon$ 和 $y=A-\varepsilon$,根据定义,总存在一个正数 X,使得当 $|x|>X$ 时,函数 $f(x)$ 的图形落在横带状区域 $A-\varepsilon<f(x)<A+\varepsilon$ 中,如图 1-4-1 所示.

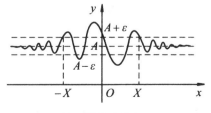

图 1-4-1

定理 1.4.1 极限 $\lim\limits_{x\to\infty}f(x)=A$ 的充分必要条件是 $\lim\limits_{x\to+\infty}f(x)=\lim\limits_{x\to-\infty}f(x)=A$.

例 1.4.4 证明 $\lim\limits_{x\to+\infty}\dfrac{x^2-1}{x^2+1}=1$.

证明 因为

$$\left|\frac{x^2-1}{x^2+1}-1\right|=\frac{2}{x^2+1}<\frac{2}{x^2},$$

对任意给定的 $\varepsilon>0$,要使

$$\left|\frac{x^2-1}{x^2+1}-1\right|<\varepsilon,$$

只要 $\dfrac{2}{x^2}<\varepsilon$,即 $x>\sqrt{\dfrac{2}{\varepsilon}}$,所以取 $X=\sqrt{\dfrac{2}{\varepsilon}}$,则当 $x>X$ 时,

$$\left|\frac{x^2-1}{x^2+1}-1\right|<\frac{2}{x^2}<\varepsilon$$

恒成立,所以 $\lim\limits_{x\to+\infty}\dfrac{x^2-1}{x^2+1}=1$.

例 1.4.5 证明: $\lim\limits_{x\to+\infty}\arctan x=\dfrac{\pi}{2}$, $\lim\limits_{x\to-\infty}\arctan x=-\dfrac{\pi}{2}$.

证明 $\left|\arctan x-\dfrac{\pi}{2}\right|=\dfrac{\pi}{2}-\arctan x$,

存在 $\varepsilon>0$,令 $0<\varepsilon<\dfrac{\pi}{2}$,取 $N=\tan(\dfrac{\pi}{2}-\varepsilon)>0$,因为 $\arctan x$ 是单调递增且以 $\dfrac{\pi}{2}$ 为上界的函数,所以 $x>N$ 时,

$$x>\tan(\frac{\pi}{2}-\varepsilon),$$

$$\arctan x>\frac{\pi}{2}-\varepsilon,$$

则

$$\left|\arctan x-\frac{\pi}{2}\right|=\frac{\pi}{2}-\arctan x<\varepsilon,$$

所以

$$\lim\limits_{x\to+\infty}\arctan x=\frac{\pi}{2},$$

又因为 $\arctan x$ 是奇函数,所以

$$\begin{aligned}\lim\limits_{x\to-\infty}\arctan x&=\lim\limits_{x\to-\infty}(-\arctan(-x))\\&=\lim\limits_{t\to+\infty}(-\arctan t)\\&=-\lim\limits_{t\to+\infty}\arctan t\\&=-\frac{\pi}{2}.\end{aligned}$$

2. $x\to x_0$ 时函数的极限

定义 1.4.4 设函数 $f(x)$ 在 x_0 的一个去心邻域有定义,如果对于任意给定的 $\varepsilon>0$,存在

$\delta > 0$ 使得当 $0 < |x - x_0| < \delta$ 时有

$$|f(x) - A| < \varepsilon,$$

其中,A 为常数,则称 $f(x)$ 在点 x_0 处的极限为 A,或 $f(x)$ 收敛于 A,记作

$$\lim_{x \to x_0} f(x) = A \text{ 或 } f(x) \to A(x \to x_0).$$

如果这样的 A 不存在,则称 $f(x)$ 在点 x_0 处的极限不存在.

任意给定正数 ε,作平行于 x 轴的两条直线 $y = A + \varepsilon$ 和 $y = A - \varepsilon$,根据定义,对于给定的 ε,存在点 x_0 的一个去心邻域 $0 < |x - x_0| < \delta$,当函数 $f(x)$ 的横坐标 x 落在该邻域内时,这些点的纵坐标落在横带状区域 $A - \varepsilon < f(x) < A + \varepsilon$ 中,如图 1-4-2 所示.

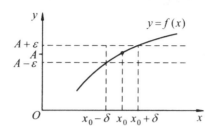

图 1-4-2

例 1.4.6 试证 $\lim\limits_{x \to 1} \dfrac{x^2 - 1}{3(x - 1)} = \dfrac{2}{3}$.

证明 当 $x \neq 1$ 时,

$$\left| \frac{x^2 - 1}{3(x - 1)} - \frac{2}{3} \right| = \left| \frac{x + 1}{3} - \frac{2}{3} \right| = \frac{|x - 1|}{3},$$

要使 $\left| \dfrac{x^2 - 1}{3(x - 1)} - \dfrac{2}{3} \right| = \dfrac{|x - 1|}{3} < \varepsilon$,即

$$|x - 1| < 3\varepsilon,$$

取 $\delta = 3\varepsilon$,则当 $0 < |x - 1| < \delta$ 时,有

$$\left| \frac{x^2 - 1}{3(x - 1)} - \frac{2}{3} \right| = \frac{|x - 1|}{3} < \frac{\delta}{3} = \varepsilon,$$

所以 $\lim\limits_{x \to 1} \dfrac{x^2 - 1}{3(x - 1)} = \dfrac{2}{3}$.

例 1.4.7 试证 $\lim\limits_{x \to x_0} \sin x = \sin x_0$.

证明 因为

$$|\sin x - \sin x_0| = \left| 2 \sin \frac{x - x_0}{2} \cos \frac{x + x_0}{2} \right| \leqslant 2 \left| \sin \frac{x - x_0}{2} \right| \leqslant |x - x_0|,$$

所以 $\forall \varepsilon > 0$,只要 $|x - x_0| < \delta$,就有

$$|\sin x - \sin x_0| < \varepsilon,$$

所以只需取 $\varepsilon = \delta$ 即可.

当 $x \neq 0$ 时

$$\left| x \sin \frac{1}{x} - 0 \right| = \left| x \sin \frac{1}{x} \right| \leqslant |x|,$$

于是,当 $x \neq 0$ 时,有

$$\left| x\sin\frac{1}{x} - 0 \right| \leqslant |x| < \delta = \varepsilon,$$

所以 $\lim\limits_{x \to 1} x\sin\frac{1}{x} = 0$.

同理可得，$\lim\limits_{x \to x_0}\cos x = \cos x_0$，$\lim\limits_{x \to x_0} a^x = a^{x_0}$，$\lim\limits_{x \to x_0}\log_a x = \log_a x_0 (x_0 > 0)$.

3. 左极限和右极限

定义 1.4.5 当 $x < x_0$ 且 x 从左侧无限接近于 x_0，函数 $f(x)$ 无限接近于常数 A 时，称常数 A 是函数 $f(x)$ 在点 x_0 处的左极限，记为

$$\lim_{x \to x_0^-} f(x) = A \ \text{或}\ f(x_0^-);$$

当 $x > x_0$ 且 x 从右侧无限接近于 x_0，函数 $f(x)$ 无限接近于常数 A 时，称常数 A 是函数 $f(x)$ 在点 x_0 处的右极限，记为

$$\lim_{x \to x_0^+} f(x) = A \ \text{或}\ f(x_0^+),$$

分别如图 1-4-3 和图 1-4-4 所示.

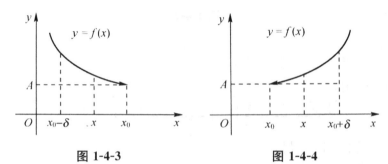

图 1-4-3   图 1-4-4

定理 1.4.2 极限 $\lim\limits_{x \to x_0} f(x) = A$ 的充分必要条件是 $\lim\limits_{x \to x_0^-} f(x) = \lim\limits_{x \to x_0^+} f(x) = A$.

例 1.4.8 $f(x) = \begin{cases} 2x + 1, & x < 0 \\ 2^x, & 0 \leqslant x \leqslant 1 \\ 2x^2 - 1, & x > 1 \end{cases}$，求在点 $x = 0, x = 1$ 处的左右极限.

解 $\lim\limits_{x \to 0^-} f(x) = \lim\limits_{x \to 0^-}(2x + 1) = 1$，$\lim\limits_{x \to 0^+} f(x) = \lim\limits_{x \to 0^+} 2^x = 1$.

$\lim\limits_{x \to 1^-} f(x) = \lim\limits_{x \to 1^-} 2^x = 2$，$\lim\limits_{x \to 1^+} f(x) = \lim\limits_{x \to 1^+} 2x^2 - 1 = 1$.

例 1.4.9 试证符号函数

$$\text{sgn}x = \begin{cases} 1, & x > 0 \\ 0, & x = 0 \\ -1, & x < 0 \end{cases}$$

当 $x \to 0$ 时，极限不存在.

证明 当 $x \to 0$ 时，符号函数 $\text{sgn}x$ 的左、右极限分别是

$$\text{sgn}(0^-) = \lim_{x \to 0^-}\text{sgn}x = -1,$$

$$\text{sgn}(0^+) = \lim_{x \to 0^+}\text{sgn}x = 1,$$

由于左、右极限不相等,所以当 $x \to 0$ 时,$\mathrm{sgn}\, x$ 极限不存在.

例 1.4.10 $f(x) = \begin{cases} x, & x \geqslant 0 \\ -x + 1, & x < 0 \end{cases}$,求 $\lim\limits_{x \to 0} f(x)$.

解 因为

$$\lim_{x \to x_0^-} f(x) = \lim_{x \to x_0^-} (-x + 1) = 1,$$

$$x \to 0^- \quad \lim_{x \to x_0^+} f(x) = \lim_{x \to x_0^+} x = 0,$$

显然

$$\lim_{x \to x_0^-} f(x) \neq \lim_{x \to x_0^+} f(x)$$

所以 $\lim\limits_{x \to 0} f(x)$ 不存在.

图 1-4-5 为函数 $f(x) = \begin{cases} x, & x \geqslant 0 \\ -x + 1, & x < 0 \end{cases}$ 的图形.

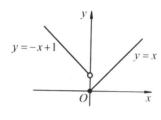

图 1-4-5

1.4.3 函数极限的运算法则

下面各定理的极限符号 $\lim$ 没有注明自变量的变化趋势,是指对 $x \to x_0$ 和 $x \to \infty$ 都是成立的.

定理 1.4.3 令 $\lim f(x) = A$,$\lim g(x) = B$,则

(1) $\lim [f(x) \pm g(x)] = \lim f(x) \pm \lim g(x) = A \pm B$;

(2) $\lim f(x) g(x) = \lim f(x) \lim g(x) = AB$;

(3) 当 $g(x) \neq 0$ 且 $B \neq 0$ 时,$\lim \dfrac{f(x)}{g(x)} = \dfrac{\lim f(x)}{\lim g(x)} = \dfrac{A}{B}$.

根据定理 1.4.3 中的(2)可得出下面的推论.

推论 1.4.1 $\lim c f(x) = c \lim f(x) = cA$,$c$ 是常数.

推论 1.4.2 $\lim [f(x)]^k = [\lim f(x)]^k = A^k$,$k$ 是正整数.

推论 1.4.3 设 $y = f[\varphi(x)]$ 是由 $y = f(u)$,$u = \varphi(x)$ 复合而成,如果 $\lim\limits_{x \to x_0} \varphi(x) = u_0$,且在 x_0 的一个邻域内(除 x_0 外)$\varphi(x) \neq u_0$,$\lim\limits_{u \to u_0} f(u) = A$,则有

$$\lim_{x \to x_0} f[\varphi(x)] = A.$$

例 1.4.11 求 $\lim\limits_{x \to 2} (2x^2 + x - 5)$.

解

$$\lim_{x \to 2} (2x^2 + x - 5) = \lim_{x \to 2} 2x^2 + \lim_{x \to 2} x - \lim_{x \to 2} 5$$
$$= 2 \times 2^2 + 2 - 5$$
$$= 5.$$

例 1.4.12　求 $\lim\limits_{x \to 1}\left(\dfrac{1}{x-1} - \dfrac{3}{x^3-1}\right)$.

解　此题可以先通分，约去因子 $x-1$，然后再求极限.

$$
\begin{aligned}
\lim_{x \to 1}\left(\frac{1}{x-1} - \frac{3}{x^3-1}\right) &= \lim_{x \to 1}\frac{x^2+x+1-3}{x^3-1}\\
&= \lim_{x \to 1}\frac{(x-1)(x+2)}{(x-1)(x^2+x+1)}\\
&= \lim_{x \to 1}\frac{x+2}{x^2+x+1}\\
&= \frac{1+2}{1^2+1+1}\\
&= 1.
\end{aligned}
$$

例 1.4.13　求 $\lim\limits_{x \to 1}\dfrac{x^2-1}{x^3+x+2}$.

解　令分子、分母同时除以 x^3，然后再求极限.

$$
\lim_{x \to 1}\frac{x^2-1}{x^3+x+2} = \lim_{x \to 1}\frac{\dfrac{1}{x} - \dfrac{1}{x^3}}{1 + \dfrac{1}{x^2} + \dfrac{2}{x^3}} = 0.
$$

1.5　极限存在准则与两个重要极限

1.5.1　极限存在准则

1. 夹逼准则

准则 1.5.1(数列极限夹逼准则)　设数列 $\{x_n\}$、$\{y_n\}$、$\{z_n\}$ 满足对任意正整数 n，$y_n \leqslant x_n \leqslant z_n$，且 $\lim\limits_{n \to \infty} y_n = \lim\limits_{n \to \infty} z_n = a$，则 $\lim\limits_{n \to \infty} x_n = a$.

证明　因为 $\lim\limits_{n \to \infty} y_n = a$，$\lim\limits_{n \to \infty} z_n = a$，所以对于任意给定的 $\varepsilon > 0$，存在正整数 N_1、N_2，使得当 $n > N_1$ 时，有 $|y_n - a| < \varepsilon$；当 $n > N_2$ 时，有 $|z_n - a| < \varepsilon$.

取 $N = \max\{N_1, N_2\}$，则当 $n > N$ 时，有 $|y_n - a| < \varepsilon$，有 $|z_n - a| < \varepsilon$，即

$$a - \varepsilon < y_n < a + \varepsilon,\ a - \varepsilon < z_n < a + \varepsilon,$$

从而当 $n > N_1$ 时，有

$$a - \varepsilon < y_n \leqslant x_n \leqslant z_n < a + \varepsilon,$$

即

$$a - \varepsilon < x_n < a + \varepsilon,$$

则

$$|x_n - a| < \varepsilon,$$

所以 $\lim\limits_{n \to \infty} x_n = a$.

上述数列极限存在准则可以推广到函数的极限.

准则 1.5.2(函数极限夹逼准则) 如果函数 $f(x)$、$g(x)$、$h(x)$ 满足当 $0<|x<x_0|<\delta$ 时,有 $g(x)\leqslant f(x)\leqslant h(x)$,且 $\lim\limits_{x\to x_0}g(x)=\lim\limits_{x\to x_0}h(x)=A$,则 $\lim\limits_{x\to x_0}f(x)=A$.

证明 因为 $\lim\limits_{x\to x_0}g(x)=A$,$\lim\limits_{x\to x_0}h(x)=A$,所以对于任意给定的 $\varepsilon>0$,存在 $\varepsilon_1>0$、$\varepsilon_2>0$,使得当 $0<|x-x_0|<\delta_1$ 时,有 $|g(x)-A|<\varepsilon$;当 $0<|x-x_0|<\delta_2$ 时,有 $|h(x)-A|<\varepsilon$.

取 $\delta=\min\{\delta_1,\delta_2\}$,则当 $0<|x-x_0|<\delta$ 时,有 $|g(x)-A|<\varepsilon$,$|h(x)-A|<\varepsilon$,即

$$A-\varepsilon<g(x)\leqslant f(x)\leqslant h(x)<A+\varepsilon,$$

从而

$$A-\varepsilon<f(x)<A+\varepsilon,$$

即

$$|f(x)-A|<\varepsilon,$$

所以 $\lim\limits_{x\to x_0}f(x)=A$.

2.单调有界准则

定义 1.5.1 如果数列 $\{x_n\}$ 满足

$$x_1\leqslant x_2\leqslant\cdots\leqslant x_n\leqslant\cdots,$$

那么就称它为单调增加函数;如果数列 $\{x_n\}$ 满足

$$x_1\geqslant x_2\geqslant\cdots\geqslant x_n\geqslant\cdots,$$

那么就称它为单调减少函数.单调增加和单调减少的函数统称为单调数列.

准则 1.5.3 单调有界数列必有极限.

图 1-5-1 可以帮助我们理解这一准则.从数轴上直观分析,准则 1.5.3 的结论是显然成立的.因为 x_n 作为数轴上的动点,如果 $\{x_n\}$ 是单调递增数列,则动点 x_n 只能向右移动,因此只有两种可能情形:一是向右无限远离原点;二是向右无限趋近于某个定点,也就是说数列 $\{x_n\}$ 趋于一个极限.但是 $\{x_n\}$ 是一个有界数列,即 $x_n\in[-M,M]$,所以第一种情况是不成立的.从而表明这个数列趋于一个极限,并且这个极限的绝对值不超过 M.对于单调递减数列 $\{x_n\}$ 也有类似的结论.

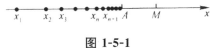

图 1-5-1

例 1.5.1 求 $\lim\limits_{n\to\infty}\dfrac{n!}{n^n}$.

解 因为

$$\frac{n!}{n^n}=\frac{1\times2\times3\times\cdots\times n}{n\times n\times n\times\cdots\times n}\leqslant\frac{1\times2\times n\times\cdots\times n}{n\times n\times n\times\cdots\times n}=\frac{2}{n^2},$$

易得

$$0<\frac{n!}{n^n}\leqslant\frac{2}{n^2},$$

又

$$\lim_{n \to \infty} \frac{2}{n^2} = 0 ,$$

所以 $\lim\limits_{n \to \infty} \dfrac{n!}{n^n} = 0$.

例 1.5.2 设 $a > 0, a_0 > 0, a_{n+1} = \dfrac{1}{2}\left(a_n + \dfrac{a}{a_n}\right)(n = 0,1,2,\cdots)$，证明 $\lim\limits_{n \to \infty} a_n = \sqrt{a}$.

证明 根据题意可得，数列 $\{a_n\}$ 是一个非负数列，所以

$$a_{n+1} = \frac{1}{2}\left(a_n + \frac{a}{a_n}\right) \geqslant \sqrt{a_n \times \frac{a}{a_n}} = \sqrt{a} ,$$

即数列 $\{a_n\}$ 有下界，又

$$a_{n+1} - a_n = \frac{1}{2}\left(a_n + \frac{a}{a_n}\right) - a_n = \frac{a - a_n^2}{2a_n} \leqslant 0 ,$$

即

$$a_{n+1} \leqslant a_n ,$$

所以数列 $\{a_n\}$ 单调递减有下界，根据准则 1.5.3 可知，$\lim\limits_{n \to \infty} a_n$ 存在，令 $\lim\limits_{n \to \infty} a_n = A$，则

$$\lim_{n \to \infty} a_{n+1} = \frac{1}{2}\left(a_n + \frac{a}{a_n}\right) = \frac{1}{2}\left(\lim_{n \to \infty} a_n + \lim_{n \to \infty} \frac{a}{a_n}\right) ,$$

即

$$A = \frac{1}{2}\left(A + \frac{a}{A}\right) ,$$

解得 $A = \pm\sqrt{a}$，根据极限的保号性可知，$A = -\sqrt{a}$ 应舍去，所以 $\lim\limits_{n \to \infty} a_n = \sqrt{a}$.

1.5.2 两个重要极限

1. $\lim\limits_{x \to 0} \dfrac{\sin x}{x} = 1$

证明 由于

$$\frac{\sin(-x)}{-x} = \frac{-\sin x}{-x} = \frac{\sin x}{x} ,$$

所以当 x 改变符号时，$\dfrac{\sin x}{x}$ 的值不变，所以只需讨论 x 从右边趋向于 0 的情形就可以了，作单位圆，如图 1-5-2 所示.

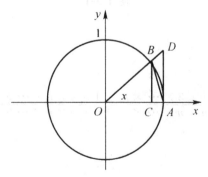

图 1-5-2

设 x 为圆心角 $\angle AOB$，$0 < x < \dfrac{\pi}{2}$，点 A 处的切线与 OB 的延长线相交于点 D，则 $BC \perp OA$，由图 1-7-3 易知，对于 $\triangle AOB$、扇形 AOB 和 $\triangle AOD$ 的面积有

$$S_{\triangle AOB} < S_{\text{扇形} AOB} < S_{\triangle AOD} ，$$

则有

$$\frac{1}{2}\sin x < \frac{1}{2}x < \tan x ，$$

即

$$\sin x < x < \tan x ，$$

同除以 $\sin x$ 得

$$1 < \frac{x}{\sin x} < \frac{1}{\cos x} ，$$

而 $\lim\limits_{x \to 0}\cos x = \lim\limits_{x \to 0}1 = 1$ 和函数极限夹逼准则可得

$$\lim_{x \to 0}\frac{\sin x}{x} = 1 .$$

例 1.5.3　求 $\lim\limits_{x \to 0}\dfrac{\sin 5x}{x}$．

解　$\lim\limits_{x \to 0}\dfrac{\sin 5x}{x} = \lim\limits_{x \to 0}\dfrac{\sin 5x}{x} \times \dfrac{5x}{x} = 5$．

例 1.5.4　求 $\lim\limits_{x \to 0}\dfrac{1 - \cos x}{2x^2}$．

解　$\lim\limits_{x \to 0}\dfrac{1 - \cos x}{2x^2} = \lim\limits_{x \to 0}\dfrac{2\sin\frac{x}{2}}{2x^2} = \lim\limits_{x \to 0}\dfrac{\sin^2\frac{x}{2}}{4\left(\frac{x}{2}\right)^2} = \dfrac{1}{4}\lim\limits_{x \to 0}\dfrac{\sin\frac{x}{2}}{\frac{x}{2}} = \dfrac{1}{4}$．

2. $\lim\limits_{x \to \infty}\left(1 + \dfrac{1}{x}\right)^x = \mathrm{e}$

证明　对任何正实数 x 有 $[x] \leqslant x < [x] + 1$，令 $[x] = n$，则 $n \leqslant x < n + 1$，且有

$$\left(1 + \frac{1}{n+1}\right)^n < \left(1 + \frac{1}{x}\right)^x < \left(1 + \frac{1}{n}\right)^{n+1} ，$$

由于

$$\lim_{n \to \infty}\left(1 + \frac{1}{n+1}\right)^n = \lim_{n \to \infty}\left[\left(1 + \frac{1}{n+1}\right)^{n+1} \times \left(1 + \frac{1}{n+1}\right)^{-1}\right] = \mathrm{e} ，$$

$$\lim_{n \to \infty}\left(1 + \frac{1}{n}\right)^{n+1} = \lim_{n \to \infty}\left[\left(1 + \frac{1}{n}\right)^n \times \left(1 + \frac{1}{n}\right)\right] = \mathrm{e} ，$$

当 $x \to +\infty$ 时，有 $n \to +\infty$，根据极限夹逼准则可得

$$\lim_{x \to \infty}\left(1 + \frac{1}{x}\right)^x = \mathrm{e} .$$

当 $x \to -\infty$ 时，令 $x = -y$，则当 $x \to -\infty$ 时，$y \to +\infty$，从而

$$\left(1 + \frac{1}{x}\right)^x = \left(1 - \frac{1}{y}\right)^{-y} = \left(\frac{y-1}{y}\right)^{-y} = \left(\frac{y}{y-1}\right)^y = \left(1 + \frac{1}{y-1}\right)^{y-1} \times \left(1 + \frac{1}{y-1}\right) .$$

则有

$$\lim_{x \to -\infty} \left(1 + \frac{1}{x}\right)^x = \lim_{y \to +\infty} \left(1 + \frac{1}{y-1}\right)^{y-1} \lim_{y \to +\infty} \left(1 + \frac{1}{y-1}\right) = e,$$

所以 $\lim\limits_{x \to \infty} \left(1 + \dfrac{1}{x}\right)^x = e$.

例 1.5.5 求 $\lim\limits_{x \to \infty} \left(1 + \dfrac{2}{x}\right)^x$.

解 $\lim\limits_{x \to \infty} \left(1 + \dfrac{2}{x}\right)^x = \lim\limits_{x \to \infty} \left[\left(1 + \dfrac{2}{x}\right)^{\frac{x}{2}}\right]^2 = \left[\lim\limits_{x \to \infty} \left(1 + \dfrac{2}{x}\right)^{\frac{x}{2}}\right]^2 = e^2$.

例 1.5.6 求 $\lim\limits_{x \to 0} (1 + \sin x)^{\frac{1}{3x}}$.

解 $\lim\limits_{x \to 0} (1 + \sin x)^{\frac{1}{3x}} = \lim\limits_{x \to 0} (1 + \sin x)^{\frac{1}{\sin x} \times \frac{\sin x}{3x}} = e^{\frac{1}{3}}$.

例 1.5.7 求 $\lim\limits_{x \to \infty} \left(\dfrac{x}{1+x}\right)^x$.

解 $\lim\limits_{x \to \infty} \left(\dfrac{x}{1+x}\right)^x = \lim\limits_{x \to \infty} \dfrac{1}{\left(1 + \dfrac{1}{x}\right)^x} = \dfrac{1}{e}$.

1.6 无穷小量与无穷大量

1.6.1 无穷小量

定义 1.6.1 如果 $\lim\limits_{x \to x_0} f(x) = 0$,则称函数 $f(x)$ 为 $x \to x_0$ 时的无穷小量,简称无穷小.

例如,x^2 是 $x \to 0$ 时的无穷小;$\lim\limits_{x \to 0} \sin x = 0$,所以函数 $\sin x$ 是当 $x \to x_0$ 时的无穷小;$\lim\limits_{x \to 2} (x-2)^2 = 0$,则 $(x-2)^2$ 是 $x \to 2$ 的无穷小. 所以,在谈论一个量是不是无穷小的时候,必须要说清楚自变量趋于什么. 无穷小量不是很小的量,前者是严格定义的,后者是非确定的一个形容词. 任何一个非零的常数. 如 0.0000000000000000001虽然很小,以至于在现实生活中我们认为微不足道,然而却不是我们所说的无穷小.

定理 1.6.1 $\lim\limits_{x \to x_0} f(x) = A$ 的充分必要条件是 $f(x) = \alpha(x) + A$,其中,$\alpha(x)$ 是 $x \to x_0$ 时的无穷小量.

证明 必要性 由于 $\lim\limits_{x \to x_0} f(x) = A$,令 $\alpha(x) = f(x) - A$,则

$$\lim_{x \to x_0} \alpha(x) = \lim_{x \to x_0} [f(x) - A] = A - A = 0,$$

即证 $\alpha(x)$ 是 $x \to x_0$ 时的无穷小量.

充分性 设 $f(x) = \alpha(x) + A$ 且 $\lim\limits_{x \to x_0} \alpha(x) = 0$,则

$$\lim_{x \to x_0} f(x) = \lim_{x \to x_0} [A + \alpha(x)] = A + 0 = A,$$

得证.

定理 1.6.2 无穷小与有界函数的乘积是无穷小.

证明 设函数 u 在 $0 < |x - x_0| < \delta_1$ 内有界,则存在 $M > 0$,使得当 $0 < |x - x_0| < \delta_1$ 时,恒有

$$|u| < M.$$

设 α 是当 $x \to x_0$ 时的无穷小,则对于任意给定的 $\varepsilon > 0$,存在 $\delta_2 > 0$,当 $0 < |x - x_0| < \delta_2$ 时,

$$|\alpha| < \frac{\varepsilon}{M}.$$

取 $\delta = \min\{\delta_1, \delta_2\}$,当 $0 < |x - x_0| < \delta$ 时,有

$$|u\alpha| = |u||\alpha| \leqslant M \frac{\varepsilon}{M} = \varepsilon,$$

所以,$u\alpha$ 是 $x \to x_0$ 时的无穷小.

在 $x \to 0$ 时,$x, 2x, x^2, x^4$ 均为无穷小,但是它们趋于 0 的速度是不同的,有的快,有的慢,由此引出了下面的定义.

定义 1.6.2 设 $f(x)$ 和 $g(x)$ 均为 $x \to x_0$ 时的无穷小,且 $g(x) \neq 0$.

如果

$$\lim_{x \to x_0} \frac{f(x)}{g(x)} = 0,$$

则称 $f(x)$ 是比 $g(x)$ 高阶的无穷小,记为 $f(x) = o(g(x))$;

如果

$$\lim_{x \to x_0} \frac{f(x)}{g(x)} = 1,$$

则称 $f(x)$ 和 $g(x)$ 是等阶无穷小,记为 $f(x) \sim g(x)$;

如果

$$\lim_{x \to x_0} \frac{f(x)}{g(x)} = \infty,$$

则称 $f(x)$ 是比 $g(x)$ 低阶的无穷小;

如果

$$\lim_{x \to x_0} \frac{f(x)}{g(x)} = b \neq 0,$$

则称 $f(x)$ 与 $g(x)$ 是同阶无穷小;

如果

$$\lim_{x \to x_0} \frac{f(x)}{g(x)^k} = b \neq 0, \ k > 0,$$

则称 $f(x)$ 是关于 $g(x)$ 的 k 阶无穷小.

例 1.6.1 证明 $\lim\limits_{x \to 0} x \sin \frac{1}{x} = 0$.

证明 由于

$$\lim_{x \to 0} x = 0,$$

即 x 是 $x \to 0$ 时的无穷小.

又

$$\left| \sin \frac{1}{x} \right| \leqslant 1,$$

即 $\sin \frac{1}{x}$ 是有界函数.

根据定理 1.6.2 可得，$x\sin\dfrac{1}{x}$ 是 $x \to 0$ 时的无穷小，即

$$\lim_{x \to 0} x\sin\frac{1}{x} = 0 ,$$

得证.

例 1.6.2　设函数 $f(x) = \begin{cases} \sqrt{x}\sin\dfrac{1}{x}, & x > 0 \\ x^2 + a, & x \leqslant 0 \end{cases}$，求常数 a，使得 $f(x)$ 在 $x \to 0$ 时极限存在.

解　当 $x \to 0^+$ 时，$\sqrt{x} \to 0$；又 $\left|\sin\dfrac{1}{x}\right| \leqslant 1$，根据定理 1.6.2 可得

$$\lim_{x \to 0^+} f(x) = \lim_{x \to 0^+} \sqrt{x}\sin\frac{1}{x} = 0 ;$$

而当 $x \to 0^-$ 时，

$$\lim_{x \to 0^-} f(x) = \lim_{x \to 0^-} (x^2 + a) = a ,$$

若函数 $f(x)$ 的极限存在则

$$\lim_{x \to 0^+} f(x) = \lim_{x \to 0^-} f(x) ,$$

即

$$a = 0 ,$$

所以当 $a = 0$ 时，$\lim\limits_{x \to 0} f(x)$ 存在.

1.6.2　无穷大量

定义 1.6.3　当 x 无限接近于点 x_0 时，函数 $f(x)$ 的绝对值无限增大，则称函数 $f(x)$ 是 $x \to x_0$ 时的无穷大量，简称为无穷大，记为

$$\lim_{x \to x_0} f(x) = \infty \text{ 或 } f(x) \to \infty (x \to x_0) .$$

在定义中，如果把 $\left| f(x) \right| > M$ 改为函数 $f(x) > M$，即函数 $f(x)$ 取正值无限增大，则称函数 $f(x)(x \to x_0)$ 是正无穷大，记为

$$\lim_{x \to x_0} f(x) = +\infty \text{ 或 } f(x) \to +\infty (x \to x_0) ;$$

如果把 $\left| f(x) \right| > M$ 改为函数 $f(x) < -M$，即函数 $f(x)$ 取负值无限减小，则称函数 $f(x)(x \to x_0)$ 是负无穷大，记为

$$\lim_{x \to x_0} f(x) = -\infty \text{ 或 } f(x) \to -\infty (x \to x_0) .$$

图 1-6-1 是函数 $y = \dfrac{1}{x-1}$ 的图形，当 $x \to 1$ 时，$\left|\dfrac{1}{x-1}\right|$ 可以任意大，即只要 x 和 1 无限的接近，对于任意一个无论多大的正数 M，就能使 $\left|\dfrac{1}{x-1}\right|$ 比 M 还要大.

关于无穷大量，有以下几点需要注意：

(1) 无穷大量是极限不存在的一种情况，并不表示极限存在；

(2) $\lim\limits_{x \to x_0} f(x) = \infty \Leftrightarrow \lim\limits_{x \to x_0^-} f(x) = \lim\limits_{x \to x_0^+} f(x) = \infty$，

$\lim\limits_{x \to \infty} f(x) = \infty \Leftrightarrow \lim\limits_{x \to -\infty} f(x) = \lim\limits_{x \to +\infty} f(x) = \infty$；

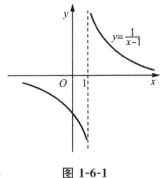

图 1-6-1

（3）不要把无穷大量和无界相混淆，无穷大必无界，但反之不一定成立. 例如，$f(x) = x\cos x$ ，当 $x \to \infty$ 时是无界的，但不是无穷大；数列 $1,0,2,0,\cdots,n,\cdots$ 是无界的，但不是 $n \to \infty$ 时的无穷大.

（4）无穷大量不是一个数，是一个绝对值无限大的变量，任何绝对值很大的常数都不是无穷大.

定理 1.6.3　（1）两个无穷大的积是无穷大；

（2）有界函数与无穷大的和是无穷大；

（3）在自变量的同一变化过程中，如果 $f(x)$ 是无穷大，$\lim g(x) = L \neq 0$ ，则 $f(x)g(x)$ 是无穷大.

例 1.6.3　证明 $\lim\limits_{x \to 0^+} e^{\frac{1}{x}} = +\infty$.

证明　对任意给定的 $M > 0$（不妨设 $M > 1$），要使

$$e^{\frac{1}{x}} > M ,$$

只要 $\dfrac{1}{x} > \ln M$ ，即

$$0 < x < \frac{1}{\ln M} ,$$

所以取 $\delta = \dfrac{1}{\ln M}$ ，则当 $0 < x < \delta$ 时，总有

$$e^{\frac{1}{x}} > M ,$$

即证 $\lim\limits_{x \to 0^+} e^{\frac{1}{x}} = +\infty$.

1.6.3　无穷大量与无穷小量的关系

无穷大量与无穷小量有如下的关系.

定理 1.6.4　在自变量的同一变化过程中，如果 $f(x)(f(x) \neq 0)$ 是无穷大量，则 $\dfrac{1}{f(x)}$ 是无穷小量；如果 $f(x)$ 是无穷小量，则 $\dfrac{1}{f(x)}$ 是无穷大量.

证明　这里仅对 $x \to x_0$ 的情况证明.

设 $\lim\limits_{x \to x_0} f(x) = \infty$ ，则对任意给定的 $\varepsilon > 0$ ，存在 $\delta > 0$ ，当 $0 < |x - x_0| < \delta$ 时，

$$|f(x)| > \frac{1}{\varepsilon} ,$$

即

$$\left| \frac{1}{f(x)} \right| < \varepsilon ,$$

所以 $\frac{1}{f(x)}$ 是 $x \to x_0$ 时的无穷小.

设 $\lim\limits_{x \to x_0} f(x) = 0$,且 $f(x) \neq 0$,则对于任意给定的 $M > 0$,存在 $\delta > 0$,当 $0 < |x - x_0| < \delta$ 时,

$$|f(x)| < \frac{1}{M} ,$$

即

$$\left| \frac{1}{f(x)} \right| > M ,$$

所以 $\frac{1}{f(x)}$ 是 $x \to x_0$ 时的无穷大.

例如,当 $x \to 1$ 时, $\frac{1}{x-1}$ 是无穷大,则 $x - 1$ 是无穷小.

这里需要注意的是,无穷大量与无穷小量不同的是,在自变量的统一变化过程中,两个无穷大的和、差与商是没有确定的结果,需具体问题具体分析. 容易证明:两个正(负)无穷大之和仍为正(负)无穷大;无穷大与有界变量的和、差仍为无穷大;有非零极限的变量与无穷大之积或无穷大与无穷大之积仍为无穷大;用非零值有界变量去除无穷大仍为无穷大.

例 1.6.4　求 $\lim\limits_{x \to \infty} \dfrac{x^4}{x^3 + 5}$.

解　由于

$$\frac{x^4}{x^3 + 5} = \frac{1}{\dfrac{x^3 + 5}{x^4}} ,$$

又

$$\lim_{x \to \infty} \frac{x^3 + 5}{x^4} = \lim_{x \to \infty} \left(\frac{1}{x} + \frac{5}{x^4} \right) = 0 ,$$

根据定理 1.6.4 可得

$$\lim_{x \to \infty} \frac{x^4}{x^3 + 5} = \infty .$$

1.7　函数的连续与间断

1.7.1　连续与间断

定义 1.7.1　设函数 $f(x)$ 在点 x_0 的某个邻域有定义,如果

$$\lim_{x \to x_0} f(x) = f(x_0),$$

则称函数 $f(x)$ 在点 x_0 连续,也称 x_0 为 $f(x)$ 的连续点. 否则称 x_0 是 $f(x)$ 的间断点.

$f(x)$ 在点 x_0 连续的 $\varepsilon - \delta$ 定义如下.

定义 1.7.2　设函数 $y = f(x)$ 在点 x_0 的某个邻域有定义. 如果对于任意给定的 $\varepsilon > 0$,存在 $\delta > 0$ 使得当 $|x - x_0| < \delta$ 时有

$$|f(x) - f(x_0)| < \varepsilon,$$

则称函数 $f(x)$ 在点 x_0 连续.

设函数 $y = f(x)$ 在 x_0 的某个邻域有定义,考虑自变量两次取值 x_0 和 x,称 x_0 为始值,x 为终值,终值与始值之差

$$\Delta x = x - x_0$$

称为自变量增量;终值与始值处函数值之差

$$\Delta y = f(x) - f(x_0) = f(x_0 + \Delta x) - f(x_0)$$

称为由自变量 Δx 引起的函数增量,称为函数增量. 如图 1-7-1 所示.

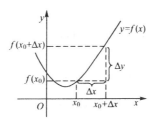

图 1-7-1

由此引出函数在一点连续的第三个定义.

定义 1.7.3　设函数 $y = f(x)$ 在点 x_0 的某个邻域有定义,如果当自变量增量 $\Delta x = x - x_0$ 趋于 0 时,对应的函数增量 $\Delta y = f(x_0 + \Delta x) - f(x_0)$ 也趋于 0,则称函数 $y = f(x)$ 在点 x_0 连续.

定义 1.7.4　如果

$$\lim_{x \to x_0^-} f(x) = f(x_0),$$

则称函数 $f(x)$ 在点 x_0 处左连续;如果

$$\lim_{x \to x_0^+} f(x) = f(x_0),$$

则称函数 $f(x)$ 在点 x_0 处右连续.

$f(x)$ 在点 x_0 处连续的充分必要条件是在点 x_0 处既是左连续又是右连续.

例 1.7.1　讨论函数 $f(x) = \begin{cases} x + 1, & x \leqslant 0 \\ \sin x + x^2 + 1, & x > 0 \end{cases}$ 在点 $x = 0$ 处的连续性.

解　由于

$$f(0) = 1$$

且

$$\lim_{x \to 0^+} f(x) = \lim_{x \to 0^+} (\sin x + x^2 + 1) = 1 = f(0) ,$$

$$\lim_{x \to 0^-} f(x) = \lim_{x \to 0^-} (x + 1) = 1 = f(0) ,$$

则函数 $f(x)$ 在 $x = 0$ 处既左连续又右连续,所以函数 $f(x)$ 在点 $x = 0$ 处连续.

1.7.2　间断点的类型

根据连续的定义可知,函数在点 x_0 处连续必须同时满足以下 3 点:

(1) $f(x)$ 在点 x_0 处有定义;

(2)极限 $\lim\limits_{x \to x_0} f(x)$ 存在;

(3)极限 $\lim\limits_{x \to x_0} f(x)$ 和函数值 $f(x_0)$ 相等.

所以凡不满足以上 3 点之一的点必定是 $f(x)$ 的间断点.进一步,根据左右极限是否存在,函数的间断点可分为两类:第一类间断点和第二类间断点.

定义 1.7.5　设点 x_0 是函数 $f(x)$ 的间断点,但左极限 $\lim\limits_{x \to x_0^-} f(x)$ 和右连续 $\lim\limits_{x \to x_0^+} f(x)$ 都存在,则称 x_0 是函数 $f(x)$ 的第一类间断点.

如果 $\lim\limits_{x \to x_0^-} f(x) \neq \lim\limits_{x \to x_0^+} f(x)$,则称 x_0 是函数 $f(x)$ 的跳跃间断点;如果 $\lim\limits_{x \to x_0} f(x) = A \neq f(x_0)$ 或者 $f(x)$ 在点 x_0 处无定义,则称 x_0 是函数 $f(x)$ 的可去间断点.

定义 1.7.6　若函数 $f(x)$ 在点 x_0 处的左右极限至少有一个不存在,则称点 x_0 是函数 $f(x)$ 的第二类间断点.

如果 $\lim\limits_{x \to x_0} f(x) = \infty$,则称 x_0 是函数 $f(x)$ 的无穷间断点;当 $x \to x_0$ 的过程中,$f(x)$ 无限振荡,极限不存在,则称 x_0 是函数 $f(x)$ 的振荡间断点.

例 1.7.2　指出函数 $y = \begin{cases} \sin \dfrac{1}{x}, & x \neq 0 \\ 0, & x = 0 \end{cases}$ 的间断点,并说明它是哪类间断点.

解　函数在 $x = 0$ 处有定义.但是极限 $\lim\limits_{x \to 0} \sin \dfrac{1}{x}$ 不存在,所以 $x = 0$ 是函数的第二类间断点.又 $x \to 0$ 时,函数图形呈上下无限振荡状态,如图 1-7-2 所示,

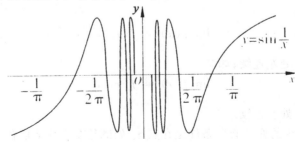

图 1-7-2

所以 $x = 0$ 是函数的振荡间断点.

例 1.7.3　指出函数 $f(x) = \dfrac{x^2 - x}{|x|(x^2 - 1)}$ 的间断点,并说明它是哪类间断点.如果有可去间断点,指出如何补充或修改这一点函数的定义使它连续.

解　$f(x)$ 的间断点是 $x = 0, x = 1, x = -1$.

由于

$$\lim_{x \to 1} f(x) = \lim_{x \to 1} \frac{x(x-1)}{x(x^2-1)} = \lim_{x \to 1} \frac{1}{x+1} = \frac{1}{2} ,$$

所以 $x = 1$ 是 $f(x)$ 的第一类间断点,且为可去间断点.补充 $f(1) = \dfrac{1}{2}$ 就可使函数在 $x = 1$ 处连续.

由于

$$\lim_{x \to 0^+} f(x) = \lim_{x \to 0^+} \frac{x(x-1)}{x(x^2-1)} = \lim_{x \to 0^+} \frac{1}{x+1} = 1 ,$$

$$\lim_{x \to 0^-} f(x) = \lim_{x \to 0^-} \frac{x(x-1)}{-x(x^2-1)} = \lim_{x \to 0^-} \frac{-1}{x+1} = -1 ,$$

所以 $x = 0$ 是 $f(x)$ 的第一类间断点,是跳跃间断点.

由于

$$\lim_{x \to -1^+} f(x) = \lim_{x \to -1^+} \frac{x(x-1)}{-x(x^2-1)} = \lim_{x \to -1^+} \frac{-1}{x+1} = -\infty ,$$

$$\lim_{x \to -1^-} f(x) = \lim_{x \to -1^-} \frac{x(x-1)}{-x(x^2-1)} = \lim_{x \to -1^-} \frac{-1}{x+1} = +\infty ,$$

所以 $x = -1$ 是 $f(x)$ 的第二类间断点,是无穷间断点.

图 1-7-3 即为函数 $f(x) = \dfrac{x^2 - x}{|x|(x^2 - 1)}$ 的图形.

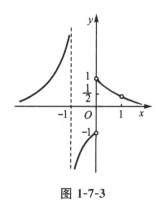

图 1-7-3

1.7.3　连续函数的性质

根据极限四则运算法则和连续函数的定义,我们可以得到下面的定理.

定理 1.7.1　如果函数 $f(x)$、$g(x)$ 在点 x_0 处连续,那么 $f(x) \pm g(x)$、$f(x)g(x)$、$\dfrac{f(x)}{g(x)}(g(x_0) \neq 0)$ 在点 x_0 处也连续.

例如,$\sin x, \cos x$ 在区间 $(-\infty, +\infty)$ 内连续,则 $\tan x, \cot x$ 在它们的定义域内也是连续的.

定理 1.7.2 设函数 $y = f[g(x)]$ 是由函数 $u = g(x)$ 和函数 $y = f(u)$ 复合而成,如果函数 $u = g(x)$ 在点 x_0 处连续,$u_0 = g(x_0)$;函数 $y = f(u)$ 在点 u_0 连续,那么函数 $y = f[g(x)]$ 在点 x_0 处连续,即 $\lim\limits_{x \to x_0} f[g(x)] = f[g(x_0)]$.

基本初等函数在其定义域内是连续的.由于初等函数是由基本初等函数和常数经过有限次四则运算和复合运算而成,所以由基本初等函数的连续性、连续函数的四则运算、复合函数的连续性和反函数的连续性,可以得到此定理,一切初等函数在其定义区间内是连续的.

函数 $f(x)$ 在闭区间 $[a, b]$ 上连续是指函数在区间内每一点连续,以及在区间左端点为右连续和在区间右端点为左连续.下面介绍有关闭区间上连续函数的几个性质,它们在数学理论上有非常重要的价值.

定理 1.7.3(有界性定理) 函数 $f(x)$ 在闭区间 $[a, b]$ 上连续,则函数 $f(x)$ 在闭区间 $[a, b]$ 上有界.

定理 1.7.4(最值定理) 如果函数 $f(x)$ 在闭区间 $[a, b]$ 上连续,则函数 $f(x)$ 在闭区间 $[a, b]$ 上一定取得最大值 M 和最小值 m.

如图 1-7-4 所示,连续曲线 $y = f(x)$ 在闭区间 $[a, b]$ 上,一定存在 $x_1, x_2 \in [a, b]$,使得
$$f(x_1) = \min\{f(x) \mid x \in [a, b]\},$$
$$f(x_2) = \max\{f(x) \mid x \in [a, b]\}.$$

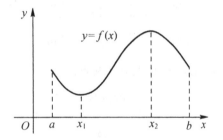

图 1-7-4

定理 1.7.5(介值定理) 如果函数 $f(x)$ 在闭区间 $[a, b]$ 上连续,且 $f(a) \neq f(b)$,则对于介于 $f(a)$ 与 $f(b)$ 之间的任意一个数 μ,至少存在一点使得
$$f(\xi) = \mu.$$

如图 1-7-5 所示,在闭区间 $[a, b]$ 上,连续曲线 $y = f(x)$ 与直线 $y = \mu$ 至少有一个交点,μ 是介于 $f(a)$ 与 $f(b)$ 之间的任意一个数.也就是说,从连续函数 $y = f(x)$ 的图象端点 A 连续画到 B 时,至少要与直线 $y = \mu$ 相交一次.

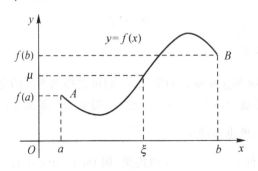

图 1-7-5

在介值定理中令 $\mu = 0$ 就得到了下面的零点定理,零点定理是介值定理的特殊情况.

定理 1.7.6(零点定理)　如果函数 $f(x)$ 在闭区间 $[a,b]$ 上连续,且 $f(a)f(b) < 0$,则存在 $\xi \in (a,b)$ 使

$$f(\xi) = 0 .$$

当连续曲线 $y = f(x)$ 从 x 轴下侧的点 A(纵坐标 $f(a) < 0$)画到 x 轴上侧的点 B(纵坐标 $f(b) < 0$)时,与 x 轴至少相交于一点 $C(\xi,0)$,如图 1-7-6 所示.

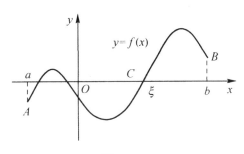

图 1-7-6

例 1.7.4　讨论 $y = \sin \dfrac{1}{x}$ 的连续性.

解　函数 $y = \sin \dfrac{1}{x}$ 是由 $y = \sin u$ 和 $u = \dfrac{1}{x}$ 复合而成的.

当 $-\infty < u < +\infty$ 时,$y = \sin u$ 是连续的.

当 $-\infty < x < 0, 0 < x < +\infty$ 时,$u = \dfrac{1}{x}$ 是连续的,

易知,$y = \sin \dfrac{1}{x}$ 在区间 $-\infty < x < 0, 0 < x < +\infty$ 上是连续的.

例 1.7.5　求 $\lim\limits_{x \to 0} \left(\sqrt{4-x} + \sqrt{x-2} + \cos \dfrac{\pi}{x} \right)$.

解　上面极限中每一项都是初等函数,而且在点 $x = 3$ 处都有定义,所以直接代入即得

$$\lim\limits_{x \to 3} \left(\sqrt{4-x} + \sqrt{x-2} + \cos \dfrac{\pi}{x} \right) = \sqrt{4-3} + \sqrt{3-2} + \cos \dfrac{\pi}{3} = \dfrac{5}{2} .$$

例 1.7.6　设函数 $f(x)$ 的定义域为 $[0, +\infty)$,$f(0) = 0$,$\lim\limits_{x \to +\infty} f(x) = 0$,且 $f(x)$ 不恒等于 0,求证 $f(x)$ 在 $(0, +\infty)$ 有正的最大值或者负的最小值.

证明　如果至少存在一点 x_0 满足 $f(x_0) > 0$,下面证明 $f(x)$ 在 $(0, +\infty)$ 有正的最大值,即存在 $\xi > 0$ 使得

$$f(\xi) = \max\{ f(x) \,|\, x \geq 0 \} > 0 .$$

因为 $\lim\limits_{x \to +\infty} f(x) = 0$,所以存在 $N > 0$,不妨设 $N > x_0$ 使得当 $x > N$ 时恒有

$$f(x) < f(x_0) . \tag{1.7.1}$$

在区间 $[0, N]$ 上,对连续函数 $f(x)$ 应用最值定理可得存在 $\xi \in [0, N]$ 使得

$$f(\xi) = \max\{ f(x) \,|\, 0 \leq x \leq N \} ,$$

由 (1.7.1) 式可得,当 $x > N$ 时,

$$f(x) < f(x_0) < f(\xi) ,$$

由于 $f(\xi) > 0$，所以 $f(\xi)$ 是 $f(x)$ 在 $(0, +\infty)$ 上的正的最大值.

同理，如果至少存在一点 x_0 满足 $f(x_0) < 0$，用同样的方法可证 $f(x)$ 在 $(0, +\infty)$ 上有负的最小值.

例 1.7.7 证明方程 $x^5 - 6x - 1 = 0$ 在 1 和 2 之间至少有一个根.

证明 令 $f(x) = x^5 - 6x - 1$，它是初等函数中的多项式函数，显然 $f(x)$ 在 $[1,2]$ 上连续，又

$$f(1) = -6 < 0, f(2) = 19 > 0,$$

所以根据零点定理可得至少存在一点 $\xi \in (1,2)$ 使得

$$f(\xi) = 0,$$

即方程 $x^5 - 6x - 1 = 0$ 在 1 和 2 之间至少有一个根，得证.

第2章 导数与微分

2.1 导数的基本概念

2.1.1 引例

例 2.1.1 直线运动的速度问题:设一物体做直线运动,在 $[0,t]$ 这段时间内所经过的路程为 s,那么 s 是时刻 t 的函数 $s = s(t)$.接下来我们讨论物体在 $t = t_0$ 时的运动速度 $v(t_0)$.

当时间由 t_0 改变到时 $t_0 + \Delta t$ 时,物体在 Δt 这一段时间内所经过的距离为
$$\Delta s = s(t_0 + \Delta t) - s(t_0),$$
在这段时间间隔内的平均速度是
$$\bar{v} = \frac{\Delta s}{\Delta t} = \frac{s(t_0 + \Delta t) - s(t_0)}{\Delta t}.$$

如果运动是匀速的,平均速度就等于质点在每个时刻的速度;

如果运动是非匀速的,平均速度 $\bar{v}(\Delta t)$ 是这段时间内运动快慢的平均值.当 Δt 非常小时,我们可以近似看成物体在 $[t_0, t_0 + \Delta t]$ 内做匀速运动,所以可以用 $\bar{v}$ 作为 $v(t_0)$ 的近似值,且 Δt 越小,相应近似程度越好.当 $\Delta t \to 0$,如果极限 $\lim\limits_{\Delta t \to 0} \dfrac{\Delta s}{\Delta t}$ 存在,则称此极限为物体在时刻 t_0 的瞬时速度,即
$$v(t_0) = \lim_{\Delta t \to 0} \frac{\Delta s}{\Delta t} = \lim_{\Delta t \to 0} \frac{s(t_0 + \Delta t) - s(t_0)}{\Delta t}.$$

例 2.1.2 平面曲线的切线斜率:设有一平面曲线,其方程是 $y = f(x)$,试确定曲线 c 在点 $M(x_0 + \Delta x, y_0 + \Delta y)$,过 M_0, M 的直线称为曲线 c 的割线.当点 M 沿曲线 c 趋向于点 M_0 时,如果割线 M_0M 有极限位置 M_0T,则称直线 M_0T 为曲线 c 在点 M_0 处的切线,如图 2-1-1 所示.

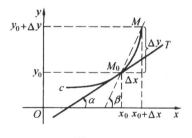

图 2-1-1

割线 M_0M 的斜率为
$$\tan\beta = \frac{\Delta y}{\Delta x} = \frac{f(x_0 + \Delta x) - f(x_0)}{\Delta x},$$

其中，β 为割线 M_0M 的倾角.

当点 M 沿曲线 c 趋向于点 M_0 时，即 $\Delta x \rightarrow 0$ 时，$\beta \rightarrow \alpha$，于是切线 M_0T 的斜率为

$$k = \tan\alpha = \lim_{\Delta x \rightarrow 0} \frac{\Delta y}{\Delta x} = \lim_{\Delta x \rightarrow 0} \frac{f(x_0 + \Delta x) - f(x_0)}{\Delta x}.$$

在这两个例子中，虽然自变量与函数所表示的意义是不同的学科领域——物理学及几何学，但是从数学运算的角度来看，实质上是一样的. 这就是：

①给自变量以任意增量并算出函数的增量；

②作出函数的增量与自变量增量的比值；

③求出当自变量的增量趋向于零时这个比值的极限. 我们把这种特定的极限叫做函数的导数. 由此，我们给出导数的定义.

2.1.2 导数的概念

定义 2.1.1 设函数 $y = f(x)$ 在点 x_0 的某个邻域内有定义，在自变量 x 在 x_0 处取得增量 Δx（点 $x_0 + \Delta x$ 仍在该邻域）时，相应地函数 y 取得增量 $\Delta y = f(x_0 + \Delta x) - f(x_0)$，如果当 $\Delta x \rightarrow 0$ 时，极限

$$\lim_{\Delta x \rightarrow 0} \frac{\Delta y}{\Delta x} = \lim_{\Delta x \rightarrow 0} \frac{f(x_0 + \Delta x) - f(x_0)}{\Delta x}$$

存在，则称此极限值为函数 $y = f(x)$ 在点 x_0 处的导数，并称函数 $y = f(x)$ 在点 x_0 处可导，记为

$$f'(x_0), y'|_{x = x_0}, \frac{\mathrm{d}y}{\mathrm{d}x}\Big|_{x = x_0} \text{ 或 } \frac{\mathrm{d}f(x)}{\mathrm{d}x}\Big|_{x = x_0}.$$

很明显，导数还可以写成如下形式：

$$f'(x_0) = \lim_{\Delta x \rightarrow 0} \frac{f(x_0 + \Delta x) - f(x_0)}{\Delta x} = \lim_{\Delta x \rightarrow 0} \frac{\Delta y}{\Delta x},$$

即 $f(x)$ 在点 x_0 的导数等于函数增量和自变量增量比值的极限；如果极限式 $\lim\limits_{\Delta x \rightarrow 0} \frac{\Delta y}{\Delta x}$ 不存在，则称 $y = f(x)$ 在点 x_0 处不可导，称 x_0 为 $y = f(x)$ 的不可导点.

函数 $f(x)$ 在点 x_0 处可导也可以说成函数 $f(x)$ 在点 x_0 处导数存在或者具有导数.

函数 $y = f(x)$ 在点 x_0 处的导数等于函数 $y = f(x)$ 所表示的曲线 c 在相应点 (x_0, y_0) 处的切线斜率. 那么相应地，曲线 $y = f(x)$ 在点 (x_0, y_0) 处的切线定义为过点 (x_0, y_0) 并且斜率为 $f'(x_0)$ 的直线，其方程为

$$y - y_0 = f'(x_0)(x - x_0).$$

如果 $f'(x_0) = \infty$，那么切线垂直与 x 轴，对应切线方程就是 x 轴的垂线 $x = x_0$；如果 $f'(x_0) \neq 0$，那么过点 (x_0, y_0) 的法线方程是 $y - y_0 = -\frac{1}{f'(x_0)}(x - x_0)$；如果 $f'(x_0) = 0$，那么过点 (x_0, y_0) 的法线方程是 $x = x_0$.

定义 2.1.2 设函数 $y = f(x)$ 在点 x_0 的某个邻域内有定义，如果左极限 $\lim\limits_{\Delta x \rightarrow 0^-} \frac{f(x_0 + \Delta x) - f(x_0)}{\Delta x}$ 存在，则称此极限值为函数 $y = f(x)$ 在点 x_0 的左导数，记为

$$f'_-(x_0) = \lim_{\Delta x \rightarrow 0^-} \frac{f(x_0 + \Delta x) - f(x_0)}{\Delta x};$$

如果右极限 $\lim\limits_{\Delta x \to 0^+} \dfrac{f(x_0 + \Delta x) - f(x_0)}{\Delta x}$ 存在,则称此极限值为函数 $y = f(x)$ 在点 x_0 的右导数,记为

$$f'_+(x_0) = \lim_{\Delta x \to 0^+} \frac{f(x_0 + \Delta x) - f(x_0)}{\Delta x}.$$

左导数和右导数统称为单侧倒数.

定理 2.1.1　函数 $f(x)$ 在点 x_0 可导的充分必要条件是点 x_0 的左右导数存在并且相等,即
$$f'_-(x_0) = f'_+(x_0).$$

定义 2.1.3　如果函数 $f(x)$ 在开区间 (a,b) 内的每一个点都可导,则称函数 $f(x)$ 在开区间 (a,b) 内可导,那么对于开区间 (a,b) 内的每一个确定的点 x 都有一个确定的导数 $f'(x)$ 与之相对应,因此 $f'(x)$ 也是 x 的函数,我们称之为 $f(x)$ 的导函数,简称为导数,记作 $f'(x)$,y',$\dfrac{\mathrm{d}f(x)}{\mathrm{d}x}$ 或者 $\dfrac{\mathrm{d}y}{\mathrm{d}x}$. $f'(x_0)$ 为导数 $f'(x)$ 当 $x = x_0$ 时的函数值,记为

$$f'(x_0) = f'(x)\big|_{x = x_0}.$$

根据导数的定义,求导的方法有以下三个步骤:

(1)求出函数的增量
$$\Delta y = f(x + \Delta x) - f(x);$$

(2)求出两个增值的比值
$$\frac{\Delta y}{\Delta x} = \frac{f(x + \Delta x) - f(x)}{\Delta x};$$

(3)求出 $\Delta x \to 0$ 时,$\dfrac{\Delta y}{\Delta x}$ 的极限,即
$$y' = f'(x) = \lim_{\Delta x \to 0} \frac{\Delta y}{\Delta x} = \lim_{\Delta x \to 0} \frac{f(x + \Delta x) - f(x)}{\Delta x}.$$

定理 2.1.2　如果函数 $y = f(x)$ 在点 x_0 可导,则它在点 x_0 连续.

证明　因为函数 $y = f(x)$ 在点 x_0 可导,则有
$$\lim_{\Delta x \to 0} \frac{\Delta y}{\Delta x} = f'(x),$$

根据函数的极限和无穷小的关系可得
$$\frac{\Delta y}{\Delta x} = f'(x_0) + \alpha,$$

当 $\Delta x \to 0$ 时,$\Delta y = f'(x_0)\Delta x + \alpha(\Delta x)$,可得
$$\lim_{\Delta x \to 0} \Delta y = \lim_{\Delta x \to 0} [f'(x_0)\Delta x + \alpha(\Delta x)] = 0,$$
即函数 $y = f(x)$ 在点 x_0 连续.

例 2.1.3　考虑 $f(x) = x^2$ 在 $x_0 = 0$ 和 $x_0 = 3$ 处的可导性.

解　因为
$$\lim_{x \to 0} \frac{f(x) - f(0)}{x - 0} = \lim_{x \to 0} \frac{x^2 - 0}{x - 0} = \lim_{x \to 0} x = 0,$$
$$\lim_{x \to 3} \frac{f(x) - f(3)}{x - 3} = \lim_{x \to 3} \frac{x^2 - 9}{x - 3} = \lim_{x \to 3} (x + 3) = 6,$$
所以 $f(x)$ 在 $x_0 = 0$ 和 $x_0 = 3$ 处可导.

例 2.1.4　求曲线 $f(x) = \dfrac{1}{x}$ 在点 $(1,1)$ 处的切线方程和法线方程.

解　因为

$$f(x)' = \lim_{\Delta x \to 0} \frac{\Delta y}{\Delta x} = \lim_{\Delta x \to 0} \frac{-1}{x(x+\Delta x)} = -\frac{1}{x^2} \,,$$

则曲线在点 $(1,1)$ 处的切线斜率是

$$k = f(1)' = -1 \,,$$

所以曲线在点 $(1,1)$ 处的切线方程为

$$y - 1 = -(x-1) \,,$$

即

$$x + y - 2 = 0 \,.$$

易求得其法线方程为

$$x - y = 0 \,.$$

例 2.1.5　求函数 $f(x) = \begin{cases} \sin x, & x < 0? \\ x, & x \geqslant 0 \end{cases}$ 在 $x = 0$ 处的导数.

解　因为

$$f'_-(0) = \lim_{\Delta x \to 0^-} \frac{\Delta y}{\Delta x} = \lim_{\Delta x \to 0^-} \frac{\sin \Delta x}{\Delta x} = 1,$$

$$f'_+(x_0) = \lim_{\Delta x \to 0^+} \frac{\Delta y}{\Delta x} = \lim_{x \to 0^+} \frac{\Delta x}{\Delta x} = 1,$$

由 $f'_-(x_0) = f'_+(x_0) = 1$ 可得

$$f'(0) = \lim_{\Delta x \to 0} \frac{\Delta y}{\Delta x} = 1 \,.$$

例 2.1.6 求函数 $y = x^3$ 在 $x = 1$ 处的导数 $f'(1)$.

解　当 x 由 1 变到 $1+\Delta x$ 时,函数相应的增量是

$$\Delta y = (1+\Delta x)^3 - 1^3 = 3\Delta x + 3(\Delta x)^2 + (\Delta x)^3 \,,$$

$$\frac{\Delta y}{\Delta x} = 3 + 3\Delta x + (\Delta x)^2 \,,$$

所以

$$f'(1) = \lim_{\Delta x \to 0} \frac{\Delta y}{\Delta x} = \lim_{\Delta x \to 0} (3 + 3\Delta x + (\Delta x)^2) = 3 \,.$$

例 2.1.7　已知 $f'(3) = 2$,求 $\lim\limits_{h \to 0} \dfrac{f(3-h) - f(3)}{2h}$.

解　$\lim\limits_{h \to 0} \dfrac{f(3-h) - f(3)}{2h} = -\dfrac{1}{2} \lim\limits_{h \to 0} \dfrac{f(3-h) - f(3)}{-h} = -\dfrac{1}{2} \lim\limits_{h \to 0} f'(3) = -1 \,.$

例 2.1.8　讨论函数 $f(x) = \begin{cases} x\sin\dfrac{1}{x}, & x \neq 0 \\ 0, & x = 0 \end{cases}$ 在 $x = 0$ 处的连续性和可导性.

解　因为

$$\lim_{x \to 0} f(x) = \lim_{x \to 0} x\sin\frac{1}{x} = 0 = f(0) \,,$$

所以函数 $f(x)$ 在 $x = 0$ 处连续;

又因为
$$\frac{f(x) - f(0)}{x - 0} = x \sin \frac{1}{x} ,$$

当 $x \to 0$ 时.上式的极限不存在,所以 $f(x)$ 在 $x = 0$ 处不可导.

例 2.1.9　设函数 $f(x) = \begin{cases} a + bx , & x \leqslant 1 \\ x^2 , & x > 1 \end{cases}$,试确定常数 a,b 使函数在 $x = 1$ 处可导.

解　要使函数 $f(x)$ 在 $x = 1$ 处可导,则必须在 $x = 1$ 处连续,因为
$$\lim_{x \to 1^-} f(x) = \lim_{x \to 1^-} (ax + b) = a + b ,$$
$$\lim_{x \to 1^+} f(x) = \lim_{x \to 1^+} x^2 = 1 ,$$

则有
$$f(1) = a + b = 1 .$$

要使函数 $f(x)$ 在 $x = 1$ 处可导,还必须满足 $f'_-(1) = f'_+(1)$,又
$$f'_-(1) = \lim_{x \to 1^-} \frac{f(x) - f(1)}{x - 1} = \lim_{x \to 1^-} \frac{ax + b - (a + b)}{x - 1} = a ,$$
$$f'_+(1) = \lim_{x \to 1^+} \frac{f(x) - f(1)}{x - 1} = \lim_{x \to 1^+} \frac{x^2 - 1}{x - 1} = \lim_{x \to 1^+} (x + 1) = 2 ,$$

所以 $a = 2$,可得 $b = -1$ 时,函数 $f(x)$ 在 $x = 1$ 处可导,且 $f'(1) = 2$.

2.2　函数的求导法则

2.2.1　基本求导公式

(1)常数 $y = C$ 的导数为 0 ;

证明　因为
$$\Delta y = C - C = 0 ,$$
$$\frac{\Delta y}{\Delta x} = \frac{0}{\Delta x} = 0 ,$$

所以
$$C' = \lim_{\Delta x \to 0} \frac{\Delta y}{\Delta x} = 0 .$$

(2)幂函数 $y = x^a$ 的导数为 ax^{a-1} ;

证明　因为
$$\Delta y = (x + \Delta x)^a - x^a = x^a \left[\left(1 + \frac{\Delta x}{x} \right)^a - 1 \right] ,$$
$$\frac{\Delta y}{\Delta x} = \frac{\left(1 + \frac{\Delta x}{x} \right)^a - 1}{\Delta x} = x^{a-1} \frac{\left(1 + \frac{\Delta x}{x} \right)^a - 1}{\frac{\Delta x}{x}} ,$$

所以
$$(x^a)' = \lim_{\Delta x \to 0} \frac{\Delta y}{\Delta x} = ax^{a-1} .$$

(3)正弦函数 $y = \sin x$ 的导数为 $\cos x$,余弦函数 $y = \cos x$ 的导数为 $-\sin x$;

证明 因为

$$\Delta y = \sin(x + \Delta x) - \sin x = 2\cos\left(x + \frac{\Delta x}{2}\right)\sin\frac{\Delta x}{2} ,$$

$$\frac{\Delta y}{\Delta x} = 2\cos\left(x + \frac{\Delta x}{2}\right)\frac{\sin\frac{\Delta x}{2}}{\Delta x} ,$$

利用 $\cos x$ 的连续性和重要极限可得

$$(\sin x)' = \lim_{\Delta x \to 0}\frac{\Delta y}{\Delta x} = \cos x ,$$

即正弦函数的导数是余弦函数. 同理可得,余弦函数的导数是负的正弦函数,

$$(\cos x)' = -\sin x .$$

(4)指数函数 $y = a^x (a > 0, a \neq 1)$ 的导数为 $a^x \ln a$;

证明 因为

$$\Delta y = a^{x+\Delta x} - a^x = a^x(a^{\Delta x} - 1) ,$$

$$\frac{\Delta y}{\Delta x} = a^x \frac{a^{\Delta x} - 1}{\Delta x} ,$$

所以

$$(a^x)' = \lim_{\Delta x \to 0}\frac{\Delta y}{\Delta x} = a^x \ln a .$$

特别的有

$$(e^x)' = e^x ,$$

即以 e 为底的指数函数的导数等于它本身.

(5)对数函数 $y = \log_a x (a > 0, a \neq 1)$ 的导数为 $\frac{1}{x\ln a}$.

证明 因为

$$\Delta y = \log_a(x + \Delta x) - \log_a x = \log_a\left(1 + \frac{\Delta x}{x}\right) ,$$

$$\frac{\Delta y}{\Delta x} = \frac{1}{x} \times \frac{\Delta x}{x}\log_a\left(1 + \frac{\Delta x}{x}\right) = \frac{1}{x}\log_a\left(1 + \frac{\Delta x}{x}\right)^{\frac{x}{\Delta x}} ,$$

所以

$$(\log_a x)' = \lim_{\Delta x \to 0}\frac{\Delta y}{\Delta x} = \frac{1}{x\ln a} .$$

特别的有

$$(\ln x)' = \frac{1}{x} ,$$

即自然对数的导数等于自变量的倒数.

由于初等函数的导数非常重要,下面我们列出基本初等函数的导数公式,这些公式是求导的基础.

(1) $(C)' = 0$ (C 为任意常数);

(2) $(x^a)' = ax^{a-1}$ (a 为任意常数);

(3) $(\sin x)' = \cos x$;

(4) $(\cos x)' = -\sin x$;

(5) $(\tan x)' = \sec^2 x$;

(6) $(\cot x)' = -\csc^2 x$;

(7) $(\sec x)' = \sec x \tan x$;

(8) $(\csc x)' = -\csc x \cot x$;

(9) $(a^x)' = a^x \ln a$;

(10) $(e^x)' = e^x$;

(11) $(\log_a x)' = \dfrac{1}{x \ln a}, (a > 0, a \neq 1)$;

(12) $(\ln x)' = \dfrac{1}{x}, (x \neq 0)$;

(13) $(\arcsin x)' = \dfrac{1}{\sqrt{1-x^2}}, \mid x \mid < 1$;

(14) $(\arccos x)' = -\dfrac{1}{\sqrt{1-x^2}}, \mid x \mid < 1$;

(15) $(\arctan x)' = \dfrac{1}{1+x^2}$;

(16) $(\text{arc} \cot x)' = -\dfrac{1}{1+x^2}$.

这里需要注意的是,上面的求导公式是指函数在某一个区间上有这样的表达式才可以直接套用公式,当不能直接套用现成的公式的时候,还是要回到函数导数的定义.

2.2.2　函数四则运算的求导法则

定理 2.2.1　设函数 $f(x), g(x)$ 在点 x 处具有导数,那么它们的和、差、积、商(除分母为零的点外)都在点 x 处具有导数,且

(1) $[f(x) \pm g(x)]' = f'(x) \pm g'(x)$;

(2) $(f(x)g(x))' = f'(x)g(x) + f(x)g'(x)$;

(3) $(\dfrac{f(x)}{g(x)})' = \dfrac{f'(x)g(x) - f(x)g'(x)}{g^2(x)}$ ($g(x) \neq 0$).

证明　(1)

$$
\begin{aligned}
[f(x) \pm g(x)]' &= \lim_{\Delta x \to 0} \frac{[f(x+\Delta x) \pm g(x+\Delta x)] - [f(x) \pm g(x)]}{\Delta x} \\
&= \lim_{\Delta x \to 0} \frac{f(x+\Delta x) - f(x)}{\Delta x} \pm \lim_{\Delta x \to 0} \frac{g(x+\Delta x) - g(x)}{\Delta x} \\
&= f'(x) \pm g'(x).
\end{aligned}
$$

(2)

$$
\begin{aligned}
[f(x)g(x)]' &= \lim_{\Delta x \to 0} \frac{f(x+\Delta x)g(x+\Delta x) - f(x)g(x)}{\Delta x} \\
&= \lim_{\Delta x \to 0} \left[\frac{f(x+\Delta x) - f(x)}{\Delta x} g(x+\Delta x) + f(x) \frac{g(x+\Delta x) - g(x)}{\Delta x} \right]
\end{aligned}
$$

$$= \lim_{\Delta x \to 0} \frac{f(x + \Delta x) - f(x)}{\Delta x} \lim_{\Delta x \to 0} g(x + \Delta x) + f(x) \lim_{\Delta x \to 0} \frac{g(x + \Delta x) - g(x)}{\Delta x}$$

$$= f'(x)g(x) + f(x)g'(x).$$

其中，$\lim\limits_{\Delta x \to 0} g(x + \Delta x) = g(x)$ 是由于 $g'(x)$ 存在，所以 $g(x)$ 在点 x 处连续，所以法则(2)得证.

当 $g(x) = c$，c 为任意常数时，有

$$[cf(x)]' = cf'(x).$$

(3)

$$\left[\frac{f(x)}{g(x)}\right]' = \lim_{\Delta x \to 0} \frac{\dfrac{f(x + \Delta x)}{g(x + \Delta x)} - \dfrac{f(x)}{g(x)}}{\Delta x}$$

$$= \lim_{\Delta x \to 0} \frac{f(x + \Delta x)g(x) - f(x)g(x + \Delta x)}{g(x + \Delta x)g(x)\Delta x}$$

$$= \lim_{\Delta x \to 0} \frac{[f(x + \Delta x) - f(x)]g(x) - f(x)[g(x + \Delta x) - g(x)]}{g(x + \Delta x)g(x)\Delta x}$$

$$= \lim_{\Delta x \to 0} \frac{\dfrac{f(x + \Delta x) - f(x)}{\Delta x}g(x) - f(x)\dfrac{g(x + \Delta x) - g(x)}{\Delta x}}{g(x + \Delta x)g(x)}$$

$$= \frac{f'(x)g(x) - f(x)g'(x)}{g^2(x)}.$$

该定理中的(1)、(2)法则可推广到任意有限个可导函数的情形.

例 2.2.1　求函数 $y = 3x^4 + 5x^2 - x + 8$ 的导数.

解

$$y' = (3x^4 + 5x^2 - x + 8)'$$

$$= (3x^4)' + (x)' + (8)'$$

$$= 3(x^4)' + 5(x^2)' - 1 + 0$$

$$= 3 \times 4x^3 + 5 \times 2x - 1$$

$$= 12x^3 + 10x - 1.$$

例 2.2.2　求函数 $y = 2\sqrt{x}\sin x + \cos x \ln x$ 的导数.

解

$$y' = (2\sqrt{x}\sin x)' + (\cos x \ln x)'$$

$$= (2\sqrt{x})'\sin x + 2\sqrt{x}(\sin x)' + (\cos x)'\ln x + \cos x(\ln x)'$$

$$= \frac{2}{2\sqrt{x}} \cdot \sin x + 2\sqrt{x}\cos x - \sin x \cdot \ln x + \frac{1}{x}\cos x$$

$$= (\frac{1}{\sqrt{x}} - \ln x)\sin x + (2\sqrt{x} + \frac{1}{x})\cos x.$$

例 2.2.3　求函数 $y = \dfrac{x^2 - 1}{x^2 + 1}$ 的导数.

解

$$y' = \frac{(x^2 - 1)'(x^2 + 1) - (x^2 - 1)(x^2 + 1)'}{(x^2 + 1)^2}$$

$$= \frac{2x(x^2+1) - (x^2-1)(2x)}{(x^2+1)^2}$$

$$= \frac{4x}{(x^2+1)^2}.$$

例 2.2.4　求函数

$$f(x) = \begin{cases} x^2 \sin \dfrac{1}{x} + x, & x \neq 0 \\ 0, & x = 0 \end{cases}$$

的导数.

解　不管 $x > 0$ 还是 $x < 0$,函数在这两个区间上的表达式都是

$$f(x) = x^2 \sin \frac{1}{x} + x,$$

则有

$$f'(x) = \left(x^2 \sin \frac{1}{x} + x \right)' = 2x \sin \frac{1}{x} - \cos \frac{1}{x} + 1 \ (x \neq 0),$$

$$f'(0) = \lim_{x \to 0} \frac{f(x) - f(0)}{x - 0} = \lim_{x \to 0} \frac{f(x)}{x} = \lim_{x \to 0} \left(x \sin \frac{1}{x} + 1 \right) = 1.$$

分析:如果求函数在 $x = 0$ 处的导数,直接用 $f'(0) = 0' = 0$ 就错了.因为我们求在 $x = 0$ 处的导数,根据导数的定义,要涉及这点周围的函数值,因此不能用常数导数是 0 来套用.我们说常数导数是 0 是指在一个区间上是常数那样的函数.而本例中的函数,在 0 周围函数值不再是 0,下面我们把函数写成另一种形式,看看错误的套用公式而不看条件的后果.对于分段函数

$$f(x) = \begin{cases} x^2 \sin \dfrac{1}{x} + x, & x \neq 0 \\ 2x, & x = 0 \end{cases},$$

其本质上还是例 2.2.4 中的函数,如果不加思考而直接套用公式的话,就会得出 $f'(0) = 2$ 这样的错误结论.

2.2.3　反函数和复合函数的求导法则

定理 2.2.2　设函数 $x = \varphi(y)$ 在某区间上单调可导且 $\varphi'(y) \neq 0$,那么其反函数 $y = f(x)$ 在对应区间上也可导,且

$$f'(x) = \frac{1}{\varphi'(y)} \text{ 或 } \frac{\mathrm{d}y}{\mathrm{d}x} = \frac{1}{\dfrac{\mathrm{d}x}{\mathrm{d}y}},$$

即反函数的导数等于原函数导数的倒数.

证明　因为函数 $x = \varphi(y)$ 在某区间上单调连续,那么其反函数 $y = f(x)$ 也单调连续,下面证明它的可导性.

当 x 有增量 $\Delta x \neq 0$ 时,由 $y = f(x)$ 的单调性可得

$$\Delta y = f(x + \Delta x) - f(x) \neq 0,$$

所以

$$\frac{\Delta y}{\Delta x} = \frac{1}{\dfrac{\Delta x}{f(x + \Delta x) - f(x)}} = \frac{1}{\dfrac{\Delta x}{\Delta y}},$$

由 $y = f(x)$ 的连续性可知,当 $\Delta x \to 0$ 时,一定有 $\Delta y \to 0$,又因为 $x = \varphi(y)$ 可导,所以可得

$$\lim_{\Delta y \to 0} \frac{\Delta y}{\Delta x} = \varphi'(y) \neq 0,$$

所以

$$\lim_{\Delta x \to 0} \frac{\Delta y}{\Delta x} = \lim_{\Delta y \to 0} \frac{1}{\dfrac{\Delta x}{\Delta y}} = \frac{1}{\lim_{\Delta y \to 0} \dfrac{\Delta x}{\Delta y}} = \frac{1}{\varphi'(y)}.$$

定理 2.2.3 设函数 $y = f(u), u = \varphi(x)$,$u = \varphi(x)$ 在点 x 处可导,$y = f(u)$ 在对应点 u 处可导,则复合函数 $y = f[\varphi(x)]$ 在点 x 处可导,且其导数为

$$\frac{\mathrm{d}y}{\mathrm{d}x} = f'(u)\varphi'(x) \ \text{或} \ \frac{\mathrm{d}y}{\mathrm{d}x} = \frac{\mathrm{d}y}{\mathrm{d}u}\frac{\mathrm{d}u}{\mathrm{d}x}.$$

证明 由于函数 $y = f(u)$ 在 u 处可导,那么

$$\lim_{\Delta u \to 0} \frac{\Delta y}{\Delta u} = f'(u),$$

由极限和无穷小的关系可得

$$\frac{\Delta y}{\Delta u} = f'(u) + \alpha,$$

其中,α 为 $\Delta u \to 0$ 时的无穷小.

如果在上式中 $\Delta u \neq 0$,在等式两边乘以 Δu 则有

$$\Delta y = (f'(u) + \alpha)\Delta u = f'(u)\Delta u + \alpha\Delta u; \tag{2.2.1}$$

如果 $\Delta u = 0$,令 $\alpha = 0$,则有 $\Delta y = f(u + \Delta u) - f(u) = 0$,而 (2.2.1) 式右侧 $f'(u)\Delta u + \alpha\Delta u = 0$,那么 (2.2.1) 式对 $\Delta u = 0$ 也成立,所以

$$\lim_{\Delta x \to 0} \frac{\Delta y}{\Delta x} = \lim_{\Delta x \to 0}\left[f'(u)\frac{\Delta u}{\Delta x} + \alpha\frac{\Delta u}{\Delta x}\right] = f'(u)\lim_{\Delta x \to 0}\frac{\Delta u}{\Delta x} + \lim_{\Delta x \to 0}\alpha\lim_{\Delta x \to 0}\frac{\Delta u}{\Delta x} = f'(u)\varphi'(x),$$

即

$$\frac{\mathrm{d}y}{\mathrm{d}x} = f'(u)\varphi'(x) \ \text{或} \ \frac{\mathrm{d}y}{\mathrm{d}x} = \frac{\mathrm{d}y}{\mathrm{d}u}\frac{\mathrm{d}u}{\mathrm{d}x}.$$

例 2.2.5 求函数 $y = \log_a x$ 的导数.

解 因为 $y = \log_a x$ 是 $x = a^y$ 的反函数,而 $x = a^y$ 在 $(-\infty, +\infty)$ 内单调且可导,因为

$$(a^y)' = a^y \ln a \neq 0,$$

所以

$$(\log_a x)' = \frac{1}{(a^y)'} = \frac{1}{a^y \ln a} = \frac{1}{x \ln a}.$$

特别的有

$$(\ln x)' = \frac{1}{x}.$$

例 2.2.6 求函数 $y = \arctan x$ 的导数.

解 因为 $y = \arctan x$ 的反函数为 $x = \tan y$,而 $x = \tan y$ 在 $\left(-\dfrac{\pi}{2}, \dfrac{\pi}{2}\right)$ 内单调且可导,因为

$$\frac{\mathrm{d}x}{\mathrm{d}y} = \sec^2 y \neq 0,$$

所以

$$y' = (\arctan x)' = \frac{1}{(\tan y)'} = \frac{1}{\sec^2 y} = \frac{1}{1 + \tan^2 y} = \frac{1}{1 + x^2} ,$$

即

$$(\arctan x)' = \frac{1}{1 + x^2} .$$

类似方法可得到

$$(\text{arc cot} x)' = -\frac{1}{1 + x^2}.$$

例 2.2.7　求函数 $y = x^a$（a 为实数）的导数.

解　函数 $y = x^a = e^{a\ln x}$ 可以看成是 $y = e^u$ 和 $u = a\ln x$ 复合而成的,那么

$$y' = (e^u)'(a\ln x)' = e^{a\ln x} a \frac{1}{x} = x^a a \frac{1}{x} = ax^{a-1} ,$$

即

$$y' = (x^a)' = ax^{a-1} .$$

例 2.2.8　设 $y = \left(\sin \frac{1}{x}\right)\text{lntan} x$,求 y' .

解

$$y' = \left[\left(\sin \frac{1}{x}\right)\text{lntan} x\right]'$$

$$= \left(\sin \frac{1}{x}\right)'\text{lntan} x + \left(\sin \frac{1}{x}\right)(\text{lntan} x)'$$

$$= \text{lntan} x \frac{\mathrm{d}}{\mathrm{d}\left(\frac{1}{x}\right)}\left(\sin \frac{1}{x}\right)\frac{\mathrm{d}}{\mathrm{d}x}\left(\frac{1}{x}\right) + \sin \frac{1}{x} \frac{\mathrm{d}}{\mathrm{d}(\tan x)}(\text{lntan} x) \frac{\mathrm{d}}{\mathrm{d}x}(\tan x)$$

$$= \text{lntan} x\cos \frac{1}{x}\left(-\frac{1}{x^2}\right) + \sin \frac{1}{x} \times \frac{1}{\tan x} \times \sec^2 x$$

$$= -\frac{1}{x^2}\text{lntan} x\cos \frac{1}{x} + \sin \frac{1}{x}\sec^2 x\cot x.$$

例 2.2.9　求函数 $y = \ln \frac{\sqrt{x^2 + 1}}{\sqrt[3]{x - 2}}(x > 2)$ 的导数.

解　因为

$$y = \frac{1}{2}\ln(x^2 + 1) - \frac{1}{3}\ln(x - 2) ,$$

所以

$$y' = \frac{1}{2} \frac{1}{x^2 + 1}2x - \frac{1}{3(x - 2)} = \frac{x}{x^2 + 1} - \frac{1}{3(x - 2)} .$$

2.3　隐函数求导法则及由参数方程确定的函数的导数

2.3.1　隐函数的求导法则

之前我们讨论的求导法则适用于因变量 y 与自变量 x 之间的函数关系是显函数 $y = f(x)$

的形式. 但有时变量 y 与 x 之间的函数关系是以隐函数 $F(x,y)=0$ 的形式出现的,那么这样的隐函数怎样求导呢?

第一种方法是从方程 $F(x,y)=0$ 中解出 y,写成形如 $y=f(x)$ 的显函数再求导;当不易从方程 $F(x,y)=0$ 中解出 $y=f(x)$ 时,假设由方程 $F(x,y)=0$ 所确定的函数为 $y=f(x)$,那么把它代回方程 $F(x,y)=0$ 中,得到

$$F(x,f(x))=0,$$

利用复合函数求导法则,在 $F(x,f(x))=0$ 两边同时对自变量 x 求导可得

$$[F(x,y)]'=0,$$

最后求解出 y',即为隐函数的导数 $y'=f'(x)$.

例 2.3.1 求由方程 $x^2+y^2=2x$ 确定的函数的导数.

解 在方程两边同时对 x 求导可得

$$2x+2yy'=2,$$

解得

$$y'=\frac{1-x}{y}.$$

例 2.3.2 求由方程 $e^y+xy-e^x=0$ 确定的函数的导数.

解 在方程两边同时对 x 求导可得

$$e^y y'+y+xy'-e^x=0,$$

解得

$$y'=\frac{e^x-y}{x+e^y}.$$

例 2.3.3 求曲线 $xy+\ln y=1$ 在点 $M(1,1)$ 处的切线方程.

解 先求由 $xy+\ln y=1$ 确定的隐函数的导数.

在方程两边同时对 x 求导可得

$$y+xy'+\frac{1}{y}y'=0,$$

解得

$$y'=\frac{-y}{x+\dfrac{1}{y}}=-\frac{y^2}{xy+1}.$$

在点 $M(1,1)$ 处有

$$k=y'\Big|_{\substack{x=1\\y=1}}=-\frac{1}{2},$$

那么在点 $M(1,1)$ 处的切线方程是

$$y-1=-\frac{1}{2}(x-1),$$

即

$$x+2y-3=0.$$

例 2.3.4 试证曲线 $x^2+2y^2=8$ 与曲线 $x^2=2\sqrt{2}y$ 在点 $(2,\sqrt{2})$ 处垂直相交.

解 易知点先 $(2,\sqrt{2})$ 是两曲线的交点,所以只需证两条曲线在该点的切线斜率互为负

倒数.

在 $x^2 + 2y^2 = 8$ 两边对 x 求导得

$$2x + 4yy' = 0 ,$$

所以

$$y'\big|_{(2,\sqrt{2})} = -\frac{1}{\sqrt{2}}.$$

再在 $x^2 = 2\sqrt{2}\,y$ 两边对 x 求导得

$$2x = 2\sqrt{2}\,y' ,$$

此时

$$y'\big|_{x=2} = \sqrt{2} ,$$

得证.

2.3.2　对数求导法

在有些情况下,即使是显函数,通过取对数化为隐函数求导反而更方便,尤其是对于幂指函数和乘积形式的函数的求导.

根据隐函数求导法,先在函数 $y = f(x)$ 两边取对数,然后等式两边在同时对自变量 x 求导,最终求解其导数 y' ,这种方法称为对数求导法.

例 2.3.5　求函数 $y = x^{\sin x}\,(x > 0)$ 的导数.

解　在等式两边取对数可得

$$\ln y = \sin x \ln x ,$$

在上式两边对 x 求导可得

$$\frac{1}{y}y' = \cos x \ln x + \frac{1}{x}\sin x ,$$

解得

$$y' = x^{\sin x}\left(\cos x \ln x + \frac{1}{x}\sin x\right).$$

例 2.3.6　设函数 $y = (x+1)^x\,(x > -1)$,求 y' .

解　在等式两边取对数可得

$$\ln y = \ln(x+1)^x = x\ln(x+1) ,$$

在上式两边对 x 求导可得

$$\frac{y'}{y} = \ln(x+1) + \frac{x}{x+1} ,$$

解得

$$y' = (x+1)^x\left[\ln(x+1) + \frac{x}{x+1}\right].$$

例 2.3.7　求函数 $y = \sqrt[3]{\dfrac{(x+1)^2}{(x-1)(x+2)}}$ 的导数.

解　在等式两边取对数可得

$$\ln y = \frac{1}{3}\big[2\ln(x+1) - \ln(x-1) - \ln(x+2)\big] ,$$

在上式两边对 x 求导可得

$$\frac{1}{y}y' = \frac{1}{3}\left[\frac{2(x+1)'}{x+1} - \frac{(x-1)'}{x-1} - \frac{(x+2)'}{x+2}\right] = \frac{1}{3}\left(\frac{2}{x+1} - \frac{1}{x-1} - \frac{1}{x+2}\right),$$

解得

$$y' = \frac{1}{3}\sqrt[3]{\frac{(x+1)^2}{(x-1)(x+1)}}\left(\frac{2}{x+1} - \frac{1}{x-1} - \frac{1}{x+2}\right).$$

例 2.3.8 求函数 $y = \dfrac{(x+1)^3\sqrt{x-1}}{(x+4)^2 e^x}$ $(x>1)$ 的导数.

解 在等式两边取对数可得

$$\ln y = \ln(x+1) + \frac{1}{3}\ln(x-1) - 2\ln(x+4) - x,$$

在上式两边对 x 求导可得

$$\frac{y'}{y} = \frac{1}{x+1} + \frac{1}{3(x-1)} - \frac{2}{x+4} - 1,$$

解得

$$y' = \frac{(x+1)^3\sqrt{x-1}}{(x+4)^2 e^x}\left[\frac{1}{x+1} + \frac{1}{3(x-1)} - \frac{2}{x+4} - 1\right].$$

例 2.3.9 求函数 $y = \dfrac{(2x-1)(x-2)^{\frac{1}{3}}}{(x-3)(x-4)}$ 的导数.

解 在等式两边取绝对值再取对数可得

$$\ln|y| = \ln|2x-1| + \frac{1}{3}\ln|x-2| - \ln|x-3| - \ln|x-4|,$$

其中，$x \neq \dfrac{1}{2}, 2, 3, 4$. 在上式两边对 x 求导可得

$$\frac{y'}{y} = \frac{2}{2x-1} + \frac{1}{3(x-2)} - \frac{1}{x-3} - \frac{1}{x-4},$$

解得

$$y' = y\left[\frac{2}{2x-1} + \frac{1}{3(x-2)} - \frac{1}{x-3} - \frac{1}{x-4}\right],$$

其中，$y = \dfrac{(2x-1)(x-2)^{\frac{1}{3}}}{(x-3)(x-4)}$ 且 $x \neq \dfrac{1}{2}, 2, 3, 4$.

还要对 $x = \dfrac{1}{2}, 2, 3, 4$ 分别讨论.

当 $x = 3, 4$ 时，函数没有定义，连续都保证不了，也不可导；

当 $x = \dfrac{1}{2}$ 时，

$$y'\left(\frac{1}{2}\right) = \lim_{x \to \frac{1}{2}}\frac{f(x) - f\left(\frac{1}{2}\right)}{x - \frac{1}{2}} = \lim_{x \to \frac{1}{2}}\frac{2(x-2)^{\frac{1}{3}}}{(x-3)(x-4)} = -\frac{8}{35}\left(\frac{3}{2}\right)^{\frac{1}{3}};$$

当 $x = 2$ 时，因为

$$\lim_{x \to 2}\frac{f(x) - f(2)}{x - 2} = \lim_{x \to 2}\frac{(2x-1)(x-2)^{-\frac{2}{3}}}{(x-3)(x-4)} = \infty,$$

所以 $y'(2)$ 不存在.

2.3.3 由参数方程确定的函数的导数

设变量 x 与 y 之间的函数关系由参数方程

$$\begin{cases} x = \varphi(t) \\ y = \varphi(t) \end{cases} \tag{2.3.1}$$

确定,在实际问题中,有时需要求参数方程所确定的函数的导数,但从方程中消去参数 t 是很困难的,所以我们要找一种直接由参数方程来求导数的方法,本节就来研究这个问题.

在参数方程(2.3.1)中,如果 $\varphi(t),\varphi(t)$ 都是 t 的可导函数, $x = \varphi(t)$ 严格单调连续,且 $\varphi'(t) \neq 0$,那么 $x = \varphi(t)$ 的反函数 $t = \varphi^{-1}(x)$ 存在,所以参数方程确定的函数可以看成是 $t = \varphi^{-1}(x), y = \varphi(t)$ 复合而成的复合函数 $y = \varphi(\varphi^{-1}(x))$. 根据复合函数和反函数的求导法则有

$$\frac{\mathrm{d}y}{\mathrm{d}x} = \frac{\mathrm{d}y}{\mathrm{d}t} \frac{\mathrm{d}t}{\mathrm{d}x} = \frac{\mathrm{d}y}{\mathrm{d}t} \frac{1}{\dfrac{\mathrm{d}x}{\mathrm{d}t}} = \varphi'(t) \frac{1}{\varphi'(t)} = \frac{\varphi'(t)}{\varphi'(t)}.$$

例 2.3.10 求由参数方程 $\begin{cases} x = \arctan t \\ y = \ln(1 + t^2) \end{cases}$ 表示的函数的导数.

解

$$\frac{\mathrm{d}y}{\mathrm{d}x} = \frac{\mathrm{d}y}{\mathrm{d}t} \frac{\mathrm{d}t}{\mathrm{d}x} = \frac{\mathrm{d}y}{\mathrm{d}t} \frac{1}{\dfrac{\mathrm{d}x}{\mathrm{d}t}} = \frac{\dfrac{2t}{1 + t^2}}{\dfrac{1}{1 + t^2}} = 2t.$$

例 2.3.11 已知摆线的参数方程是

$$\begin{cases} x = a(t - \sin t) \\ y = a(1 - \cos t) \end{cases} (0 \leqslant t \leqslant 2\pi),$$

求:(1)摆线在任何点的切线的斜率;

(2)在 $t = \dfrac{\pi}{3}$ 处的切线方程.

解 (1)摆线在任何点的切线的斜率是

$$\frac{\mathrm{d}y}{\mathrm{d}x} = \frac{\mathrm{d}y}{\mathrm{d}t} \frac{\mathrm{d}t}{\mathrm{d}x} = \frac{a\sin t}{a(1 - \cos t)} = \frac{\sin t}{1 - \cos t}.$$

(2)当 $t = \dfrac{\pi}{3}$ 时,摆线上对应的点是 $\left(a\left(\dfrac{\pi}{3} - \dfrac{\sqrt{3}}{2} \right), \dfrac{1}{2}a \right)$,在此点的斜率是

$$\frac{\mathrm{d}y}{\mathrm{d}x}\Big|_{t = \frac{\pi}{3}} = \frac{\sin t}{1 - \cos t}\Big|_{t = \frac{\pi}{3}} = \sqrt{3},$$

那么切线的方程是

$$y - \frac{1}{2}a = \sqrt{3}\left[x - a\left(\frac{\pi}{3} - \frac{\sqrt{3}}{2} \right) \right],$$

即

$$3x - \sqrt{3}y + (2\sqrt{3} - \pi)a = 0.$$

例 2.3.12 已知星形线的参数方程是

$$
\begin{cases}
x = a\cos^3 t \\
y = a\sin^3 t
\end{cases},
$$

证明其上任一点(坐标轴上的点除外)处的切线被坐标轴所截得的线段的长度等于常数.

证明 因为

$$
\frac{\mathrm{d}y}{\mathrm{d}x} = \frac{y'(t)}{x'(t)} = \frac{3a\sin^2 t\cos t}{3a\cos^2 t(-\sin t)} = -\tan t, \ \mathrm{d}t \neq \frac{k\pi}{2},
$$

那么星形线上对应于参数 t 的切线方程是

$$
y - a\sin^3 t = -\tan t(x - a\cos^3 t),
$$

令 $y = 0$ 可得切线在 x 轴上的截距是

$$
x_0(t) = a\cos^3 t + a\sin^2 t\cos t = a\cos t,
$$

令 $x = 0$ 可得切线在 y 轴上的截距是

$$
y_0(t) = a\sin^3 t + a\cos^2 t\sin t = a\sin t,
$$

所以切线被坐标轴所截得的线段长度为

$$
l(t) = \sqrt{x_0^2(t) + y_0^2(t)} = a,
$$

a 是常数,得证.

2.4 高阶导数

2.4.1 高阶导数的概念

定义 2.4.1 如果函数 $y = f(x)$ 的导数 $f'(x)$ 在点 x_0 处的导数 $(f'(x))'|_{x=x_0}$ 存在,则称其为函数 $y = f(x)$ 在点 x_0 处的二阶导数,记作 $f''(x_0)$ 或 $y''|_{x=x_0}$ 或 $\frac{\mathrm{d}^2 y}{\mathrm{d}x^2}\Big|_{x=x_0}$ 或 $\frac{\mathrm{d}^2 f}{\mathrm{d}x^2}\Big|_{x=x_0}$,此时称函数 $y = f(x)$ 在点 x_0 二阶可导.

如果函数 $y = f(x)$ 在区间 I 的每一个点二阶可导,则称此函数在区间 I 二阶可导,称 $f''(x)$ 为 $f(x)$ 的二阶导函数,简称为二阶导数.依此类推,函数 $f(x)$ 的 $n-1$ 阶导数的导数称为函数 $f(x)$ 的 n 阶导数,记为 $y^{(n)}|_{x=x_0}$ 或 $f^{(n)}(x_0)$ 或 $\frac{\mathrm{d}^{(n)} y}{\mathrm{d}x^{(n)}}\Big|_{x=x_0}$ 或 $\frac{\mathrm{d}^{(n)} f}{\mathrm{d}x^{(n)}}\Big|_{x=x_0}$,如果函数 $y = f(x)$ 在区间 I 上每一个点都是 n 阶可导(区间 I 的端点处为单侧可导),那么得到区间 I 上的 n 阶导函数 $y^{(n)}$ 或 $f^{(n)}(x)$ 或 $\frac{\mathrm{d}^{(n)} y}{\mathrm{d}x^{(n)}}$ 或 $\frac{\mathrm{d}^{(n)} f}{\mathrm{d}x^{(n)}}$.

如果 $f^{(n)}(x)$ 在区间 I 上连续,那么称函数 $f(x)$ 在区间 I 上 n 阶连续可导,记为

$$
f(x) \in C^{(n)}(I),
$$

如果 $\forall n \in \mathbb{N}, f(x) \in C^{(n)}(I)$,那么称函数 $f(x)$ 在区间 I 上无限阶可导,记为

$$
f(x) \in C^{(\infty)}(I).
$$

二阶或者二阶以上的导数统称为高阶导数,相应地,我们把 $f(x)$ 称为零阶导数,函数 $f(x)$ 的一阶导数,二阶导数,三阶导数可以记作 y' 或 y'' 或 y''',而从 4 阶导数起,则记为 $y^{(4)}$ 或 $y^{(5)}$ 或 $\cdots$.

例 2.4.1 设 $y = x^3 + 2x + \ln x$,求 y''.

解 $y' = 3x^2 + x + \dfrac{1}{x}$, $y'' = 6x - \dfrac{1}{x^2}$.

例 2.4.2　设函数

$$f(x) = \begin{cases} -x^2, & x < 0 \\ x^2, & x \geqslant 0 \end{cases},$$

讨论 $f(x)$ 在 $x = 0$ 处的二阶导数是否存在.

解　当 $x \neq 0$ 时,易得

$$f'(x) = \begin{cases} -2x, & x < 0 \\ 2x, & x > 0 \end{cases},$$

又因为

$$f'(0) = \lim_{\Delta x \to 0} \frac{f(0 + \Delta x) - f(0)}{\Delta x} = \lim_{\Delta x \to 0} \frac{f(\Delta x)}{\Delta x},$$

且

$$\lim_{\Delta x \to 0^-} \frac{f(\Delta x)}{\Delta x} = \lim_{\Delta x \to 0^-} \frac{-(\Delta x)^2}{\Delta x} = 0,$$

$$\lim_{\Delta x \to 0^+} \frac{f(\Delta x)}{\Delta x} = \lim_{\Delta x \to 0^+} \frac{(\Delta x)^2}{\Delta x} = 0,$$

所以

$$f'(0) = \lim_{\Delta x \to 0} \frac{f(\Delta x)}{\Delta x} = 0.$$

如果我们将上述讨论改为 $f'(x) = 2|x|$,可见 $f''(0)$ 不存在,而当 $x \neq 0$ 时,

$$f''(x) = \begin{cases} -2, & x < 0 \\ 2, & x > 0 \end{cases},$$

如图 2-4-1 所示.

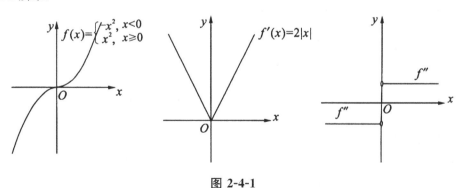

图 2-4-1

例 2.4.3　证明下列 n 阶导数公式.

(1) $(a^x)^{(n)} = a^x (\ln a)^n$ ($a > 0$ 且 $a \neq 1$), $(\mathrm{e}^x)^{(n)} = \mathrm{e}^x$;

(2) $(\sin x)^{(n)} = \sin(x + n \frac{\pi}{2})$, $(\cos x)^{(n)} = \cos(x + n \frac{\pi}{2})$;

(3) $(x^a)^{(n)} = \begin{cases} a(a-1)\cdots(a-n+1)x^{a-n}, & a > n \text{ 或 } a \notin \mathbb{N}^+ \\ n!, & a = n \\ 0, & a \in \mathbb{N}^+ \text{ 且 } a < n \end{cases}$;

(4) $(\ln(1+x))^{(n)} = (-1)^{n-1} \dfrac{(n-1)!}{(1+x)^n}$ ($n \geqslant 1$) ;

(5) $\left(\dfrac{1}{1+x}\right)^{(n)} = (-1)^n \dfrac{n!}{(1+x)^{n+1}}\ (n \geqslant 1)$.

解 (1)设 $y = a^x, y' = a^x \ln a, y'' = a^x (\ln a)^2$.

假设 $n = k$ 时有

$$y^{(k)} = a^x (\ln a)^k,$$

则当 $n = k+1$ 时有

$$y^{(k+1)} = (y^{(k)})' = (a^x (\ln a)^k)' = a^x (\ln a)^{k+1},$$

根据数学归纳法结论可知公式 $(a^x)^{(n)} = a^x (\ln a)^n$ 对任何自然数 n 都成立. 特别的当 $a = e$ 时有

$$(e^x)^{(n)} = e^x.$$

(2)设 $y = \sin x, y' = \cos x = \sin(x + \dfrac{\pi}{2})$.

当 $n = 1$ 时, 公式

$$(\sin x)^{(n)} = \sin(x + n\dfrac{\pi}{2})$$

成立; 假设 $n = k$ 时, 有

$$(\sin x)^{(k)} = \sin(x + k\dfrac{\pi}{2});$$

则当 $n = k+1$ 时, 有

$$y^{(k+1)} = \left[\sin\left(x + k\dfrac{\pi}{2}\right)\right]' = \cos(x + k\dfrac{\pi}{2}) = \sin\left[x + (k+1)\dfrac{\pi}{2}\right],$$

根据数学归纳法结论可知公式 $(\sin x)^{(n)} = \sin(x + n\dfrac{\pi}{2})$ 对任何自然数 n 都成立.

同理可证, $(\cos x)^{(n)} = \cos(x + n\dfrac{\pi}{2})$.

(3)设 $y = x^a$ (a 为非零实数).

当 $a \notin \mathbb{N}^+$, 则

$$y' = ax^{-1},$$
$$y'' = a(a-1)x^{a-2},$$
$$\cdots$$

运用数学归纳法易知

$$y^{(n)} = a(a-1)\cdots(a-n+1)x^{a-n}\ (n \geqslant 1);$$

当 a 是正整数 n 时, $y^{(n)} = n!$;

当 a 是小于 n 的正整数时, $y^{(n)} = 0$.

(4)设 $y = \ln(1+x), y' = \dfrac{1}{1+x}, y'' = -\dfrac{1}{(1+x)^2}$.

假设 $n = k$ 时有

$$y^{(k)} = (-1)^{k-1} \dfrac{(k-1)!}{(1+x)^k};$$

则当 $n = k+1$ 时, 有

$$y^{(k+1)} = (y^{(k)})'$$
$$= \left((-1)^k \dfrac{(k-1)!}{(1+x)^k}\right)'$$

$$= (-1)^{k-1}(k-1)!(-k)(1+x)^{-k-1}$$

$$= (-1)^k \frac{k!}{(1+x)^{k+1}}.$$

根据数学归纳法结论可知公式 $(\ln(1+x))^{(n)} = (-1)^{n-1}\dfrac{(n-1)!}{(1+x)^n}$ 对任何自然数 n 都成立.

（5）由 $\left(\dfrac{1}{1+x}\right)^{(n)} = (\ln(1+x))^{(n+1)}$ 和（4）的结论可知

$$\left(\frac{1}{1+x}\right)^{(n)} = (-1)^n \frac{n!}{(1+x)^{n+1}} \quad (n \geqslant 1).$$

2.4.2　高阶导数的求导法则和 Leibniz 公式

定理 2.4.1　设函数 $u(x), v(x)$ 在区间 I 上 n 阶可导，$\alpha, \beta \in ?$，则在 I 上 $\alpha u(x) + \beta v(x)$，$u(x)v(x)$ 均 n 阶可导，且

（1）$[\alpha u(x) + \beta v(x)]^{(n)} = \alpha u^{(n)}(x) + \beta v^{(n)}(x)$；

（2）$[f(ax+b)]^{(n)} = a^{(n)} f^{(n)}(ax+b)$.

定义 2.4.2　设 $u(x), v(x)$ 存在 n 阶导数，则

$$(uv)^{(n)} = \sum_{k=0}^{n} C_n^k u^{(n-k)} (v)^{(k)},$$

其中，$u^{(0)} = u$，$C_n^k = \dfrac{n!}{k!(n-k)!}$，规定 $0! = 1$. 这个公式即为 Leibniz 公式.

下面我们用数学归纳法来证明这个公式.

当 $n = 1$ 时，公式

$$(uv)' = uv' + u'v = C_1^0 u^{(0)} v' + C_1^0 u' v^{(0)}$$

成立；

设 n 时公式成立，则 $n+1$ 时公式也成立：

$$(uv)^{(n+1)} = C_n^0 (u^{(0)} v^{(n)})' + C_n^1 (u'(v)^{(n-1)})' + \cdots + C_n^n (u^{(n)} v^{(0)})'$$

$$= C_n^0 u^{(0)} v^{(n+1)} + C_n^1 u' v^{(n)} + C_n^2 u'' v^{(n-1)} + \cdots + C_n^n u^{(n)} v' +$$

$$C_{n+1}^0 u^{(0)} v^{(n+1)} + C_{n+1}^1 u' v^{(n)} + C_{n+1}^2 u'' v^{(n-1)} + \cdots + C_{n+1}^n u^{(n+1)} v^{(0)}$$

$$= \sum_{k=0}^{n+1} C_{n+1}^k u^{(k)} v^{(n+1-k)},$$

其中用到了 $C_n^0 = C_{n+1}^0$，$C_n^1 + C_n^0 = C_{n+1}^1$，$C_n^2 + C_n^1 = C_{n+1}^2$ 等等.

例 2.4.4　$y = (x^2 + x + 1)f(x)$，其中 $f(x)$ 具有任意阶导数，求 $y^{(50)}$.

解　因为 $x^2 + x + 1$ 的三阶及三阶以上的导数都是 0，所以

$$y^{(50)} = C_{50}^0 (x^2 + x + 1) f^{(50)}(x) + C_{50}^1 (2x+1) f^{(49)}(x) + 2C_{50}^2 f^{(48)}(x).$$

例 2.4.5　求 $y = x^2 \sin x$ 的 100 阶导数.

解　根据 Leibniz 公式和例 2.4.3 可得

$$y^{(n)} = x^2 (\sin x)^{(100)} + 100(x)' (\sin x)^{(99)} + \frac{100 \times 99}{2!} (x)'' (\sin x)^{(98)}$$

$$= x^2 \sin\left(x + 100 \times \frac{\pi}{2}\right) + 200x \sin\left(x + 99 \times \frac{\pi}{2}\right) + 100 \times 99 \sin\left(x + 98 \times \frac{\pi}{2}\right)$$

$$= x^2 \sin x - 200 x \cos x - 9900 \sin x .$$

例 2.4.6 已知 Legendre 多项式为

$$P_n(x) = \frac{1}{2^n n!} \frac{\mathrm{d}^n}{\mathrm{d}x^n} (x^2 - 1)^n ,$$

求 $P_n(1), P_n(-1)$.

解 因为

$$(x^2 - 1)^n = (x - 1)^n (x + 1)^n ,$$

所以

$$2^n n! P_n(x) = \left[(x-1)^n (x+1)^n \right]^{(n)}$$

$$= \left[(x-1)^n \right]^{(n)} (x+1)^n + C_n^1 \left[(x-1)^n \right]^{(n-1)} \left[(x+1)^n \right]' + \cdots + (x-1)^n \left[(x+1)^n \right]^{(n)} .$$

当 $x = 1$ 时, $\left[(x-1)^n \right]^{(k)} = 0$ ($k = 0, 1, \cdots, n-1$) 以及 $\left[(x-1)^n \right]^{(n)} = n!$,所以

$$2^n n! P_n(1) = n!(1+1)^n = 2^n n! ,$$

即

$$P_n(1) = 1 ,$$

同理可得

$$P_n(-1) = (-1)^n .$$

2.4.3 隐函数和由参数方程确定的函数的高阶导数

在本章之前我们所讨论的求导法则适用于因变量 y 与自变量 x 之间的函数关系是显函数 $y = y(x)$ 的形式. 但,有时变量 y 与 x 之间的函数关系是以隐函数 $F(x, y) = 0$ 的形式出现的,且往往不易从方程 $F(x, y) = 0$ 中解出 y ,也就是说隐函数不易或者无法化为显函数.

假设由方程 $F(x, y) = 0$ 所确定的函数为 $y = y(x)$,那么把它代回方程 $F(x, y) = 0$ 中,得到 $F(x, f(x)) = 0$.

利用复合函数求导法则,将 $F(x, f(x)) = 0$ 两边同时对自变量 x 求导,最后求解出所求导数 $\dfrac{\mathrm{d}y}{\mathrm{d}x}$,这就是隐函数求导法.

对于隐函数,求它的高阶导数依然主要是依据复合函数的求导法则;

对于参数方程

$$\begin{cases} x = \varphi(t) \\ y = \varphi(t) \end{cases},$$

如果导数存在,则它的一阶导数为

$$y_x' = \frac{y_t'}{x_t'} = \frac{\varphi'(t)}{\varphi'(t)},$$

仍然是参数 t 的函数. 它与 $x = \varphi(t)$ 构成一阶导数的参数形式

$$\begin{cases} x = \varphi(t) \\ y_x' = \dfrac{\varphi'(t)}{\varphi'(t)} \end{cases},$$

如果求二阶导数,需要用参数方程求导法求导

$$y_{xx}'' = \frac{(y_x')_t'}{x_t'} = \frac{\left[\dfrac{\varphi'(t)}{\varphi'(t)} \right]'}{\varphi'(t)} .$$

下面我们举例说明这两种函数的高阶导数的求法.

例 2.4.7 求由方程 $y = \sin(x + y)$ 确定的隐函数的二阶导数.

解 在方程两边对 x 求导可得

$$y' = \cos(x + y)(1 + y') ,$$

解得

$$y' = \frac{\cos(x + y)}{1 - \cos(x + y)} ,$$

再在两边对 x 求导可得

$$
\begin{aligned}
\frac{\mathrm{d}^2 y}{\mathrm{d} x^2} &= \frac{\mathrm{d}}{\mathrm{d} x}\left(\frac{1}{1 - \cos(x + y)} - 1 \right) \\
&= \frac{-\left[1 - \cos(x + y) \right]'}{\left[1 - \cos(x + y) \right]^2} = \frac{-(1 + y')\sin(x + y)}{\left[1 - \cos(x + y) \right]^2} \\
&= \frac{-\left[1 + \dfrac{\cos(x + y)}{1 - \cos(x + y)} \right]\sin(x + y)}{\left[1 - \cos(x + y) \right]^2} \\
&= -\frac{\sin(x + y)}{\left[1 - \cos(x + y) \right]^3} .
\end{aligned}
$$

例 2.4.8 已知 $x^2 + xy + y^2 = 4$,求 y''.

解 在方程两边对 x 求导可得

$$2x + y + xy' + 2yy' = 0 , \tag{2.4.1}$$

解得

$$y' = -\frac{2x + y}{x + 2y} .$$

在(2.4.1)式两边再对 x 求导可得

$$2 + y' + y' + xy'' + 2(y')^2 + 2yy'' = 0 ,$$

解得

$$y'' = -\frac{2 + 2y' + 2(y')^2}{x + 2y} .$$

把 $y' = -\dfrac{2x + y}{x + 2y}$ 代入可得

$$y'' = -\frac{6(x^2 + xy + y^2)}{(x + 2y)^3} = -\frac{24}{(x + 2y)^3}.$$

例 2.4.9 求由参数方程

$$
\begin{cases}
x = a(t - \sin t) \\
y = a(1 - \cos t)
\end{cases}
$$

确定的函数的二阶导数.

解

$$y'_x = \frac{y'_t}{x'_t} = \frac{a\sin t}{a(1 - \cos t)} = \cos \frac{t}{2} ,$$

$$y''_{xx} = \frac{(y'_x)'_t}{x'_t} = \frac{\cos \dfrac{t}{2}}{a(t - \sin t)'} = -\frac{1}{2}\csc^2 \frac{t}{2} \times \frac{1}{a(1 - \cos t)} = -\frac{1}{4a}\csc^4 \frac{t}{2}.$$

例 2.4.10 由方程 $e^{xy} + \cos(xy) - y^2 = 0$ 确定的隐函数 $y = y(x)$ 的导数.

解 方程两边同时对自变量 x 求导,得

$$e^{xy}(y + xy') - \sin(xy)(y + xy') - 2yy' = 0$$

求解次方程

$$y' = \frac{y[\sin(xy) - e^{xy}]}{xe^{xy} - x\sin(xy) - 2y}.$$

我们根据隐函数求导法,对幂指数函数 $y = u(x)^{v(x)}$,可以先将函数两边取对数,然后等式两边在同时对自变量 x 求导,最终解求其导数,这种方法称为对数求导法.

例 2.4.11 求函数 $y = \dfrac{(x+1)^2\sqrt{x-1}}{(x+2)^{x-1}x^{\frac{1}{3}}}$ $(x > 1)$ 的导数.

解 将等式两边同时取对数,得

$$\ln y = 2\ln(x+1) + \frac{1}{2}\ln(x-1) - (x-1)\ln(x+2) - \frac{1}{3}\ln x.$$

等式两边对自变量 x 求导

$$\frac{y'(x)}{y(x)} = \frac{2}{x+1} + \frac{1}{2(x-1)} - \frac{x-1}{x+2} - \ln(x+2) - \frac{1}{3x}.$$

将 $y = \dfrac{(x+1)^2\sqrt{x-1}}{(x+2)^{x-1}x^{\frac{1}{3}}}$ $(x > 1)$ 代入上式,可得

$$y'(x) = \left(\frac{2}{x+1} + \frac{1}{2(x-1)} - \frac{x-1}{x+2} - \ln(x+2) - \frac{1}{3x}\right)\frac{(x+1)^2\sqrt{x-1}}{(x+2)^{x-1}x^{\frac{1}{3}}}.$$

2.5 函数的微分

2.5.1 微分的概念

例 2.5.1 物体在自由落体运动中,时间 t 与物体下落高度 h 的函数关系是

$$h(t) = \frac{1}{2}gt^2, \quad t \in [0, T],$$

其中,g 是重力加速度,求落体从 t_0 时刻到 $t_0 + \Delta t$ 时刻的改变量 Δh 的近似值.

解 因为

$$h(t_0) = \frac{1}{2}gt_0^2,$$

$$h(t_0 + \Delta t) = \frac{1}{2}g(t_0 + \Delta t)^2 = \frac{1}{2}gt_0^2 + gt_0\Delta t + \frac{1}{2}g\Delta t^2,$$

所以

$$\Delta h = h(t_0 + \Delta t) - h(t_0) = gt_0\Delta t + \frac{1}{2}g\Delta t^2.$$

上式是物体由 t_0 时刻到 $t_0 + \Delta t$ 时刻高度的增量 Δh 的表达式.易知 Δh 由两部分组成,第一部分 $gt_0\Delta t$ 是 Δt 的线性函数,第二部分 $\dfrac{1}{2}g\Delta t^2$ 是当 $\Delta t \to 0$ 时关于 Δt 的高阶无穷小,即

$$\Delta h = gt_0\Delta t + o(\Delta t), \quad \Delta t \to 0.$$

当 $|\Delta t|$ 充分小时, $o(\Delta t)$ 可以忽略不计,那么 Δh 的近似值为

$$\Delta h \approx g t_0 \Delta t,$$

所以用 Δt 的线性函数 $g t_0 \Delta t$ 近似代替 Δh 所产生的误差是

$$\Delta h - g t_0 \Delta t = o(\Delta t).$$

将此问题抽象化,我们就可以得到微分的定义.

定义 2.5.1 设函数 $y = f(x)$ 在 x_0 的邻域内有定义,如果函数在点 x_0 处的增量 $\Delta y = f(x_0 + \Delta x) - f(x_0)$ 可表示为

$$\Delta y = A\Delta x + o(\Delta x),$$

其中, A 为与 Δx 无关的常数,那么称函数 $y = f(x)$ 在 x_0 处可微,把 $A\Delta x$ 称为函数 $y = f(x)$ 在点 x_0 处的微分,记为

$$\mathrm{d}f(x)\big|_{x = x_0} \text{ 或者 } \mathrm{d}y\big|_{x = x_0},$$

则

$$\mathrm{d}f(x)\big|_{x = x_0} = \mathrm{d}y\big|_{x = x_0} = A\Delta x.$$

显然,当 $|\Delta x|$ 充分小时,有

$$\Delta y = \mathrm{d}y\big|_{x = x_0}.$$

根据微积分的定义可知,函数 $y = f(x)$ 在 x_0 的微分首先是 Δx 的线性函数,其次它与 Δy 的差是 Δx 的高阶无穷小.

定理 2.5.1 函数 $y = f(x)$ 在点 x_0 处可微的充分必要条件是函数它在点 x_0 处可导. 此时 $A = f'(x_0)$,且

$$\mathrm{d}y\big|_{x = x_0} = f'(x_0)\Delta x.$$

证明 **充分性** 对应于点 x_0 处的改变量 Δx,有改变量 Δy. 如果函数 $y = f(x)$ 在点 x_0 处可导,那么有 $\lim\limits_{\Delta x \to 0} \dfrac{\Delta y}{\Delta x} = f'(x_0)$,根据极限与无穷小的关系可得

$$\frac{\Delta y}{\Delta x} = f'(x_0) + \alpha \ (\lim\limits_{\Delta x \to 0}\alpha = 0),$$

则有

$$\Delta y = f'(x_0)\Delta x + \alpha\Delta x,$$

上式中, $f'(x_0)\Delta x$ 是 Δx 的线性函数,且 $\lim\limits_{\Delta x \to 0} \dfrac{\alpha\Delta x}{\Delta x} = 0$,所以 $\alpha\Delta x$ 是 Δx 的高阶无穷小,由微分定义可知,函数 $y = f(x)$ 在点 x_0 处可微.

必要性 若函数 $y = f(x)$ 在点 x_0 处可微,那么 Δy 可以表示成为

$$\Delta y = A\Delta x + o(\Delta x) \ (\lim\limits_{\Delta x \to 0} \frac{o(\Delta x)}{\Delta x} = 0),$$

则

$$\frac{\Delta y}{\Delta x} = A + \frac{o(\Delta x)}{\Delta x},$$

即

$$\lim\limits_{\Delta x \to 0} \frac{\Delta y}{\Delta x} = \lim\limits_{\Delta x \to 0}(A + \frac{o(\Delta x)}{\Delta x}) = A,$$

所以函数 $y = f(x)$ 在点 x_0 处可导,得证.

如图 2-5-1 所示,在直角坐标系中,函数 $y = f(x)$ 的图像是一条曲线,点 $M(x_0, y_0)$ 是曲线 $y = f(x)$ 上的一点,当自变量 x 在点 x_0 处取得改变量 Δx 时,可得到曲线上另一个点 $N(x_0 + \Delta x, y_0 + \Delta y)$,由图可知

$$MQ = \Delta x, QN = \Delta y,$$

过点 M 做曲线的切线 MT,它的倾角为 α,则有

$$QP = MQ \tan\alpha = \Delta x f'(x_0),$$

即

$$\mathrm{d}y = QP = f'(x_0)\mathrm{d}x,$$

从而可知,当 Δy 是曲线 $y = f(x)$ 上点的纵坐标的增量时,那么 $\mathrm{d}y$ 就是曲线切线上点纵坐标的增量. 这就是函数微分的几何意义.

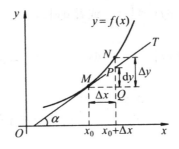

图 2-5-1

例 2.5.2 求函数 $y = x^3$ 在 $x = 2$ 处的微分.

解 函数 $y = x^3$ 在 $x = 2$ 处的微分是

$$\mathrm{d}y = (x^3)' \big|_{x=2} \mathrm{d}x = (3x^2) \big|_{x=2} \mathrm{d}x = 12\mathrm{d}x.$$

2.5.2 微分的运算法则

由微分和导数的关系 $\mathrm{d}y = f(x)'\mathrm{d}x$ 可知,计算微分可以归结为计算导数 $f(x)'$,所以根据导数的基本公式和运算法则可得到微分的基本公式和运算法则.

1.基本初等函数的微分公式

(1) $\mathrm{d}(C) = 0$(C 为常数);

(2) $\mathrm{d}(x^\alpha) = \alpha x^{\alpha-1}\mathrm{d}x$;

(3) $\mathrm{d}(a^x) = a^x \ln a\mathrm{d}x$;

(4) $\mathrm{d}(\mathrm{e}^x) = \mathrm{e}^x\mathrm{d}x$;

(5) $\mathrm{d}(\log_a x) = \dfrac{1}{x\ln a}\mathrm{d}x$;

(6) $\mathrm{d}(\ln x) = \dfrac{1}{x}\mathrm{d}x$;

(7) $\mathrm{d}(\sin x) = \cos x\mathrm{d}x$;

(8) $\mathrm{d}(\cos x) = -\sin x\mathrm{d}x$;

(9) $\mathrm{d}(\tan x) = \sec^2 x\mathrm{d}x$;

(10) $\mathrm{d}(\cot x) = -\csc^2 x\mathrm{d}x$;

(11) $\mathrm{d}(\sec x) = \sec x \tan x \,\mathrm{d}x$;

(12) $\mathrm{d}(\csc x) = -\csc x \cot x \,\mathrm{d}x$;

(13) $\mathrm{d}(\arcsin x) = \dfrac{1}{\sqrt{1-x^2}} \,\mathrm{d}x$;

(14) $\mathrm{d}(\arccos x) = -\dfrac{1}{\sqrt{1-x^2}} \,\mathrm{d}x$;

(15) $\mathrm{d}(\arctan x) = \dfrac{1}{1+x^2} \,\mathrm{d}x$;

(16) $\mathrm{d}(\operatorname{arccot} x) = -\dfrac{1}{1+x^2} \,\mathrm{d}x$.

2. 微分的四则运算法则

定理 2.5.2　设函数 $u(x),v(x)$ 都可微,则它们的四则运算也可微,且满足下面的法则:

(1) $\mathrm{d}(Cu) = C\mathrm{d}u$（$C$ 为常数）;

(2) $\mathrm{d}(u \pm v) = \mathrm{d}u \pm \mathrm{d}v$;

(3) $\mathrm{d}(uv) = u\mathrm{d}v + v\mathrm{d}u$;

(4) $\mathrm{d}\left(\dfrac{u}{v}\right) = \dfrac{v\mathrm{d}u - u\mathrm{d}v}{v^2}$ $(v \neq 0)$.

证明　(3) $\mathrm{d}(uv) = (uv)'\mathrm{d}x = (uv' + u'v)\mathrm{d}x = uv'\mathrm{d}x + u'v\mathrm{d}x = u\mathrm{d}v + v\mathrm{d}u$,(3)得证.
这里以(3)的证明为例,其余类似,剩下的留给读者自己证明.

3. 复合函数的微分

设函数 $y = f(u)$, $u = g(x)$ 都可微,则复合函数 $y = f[g(x)]$ 可微,而且
$$\mathrm{d}y = y_x' \mathrm{d}x = f'(u)g'(x)\mathrm{d}x .$$
由于 $\mathrm{d}u = g'(x)\mathrm{d}x$,因此 $\mathrm{d}y = f'(u)g'(x)\mathrm{d}x = f'(u)\mathrm{d}u$,即对于函数 $y = f(u)$,不管 u 是自变量还是中间变量,微分形式 $\mathrm{d}y = f'(u)\mathrm{d}u$ 保持不变,此性质称为微分的形式不变性.

例 2.5.3　设 $y = \cos\sqrt{x}$,求 $\mathrm{d}y$.

解　(1)利用公式 $\mathrm{d}y = f'(x)\mathrm{d}x$ 可得
$$\mathrm{d}y = (\cos\sqrt{x})'\mathrm{d}x = -\frac{1}{2\sqrt{x}}\sin\sqrt{x}\,\mathrm{d}x.$$

(2)利用一阶微分形式的不变性可得
$$\begin{aligned}
\mathrm{d}y &= \mathrm{d}(\cos\sqrt{x})\\
&= -\sin\sqrt{x}\,\mathrm{d}\sqrt{x}\\
&= -\sin\sqrt{x}\,\frac{1}{2\sqrt{x}}\mathrm{d}x\\
&= -\frac{1}{2\sqrt{x}}\sin\sqrt{x}\,\mathrm{d}x.
\end{aligned}$$

例 2.5.3　设 $y = (2x^2 - 1)^3$,求 $\mathrm{d}y$.

解

$$dy = d(2x^2 - 1)^3 = 3(2x^2 - 1)^2 d(2x^2 - 1) = 3(2x^2 - 1)^2 4x dx = 12x(2x^2 - 1)^2 dx.$$

例 2.5.4 设 $y = \sin(2x + 1)$,求 dy .

解 设 $y = \sin u, u = 2x + 1$,则

$$dy = d(\sin u) = \cos u du = \cos(2x+1)d(2x+1) = \cos(2x+1) \times 2dx = 2\cos(2x+1)dx.$$

例 2.5.5 求由方程 $x^2 + 2xy - y^2 = a^2$ 所确定的隐函数 $y = f(x)$ 的导数 $\dfrac{dy}{dx}$.

解 在方程两边求微分可得

$$2x dx + 2(y dx + x dy) - 2y dy = 0,$$

即

$$(x + y)dx = (y - x)dy,$$

则

$$dy = \frac{x + y}{y - x}dx,$$

所以

$$\frac{dy}{dx} = \frac{x + y}{y - x}.$$

例 2.5.6 求由方程 $e^{xy} = 2x + y^3$ 所确定的隐函数 $y = f(x)$ 的微分 dy .

解 对方程两边求微分可得,

$$d(e^{xy}) = d(2x + y^3)$$

$$e^{xy} d(xy) = 2dx + d(y^3),$$

$$e^{xy}(y dx + x dy) = 2dx + 3y^2 dy$$

则

$$dy = \frac{2 - ye^{xy}}{xe^{xy} - 3y^2}.$$

例 2.5.7 设 $y = \dfrac{\tan x}{1 + e^x}$,求 dy

解 首先求出 y' ,即

$$y' = \frac{dy}{dx} = (\frac{\tan x}{1 + e^x})'$$

$$= \frac{(1 + e^x)(\tan x)' - \tan x(1 + e^x)'}{(1 + e^x)^2}$$

$$= \frac{(1 + e^x)\sec^2 x - e^x \tan x}{(1 + e^x)^2}$$

两边同时乘以 dx ,可得

$$dy = \frac{(1 + e^x)\sec^2 x - e^x \tan x}{(1 + e^x)^2}dx.$$

2.5.3 微分在近似计算和误差估计中的应用

在工程、管理等方面的实际问题中,如果直接按给定的公式计算某个函数值往往是复杂而费劲的,但在满足一定条件或一定精度的要求下,可采用简便的近似计算去代替复杂的计算.下面介绍利用一阶微分求函数近似值的方法.

当函数 $y = f(x)$ 在 x_0 处可微时,根据前面内容可知,函数的微分 $\mathrm{d}y = f'(x)\Delta x$ 是函数的改变量 $\Delta y = f(x_0 + \Delta x) - f(x_0)$ 的主部,从而可知当 $|\Delta x|$ 充分小时,$\Delta y \approx \mathrm{d}y$,即有近似公式

$$f(x_0 + \Delta x) - f(x_0) \approx f'(x_0)\Delta x$$

或

$$f(x_0 + \Delta x) \approx f(x_0) + f'(x_0)\Delta x. \tag{2.5.1}$$

如果在(2.5.1)式中取 $x_0 = 0$,令 $x = \Delta x$,当 $|x|$ 充分小时,有

$$f(x) \approx f(0) + f'(0)x. \tag{2.5.2}$$

利用(2.5.2)式可推出一系列近似公式,即当 $|x|$ 充分小时,有

$$\sin x \approx x, \tan x \approx x, \ln(1 + x) \approx x,$$

$$\mathrm{e}^x \approx 1 + x, (1 + x)^n \approx 1 + nx, (1 + x)^{\frac{1}{n}} \approx 1 + \frac{x}{n}.$$

在实际生产过程中,经常需要采集、测量各种数据.由于测量仪器的精度、测量手段和方法等因素的影响,测量数据会出现一定的误差,由此计算出的数据自然也存在误差.

设某个量的精确值为 x_0,近似值为 x,那么称 $|\Delta x| = |x - x_0|$ 为 x 的绝对误差;而绝对误差与 $|x|$ 的比值 $\dfrac{|\Delta x|}{|x|}$ 叫做 x 的相对误差.但在实际工作中,$|x - x_0|$ 的精确值实际上是无法知道的,但根据测量仪器的精度等因素,能确定误差在某个范围之内,即 $|x - x_0| \leqslant \delta$,则称 δ 为用 x 近似 x_0 的最大绝对误差,而 $\dfrac{\delta}{|x|}$ 称为用 x 近似 x_0 的最大相对误差.

现在我们讨论如何由测量数据 x 的误差估计计算数据 $f(x)$ 的误差的问题.设函数 $y = f(x)$ 在 x 处可导,当 $|x - x_0| \leqslant \delta$ 时,用 $f(x)$ 近似 $f(x_0)$ 的最大绝对误差是

$$|\Delta y| = |f(x) - f(x_0)| \approx |f'(x)| \, |x - x_0| \leqslant |f'(x)|\delta \, ;$$

最大相对误差是

$$\left|\frac{\Delta y}{y}\right| \approx \frac{|f'(x)|}{|f(x)|} \, |x - x_0| \leqslant \frac{|f'(x)|}{|f(x)|}\delta.$$

例 2.5.8　计算 $\sin 46°$ 的近似值.

解　可以利用微分计算 $\sin 46°$ 的近似值,首先要找到 $f(x)$,x_0,Δx.
由于

$$46° = \frac{\pi}{4} + \frac{\pi}{180},$$

那么令

$$f(x) = \sin x, x_0 = \frac{\pi}{4}, \Delta x = \frac{\pi}{180},$$

根据

$$f(x_0 + \Delta x) \approx f(x_0) + f'(x_0)\Delta x$$

可得

$$\sin 46° = \sin\left(\frac{\pi}{4} + \frac{\pi}{180}\right)$$

$$\approx \sin\frac{\pi}{4} + \cos\frac{\pi}{4} \cdot \frac{\pi}{180}$$

$$= \frac{\sqrt{2}}{2} + \frac{\sqrt{2}}{2} \cdot \frac{\pi}{180}$$

$$\approx 0.7.71(1 + 0.0175)$$

$$\approx 0.7194.$$

例 2.5.9 半径为 10cm 的金属圆盘加热后,其半径伸长了 0.05cm,问面积约增加了多少?

解 设圆盘的半径为 r,则圆盘的面积为

$$S = \pi r^2.$$

当 $r = 10cm$ 时,增量为 $\Delta r = 0.05cm$,则

$$\Delta S = dS = S'(10)\Delta r = 2\pi r|_{r=10} \times \Delta r = 20\pi \times 0.05 \approx 3.142 (\text{cm}^2).$$

所以金属圆盘加热后面积约增加了 3.142(cm²).

例 2.5.10 正方形边长为 2.41 ± 0.005 m,求其面积,并估计绝对误差和相对误差.

解 令正方形的边长为 x,面积为 y,那么

$$y = x^2 ,$$

当 $x = 2.41$ 时,把它代入 $y = x^2$ 可得

$$y = (2.41)^2 = 5.808.$$

因为边长为 x 的绝对误差

$$\delta_x = 0.005 ,$$

且

$$y'|_{x=2.41} = 2x|_{x=2.41} = 4.82,$$

所以面积的绝对误差

$$\delta_y = 4.82 \times 0.005 = 0.0241 ,$$

面积的相对误差为

$$\frac{\delta_y}{|y|} = \frac{0.241}{5.8.81} \approx 0.004.$$

例 2.5.11 测量球的半径 r,它的准确度应如何才能使由此计算的体积的相对误差不超过 1%.

解 球的体积为

$$V = \frac{4}{3}\pi r^3 ,$$

体积的相对误差是

$$\left| \frac{\Delta V}{V} \right| \approx \left| \frac{dV}{V} \right| = \left| \frac{4\pi r^2 \Delta r}{3} \bigg/ \frac{4}{3}\pi r^3 \right| = \frac{3|\Delta r|}{r} ,$$

要使

$$\left| \frac{\Delta V}{V} \right| \leqslant 1\% ,$$

就应该有

$$\frac{3|\Delta r|}{r} \leqslant 1\% ,$$

即

$$\frac{|\Delta r|}{r} \leqslant 3\% \approx 0.33\% .$$

所以测量球的半径 r 的相对误差控制在 0.33% 以内,才能使由此计算的体积的相对误差不超过 1%.

第3章 微分基本定理及其应用

3.1 微分中值定理

3.1.1 罗尔(Rolle)定理

定理 3.1.1(罗尔定理) 如果函数 $y = f(x)$ 满足条件：

(1)在闭区间 $[a,b]$ 上连续；

(2)在开区间 (a,b) 内可导；

(3)在区间两个端点的函数值相等，即 $f(a) = f(b)$，

则至少存在一点 $\xi \in (a,b)$，使得

$$f'(\xi) = 0 .$$

证明 根据条件(1)和闭区间上连续函数的最值定理可得，函数 $y = f(x)$ 在闭区间 $[a,b]$ 上必取得最大值 M 和最小值 m。接下来分两种可能来讨论。

(1)如果 $M = m$，那么函数 $y = f(x)$ 在闭区间 $[a,b]$ 上为常数，所以

$$f'(x) = 0 ,$$

所以对任意的 $\xi \in (a,b)$ 都有 $f'(\xi) = 0$；

(2)如果 $M \neq m$，根据条件(3)可知，M 与 m 至少有一个不等于端点处的函数值，不妨设 $M \neq f(a)$，那么必存在一点 $\xi \in (a,b)$ 使得 $f(\xi) = M$。接下来证明 $f'(\xi) = 0$。

根据条件(2)可知，$f'(\xi)$ 必存在，即

$$\lim_{\Delta x \to 0} \frac{f(\xi + \Delta x) - f(\xi)}{\Delta x} = f'(\xi) .$$

因为 $f(\xi) = M$ 是 $f(x)$ 在区间 $[a,b]$ 上的最大值，所以不论 Δx 是正还是负，只要 $\xi + \Delta x \in [a,b]$，则一定有

$$f(\xi + \Delta x) - f(\xi) \leqslant 0 .$$

当 $\Delta x > 0$ 时，

$$\frac{f(\xi + \Delta x) - f(\xi)}{\Delta x} \leqslant 0 ,$$

根据函数极限的保号性可知

$$f'_+(\xi) = \lim_{\Delta x \to 0^+} \frac{f(\xi + \Delta x) - f(\xi)}{\Delta x} \leqslant 0 ;$$

当 $\Delta x < 0$ 时，

$$\frac{f(\xi + \Delta x) - f(\xi)}{\Delta x} \geqslant 0 ,$$

根据函数极限的保号性可知

$$f'_-(\xi) = \lim_{\Delta x \to 0^-} \frac{f(\xi + \Delta x) - f(\xi)}{\Delta x} \geqslant 0.$$

因为 $f'(\xi) = f'_-(\xi) = f'_+(\xi)$，所以

$$f'(\xi) = 0.$$

例 3.1.1　不用求出函数 $f(x) = (x-1)(x-2)(x-3)(x-4)$ 的导数，说明方程 $f'(x) = 0$ 有几个实根，并指出它们所在的区间.

解　因为函数

$$f(x) = (x-1)(x-2)(x-3)(x-4)$$

是一个四次多项式，所以它的导数是一个三次多项式，即 $f'(x) = 0$ 至多有三个实根. 又由于

$$f(1) = f(2) = f(3) = f(4) = 0,$$

那么根据罗尔定理可知，至少存在三个点

$$\xi_1 \in (1,2), \xi_2 \in (2,3), \xi_3 \in (3,4)$$

使得

$$f'(\xi_1) = f'(\xi_2) = f'(\xi_3) = 0$$

即 $f'(x) = 0$ 至少有三个实根 ξ_1, ξ_2, ξ_3，并且 $\xi_1 \in (1,2), \xi_2 \in (2,3), \xi_3 \in (3,4)$.

3.1.2　拉格朗日(Lagrange)中值定理

定理 3.1.2(拉格朗日中值定理)　如果函数 $y = f(x)$ 满足条件：

(1) $[a,b]$ 上连续；

(2) 在开区间 (a,b) 内可导，

则至少存在一点 $\xi \in (a,b)$，使得

$$f'(\xi) = \frac{f(b) - f(a)}{b - a}$$

或者

$$f(b) - f(a) = f'(\xi)(b-a).$$

证明　明显罗尔定理是拉格朗日中值定理的特殊情况，接下来我们将由罗尔定理证明拉格朗日中值定理. 为使函数 $y = f(x)$ 满足罗尔定理，对函数 $y = f(x)$ 做适当调整，因此做辅助函数

$$F(x) = f(x) - f(a) - \frac{f(b) - f(a)}{b - a}(x - a),$$

而函数 $F(x)$ 实际上是从函数 $y = f(x)$ 中减去表示弦 AB 的那个线性函数，如图 3-1-1 所示. 经验证函数 $F(x)$ 满足罗尔定理的所有条件，则有

$$F'(x) = f'(x) - \frac{f(b) - f(a)}{b - a},$$

由罗尔定理可知，在区间 (a,b) 上至少存在一点 $\xi \in (a,b)$ 使得 $F'(\xi) = 0$，即

$$f'(\xi) = \frac{f(b) - f(a)}{b - a}$$

成立，得证.

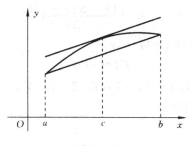

图 3-1-1

由以上定理可以得到如下重要推论.

推论 3.1.1　如果函数 $y = f(x)$ 在区间 (a,b) 内任意一点的导数 $f'(x)$ 都等于 0,那么函数 $y = f(x)$ 在区间 (a,b) 内是一个常数.

证明　设 x_1,x_2 是区间 (a,b) 内任意两点,令 $x_1 < x_2$,那么函数 $y = f(x)$ 在区间 $[x_1,x_2]$ 上满足拉格朗日中值定理的两个条件,所以有

$$f(x_2) - f(x_1) = f'(\xi)(x_2 - x_1) , \xi \in (x_1,x_2) \subset (a,b) ,$$

由条件可知 $f'(\xi) = 0$,所以

$$f(x_2) = f(x_1) ,$$

也就是说,在区间 (a,b) 内任意两点的函数值都相等,即函数 $y = f(x)$ 在区间 (a,b) 内是一个常数.

推论 3.1.2　如果函数 $f(x)$ 和函数 $g(x)$ 在区间 (a,b) 内每一个点的导数 $f'(x)$ 和 $g'(x)$ 都相等,那么两个函数在区间 (a,b) 内至多相差一个常数,即

$$f(x) = g(x) + C（C 为常数）.$$

证明　因为对于任意 $x \in (a,b)$ 都有

$$f'(x) = g'(x) ,$$

所以

$$[f(x) - g(x)]' = f'(x) - g'(x) = 0 .$$

那么由推论 3.1.1 可知,函数 $f(x) - g(x)$ 在区间 (a,b) 内是一个常数.不妨设常数为 C,则有

$$f(x) - g(x) = C$$

或

$$f(x) = g(x) + C .$$

例 3.1.2　证明恒等式 $\arcsin x + \arccos x = \dfrac{\pi}{2}$ $(1 \leqslant x \leqslant 1)$.

证明　令 $f(x) = \arcsin x + \arccos x$ $(1 \leqslant x \leqslant 1)$,则有

$$f'(x) = \frac{1}{\sqrt{1 - x^2}} - \frac{1}{\sqrt{1 - x^2}} = 0 .$$

易知知

$$f(x) = \arcsin x + \arccos x = C （1 \leqslant x \leqslant 1）,$$

而

$$C = f(0) = \frac{\pi}{2} ,$$

所以有

$$\arcsin x + \arccos x = \frac{\pi}{2}\ (1 \leqslant x \leqslant 1).$$

例 3.1.3　证明 $\arctan x = \arcsin \dfrac{x}{\sqrt{1+x^2}} (x \in \mathbf{R}).$

解　分别对等号两边关于 x 求导可得

$$(\arctan x)' = \frac{1}{1+x^2}$$

$$\left(\arcsin \frac{x}{\sqrt{1+x^2}}\right)' = \frac{1}{\sqrt{1-\dfrac{x^2}{1+x^2}}}\left(\frac{x}{\sqrt{1+x^2}}\right)'$$

$$= \frac{1}{\sqrt{\dfrac{1}{1+x^2}}}\ \frac{\sqrt{1+x^2} - x \cdot \dfrac{x}{\sqrt{1+x^2}}}{1+x^2}$$

$$= \frac{1}{1+x^2}.$$

所以,对于任意的 $x \in \mathbf{R}$,有

$$\arctan x = \arcsin \frac{x}{\sqrt{1+x^2}} + C.$$

当 $x = 0$ 时有

$$\arctan x = 0, \arcsin \frac{x}{\sqrt{1+x^2}} = 0,$$

从而,$C = 0$. 故

$$\arctan x = \arcsin \frac{x}{\sqrt{1+x^2}} (x \in \mathbf{R}).$$

例 3.1.4　设 $n > 1$,且 $0 < a < b$,证明

$$a^n(b-a) < \frac{b^{n+1}-a^{n+1}}{n+1} < b^n(b-a).$$

证明　为了应用拉格朗日中值定理,先根据题目要求设一函数

$$f(x) = x^{n+1}, x \in [a,b]$$

该函数满足拉格朗日中值定理的条件,所以有以下结论

$$\frac{b^{n+1}-a^{n+1}}{b-a} = (n+1)\xi^n (0 < a < \xi < b).$$

由于 $0 < a < \xi < b, n > 0$,所以有

$$a^n < \xi^n < b^n,$$

进而有

$$(n+1)a^n < (n+1)\xi^n < (n+1)b^n.$$

代入拉格朗日中值公式有

$$(n+1)a^n < \frac{b^{n+1}-a^{n+1}}{b-a} < (n+1)b^n,$$

即

$$a^n(b-a) < \frac{b^{n+1} - a^{n+1}}{n+1} < b^n(b-a) .$$

例 3.1.5 设 $n > 1$，且 $0 < a < b$，证明：

$$a^n(b-a) < \frac{b^{n+1} - a^{n+1}}{n+1} < b^n(b-a) .$$

证明 设函数为 $f(x) = x^{n+1}$，$x \in [a,b]$，因为上述函数满足拉格朗日中值定理，所以

$$\frac{b^{n+1} - a^{n+1}}{b-a} = (n+1)\xi^n (0 < a < \xi < b) ,$$

因为 $0 < a < \xi < b$，$n > 0$，则有 $a^n < \xi^n < b^n$，进而有

$$(n+1)a^n < (n+1)\xi^n < (n+1)b^n ,$$

根据拉格朗日中值定理有

$$(n+1)a^n < \frac{b^{n+1} - a^{n+1}}{b-a} < (n+1)b^n ,$$

即

$$a^n(b-a) < \frac{b^{n+1} - a^{n+1}}{n+1} < b^n(b-a) .$$

例 3.1.6 证明：$\arcsin x + \arccos x = \frac{\pi}{2}$，$x \in [-1,1]$。

证明 设函数 $f(x) = \arcsin x + \arccos x$，则 $f(x)$ 在 $(-1,1)$ 内可导，且 $f'(x) = 0$，根据推论 3.3.1 可得 $f(x)$ 在 $(-1,1)$ 内等于一个常数 C，即

$$\arcsin x + \arccos x = C ,$$

由于 $x = 0$ 时，$f(0) = \frac{\pi}{2} = C$，所以

$$\arcsin x + \arccos x = \frac{\pi}{2} .$$

例 3.1.7 证明：当 $x > 0$ 时，$\frac{x}{x+1} < \ln(1+x) < x$。

证明 令函数为

$$f(x) = \ln(x+1) ,$$

易知函数 $f(x) = \ln(x+1)$ 在区间 $[0,x]$ 上满足拉格朗日中值定理，那么由定理可知

$$f(x) - f(0) = f'(\xi)(x-0)(0 < \xi < x) ,$$

因为

$$f(0) = 0 , \quad f'(x) = \frac{1}{1+x} ,$$

所以上式为

$$\ln(x+1) = \frac{x}{1+\xi}(0 < \xi < x) .$$

由于 $0 < \xi < x$，那么

$$\frac{x}{1+x} < \frac{x}{1+\xi} < x ,$$

即

$$\frac{x}{1+x} < \ln(1+x) < x .$$

3.1.3　柯西(Cauchy)中值定理

定理 3.1.3(柯西中值定理)　如果函数 $f(x)$ 和函数 $g(x)$ 满足：

(1)在闭区间 $[a,b]$ 上连续；

(2)在开区间 (a,b) 内可导,且 $g'(x) \neq 0$,

则在区间 (a,b) 内至少存在一点 ξ 使得

$$\frac{f(b)-f(a)}{g(b)-g(a)} = \frac{f'(\xi)}{g'(\xi)} .$$

证明　构造辅助函数

$$F(x) = f(x) - f(a) - \frac{f(b)-f(a)}{g(b)-g(a)}\big[g(x)-g(a)\big] .$$

由于函数 $F(x)$ 满足罗尔定理的条件,那么在区间 (a,b) 内至少存在一点 ξ ,使得

$$F'(\xi) = 0 ,$$

即

$$f'(\xi) - \frac{f(b)-f(a)}{g(b)-g(a)}g'(\xi) = 0 ,$$

从而得到

$$\frac{f(b)-f(a)}{g(b)-g(a)} = \frac{f'(\xi)}{g'(\xi)} .$$

例 3.1.8　设函数 $f(x)$ 在区间 $[0,1]$ 上连续,在区间 $(0,1)$ 内可导,证明至少存在一点 $\xi \in (0,1)$ 使

$$f'(\xi) = 2\xi\big[f(1)-f(0)\big] .$$

证明　结论可变形为

$$\frac{f(1)-f(0)}{1-0} = \frac{f'(\xi)}{2\xi} = \frac{f'(x)}{(x^2)'}\bigg|_{x=\xi} .$$

设 $g(x) = x^2$,则 $f(x)$ 和 $g(x)$ 在区间 $[0,1]$ 上满足柯西中值定理的条件,所以在 $(0,1)$ 内至少存在一点 ξ 使

$$\frac{f(1)-f(0)}{1-0} = \frac{f'(\xi)}{2\xi} ,$$

即

$$f'(\xi) = 2\xi\big[f(1)-f(0)\big] .$$

例 3.1.9　设函数 $f(x)$ 在区间 $[a,b]$ 上连续,在区间 (a,b) 内可导 $(0<a<b)$,

证明方程 $f(b)-f(a) = \left(\ln\dfrac{b}{a}\right)xf'(x)$ 在区间 (a,b) 内至少有一个根.

证明　可以把方程变形为

$$\frac{f(b)-f(a)}{\ln b - \ln a} = \frac{f'(x)}{\dfrac{1}{x}} .$$

由于函数 $f(x)$ 和 $g(x) = \ln x$ 在区间 $[a,b]$ 上满足柯西定理的条件,所以

$$\frac{f(b) - f(a)}{\ln b - \ln a} = \frac{f'(\xi)}{(\ln x)'|_{x=\xi}} = \frac{f'(\xi)}{\frac{1}{\xi}}, \mathrm{d}a < \xi < b,$$

整理可得

$$f(b) - f(a) = \ln\left(\frac{b}{a}\right)\xi f'(\xi),$$

则方程

$$f(b) - f(a) = \ln\left(\frac{b}{a}\right)x f'(x)$$

在区间 (a,b) 内至少有一个根.

例 3.1.10 设函数 $f(x)$ 在区间 $[x_1, x_2]$ 上可微,且 $x_1 x_2 > 0$,试证明存在 $\xi \in (x_1, x_2)$ 使得

$$\frac{x_1 f(x_2) - x_2 f(x_1)}{x_1 - x_2} = f(\xi) - \xi f'(\xi).$$

证明 将本题结论变形可得

$$\frac{\frac{f(x_2)}{x_2} - \frac{f(x_1)}{x_1}}{\frac{1}{x_2} - \frac{1}{x_1}} = f(\xi) - \xi f'(\xi).$$

上式左边分子分母分别为函数 $\frac{f(x)}{x}$,$\frac{1}{x}$ 的增量,所以可作辅助函数

$$\varphi(x) = \frac{f(x)}{x}, \quad \psi(x) = \frac{1}{x},$$

由于 $x_1 x_2 > 0$,不妨设 $x_2 > x_1 > 0$,在区间 $[x_1, x_2]$ 上利用柯西中值定理有

$$\frac{\left[\frac{f(x_2)}{x_2} - \frac{f(x_1)}{x_1}\right]}{\left(\frac{1}{x_2} - \frac{1}{x_1}\right)} = \frac{\xi f'(\xi) - f(\xi)}{\left(-\frac{1}{\xi^2}\right)},$$

化简可得

$$\frac{x_1 f(x_2) - x_2 f(x_1)}{x_1 - x_2} = f(\xi) - \xi f'(\xi).$$

3.2　未定式极限

3.2.1　洛必达法则与 $\frac{0}{0}$,$\frac{\infty}{\infty}$ 型未定式极限

洛必达法则是一种求未定式极限的简单有效的方法,那么何谓未定式极限? 首先我们了解一下什么是未定式极限.

定义 3.2.1 当 $x \to a$ 或者 $x \to \infty$ 时,如果函数比 $\frac{f(x)}{g(x)}$ 的分子、分母都趋于 0 或者都趋于无穷大,那么 $\frac{f(x)}{g(x)}$ 的极限可能存在,也可能不存在,这种极限通常称为未定式极限,简记为 $\frac{0}{0}$

或 $\dfrac{\infty}{\infty}$.

定理 3.2.1(洛必达法则)　如果函数 $f(x)$ 和函数 $g(x)$ 满足:

(1) $\lim \dfrac{f(x)}{g(x)}$ 是 $\dfrac{0}{0}$ 或 $\dfrac{\infty}{\infty}$ 型未定式;

(2) $\lim\limits_{x\to a} \dfrac{f'(x)}{g'(x)}$ 存在或者为无穷大,且 $g'(x)\neq 0$,

则

$$\lim \frac{f(x)}{g(x)} = \lim \frac{f'(x)}{g'(x)}.$$

法则中的极限过程可以是函数极限的任何一种,但同一问题中的极限过程相同.

证明　在此仅对 $x\to x_0$ 时的 $\dfrac{0}{0}$ 型未定式给出证明.

令 $f(x_0)=g(x_0)=0$,则函数 $f(x)$,$g(x)$ 在点 x_0 的某一邻域内是连续的. 在 x_0 附近任取一点 $x(x\neq x_0)$,那么函数 $f(x)$ 和 $g(x)$ 在以 x 和 x_0 为端点的区间上满足柯西中值定理的条件,则存在 ξ(ξ 属于以 x 和 a 为端点的区间),使得

$$\frac{f(x)}{g(x)} = \frac{f(x)-f(a)}{g(x)-g(b)} = \frac{f'(\xi)}{g'(\xi)}.$$

当 $x\to x_0$ 时,则有 $\xi\to x_0$,那么有

$$\lim \frac{f(x)}{g(x)} = \lim_{x\to a} \frac{f'(\xi)}{g'(\xi)} = \lim \frac{f'(x)}{g'(x)}.$$

每次使用洛必达法则之前都必须检查是否为 $\dfrac{0}{0}$ 或 $\dfrac{\infty}{\infty}$ 型未定式,是否满足条件,而且应尽力化简. 有时需要连续使用几次洛必达法则,也有时需要结合使用其他方法.

例 3.2.1　求 $\lim\limits_{x\to 0} \dfrac{x-\sin x}{x^3}$.

解　首先确定极限是 $\dfrac{0}{0}$ 型未定式,使用洛必达法则可得

$$\begin{aligned}
\lim_{x\to 0} \frac{x-\sin x}{x^3} &= \lim_{x\to 0} \frac{(x-\sin x)'}{(x^3)'} \\
&= \lim_{x\to 0} \frac{1-\cos x}{3x^2} \\
&= \lim_{x\to 0} \frac{\sin x}{6x} \\
&= \frac{1}{6}.
\end{aligned}$$

例 3.2.2　求 $\lim\limits_{x\to 1} \dfrac{x^3-3x+2}{x^3-x^2-x+1}$.

解　首先确定极限是 $\dfrac{0}{0}$ 型未定式,连续使用两次洛必达法则可得

$$\begin{aligned}
\lim_{x\to 1} \frac{x^3-3x+2}{x^3-x^2-x+1} &= \lim_{x\to 1} \frac{3x^2-3}{3x^2-2x-1} \\
&= \lim_{x\to 1} \frac{6x}{6x-2}
\end{aligned}$$

$$= \frac{3}{2}.$$

例 3.2.3 求 $\lim\limits_{x \to +\infty} \dfrac{e^x + x}{x^3}$.

解 首先确定极限是 $\dfrac{\infty}{\infty}$ 型未定式,使用洛必达法则可得

$$\lim\limits_{x \to +\infty} \frac{e^x + x}{x^3} = \lim\limits_{x \to +\infty} \frac{e^x + 1}{3x^2}$$

$$= \lim\limits_{x \to +\infty} \frac{e^x}{6x}$$

$$= +\infty,$$

所以极限不存在.

例 3.2.4 求 $\lim\limits_{x \to +\infty} \dfrac{\ln^n x}{x}$ (n 为正整数).

解 首先确定极限是 $\dfrac{\infty}{\infty}$ 型未定式,使用洛必达法则可得

$$\lim\limits_{x \to +\infty} \frac{\ln^n x}{x} = \lim\limits_{x \to +\infty} \frac{n\ln^{n-1} x \dfrac{1}{x}}{1}$$

$$= \lim\limits_{x \to +\infty} \frac{n\ln^{n-1} x}{x},$$

由于 $n \geqslant 1$,那么极限仍是 $\dfrac{\infty}{\infty}$ 型未定式,再次使用洛必达法则运算可得

$$\lim\limits_{x \to +\infty} \frac{\ln^n x}{x} = \lim\limits_{x \to +\infty} \frac{n(n-1)\ln^{n-2} x}{x} = \cdots = \lim\limits_{x \to +\infty} \frac{n!}{x} = 0,$$

所以,当 n 为正整数时,都有 $\lim\limits_{x \to +\infty} \dfrac{\ln^n x}{x} = 0$.

例 3.2.5 求 $\lim\limits_{x \to 0} \dfrac{xe^{2x} + xe^x - 2e^{2x} + 2e^x}{(e^x - 1)^3}$.

解 分析可知,原式为 $\dfrac{0}{0}$ 型不定式,则

$$\lim\limits_{x \to 0} \frac{xe^{2x} + xe^x - 2e^{2x} + 2e^x}{(e^x - 1)^3}$$

$$= \lim\limits_{x \to 0} \frac{e^{2x} + 2xe^{2x} + e^x + xe^x - 4e^{2x} + 2e^x}{3(e^x - 1)^2 e^x}$$

$$= \lim\limits_{x \to 0} \frac{2xe^x - 3e^x + x + 3}{3(e^x - 1)^2 e^x} = \lim\limits_{x \to 0} \frac{2xe^x - 3e^x + x + 3}{3x^2}$$

$$= \lim\limits_{x \to 0} \frac{2e^x + 2xe^x - 3e^x + 1}{6x} = \lim\limits_{x \to 0} \frac{2xe^x - (e^x - 1)}{6x}$$

$$= \lim\limits_{x \to 0} \left[\frac{1}{3} e^x - \frac{1}{6} \cdot \frac{e^x - 1}{x} \right]$$

$$= \frac{1}{3} - \frac{1}{6}$$

$$= \frac{1}{6}.$$

3.2.2　其他未定式

除了以上两种未定式之外,还有 $0 \cdot \infty, \infty - \infty, 0^0, 1^\infty, \infty^0$ 五种类型的未定式,它们都可以经过变形转化为 $\dfrac{0}{0}$ 或 $\dfrac{\infty}{\infty}$ 型的未定式,具体的转化步骤分别如下.

(1) $0 \cdot \infty = \dfrac{0}{\frac{1}{\infty}} = \dfrac{0}{0}$ 或 $0 \cdot \infty = \dfrac{\infty}{\frac{1}{0}} = \dfrac{\infty}{\infty}$.

(2) $\infty - \infty = \dfrac{1}{\frac{1}{\infty}} - \dfrac{1}{\frac{1}{\infty}} = \dfrac{\frac{1}{\infty} - \frac{1}{\infty}}{\frac{1}{\infty\infty}} = \dfrac{0}{0}$,这两个无穷大正负号相同.

(3) $1^\infty = e^{\infty \ln 1} = e^{\infty \times 0}$.

(4) $0^0 = e^{0 \ln 0} = e^{0 \times \infty}$.

(5) $\infty^0 = e^{0 \ln \infty} = e^{0 \times \infty}$.

最后三种情形的 $0 \cdot \infty$ 可按照第一种情形化为 $\dfrac{0}{0}$ 或 $\dfrac{\infty}{\infty}$ 型的未定式.

例 3.2.6　求 $\lim\limits_{x \to \frac{\pi}{2}}\left(x - \dfrac{\pi}{2}\right)\tan 3x$.

解　首先确定极限是 $0 \cdot \infty$ 型,转化为 $\dfrac{0}{0}$ 型未定式.

$$\lim\limits_{x \to \frac{\pi}{2}}\left(x - \dfrac{\pi}{2}\right)\tan 3x = \lim\limits_{x \to \frac{\pi}{2}} \dfrac{x - \dfrac{\pi}{2}}{\cot 3x},$$

利用洛必达法则可得

$$\lim\limits_{x \to \frac{\pi}{2}} \dfrac{x - \dfrac{\pi}{2}}{\cot 3x} = \lim\limits_{x \to \frac{\pi}{2}} \dfrac{1}{-3\csc^2 3x} = -\dfrac{1}{3}.$$

例 3.2.7　求 $\lim\limits_{x \to 1}\left(\dfrac{x}{x-1} - \dfrac{1}{\ln x}\right)$.

解　首先确定极限是 $\infty - \infty$ 型未定式,将之转化为 $\dfrac{0}{0}$ 型未定式.

$$\lim\limits_{x \to 1}\left(\dfrac{x}{x-1} - \dfrac{1}{\ln x}\right) = \lim\limits_{x \to 1} \dfrac{x\ln x - (x-1)}{(x-1)\ln x}$$

$$= \lim\limits_{x \to 1} \dfrac{\ln x + \dfrac{x}{x} - 1}{\ln x + (x-1) \cdot \dfrac{1}{x}}$$

$$= \lim\limits_{x \to 1} \dfrac{x\ln x}{x\ln x + x - 1}$$

$$= \lim\limits_{x \to 1} \dfrac{\ln x + x \cdot \dfrac{1}{x}}{\ln x + x \cdot \dfrac{1}{x} + 1}$$

$$= \lim_{x \to 1} \frac{1 + \ln x}{2 + \ln x}$$

$$= \frac{1}{2} .$$

例 3.2.8 求 $l = \lim_{x \to 0} (1 + 3x)^{\frac{1-2x}{x}}$.

解 首先确定极限是 1^{∞} 型未定式,对其进行转化,令 $y = (1 + 3x)^{\frac{1-2x}{x}}$,取对数得

$$\ln y = \frac{1 - 2x}{x} \ln(1 + 3x) ,$$

由于

$$\lim_{x \to 0} \ln y = \lim_{x \to 0} \frac{(1 - 2x)\ln(1 + 3x)}{x}$$

$$= \lim_{x \to 0} \frac{\left[(1 - 2x)\ln(1 + 3x) \right]'}{x'}$$

$$= \lim_{x \to 0} \left[-2\ln(1 + 3x) + (1 - 2x)\frac{3}{1 + 3x} \right]$$

$$= 3 ,$$

所以

$$l = \lim_{x \to 0} e^{\ln y} = e^{\lim_{x \to 0} \ln y} = e^3 .$$

例 3.2.9 求 $l = \lim_{x \to 0^+} x^x$.

解 首先确定极限是 0^0 型未定式,对其进行转化,令 $y = x^x$,取对数可得

$$\ln y = x \ln x ,$$

因为

$$\lim_{x \to 0^+} \ln y = \lim_{x \to 0^+} x \ln x$$

$$= \lim_{x \to 0^+} \frac{\ln x}{\frac{1}{x}}$$

$$= \lim_{x \to 0^+} \frac{\frac{1}{x}}{-\frac{1}{x^2}} = \lim_{x \to 0^+} (-x)$$

$$= 0 ,$$

所以

$$l = \lim_{x \to 0^+} e^{\ln y} = e^0 = 1 .$$

例 3.2.10 求 $\lim_{x \to e} (\ln x)^{\frac{1}{1-\ln x}}$.

解 判定极限是 1^{∞} 型未定式,对其进行转化,令

$$y = (\ln x)^{\frac{1}{1-\ln x}} ,$$

取对数可得

$$\ln y = \frac{\ln \ln x}{1 - \ln x} ,$$

由于

$$\lim_{x \to e} \ln y = \lim_{x \to e} \frac{\ln \ln x}{1 - \ln x}$$

$$= \lim_{x \to e} \frac{\dfrac{1}{x \ln x}}{-\dfrac{1}{x}}$$

$$= \lim_{x \to e} \frac{-1}{\ln x}$$

$$= -1 ,$$

那么

$$\lim_{x \to e} (\ln x)^{\frac{1}{1 - \ln x}} = \lim_{x \to e} e^{\ln y} = e^{-1} .$$

3.3　泰勒(Taylor)公式

3.3.1　带有佩亚诺型余项的泰勒公式

如果函数 $f(x)$ 在点 x_0 存在 1 到 n 阶的各阶导数,若 n 次多项式 $p_n(x)$ 满足

$$p_n^{(k)}(x_0) = f^{(k)}(x_0), = 0,1,\cdots n,$$

那么 $p_n(x) = ?$

令

$$p_n(x) = a_0 + a_1(x - x_0) + \cdots + a_{n-1}(x - x_0)^{n-1} + a_n(x - x_0)^n ,$$

其各阶导数为

$$p_n^{(k)}(x_0) = k! a_k, = 0,1,\cdots,n,$$

因为 $p_n^{(k)}(x_0) = f^{(k)}(x_0)$,可得

$$a_k = \frac{f^{(k)}(x_0)}{k!}, k = 0,1,\cdots,n,$$

从而有

$$p_n(x) = f(x_0) + \frac{f'(x_0)}{1!}(x - x_0) + \cdots + \frac{f^{(n-1)}(x_0)}{(n-1)!}(x - x_0)^{(n-1)} + \frac{f^{(n)}(x_0)}{n!}(x - x_0)^n$$

$$= \sum_{k=0}^{n} \frac{f^{(k)}(x_0)}{k!}(x - x_0)^k .$$

上述所求多项式 $p_n(x)$ 的形式即为函数 $f(x)$ 在点 x_0 的 n 阶泰勒多项式,而其系数 $\frac{f^{(k)}(x_0)}{k!}$ ($k = 0,1,\cdots,n$) 则称为函数 $f(x)$ 在点 x_0 的泰勒系数.

下面的定理说明当用 $f(x)$ 在点 x_0 的泰勒多项式 $p_n(x)$ 来近似代替 $f(x)$ 时,其误差为 $o((x - x_0)^n)$.

定理 3.3.1　如果函数 $f(x)$ 在点 x_0 存在 1 到 n 阶的各阶导数,则当 $x \to x_0$ 时,有

$$f(x) = f(x_0) + f'(x_0)(x - x_0) + \frac{1}{2!}f''(x_0)(x - x_0)^2 +$$

$$\cdots + \frac{1}{n!}f^{(n)}(x_0)(x - x_0)^n + o[(x - x_0)^n]. \tag{3.3.1}$$

证明 令

$$R_n(x) = f(x) - p_n(x)$$

$$= f(x) - \left[f(x_0) + f'(x_0)(x - x_0) + \frac{1}{2!}f''(x_0)(x - x_0)^2 + \cdots + \frac{1}{n!}f^{(n)}(x_0)(x - x_0)^n \right].$$

易知

$$R_n(x_0) = R_n'(x_0) = \cdots = R_n^{(n-1)}(x_0) = 0.$$

在下面极限计算中连续应用 $n-1$ 次洛必达法则,可得

$$
\begin{aligned}
\lim_{x \to x_0} \frac{R_n(x)}{(x - x_0)^n} &= \lim_{x \to x_0} \frac{R_n'(x)}{n(x - x_0)^{n-1}} \\
&= \lim_{x \to x_0} \frac{R_n''(x)}{n(n-1)(x - x_0)^{n-2}} \\
&= \cdots \\
&= \lim_{x \to x_0} \frac{R_n^{(n-1)}(x)}{n!(x - x_0)} \\
&= \lim_{x \to x_0} \frac{R_n^{(n-1)}(x) - R_n^{(n-1)}(x_0)}{n!(x - x_0)} \\
&= \frac{R_n^{(n-1)}(x_0)}{n!} \\
&= 0.
\end{aligned}
$$

从而

$$R_n(x) = o\left[(x - x_0)^n \right], \quad x \to x_0,$$

得证.

(3.3.1)式称为函数在点 x_0 的泰勒公式,$R_n(x) = f(x) - p_n(x)$ 称为泰勒公式的余项,形如 $o\left[(x - x_0)^n \right]$ 的余项称为佩亚诺型余项,所以(3.3.1)式又称为带有佩亚诺型余项的泰勒公式.

特别的,当 $x_0 = 0$,相应的泰勒公式是

$$f(x) = f(0) + f'(0)x + \frac{f''(0)}{2!}x^2 + \cdots + \frac{f^{(n)}(0)}{n!}x^n + o(x^n),$$

它又称为带有佩亚诺型余项的麦克考林公式.

根据定理 3.3.1,可以给出几个常用的初等函数的麦克考林公式:

(1) $e^x = 1 + \dfrac{x}{1!} + \dfrac{x^2}{2!} + \cdots + \dfrac{x^n}{n!} + o(x)^n$;

(2) $\sin x = x - \dfrac{x^3}{3!} + \dfrac{x^5}{5!} - \cdots + (-1)^{n-1} \dfrac{x^{2n-1}}{(2n-1)!} + o(x^{2n-1})$;

(3) $\cos x = 1 - \dfrac{x^2}{2!} + \dfrac{x^4}{4!} - \cdots + (-1)^n \dfrac{x^{2n}}{(2n)!} + o(x^{2n})$;

(4) $\ln(1+x) = x - \dfrac{x^2}{2} + \dfrac{x^3}{3} - (-1)^{n-1} \dfrac{x^n}{n} + o(x^n)$;

(5) $(1+x)^a = 1 + ax + \dfrac{a(a-1)x^2}{2!} + \cdots + \dfrac{a(a-1)\cdots(a-n+1)}{n!}x^n + o(x)^n$;

(6) $\dfrac{1}{1-x} = 1 + x + x^2 + \cdots + x^n + o(x)^n$.

例 3.3.1 求 $\ln x$ 在 $x = 2$ 处的带有佩亚诺型余项的泰勒公式.

解　因为

$$\ln x = \ln[2 + (x-2)] = \ln 2 + \ln\left(1 + \frac{x-2}{2}\right),$$

所以

$$\ln x = \ln 2 + \frac{1}{2}(x-2) - \frac{1}{2\times 2^2}(x-2)^2 + \cdots + (-1)^{n-1}\frac{1}{n\times 2^n}(x-2)^n + o[(x-2)^n].$$

例 3.3.2　写出函数 $f(x) = \dfrac{1}{3-x}$ 在 $x=1$ 处的 n 阶泰勒公式.

解

$$f(x) = \frac{1}{3-x} = \frac{1}{2-(x-1)} = \frac{1}{2}\frac{1}{1-\dfrac{x-1}{2}}$$

$$= \frac{1}{2}\left[1 + \frac{x-1}{2} + \left(\frac{x-1}{2}\right)^2 + \cdots + \left(\frac{x-1}{2}\right)^n + o\left(\frac{x-1}{2}\right)^n\right]$$

$$= \frac{1}{2} + \frac{x-1}{2^2} + \frac{(x-1)^2}{2^3} + \cdots + \frac{(x-1)^n}{2^{n+1}} + o[(x-1)^n].$$

3.3.2　带有拉格朗日余项的泰勒公式

定理 3.3.2　设函数 $f(x)$ 在某个包含点 x_0 的开区间 (a,b) 中有 1 到 $n+1$ 阶的各阶导数，则 $\forall x \in (a,b)$，有

$$f(x) = f(x_0) + f'(x_0)(x-x_0) + \frac{1}{2!}f''(x_0)(x-x_0)^2 +$$

$$\cdots + \frac{1}{n!}f^{(n)}(x_0)(x-x_0)^n + \frac{1}{(n+1)!}f^{(n+1)}(\xi)(x-x_0)^{n+1}. \quad (3.3.2)$$

其中，ξ 介于 x 与 x_0 之间.

证明　设多项式

$$R_n(x) = f(x) - p_n(x-x_0),$$

那么 $R_n(x)$ 在开区间 (a,b) 内 $n+1$ 阶可导且

$$R_n(x_0) = R_n'(x_0) = \cdots = R_n^{(n-1)}(x_0) = R_n^{(n)}(x_0) = 0.$$

当 $x = x_0$ 时，结论显然成立；

下面我们讨论当 $x \neq x_0$ 时的情况，此时连续使用柯西定理可得

$$\frac{R_n(x)}{(x-x_0)^{n+1}} = \frac{R_n(x) - R_n(x_0)}{(x-x_0)^{n+1}}$$

$$= \frac{R_n'(\xi_1)}{(n+1)(\xi_1-x_0)^n}$$

$$= \frac{R_n'(\xi_1) - R_n'(x_0)}{(n+1)(\xi_1-x_0)^n}$$

$$= \frac{R_n''(\xi_2)}{n(n+1)(\xi_2-x_0)^{n-1}}$$

$$= \frac{R_n''(\xi_2) - R_n''(x_0)}{n(n+1)(\xi_2-x_0)^{n-1}}$$

$$= \cdots$$

$$= \frac{1}{2 \times 3 \cdots n(n+1)} \frac{R_n^{(n)}(\xi_n)}{\xi_n - x_0}$$

$$= \frac{1}{2 \times 3 \cdots n(n+1)} \frac{R_n^{(n)}(\xi_n) - R_n^{(n)}(x_0)}{\xi_n - x_0}$$

$$= \frac{1}{(n+1)!} R_n^{(n+1)}(\xi).$$

因为 $P_n^{(n+1)}(x) = 0$,所以

$$R_n^{(n+1)}(\xi) = f^{(n+1)}(\xi),$$

又因为 ξ 介于 x_0 与 ξ_n 之间,所以 ξ 介于 x_0 与 x 之间,于是我们可得

$$f(x) = p_n(x) + \frac{f^{(n+1)}(\xi)}{(n+1)!}(x - x_0)^{n+1},$$

则称

$$R_n(x) = \frac{f^{(n+1)}(\xi)}{(n+1)!}(x - x_0)^{n+1}$$

为拉格朗日余项,(3.3.2)式就称为带有拉格朗日余项的泰勒公式.

当 $n = 0$ 时,公式变成拉格朗日中值公式

$$f(x) = f(x_0) + f'(\xi)(x - x_0) \ (\xi \text{ 介于 } x_0 \text{ 与 } x \text{ 之间}),$$

则泰勒公式是拉格朗日中值定理的推广.

例 3.3.3 写出函数 $f(x) = x^3 \ln x$ 在 $x_0 = 1$ 处的四阶泰勒公式.

解 函数 $f(x) = x^3 \ln x$ 的各阶导数为

$$f(x) = x^3 \ln x,$$

$$f'(x) = 3x^2 \ln x + x^2,$$

$$f''(x) = 6x \ln x + 5x,$$

$$f'''(x) = 6 \ln x + 11,$$

$$f^{(4)}(x) = \frac{6}{x},$$

$$f^{(5)}(x) = -\frac{6}{x^2},$$

将 $x_0 = 1$ 代入可得

$$f(1) = 0, \ f'(1) = 1, \ f''(1) = 5, \ f'''(1) = 11, \ f^{(4)}(1) = 6,$$

将 $x = \xi$ 代入 $f^{(5)}(x) = -\dfrac{6}{x^2}$ 中可得

$$f^{(5)}(\xi) = -\frac{6}{\xi^2},$$

所以 $f(x) = x^3 \ln x$ 在 $x_0 = 1$ 处的四阶泰勒公式为

$$f(x) = x^3 \ln x = (x-1) + \frac{5}{2!}(x-1)^2 + \frac{11}{3!}(x-1)^3 + \frac{6}{4!}(x-1)^4 - \frac{6}{5! \xi^2}(x-1)^5,$$

其中 ξ 介于 1 与 x 之间.

例 3.3.4 写出函数 $f(x) = \dfrac{1}{3-x}$ 在 $x = 1$ 处的 n 阶泰勒公式.

解

$$f(x) = \frac{1}{3-x} = \frac{1}{2-(x-1)} = \frac{1}{2} \frac{1}{1-\dfrac{x-1}{2}}$$

$$= \frac{1}{2}\left[1 + \frac{x-1}{2} + \left(\frac{x-1}{2}\right)^2 + \cdots + \left(\frac{x-1}{2}\right)^n + o\left(\frac{x-1}{2}\right)^n \right]$$

$$= \frac{1}{2} + \frac{x-1}{2^2} + \frac{(x-1)^2}{2^3} + \cdots + \frac{(x-1)^n}{2^{n+1}} + o\left[(x-1)^n\right].$$

3.3.3　泰勒公式的应用

例 3.3.5　写出函数 $f(x) = e^{-\frac{x^2}{2}}$ 的带有佩亚诺型余项的麦克考林公式,并求 $f^{(2008)}(0)$.

解　根据 $e^x = 1 + \dfrac{x}{1!} + \dfrac{x^2}{2!} + \cdots + \dfrac{x^n}{n!} + o(x)^n$ 可得

$$e^{-\frac{x^2}{2}} = 1 - \frac{x^2}{2} + \frac{x^4}{2^2 \times 2!} + \cdots + (-1)^n \frac{x^{2n}}{2^n \times n!} + o(x^{2n}),$$

在上述的麦克考林公式中,x^{2008} 的系数为

$$\frac{1}{2008!} f^{(2008)}(0) = (-1)^{1004} \frac{1}{2^{1004} \times 1004!},$$

所以

$$f^{(2008)}(0) = \frac{2008!}{2^{1004} \times 1004!}.$$

例 3.3.6　用 $\sin x$ 的四阶泰勒多项式计算 $\sin 18°$ 的近似值,并估算误差.

解　根据 $\sin x = x - \dfrac{x^3}{3!} + \dfrac{x^5}{5!} - \cdots + (-1)^{n-1} \dfrac{x^{2n-1}}{(2n-1)!} + o(x^{2n-1})$ 可得

$$\sin 18° = \sin \frac{\pi}{10} \approx \frac{\pi}{10} - \frac{\left(\dfrac{\pi}{10}\right)^3}{3!} \approx 0.309,$$

误差估算为

$$\left| R_4\left(\frac{\pi}{10}\right) \right| = \left| \frac{\left(\dfrac{\pi}{10}\right)^5}{5!} \sin\left(\theta x + \frac{5\pi}{2}\right) \right| \leqslant \frac{\left(\dfrac{\pi}{10}\right)^5}{5!} < 10^{-4} \quad (0 < \theta < 1).$$

如果本题利用微分近似计算,则 $\sin 18° = \sin \dfrac{\pi}{10} \approx \dfrac{\pi}{10} \approx 0.314$,其精度仅为 $\dfrac{1}{200}$,由此可见利用泰勒公式得到的近似值精度较高.

例 3.3.7　求极限 $\lim\limits_{x \to 0} \dfrac{\sqrt[3]{\cos x} - 1 - x(e^x - 1)}{(2^x - 1)\tan x}$.

解　通过等价无穷小代换将上式转换为

$$\frac{1}{\ln 2} \lim_{x \to 0} \frac{\sqrt[3]{\cos x} - 1 - x(e^x - 1)}{x^2},$$

在 $x = 0$ 将函数 e^x 展开为

$$e^x = 1 + x + o(x),$$

而

$$\sqrt[3]{\cos x} = 1 - \frac{x^2}{6} + o(x^2) ,$$

将两式代入可得

$$\lim_{x \to 0} \frac{\sqrt[3]{\cos x} - 1 - x(e^x - 1)}{(2^x - 1)\tan x} = \frac{1}{\ln 2} \lim_{x \to 0} \frac{\sqrt[3]{\cos x} - 1 - x(e^x - 1)}{x^2}$$

$$= \frac{1}{\ln 2} \lim_{x \to 0} \frac{\left[1 - \frac{x^2}{6} + o(x^2)\right] - 1 - x\left[1 + x + o(x) - 1\right]}{x^2}$$

$$= \frac{1}{\ln 2} \lim_{x \to 0} \frac{-\frac{7x^2}{6} + o(x^2)}{x^2}$$

$$= -\frac{7}{6\ln 2}.$$

例 3.3.8 求极限 $\lim_{x \to 0} \dfrac{e^x - 1 - x}{\sqrt{1-x} - \cos\sqrt{x}}$.

解 因为

$$e^x = 1 + x + \frac{x^2}{2} + o(x^2) ,$$

$$\cos\sqrt{x} = 1 - \frac{x}{2} + \frac{x^2}{4!} + o(x^2) ,$$

$$\sqrt{1-x} = 1 - \frac{x}{2} - \frac{x^2}{8} + o(x^2) ,$$

所以

$$\lim_{x \to 0} \frac{e^x - 1 - x}{\sqrt{1-x} - \cos\sqrt{x}} = \lim_{x \to 0} \frac{1 + x + \frac{x^2}{2} + o(x^2) - 1 - x}{\left(1 - \frac{x}{2} - \frac{x^2}{8} + o(x^2)\right) - 1 + \frac{x}{2} - \frac{x^2}{4!} + o(x^2)}$$

$$= \lim_{x \to 0} \frac{\frac{x^2}{2} + o(x^2)}{-\left(\frac{1}{8} + \frac{1}{24}\right)x^2 + o(x^2)}$$

$$= -3.$$

例 3.3.9 设 $f(x) = e^{-\frac{x^2}{2}} - \cos x$,则在 $x \to 0$ 时,$f(x)$ 是 x 的几阶无穷小?

解 当 $x \to 0$ 时,

$$f(x) = 1 + \left(-\frac{x^2}{2}\right) + \frac{1}{2}\left(-\frac{x^2}{2}\right)^2 + o(x^4) - \left(1 - \frac{x^2}{2!} + \frac{x^4}{4!} + o(x^4)\right) = \frac{1}{12}x^4 + o(x^4) ,$$

所以当 $x \to 0$ 时,$f(x)$ 是 x 的 4 阶无穷小.

例 3.3.10 设 $a_n = \left(n + \dfrac{1}{2}\right)\ln\left(1 + \dfrac{1}{n}\right) - 1$,求它的等价无穷小.

解

$$a_n = \left(n + \frac{1}{2}\right)\left[\frac{1}{n} - \frac{1}{2n^2} + \frac{1}{3n^3} + o\left(\frac{1}{n^3}\right)\right] - 1$$

$$= \left[1 - \frac{1}{2n} + \frac{1}{3n^2} + o\left(\frac{1}{n^2}\right) + \frac{1}{2n} - \frac{1}{4n^2} + o\left(\frac{1}{n^2}\right)\right] - 1$$

$$= \frac{1}{12n^2} + o\left(\frac{1}{n^2}\right),$$

所以

$$a_n \sim \frac{1}{12n^2}, \ n \to \infty.$$

3.4　函数的单调性、极值与凹凸性

3.4.1　函数的单调性

函数的重要特性之一就是单调性,在很多场合都需要研究函数的单调性. 例如,在利用单调有界准则研究函数的极限时,就需要判断函数的单调性. 通常我们都是利用函数单调性的定义来判断函数的单调性,本节将讨论单调性与导数的关系,从而得到判断函数单调性更为简便的方法.

定理 3.4.1　设函数 $f(x)$ 在区间 $[a,b]$ 上连续,在 (a,b) 内可导,则有

(1)如果在 (a,b) 内 $f'(x) > 0$,那么函数 $f(x)$ 在区间 $[a,b]$ 上单调增加;

(2)如果在 (a,b) 内 $f'(x) < 0$,那么函数 $f(x)$ 在区间 $[a,b]$ 上单调减少.

证明　任取两点 $x_1, x_2 \in (a,b)$,令 $x_1 < x_2$,根据拉格朗日定理可知,存在 ξ ($x_1 < \xi < x_2$)使得

$$f(x_2) - f(x_1) = f'(\xi)(x_2 - x_1).$$

(1)如果在 (a,b) 内 $f'(x) > 0$,那么 $f'(\xi) > 0$,则 $f(x_2) > f(x_1)$,所以函数 $f(x)$ 在区间 $[a,b]$ 上单调增加;

(2)如果在 (a,b) 内 $f'(x) < 0$,那么 $f'(\xi) < 0$,则 $f(x_2) < f(x_1)$,所以函数 $f(x)$ 在区间 $[a,b]$ 上单调减少.

讨论可导函数的单调增减性,我们只需求出函数的导数,再判断导数的符号即可. 因此我们需要找到导数取正负值的分界点,也就是导数为 0 的点,此点称为驻点.

判断函数 $f(x)$ 的单调区间有以下步骤:

(1)确定函数 $f(x)$ 的定义域;

(2)求出 $f'(x)$,令 $f'(x) = 0$,解得驻点 $x = x_0$,再将所有驻点和不可导点从小到大排列,将定义域划分成若干个开区间;

(3)在划分好的每个区间上判断 $f'(x)$ 的符号.

例 3.4.1　判断函数 $f(x) = x \mathrm{e}^x$ 的单调性.

解　函数 $f(x)$ 的定义域为 $(-\infty, +\infty)$,函数的导数为

$$f'(x) = (x+1)\mathrm{e}^x.$$

当 $x \in (-\infty, -1)$ 时,$f'(x) < 0$,则函数在区间 $(-\infty, -1)$ 上是单调递减的;

当 $x \in (-1, +\infty)$ 时,$f'(x) > 0$,则函数在区间 $(-1, +\infty)$ 上是单调递增的.

例 3.4.2　确定函数 $f(x) = 2x^3 - 9x^2 + 12x - 3$ 的单调区间.

解　函数的定义域为 $(-\infty, +\infty)$,函数的导数为

$$f'(x) = 6x^2 - 18x + 12 = 6(x-1)(x-2),$$

由 $f'(x) = 0$,求得函数的驻点为 $x = 1$ 和 $x = 2$,函数的定义域可划分为三个区间,即 $(-\infty, 1), (1,2)$ 和 $(2, +\infty)$,再利用导数 $f'(x)$ 在各区间上的符号,从而确定函数的单调性,如表 3-4-1 所示.

表 3-4-1

x	$(-\infty, 1)$	1	$(1,2)$	2	$(2, +\infty)$
$f'(x)$	+	0	−	0	+
$f(x)$	↗		↘		↗

例 3.4.3 证明:当 $x > 0$ 时,有
$$x > \ln(1+x) .$$

证明 设
$$f(x) = x - \ln(1+x), x \in (0, +\infty) ,$$
则
$$f'(x) = 1 - \frac{1}{1+x} = \frac{x}{1+x} ,$$
因为 $x > 0$,那么
$$f'(x) = \frac{x}{1+x} > 0 ,$$
所以函数 $f(x) = x - \ln(1+x)$ 在 $(0, +\infty)$ 上单调递增,又 $f(0) = 0$,所以
$$f(x) > f(0) = 0 ,$$
即
$$x - \ln(1+x) > 0 ,$$
所以当 $x > 0$ 时,有
$$x > \ln(1+x) ,$$
得证.

例 3.4.4 证明 Jordan 不等式:当 $x \in \left(0, \frac{\pi}{2}\right)$ 时,$\frac{2}{\pi} < \frac{\sin x}{x} < 1$.

证明 令
$$f(x) = \frac{\sin x}{x} ,$$
则
$$f(0) = 1 , f\left(\frac{\pi}{2}\right) = \frac{2}{\pi} ,$$
$$f(x) \text{ 在 } \left[0, \frac{\pi}{2}\right] \text{ 连续,又当 } x \neq 0 \text{ 时,}$$
$$f'(x) = \frac{1}{x^2}(x\cos x - \sin x) = \frac{\cos x}{x^2}(x - \tan x) ,$$
因为当 $x \in \left(0, \frac{\pi}{2}\right)$ 时,
$$x < \tan x ,$$
所以

$$f'(x) < 0 ，$$

那么 $f(x)$ 在 $\left[0, \dfrac{\pi}{2}\right]$ 上严格单调减少，从而

$$f\left(\dfrac{\pi}{2}\right) < f(x) < f(0) ，$$

即

$$\dfrac{2}{\pi} < \dfrac{\sin x}{x} < 1 ，$$

得证.

3.4.2　函数的极值

定理 3.4.2（极值第一判别法）　设函数 $f(x)$ 在点 x_0 的某个邻域 $U(x_0, \delta)$ 上连续，且在去心邻域 $\hat{U}(x_0, \xi)$ 可导，则

(1)如果在点 x_0 左侧 $f'(x) < 0$，在点 x_0 右侧 $f'(x) > 0$，则点 x_0 是 $f(x)$ 的极小值点；

(2)如果在点 x_0 左侧 $f'(x) > 0$，在点 x_0 右侧 $f'(x) < 0$，则点 x_0 是 $f(x)$ 的极大值点.

如果在点 x_0 两侧 $f'(x)$ 同号，则点 x_0 不是 $f(x)$ 的极值点.

定理 3.4.3（极值第二判别法）　设函数 $f(x)$ 在点 x_0 处具有二阶导数，且 $f'(x) = 0$，则

(1)当 $f''(x) < 0$ 时，$f(x)$ 在点 x_0 取得极大值；

(2)当 $f''(x) > 0$ 时，$f(x)$ 在点 x_0 取得极小值.

当 $f''(x) = 0$，则无法判定 $f(x)$ 是否在点 x_0 取得极值.

定理 3.4.4（极值第三判别法）　设函数 $f(x)$ 在点 x_0 的某个领域有 n 阶导数，且

$$f'(x_0) = f''(x_0) = \cdots = f^{(n-1)}(x_0) = 0, \quad f^{(n)}(x_0) \neq 0 ，$$

则当 n 是奇数时，x_0 不是极值点；当 n 是偶数时，x_0 是极值点，极大值或极小值判别如下：

(1)当 $f^{(n)}(x_0) > 0$ 时，$f(x)$ 在点 x_0 取得极小值；

(2)当 $f^{(n)}(x_0) < 0$ 时，$f(x)$ 在点 x_0 取得极大值.

例 3.4.5　求函数 $f(x) = (x^2 - 1)^{\frac{2}{3}}$ 的极值.

解　函数的定义域为 $(-\infty, +\infty)$，函数的导数为

$$f'(x) = \dfrac{2}{3} \dfrac{2x}{\sqrt[3]{x^2 - 1}} = \dfrac{4}{3} \dfrac{x}{\sqrt[3]{(x-1)(x+1)}} ，$$

令 $f'(x) = 0$ 可得驻点为

$$x = 0 ，$$

$x = \pm 1$ 时，导数不存在，即 $x = 0, \pm 1$ 可能为极值点，函数的变化如表 3-4-2 所示.

表 3-4-2

x	$(-\infty, -1)$	-1	$(-1, 0)$	0	$(0, 1)$	1	$(1, +\infty)$
$f'(x)$	$-$	不存在	$+$	0	$-$	不存在	$+$
$f(x)$	↘	极小值	↗	极大值	↘	极小值	↗

根据定理 3.4.2 可知，当 $x = 0$ 时，$f(x)$ 有极大值 $f(0) = 1$；当 $x = \pm 1$ 时，$f(x)$ 有极小值 $f(\pm 1) = 0$.

例 3.4.6 求函数 $f(x) = x^3 - x^2 + 5$ 的极值点和极值.

解 函数的定义域为 $(-\infty, +\infty)$, 函数的导函数为
$$f'(x) = 3x^2 - 2x,$$
令 $f'(x) = 0$, 可得驻点为
$$x_1 = 0, x_2 = \frac{2}{3},$$
且没有不可导点. 又
$$f''(x) = 6x - 2,$$
将 $x_1 = 0, x_2 = \frac{2}{3}$ 分别代入 $f''(x) = 6x - 2$ 可得
$$f''(0) = -2, f''(\frac{2}{3}) = 2.$$
由定理 3.4.3 可知, $x_1 = 0$ 为函数 $f(x)$ 的极大值点, $x_2 = \frac{2}{3}$ 为函数 $f(x)$ 的极小值点, 则函数 $f(x)$ 的极大值为 $f(0) = 5$, 极小值为 $f(\frac{2}{3}) = \frac{131}{27}$.

例 3.4.7 讨论函数 $f(x) = 6\ln x - 2x^3 + 9x^2 - 18x$ 在 $x = 1$ 处是否存在极值.

解 因为
$$f'(x) = \frac{6}{x} - 6x^2 + 18x - 18, f'(1) = 0;$$
$$f''(x) = -\frac{6}{x^2} - 12x + 18, f''(1) = 0;$$
$$f'''(x) = \frac{12}{x^3} - 12, f'''(1) = 0;$$
$$f^{(4)}(x) = \frac{-36}{x^4}, f^{(4)}(1) = -36 < 0,$$
根据定理 3.4.5 可知, 函数 $f(x)$ 在 $x = 1$ 处有极大值 $f(1) = -11$.

3.4.3 函数的凹凸性

定义 3.4.1 设函数 $f(x)$ 在区间 (a, b) 上有定义, 对任意的 $x_1, x_2 \in (a, b)$, $x_1 \neq x_2$ 及 $0 < \lambda < 1$, 如果总有
$$f((1-\lambda)x_1 + \lambda x_2) \leqslant (1-\lambda)f(x_1) + \lambda f(x_2),$$
则称 $f(x)$ 在区间 (a, b) 上是下凸函数, 简称凹函数. 如果将不等式中的"$\leqslant$"改为"$<$", 则称函数在区间 (a, b) 上是严格下凸的; 如果总有
$$f((1-\lambda)x_1 + \lambda x_2) \geqslant (1-\lambda)f(x_1) + \lambda f(x_2),$$
则称 $f(x)$ 在区间 (a, b) 上是上凸函数, 简称凸函数. 如果将不等式中的"$\geqslant$"改为"$>$", 则称函数在区间 (a, b) 上是严格上凸的.

从图形上来看, 下凸函数曲线上任意两点间的弦位于对应弧段的上方, 而上凸函数曲线上任意两点间的弦位于对应弧段的下方, 如图 3-4-1 所示.

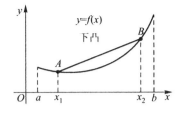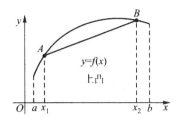

图 3-4-1

定理 3.4.5(凹凸性的第一判别法)　设函数 $f(x)$ 在区间 (a,b) 上可导,如果导函数 $f'(x)$ 在 (a,b) 上严格单调增加或减少,则函数 $f(x)$ 在区间 (a,b) 上是严格下凸或上凸的.

定理 3.4.6(凹凸性的第二判别法)　设函数 $f(x)$ 在区间 (a,b) 上二阶可导,则当 $f''(x) > 0$ 时, $f(x)$ 在区间 (a,b) 内下凸;当 $f''(x) < 0$ 时, $f(x)$ 在区间 (a,b) 内上凸.

例 3.4.8　讨论 $\rho(x) = \dfrac{1}{\sqrt{2\pi}}\mathrm{e}^{-\frac{x^2}{2}}$ 的凸性区间及拐点.

解　令

$$\rho''(x) = \frac{1}{\sqrt{2\pi}}\mathrm{e}^{-\frac{x^2}{2}}(x^2 - 1) = 0 ,$$

可得

$$x = \pm 1 ,$$

$\rho''(x)$ 的符号情况如图 3-4-2 所示,由图易知, $\rho''(x)$ 在 $(-\infty,-1)$ 和 $(1,+\infty)$ 上为正,在此区间上 $\rho(x)$ 严格下凸; $\rho''(x)$ 在 $(-1,1)$ 上为负,在此区间上 $\rho(x)$ 严格上凸.经过 $x = \pm 1$,二阶导数 $\rho''(x)$ 变号,所以 $\left(1,\rho(1)\right) = \left(1,\dfrac{1}{\sqrt{2\pi\mathrm{e}}}\right)$ 和 $\left(-1,\rho(1)\right) = \left(-1,\dfrac{1}{\sqrt{2\pi\mathrm{e}}}\right)$ 都是拐点.

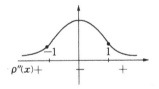

图 3-4-2

例 3.4.9　证明不等式: $\forall a,b > 0$, $\left(\dfrac{a+b}{2}\right)^{a+b} \leqslant a^b b^a$.

证　因为 a,b 都是正数,所以所需证的不等式等价于

$$(a+b)\ln\frac{a+b}{2} \leqslant a\ln a + b\ln b ,$$

即

$$\frac{a+b}{2}\ln\frac{a+b}{2} \leqslant \frac{1}{2}(a\ln a + b\ln b) .$$

做辅助函数

$$f(x) = x\ln x , \quad x > 0 ,$$

则有

$$f'(x) = 1 + \ln x ,$$

$$f''(x) = \frac{1}{x} > 0 ,$$

所以 $f(x)$ 是严格下凸函数,那么

$$f\left(\frac{a+b}{2}\right) \leqslant \frac{1}{2}f(a) + \frac{1}{2}f(b) ,$$

且等号仅在 $a = b$ 时成立,因此

$$\frac{a+b}{2}\ln\frac{a+b}{2} \leqslant \frac{1}{2}(a\ln a + b\ln b) ,$$

即原不等式得证.

3.5　平面曲线的曲率与函数作图

3.5.1　平面曲线的曲率

曲率是反映曲线弯曲程度的重要概念,在一些工程技术问题中有着重要的作用,下面我们讨论平面曲线的曲率问题.

1.弧微分

定义 3.5.1　设函数 $f(x)$ 在区间 (a,b) 上具有连续导数,曲线 $y = f(x)$ 在每点处都存在切线,如图 3-5-1 所示.在曲线 $y = f(x)$ 上取定一点 $M(x_0,y_0)$ 作为计算弧长的起点,另外任取一点 $N(x,y)$,则从点 M 到点 N 的有向弧长(和弧的长度不同)记为 s,它是 x 的函数,称为弧长函数,记为

$$s = s(x) .$$

我们规定:当点 N 在点 M 的左侧($x > x_0$)时,s 为正值;当点 N 在点 M 的右侧($x < x_0$)时,s 为负值.所以弧长函数是 x 的单调增加函数.

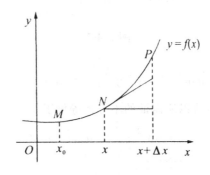

图 3-5-1

定理 3.5.1　设函数 $y = f(x)$ 在 $[a,b]$ 上连续,在 (a,b) 内具有一阶连续导数,则弧长函数 $s(x)$ 可微,且

$$ds = \sqrt{1 + y'^2}\,dx, \tag{3.5.1}$$

则(3.5.1)式称为弧微分公式.

证明　如图 3-5-1 所示,当横坐标由 x 变为 $x + \Delta x$ 时,它在曲线上对应的点为 P ,对应于 x 的增量 Δx ,弧长函数的增量为

$$\Delta s = s(x + \Delta s) - s(x).$$

当 P 与 N 充分接近时,弧 $\overset{\frown}{NP}$ 的长度 Δs 近似地可以用其所对应的弦 NP 的长度 $|NP|$ 来代替,如图 3-5-1 所示,且

$$\lim_{P \to N} \frac{\Delta s}{|NP|} = 1.$$

因为

$$|NP|^2 = (\Delta x)^2 + (\Delta y)^2$$

或

$$\left(\frac{\Delta s}{\Delta x}\right)^2 \approx \left(\frac{\Delta s}{|NP|}\right)^2 \left(\frac{|NP|}{\Delta x}\right)^2 = \left(\frac{\Delta s}{|NP|}\right)^2 \left[1 + \left(\frac{\Delta y}{\Delta x}\right)^2\right],$$

当 $\Delta x \to 0$ 时,上式两端取极限可得

$$\left(\frac{ds}{dx}\right)^2 = 1 + y'^2,$$

因为 $s(x)$ 是 x 的单调增加函数,所以取

$$\frac{ds}{dx} = \sqrt{1 + y'^2}$$

由此可得弧长微分公式

$$ds = \sqrt{1 + y'^2}\,dx.$$

如果曲线的方程是由参数方程

$$\begin{cases} x = x(t) \\ y = y(t) \end{cases}, \alpha \leqslant t \leqslant \beta$$

或极坐标方程

$$r = r(\theta), \alpha \leqslant \theta \leqslant \beta$$

给出,且 $x(t), y(t), r(\theta)$ 均有连续导数,则分别由弧长微分公式

$$ds = \sqrt{[x'(t)]^2 + [y'(t)]^2}\,dt \tag{3.5.2}$$

和

$$ds = \sqrt{r(\theta)^2 + [r'(\theta)]^2}\,d\theta. \tag{3.5.3}$$

(3.5.2)式是显然的.在极坐标的情况下, $x = r(\theta)\cos\theta, y = r(\theta)\sin\theta$,所以

$$ds = \sqrt{(dx)^2 + (dy)^2}$$
$$= \sqrt{[r(\theta)\cos\theta]' + [r(\theta)\sin\theta]'}\,d\theta$$
$$= \sqrt{r(\theta)^2 + [r'(\theta)]^2}\,d\theta.$$

我们都有这样的经验,当火车、汽车转弯时,弯曲越大离心力就越大;建筑中的梁、车床上的轴等都会发生弯曲,如果弯曲的太厉害,就会造成断裂.我们先看这两条曲线,研究它们的弯曲程度.

假设两条曲线的长度一样,都是 Δs ,但它们的切线变化不同,如图 3-5-2 所示.对第一条曲

线来说,在点 A 有一条切线 τ_A.假设当 A 沿着曲线变到点 B,切线 τ_A 也跟着连续变动到点 B 的切线 τ_B,切线 τ_A 和 τ_B 之间的夹角 $\Delta\varphi_1$ 就是从 A 变动到 B 切线转角变化的大小;同样,在第二条曲线段上,$\Delta\varphi_2$ 是从 A' 变动到 B' 切线转角变化的大小.

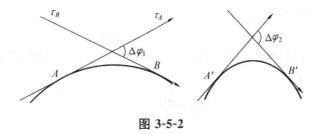

图 3-5-2

由图易知,$\Delta\varphi_1 < \Delta\varphi_2$,它表示曲线弧 $\overparen{A'B'}$ 比曲线弧 $\overparen{AB}$ 弯曲的厉害,所以角度变化越大,弯曲程度越大,即 Δs 一定时,弯曲程度与 $\Delta\varphi$ 成正比;另一方面,切线方向变化的角度还不能完全反映曲线的弯曲程度.如图 3-5-3 所示,两段圆弧的切线都改变了同一角度,但可以看出弧长小的弯曲大.改变同一角度,弧长越小,弯曲越大,即 $\Delta\varphi$ 一定时,弯曲程度与 Δs 成反比.于是我们给出了如下曲率的定义.

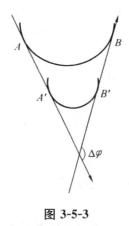

图 3-5-3

定义 3.5.2 设函数 $y = f(x)$ 在任意点 $N(x,y)$ 处的切线倾角为 α,当弧长具有增量 Δs 时,切线倾角转过的角度为增量 $\Delta\alpha$,称单位弧长上切线倾角转过角度的大小

$$\overline{K} = \left| \frac{\Delta\alpha}{\Delta s} \right|$$

为该弧段的平均曲率.

如果把 $|\Delta s|$ 取得小一些,弧段上的平均曲率也就能近似地刻画曲线在点 A 处的弯曲程度.随着点 B 越来越接近点 A,弧长 $|\Delta s|$ 越来越小,平均曲率 $\overline{K}$ 也就越来越近似地刻画出曲线在点 A 的弯曲程度.所以,当 $\Delta s \to 0$ 时,如果极限

$$K = \lim_{\Delta s \to 0} \left| \frac{\Delta\alpha}{\Delta s} \right| = \left| \frac{\mathrm{d}\alpha}{\mathrm{d}s} \right| \tag{3.5.4}$$

存在,则称 K 为曲线在点 A 处的曲率.

这里需要说明的是,曲率是非负的,曲率 K 刻画了曲线在一点处的弯曲程度.曲率是曲线的刚性不变量,即,当对坐标系进行平移或者旋转时,曲线上每点处的曲率不改变.从上述定义可以看出,利用(3.5.4)式计算曲率是有困难的,所以下面我们进一步研究计算曲率的方法.

我们知道,当极限 $\lim\limits_{\Delta s \to 0}\left|\dfrac{\Delta \alpha}{\Delta s}\right| = \left|\dfrac{\mathrm{d}\alpha}{\mathrm{d}s}\right|$ 存在时,曲率为

$$K = \lim\limits_{\Delta s \to 0}\left|\dfrac{\Delta \alpha}{\Delta s}\right| = \left|\lim\limits_{\Delta s \to 0}\dfrac{\Delta \alpha}{\Delta s}\right| = \left|\dfrac{\mathrm{d}\alpha}{\mathrm{d}s}\right|,$$

根据导数的定义,$\tan\alpha = y'(x)$,于是

$$\alpha = \arctan y'(x),$$

所以

$$\mathrm{d}\alpha = \dfrac{y''}{1 + y'^2}\mathrm{d}x,$$

另外根据弧微分公式(3.5.1)可得

$$\dfrac{\mathrm{d}\alpha}{\mathrm{d}s} = \dfrac{y''}{(\sqrt{1 + y'^2})^3},$$

所以曲率 K 的最终计算公式为

$$K = \dfrac{|y''|}{(\sqrt{1 + y'^2})^3}. \tag{3.5.5}$$

当曲线方程由参数方程

$$\begin{cases} x = x(t) \\ y = y(t) \end{cases}$$

给出时,参数方程下曲率 K 的计算公式为

$$K = \dfrac{|x'(t)y''(t) - x''(t)y'(t)|}{(\sqrt{x'(t)^2 + y'(t)^2})^3}; \tag{3.5.6}$$

当曲线方程由极坐标方程

$$r = r(\theta)$$

给出时,利用极坐标变换公式

$$\begin{cases} x = r(\theta)\cos\theta \\ y = r(\theta)\sin\theta \end{cases}$$

可得

$$\begin{cases} \mathrm{d}x = [r'(\theta)\cos\theta - r(\theta)\sin\theta]\mathrm{d}\theta \\ \mathrm{d}y = [r'(\theta)\sin\theta + r(\theta)\cos\theta]\mathrm{d}\theta \end{cases},$$

则

$$\dfrac{\mathrm{d}y}{\mathrm{d}x} = \dfrac{r'(\theta)\sin\theta + r(\theta)\cos\theta}{r'(\theta)\cos\theta - r(\theta)\sin\theta},$$

$$\dfrac{\mathrm{d}^2 y}{\mathrm{d}x^2} = \dfrac{\mathrm{d}}{\mathrm{d}\theta}\left(\dfrac{r'(\theta)\sin\theta + r(\theta)\cos\theta}{r'(\theta)\cos\theta - r(\theta)\sin\theta}\right)\dfrac{\mathrm{d}\theta}{\mathrm{d}x} = \dfrac{r(\theta)^2 + 2r'(\theta)^2 - r''(\theta)r(\theta)}{[r'(\theta)\cos\theta - r(\theta)\sin\theta]^3},$$

利用(3.5.5)式可得极坐标方程下曲率 K 的计算公式为

$$K = \dfrac{|r(\theta)^2 + 2r'(\theta)^2 - r''(\theta)r(\theta)|}{[\sqrt{r(\theta)^2 + r'(\theta)^2}]^3}. \tag{3.5.7}$$

例 3.5.1 抛物线 $y = x^2$ 上哪一点的曲率最大?

解 因为

$$y' = 2x, y'' = 2 ,$$

所以

$$K = \frac{|y''|}{(\sqrt{1+y'^2})^3} = \frac{2}{[1+(2x)^2]^{\frac{3}{2}}} .$$

如果要 K 最大,只需 $1+(2x)^2$ 最小,显然当 $x = 0$ 时,即在点 $(0,0)$ 处抛物线 $y = x^2$ 的曲率最大为

$$K_{\max} = 2 .$$

例 3.5.2 证明圆周曲线 $x^2 + y^2 = R^2$ 在任意点处的曲率恒为

$$K = \frac{1}{R} .$$

证明 如图 3-5-4 所示,将圆周曲线的方程表示为参数方程

$$\begin{cases} x = R\cos\theta \\ y = R\sin\theta \end{cases},$$

则

$$\begin{cases} x' = -R\sin\theta \\ y' = R\cos\theta \end{cases}, \begin{cases} x'' = -R\cos\theta \\ y'' = -R\sin\theta \end{cases},$$

代入曲率计算公式(3.5.6)得

$$K = \frac{|x'(t)y''(t) - x''(t)y'(t)|}{(\sqrt{x'(t)^2 + y'(t)^2})^3} = \frac{|R^2\sin^2\theta + R^2\cos^2\theta|}{(\sqrt{R^2\cos^2\theta + R^2\sin^2\theta})^3} = \frac{R^2}{R^3} = \frac{1}{R} .$$

如果用极坐标方程会更简单,这时,$r = R, r' = 0, r'' = 0$,代入(3.5.7)式可得

$$K = \frac{1}{R} .$$

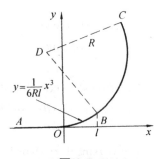

图 3-5-4

例 3.5.3 设计铁路时通常用立方抛物线

$$y = \frac{1}{6Rl}x^3$$

作缓和曲线,连接直道 AO 和圆弧弯道 BC ,如图 3-5-4 所示,其中,R 是圆弧弯道的半径,l 是缓和曲线 OB 在 x 轴上投影长,且 $\frac{l}{R}$ 远远小于 1,求缓和曲线在两端点 $O(0,0), B\left(l, \frac{l^2}{6R}\right)$ 处的曲率.

解　因为

$$y' = \frac{x^2}{2Rl}, y'' = \frac{x}{Rl},$$

所以

$$K(0,0) = \frac{|y''|}{(\sqrt{1+y'^2})^3} = 0,$$

$$K\left(l, \frac{l^2}{6R}\right) = \frac{|y''|}{(\sqrt{1+y'^2})^3} = \frac{\frac{x}{Rl}}{\left[1 + \left(\frac{l^2}{2Rl}\right)^2\right]^{\frac{3}{2}}} \approx \frac{1}{R},$$

最后一步用到 $\frac{l}{2R}$ 远远小于 1 而把它忽略了. 这样的路轨在两个连接点 O 及 B 处的曲率都近似于连续变化, 再使外轨适当地高于内轨, 才能确保行车平稳安全.

3.5.2　函数作图

在第 4 节中我们已经讨论了用函数的一、二阶导数来研究函数的单调性、凸性以及极值和拐点, 从而就相当清楚地知道函数曲线的升降、凹凸以及曲线的局部最高或最低点和凹凸性的变化点 (拐点). 现在我们讨论当曲线远离原点向无穷远延伸时的变化性态, 以便完整地画出函数的图形.

定义 3.5.3　连续曲线上的动点沿曲线无限远离原点时, 动点与某一直线的距离趋于 0, 则称此直线为该曲线的一条渐近线.

曲线的渐近线可分为三种.

如果

$$\lim_{x \to \infty} f(x) = b,$$

则称直线 $y = b$ 是曲线 $y = f(x)$ 的一条水平渐近线;

如果

$$\lim_{x \to x_0} f(x) = \infty,$$

则称直线 $x = x_0$ 是曲线 $y = f(x)$ 的一条铅直渐近线;

如果

$$\lim_{x \to \infty} \frac{f(x)}{x} = a,$$

且

$$\lim_{x \to \infty} [f(x) - ax] = b,$$

则称直线 $y = ax + b$ 是曲线 $y = f(x)$ 的斜渐近线.

由图 3-5-5 可以看出, 直线 $x = 1$ 是 $y = \frac{1}{x-1}$ 的铅直渐近线.

在此基础之上, 再结合函数的奇偶性, 周期性等特性, 能比较准确地画出函数的图形. 一般地, 可以按照如下步骤画出函数的图形:

(1) 确定函数 $y = f(x)$ 的定义域, 判断函数的奇偶性和周期性, 确定曲线经过的一些特殊点 (如与坐标轴的交点);

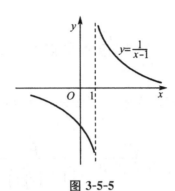

图 3-5-5

(2)求出 $f'(x)$,令 $f'(x)=0$ 求出驻点及导数不存在点,再根据 $f'(x)$ 的符号找出函数的单调区间和极值;

(3)求出 $f''(x)$,确定 $f''(x)$ 的全部零点及 $f''(x)$ 不存在的点,再根据 $f''(x)$ 的符号找出曲线的凹凸区间及拐点;

(4)求出曲线的渐近线;

(5)画出函数的图形.

例 3.5.4 求函数 $f(x)=\dfrac{\sin x}{x}$ 的水平渐近线.

解 由于

$$\lim_{x \to \infty} \frac{\sin x}{x}=0,$$

那么 $y=0$ 是函数 $f(x)=\dfrac{\sin x}{x}$ 的水平渐近线.

例 3.5.5 求 $y=\dfrac{x^3}{x^2+2x-3}$ 的铅直渐近线.

解 因为

$$y=\frac{x^3}{x^2+2x-3}=\frac{x^3}{(x+3)(x-1)},$$

所以,当 $x \to -3$ 和 $x \to 1$ 时,$y \to \infty$,即 $y=\dfrac{x^3}{x^2+2x-3}$ 有两条铅直渐近线,分别是 $x=-3$ 和 $x=1$.

例 3.5.6 求函数 $y=x+\arctan x$ 的渐近线.

解 由于 $y=x+\arctan x$ 在 $(-\infty,+\infty)$ 上连续,$x \to x_0$ 时,$y \nrightarrow \infty$,因此没有垂直渐近线.又

$$\lim_{x \to +\infty} \frac{x+\arctan x}{x}=\lim_{x \to +\infty}\left(1+\frac{\arctan x}{x}\right)=1=k,$$

从而有

$$\lim_{x \to +\infty}[f(x)-kx]=\lim_{x \to +\infty}\arctan x=\frac{\pi}{2},$$

所以在 $x \to +\infty$ 时,有斜渐近线

$$y=x+\frac{\pi}{2},$$

同理可得,在 $x \to -\infty$ 时,有斜渐近线

$$y = x - \frac{\pi}{2}.$$

例 3.5.7　作出函数 $f(x) = \frac{1}{\sqrt{2\pi}} \mathrm{e}^{-\frac{x^2}{2}}$ 的图形.

解　函数的定义域为 $(-\infty, +\infty)$,且函数 $f(x)$ 为偶函数,其图形关于 y 轴对称,只需讨论 $[0, +\infty)$ 上的函数图形.函数的导数为

$$f'(x) = -\frac{1}{\sqrt{2\pi}} x \mathrm{e}^{-\frac{x^2}{2}},$$

$$f''(x) = \frac{1}{\sqrt{2\pi}} \mathrm{e}^{-\frac{x^2}{2}} (x^2 - 1),$$

令 $f'(x) = 0$,得驻点 $x = 0$;令 $f''(x) = 0$,得 $x = \pm 1$,列表讨论函数在区间 $[0, +\infty)$ 上的特性,见表 3-5-1.

表 3-5-1

x	0	$(0,1)$	1	$(1, +\infty)$
$f'(x)$	0	$-$	$-$	$-$
$f''(x)$	$-$	$-$	0	$+$
$f(x)$	极大	↘	拐点	↘

根据函数的对称性,从表 3-5-1 可以看出,函数的极大值为 $f(0) = \frac{1}{\sqrt{2\pi}}$,曲线的拐点为 $\left(\pm 1, \frac{1}{\sqrt{2\pi\mathrm{e}}}\right)$.

由于 $\lim\limits_{x \to \infty} f(x) = \lim\limits_{x \to \infty} \frac{1}{\sqrt{2\pi}} \mathrm{e}^{-\frac{x^2}{2}} = 0$,所以曲线有水平渐近线 $y = 0$,由此可作出该函数的图形,如图 3-5-6 所示.

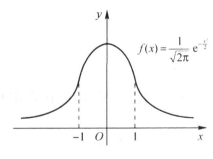

图 3-5-6

该曲线称为标准正态分布概率密度曲线.

例 3.5.8　全面研究函数 $y = \frac{x^3 - 3}{2(x-1)^2}$ 的性态,并作出它的图形.

解　函数的定义域为 $(-\infty, 1) \bigcup (1, +\infty)$,函数的导数为

$$y' = \frac{(x-2)^2(x+1)}{2(x-1)^3},$$

$$y'' = \frac{3(x-2)}{(x-1)^4}.$$

令 $y' = 0$，可得 $x_1 = 1, x_2 = -5$；令 $y'' = 0$，可得 $x = 2$，列表讨论函数的特性，见表 3-5-2.

表 3-5-2

x	$(-\infty, -1)$	-1	$(-1,1)$	1	$(-1,1)$	2	$(2, +\infty)$
y'	$+$	0	$-$	$+$	$+$	0	$+$
y''	$-$	$-$	$-$	$-$	$-$	0	$+$
y	↗凸	极大	↘凸	间断	↗凸	拐点	↗凹

可得函数的极大值为 $f(-1) = -\dfrac{3}{8}$，拐点为 $(2,2)$.

直线 $x = 1$ 是函数的铅直渐近线，又

$$\lim_{x \to \infty} \frac{y}{x} = \lim_{x \to \infty} \frac{x^3 - 2}{2x(x-1)^2} = \frac{1}{2},$$

$$\lim_{x \to \infty}\left(y - \frac{1}{2}x\right) = \lim_{x \to \infty} \frac{x^3 - 2 - x(x-1)^2}{2(x-1)^2} = 1,$$

所以 $y = \dfrac{1}{2}x + 1$ 为斜渐近线，由此可以作出函数的图形，如图 3-5-7 所示.

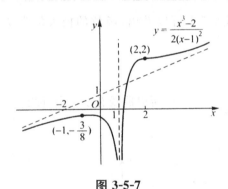

图 3-5-7

3.6 导数在经济分析中的应用

导数在经济学中的应用有很多，弹性分析和边际分析是我们在本节中要重点介绍的内容.

3.6.1 弹性分析

在经济学中，常用弹性概念来定量分析各经济变量之间的变动关系. 通常变量的弹性反映的是一个变量的变化对另一个变量变化的敏感依赖性. 用弹性函数来分析经济量的变化的方法称为弹性分析. 在经济活动分析中，主要有需求函数、供给函数对价格的弹性.

定义 3.6.1 设函数 $y = f(x)$ 在点 $x = x_0$ 处可导，函数的相对改变量

$$\frac{\Delta y}{y_0} = \frac{f(x_0 + \Delta x) - f(x_0)}{f(x_0)}$$

和自变量的相对改变量

$$\frac{\Delta x}{x_0}$$

的比

$$\frac{\Delta y / y_0}{\Delta x / x_0}$$

称为函数 $f(x)$ 从 $x = x_0$ 到 $x = x_0 + \Delta x$ 两点间的平均相对变化率, 或两点间的弹性.

当 $\Delta x \to 0$ 时, $\dfrac{\Delta y / y_0}{\Delta x / x_0}$ 的极限称为 $f(x)$ 在 $x = x_0$ 处的相对变化率, 即是相对导数或称弹性, 记为

$$\frac{Ey}{Ex}\Big|_{x = x_0}$$

或

$$\frac{Ey}{Ex} f(x_0).$$

如果函数 $y = f(x)$ 在区间 (a, b) 内有弹性, 它是 x 的一个函数, 称为 $f(x)$ 的弹性函数, 记为

$$\frac{Ey}{Ex} = \frac{x}{y} f'(x).$$

从弹性的定义可知, 在点 $x = x_0$ 处, 当 x 产生 1% 的改变时, $f(x)$ 改变 $\dfrac{Ey}{Ex} f(x_0)\%$. 函数 $f(x)$ 在点 x 的弹性 $\dfrac{Ey}{Ex} f(x)$ 反映了 x 的变化幅度 $\dfrac{\Delta x}{x}$ 对 $f(x)$ 变化幅度 $\dfrac{\Delta y}{y}$ 的大小的影响, 也即为 $f(x)$ 对 x 变化反映的强烈程度或灵敏度.

定义 3.6.2　设供给曲线 $S = S(P)$, 则供给的价格弹性为

$$E_p = \frac{ES}{EP} = \frac{P}{S} S'(P).$$

由于 Q 一般随 P 的上升而增加, $S(P)$ 是单调递增函数, 当 $\Delta P > 0$ 时, $\Delta S > 0$, 所以 $E_p \geqslant 0$, 它的意义是当价格从 P 上升 1% 时, 市场供给量从 $S(P)$ 增加 E_p 个百分数.

定义 3.6.3　设某商品的需求函数是 $Q = Q(P)$, 其中, P 是商品价格, Q 是市场需求量, 则需求的价格弹性为

$$E_d = \frac{EQ}{EP} = \frac{P}{Q} Q'(P).$$

需求的价格弹性总是负值, 它的含义是当价格增加 1%, 需求量将减少 $(|E_d|)\%$; 当价格减少 1%, 需求量将增加 $(|E_d|)\%$.

总收益

$$R = PQ = P \times Q(P),$$

边际总收益

$$R' = P \times Q'(P) + Q(P) = Q(P)\Big[1 + Q'(P)\frac{P}{Q(P)}\Big] = Q(P)(1 + E_d).$$

(1) 当 $E_d < -1$ 时, 商品需求变动的百分比高于价格变动的百分比 (就绝对值而言, 下同),

所以是高弹性.这时,$R' < 0$,即价格上涨,收益减少;

(2)当 $E_d > -1$ 时,商品需求变动的百分比低于价格变动的百分比,所以是低弹性.这时,$R' > 0$,即价格上涨,收益增加;

(3)当 $E_d = -1$ 时,商品需求变动的百分比与价格变动的百分比相当,称为单位弹性.这时,$R' = 0$,即收益相对于价格处于临界状态.

根据弹性的定义,可以定义收益的价格弹性和收益的销售弹性,用公式表示为

$$\frac{ER}{EP} = \frac{\mathrm{d}R}{\mathrm{d}P} \times \frac{P}{R}, \frac{ER}{EQ} = \frac{\mathrm{d}R}{\mathrm{d}Q} \times \frac{Q}{R} ,$$

其中,$\dfrac{ER}{EP}$ 是收益的价格弹性,$\dfrac{ER}{EQ}$ 是收益的销售弹性.

例 3.6.1 设函数 $y = x^4$,求弹性函数 $\dfrac{Ey}{Ex}$ 和 $\dfrac{Ey}{Ex}\big|_{x=2}$.

解 因为

$$y' = 4x^3 ,$$

所以

$$\frac{Ey}{Ex} = y'\frac{x}{y} = 3x ,$$

则

$$\frac{Ey}{Ex}\big|_{x=2} = 6.$$

它表示在 $x = 2$ 处,当 x 增加 1% 时,y 将增加 6%;当 x 减少 1% 时,y 将减少 6%.

例 3.6.2 设某商品的供给函数为

$$S = 5 + 8P ,$$

求:(1)供给弹性函数;

(2)求当 $P = 3$ 时的供给弹性.

解 (1) $E_p = \dfrac{\mathrm{d}S}{\mathrm{d}P}\dfrac{P}{S} = \dfrac{8P}{5+8P}.$

(2)把 $P = 3$ 代入可得

$$E_p(3) = \frac{24}{29}.$$

例 3.6.3 设某商品的市场需求函数是

$$Q = 15 - \frac{P}{3} ,$$

求:(1)需求价格弹性函数;

(2)$P = 9$ 时的需求价格弹性,并说明其经济意义;

(3)$E_d = -1$ 时的价格,并说明这时的收益情况.

解 (1)需求价格弹性函数是

$$E_d = \frac{EQ}{EP} = \frac{P}{Q}Q'(P) = \frac{P}{15 - \frac{P}{3}} \times \left(-\frac{1}{3}\right) = \frac{P}{45 - P}.$$

(2)当 $P = 9$ 时

$$E_d = -\frac{9}{45-9} = -\frac{1}{4} = -0.25.$$

当价格 P 从 9 上涨或下降 1% 时,该商品的需求量在 $Q(9)=12$ 的基础上下降或增加 0.25%.因为 $E_d = -0.25 > -1$,所以当价格上涨时收益增加.

(3)如果 $E_d = -1$,即

$$\frac{P}{45-P} = -1,$$

解得

$$P = 22.5.$$

这时,$R' = 0$,因为

$$R = PQ = 15P - \frac{P^2}{3} = \frac{1}{3}(45P - P)^2 = \frac{1}{3}\left[\left(\frac{45}{2}\right)^2 - \left(P-\frac{45}{2}\right)^2\right],$$

所以当 $P = \frac{45}{2}$ 时,$R = \frac{1}{3}\left(\frac{45}{2}\right)^2 = \frac{675}{4}$ 为最大收益.

例 3.6.4　设某商品的需求量 Q 关于价格 P 的函数是

$$Q = 75 - P^2,$$

求:(1) $P = 4$ 时的需求价格弹性,并说明其经济意义;

(2) $P = 4$ 时,如果价格提高 1%,总收益是增加还是减少,变化百分之几?

解　(1)需求价格弹性是

$$E_d = -\frac{\mathrm{d}Q}{\mathrm{d}P}\frac{P}{Q} = -\frac{P}{75-P^2}(-2P) = \frac{2P^2}{75-P^2},$$

把 $P = 4$ 代入可得

$$E_d = 0.54.$$

其经济意义是当 $P = 4$ 时,价格上涨 1%,需求量减少 0.54%.

(2)总收益为

$$R = PQ = 75P - P^2,$$

所以收益的价格弹性是

$$\frac{ER}{EP} = \frac{\mathrm{d}R}{\mathrm{d}P} \times \frac{P}{R} = \frac{P}{75P-P^3}(75-3P^2) = \frac{75-3P^2}{75-P^2},$$

把 $P = 4$ 代入可得

$$\frac{ER}{EP}\Big|_{P=4} = 0.46,$$

即当 $P = 4$ 时,价格上涨 1%,总收益增加 0.46%.

3.6.2　边际分析

定义 3.6.4　设函数 $y = f(x)$ 是一个经济函数且在点 x 处可导,则称导数 $f'(x)$ 是 $f(x)$ 的边际函数. $f'(x)$ 在 x_0 处的值 $f'(x_0)$ 是边际函数值.

对于经济函数 $f(x)$,当 x 在点 x_0 改变"一个单位"时,y 改变 $f'(x_0)$ 个单位.这就是边际函数的含义.

在经济学中,边际函数主要有边际成本函数、边际收益函数、边际利润函数等.

定义 3.6.5　总成本 $C = C(Q)$ 的导数

$$C'(Q) = \lim_{\Delta Q \to 0} \frac{\Delta C}{\Delta Q} = \lim_{\Delta Q \to 0} \frac{C(Q + \Delta Q) - C(Q)}{\Delta Q}$$

称为边际成本. 平均成本 $\overline{C}(Q)$ 的导数

$$\overline{C}(Q) = \left(\frac{C(Q)}{Q} \right)' = \frac{QC'(Q) - C(Q)}{Q^2}$$

称为边际平均成本.

通常情况下, 总成本 $C(Q)$ 等于固定成本 C_0 和可变成本 $C_1(Q)$ 之和, 即

$$C(Q) = C_0 + C_1(Q) ,$$

边际成本是

$$C'(Q) = [C_0 + C_1(Q)]' = C_1'(Q) .$$

很明显边际成本只与可变成本有关.

定义 3.6.6 总收益函数 $R(Q)$ 的导数

$$R'(Q) = \lim_{\Delta Q \to 0} \frac{\Delta R}{\Delta Q} = \lim_{\Delta Q \to 0} \frac{R(Q + \Delta Q) - R(Q)}{\Delta Q}$$

称为边际收益.

它的含义是假设已经销售了 Q 个单位产品, 再销售一个单位产品所增加的收益.

令 P 为价格, 且 P 也是销售量 Q 的函数, 即 $P = P(Q)$, 则

$$R(Q) = PQ = QP(Q) ,$$

那么边际收益是

$$R'(Q) = PQ + QP'(Q) .$$

定义 3.6.7 总利润函数 $L(Q)$ 的导数

$$L'(Q) = \lim_{\Delta Q \to 0} \frac{\Delta L}{\Delta Q} = \lim_{\Delta Q \to 0} \frac{L(Q + \Delta Q) - L(Q)}{\Delta Q}$$

称为边际利润.

它的含义是如果已经销售了 Q 个单位产品, 再销售 1 个单位产品所增加的总利润. 通常情况下, 总利润 $L(Q)$ 等于总收益函数 $R(Q)$ 和总成本函数 $C(Q)$ 的差, 即

$$L(Q) = R(Q) - C(Q) ,$$

则边际利润为

$$L'(Q) = R'(Q) - C'(Q) ,$$

很明显边际利润可由边际收入和边际成本决定, 且当

$$R'(Q) \begin{cases} > C'(Q) \\ = C'(Q) \\ < C'(Q) \end{cases}$$

时,

$$L'(Q) \begin{cases} > 0 \\ = 0 \\ < 0 \end{cases} .$$

当 $R'(Q) > C'(Q)$ 时, $L'(Q) > 0$, 其经济意义是如果产量已达到, 再多生产 1 个单位产品所增加的收益大于所增加的成本, 所以总利润有所增加; 当 $R'(Q) < C'(Q)$ 时, $L'(Q) < 0$, 其经济意义是再增加产量, 所增加的收益要小于所增加的成本, 所以总利润减少.

在实际应用中,经常考虑利润最大的问题,即求 $L(Q)$ 的最大值. $L(Q)$ 取得最大值的必要条件是

$$L'(Q) = 0 \, ,$$

即

$$R'(Q) = C'(Q) \, ,$$

$L(Q)$ 在 $L'(Q) = 0$ 的条件下取得最大值的充分条件是边际收入的变化率小于边际成本的变化率,则

$$L''(Q) < 0 \, ,$$

即

$$R''(Q) < C''(Q) \, ,$$

那么可得最大利润的原则是

$$R'(Q) = C'(Q), R''(Q) < C''(Q) \, .$$

例 3.6.5　设某公司生产 Q 个单位的某种产品,其总成本是

$$C = C(Q) = 0.01Q^3 - 0.6Q^2 + 13Q \ (Q > 0) \, .$$

求:(1)生产 30 个单位产品时的总成本和平均成本;

(2)生产 30~40 个单位产品时的总成本的平均变化率;

(3)生产 30 个单位产品时的边际成本,并解释其经济意.

解　(1)生产 30 个单位产品时的总成本是

$$C(Q)\big|_{Q=30} = 0.01 \times 30^3 - 0.6 \times 30^2 + 13 \times 30 = 120 \, .$$

平均成本是

$$C(Q)\big|_{Q=30} = \frac{120}{30} = 4 \, .$$

(2)生产 30~40 个单位产品时的总成本的平均变化率是

$$\frac{\Delta C(Q)}{\Delta Q} = \frac{C(40) - C(30)}{40 - 30} = \frac{200 - 120}{10} = 8 \, .$$

$$C'(200) = 4 + 0.1 \times 200 = 24 \, ,$$

(3)边际成本函数是

$$C'(Q) = 0.03Q^2 - 1.2Q + 13 \, ,$$

当 $Q = 30$ 时的边际成本是

$$C'(Q)\big|_{Q=30} = 4 \, .$$

它表示当产量为 30 个单位时,再增产或减产 1 个单位,就增加或减少成本 4 个单位.

例 3.6.6　设销售 Q 个单位某产品时的总收益函数为

$$R(Q) = 500Q - \frac{Q^2}{2} \ (元) \, .$$

求:(1)边际收益函数;

(2)平均收益函数;

(3)销售量为 100 个单位时的边际收益,并说明其经济学意义.

解　(1)边际收益函数是

$$R'(Q) = 500 - Q \, .$$

(2)平均收益函数是

$$\bar{R} = \frac{R}{Q} = 500 - \frac{Q}{2}.$$

(3)销售量为 100 个单位时的边际收益是

$$R'(100) = 500 - 100 = 400,$$

其经济学意义是当销售量为 100 个单位时,如果再多销售一个单位产品,总收益将增加 400 个单位.

例 3.6.7 已知某产品的售价为 100 元,总成本函数是

$$C(Q) = 20000 - 50Q + \frac{1}{10}Q^2,$$

求利润函数、边际利润,并求产量为多少时,总利润最大?

解 利润函数是

$$L(Q) = R(Q) - C(Q) = 100Q - \left(20000 - 50Q + \frac{1}{10}Q^2\right) = -20000 + 150Q - \frac{1}{10}Q^2,$$

边际利润函数是

$$L'(Q) = 150 - \frac{1}{5}Q.$$

令 $L'(Q) = 0$ 可得

$$Q = 750,$$

而

$$L''(Q) = 150 - \frac{1}{5}Q < 0,$$

所以当 $Q = 750$ 时,总利润最大,最大利润是

$$L(750) = 36250.$$

第4章 不定积分

4.1 不定积分的概念与性质

4.1.1 不定积分的基本概念与意义

定义 4.1.1 如果在区间 I 上,可导函数 $F(x)$ 的导函数为 $f(x)$,即对于任意的 $x \in I$,都有 $F'(x) = f(x)$ 或 $\mathrm{d}F(x) = f(x)\mathrm{d}x$. 那么,我们称函数 $F(x)$ 是函数 $f(x)$ 在区间 I 上的一个原函数.

例如,当 $x \in (1, +\infty)$ 时,

$$\left[\ln(x + \sqrt{x^2 - 1})\right]' = \frac{1}{x + \sqrt{x^2 - 1}}(1 + \frac{x}{\sqrt{x^2 - 1}}) = \frac{1}{\sqrt{x^2 - 1}},$$

所以说,函数 $\ln(x + \sqrt{x^2 - 1})$ 是函数 $\dfrac{1}{\sqrt{x^2 - 1}}$ 在区间 $(1, +\infty)$ 上的一个原函数.

通过原函数的定义可以直接说明一个函数的原函数一定可导,但是不能直接说明函数的原函数是不是唯一的,也不能说明一个函数是不是一定会有原函数. 但是,通过导函数的概念,我们不难发现,一个函数的原函数是不唯一的. 在这里,我们还需要讨论的是,一个函数在什么条件下才存在原函数.

定理 4.1.1 如果函数 $f(x)$ 在区间 I 上连续,则 $f(x)$ 在区间 I 上必然存在原函数. 简单说就是,任意连续函数一定有原函数.

关于该定理的证明在讨论定积分的时候才能进行.

定理 4.1.2 设函数 $F(x)$ 是函数 $f(x)$ 在区间 I 上的一个原函数. 则,$F(x)$ 加上一个任意常数 C 以后所形成的新函数也是函数 $f(x)$ 在区间 I 上的原函数;函数 $f(x)$ 在区间 I 上的任意两个原函数的差值只能是一个常数.

定义 4.1.2 设函数 $F(x)$ 是函数 $f(x)$ 在区间 I 上的一个原函数. 则称 $F(x) + C$(其中 C 为任意常数)为 $f(x)$ 在区间 I 上的不定积分,记作 $\int f(x)\mathrm{d}x$,即

$$\int f(x)\mathrm{d}x = F(x) + C. \tag{4.1.1}$$

在这里,我们将(4.1.1)式中的"$\int$"称作积分符号;$f(x)$ 称作被积函数;x 称作积分变量;$f(x)\mathrm{d}x$ 称作被积式;C 称作积分常数.

例如 $f(x) = kx^{k-1}$(k 为大于 1 的正整数)是定义在区间 $(-\infty, +\infty)$ 上的连续函数,以它为被积函数,则 $f(x) = kx^{k-1}$ 在区间 $(-\infty, +\infty)$ 上的不定积分可以表示为

$$\int f(x)\mathrm{d}x = \int kx\,\mathrm{d}x = x^k + C,$$

其中, C 为任意常数.

根据定理 4.1.2, 我们可以得出如下定理.

定理 4.1.3 若函数 $f(x)$ 在区间 I 上存在原函数, 则, 可积函数 $f(x)$ 的不定积分 $\int f(x) \mathrm{d}x$ 是 $f(x)$ 在区间 I 上原函数的全体.

如图 4-1-1 所示, 函数 $F(x)$ 是函数 $f(x)$ 在区间 I 上的一个原函数, 几何上表示有一条确定的曲线 $y = F(x)$, 称此曲线为函数 $f(x)$ 的积分曲线. 因为 $\int f(x) \mathrm{d}x = F(x) + C.$ (C 为任意常数), 所以当 C 取不同的值时, 就得到不同的积分曲线, 这些曲线在横坐标相同的点 (x, y) 处的切线斜率都等于 $f(x)$, 即 $F'(x) = f(x)$. 我们称这些曲线为 $f(x)$ 的积分曲线簇. 积分曲线簇中的任何一条曲线都可以由曲线 $y = F(x)$ 沿着 y 轴平行移动而得到.

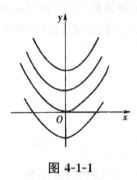

图 4-1-1

例 4.1.1 利用不定积分的定义求以下不定积分的结果.

(1) $\int (\mathrm{e}^{2x} + x^2) \, \mathrm{d}x$;

(2) $\int (-\sin x) \, \mathrm{d}x$.

解 (1) 根据导函数的相关理论可知

$$\left(\frac{1}{2}\mathrm{e}^{2x} + \frac{1}{3}x^3 + C\right)' = \mathrm{e}^{2x} + x^2 ,$$

所以

$$\int (\mathrm{e}^{2x} + x^2) \, \mathrm{d}x = \frac{1}{2}\mathrm{e}^{2x} + \frac{1}{3}x^3 + C .$$

(2) 根据三角函数求导的相关理论可知

$$(\cos x + C)' = -\sin x ,$$

所以

$$\int (-\sin x) \, \mathrm{d}x = \cos x + C .$$

例 4.1.2 以初速度为 v_0 沿直线上抛一物体, 不计空气阻力, 求该物体的运动规律.

解 所谓运动规律, 即指物体的位置关于时间的函数关系, 如图 4-1-2 所示, 取定坐标系, 设物体在 t 时刻的位置为 x, 物体的速度为 $v(t)$, 加速度为 $a(t)$, 要求的是位移随时间变化的函数 $x = x(t)$.

由导数的物理意义知

$$\frac{\mathrm{d}x}{\mathrm{d}t} = v(t) , \frac{\mathrm{d}^2 x}{\mathrm{d}t^2} = \frac{\mathrm{d}v}{\mathrm{d}t} = a(t) .$$

由物理常识可知

$$\frac{\mathrm{d}v}{\mathrm{d}t} = a(t) = -g \text{（ } g \text{ 为一常数），}$$

所以，$v(t)$ 是 $-g$ 的一个原函数，则

$$v(t) = \int (-g) \, \mathrm{d}t = -gt + C_1 .$$

由 $\dfrac{\mathrm{d}x}{\mathrm{d}t} = v(t)$ 可得

$$x = x(t) = \int (-gt + C_1) \, \mathrm{d}t = -\frac{1}{2}gt^2 + C_1 t + C_2 .$$

利用已知条件 $v(0) = v_0$ 可得 $C_1 = v_0$ ，$x(0) = x_0$ 可得 $C_2 = x_0$ ，于是

$$v(t) = -gt + v_0 ,$$

$$x = -\frac{1}{2}gt^2 + v_0 t + x_0 .$$

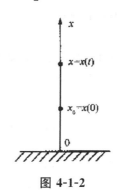

图 4-1-2

4.1.2　不定积分的性质

根据不定积分的定义我们不难发现，函数的积分与微分互为逆运算，所以我们可以确定，函数的不定积分具有如下性质

性质 4.1.1　（1）如果 $\displaystyle\int f(x)\mathrm{d}x = F(x) + C$ ，则 $(F(x) + C)' = f(x)$ ，或者可以表示为

$$\mathrm{d}(F(x) + C) = f(x)\mathrm{d}x ;$$

（2）对于任意的可导且可积的函数 $f(x)$ 有 $\displaystyle\int f'(x)\mathrm{d}x = f(x) + C$ ，同时也可以表示为

$$\int \mathrm{d}\, f(x) = f(x) + C .$$

除了性质 4.1.1 外，根据不定积分的定义，我们还可以推到出，不定积分具有如下性质．

性质 4.1.2　（1）设函数 $f(x)$ 与 $g(x)$ 存在原函数，那么

$$\int \big[f(x) + g(x) \big] \, \mathrm{d}x = \int f(x) \, \mathrm{d}x + \int g(x) \, \mathrm{d}x ;$$

（2）设函数 $f(x)$ 存在原函数，那么

$$\int kf(x)\,\mathrm{d}x = k\int f(x)\,\mathrm{d}x,$$

其中，k 为任意的非零常数.

证明 （1）因为

$$\left(\int f(x)\,\mathrm{d}x + \int g(x)\,\mathrm{d}x\right)' = \left(\int f(x)\,\mathrm{d}x\right)' + \left(\int g(x)\,\mathrm{d}x\right)' = f(x) + g(x),$$

所以

$$\int \left[f(x) + g(x)\right]\,\mathrm{d}x = \int f(x)\,\mathrm{d}x + \int g(x)\,\mathrm{d}x.$$

（2）因为

$$\left(k\int f(x)\,\mathrm{d}x\right)' = k\left(\int f(x)\,\mathrm{d}x\right)' = kf(x),$$

所以

$$\int kf(x)\,\mathrm{d}x = k\int f(x)\,\mathrm{d}x.$$

不定积分的性质 4.1.1 被称作是积分与微分的互逆性，而性质 4.1.2 称作不定积分的线性性. 性质 4.1.1 的理论地位十分重要，但是日常应用并不多见；性质 4.1.2 则广泛应用于求不定积分的运算中.

在数学中，有很多的函数是十分常见的，而且这些函数可以十分规则地被划归到它所属的类型中去. 对于一些确定类型的函数，我们可以根据不定积分的定义而直接得到它的不定积分的结果.

例如，由 $(\tan x)' = \sec^2 x$ 可得 $\int \sec^2 x\,\mathrm{d}x = \tan x + C$；由 $\left(\dfrac{a^x}{\ln a}\right)' = a^x (a > 0, a \neq 1)$ 可得 $\int a^x\,\mathrm{d}x = \dfrac{1}{\ln a}a^x + C$；由 $\left(\dfrac{x^{a+1}}{a+1}\right)' = x^a (a \neq 1)$ 可得 $\int x^a\,\mathrm{d}x = \dfrac{1}{a+1}x^{a+1} + C$. 所以我们可以总结出如下积分公式，我们也将它们称之为基本积分公式. 其中 C 为任意常数.

(1) $\int k\,\mathrm{d}x = kx + C$（$k$ 为任意常数）；

(2) $\int x^a\,\mathrm{d}x = \dfrac{1}{a+1}x^{a+1} + C (a \neq -1)$；

(3) $\int \dfrac{1}{x}\,\mathrm{d}x = \ln|x| + C$；

(4) $\int a^x\,\mathrm{d}x = \dfrac{1}{\ln a}\,a^x + C$；

(5) $\int \mathrm{e}^x\,\mathrm{d}x = \mathrm{e}^x + C$；

(6) $\int \cos x\,\mathrm{d}x = \sin x + C$；

(7) $\int \sin x\,\mathrm{d}x = -\cos x + C$；

(8) $\int \csc^2 x\,\mathrm{d}x = \int \dfrac{1}{\sin^2 x}\,\mathrm{d}x = -\cot x + C$；

(9) $\int \sec^2 x\,\mathrm{d}x = \int \dfrac{1}{\cos^2 x}\,\mathrm{d}x = \tan x + C$；

(10) $\int \dfrac{1}{\sqrt{1-x^2}}\mathrm{d}x = \arcsin x + C$;

(11) $\int \dfrac{1}{x^2+1}\mathrm{d}x = \arctan x + C$;

(12) $\int \sec x \tan x \mathrm{d}x = \sec x + C$;

(13) $\int \csc x \cot x \mathrm{d}x = -\csc x + C$.

例 4.1.3 试求如下不定积分的结果.

(1) $\int (5x^4 - \dfrac{2}{x})\mathrm{d}x$;

(2) $\int \sqrt{x}(x^2 - 5)\mathrm{d}x$;

(3) $\int (x^3 + 2\sin x)\mathrm{d}x$;

(4) $\int \dfrac{x^4}{x^2+1}\mathrm{d}x$.

解 (1) 根据性质 4.1.1 分项可得

$$\int (5x^4 - \frac{2}{x})\mathrm{d}x = 5\int x^4 \mathrm{d}x - 2\int \frac{1}{x}\mathrm{d}x$$
$$= 5 \times \frac{1}{5}x^5 - 2\ln|x| + C$$
$$= x^5 - 2\ln|x| + C;$$

(2) 根据性质 4.1.1 分项可得

$$\int \sqrt{x}(x^2 - 5)\mathrm{d}x = \int (x^{\frac{5}{2}} - 5x^{\frac{1}{2}})\mathrm{d}x$$
$$= \int x^{\frac{5}{2}}\mathrm{d}x - \int 5x^{\frac{1}{2}}\mathrm{d}x$$
$$= \int x^{\frac{5}{2}}\mathrm{d}x - 5\int x^{\frac{1}{2}}\mathrm{d}x$$
$$= \frac{2}{7}x^{\frac{7}{2}} - 5 \times \frac{2}{3}x^{\frac{3}{2}} + C$$
$$= \frac{2}{7}x^3\sqrt{x} - \frac{10}{3}x\sqrt{x} + C;$$

(3) 根据性质 4.1.1 分项可得

$$\int (x^3 + 2\sin x)\mathrm{d}x = \int x^3 \mathrm{d}x + \int 2\sin x \mathrm{d}x$$
$$= \frac{1}{4}x^4 + 2\int \sin x \mathrm{d}x$$
$$= \frac{1}{4}x^4 - 2\cos x + C;$$

(4) 根据性质 4.1.1 分项可得

$$\int \frac{x^4}{x^2+1}\mathrm{d}x = \int \frac{x^4 - 1 + 1}{x^2+1}\mathrm{d}x$$

$$= \int \frac{(x^2-1)(x^2+1)+1}{x^2+1} \, \mathrm{d}x$$

$$= \int (x^2-1) \, \mathrm{d}x + \int \frac{1}{x^2+1} \, \mathrm{d}x$$

$$= \frac{1}{3}x^3 - x + \arctan x + C.$$

例 4.1.4 求下列不定积分.

(1) $\int \dfrac{2x^4+x^2+3}{x^2+1} \, \mathrm{d}x$;

(2) $\int \dfrac{(2x-1)^2}{\sqrt{x}} \, \mathrm{d}x$;

(3) $\int \dfrac{(x^2+1)\sqrt{1-x^2}}{x\sqrt{1-x^2}} \, \mathrm{d}x$;

(4) $\int x^3\sqrt{x^4+x^{-4}-2} \, \mathrm{d}x$;

(5) $\int \dfrac{x^4+1}{x^2+1} \, \mathrm{d}x$;

(6) $\int \dfrac{1+2x^2}{x^2(x^2+1)} \, \mathrm{d}x$.

解 (1)由于被积函数的分子和分母都是多项式,通过多项式的除法可以把它们化成基本积分类型,然后再逐项积分.

$$\int \frac{2x^4+x^2+3}{x^2+1} \, \mathrm{d}x = \int \left(2x^2-1+\frac{4}{x^2+1}\right) \, \mathrm{d}x$$

$$= \int 2x^2 \, \mathrm{d}x - \int \mathrm{d}x + \int \frac{4}{x^2+1} \, \mathrm{d}x$$

$$= 2\int x^2 \, \mathrm{d}x - \int \mathrm{d}x + 4\int \frac{1}{x^2+1} \, \mathrm{d}x$$

$$= \frac{2}{3}x^3 - x + 4\arctan x + C;$$

(2)通过化简可得

$$\int \frac{(2x-1)^2}{\sqrt{x}} \, \mathrm{d}x = \int \frac{4x^2-4x+1}{\sqrt{x}} \, \mathrm{d}x$$

$$= 4\int x^{\frac{3}{2}} \, \mathrm{d}x - 4\int x^{\frac{1}{2}} \, \mathrm{d}x + \int x^{-\frac{1}{2}} \, \mathrm{d}x$$

$$= 4 \cdot \frac{2}{5}x^{\frac{5}{2}} - 4 \cdot \frac{2}{3}x^{\frac{3}{2}} + 2x^{\frac{1}{2}} + C$$

$$= \frac{8}{5}x^{\frac{5}{2}} - \frac{8}{3}x^{\frac{3}{2}} + 2x^{\frac{1}{2}} + C;$$

(3)通过化简可得

$$\int \frac{(x^2+1)\sqrt{1-x^2}}{x\sqrt{1-x^2}} \, \mathrm{d}x = \int \left(\frac{x^2+1}{x} - \frac{2}{\sqrt{1-x^2}}\right) \, \mathrm{d}x$$

$$= \int \left(x + \frac{1}{x} - \frac{2}{\sqrt{1-x^2}}\right) \, \mathrm{d}x$$

$$= \frac{1}{2}x^2 + \ln|x| - 2\arcsin x + C;$$

(4)将原不定积分变形可得

$$\int x^3 \sqrt{x^4 + x^{-4} - 2}\, dx = \int x^3 \sqrt{\frac{x^8 - 2x^4 + 1}{x^4}}\, dx$$

$$= \int x\, \sqrt{(x^4 - 1)^2}\, dx$$

$$= \int x|x^4 - 1|\, dx$$

$$= \begin{cases} \frac{1}{6}x^6 - \frac{1}{2}x^2 + C, & |x| \geqslant 1 \\ -\frac{1}{6}x^6 + \frac{1}{2}x^2 + C, & |x| < 1 \end{cases};$$

(5)将原不定积分通过变形化为基本积分

$$\int \frac{x^4 + 1}{x^2 + 1}\, dx = \int \frac{x^4 - 1 + 2}{x^2 + 1}\, dx$$

$$= \int \left(x^2 - 1 + \frac{2}{x^2 + 1}\right) dx$$

$$= \frac{1}{3}x^3 - x + 2\arctan x + C;$$

(6)将原不定积分通过变形化为基本积分

$$\int \frac{1 + 2x^2}{x^2(x^2 + 1)}\, dx = \int \frac{1 + x^2 + x^2}{x^2(x^2 + 1)}\, dx$$

$$= \int \frac{1}{x^2 + 1}\, dx + \int \frac{1}{x^2}\, dx$$

$$= \arctan x - \frac{1}{x} + C.$$

例 4.1.5 求下列不定积分.

(1) $\int \tan^2 x\, dx$;

(2) $\int \sin^2 \frac{x}{2}\, dx$;

(3) $\int (\sec^2 x - 2)\, dx$;

(4) $\int \frac{1}{\sin^2 x \cos^2 x}\, dx$;

(5) $\int 3^x e^x\, dx$.

解 (1) $\int \tan^2 x\, dx = \int (\sec^2 x - 1)\, dx$

$$= \int \sec^2 x\, dx - \int dx$$

$$= \tan x - x + C;$$

(2) $\displaystyle\int \sin^2 \frac{x}{2} \mathrm{d}x = \int \frac{1-\cos x}{2} \mathrm{d}x$

$\displaystyle\qquad\qquad\quad = \frac{1}{2}\int \mathrm{d}x - \frac{1}{2}\int \cos x \mathrm{d}x$

$\displaystyle\qquad\qquad\quad = \frac{1}{2}x - \frac{1}{2}\sin x + C ;$

(3) $\displaystyle\int (\sec^2 x - 2) \mathrm{d}x = \int (\sec^2 x - 1) \mathrm{d}x - \int \mathrm{d}x$

$\displaystyle\qquad\qquad\qquad = \int \tan^2 x \mathrm{d}x - \int \mathrm{d}x$

$\displaystyle\qquad\qquad\qquad = \tan x - x - x + C$

$\displaystyle\qquad\qquad\qquad = \tan x - 2x + C ;$

(4) $\displaystyle\int \frac{1}{\sin^2 x \cos^2 x} \mathrm{d}x = \int \frac{\sin^2 x + \cos^2 x}{\sin^2 x \cos^2 x} \mathrm{d}x$

$\displaystyle\qquad\qquad\qquad\quad = \int \frac{1}{\cos^2 x} \mathrm{d}x + \int \frac{1}{\sin^2 x} \mathrm{d}x$

$\displaystyle\qquad\qquad\qquad\quad = \tan x - \cot x + C ;$

(5) $\displaystyle\int 3^x \mathrm{e}^x \mathrm{d}x = \int (3\mathrm{e})^x \mathrm{d}x$

$\displaystyle\qquad\qquad\quad = \frac{1}{\ln(3\mathrm{e})} (3\mathrm{e})^x + C$

$\displaystyle\qquad\qquad\quad = \frac{3^x \mathrm{e}^x}{1 + \ln 3} + C .$

由于函数的表达形式多种多样,我们日常遇到的函数不一定会与基本积分公式里的被积函数完全相同,所以在求不定积分时,有时要对被积函数进行恒等变形,将其化成可利用积分性质或基本积分公式来计算的不定积分.运算熟练之后,可将函数和(差)的积分直接写出其各函数的积分结果的和(差)形式,在这里,需要特别强调的是不能忘记加上积分常数.由于被积函数的恒等变形有不同形式,在不同的变形方式下同一函数的不定积分的表示式表面可能差异很大,但都是正确的.要想验证其结果是否正确,只需将积分结果求导,检验其导数是否等于被积函数即可.

4.2 积分方法——换元法、部分积分法

4.2.1 换元积分法

通过上一节的讨论我们可以发现,由于函数的表达形式多种多样,一般情况下,能利用基本积分公式结合不定积分的性质进行直接积分的函数是非常有限的,对于较复杂的被积函数有必要对被积函数甚至是积分变量作进一步的处理才可以求出它的不定积分的结果.在这一节中,我们将讨论求不定积分的一种常用方法,即换元法.

将复合函数的微分法反过来用于计算不定积分,利用中间变量的代换得到复合函数的积分结果的方法,称为换元积分法,简称换元法.通常情况下,换元法可以分成两大类,我们通过如下两部分来进行学习讨论.

1. 第一类换元积分法

例如,要求解不定积分 $\displaystyle\int \sin(2x+3)\mathrm{d}x$ 的结果,可是基本积分公式中没有与其直接对应的积分公式,而且利用不定积分的性质也不能将其化为基本积分公式的代数式. 通过观察分析,我们可以发现,基本积分公式有与其相类似的积分公式 $\displaystyle\int \sin x\mathrm{d}x = -\cos x + C$. 被积函数 $\sin(2x+3)$ 是由 $\sin u$,$u = 2x+3$ 复合而成的,使用基本积分公式 $\displaystyle\int \sin u\mathrm{d}u = -\cos u + C$ 时需要将" d "后面凑合成 $u = 2x+3$ 才可行. 所以我们可以将不定积分 $\displaystyle\int \sin(2x+3)\mathrm{d}x$ 改写成 $\dfrac{1}{2}\displaystyle\int \sin(2x+3)\mathrm{d}(2x+3)$ 的形式,即有

$$\int \sin(2x+3)\mathrm{d}x = \frac{1}{2}\int \sin(2x+3)\mathrm{d}(2x+3)\ ,$$

设 $u = 2x+3$,把 u 看成新的积分变量,便可以套用公式得

$$\int \sin(2x+3)\mathrm{d}x = \int \sin u\mathrm{d}u = -\frac{1}{2}\cos u + C.$$

最后再将 $u = 2x+3$ 代入积分结果便可以得到原不定积分的积分结果,即

$$\int \sin(2x+3)\mathrm{d}x = -\frac{1}{2}\cos u + C = -\frac{1}{2}\cos(2x+3) + C.$$

上述积分过程所使用的方法称之为第一类换元法,也称作凑分法.

定理 4.2.1 若已知

$$\int f(u)\mathrm{d}u = F(u) + C, u = \varphi(x)$$

可微,则有

$$\int f[\varphi(x)]\varphi'(x)\mathrm{d}x = F(u) + C.$$

证明 如果 $\displaystyle\int f(u)\mathrm{d}u = F(u) + C, u = \varphi(x)$ 可微,则

$$\frac{\mathrm{d}F[\varphi(x)]}{\mathrm{d}x} = F'(u)\varphi'(x) = f(u)\varphi'(x) = f[\varphi(x)]\varphi'(x),$$

所以,根据不定积分的定义可得

$$\int f[\varphi(x)]\varphi'(x)\mathrm{d}x = F(u) + C.$$

根据以上讨论,我们可以将第一类换元法的积分过程总结如下.

如果 $\displaystyle\int f(x)\mathrm{d}x$ 不能用基本积分公式计算,而其被积表达式 $f(x)\mathrm{d}x$ 可以表示成

$$f(x)\mathrm{d}x = g[\varphi(x)]\varphi'(x)\mathrm{d}x = g[\varphi(x)]\mathrm{d}\varphi(x),$$

且 $g(u)\mathrm{d}u$ 容易积分,即,容易得到 $\displaystyle\int g(u)\mathrm{d}u = G(u) + C$,则通过变换 $u = \varphi(x)$ 把计算 $\displaystyle\int f(x)\mathrm{d}x$ 转化成计算 $\displaystyle\int g(u)\mathrm{d}u$,即

$$\int f(x)\mathrm{d}x = \int g[\varphi(x)]\varphi'(x)\mathrm{d}x$$

$$= \int g[\varphi(x)]\mathrm{d}\varphi(x)$$

$$\xlongequal{u=\varphi(x)} \int g(u)\mathrm{d}u$$

$$= G(u) + C$$

$$= G[\varphi(x)] + C.$$

例 4.2.1 求下列不定积分.

(1) $\int \sin^2 x\mathrm{d}x$;

(2) $\int (\sin x + \cos x)^3 \mathrm{d}x$;

(3) $\int \sin nx \cos nx \mathrm{d}x$;

(4) $\int \tan x\mathrm{d}x$;

(5) $\int \sin^3 x\cos^2 x\mathrm{d}x$;

(6) $\int \csc x\mathrm{d}x$;

(7) $\int \dfrac{\mathrm{d}x}{\sin^3 x + 3\cos^2 x}$;

(8) $\int \dfrac{\mathrm{d}x}{\sin^2 x\cos x}$;

(9) $\int \sin^4 x\mathrm{d}x$;

(10) $\int \sec^6 x\mathrm{d}x$;

(11) $\int \tan^5 x\sec^3 x\mathrm{d}x$;

(12) $\int \cos 3x\cos 2x\mathrm{d}x$.

解 (1) $\int \sin^2 x\mathrm{d}x$

$$= \int \frac{1-\cos 2x}{2}\,\mathrm{d}x$$

$$= \frac{1}{2}x - \frac{1}{4}\int \cos 2x\mathrm{d}x$$

$$= \frac{1}{2}x - \frac{1}{4}\sin 2x + C ;$$

(2) $\int (\sin x + \cos x)^3 \mathrm{d}x = \int (\sin^3 x + 3\sin^2 x\cos x + 3\sin x\cos^2 x + \cos^3 x)\mathrm{d}x$

$$= -\int \sin^2 x\mathrm{d}\cos x + 3\int \sin^2 x\mathrm{d}\sin x$$

$$-\int \cos^2 x \mathrm{d}\cos x + 3\int \cos^2 x \mathrm{d}\sin x$$

$$=-\int (1-\cos^2 x)\ \mathrm{d}\cos x + \sin^3 x$$

$$-\cos^3 x + \int (1-\sin^2 x)\ \mathrm{d}\sin x$$

$$=-\cos x + \frac{1}{3}\cos^3 x + \sin^3 x$$

$$-\cos^3 x + \sin x - \frac{1}{3}\sin^3 x + C$$

$$=\frac{2}{3}\sin^3 x - \frac{2}{3}\cos^3 x + \sin x - \cos x + C\ ;$$

（3）利用和差化积公式可得

$$\int \sin n x \cos n x \mathrm{d}x = \frac{1}{2}\int \big[\sin(m+n)x + \sin(m-n)x\big]\ \mathrm{d}x\ ,$$

当 $m-n=0$ 时，有

$$\int \sin n x \cos n x \mathrm{d}x = \frac{1}{2}\int \sin 2mx\ \mathrm{d}x$$

$$=\frac{1}{4m}\int \sin 2mx\ \mathrm{d}2mx$$

$$=\frac{1}{4m}\cos 2mx + C$$

当 $m-n\neq 0$ 时，有

$$\int \sin n x \cos n x \mathrm{d}x = \frac{1}{2}\int \big[\sin(m+n)x + \sin(m-n)x\big]\ \mathrm{d}x$$

$$=\frac{1}{2}\int \sin(m+n)x\mathrm{d}x + \frac{1}{2}\int \sin(m-n)x\mathrm{d}x$$

$$=\frac{1}{2(m+1)}\int \sin(m+n)x\mathrm{d}\frac{1}{2(m+1)}x + \frac{1}{2(m-1)}\int \sin(m-n)x\mathrm{d}(m-n)x$$

$$=\frac{1}{2(m+1)}\cos(m+n)x - \frac{1}{2(m-1)}\cos(m-n)x + C\ ;$$

（4）$\displaystyle\int \tan x\mathrm{d}x = \int \frac{\sin x}{\cos x}\ \mathrm{d}x = -\int \frac{1}{\cos x}\ \mathrm{d}\cos x = -\ln|\cos x| + C\ ;$

（5）$\displaystyle\int \sin^3 x\cos^2 x\mathrm{d}x = -\int \sin^2 x\cos^2 x\mathrm{d}\cos x$

$$=-\int (1-\cos^2 x)\cos^2 x\mathrm{d}\cos x$$

$$=-\int (\cos^2 x - \cos^4 x)\ \mathrm{d}\cos x$$

$$=-\frac{1}{3}\cos^3 x + \frac{1}{5}\cos^5 x + C\ ;$$

（6）方法一

$$\int \csc x\mathrm{d}x = \int \frac{\mathrm{d}x}{\sin x}$$

$$= \int \frac{\mathrm{d}x}{2\sin \frac{x}{2} \cos \frac{x}{2}}$$

$$= \frac{1}{2} \int \frac{\sin^2 \frac{x}{2} + \cos^2 \frac{x}{2}}{\sin \frac{x}{2} \cos \frac{x}{2}} \mathrm{d}x$$

$$= \frac{1}{2} \cdot 2 \int \left(\tan \frac{x}{2} + \cot \frac{x}{2} \right) \mathrm{d} \frac{x}{2}$$

$$= \ln \left| \cos \frac{x}{2} \right| + \ln \left| \sin \frac{x}{2} \right| + C$$

$$= \ln \left| \tan \frac{x}{2} \right| + C;$$

方法二

$$\int \csc x \mathrm{d}x = \int \frac{\mathrm{d}x}{\sin x}$$

$$= \int \frac{\mathrm{d}\cos x}{1 - \cos^2 x}$$

$$= \frac{1}{2} \int \left(\frac{1}{\cos x - 1} - \frac{1}{\cos x + 1} \right) \mathrm{d}\cos x$$

$$= \frac{1}{2} \ln \left| \frac{\cos x - 1}{\cos x + 1} \right| + C$$

$$= \frac{1}{2} \ln \left| \frac{1 - \cos x}{\sin x} \right|^2 + C$$

$$= \ln \left| \csc x - \cot x \right| + C;$$

上述两种方法所得的积分形式经过三角函数变换后形式是一样的.

(7)
$$\int \frac{\mathrm{d}x}{\sin^3 x + 3\cos^2 x} = \int \frac{1}{3 + \tan^2 x} \cdot \frac{1}{\cos^2 x} \mathrm{d}x$$

$$= \int \frac{1}{(\sqrt{3})^2 + \tan^2 x} \mathrm{d}\tan x$$

$$= \frac{1}{\sqrt{3}} \arctan \frac{\tan x}{\sqrt{3}} + C.$$

(8)
$$\int \frac{\mathrm{d}x}{\sin^2 x \cos x} = \int \frac{\sin^2 x + \cos^2 x}{\sin^2 x \cos x} \mathrm{d}x$$

$$= \int \frac{\mathrm{d}x}{\cos x} + \int \frac{\cos x}{\sin^2 x} \mathrm{d}x = \int \frac{\mathrm{d}x}{\cos x} + \int \frac{\mathrm{d}\sin x}{\sin^2 x}$$

$$= -\frac{1}{\sin x} + \int \frac{\mathrm{d}x}{\cos x} = -\csc x + \int \frac{\mathrm{d}x}{\cos x},$$

由于

$$\int \frac{\mathrm{d}x}{\cos x} = \int \frac{\mathrm{d}x}{\cos^2 \frac{x}{2} - \sin \frac{x}{2}} = \int \frac{1}{1 - \tan^2 \frac{x}{2}} \mathrm{d}\tan x.$$

若令 $u = \tan \frac{x}{2}$, 则

$$\int \frac{\mathrm{d}x}{\cos x} = \int \frac{1}{1 - \tan^2 \frac{x}{2}} \, \mathrm{d}\tan x$$

$$= 2\int \frac{\mathrm{d}u}{1 - u^2}$$

$$= \ln \left| \frac{1 + u}{1 - u} \right| + C$$

$$= \ln \left| \frac{1 + \tan \frac{x}{2}}{1 - \tan \frac{x}{2}} \right| + C$$

$$= \ln \left| \frac{1 + \sin x}{\cos x} \right| + C$$

$$= \ln | \sec x + \tan x | + C,$$

所以

$$\int \frac{\mathrm{d}x}{\sin^2 x \cos x} = - \csc x + \ln | \sec x + \tan x | + C.$$

$$(9) \int \sin^4 x \mathrm{d}x = \int \left(\frac{1 - \cos 2x}{2} \right) \mathrm{d}x$$

$$= \frac{1}{4} \int \left[1 - 2\cos 2x + \cos^2 2x \right] \mathrm{d}x$$

$$= \frac{1}{4} \int \left[1 - 2\cos 2x + \frac{1 + \cos 4x}{2} \right] \mathrm{d}x$$

$$= \frac{1}{8} \int \left[3 - 4\cos 2x + \cos 4x \right] \mathrm{d}x$$

$$= \frac{1}{8} \left[3x - 4\int \cos 2x \mathrm{d}x + \int \cos 4x \mathrm{d}x \right]$$

$$= \frac{3}{8} x - \frac{1}{4} \sin 2x + \frac{1}{32} \sin 4x + C.$$

$$(10) \int \sec^6 \mathrm{d}x = \int \sec^4 \mathrm{d}\tan x$$

$$= \int (1 + \tan^2 x)^2 \, \mathrm{d}\tan x$$

$$= \int \left[1 + 2\tan^2 x + \tan^2 x \right] \mathrm{d}\tan x$$

$$= \tan x + \frac{2}{3} \tan^3 x + \frac{1}{5} \tan^5 x + C.$$

$$(11) \int \tan^5 x \sec^3 x \mathrm{d}x = \int \tan^4 x \sec^2 x \mathrm{d}\sec x$$

$$= \int (\sec^2 x - 1) \sec^2 x \mathrm{d}\sec x$$

$$= \int \left[\sec^6 x - 2\sec^2 x + \sec^2 x \right] \mathrm{d}\sec x$$

$$= \frac{1}{7} \sec^7 x - \frac{2}{5} \sec^5 x + \frac{1}{3} \sec^3 x + C.$$

（12）利用三角函数的积化和差公式

$$\cos A \cos B = \frac{1}{2}\left[\cos(A-B) + \cos(A+B)\right]$$

得

$$\cos 3x \cos 2x = \frac{1}{2}(\cos x + \cos 5x),$$

于是

$$\begin{aligned}
\int \cos 3x \cos 2x \, dx &= \int \frac{1}{2}(\cos x + \cos 5x)\, dx \\
&= \frac{1}{2}\int (\cos x + \cos 5x)\, dx \\
&= \frac{1}{2}\left[\int \cos x \, dx + \frac{1}{5}\int \cos(5x)\, d(5x)\right] \\
&= \frac{1}{2}\sin x + \frac{1}{10}\sin 5x + C.
\end{aligned}$$

在这里,我们对基本积分公式做一些补充:

（1）$\displaystyle\int \tan x \, dx = -\ln|\cos x| + C$；

（2）$\displaystyle\int \cot x \, dx = \ln|\sin x| + C$；

（3）$\displaystyle\int \frac{1}{a^2 + x^2}\, dx = \frac{1}{a}\arctan\frac{x}{a} + C$；

（4）$\displaystyle\int \frac{1}{\sqrt{a^2 - x^2}}\, dx = \arcsin\frac{x}{a} + C(a > 0)$；

（5）$\displaystyle\int \frac{1}{a^2 - x^2}\, dx = \frac{1}{2a}\ln\left|\frac{a+x}{a-x}\right| + C$；

（6）$\displaystyle\int \sec x \, dx = \ln|\sec x + \tan x| + C$；

（7）$\displaystyle\int \csc x \, dx = \ln|\csc x - \cot x| + C$；

（8）$\displaystyle\int \mathrm{sh}\,x \, dx = \mathrm{ch}\,x + C$；

（9）$\displaystyle\int \mathrm{ch}\,x \, dx = \mathrm{sh}\,x + C$.

2.第二类换元积分法

第一类换元法是通过适当的变换 $u = \varphi(x)$ 把计算 $\displaystyle\int f(x)\,dx$ 转化成计算 $\displaystyle\int g(u)\,du$,那么,对应地,对于不定积分 $\displaystyle\int f(x)\,dx$,我们也可以适当地选择变换 $x = \varphi(t)$,将积分 $\displaystyle\int f(x)\,dx$ 转化为 $\displaystyle\int f[\varphi(t)]\varphi'(t)\,dt$. 但是需要在一定的前提之下,这一转化才可以进行.

定理 4.2.2 设 $x = \varphi(t)$ 是单调的、可导的函数,并且 $\varphi'(t) \neq 0$,又设函数 $f[\varphi(t)]\varphi'(t)$ 具有原函数,则有换元公式

$$\int f(x)\mathrm{d}x = \left[\int f[\varphi(t)]\varphi'(t)\mathrm{d}t\right]_{t=\varphi^{-1}(x)},$$

其中，$t=\varphi^{-1}(x)$ 是 $x=\varphi(t)$ 的反函数.

证明　设函数 $f[\varphi(t)]\varphi'(t)$ 的原函数为 $G(t)$，记 $G[\varphi^{-1}(x)] = F(x)$，利用复合函数及反函数的求导法则可得

$$\begin{aligned}
F'(x) &= \frac{\mathrm{d}G}{\mathrm{d}t}\cdot\frac{\mathrm{d}t}{\mathrm{d}x}\\
&= f[\varphi(t)]\varphi'(t)\cdot\frac{1}{\varphi'(t)}\\
&= f[\varphi(t)]\\
&= f(x),
\end{aligned}$$

即 $F(x)$ 是 $f(x)$ 的原函数. 故而有

$$\begin{aligned}
\int f(x)\mathrm{d}x &= F(x)+C\\
&= G[\varphi^{-1}(x)]+C\\
&= \left[\int f[\varphi(t)]\varphi'(t)\mathrm{d}t\right]_{t=\varphi^{-1}(x)}.
\end{aligned}$$

上述换元方法称之为第二类换元法，具体操作过程为

$$\begin{aligned}
\int f(x)\mathrm{d}x &\xlongequal{x=\varphi(t)} \int f[\varphi(t)]\varphi'(t)\mathrm{d}t\\
&\xlongequal{} G(t)+C\\
&\xlongequal{t=\varphi^{-1}(x)} G[\varphi^{-1}(x)]+C.
\end{aligned}$$

应用第二类换元法的关键是适当引入变换函数 $x=\varphi(t)$，但是要求变换函数 $x=\varphi(t)$ 必须是单调、可导的函数.

例 4.2.2　求不定积分

(1) $\int \dfrac{x}{1-\sqrt{x+1}}\mathrm{d}x$；

(2) $\int \dfrac{\sqrt[3]{x}}{x(\sqrt{3}+\sqrt[3]{x})}\mathrm{d}x$；

(3) $\int \dfrac{1}{1+\sqrt[3]{x+1}}\mathrm{d}x$；

(4) $\int \dfrac{1}{\sqrt{(x-1)(2-x)}}\mathrm{d}x$.

解　(1) 去掉被积函数中的根式，令 $x+1=u^2$，即 $x=u^2-1$. 为保证函数的单调性，可以限制 $u\geqslant 0$，即 $u=\sqrt{x+1}$. 于是有 $\mathrm{d}x=2u\mathrm{d}u$，将其代入原式，则有

$$\begin{aligned}
\int \frac{x}{1-\sqrt{x+1}}\mathrm{d}x &= \int \frac{u^2-1}{1-u}2u\mathrm{d}u\\
&= \int(-2u^2-2u)\mathrm{d}u\\
&= -\frac{2}{3}u^3-u^2+C'
\end{aligned}$$

$$= -\frac{2}{3}(x+1)\sqrt{x+1} - x + C,$$

在这里,常数 $C = C' - 1$.

(2)被积函数中含有根式 $\sqrt{x}$,$\sqrt[3]{x}$,为了除去这两个根式,应以 2 与 3 的最小公倍数 6 为根指数. 即令 $\sqrt[6]{x} = u$,于是有 $x = u^6$,则 $dx = 6u^5 du$,$\sqrt[3]{x} = u^2\sqrt{x} = u^3$. 将其代入原式,则有

$$
\begin{aligned}
\int \frac{\sqrt[3]{x}}{x(\sqrt{3} + \sqrt[3]{x})}dx &= \int \frac{u^2}{u^6(u^3 + u^2)} \cdot 6u^5 du \\
&= \int \frac{6}{u(u+1)}du \\
&= 6\int \frac{(u+1) - u}{u(u+1)}du \\
&= 6\int \left(\frac{1}{u} - \frac{1}{u+1}\right)du \\
&= 6[\ln|u| - \ln|u+1|] + C \\
&= 6\ln(\frac{u}{u+1})^6 + C \\
&= \ln \frac{x}{(\sqrt[6]{x} + 1)^6} + C.
\end{aligned}
$$

(3)令 $t = \sqrt[3]{x+1}$,则 $x = t^3 - 1$,$dx = 3t^2 dt$,将其代入原式则有

$$
\begin{aligned}
\int \frac{1}{1 + \sqrt[3]{x+1}}dx &= \int \frac{3t^2}{t+1}dt = 3\int \frac{t^2 - 1 + 1}{t+1}dt \\
&= 3\int \left(t - 1 + \frac{1}{t+1}\right)dt = 3\left[\frac{1}{2}t^2 - t + \ln|t+1|\right] + C \\
&= \frac{3}{2}(\sqrt[3]{x+1})^2 - 3\sqrt[3]{x+1} + 3\ln|1 + \sqrt[3]{x+1}| + C.
\end{aligned}
$$

(4)由于,当 $x \in (1,2)$ 时有

$$\sqrt{(x-1)(2-x)} = (x-1)\sqrt{\frac{2-x}{x-1}},$$

所以,令 $\sqrt{\frac{2-x}{x-1}} = t$,则 $x = \frac{t^2 + 2}{t^2 + 1}$,$dx = -\frac{2t}{(1+t^2)^2}dt$,将其代入原式可得

$$
\begin{aligned}
\int \frac{1}{\sqrt{(x-1)(2-x)}}dx &= \int \frac{-\frac{2t}{(1+t^2)^2}dt}{\left(\frac{t^2+2}{t^2+1} - 1\right)t} \\
&= -2\int \frac{1}{t^2 + 1}dt \\
&= -2\arctan t + C \\
&= -2\arctan \sqrt{\frac{2-x}{x-1}} + C.
\end{aligned}
$$

例 4.2.3 用第二类换元法求如下不定积分.

(1) $\int \sqrt{a^2 - x^2}dx \ (a > 0)$;

（2）$\displaystyle\int \frac{1}{\sqrt{a^2+x^2}}\mathrm{d}x\ (a>0)$ ；

（3）$\displaystyle\int \frac{1}{\sqrt{x^2-a^2}}\mathrm{d}x\ (a>0)$ ；

解　（1）这个积分的困难在于根式 $\sqrt{a^2-x^2}$ ，于是可以考虑借助三角公式 $\sin^2 t+\cos^2 t=1$ 来除去根式. 设 $x=a\sin t, t\in(-\frac{\pi}{2},\frac{\pi}{2})$ ，那么，$\mathrm{d}x=a\cos t\mathrm{d}t$ ，且有

$$\sqrt{a^2-x^2}=\sqrt{a^2-a^2\sin^2 t}=a\cos t.$$

于是有

$$\int \sqrt{a^2-x^2}\,\mathrm{d}x=\int a\cos t\cdot a\cos t\mathrm{d}t$$
$$=a^2\int \cos^2 t\mathrm{d}t$$
$$=\frac{a^2}{2}\int (1+\cos 2t)\,\mathrm{d}t$$
$$=\frac{a^2}{2}(t+\frac{\sin 2t}{2})+C$$
$$=\frac{a^2}{2}(t+\sin t\cos t)+C$$

如图 4-2-1 所示，是为了将变量 t 还原为原变量 x ，可以根据 $\sin t=\dfrac{x}{a}$ 所作出的辅助三角形，这样，我们就可以得到

$$\cos t=\frac{\sqrt{a^2-x^2}}{a},$$

于是得

$$\int \sqrt{a^2-x^2}\,\mathrm{d}x=\frac{a^2}{2}(\arcsin \frac{x}{a}+\frac{x}{a}\cdot \frac{\sqrt{a^2-x^2}}{a})+C$$
$$=\frac{a^2}{2}\arcsin \frac{x}{a}+\frac{x}{2}\cdot \sqrt{a^2-x^2}+C$$

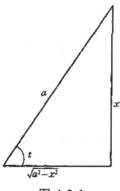

图 4-2-1

（2）为了消去根式，我们可以设 $x=a\tan t, t\in(-\frac{\pi}{2},\frac{\pi}{2})$ ，如图 4-2-2 所示，那么，$\mathrm{d}x=$

$a\sec^2 t\mathrm{d}t$ $\sqrt{x^2-a^2}=a\tan t.$ 于是

$$
\begin{aligned}
\int \frac{1}{\sqrt{a^2+x^2}}\mathrm{d}x &= \int \frac{a\sec^2 t\mathrm{d}t}{a\sec t}\\
&= \int \sec t\,\mathrm{d}t\\
&= \ln|\sec t+\tan t|+C\\
&= \ln\left|\frac{\sqrt{a^2+x^2}}{a}+\frac{x}{a}\right|+C\\
&= \ln(x+\sqrt{a^2+x^2})-\ln a+C.
\end{aligned}
$$

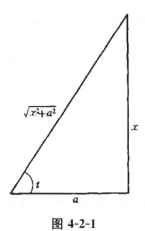

图 4-2-1

（3）为了消去根式，我们可以设 $x=a\sec t,t\in(0,\frac{\pi}{2})$，（这里假定了 $x>a$，如果 $x<a$，可设 $x=-a\sec t,t\in(0,\frac{\pi}{2})$，）那么

$$
\mathrm{d}x=a\sec t\tan t\mathrm{d}t\,,\ \sqrt{a^2+x^2}=a\tan t.
$$

于是

$$
\int \frac{1}{\sqrt{x^2-a^2}}\mathrm{d}x=\int \frac{a\sec t\tan t}{a\tan t}\mathrm{d}t=\int \sec t\ \mathrm{d}t=\ln|\sec t+\tan t|+C.
$$

如图 4-2-2 所示，是为了将变量 t 还原为原变量 x 所作出的辅助三角形，这样，我们就可以得到

$$
\sec t=\frac{x}{a},
$$

$$
\tan t=\frac{\sqrt{a^2-x^2}}{a},
$$

于是

$$
\begin{aligned}
\int \frac{1}{\sqrt{x^2-a^2}}\mathrm{d}x &= \int \frac{a\sec t\tan t}{a\tan t}\mathrm{d}t\\
&= \int \sec t\ \mathrm{d}t
\end{aligned}
$$

$$= \ln|\sec t + \tan t| + C = \ln|x + \sqrt{x^2 - a^2}| - \ln a + C.$$

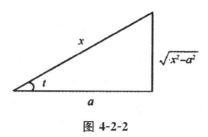

图 4-2-2

例 4.2.4 求下列不定积分

(1) $\displaystyle\int \frac{\mathrm{d}x}{\sqrt{1 + x - x^2}}$;

(2) $\displaystyle\int \frac{x^3}{(x^2 - 2x + 2)^2} \mathrm{d}x$;

(3) $\displaystyle\int \frac{\mathrm{d}x}{x^2 \sqrt{x^2 - 1}}$ $(x > 0)$;

(4) $\displaystyle\int \sqrt{1 + \mathrm{e}^{2x}} \, \mathrm{d}x$;

(5) $\displaystyle\int \frac{x + 1}{x^2 + x \ln x} \mathrm{d}x$.

解 （1）对原积分进行变形可得

$$\int \frac{\mathrm{d}x}{\sqrt{1 + x - x^2}} = \int \frac{\mathrm{d}\left(x - \frac{1}{2}\right)}{\sqrt{\left(\frac{\sqrt{5}}{2}\right)^2 - \left(x - \frac{1}{2}\right)^2}},$$

由基本积分公式 $\displaystyle\int \frac{1}{\sqrt{a^2 - x^2}} \mathrm{d}x = \arcsin \frac{x}{a} + C (a > 0)$ 可知

$$\int \frac{\mathrm{d}x}{\sqrt{1 + x - x^2}} = \arcsin \frac{2x - 1}{\sqrt{5}} + C.$$

（2）由于分母是二次质因式的平方,把二次质因式配方成 $(x - 1)^2 + 1$,令 $x - 1 = \tan t, \left(-\frac{\pi}{2} < t < \frac{\pi}{2}\right)$,则

$$x^2 - 2x + 2 = \sec^2 t, \mathrm{d}x = \sec^2 t \mathrm{d}t.$$

于是有

$$\int \frac{x^3}{(x^2 - 2x + 2)^2} \mathrm{d}x$$

$$= \int \frac{(\tan t + 1)^3}{\sec^4 t} \sec^2 t \mathrm{d}t$$

$$= \int (\sin^3 t \cos^{-1} t + 3\sin^2 t + 3\sin t \cos t + \cos^2 t) \mathrm{d}t$$

$$= \int (\sin^2 t \cos^{-1} t + 3\cos t) \sin t \mathrm{d}t + \int (3\sin^2 t + \cos^2 t) \mathrm{d}t$$

$$= \int \left[(1 - \cos^2 t) \cos^{-1} t + 3\cos t \right] \left[-\mathrm{d}(\cos t) \right] + \int (2 - \cos 2t) \, \mathrm{d}t$$

$$= -\int (\cos^{-1} t + 2\cos t) \, \mathrm{d}(\cos t) + 2t - \frac{1}{2}\sin 2t$$

$$= -\ln \cos t - \cos^2 t + 2t - \sin t \cos t + C.$$

如图 4-2-3 所示，按 $\tan t = x - 1$ 作辅助三角形，便有

$$\cos t = \frac{1}{\sqrt{x^2 - 2x + 2}}, \sin t = \frac{x - 1}{\sqrt{x^2 - 2x + 2}},$$

于是有

$$\int \frac{x^3}{(x^2 - 2x + 2)^2} \, \mathrm{d}x$$

$$= \frac{1}{2}\ln(x^2 - 2x + 2) + 2\arctan(x - 1) - \frac{x}{x^2 - 2x + 2} + C.$$

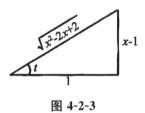

图 4-2-3

(3)令 $x = \sec t, (0 < t < \frac{\pi}{2})$；$\mathrm{d}x = \sec t \tan t \mathrm{d}t.$ 则

$$\int \frac{\mathrm{d}x}{x^2 \sqrt{x^2 - 1}} = \int \frac{\sec t \tan t}{\sec^2 t \sqrt{\sec^2 t - 1}} \, \mathrm{d}t$$

$$= \int \frac{1}{\sec t} \, \mathrm{d}t$$

$$= \int \cos t \mathrm{d}t$$

$$= \sin t + C.$$

如图 4-2-4 所示，按 $x = \sec t$ 作辅助三角形，可得

$$\sin t = \frac{\sqrt{x^2 - 1}}{x},$$

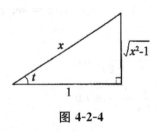

图 4-2-4

于是有

$$\int \frac{\mathrm{d}x}{x^2\sqrt{x^2-1}} = \frac{\sqrt{x^2-1}}{x} + C.$$

(4)令 $\sqrt{1+\mathrm{e}^{2x}} = t, x = \frac{1}{2}\ln(t^2-1), \mathrm{d}x = \frac{t}{t^2-1}\mathrm{d}t$，则

$$\begin{aligned}
\int \sqrt{1+\mathrm{e}^{2x}}\,\mathrm{d}x &= \int t \cdot \frac{t}{t^2-1}\mathrm{d}t \\
&= \int \left(1 + \frac{1}{t^2-1}\right)\mathrm{d}t \\
&= t + \frac{1}{2}\ln\left|\frac{t-1}{t+1}\right| + C \\
&= \sqrt{1+\mathrm{e}^{2x}} + \frac{1}{2}\ln\left|\frac{\sqrt{1+\mathrm{e}^{2x}}-1}{\sqrt{1+\mathrm{e}^{2x}}+1}\right| + C \\
&= \sqrt{1+\mathrm{e}^{2x}} + \frac{1}{2}\ln\frac{(\sqrt{1+\mathrm{e}^{2x}}-1)^2}{\mathrm{e}^{2x}} + C \\
&= \sqrt{1+\mathrm{e}^{2x}} - x\ln(\sqrt{1+\mathrm{e}^{2x}}-1) + C.
\end{aligned}$$

(5)令 $\ln x = t, x = \mathrm{e}^t, \mathrm{d}x = \mathrm{e}^t\mathrm{d}t$，则

$$\begin{aligned}
\int \frac{x+1}{x^2+x\ln x}\,\mathrm{d}x &= \int \frac{\mathrm{e}^t+1}{\mathrm{e}^{2t}+t\mathrm{e}^t}\,\mathrm{e}^t\mathrm{d}t \\
&= \int \frac{\mathrm{e}^t+1}{\mathrm{e}^t+t}\,\mathrm{d}t \\
&= \int \frac{\mathrm{d}(\mathrm{e}^t+1)}{\mathrm{e}^t+t} \\
&= \ln|\mathrm{e}^t+t| + C \\
&= \ln|x+\ln x| + C.
\end{aligned}$$

在这里，我们对基本积分公式继续补充如下：

(1) $\int \sqrt{x^2\pm a^2}\,\mathrm{d}x = \frac{x}{2}\sqrt{x^2\pm a^2} + \frac{a^2}{2}\ln(x\pm\sqrt{x^2\pm a^2}) + C$；

(2) $\int \mathrm{e}^x\sin x\mathrm{d}x = \frac{1}{2}\mathrm{e}^x(\sin x-\cos x) + C$；

(3) $\int \mathrm{e}^x\cos x\mathrm{d}x = \frac{1}{2}\mathrm{e}^x(\sin x+\cos x) + C$.

4.2.2 分部积分法

上一节，我们详细讨论论了用换元法求解不定积分，但是，有一些积分并不适宜用换元法来求解. 这一节，我们再来讨论求解不定积分的重要方法，即分部积分法. 在这里，我们首先要明确指出的是，部分积分法与微分学中的两个函数的乘积求导法则是相对应的.

定理 4.2.3 设函数 $u = u(x), v = v(x)$ 是某区间上的连续导函数，则有如下积分公式

$$\int u(x)\,v'(x)\mathrm{d}x = u(x)v(x) - \int v(x)u'(x)\mathrm{d}x$$

或

$$\int u(x)\,\mathrm{d}[v(x)] = u(x)v(x) - \int v(x)\mathrm{d}[u(x)]$$

或

$$\int u(x)\, v'(x)\mathrm{d}x = u(x)v(x) - \int v(x)\mathrm{d}\big[u(x)\big].$$

证明　由导数的乘法可得

$$\big[u(x)v(x)\big]' = u'(x)v(x) + u(x)v'(x),$$

进一步,对该等式的两边进行不定积分有

$$\int \big[u(x)v(x)\big]'\mathrm{d}x = \int u'(x)v(x)\mathrm{d}x + \int u(x)v'(x)\,\mathrm{d}x,$$

即

$$u(x)v(x) = \int u'(x)v(x)\mathrm{d}x + \int u(x)v'(x)\,\mathrm{d}x$$

$$= \int v(x)\mathrm{d}\big[u(x)\big] + \int u(x)\,\mathrm{d}\big[v(x)\big].$$

移项可得

$$\int u(x)\, v'(x)\mathrm{d}x = u(x)v(x) - \int v(x)u'(x)\mathrm{d}x$$

或

$$\int u(x)\,\mathrm{d}\big[v(x)\big] = u(x)v(x) - \int v(x)\mathrm{d}\big[u(x)\big]$$

或

$$\int u(x)\, v'(x)\mathrm{d}x = u(x)v(x) - \int v(x)\mathrm{d}\big[u(x)\big].$$

定理 4.2.3　中所给出的积分公式叫做分部积分公式,分部积分实际上是导函数乘法的逆运算. 显然,如果积分 $\displaystyle\int u(x)\,\mathrm{d}\big[v(x)\big]$ 不容易求出来,但是积分 $\displaystyle\int v(x)\mathrm{d}\big[u(x)\big]$ 容易求出,那么我们就可以利用分部积分法进行求解 $\displaystyle\int u(x)\,\mathrm{d}\big[v(x)\big]$. 在这里,需要明确指出的是,实际计算中,由于 $u = u(x), v = v(x)$ 的选取方式不同,会导致计算积分的过程的难易程度千差万别,读者在实际计算中要把握.

例 4.2.5　用分部积分法求以下不定积分

(1) $\displaystyle\int \sqrt{x^2 + a^2}\,\mathrm{d}x$;

(2) $\displaystyle\int \sqrt{x^2 - a^2}\,\mathrm{d}x$.

解　(1) $\displaystyle\int \sqrt{x^2 + a^2}\,\mathrm{d}x = x\sqrt{x^2 + a^2} - \int x\,\frac{x}{\sqrt{x^2 + a^2}}\,\mathrm{d}x$

$$= x\sqrt{x^2 + a^2} - \int \frac{x^2 + a^2 - a^2}{\sqrt{x^2 + a^2}}\,\mathrm{d}x$$

$$= x\sqrt{x^2 + a^2} - \int \sqrt{x^2 + a^2}\,\mathrm{d}x + a^2 \int \frac{1}{\sqrt{x^2 + a^2}}\mathrm{d}x$$

$$= \frac{x}{2}\sqrt{x^2 + a^2} + \frac{a^2}{2}\ln\big|x + \sqrt{x^2 + a^2}\big| + C.$$

(2)根据(1)中的方法可得

$$\int \sqrt{x^2 - a^2}\, \mathrm{d}x = \frac{x}{2}\sqrt{x^2 - a^2} + \frac{a^2}{2}\ln\left| x + \sqrt{x^2 - a^2} \right| + C.$$

例 4.2.5　用分部积分法求如下不定积分.

(1) $\displaystyle\int x^5 \ln^2 x \mathrm{d}x$;

(2) $\displaystyle\int \frac{\ln(1 + \mathrm{e}^x)}{\mathrm{e}^x}\, \mathrm{d}x$;

(3) $\displaystyle\int \frac{\ln(1 + x) - \ln x}{x(x + 1)} \mathrm{d}x$;

(4) $\displaystyle\int \ln(1 + \sqrt[3]{x})\, \mathrm{d}x$;

(5) $\displaystyle\int \frac{x \mathrm{e}^x}{\sqrt{\mathrm{e}^x - 1}} \mathrm{d}x$;

(6) $\displaystyle\int \mathrm{e}^{\sqrt{x}}\, \mathrm{d}x$.

解　(1) $\displaystyle\int x^5 \ln^2 x \mathrm{d}x = \frac{1}{6}\int \ln^2 x \mathrm{d}x^6$

$$= \frac{1}{6}\left[x^6 \ln^2 x - \int x^6 \mathrm{d}\ln^2 x \right]$$

$$= \frac{1}{6}\left[x^6 \ln^2 x - 2\int x^5 \ln x \mathrm{d}x \right]$$

$$= \frac{1}{6}\left[x^6 \ln^2 x - \frac{2}{6}\int \ln x \mathrm{d}x^6 \right]$$

$$= \frac{1}{6}\left[x^6 \ln^2 x - \frac{1}{3}\left(x^6 \ln x - \int x^6 \cdot \frac{1}{x} \mathrm{d}x \right) \right]$$

$$= \frac{1}{6}\left(x^6 \ln^2 x - \frac{1}{3}x^6 \ln x + \frac{1}{3}\cdot\frac{1}{6}x^6 \right) + C.$$

(2) $\displaystyle\int \frac{\ln(1 + \mathrm{e}^x)}{\mathrm{e}^x}\, \mathrm{d}x = -\int \ln(1 + \mathrm{e}^x) \mathrm{d}\mathrm{e}^{-x}$

$$= -\mathrm{e}^{-x}\ln(1 + \mathrm{e}^x) + \int \mathrm{e}^{-x} \cdot \frac{\mathrm{e}^x}{1 + \mathrm{e}^x}\, \mathrm{d}x$$

$$= -\mathrm{e}^{-x}\ln(1 + \mathrm{e}^x) + \int \frac{1}{1 + \mathrm{e}^x}\, \mathrm{d}x$$

$$= -\mathrm{e}^{-x}\ln(1 + \mathrm{e}^x) + \int \frac{1 + \mathrm{e}^x - \mathrm{e}^x}{1 + \mathrm{e}^x}\, \mathrm{d}x$$

$$= -\mathrm{e}^{-x}\ln(1 + \mathrm{e}^x) + + x - \ln(1 + \mathrm{e}^x) + C$$

$$= x - \frac{1 + \mathrm{e}^x}{\mathrm{e}^x}\ln(1 + \mathrm{e}^x) + C.$$

(3) $\displaystyle\int \frac{\ln(1 + x) - \ln x}{x(x + 1)} \mathrm{d}x$

$$= \int \frac{\ln(1 + x)}{x(x + 1)} \mathrm{d}x - \int \frac{\ln x}{x(x + 1)} \mathrm{d}x$$

$$= \int \left(\frac{\ln(1 + x)}{x} - \frac{\ln(1 + x)}{x + 1} \right) \mathrm{d}x - \int \left(\frac{\ln x}{x} - \frac{\ln x}{x + 1} \right) \mathrm{d}x$$

$$= \int \ln(1+x)\mathrm{d}\ln x - \frac{1}{2}\ln^2(1+x) - \frac{1}{2}\ln^2 x + \int \frac{\ln x}{x+1}\mathrm{d}x$$

$$= \int \ln(1+x)\mathrm{d}\ln x - \int \ln x\mathrm{d}\ln(1+x) - \frac{1}{2}\ln^2(1+x) - \frac{1}{2}\ln^2 x + \int \frac{\ln x}{x+1}\mathrm{d}x$$

$$= \ln(1+x)\ln x - \int \frac{\ln x}{x+1}\mathrm{d}x - \frac{1}{2}\ln^2(1+x) - \frac{1}{2}\ln^2 x + \int \frac{\ln x}{x+1}\mathrm{d}x$$

$$= \ln(1+x)\ln x - \frac{1}{2}\ln^2(1+x) - \frac{1}{2}\ln^2 x + C$$

$$= -\frac{1}{2}\left[\ln^2(1+x) + \frac{1}{2}\ln^2 x + 2\ln(1+x)\ln x\right] + C$$

$$= -\frac{1}{2}\left[\ln(1+x) + \frac{1}{2}\ln x\right]^2 + C$$

$$= -\frac{1}{2}\ln^2\left(1+\frac{1}{x}\right) + C.$$

(4)题设积分中含有根式 $\sqrt[3]{x}$,应该先进行换元,令 $t = \sqrt[3]{x}$,则

$$\int \ln(1+\sqrt[3]{x})\ \mathrm{d}x = \int \ln(1+t)\mathrm{d}t^3$$

$$= t^3\ln(1+t) - \int t^3\mathrm{d}[\ln(1+t)]$$

$$= t^3\ln(1+t) - \int \frac{t^3}{1+t}\mathrm{d}t$$

$$= t^3\ln(1+t) - \int \frac{t^3+1-1}{1+t}\mathrm{d}t$$

$$= t^3\ln(1+t) - \int \left(t^2 - t + 1 - \frac{1}{1+t}\right)\mathrm{d}t$$

$$= t^3\ln(1+t) - \frac{1}{3}t^3 + \frac{1}{2}t^2 - t + \ln(1+t) + C$$

$$= (x+1)\ln(1+\sqrt[3]{x}) - \frac{1}{3}x + \frac{1}{2}x^{\frac{3}{2}} - \sqrt[3]{x} + C.$$

(5)因为被积函数带有根号,所以先换元. 令 $\sqrt{\mathrm{e}^x-1} = t$,则 $\mathrm{e}^x = t^2+1, x = \ln(t^2+1)$, $\mathrm{d}x = \dfrac{2t}{t^2+1}\mathrm{d}t$, 于是有

$$\int \frac{x\mathrm{e}^x}{\sqrt{\mathrm{e}^x-1}}\mathrm{d}x = \int \frac{\ln(t^2+1)\cdot(t^2+1)}{t}\cdot\frac{2t}{t^2+1}\mathrm{d}t$$

$$= 2\int \ln(t^2+1)\mathrm{d}t$$

$$= 2t\ln(t^2+1) - 4t + 4\arctan t + C$$

$$= 2x\sqrt{\mathrm{e}^x-1} - 4\sqrt{\mathrm{e}^x-1} + 4\arctan\sqrt{\mathrm{e}^x-1} + C.$$

(6)令 $\sqrt{x} = t$,则 $x = t^2, \mathrm{d}x = 2t\mathrm{d}t$, 于是有

$$\int \mathrm{e}^{\sqrt{x}}\ \mathrm{d}x = 2\int t\mathrm{e}^t\mathrm{d}t$$

$$= 2\mathrm{e}^t(t-1) + C$$

$$= 2\mathrm{e}^{\sqrt{x}}(\sqrt{x}-1)+C.$$

例 4.2.6　用分部积分法求如下不定积分.

$(1) \displaystyle\int x\arctan\sqrt{x}\,\mathrm{d}x$ ；

$(2) \displaystyle\int x\arcsin x\,\mathrm{d}x$ ；

$(3) \displaystyle\int \mathrm{e}^x \sin x\,\mathrm{d}x$ ；

$(4) \displaystyle\int \sec^3 x\,\mathrm{d}x$ ；

$(5) \displaystyle\int \frac{\arcsin \mathrm{e}^x}{\mathrm{e}^x}\,\mathrm{d}x$ ；

$(6) \displaystyle\int \frac{(1-x)\arcsin(1-x)}{\sqrt{2x-x^2}}\,\mathrm{d}x$ ；

$(7) \displaystyle\int (1+3x^2)\arctan x\,\mathrm{d}x$.

解　(1)如果令 $\sqrt{x}=t$,则

$$\int x\arctan\sqrt{x}\,\mathrm{d}x = \int t^2\arctan t \cdot 2t\,\mathrm{d}t$$

$$= 2\int t^3\arctan t\,\mathrm{d}t = \frac{1}{2}\int \arctan t\,\mathrm{d}t^4$$

$$= \frac{1}{2}t^4\arctan t - \frac{1}{2}\int \frac{t^4}{1+t^2}\,\mathrm{d}t$$

$$= \frac{1}{2}t^4\arctan t - \frac{1}{2}\int \frac{t^4-1+1}{1+t^2}\,\mathrm{d}t$$

$$= \frac{1}{2}t^4\arctan t - \frac{1}{2}\int \left(t^2-1+\frac{1}{1+t^2}\right)\,\mathrm{d}t$$

$$= \frac{1}{2}t^4\arctan t - \frac{1}{6}t^3 + \frac{1}{2}t - \frac{1}{2}\arctan t + C$$

$$= \frac{1}{2}x^2\arctan\sqrt{x} - \frac{1}{6}x^{\frac{3}{2}} + \frac{1}{2}\sqrt{x} - \frac{1}{2}\arctan\sqrt{x} + C.$$

$(2) \displaystyle\int x\arcsin x\,\mathrm{d}x$

$$= \frac{1}{2}\int \arcsin x\,\mathrm{d}x^2$$

$$= \frac{1}{2}x^2\arcsin x - \frac{1}{2}\int x^2 \cdot \frac{1}{\sqrt{1-x^2}}\,\mathrm{d}x$$

$$= \frac{1}{2}x^2\arcsin x + \frac{1}{2}\int \frac{1-x^2-1}{\sqrt{1-x^2}}\,\mathrm{d}x$$

$$= \frac{1}{2}x^2\arcsin x + \frac{1}{2}\int \sqrt{1-x^2}\,\mathrm{d}x - \frac{1}{2}\int \frac{\mathrm{d}x}{\sqrt{1-x^2}}$$

$$= \frac{1}{2}x^2\arcsin x + \frac{1}{2}\left(\frac{1}{2}x\sqrt{1-x^2} + \frac{1}{2}\arcsin x\right) - \frac{1}{2}\arcsin x + C$$

$$= \frac{1}{2}x^2\arcsin x + \frac{1}{4}x\sqrt{1-x^2} - \frac{1}{4}\arcsin x + C.$$

$$(3)\int e^x\sin x dx = \int \sin x de^x$$

$$= e^x\sin x - \int e^x d\sin x$$

$$= e^x\sin x - \int e^x\cos x dx$$

$$= e^x\sin x - \int \cos x de^x$$

$$= e^x\sin x - e^x\cos x + \int e^x d\cos x$$

$$= e^x\sin x - e^x\cos x - \int e^x\sin x dx,$$

从而得到一个关于 $\int e^x\sin x dx$ 的方程. 解方程可得

$$\int e^x\sin x dx = \frac{1}{2}(e^x\sin x - e^x\cos x) + C$$

$$= \frac{1}{2}e^x(\sin x - \cos x) + C.$$

$$(4)\int \sec^3 x dx = \int \sec x d\tan x$$

$$= \sec x\tan x - \int \tan^2 x\sec x\, dx$$

$$= \sec x\tan x - \int (\sec^2 x - 1)dx$$

$$= \sec x\tan x - \int \sec^3 x dx + \int \sec x dx.$$

由复原法可得

$$\int \sec^3 x dx = \frac{1}{2}\sec x\tan x + \frac{1}{2}\ln|\sec x + \tan x| + C.$$

$$(5)\int \frac{\arcsin e^x}{e^x}dx = -\int \arcsin e^x de^{-x}$$

$$= -e^{-x}\arcsin e^x + \int e^{-x}\frac{e^x}{\sqrt{1-e^{2x}}}dx$$

$$= -e^{-x}\arcsin e^x + \int \frac{1}{\sqrt{1-e^{2x}}}dx,$$

令 $\sqrt{1-e^{2x}} = t, x = \frac{1}{2}\ln(1-t^2), dx = \frac{-t}{1-t^2}dt$，则

$$\int \frac{1}{\sqrt{1-e^{2x}}}dx = \int \frac{-1}{1-t^2}dt$$

$$= -\frac{1}{2}\ln\left|\frac{1+t}{1-t}\right| + C$$

$$= -\frac{1}{2}\ln\left|\frac{1+\sqrt{1-e^{2x}}}{1-\sqrt{1-e^{2x}}}\right| + C$$

$$=-\ln\left|\frac{1+\sqrt{1-\mathrm{e}^{2x}}}{\mathrm{e}^{x}}\right|+C$$

$$= x-\ln(1+\sqrt{1-\mathrm{e}^{2x}})+C,$$

所以

$$\int\frac{\arcsin\mathrm{e}^{x}}{\mathrm{e}^{x}}\,\mathrm{d}x =-\mathrm{e}^{-x}\arcsin\mathrm{e}^{x}+x-\ln(1+\sqrt{1-\mathrm{e}^{2x}})+C.$$

（6）对原被积函数的分母进行配方,即

$$\sqrt{2x-x^{2}}=\sqrt{1-(1-x)^{2}},$$

则

$$\int\frac{(1-x)\arcsin(1-x)}{\sqrt{2x-x^{2}}}\,\mathrm{d}x =\int\frac{(1-x)\arcsin(1-x)}{\sqrt{1-(1-x)^{2}}}\,\mathrm{d}(1-x).$$

令 $t=1-x$,则

$$\int\frac{(1-x)\arcsin(1-x)}{\sqrt{2x-x^{2}}}\,\mathrm{d}x =-\int\frac{t\arcsin t}{\sqrt{1-t^{2}}}\mathrm{d}t =\int\arcsin t\,\mathrm{d}\sqrt{1-t^{2}}$$

$$=\sqrt{1-t^{2}}\arcsin t-\int\sqrt{1-t^{2}}\,\mathrm{d}\arcsin t$$

$$=\sqrt{1-t^{2}}\arcsin t-\int\frac{\sqrt{1-t^{2}}}{\sqrt{1-t^{2}}}\,\mathrm{d}t$$

$$=\sqrt{1-t^{2}}\arcsin t-t+C_{1}$$

$$=\sqrt{2x-x^{2}}\arcsin(1-x)-(1-x)+C_{1}$$

$$=\sqrt{2x-x^{2}}\arcsin(1-x)+x+C,$$

在这里, $C=C_{1}-1$.

（7）令 $u=\arctan x,\mathrm{d}v=(1+3x^{2})\mathrm{d}x$, 则

$$\int(1+3x^{2})\arctan x\mathrm{d}x$$

$$=\int\arctan x\mathrm{d}(x+x^{3})$$

$$=(x+x^{3})\arctan x-\int(x+x^{3})\mathrm{d}\arctan x$$

$$=(x+x^{3})\arctan x-\int\frac{x+x^{3}}{1+x^{2}}\mathrm{d}x$$

$$=(x+x^{3})\arctan x-\int x\mathrm{d}x$$

$$=(x+x^{3})\arctan x-\frac{x^{2}}{2}+C.$$

4.3 有理函数的不定积分

4.3.1 真分式的化简与最简分式积分

前面我们详细讨论了换元积分法和分部积分法. 我们知道任何一个初等函数的导数都是初等函数,它们可以根据导数的基本公式及导数的运算法则计算出来. 但是,初等函数的原函数(或不定积分)虽然存在,但不一定是初等函数. 但有一类重要的函数,它们的原函数一定可以用初等函数表示,这就是有理函数.

两个多项式的商称为有理分式或有理函数. 这里假定分子、分母没有公因式. 当分子多项式的次数低于分母多项式的次数时,则有理分式称为真分式;当分子多项式的次数等于或高于分母多项式次数时,则称其为假分式. 用多项式除法可以把假分式化成多项式与真分式之和.

定义 4.3.1 形如 $\dfrac{P_m(x)}{Q_n(x)}$ 称为有理分式函数,其中 $P_m(x)$ 和 $Q_n(x)$ 分别是关于 x 的 m 次和 n 次多项式. 当 $m < n$ 时,我们称其为真分式,否则我们称其为假分数.

根据代数的有关理论,我们知道,任何一个假分式都可以分解为一个真分式和一个整式的和. 所以,研究分式函数的不定积分时只需要研究真分式的原函数求法. 根据代数理论,最简真分式有如下四种形式:

(1) $\dfrac{A}{x-a}$;

(2) $\dfrac{A}{(x-a)^m}$;

(3) $\dfrac{Ax+B}{x^2+px+q}$;

(4) $\dfrac{Ax+B}{(x^2+px+q)^m}$.

其中,A,B,p,q 都是常数,$m = 2,3,\cdots$;并且 $p^2 - 4q < 0$.

定理 4.3.1 (1)设 $Q(x) = (x-a)^k Q_1(x)$ (其中 k 为正整数),$Q_1(a) \neq 0$,则有

$$\frac{P(x)}{Q(x)} = \frac{A_k}{(x-a)^k} + \frac{P_1(x)}{(x-a)^{k-1}Q_1(x)},$$

其中 A_k 为常数,式中第二项为真分式.

(2)设 $Q(x) = (x^2+px+q)^\lambda Q_1(x)$ (其中 λ 为正整数)且 $p^2 - 4q < 0$,$Q_1(x)$ 中不含有 x^2+px+q 因子,则有:

$$\frac{P(x)}{Q(x)} = \frac{M_\lambda x + N_\lambda}{(x^2+px+q)^\lambda} + \frac{P_1(x)}{(x^2+px+q)^{\lambda-1}Q_1(x)}Q_1(x),$$

其中,M_λ,N_λ 为常数,等式右端第二项为真分式.

根据以上讨论,我们可以知道,任何真分式都可以分解成若干个最简分式的和,具体的分解方法,我们利用下面实例来说明.

例如,将真分式 $\dfrac{x-5}{x^3-3x^2+4}$ 分解成最简分式的和. 具体的操作方法如下.

第一步,将分母作因式分解,即有

$$\frac{x-5}{x^3-3x^2+4}=\frac{x-5}{(x+1)(x-2)^2}.$$

第二步,假设真分式可以分解为

$$\frac{x-5}{x^3-3x^2+4}=\frac{A}{x+1}+\frac{B}{x-2}+\frac{C}{(x-2)^2},$$

其中,A,B,C 为待确定常数.

第三步,用待定系数法确定常数 A,B,C. 将式子右边通分后,再比较左、右两边的分子,可得

$$x-5=A(x-2)^2+B(x+1)(x-2)+C(x+1),$$

即

$$x-5=(A+B)x^2+(-4A-B+C)x+(4A-2B+C).$$

比较 x 的同次幂的系数可得方程组

$$\begin{cases} A+B=0 \\ -4A-B+C=1, \\ 4A-2B+C=-5 \end{cases}$$

解得

$$A=-\frac{2}{3},B=\frac{2}{3},C=-1.$$

于是,原真分式可以分解为

$$\frac{x-5}{x^3-3x^2+4}=-\frac{2}{3}\cdot\frac{1}{x+1}+\frac{2}{3}\cdot\frac{1}{x-2}-\frac{1}{(x-2)^2}.$$

以上是用待定系数法将一般真分式化为最简真分式之和的常用方法,我们将其称为待定系数法. 在利用待定系数法分解真分式时,由于得到的方程是关于变量 x 的恒等式,有时我们可以适当地给变量 x 赋值,从而使计算过程简化.

接下来,我们讨论最简真分式的积分问题. 由于最简真分式有四种类型,所以,我们就分四种情况讨论真分式的积分问题:

(1) $\displaystyle\int\frac{A}{x-a}\,\mathrm{d}x=A\ln|x-a|+C;$

(2) $\displaystyle\int\frac{A}{(x-a)^m}\,\mathrm{d}x=\frac{A}{1-m}(x-a)^{1-m}+C,(m=2,3,4,\cdots);$

(3) $\displaystyle\int\frac{Ax+B}{x^2+px+q}\mathrm{d}x\ (p^2-4q<0)$

$$=\int\frac{\frac{A}{2}(x^2+px+q)'+B-\frac{Ap}{2}}{x^2+px+q}\,\mathrm{d}x$$

$$=\frac{A}{2}\int\frac{(x^2+px+q)'}{x^2+px+q}\,\mathrm{d}x+\left(B-\frac{Ap}{2}\right)\int\frac{\mathrm{d}x}{(x+\frac{p}{2})^2+\left(\frac{\sqrt{p^2-4q}}{2}\right)^2}$$

$$=\frac{A}{2}\ln(x^2+px+q)+\left(B-\frac{Ap}{2}\right)\frac{2}{\sqrt{p^2-4q}}\arctan\frac{2x+p}{\sqrt{p^2-4q}}+C;$$

(4) $\displaystyle\int\frac{Ax+B}{(x^2+px+q)^m}\,\mathrm{d}x\ (p^2-4q<0,m=2,3,4,\cdots)$

$$= \int \frac{\frac{A}{2}(x^2+px+q)'+B-\frac{Ap}{2}}{(x^2+px+q)^m}\,\mathrm{d}x$$

$$= \frac{A}{2}\int \frac{(x^2+px+q)'}{(x^2+px+q)^m}\,\mathrm{d}x + \left(B-\frac{Ap}{2}\right)\int \frac{\mathrm{d}x}{\left[(x+\frac{p}{2})^2+\left(\frac{\sqrt{p^2-4q}}{2}\right)^2\right]^m}$$

$$= \frac{A}{2(1-m)}\frac{1}{(x^2+px+q)^{m-1}} + \left(B-\frac{Ap}{2}\right)\int \frac{1}{(t^2+a^2)^m}\,\mathrm{d}t,$$

其中，$t=x+\frac{p}{2}$，$a=\frac{1}{2}\sqrt{4q-p^2}$. 所以只需要计算积分

$$I_m = \int \frac{1}{(t^2+a^2)^m}\,\mathrm{d}t.$$

利用分部积分法有

$$I_m = \int \frac{1}{(t^2+a^2)^m}\,\mathrm{d}t = \frac{1}{a^2}\int \frac{t^2+a^2-t^2}{(t^2+a^2)^m}\,\mathrm{d}t$$

$$= \frac{1}{a^2}\int \frac{1}{(t^2+a^2)^{m-1}}\,\mathrm{d}t - \frac{1}{a^2}\int \frac{t^2}{(t^2+a^2)^m}\,\mathrm{d}t$$

$$= \frac{1}{a^2}I_{m-1} - \frac{1}{2(1-m)a^2}\int t\,\mathrm{d}\left[\frac{t^2}{(t^2+a^2)^{m-1}}\right]$$

$$= \frac{1}{a^2}I_{m-1} - \frac{1}{2(1-m)a^2}\left[\frac{t}{(t^2+a^2)^{m-1}} - \int \frac{1}{(t^2+a^2)^{m-1}}\,\mathrm{d}t\right]$$

$$= \frac{1}{a^2}I_{m-1} + \frac{1}{2(1-m)a^2}\frac{t}{(t^2+a^2)^{m-1}} - \frac{1}{2(1-m)a^2}I_{m-1}$$

$$= \frac{1}{a^2}\left[\frac{1}{2(1-m)a^2}\frac{t}{(t^2+a^2)^{m-1}} - \frac{2m-3}{2m-2}I_{m-1}\right],$$

即有

$$I_m = \frac{1}{a^2}\left[\frac{1}{2(1-m)a^2}\frac{t}{(t^2+a^2)^{m-1}} - \frac{2m-3}{2m-2}I_{m-1}\right], (m=2,3,4,\cdots). \quad (4.3.1)$$

式子(4.3.1)称为递推公式,利用这个递推公式,由

$$I_1 = \int \frac{1}{t^2+a^2}\,\mathrm{d}t = \frac{1}{a}\arctan\frac{t}{a}+C$$

出发,可以依次求出 $I_2,I_3,\cdots$,从而也就解决了求解 $\int \frac{Ax+B}{(x^2+px+q)^m}\,\mathrm{d}x$ ($p^2-4q<0,m=2,$ $3,4,\cdots$) 的问题.

根据上述讨论,我们可以认为,有理函数的不定积分都可以化成以上四种形式的最简真分式积分,并且可以利用上述四种积分方法求出其结果.

对 $\sin x,\cos x$ 及常数进行有限次四则运算后所得到的表达式,称为三角有理式,可以通过三角恒等式化简后求其积分.

我们将三角有理式记作 $R(\sin x,\cos x)$,一般情形下,对于任意一个三角有理式的不定积分

$$\int R(\sin x,\cos x)\,\mathrm{d}x,$$

若令 $t=\tan\frac{x}{2}$,总可以将其化为一个普通有理式的积分,然后可以按照真分式的积分方法求其

不定积分. 即,若取 $t = \tan \dfrac{x}{2}$,则

$$x = \arctan t, \mathrm{d}x = \frac{2}{1+t^2}\mathrm{d}t, \sin x = \frac{2t}{1+t^2}, \cos x = \frac{1-t^2}{1+t^2}.$$

因此有

$$\int R(\sin x, \cos x)\mathrm{d}x = \int R(\frac{2t}{1+t^2}, \frac{1-t^2}{1+t^2})\frac{2}{1+t^2}\mathrm{d}t.$$

根据 $R(\sin x, \cos x)$ 的定义可知, $R(\dfrac{2t}{1+t^2}, \dfrac{1-t^2}{1+t^2})\dfrac{2}{1+t^2}$ 是一个有理函数,若将其记为 $\dfrac{P_m(t)}{Q_n(t)}$ 并

将其原函数记为 $F(t)$,则有

$$\begin{aligned}
\int R(\sin x, \cos x)\mathrm{d}x &= \int R(\frac{2t}{1+t^2}, \frac{1-t^2}{1+t^2})\frac{2}{1+t^2}\mathrm{d}t \\
&= \int \frac{P_m(t)}{Q_n(t)}\mathrm{d}t + C = F(t) + C \\
&= F(\tan \frac{x}{2}) + C.
\end{aligned}$$

根据上述讨论,我们可以发现,通过变换 $t = \tan \dfrac{x}{2}$ 总可以将不定积分 $\displaystyle\int R(\sin x, \cos x)\mathrm{d}x$ 求

出来. 所以我们将变换 $t = \tan \dfrac{x}{2}$ 也称作万能变换.

例 4.3.1　用待定系数法将 $\dfrac{4}{x^3+4x}$ 化为最简真分式之和.

解　将分母作因式分解有

$$\frac{4}{x^3+4x} = \frac{4}{x(x^2+4)},$$

假设原分式可以分解为

$$\frac{4}{x^3+4x} = \frac{A}{x} + \frac{Bx+C}{x^2+4},$$

将右边通分并去分母可得

$$4 = A(x^2+4) + Bx^2 + Cx,$$

令 $x = 0$ 可得 $A = 1$,再令 $x = 1$,可得

$$B + C = -1,$$

再令 $x = -1$,可得

$$B - C = -1,$$

于是得方程组

$$\begin{cases} B + C = -1 \\ B - C = -1 \end{cases},$$

解得, $B = -1, C = 0$,于是原分式可化为

$$\frac{4}{x^3+4x} = \frac{1}{x} - \frac{x}{x^2+4}.$$

例 4.3.2　求不定积分 $\displaystyle\int \frac{x-3}{(x-1)(x^2-1)}\mathrm{d}x.$

解 被积函数 $f(x)=\dfrac{x-3}{(x-1)(x^2-1)}$ 的分母中两个因式 $x-1,x^2-1$ 中含有公因式，故而需将其分解成 $(x-1)^2(x+1)$，设

$$\frac{x-3}{(x-1)(x^2-1)}=\frac{Ax+B}{(x-1)^2}+\frac{C}{x+1},$$

则

$$x-3=(Ax+B)(x+1)+C(x-1)^2,$$

即

$$x-3=(A+C)x^2+(A+B-2C)x+B+C,$$

则有方程组

$$\begin{cases} A+C=0 \\ A+B-2C=1, \\ B+C=-3 \end{cases}$$

解得

$$\begin{cases} A=1 \\ B=-2, \\ C=-1 \end{cases}$$

于是被积函数可以分解为

$$f(x)=\frac{x-3}{(x-1)(x^2-1)}$$
$$=\frac{x-2}{(x-1)^2}-\frac{1}{x+1},$$

则

$$\int \frac{x-3}{(x-1)(x^2-1)}\,\mathrm{d}x$$
$$=\int \left[\frac{x-2}{(x-1)^2}-\frac{1}{x+1}\right]\mathrm{d}x$$
$$=\int \frac{x-1-1}{(x-1)^2}\mathrm{d}x-\ln|x+1|$$
$$=\ln|x-1|+\frac{1}{x-1}-\ln|x+1|+C.$$

例 4.3.3 计算下列不定积分.

(1) $\displaystyle\int \sin mx\sin nx\,\mathrm{d}x$;

(2) $\displaystyle\int \frac{1}{1+\sin x+\cos x}\mathrm{d}x$.

解 (1) $\displaystyle\int \sin mx\sin nx\,\mathrm{d}x$

$$=-\frac{1}{2}\int \left[\cos(m+n)x-\cos(m-n)x\right]\mathrm{d}x$$

$$=-\frac{1}{2}\left[\frac{1}{m+n}\sin(m+n)x-\frac{1}{m-n}\sin(m-n)x\right]+C$$

$$= \frac{1}{2}\left[\frac{1}{m-n}\sin(m-n)x + \frac{1}{m+n}\sin(m+n)x\right] + C.$$

$$(2) \int \frac{1}{1+\sin x + \cos x}\mathrm{d}x$$

$$= \int \frac{1}{2\sin\frac{x}{2}\cos\frac{x}{2} + 2\cos^2\frac{x}{2}}\mathrm{d}x$$

$$= \int \frac{\mathrm{d}(1+\tan\frac{x}{2})}{1+\tan\frac{x}{2}}$$

$$= \ln\left|1+\tan\frac{x}{2}\right| + C.$$

4.3.2　应用举例

例 4.3.4　计算不定积分 $\displaystyle\int \frac{1}{(1+2x)(1+x^2)}\,\mathrm{d}x$.

解　令

$$\begin{aligned}
\frac{1}{(1+2x)(1+x^2)} &= \frac{A}{1+2x} + \frac{Bx+C}{1+x^2}\\
&= \frac{A(1+x^2) + (Bx+C)(1+2x)}{(1+2x)(1+x^2)}\\
&= \frac{(A+2B)x^2 + (B+2C)x + A+C}{(1+2x)(1+x^2)},
\end{aligned}$$

则有

$$\begin{cases} A+2B = 0 \\ B+2C = 0 \\ A+C = 0 \end{cases}$$

解得 $A = \dfrac{4}{5}, B = -\dfrac{2}{5}, C = \dfrac{1}{5}$. 于是

$$\begin{aligned}
\int \frac{1}{(1+2x)(1+x^2)}\,\mathrm{d}x &= \int\left(\frac{\dfrac{4}{5}}{1+2x} + \frac{-\dfrac{2}{5}x + \dfrac{1}{5}}{1+x^2}\right)\mathrm{d}x\\
&= \frac{4}{5}\int \frac{1}{1+2x}\mathrm{d}x - \frac{2}{5}\int \frac{x}{1+x^2}\,\mathrm{d}x + \frac{1}{5}\int \frac{1}{1+x^2}\,\mathrm{d}x\\
&= \frac{2}{5}\ln|1+2x| - \frac{1}{5}\ln(1+x^2) + \frac{1}{5}\arctan x + C.
\end{aligned}$$

例 4.3.5　计算不定积分 $\displaystyle\int \frac{x-2}{x^2+2x+3}\,\mathrm{d}x$.

解　由于

$$\mathrm{d}(x^2+2x+3) = (2x+2)\mathrm{d}x,$$

被积函数的分母可以写为

$$x-2 = \frac{1}{2}(2x+2) - 3,$$

所以

$$\int \frac{x-2}{x^2+2x+3} \, \mathrm{d}x = \int \frac{\frac{1}{2}(2x+2)-3}{x^2+2x+3} \, \mathrm{d}x$$

$$= \frac{1}{2} \int \frac{2x+2}{x^2+2x+3} \, \mathrm{d}x - 3 \int \frac{1}{x^2+2x+3} \, \mathrm{d}x$$

$$= \frac{1}{2} \int \frac{\mathrm{d}(x^2+2x+3)}{x^2+2x+3} - 3 \int \frac{1}{(x+1)^2+(\sqrt{2})^2} \, \mathrm{d}(x+1)$$

$$= \frac{1}{2}\ln(x^2+2x+3) - \frac{2}{\sqrt{2}}\arctan\frac{x+1}{\sqrt{2}} + C.$$

例 4.3.6 求不定积分 $\displaystyle\int \frac{2x+2}{(x-1)(x^2+1)^2} \, \mathrm{d}x$.

解 先将真分式 $\dfrac{2x+2}{(x-1)(x^2+1)^2}$ 化为最简形式,设

$$\frac{2x+2}{(x-1)(x^2+1)^2} = \frac{A}{x-1} + \frac{Bx+C}{(x^2+1)^2} + \frac{Dx+E}{x^2+1},$$

将该等式右边通分并比较等式两端的分子可得

$$2x+2 = A(x^2+1)^2 + (Bx+C)(x-1) + (Dx+E)(x-1)(x^2+1),$$

令 $x=1$,得 $A=1$. 比较同次幂的系数可得方程组

$$\begin{cases} D+1=0 \\ E-D=0 \\ B+D-E+2=0 \\ C-B-D+E=2 \end{cases},$$

解得

$$A=1, B=-2, C=0, D=-1, E=-1,$$

于是

$$\frac{2x+2}{(x-1)(x^2+1)^2} = \frac{1}{x-1} - \frac{2x}{(x^2+1)^2} - \frac{x-1}{x^2+1}.$$

所以

$$\int \frac{2x+2}{(x-1)(x^2+1)^2} \, \mathrm{d}x$$

$$= \int \left[\frac{1}{x-1} - \frac{2x}{(x^2+1)^2} - \frac{x-1}{x^2+1} \right] \mathrm{d}x$$

$$= \int \frac{1}{x-1} \mathrm{d}x - \int \frac{2x}{(x^2+1)^2} \mathrm{d}x - \int \frac{x-1}{x^2+1} \, \mathrm{d}x$$

$$= \ln|x-1| + \frac{1}{x^2+1} - \frac{1}{2}\ln(x^2+1) - \arctan x + C$$

$$= \ln \frac{|x-1|}{\sqrt{x^2+1}} + \frac{1}{x^2+1} - \arctan x + C.$$

例 4.3.7 求不定积分 $\displaystyle\int \frac{x-1}{x(1+x)(1+x+x^2)}\mathrm{d}x$.

解 因为

$$\frac{x-1}{x(1+x)(1+x+x^2)} = \frac{1}{(1+x)(1+x+x^2)} - \frac{1}{x(1+x)(1+x+x^2)},$$

又因为

$$\begin{aligned}
\frac{1}{(1+x)(1+x+x^2)} &= \frac{(1+x+x^2)-x-x^2}{(1+x)(1+x+x^2)} \\
&= \frac{1}{1+x} - \frac{x}{1+x+x^2}, \\
\frac{1}{x(1+x)(1+x+x^2)} &= \frac{(1+x+x^2)-x(1+x)}{x(1+x)(1+x+x^2)} \\
&= \frac{1}{x(1+x)} - \frac{1}{1+x+x^2} \\
&= \frac{1}{x} - \frac{1}{1+x} - \frac{1}{1+x+x^2}.
\end{aligned}$$

所以有

$$\begin{aligned}
\frac{x-1}{x(1+x)(1+x+x^2)} &= \frac{1}{1+x} - \frac{x}{1+x+x^2} - \frac{1}{x} + \frac{1}{1+x} + \frac{1}{1+x+x^2} \\
&= \frac{2}{1+x} - \frac{1}{x} + \frac{1}{1+x+x^2} - \frac{x}{1+x+x^2} \\
&= \frac{2}{1+x} - \frac{1}{x} - \frac{x-1}{1+x+x^2}.
\end{aligned}$$

故而

$$\begin{aligned}
&\int \frac{x-1}{x(1+x)(1+x+x^2)}\mathrm{d}x \\
&= \int \left[\frac{2}{1+x} - \frac{1}{x} - \frac{x-1}{1+x+x^2} \right]\mathrm{d}x \\
&= \int \frac{2}{1+x}\mathrm{d}x - \int \frac{1}{x}\,\mathrm{d}x - \int \frac{x-1}{1+x+x^2}\,\mathrm{d}x \\
&= 2\ln|1+x| - \ln|x| - \frac{1}{2}\int \frac{\mathrm{d}(1+x+x^2)-3\mathrm{d}x}{1+x+x^2} \\
&= 2\ln|1+x| - \ln|x| - \frac{1}{2}\ln(1+x+x^2) + \frac{3}{2}\int \frac{\mathrm{d}x}{1+x+x^2} \\
&= \ln \frac{(1+x)^2}{|x|\sqrt{1+x+x^2}} + \sqrt{3}\arctan\frac{2x+1}{\sqrt{3}} + C.
\end{aligned}$$

例 4.3.8 求不定积分 $\displaystyle\int \frac{1}{1+2\tan x}\mathrm{d}x$.

解 由于被积函数中所含三角函数只有 $\tan x$，不妨直接设 $\tan x = t$，则 $x = \arctan t$，$\mathrm{d}x = \dfrac{\mathrm{d}t}{1+t^2}$，代入原积分则有

$$\int \frac{1}{1+2\tan x}\mathrm{d}x = \int \frac{1}{1+2t} \cdot \frac{\mathrm{d}t}{1+t^2}$$

$$= \frac{1}{5} \int \left(\frac{2}{1+2t} + \frac{1-2t}{1+t^2} \right) \mathrm{d}t$$

$$= \frac{2}{5} \int \frac{2}{1+2t} \, \mathrm{d}t + \frac{1}{5} \int \frac{1}{1+t^2} \mathrm{d}t - \frac{1}{5} \int \frac{2t}{1+t^2} \mathrm{d}t$$

$$= \frac{2}{5} \ln|1+2t| + \frac{1}{5} \arctan x - \frac{1}{5} \ln(1+t^2) + C$$

$$= \frac{1}{5} [x + 2\ln|\cos x + 2\sin x|] + C.$$

第5章 定积分及其应用

5.1 定积分概念与性质

5.1.1 定积分的概念

1. 面积问题与路程问题

例 5.1.1 曲边梯形的面积

解 如图 5-1-1 所示，$y = f(x)$ 是区间 $[a,b]$ 上的非负连续函数，有直线 $x = a$，$x = b$，$y = 0$ 及曲线 $y = f(x)$ 所围成的图形称为曲边梯形.

由于曲边梯形不是如矩形、梯形、三角形、圆等的规则图形，无法直接用已有公式去计算其面积，那么如何求曲边梯形的面积呢？

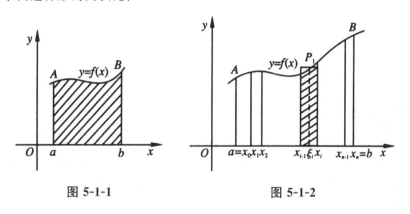

图 5-1-1   图 5-1-2

我们知道，矩形的面积＝底×高，而曲边梯形在底边上各点的高 $f(x)$ 在区间在 $[a,b]$ 上是变化的，故它的面积不能直接按矩形的面积公式来计算. 然而，由于 $f(x)$ 在在 $[a,b]$ 上是连续变化的，在很小一段区间上它的变化也很小，因此，若把区间 $[a,b]$ 划分为许多个小区间，在每个小区间上用其中某一点处的高来近似代替同一小区间上的小曲边梯形的高，则每个小曲边梯形就可近似看成小矩形. 当把区间 $[a,b]$ 无限细分，使得每个小区间的长度趋于零时，所有小矩形面积之和的极限就可以定义为曲边梯形的面积. 具体做法如下：

（1）用下列分点

$$a = x_0 < x_1 < x_2 < \ldots < x_{n-1} < x_n = b$$

将 $[a,b]$ 分成 n 个小段 $[x_{i-1}, x_i]$ $(1 \leqslant i \leqslant n)$，任取 $\xi_i \in [x_{i-1}, x_i]$ $(1 \leqslant i \leqslant n)$，记 $\Delta x_i = x_i - x_{i-1}$.

（2）用矩形面积 $f(\xi_i)\Delta x_i$ 代替 $[x_{i-1}, x_i]$ 上小曲边梯形的面积 Δs_i，即 $\Delta s_i = f(\xi_i)\Delta x_i$ $(1 \leqslant i \leqslant n)$，并把它们相加，即

$$S = \Delta S_1 + \Delta S_2 + \ldots + \Delta S_n$$
$$\approx f(\xi_1)\Delta x_1 + f(\xi_2)\Delta x_2 + \ldots + f(\xi_n)\Delta x_n$$
$$= \sum_{i=1}^{n} f(\xi_i)\Delta x_i.$$

(3)记 $\lambda = \max\{\Delta x_1, \Delta x_2, \ldots, \Delta x_n\}$，当 $\lambda \to 0$，这时 $[a,b]$ 无限细分，取上式右端的极限，就得到曲边梯形的面积：

$$S = \lim_{\lambda \to 0} \sum_{i=1}^{n} f(\xi_i)\Delta x_i.$$

例 5.1.2 变速直线运动的路程

设一物体做变速直线运动，其速度为 $v = v(t)$（$a \leqslant t \leqslant b$）是时间 t 的连续函数，试求物体在时间段 $[a,b]$ 内经过的路程 s.

为解决这一问题，采用与上题相似的方法.

在 a 与 b 之间插入分点

$$a = t_0 < t_1 < t_2 < \ldots < t_{n-1} < t_n = b,$$

将 $[a,b]$ 分成 n 个小段，记第 i 个小段 $[t_{i-1}, t_i]$ 的长度为 $\Delta t_i = t_i - t_{i-1}$. 在每个时间段里任取 ξ_i（$t_{i-1} \leqslant \xi_i \leqslant t_i$）. 我们把质点从 t_{i-1} 到 t_i 这个时间段的运动近似的视为是以 $v(\xi_i)$ 为速度的匀速运动，则 Δt_i 时间段所运动的路程近似值为

$$\Delta s_i \approx v(\xi_i)\Delta t_i.$$

记 $\lambda = \max\{\Delta t_1, \Delta t_2, \ldots, \Delta t_n\}$，当 $\lambda \to 0$ 时

$$S = \lim_{\lambda \to 0} \sum_{i=1}^{n} v(\xi_i)\Delta t_i.$$

2. 定积分的定义

上述两个例子，一个是几何问题，一个是物理问题，虽然意义不同，但是特征与解题方法一致，处理的方法是局部均匀化方法，即在局部以均匀分布代替非均匀分布，求出所求量的局部近似值，然后累积求和得所求量总体的近似值，最后通过取极限得到所求量的精确表达式. 这样，我们得出下述定积分的意义.

定义 5.1.1 设函数 $f(x)$ 在区间 $[a,b]$ 上有界，任取分点

$$a = x_0 < x_1 < x_2 < \ldots < x_{n-1} < x_n = b$$

把 $[a,b]$ 分成 n 个小区间

$$[x_0, x_1], [x_1, x_2], \ldots, [x_{n-1}, x_n],$$

各小区间的长度依次为

$$\Delta x_1 = x_1 - x_0, \Delta x_2 = x_2 - x_1, \ldots, \Delta x_n = x_n - x_{n-1}.$$

在每个区间任取一点 ξ_i（$1 \leqslant i \leqslant n$），作函数值 $f(\xi_i)$ 与小区间长度 Δx_i 的乘积 $f(\xi_i)\Delta x_i$，并作和

$$S = \sum_{i=1}^{n} f(\xi_i)\Delta x_i.$$

若无论上述 x_i 与 ξ_i 如何选取（$1 \leqslant i \leqslant n$），只要 $\lambda \to 0$，和 S 总趋于确定的极限 I，则称函数 $f(x)$ 在 $[a,b]$ 上 Riemann 可积（简称可积），这个极限 I 称为 $f(x)$ 在 $[a,b]$ 上的定积分（简称

积分),记作 $\int_a^b f(x)\mathrm{d}x$,即

$$\int_a^b f(x)\mathrm{d}x = \lim_{\lambda \to 0} \sum_{i=1}^n v(\xi_i)\Delta x_i .$$

其中,$f(x)$ 称为被积函数,$f(x)\mathrm{d}x$ 称为被积表达式,x 称为积分变量,$[a,b]$ 称为积分区间,a 称为积分下限,b 称为积分上限.

说明:

(1)定积分只与被积函数 $f(x)$ 和积分区间 $[a,b]$ 有关,而与采用哪个字母无关,例如

$$\int_a^b f(x)\mathrm{d}x = \int_a^b f(u)\mathrm{d}u .$$

(2)定义中规定 $a < b$,若 $b < a$,我们规定定积分的上限与下限互换时,定积分变号,即

$$\int_a^b f(x)\mathrm{d}x = -\int_b^a f(x)\mathrm{d}x .$$

5.1.2　定积分的性质

下列性质中积分上下限的大小,均不加限制,且假定各种性质中所列出的定积分都存在.

性质 5.1.1　函数的和(差)的定积分等于它们的定积分的和(差),即

$$\int_a^b [f(x) \pm g(x)]\mathrm{d}x = \int_a^b f(x)\mathrm{d}x \pm \int_a^b g(x)\mathrm{d}x .$$

性质 5.1.2　被积函数中的常数因子可以提到积分号外面,即

$$\int_a^b kf(x)\mathrm{d}x = k\int_a^b f(x)\mathrm{d}x\ (\ k\ 是常数).$$

性质 5.1.3(线性性)　设 k 、l 是常数,则

$$\int_a^b (kf(x) \pm \lg(x))\mathrm{d}x = k\int_a^b f(x)\mathrm{d}x \pm l\int_a^b g(x)\mathrm{d}x .$$

证明　由定积分定义和极限的线性性有

$$\begin{aligned}
\int_a^b (kf(x) \pm \lg(x))\mathrm{d}x &= \lim_{\lambda \to 0} \sum_{i=1}^n (kf(\xi_i) \pm \lg(\xi_i))\Delta x_i \\
&= k\lim_{\lambda \to 0} \sum_{i=1}^n f(\xi_i)\Delta x_i \pm l\lim_{\lambda \to 0} \sum_{i=1}^n g(\xi_i)\Delta x_i \\
&= k\int_a^b f(x)\mathrm{d}x \pm l\int_a^b g(x)\mathrm{d}x .
\end{aligned}$$

性质 5.1.4(可加性)　若将区间 $[a,b]$ 分成两部分 $[a,c]$ 和 $[c,b]$,那么

$$\int_a^b f(x)\mathrm{d}x = \int_a^c f(x)\mathrm{d}x + \int_c^b f(x)\mathrm{d}x .$$

性质 5.1.5　若在 $[a,b]$ 上,$f(x) \equiv 1$,那么

$$\int_a^b f(x)\mathrm{d}x = \int_a^b 1\mathrm{d}x = b - a .$$

性质 5.1.6(保号性)　在 $[a,b]$ 上,$f(x) \geqslant 0$,那么

$$\int_a^b f(x)\mathrm{d}x \geqslant 0.$$

证明　因 $f(x) \geqslant 0$,故 $f(\xi_i) \geqslant 0 (1 \leqslant i \leqslant n)$,而当 $a \leqslant b$ 时 $\Delta x_i \geqslant 0$,所以有 $\sum_{i=1}^n f(\xi_i)\Delta x_i \geqslant 0.$

由极限的保号性得

$$\int_a^b f(x)\mathrm{d}x = \lim_{\lambda \to 0}\sum_{i=1}^n f(\xi_i)\Delta x_i \geqslant 0.$$

性质 5.1.7 若在 $[a,b]$ 上，$f(x) \leqslant g(x)$ ，那么

$$\int_a^b f(x)\mathrm{d}x \leqslant \int_a^b g(x)\mathrm{d}x.$$

证明 记 $h(x) = f(x) - g(x)$ ，则在 $[a,b]$ 上 $h(x) \leqslant 0$ 。由性质 5.1.3 和性质 5.1.6 可知

$$\int_a^b h(x)\mathrm{d}x = \int_a^b f(x)\mathrm{d}x - \int_a^b g(x)\mathrm{d}x \leqslant 0,$$

证毕.

性质 5.1.8 设在 $[a,b]$ ，$A \leqslant f(x) \leqslant B$ ，则

$$A(b-a) \leqslant f(x) \leqslant B(b-a).$$

性质 5.1.9 $\left| \int_a^b f(x)\mathrm{d}x \right| \leqslant \int_a^b |f(x)|\,\mathrm{d}x\ (a < b)$.

性质 5.1.10(积分中值定理) 如果函数 $f(x)$ 在 $[a,b]$ 上连续，则至少存在一点 $\xi \in [a,b]$ ，使

$$\int_a^b f(x)\mathrm{d}x = f(\xi)(b-a)\ (a \leqslant \xi \leqslant b).$$

无论从几何上还是从物理上，都不难理解 $f(\xi)$ 就是 $f(x)$ 在区间 $[a,b]$ 上的平均值，所以上式也叫做平均值公式.

例 5.1.3 估计下列积分的值.

(1) $\int_0^{\frac{1}{2}} \mathrm{e}^{-x^2}\mathrm{d}x$ ；

(2) $\int_0^\pi (1 + \sqrt{\sin x})\mathrm{d}x$.

解 (1)函数 e^{-x^2} 在区间 $\left[0, \dfrac{1}{2}\right]$ 上是单调下降的，因此有

$$\mathrm{e}^{-\frac{1}{4}} \leqslant \mathrm{e}^{-x^2} \leqslant 1,\text{当 } x \in \left[0, \frac{1}{2}\right],$$

由性质 5.1.8 有估计式

$$\frac{1}{2}\mathrm{e}^{-\frac{1}{4}} \leqslant \int_0^{\frac{1}{2}} \mathrm{e}^{-x^2}\mathrm{d}x \leqslant \frac{1}{2}.$$

(2) $0 \leqslant \sqrt{\sin x} \leqslant 1$ ，故 $1 \leqslant 1 + \sqrt{\sin x} \leqslant 2$ ，所以有

$$\pi = \int_0^\pi 1\mathrm{d}x \leqslant \int_0^\pi (1 + \sqrt{\sin x})\mathrm{d}x \leqslant \int_0^\pi 2\mathrm{d}x = 2\pi.$$

例 5.1.4 比较以下两积分的大小.

$$\int_1^{\mathrm{e}} \ln x\mathrm{d}x,\ \int_1^{\mathrm{e}} \ln^2 x\mathrm{d}x.$$

解 在 $[1,\mathrm{e}]$ 上，$0 \leqslant \ln x \leqslant 1$ ，所以 $\ln^2 x \leqslant \ln x$ ，则有

$$\int_1^{\mathrm{e}} \ln x\mathrm{d}x \geqslant \int_1^{\mathrm{e}} \ln^2 x\mathrm{d}x.$$

例 5.1.5 试证 $\lim\limits_{n \to \infty} \int_n^{n+a} \dfrac{\sin x}{x}\mathrm{d}x = 0$.

证明　由积分中值定理有

$$\lim_{n\to\infty}\int_n^{n+a}\frac{\sin x}{x}dx=\lim_{n\to\infty}\frac{\sin\xi_n}{\xi_n}a=0\ (n\leqslant\xi_n?\leqslant n+a).$$

例 5.1.4　设 $f(x)$ 是 $[a,b]$ 上非负连续函数,而且有一点 $x_0\in(a,b)$,使 $f(x_0)>0$,则

$$\int_a^b f(x)dx>0.$$

证明　因为 $f(x_0)=\lim_{x\to x_0}f(x)>\frac{f(x_0)}{2}$,由极限保号性,存在 x_0 的某邻域 $(x_0-\delta,x_0+\delta)\subset(a,b)$,使 $f(x)$ 在其上均有 $f(x)\geqslant\frac{f(x_0)}{2}$. 于是

$$\int_{x_0-\delta}^{x_0+\delta}f(x)dx\geqslant\int_{x_0-\delta}^{x_0+\delta}\frac{f(x_0)}{2}dx=\frac{f(x_0)}{2}\cdot2\delta=f(x_0)\delta,$$

所以
$$\int_a^b f(x)dx=\int_a^{x_0-\delta}f(x)dx+\int_{x_0-\delta}^{x_0+\delta}f(x)dx+\int_{x_0+\delta}^b f(x)dx$$
$$\geqslant0+f(x_0)\delta+0=f(x_0)\delta>0.$$

5.2　连续函数的可积性

定理 5.2.1(可积的必要条件)　若函数 $f(x)$ 在 $[a,b]$ 上可积,则 $f(x)$ 在 $[a,b]$ 上必有界.

证明　用反证法.假设 $f(x)$ 在 $[a,b]$ 无界,对于 $\forall N>0$,给定任意的划分 Δ,有
$$a=x_0<x_1<x_2<\ldots<x_{n-1}<x_n=b.$$
由于 $f(x)$ 在 $[a,b]$ 无界,那么至少在其中的一个子区间 $[x_{j-1},x_j]$ 上无界. 在 $[x_{j-1},x_j]$ 任取 ξ_i,使得
$$|f(\xi_j)\Delta x_j|>N+\left|\sum_{i\neq j}f(\xi_i)\Delta x_i\right|,$$
故有
$$\left|\sum_{i=1}^n f(\xi_i)\Delta x_i\right|\geqslant|f(\xi_j)\Delta x_j|-\left|\sum_{i\neq j}f(\xi_i)\Delta x_i\right|>N.$$

这意味着对于任意分划 Δ,都可选取 $\xi_i\in[x_{i-1},x_i]$ 使 $\left|\sum_{i=1}^n f(\xi_i)\Delta x_i\right|$ 大于任意给定的常数.这与 $f(x)$ 在 $[a,b]$ 可积矛盾.因此, $f(x)$ 在 $[a,b]$ 上必有界.

定理 5.2.2(可积的充分条件)　若函数 $f(x)$ 在 $[a,b]$ 上满足下列条件之一:
(1) $f(x)$ 在 $[a,b]$ 上连续.
(2) $f(x)$ 在 $[a,b]$ 上有界,且只有有限个间断点.
(3) $f(x)$ 在 $[a,b]$ 上单调.
则 $f(x)$ 在 $[a,b]$ 上可积.

例 5.2.1　计算定积分 $\int_0^1 x^2 dx$.

解　函数 $f(x)$ 在 $[0,1]$ 上连续,所以在 $[0,1]$ 上可积.将 $[0,1]$ 进行 n 等分,分点 $x_i=\frac{i}{n}(i=0,1,\cdots,n)$, $\Delta x_i=\frac{1}{n}$,取 $\xi_i=\frac{i}{n}(i=0,1,\cdots,n)$,则有

$$\int_0^1 x^2 \, dx = \lim_{\lambda \to 0} \sum_{i=1}^{n} \xi_i^2 \Delta x_i$$

$$= \lim_{n \to \infty} \sum_{i=1}^{n} \left(\frac{i}{n}\right)^2 \cdot \frac{1}{n}$$

$$= \lim_{n \to \infty} \frac{n(n+1)(2n+1)}{6n^3}$$

$$= \frac{1}{3}.$$

例 5.2.2 求 $\int_0^1 e^x \, dx$.

解 函数 $f(x)$ 在 $[0,1]$ 上连续，所以在 $[0,1]$ 上可积. 将 $[0,1]$ 进行 n 等分，分点 $x_i = \frac{i}{n}(i = 0,1,\cdots,n)$，$\Delta x_i = \frac{1}{n}$，取 $\xi_i = \frac{i}{n}(i = 0,1,\cdots,n)$，则有

$$\int_0^1 e^x \, dx = \lim_{\lambda \to 0} \sum_{i=1}^{n} \xi_i^2 \Delta x_i$$

$$= \lim_{n \to \infty} \sum_{i=1}^{n} e^{\frac{i}{n}} \cdot \frac{1}{n}$$

$$= \lim_{n \to \infty} \frac{1}{n}(e^{\frac{1}{n}} + e^{\frac{2}{n}} + \cdots + e^{\frac{n}{n}})$$

$$= \lim_{n \to \infty} \frac{e^{\frac{1}{n}}(1-e)}{n(1-e^{\frac{1}{n}})}$$

$$= e - 1.$$

5.3 微积分基本定理

前面我们讨论了定积分的概念及其性质，我们知道了利用定积分的定义，通过和式的极限来计算定积分. 从 5.1 节可以看出，即使对于简单的可积函数，采用特殊的分划及特定的选点求极限也往往是十分困难的. 为此需要寻求定积分计算的有效方法. 本节我们将以拉格朗日中值定理、原函数和变上限函数概念为基础，引入微积分的基本定理，即牛顿-莱布尼茨公式，该公式建立了积分与微分之间的联系，把求定积分的问题转化为求原函数的问题.

5.3.1 变上限积分

定义 5.3.1 设函数 $f(x)$ 在区间 $[a,b]$ 上连续，则

$$\Phi(x) = \int_a^x f(t) \, dt$$

是 $f(x)$ 在 $[a,b]$ 上的一个原函数.

定义 5.3.2 设函数 $f \in \mathbb{R}[a,b]$，则称函数

$$\Phi(x) = \int_a^x f(t) \, dt \ (x \in [a,b])$$

为 f 在 $[a,b]$ 上的变上限积分函数，简称变上限积分.

定理 5.3.1 如果函数 $f(x)$ 在区间 $[a,b]$ 上连续，则变上限积分所确定的函数

$$\Phi(x) = \int_a^x f(t)\mathrm{d}t \ (\ x \in [a,b]\ )$$

在 $[a,b]$ 上可导,且

$$\Phi'(x) = \frac{\mathrm{d}}{\mathrm{d}x}\int_a^x f(t)\mathrm{d}t = f(x) \ (\ x \in [a,b]\ ).$$

例 5.3.1　求下列变限积分的倒数.

(1) $\displaystyle\int_0^x \mathrm{e}^{-t^2}\mathrm{d}t$;

(2) $\displaystyle\int_0^{\sqrt{x}} \cos^{t^2}\mathrm{d}t$.

解　(1)由定理 5.3.1 即得

$$\frac{\mathrm{d}}{\mathrm{d}x}\int_0^x \mathrm{e}^{-t^2}\mathrm{d}t = \mathrm{e}^{-x^2}.$$

(2)令 $F(x) = \displaystyle\int_0^{\sqrt{x}} \cos^{t^2}\mathrm{d}t$,则可看作 $\Phi(u) = \displaystyle\int_a^u \cos^{t^2}\mathrm{d}t$ 和 $u = \sqrt{x}$ 的复合函数

$$\frac{\mathrm{d}}{\mathrm{d}x}\int_0^{\sqrt{x}} \cos^{t^2}\mathrm{d}t = F'(x) = \Phi'(u)\cdot\frac{\mathrm{d}u}{\mathrm{d}x} = \cos u^2 \cdot \frac{1}{2\sqrt{x}} = \frac{\cos x}{2\sqrt{x}}.$$

例 5.3.2　计算极限 $\displaystyle\lim_{x\to 0^+} \frac{\displaystyle\int_0^{x^2} \arctan\sqrt{t}\,\mathrm{d}t}{\ln(1+x^3)}$.

解　利用无穷小的替换原理和洛必达法则可得

$$\lim_{x\to 0^+} \frac{\displaystyle\int_0^{x^2} \arctan\sqrt{t}\,\mathrm{d}t}{\ln(1+x^3)} = \lim_{x\to 0^+} \frac{\displaystyle\int_0^{x^2} \arctan\sqrt{t}\,\mathrm{d}t}{x^3} = \lim_{x\to 0^+} \frac{2x\arctan x}{3x^2} = \frac{2}{3}.$$

例 5.3.3　设函数 $f(t)$ 在 $[a,b]$ 上连续,在 (a,b) 内可导,且 $f'(t) \geqslant 0(\ t\in(a,b)\ )$,并记 $F(x) = \dfrac{1}{x-a}\displaystyle\int_0^x f(t)\mathrm{d}t$.证明:对任意的 $x\in(a,b)$,有 $F'(x)\geqslant 0$.

证明　由求导法则和定理 5.3.1 可得

$$F'(x) = \frac{f(x)(x-a) - \displaystyle\int_a^x f(t)\mathrm{d}t}{(x-a)^2}.$$

又因为 $f(t)\in C[a,b]$,根据积分中值定理,存在 $\xi\in[a,x]$,使得

$$\int_a^x f(t)\mathrm{d}t = f(\xi)(x-a).$$

所以有

$$F'(x) = \frac{f(x)(x-a) - f(\xi)(x-a)}{(x-a)^2} = \frac{f(x) - f(\xi)}{(x-a)}.$$

因为 $f'(t)\geqslant 0$,所以 f 在区间 $[a,b]$ 上单调增加,从而 $f(x)\geqslant f(\xi)$,且 $x>a$,可得

$$F'(x)\geqslant 0,$$

证毕.

5.3.2　牛顿－莱布尼茨公式

定理 5.3.2(牛顿－莱布尼茨公式)　设 $f(x)$ 在 $[a,b]$ 上连续,$F(x)$ 是 $f(x)$ 的一个原函

数,则有

$$\int_a^b f(x)\mathrm{d}x = F(b) - F(a).$$

牛顿-莱布尼茨公式将定积分与原函数联系起来,把定积分的计算归结为求原函数. 为了使用上的方便,常把它写成以下形式

$$\int_a^b f(x)\mathrm{d}x = F(x)\Big|_a^b = F(b) - F(a).$$

由于该公式在微积分理论中的重要作用,通常把定理 5.3.2 称为微积分基本定理.

例 5.3.4 求 $\int_0^1 x^2 \mathrm{d}x$.

解 由于 $\frac{1}{3}x^3$ 是 x^2 的一个原函数,所以

$$\int_0^1 x^2 \mathrm{d}x = \frac{1}{3}x^3 \Big|_0^1 = \frac{1}{3}.$$

例 5.3.5 计算 $\int_0^{2\pi} |\sin x| \mathrm{d}x$.

解 由于定积分的区间可加性,并且 $-\cos x$ 是 $\sin x$ 的一个原函数,则有

$$\begin{aligned}
\int_0^{2\pi} |\sin x| \mathrm{d}x &= \int_0^\pi |\sin x| \mathrm{d}x + \int_\pi^{2\pi} |\sin x| \mathrm{d}x \\
&= \int_0^\pi \sin x \mathrm{d}x + \int_\pi^{2\pi} \sin x \mathrm{d}x \\
&= -\cos x \Big|_0^\pi + -\cos x \Big|_\pi^{2\pi} \\
&= 4.
\end{aligned}$$

例 5.3.6 求 $\int_{-1}^3 |2-x| \mathrm{d}x$.

解 被积函数

$$|2-x| = \begin{cases} 2-x & (x \leqslant 2) \\ x-2 & (x > 2) \end{cases}$$

可用分段函数表示

$$\begin{aligned}
\int_{-1}^3 |2-x| \mathrm{d}x &= \int_{-1}^2 (2-x)\mathrm{d}x + \int_2^3 (x-2)\mathrm{d}x \\
&= \left(2x - \frac{1}{2}x^2\right)\Big|_{-1}^2 + \left(\frac{1}{2}x^2 - 2x\right)\Big|_2^3 \\
&= \frac{9}{2} + \frac{1}{2} \\
&= 5.
\end{aligned}$$

例 5.3.7 求 $\lim\limits_{x \to 0} \dfrac{\int_0^x \arctan t\, \mathrm{d}t}{x^2}$.

解 此题属于 "$\dfrac{0}{0}$" 型的极限问题,根据洛必达法则,有

$$\lim_{x \to 0} \frac{\int_0^x \arctan t\, \mathrm{d}t}{x^2} = \lim_{x \to 0} \frac{\left[\int_0^x \arctan t\, \mathrm{d}t\right]'}{(x^2)'}$$

$$= \lim_{x \to 0} \frac{\arctan x}{2x}$$

$$= \lim_{x \to 0} \frac{\dfrac{1}{1+x^2}}{2}$$

$$= \frac{1}{2} .$$

5.4　定积分的计算方法

5.4.1　定积分的换元法

定理 5.4.1　设函数 $f(x) \in C[a,b]$，函数 $x = \varphi(t)$ 满足条件：

(1) $\varphi(\alpha) = a$, $\varphi(\beta) = b$;

(2) $\varphi(t)$ 在闭区间 $[\alpha,\beta]$（或 $[\beta,\alpha]$）上具有连续导数，并且 φ 的值域 $R(\varphi) \subseteq [a,b]$，则有

$$\int_a^b f(x)\mathrm{d}x = \int_\alpha^\beta f[\varphi(t)]\varphi'(t)\mathrm{d}t .$$

证明　由 $f(x)$ 连续可知，$f(x)$ 在 $[a,b]$ 上有原函数 $F(x)$，根据牛顿－莱布尼茨公式，有

$$\int_a^b f(x)\mathrm{d}x = F(b) - F(a) .$$

又因为

$$\frac{\mathrm{d}}{\mathrm{d}t} F[\varphi(t)] = F'[\varphi(t)] \cdot \varphi'(t) = f[\varphi(t)] \cdot \varphi'(t) ,$$

所以 $F[\varphi(t)]$ 是 $f[\varphi(t)] \cdot \varphi'(t)$ 在 $[\alpha,\beta]$ 上的一个原函数，得

$$\int_\alpha^\beta f[\varphi(t)]\varphi'(t)\mathrm{d}t = F[\varphi(\beta)] - F[\varphi(\alpha)] = F(b) - F(a) ,$$

得证.

上述定理称为定积分的换元公式.

例 5.4.1　求 $\displaystyle\int_0^a \sqrt{a^2 - x^2}\,\mathrm{d}x$.

解　令 $x = a\sin t$，则 $\mathrm{d}x = a\cos t\,\mathrm{d}t$.

当 $x = 0$ 时，$t = 0$;

当 $x = a$ 时，$t = \dfrac{\pi}{2}$.

$$\int_0^a \sqrt{a^2 - x^2}\,\mathrm{d}x = \int_0^{\frac{\pi}{2}} a^2 \cos^2 t\,\mathrm{d}t$$

$$= a^2 \int_0^{\frac{\pi}{2}} \frac{1 + \cos 2t}{2}\,\mathrm{d}t$$

$$= \left(\frac{a^2 t}{2} + \frac{a^2}{4} \sin 2t \right) \Big|_0^{\frac{\pi}{2}}$$

$$= \frac{\pi}{4} a^2 .$$

例 5.4.2 求 $\displaystyle\int_0^4 \frac{x+2}{\sqrt{2x+1}}\mathrm{d}x$.

解 令 $t = \sqrt{2x+1}\,(t > 0)$,则 $x = \dfrac{t^2-1}{2}$, $\mathrm{d}x = t\mathrm{d}t$.

当 $x = 0$ 时, $t = 1$;

当 $x = 4$ 时, $t = 3$.

所以

$$
\begin{aligned}
\int_0^4 \frac{x+2}{\sqrt{2x+1}}\mathrm{d}x &= \int_1^3 \frac{\dfrac{t^2-1}{2}+2}{t}\cdot t\mathrm{d}t \\
&= \frac{1}{2}\int_1^3 (t^2+3)\,\mathrm{d}t \\
&= \frac{1}{2}\left(\frac{t^3}{3}+3t\right)\Big|_1^3 \\
&= \frac{22}{3}.
\end{aligned}
$$

例 5.4.3 求 $\displaystyle\int_e^{e^3} \frac{\sqrt{1+\ln x}}{x}\mathrm{d}x$.

解 $\displaystyle\int_e^{e^3} \frac{\sqrt{1+\ln x}}{x}\mathrm{d}x = \int_e^{e^3} \sqrt{1+\ln x}\,\mathrm{d}(\sqrt{1+\ln x})$

$$
\begin{aligned}
&= \frac{2}{3}(1+\ln x)^{\frac{3}{2}}\Big|_e^{e^3} \\
&= \frac{4}{3}(4-\sqrt{2}).
\end{aligned}
$$

例 5.4.4 证明:

(1)若函数 $f(x)$ 在 $[-a,a]$ 上连续且为偶函数,则

$$\int_{-a}^a f(x)\mathrm{d}x = 2\int_0^a f(x)\mathrm{d}x ;$$

(2)若函数 $f(x)$ 在 $[-a,a]$ 上连续且为奇函数,则

$$\int_{-a}^a f(x)\mathrm{d}x = 0 .$$

证明 对积分 $\displaystyle\int_{-a}^a f(x)\mathrm{d}x$ 作变量代换,令 $x = -t$,则

$$\int_{-a}^0 f(x)\mathrm{d}x = -\int_a^0 f(-t)\mathrm{d}t = \int_0^a f(-t)\mathrm{d}t .$$

(1)若 $f(x)$ 是偶函数,则 $f(-t) = f(t)$,则有

$$\int_{-a}^0 f(x)\mathrm{d}x = \int_0^a f(-t)\mathrm{d}t = \int_0^a f(t)\mathrm{d}t = \int_0^a f(x)\mathrm{d}x$$

$$\int_{-a}^a f(x)\mathrm{d}x = 2\int_0^a f(x)\mathrm{d}x .$$

(2)若 $f(x)$ 是奇函数,那么 $f(-t) = -f(t)$,则有

$$\int_{-a}^0 f(x)\mathrm{d}x = \int_0^a f(-t)\mathrm{d}t = -\int_0^a f(t)\mathrm{d}t = -\int_0^a f(x)\mathrm{d}x ,$$

$$\int_{-a}^{a} f(x)\mathrm{d}x = 0 .$$

证毕.

例 5.4.5 设函数 $f(x)$ 是 $\mathbb{R}$ 上以 T 为周期的连续函数,试证:对 $\forall a \in \mathbb{R}$,有

$$\int_{a}^{a+T} f(x)\mathrm{d}x = \int_{0}^{T} f(x)\mathrm{d}x .$$

证明 由于

$$\int_{a}^{a+T} f(x)\mathrm{d}x = \int_{a}^{T} f(x)\mathrm{d}x + \int_{T}^{a+T} f(x)\mathrm{d}x ,$$

对积分 $\int_{a}^{a+T} f(x)\mathrm{d}x$ 作代换 $x = t + T$,可得

$$\int_{T}^{a+T} f(x)\mathrm{d}x = \int_{0}^{a} f(t+T)\mathrm{d}t = \int_{0}^{a} f(t)\mathrm{d}t = \int_{0}^{a} f(x)\mathrm{d}x$$

于是

$$\begin{aligned}
\int_{a}^{a+T} f(x)\mathrm{d}x &= \int_{a}^{T} f(x)\mathrm{d}x + \int_{T}^{a+T} f(x)\mathrm{d}x \\
&= \int_{a}^{T} f(x)\mathrm{d}x + \int_{0}^{a} f(x)\mathrm{d}x \\
&= \int_{0}^{T} f(x)\mathrm{d}x .
\end{aligned}$$

5.4.2 定积分的分部积分法

定理 5.4.2 设函数 $u = u(x)$,$v = v(x)$ 在区间 $[a,b]$ 的导数 $u'(x)$,$v'(x) \in \mathbb{R}[a,b]$,则

$$\int_{a}^{b} u(x)v'(x)\mathrm{d}x = u(x)v(x)\big|_{a}^{b} - \int_{a}^{b} u'(x)v(x)\mathrm{d}x ,$$

上式称为定积分的分部积分公式.

证明 根据求导法则有

$$[u(x)v(x)]' = u(x)'v(x) + u(x)v(x)' .$$

可知上式两端的定积分均存在,根据牛顿－莱布尼茨公式,可得

$$\int_{a}^{b} u(x)'v(x)\mathrm{d}x + \int_{a}^{b} u(x)v(x)'\mathrm{d}x = \int_{a}^{b} [u(x)v(x)]'\mathrm{d}x = u(x)v(x)\big|_{a}^{b} ,$$

移项即得分部积分公式.

定积分的分部积分公式在形式上也可写作

$$\int_{a}^{b} u\,\mathrm{d}v = uv\big|_{a}^{b} - \int_{a}^{b} v\,\mathrm{d}u .$$

例 5.4.6 求 $\int_{1}^{2} x\ln x\mathrm{d}x = \dfrac{1}{2}$.

解 令 $u = \ln x$,$v = \dfrac{1}{2}x^2$,由分部积分公式可得

$$\begin{aligned}
\int_{1}^{2} x\ln x\mathrm{d}x &= \frac{1}{2}\int_{1}^{2} \ln x\mathrm{d}x^2 \\
&= \frac{1}{2}x^2 \cdot \ln x\big|_{1}^{2} - \frac{1}{2}\int_{1}^{2} x^2\mathrm{d}(\ln x)
\end{aligned}$$

$$= 2\ln 2 - \frac{1}{2}\int_1^2 x^2 \cdot \frac{1}{x}\mathrm{d}x$$

$$= 2\ln 2 - \frac{1}{4}x^2 \mid_1^2$$

$$= 2\ln 2 - \frac{3}{4}.$$

例 5.4.7 求 $\int_0^{\frac{\pi}{2}} \mathrm{e}^x \sin x \mathrm{d}x$.

解 令 $u = \sin x$，$v = \mathrm{e}^x$，则

$$\int_0^{\frac{\pi}{2}} \mathrm{e}^x \sin x \mathrm{d}x = \int_0^{\frac{\pi}{2}} \sin x \mathrm{d}(\mathrm{e}^x)$$

$$= \mathrm{e}^x \sin x \mid_0^{\frac{\pi}{2}} - \int_0^{\frac{\pi}{2}} \mathrm{e}^x \mathrm{d}(\sin x)$$

$$= \mathrm{e}^{\frac{\pi}{2}} - \int_0^{\frac{\pi}{2}} \mathrm{e}^x \cos x \mathrm{d}x$$

$$= \mathrm{e}^{\frac{\pi}{2}} - \mathrm{e}^x \cos x \mid_0^{\frac{\pi}{2}} + \int_0^{\frac{\pi}{2}} \mathrm{e}^x \mathrm{d}(\cos x)$$

$$= \mathrm{e}^{\frac{\pi}{2}} + 1 - \int_0^{\frac{\pi}{2}} \mathrm{e}^x \sin x \mathrm{d}x.$$

所以

$$\int_0^{\frac{\pi}{2}} \mathrm{e}^x \sin x \mathrm{d}x = \frac{1}{2}(\mathrm{e}^{\frac{\pi}{2}} + 1).$$

例 5.4.8 求 $\int_0^{\frac{\pi}{4}} \sin\sqrt{x}\,\mathrm{d}x$.

解 令 $t = \sqrt{x}$，则 $x = t^2$，$\mathrm{d}x = 2t\mathrm{d}t$，于是

$$\int_0^{\frac{\pi}{4}} \sin\sqrt{x}\,\mathrm{d}x = 2\int_0^{\frac{\pi}{2}} t\sin t\mathrm{d}t$$

$$= -2\int_0^{\frac{\pi}{2}} t\mathrm{d}(\cos t)$$

$$= -2t\cos t \mid_0^{\frac{\pi}{2}} + 2\int_0^{\frac{\pi}{2}} \cos t\mathrm{d}t$$

$$= 2\sin t \mid_0^{\frac{\pi}{2}}$$

$$= 2.$$

例 5.4.9 求 $I_n = \int_0^{\frac{\pi}{2}} \sin^n x\,\mathrm{d}x = \int_0^{\frac{\pi}{2}} \cos^n x\,\mathrm{d}x$，$n$ 为自然数.

解 设 $x = \frac{\pi}{2} - t$，则 $\mathrm{d}x = -\mathrm{d}t$，于是

$$\int_0^{\frac{\pi}{2}} \sin^n x\,\mathrm{d}x = -\int_{\frac{\pi}{2}}^0 \sin^n(\frac{\pi}{2} - t)\mathrm{d}t = \int_0^{\frac{\pi}{2}} \cos^n x\,\mathrm{d}x.$$

当 $n > 1$ 时，有

$$I_n = -\int_0^{\frac{\pi}{2}} \sin^{n-1} x\mathrm{d}(\cos x)$$

$$= -\sin^{n-1}x\cos x \mid_0^{\frac{\pi}{2}} + (n-1)\int_0^{\frac{\pi}{2}} \sin^{n-2}x\cos^2 x \mathrm{d}x$$

$$= (n-1)\int_0^{\frac{\pi}{2}} \sin^{n-2}x(1-\sin^2 x)\mathrm{d}x$$

$$= (n-1)(I_{n-2} - I_n) ,$$

由此得到递推公式

$$I_n = \frac{n-1}{n}I_{n-2} \ (n \geqslant 2).$$

容易得出

$$I_0 = \int_0^{\frac{\pi}{2}} \mathrm{d}x = \frac{\pi}{2}, I_1 = \int_0^{\frac{\pi}{2}} sinx \mathrm{d}x = 1 ,$$

所以由递推公式知,当 n 是偶数时,

$$I_n = \frac{(n-1)(n-3)\cdots 3 \cdot 1}{2 \cdot 4 \cdots (n-2)n} \cdot \frac{\pi}{2} ;$$

当 n 是奇数时,

$$I_n = \frac{(n-1)(n-3)\cdots 4 \cdot 2}{3 \cdot 5 \cdots (n-2)n} .$$

注:本例常作为公式使用.

5.4.3 定积分的综合例题

1. 分段函数的定积分一般分区间计算

例 5.4.10 设 $f(x) = \begin{cases} x^2, & x \in [0,1] \\ 1+x, & x \in [1,2] \end{cases}$,求 $\int_0^2 f(x)\mathrm{d}x$.

解 根据定积分的区间可加性可得

$$\int_0^2 f(x)\mathrm{d}x = \int_0^1 f(x)\mathrm{d}x + \int_1^2 f(x)\mathrm{d}x$$

$$= \int_0^1 x^2 \mathrm{d}x + \int_1^2 (1+x)\mathrm{d}x$$

$$= \left[\frac{x^3}{3}\right]_0^1 + \left[x^2 + \frac{x^2}{2}\right]_1^2$$

$$= \frac{17}{6} .$$

例 5.4.11 计算 $I = \int_0^2 f(x-1)\mathrm{d}x$,其中 $f(x) = \begin{cases} \dfrac{1}{1+x}, & x \geqslant 0 \\ \dfrac{1}{1+e^x}, & x < 0 \end{cases}$

解 令 $t = x-1$,则

$$I = \int_0^2 f(x-1)\mathrm{d}x = \int_{-1}^1 f(t)\mathrm{d}t ,$$

再分区间计算

$$I = \int_{-1}^0 f(t)\mathrm{d}t + \int_0^1 f(t)\mathrm{d}t$$

$$= \int_{-1}^{0} \frac{\mathrm{d}t}{1 + \mathrm{e}^t} + \int_{0}^{1} \frac{\mathrm{d}t}{1 + t}$$

$$= \int_{0}^{1} \frac{\mathrm{e}^t}{1 + \mathrm{e}^t} \mathrm{d}t + \ln 2$$

$$= \ln(1 + \mathrm{e}).$$

2. 函数最值问题

例 5.4.12 求函数 $f(x) = \int_{0}^{x} (t-1)(t-2)^2 \mathrm{d}t$ 的最值.

解 由于

$$I'(x) = (x-1)(x-2)^2.$$

令 $I'(x) = 0$ 可得 $I(x)$ 的驻点为 $x = 1$ 和 $x = 2$.

当 $x < 1$ 时，$I'(x) < 0$；当 $1 < x < 2$ 或 $x > 2$ 时，$I'(x) > 0$，所以 $x = 1$ 为 $I(x)$ 的最小值点，且 $I(x)$ 无最大值点. $I(x)$ 的最小值为

$$I(1) = \int_{0}^{1} (t-1)(t-2)^2 \mathrm{d}t$$

$$= \int_{0}^{1} \left[(t-2)^3 + (t-2)^2 \right] \mathrm{d}t$$

$$= \left[\frac{(t-2)^4}{4} + \frac{(t-2)^3}{3} \right]_{0}^{1}$$

$$= -\frac{17}{12}.$$

例 5.4.13 求函数 $I(a) = \int_{0}^{1} |ax - 1| \mathrm{d}x$ 在 $[0, +\infty]$ 上的最小值.

解 当 $0 \leqslant a \leqslant 1$ 时，有

$$I(a) = \int_{0}^{1} (1 - ax) \mathrm{d}x = \left[x - \frac{a}{2} x^2 \right]_{0}^{1} = 1 - \frac{a}{2}.$$

当 $a > 1$ 时，

$$I(a) = \int_{0}^{\frac{1}{a}} (1 - ax) \mathrm{d}x + \int_{\frac{1}{a}}^{1} (ax - 1) \mathrm{d}x$$

$$= \frac{1}{a} + \frac{a}{2} - 1 \geqslant \sqrt{2} - 1.$$

当且仅当 $a = \sqrt{2}$ 时等号成立. 因为在 $[0, 1]$ 上 $I(a)$ 的最小值为

$$I(1) = \frac{1}{2} > \sqrt{2} - 1$$

所以 $I(a)$ 的最小值为

$$I(\sqrt{2}) = \sqrt{2} - 1.$$

3. 递推公式的应用

例 5.4.14 设 n 为正整数，求 $I_n = \int_{0}^{\frac{\pi}{2}} \frac{\sin(2n+1)\theta}{\sin\theta} \mathrm{d}\theta$.

解 由于 $\sin(2n \pm 1)\theta = \sin 2n\theta \cos\theta \pm \cos 2n\theta \sin\theta$，所以

$$\sin(2n+1)\theta - \sin(2n-1)\theta = 2\cos2n\theta\sin\theta,$$
$$\sin(2n+1)\theta = \sin(2n-1)\theta + 2\cos2n\theta\sin\theta.$$

因此，

$$I_n = \int_0^{\frac{\pi}{2}} \frac{\sin(2n-1)\theta}{\sin\theta}d\theta + \int_0^{\frac{\pi}{2}} \cos2n\theta\,d\theta$$
$$= \int_0^{\frac{\pi}{2}} \frac{\sin(2n-1)\theta}{\sin\theta}d\theta$$
$$= I_{n-1}$$

递推下去，可得

$$I_n = I_{n-1} = I_{n-2} = \cdots = \int_0^{\frac{\pi}{2}} \frac{\sin(2n-1)\theta}{\sin\theta}d\theta = \frac{\pi}{2}.$$

例 5.4.15　设 n 为非负整数，计算 $\int_0^1 (1-x^2)^n dx$.

解　根据分部积分法，得到

$$I_n = \int_0^1 (1-x^2)^n dx$$
$$= \left[x(1-x^2)^n\right]_0^1 + 2n\int_0^1 x^2(1-x^2)^{n-1}dx$$
$$= 2n\int_0^1 (x^2-1)(1-x^2)^{n-1}dx + 2n\int_0^1 x^2(1-x^2)^{n-1}dx$$
$$= -2nI_n + 2nI_{n-1}.$$

所以 $I_n = \frac{2n}{2n+1}$，而 $I_0 = \int_0^1 dx = 1$，

故有

$$I_n = \frac{2n}{2n+1}I_{n-1}$$
$$= \frac{2n}{2n+1} \cdot \frac{2(n-1)}{2n-1}I_{n-2}$$
$$= \cdots$$
$$= \frac{2n}{2n+1} \cdot \frac{2(n-1)}{2n-1} \cdots \frac{2}{3} \cdot 1$$
$$= \frac{(2n)!!}{(2n+1)!!}.$$

4. 积分不等式

例 5.4.16　设函数 $f(x) \in C[0,1]$ 且单调减少. 证明：对于任意的 $\alpha \in [0,1]$，有
$$\int_0^2 f(x)dx = 2\int_0^1 f(2t)dt \geqslant 2\int_0^1 f(x)dx$$

解　当 $\alpha = 0$ 时，不等式显然成立.
当 $\alpha \in (0,1]$，令 $x = \alpha t$，则 $dx = \alpha dt$.
当 $x = 0$ 时，$t = 0$；当 $x = \alpha$ 时，$t = 1$，故有
$$\int_0^\alpha f(x)dx = \alpha\int_0^1 f(\alpha t)dt$$

又因为 $f(x)$ 单调减少且 $at \leqslant t$,根据定积分的性质可知

$$\int_0^a f(x)\mathrm{d}x = a\int_0^1 f(at)\mathrm{d}t \geqslant a\int_0^1 f(x)\mathrm{d}x$$

证毕.

5.5 定积分在几何中的应用

定积分的概念具有广泛的应用,利用定积分可以求解常见的几何量.本节主要介绍将实际问题表示成定积分的分析方法——微元法,以及定积分的几何应用.

5.5.1 微元法

假设所求量 F 与变量 x 有关,其中 $x \in [a,b]$,且 F 对区间 $[a,b]$ 具有可加性,即如果将 $[a,b]$ 分成若干个子区间时,F 相应的也被分成若干部分量 ΔF ,如果任取 $[a,b]$ 的一个子区间 $[x,x+\mathrm{d}x]$,那么 F 相应部分量 ΔF 可近似表示为

$$\Delta F \approx f(x)\mathrm{d}x ,$$

其中 $f(x)$ 是 $[a,b]$ 上的连续函数,而且 $\Delta F - f(x)\mathrm{d}x$ 是当 $\mathrm{d}x \to 0$ 时比 $\mathrm{d}x$ 高阶的无穷小,则称 $f(x)\mathrm{d}x$ 为量 F 的微元,记作 $\mathrm{d}F$.以微元 $f(x)\mathrm{d}x$ 作为被积表达式在 $[a,b]$ 上积分,就得到 F 的积分表达式

$$F = \int_a^b f(?x)\mathrm{d}x ,$$

这种方法叫做微元法.

5.5.2 用定积分求平面图形的面积

1.直角坐标

例 5.5.1 求抛物线 $y = 2 - x^2$ 与直线 $y = x$ 所围成的图形面积(如图 5-5-1).

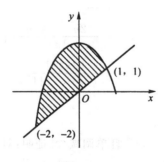

图 5-5-1

解 由 $\begin{cases} y = x \\ y = 2 - x^2 \end{cases}$ 知两抛物线交点为 $(-2,-2)$ 及 $(1,1)$,取 x 为积分变量,x 的变化范围是 $[-2,1]$,于是,所求图形面积为

$$A = \int_{-2}^{1} \left[(2 - x^2) - x \right] \mathrm{d}x$$

$$= \left(2x - \frac{x^3}{3} - \frac{x^2}{2} \right) \Big|_{-2}^{1}$$

$$= \frac{9}{2}.$$

例 5.5.2 求由抛物线 $y = x^2$ 与 $y^2 = x$ 所围成的图形面积(如图 5-5-2).

解 由 $\begin{cases} y = x^2 \\ y^2 = x \end{cases}$ 得两抛物线的交点为 $(0,0)$ 及 $(1,1)$,取 x 为积分变量,x 变化范围为 $[0,1]$,故面积

$$A = \int_{0}^{1} (\sqrt{x} - x^2) \mathrm{d}x$$

$$= \left[\frac{2x^{\frac{2}{3}}}{3} - \frac{x^3}{3} \right]_{0}^{1}$$

$$= \frac{1}{3}.$$

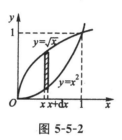

图 5-5-2

2. 参数方程

例 5.5.3 求椭圆 $\dfrac{x^2}{a^2} + \dfrac{y^2}{b^2} = 1$ 所围成的图形面积.

解 由于椭圆关于两坐标轴对称,记其在第一象限中图形的面积为 S_1,(图 5-5-3),则

$$S = 4S_1 = 4 \int_{0}^{a} y \mathrm{d}x.$$

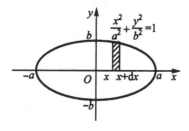

图 5-5-3

利用椭圆在第一象限的参数方程

$$\begin{cases} x = a\cos t \\ y^0 = b\sin t \end{cases} \left(0 \leqslant t \leqslant \frac{\pi}{2} \right),$$

则当 $x=0$ 时, $t=\dfrac{\pi}{2}$；当 $x=a$ 时, $t=0$. 于是

$$S = 4\int_{\frac{\pi}{2}}^{0} b\sin t\,\mathrm{d}(a\cos t)$$

$$= 4ab\int_{\frac{\pi}{2}}^{0}(-\sin^2 t)\,\mathrm{d}t$$

$$= \pi ab.$$

当 $a=b$ 时, S 即为我们熟悉的面积 πa^2.

例 5.5.4　求摆线的第一拱 $\begin{cases} x = a(t-\sin t) \\ y^2 = a(1-\cos t) \end{cases}$, $(0\leqslant t\leqslant 2\pi)$ 与 x 轴所围图形的面积.

解　如图 5-5-4,有

$$S = \int_{0}^{2\pi a} y\,\mathrm{d}x$$

$$= \int_{0}^{2\pi} a(1-\cos t)\,\mathrm{d}[a(t-\sin t)]$$

$$= a^2\int_{0}^{2\pi} a(1-\cos t)^2\,\mathrm{d}t$$

$$= 4a^2\int_{0}^{2\pi}\sin^4\frac{t}{2}\,\mathrm{d}t,$$

令 $t=2u$,则有

$$S = 8a^2\int_{0}^{\pi}\sin^4 u\,\mathrm{d}u$$

$$= 16a^2\int_{0}^{\frac{\pi}{2}}\sin^4 u\,\mathrm{d}u$$

$$= 16a^2\cdot\frac{3}{4}\cdot\frac{1}{2}\cdot\frac{\pi}{2}$$

$$= 3\pi a^2.$$

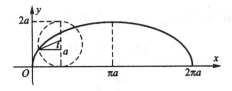

图 5-5-4

3. 极坐标

设平面图形由极坐标方程为 $r=r(\theta)$ 的连续曲线及射线 $\theta=\alpha$, $\theta=\beta(\alpha<\beta)$ 围成. 下面我们用微元法来求面积.

如图 5-5-5,任意取子区间 $[\theta,\theta+\mathrm{d}\theta]\subset[\alpha,\beta]$,则这个子区间上对应的小曲边扇形,其面积近似等于半径为 $r(\theta)$,圆心角为 $\mathrm{d}\theta$ 的小扇形面积,于是曲边扇形的面积微元为

$$\mathrm{d}A = \frac{1}{2}r^2(\theta)\,\mathrm{d}\theta,$$

所以扇形的面积为

$$A = \frac{1}{2}\int_\alpha^\beta r^2(\theta)\,\mathrm{d}\theta.$$

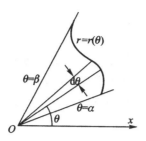

图 5-5-5

例 5.5.5　求对数螺线段 $r = a\mathrm{e}^{b\theta}$，$0 \leqslant \theta \leqslant \pi$（$a,b$ 为正常数）与 x 轴围成的图形面积（如图 5-5-6）.

解　根据公式，面积为

$$A = \frac{1}{2}\int_0^\pi a^2 \mathrm{e}^{2b\theta}\,\mathrm{d}\theta$$

$$= \frac{a^2}{4b}\mathrm{e}^{2b\theta}\,\Big|_b^\pi$$

$$= \frac{a^2}{4b}(\mathrm{e}^{2b\pi} - 1).$$

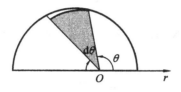

图 5-5-6

例 5.5.6　求心形线 $r = a(1+\cos\theta)$（$a > 0$）所围图形的面积.

解　如图 5-5-7，由于心形线关于极轴对称，因此有

$$A = 2 \cdot \frac{1}{2}\int_0^\pi a^2(1+\cos\theta)^2\,\mathrm{d}\theta$$

$$= a^2\int_0^\pi (1+2\cos\theta+\cos^2\theta)\,\mathrm{d}\theta$$

$$= \frac{3\pi a^2}{2}.$$

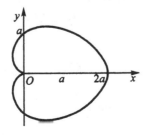

图 5-5-7

5.5.3 用定积分求体积

1.平行截面面积已知的立体的体积

如图 5-5-8 所示,某立体由一曲面和垂直于 x 轴的两平面 $x=a,x=b$ 围成,若用过任意点 $x(a\leqslant x\leqslant b)$ 且垂直于 x 轴的平面截取该立体,截面面积 $A(x)$ 为一已知函数,在 $[a,b]$ 内任取一个小区间 $[x,x+\mathrm{d}x]$,相应立体可近似视为以 $A(x)$ 为底 $\mathrm{d}x$ 为高的薄柱体体积,即体积微元为

$$\mathrm{d}V = A(x)\mathrm{d}x,$$

于是该立体的体积为

$$V = \int_a^b A(x)\mathrm{d}x,$$

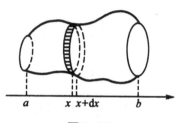

图 5-5-8

例 5.5.7 设有底圆半径为 R 的圆柱,被一与圆柱地面交成 α 角且过底圆直径的平面所截,求截下的楔形体的面积.

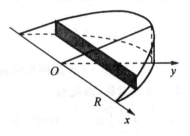

图 5-5-9

解 解法 1:取坐标系如图 5-5-9,则底面方程为 $x^2+y^2=R^2$.在 $y(0\leqslant y\leqslant R)$ 处垂直于 y 轴作立体的截面,截面为矩形,且两条边分别为 $2\sqrt{R^2-y^2}$ 和 $y\tan\alpha$,那么矩形的面积为

$$A(y) = 2y\sqrt{R^2-y^2}\tan\alpha,$$

所以楔形的体积为

$$\begin{aligned}
V &= \int_0^R 2y\sqrt{R^2-y^2}\tan\alpha\mathrm{d}y \\
&= -\tan\alpha\int_0^R \sqrt{R^2-y^2}\mathrm{d}(R^2-y^2) \\
&= -\frac{2}{3}\tan\alpha(R^2-y^2)^{\frac{3}{2}}\Big|_0^R
\end{aligned}$$

$$= \frac{2}{3}R^3 \tan\alpha.$$

解法 2：如图 5-5-10，在 $x(-R \leqslant x \leqslant R)$ 处垂直于 x 轴作立体的截面，截面为直角三角形，两条直角边分别为 $\sqrt{R^2 - x^2}$ 和 $\sqrt{R^2 - x^2}\tan\alpha$，则三角形的面积为

$$A(x) = \frac{1}{2}(R^2 - x^2)\tan\alpha,$$

所以楔形的体积为

$$
\begin{aligned}
V &= \int_{-R}^{R} \frac{1}{2}(R^2 - x^2)\tan\alpha \, \mathrm{d}x \\
&= \tan\alpha \int_0^R (R^2 - x^2) \, \mathrm{d}x \\
&= \tan\alpha \left(R^2 x - \frac{x^3}{3}\right) \Big|_0^R \\
&= \frac{2}{3}R^3 \tan\alpha.
\end{aligned}
$$

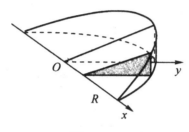

图 5-5-10

2. 旋转体的体积

旋转体是指一个平面图形绕该平面内一条直线旋转一周而成的立体，这条直线称为旋转轴. 如圆柱体、圆锥体和球都是旋转体.

（1）如图 5-5-11，设连续曲线 $y = f(x)(f(x) \geqslant 0)$ 与直线 $x = a$，$x = b$ 及 x 轴所围成的曲边梯形绕 x 轴旋转一周形成一个旋转体，由于垂直于旋转轴的截面都是圆，因此在 x 处截面积为

$$A(x) = \pi y^2 = \pi f^2(x),$$

体积微元为

$$\mathrm{d}V_x = \pi f^2(x)\mathrm{d}x.$$

可以证明 ΔV_x 与 $\mathrm{d}V_x$ 之差是比 $\mathrm{d}x$ 高阶的无穷小. 故所求旋转体体积为

$$V_x = \pi \int_a^b f^2(x)\mathrm{d}x.$$

（2）如图 5-5-12，若旋转体是由连续曲线 $x = g(y)[g(y) \geqslant 0]$ 与直线 $y = c$，$y = d(c < d)$ 及 y 轴所围成的曲边梯形绕 y 轴旋转一周形成的，类似地可得其旋转体体积为

$$V_y = \pi \int_c^d g^2(x)\mathrm{d}y.$$

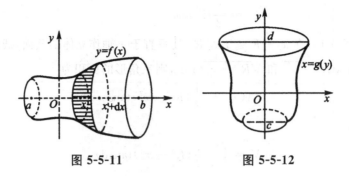

图 5-5-11　　　　　　　　　图 5-5-12

（3）由连续曲线 $y = f(x)$，$y = g(x)$，$x = a$，$x = b$，且满足 $f(x) \geqslant g(x) \geqslant 0$ 所围成的平面图形绕 x 轴旋转一周所得的旋转体体积为

$$V_x = \pi \int_a^b \left[f^2(x) - g^2(x) \right] \mathrm{d}x.$$

特别地，对于由连续曲线 $y = f(x)$ 与直线 $x = a$，$x = b$ 及 x 轴所围成的平面图形绕 y 轴旋转一周所得的旋转体体积公式为

$$V_x = 2\pi \int_a^b x \left| f(x) \right| \mathrm{d}x.$$

例 5.5.8　求椭圆 $\dfrac{x^2}{a^2} + \dfrac{y^2}{b^2} = 1$ 分别绕 x 轴与 y 轴旋转所产生的旋转体体积.

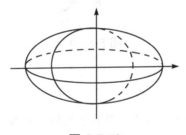

图 5-5-13

解　考虑椭圆图形与坐标轴对称，所以只需求第一象限内的曲边梯形绕坐标轴所产生的旋转体体积. 可得

$$
\begin{aligned}
V_x &= 2 \cdot \pi \int_a^b y^2 \mathrm{d}x \\
&= 2 \cdot \pi \frac{b^2}{a^2} \int_0^a (a^2 - x^2) \mathrm{d}x \\
&= 2 \cdot \pi \frac{b^2}{a^2} (a^2 x - \frac{x^3}{3}) \Big|_0^a \\
&= \frac{4}{3} \pi a b^2.
\end{aligned}
$$

同理可得

$$
\begin{aligned}
V_y &= 2 \cdot \pi \int_0^b x^2 \mathrm{d}y \\
&= 2\pi \int_0^b \frac{b^2}{a^2} (b^2 - y^2) \mathrm{d}y
\end{aligned}
$$

$$= 2 \cdot \pi \frac{b^2}{a^2} (a^2 x - \frac{x^3}{3}) \Big|_0^a$$

$$= \frac{4}{3} \pi a^2 b.$$

例 5.5.9 求半径为 r 的圆同一平面内圆外一条直线旋转成的圆环的体积,设圆心到直线的距离为 $R(R \geqslant r)$.

解 如图 5-5-14,建立直角坐标系,则圆的方程为

$$x^2 + (y - R)^2 = r^2.$$

所求圆环体的体积可以看做是上半圆下的曲边梯形和下半圆下的曲边梯形各绕 x 轴旋转一周,得到的两个旋转体体积的差,故有

$$V = \pi \int_{-r}^{r} (R + \sqrt{r^2 + x^2}) \, dx - \pi \int_{-r}^{r} (R + \sqrt{r^2 + x^2}) \, dx$$

$$= 4\pi R \int_{-r}^{r} \sqrt{r^2 - x^2} \, dx$$

$$= 4\pi R \cdot \frac{\pi r^2}{2}$$

$$= 2\pi^2 R r^2.$$

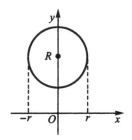

图 5-5-14

例 5.5.10 (如图 5-5-15)求曲线 $y = \sqrt{x-1}$ 过原点的切线与 x 轴和 $y = \sqrt{x-1}$ 所围成的图形绕 x 轴及 y 轴旋转一周所得旋转体体积.

解 设切点坐标为 $(x_0, \sqrt{x_0 - 1})$,切线斜率为 k,则有

$$k = y' \big|_{x = x_0} = (\sqrt{x-1})' \big|_{x = x_0} = \frac{1}{2\sqrt{x_0 - 1}},$$

所以在切点有

$$\sqrt{x_0 - 1} = k x_0 = \frac{x_0}{2\sqrt{x_0 - 1}}.$$

求出 $x_0 = 2$,$k = \frac{1}{2}$,切线方程为 $y = \frac{1}{2} x$,切点坐标为 $(2, 1)$.

由直线 $y = \frac{1}{2} x$,x 轴和 $y = \sqrt{x-1}$ 所围成的平面图形绕 x 轴旋转一周所得的旋转体体积为

$$V_x = \pi \int_0^2 \left(\frac{1}{2} x \right)^2 \, dx - \pi \int_1^2 (\sqrt{x-1})^2 \, dx$$

$$= \frac{\pi}{12} x^3 \Big|_0^2 - \pi \frac{(x-1)^2}{2} \Big|_1^2$$

$$= \frac{2}{3}\pi - \frac{\pi}{2}$$

$$= \frac{\pi}{6}.$$

图形绕 y 轴旋转一周所得旋转体体积可由两种方法求出.

解法 1:取 x 为积分变量,则有

$$V_y = 2\pi \int_0^2 \cdot \frac{\pi}{2} \mathrm{d}x - 2\pi \int_1^2 x \cdot \sqrt{x-1} \mathrm{d}x$$

$$= \pi \int_0^2 x^2 \mathrm{d}x - 2\pi \int_1^2 (x-1+1)\sqrt{x-1}\mathrm{d}(x-1)$$

$$= \frac{\pi}{3} x^3 \Big|_0^2 - 2\pi \int_1^2 \big[(x-1)^{\frac{3}{2}} + (x-1)^{\frac{1}{2}}\big] x \cdot \sqrt{x-1}\mathrm{d}(x-1)$$

$$= \frac{8}{3}\pi - 2\pi \left(\frac{2}{5} + \frac{2}{3} \right).$$

$$= \frac{8}{15}\pi.$$

解法 2:取 y 为积分变量,则有 $x = 2y$,$x = y^2 + 1$,那么

$$V_y = \pi \int_0^1 \big[(y^2+1)^2 - (2y)^2\big] \mathrm{d}y$$

$$= \pi \int_0^1 (y^4 - 2y^2 + 1) \mathrm{d}y$$

$$= \frac{8}{15}\pi.$$

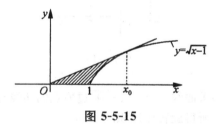

图 5-5-15

3.平面曲线的弧长

设曲线弧的直角坐标方程为 $y = f(x)(a \leqslant x \leqslant b)$,其中 $f \in C[a,b]$,求这段弧的弧长.
在前面推导曲率公式时,我们导出了弧微分公式

$$\mathrm{d}s = \sqrt{\mathrm{d}x^2 + \mathrm{d}y^2} = \sqrt{1 + \left(\frac{\mathrm{d}y}{\mathrm{d}x}\right)^2}\mathrm{d}x = \sqrt{1 + [f'(x)]^2}\mathrm{d}x.$$

故所求的弧长为

$$s = \int_a^b \mathrm{d}s = \int_a^b \sqrt{1 + f'^2(x)}\mathrm{d}x.$$

当曲线由参数方程或极坐标方程给出时,只需将相应的弧微分换成相应的形式即可.

例 5.5.11 求对数螺线 $r = e^{a\theta}(a > 0)$ 自 $\theta = 0$ 到 $\theta = \varphi$ 的一段弧长.

解 此时弧微分为

$$ds = \sqrt{r^2(\theta) + r'^2(\theta)}\,\mathrm{d}\theta ,$$

将 $r(\theta) = \mathrm{e}^{a\theta}, r'(\theta) = a\mathrm{e}^{a\theta}$ 代入弧微分公式可得

$$s = \int_0^{\varphi} \sqrt{r^2(\theta) + r'^2(\theta)}\,\mathrm{d}\theta$$

$$= \int_0^{\varphi} \sqrt{(\mathrm{e}^{a\theta})^2 + (a\mathrm{e}^{a\theta})^2}\,\mathrm{d}\theta$$

$$= \int_0^{\varphi} \sqrt{1 + a^2}\,\mathrm{e}^{a\theta}\,\mathrm{d}\theta$$

$$= \sqrt{1 + a^2} \cdot \frac{1}{a}\int_0^{\varphi} \mathrm{e}^{a\theta}\,\mathrm{d}(a\theta)$$

$$= \frac{\sqrt{1 + a^2}}{a} \cdot (\mathrm{e}^{a\theta} - 1).$$

5.6　定积分的近似计算

利用牛顿－莱布尼茨公式虽然可以精确地算出大量定积分的值,但是还有许多函数由于无法计算其原函数,因此相应的定积分的值也很难得到.在实际应用中,被积函数往往是近似的而不是精确的,因此.只要求出近似值就可以满足需要.本节将介绍几种近似计算方法.

5.6.1　矩形法

如图 5-6-1,设函数 $y = f(x) \in C[a,b]$,计算 $\int_a^b f(x)\mathrm{d}x$ 的近似值.将区间 $[a,b]$ 作 n 等分,则分点为 $x_i = a + i\dfrac{b-a}{n}(i = 0,1,2,\cdots,n)$,每个子区间的长度为 $\dfrac{b-a}{n}$.

在第 i 小区间 $[x_{i-1}, x_i]$ 上,取 ξ_i 分别等于小区间的左端点、右端点和中点,即

$$\xi_i = x_{i-1},\ x_i,\ \frac{x_{i-1} + x_i}{2}(1 \leqslant i \leqslant n).$$

再记

$$y_i = f(x_i) = f(a + i\frac{b-a}{n})\ (i = 0,1,2,\cdots,n),$$

$$y_{i-\frac{1}{2}} = f(\frac{x_{i-1} + x_i}{2}) = f\left[a + (i - \frac{1}{2})\frac{b-a}{n}\right]\ (i = 0,1,2,\cdots,n).$$

得到 $\int_a^b f(x)\mathrm{d}x$ 的三个近似和式:

$$\int_a^b f(x)\mathrm{d}x \approx \sum_{i=1}^n f(x_{i-1})\Delta x = \frac{b-a}{n}\sum_{i=1}^n y_{i-1},$$

$$\int_a^b f(x)\mathrm{d}x \approx \sum_{i=1}^n f(x_i)\Delta x = \frac{b-a}{n}\sum_{i=1}^n y_i,$$

$$\int_a^b f(x)\mathrm{d}x \approx \sum_{i=1}^n f(\frac{x_{i-1} + x_i}{2})\Delta x = \frac{b-a}{n}\sum_{i=1}^n y_{i-\frac{1}{2}}.$$

这三个公式分别称为左矩形公式、右矩形公式和中矩形公式.

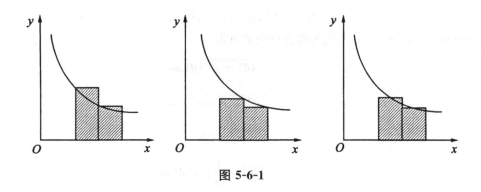

图 5-6-1

5.6.2 梯形法

如图 5-6-2,若在每个小区间 $[x_{i-1},x_i]$ 上用小梯形近似地代替小曲边梯形,就可以得到以下的梯形公式:

$$\int_a^b f(x)\mathrm{d}x \approx \frac{b-a}{n}\left[\frac{1}{2}(y_0+y_1)+\frac{1}{2}(y_1+y_2)+\cdots+\frac{1}{2}(y_{n-1}+y_n)\right]$$

$$= \frac{b-a}{n}\left[\frac{1}{2}(y_0+y_n)+y_1+y_2+\cdots+y_{n-1}\right].$$

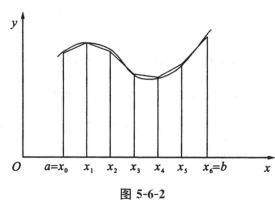

图 5-6-2

例 5.6.1 用梯形法计算 $\pi = \int_0^1 \dfrac{4\mathrm{d}x}{1+x^2}$ 的近似值,取 $n=4$.

解 取 $x_0=0, x_1=0.25, x_3=0.75, x_4=1$,则有

$$\pi = \int_0^1 \frac{4\mathrm{d}x}{1+x^2}$$

$$\approx 4\times\frac{1}{2\times4}\left[(1+\frac{1}{2})+2(\frac{1}{1+0.25^2}+\frac{1}{1+0.5^2}+\frac{1}{1+0.75^2})\right]$$

$$\approx 3.1318.$$

5.6.3 抛物线法

矩形法不考虑函数在每一小区间 $[x_{i-1},x_i]$ 上的变化,以常数来代替.梯形法对函数的增减性有所反映,但没有顾及函数在小区间的凸性.如果将函数的小曲线弧段用与它凸性相接近的抛

物线段来近似时,就可减少误差这就是定积分计算的抛物线法. 为此,先推导抛物线梯形(以抛物线为曲边)的面积公式.

设抛物线为 $y = ax^2 + bx + c (x \in [-h, h])$,那么该抛物线梯形的面积为

$$A = \int_{-h}^{h} (ax^2 + bx + c) \mathrm{d}x = \frac{h}{3} (2ah^2 + 6c).$$

记 y_{-h}, y_0, y_h 分别为当 $x = -h, 0, h$ 时抛物线上点的纵坐标,则

$$y_{-h} = ah^2 - bh + c, y_0 = c, y_h = ah^2 + bh + c,$$

所以

$$A = \frac{h}{3} (y_{-h} + 4y_0 + y_h).$$

现在将区间 $[a, b]$ 分成偶数 $n = 2m$ 等份,则小区间 $[x_{i-1}, x_{i+1}]$ 的长度为 $\frac{b-a}{m}$. 用过 (x_{2i-2}, y_{2i-2}),(x_{2i-1}, y_{2i-1}) 和就可得到定积分近似计算的抛物线公式

$$\int_a^b f(x) \mathrm{d}x \approx \sum_{i=1}^{m} \frac{b-a}{6m} (y_{2i-2} + 4y_{2i-1} + y_{2i})$$

$$\approx \frac{b-a}{6m} [y_0 + y_{2m} + 2(y_2 + y_4 + \cdots + y_{2m-2}) + 4(y_1 + y_3 + \cdots + y_{2m-1})].$$

例 5.6.2　用抛物线法计算 $\pi = \int_0^1 \frac{4\mathrm{d}x}{1+x^2}$ 的近似值,取 $n = 4$.

解　取 $x_0 = 0, x_1 = 0.25, x_3 = 0.75, x_4 = 1$,根据公式有

$$\pi = \int_0^1 \frac{4\mathrm{d}x}{1+x^2}$$

$$\approx \frac{4}{12} \times \left(1 + \frac{1}{2} + \frac{2}{1+0.5^2} + \frac{4}{1+0.25^2} + \frac{4}{1+0.75^2} \right)$$

$$\approx 3.14157.$$

与例 5.6.1 相比,本题计算量并未加大,而精确度明显提高.

例 5.6.3　用各近似法求 $\int_0^{\frac{\pi}{2}} \sin x \mathrm{d}x$.

用矩形法得

$$\int_0^{\frac{\pi}{2}} \sin x \mathrm{d}x = \sin 0 \cdot \frac{\pi}{2} = 0 (\text{取 } c = 0);$$

$$\int_0^{\frac{\pi}{2}} \sin x \mathrm{d}x = \sin \frac{\pi}{2} \cdot \frac{\pi}{2} = \frac{\pi}{2} = 1.57 \cdots (\text{取 } c = \frac{\pi}{2});$$

$$\int_0^{\frac{\pi}{2}} \sin x \mathrm{d}x = \sin \frac{\pi}{4} \cdot \frac{\pi}{2} = 1.11 \cdots (\text{取 } c = \frac{\pi}{4}).$$

用梯形法得

$$\int_0^{\frac{\pi}{2}} \sin x \mathrm{d}x = \frac{\sin 0 + \sin \frac{\pi}{2}}{2} \cdot \frac{\pi}{2} = 0.78 \cdots,$$

用抛物线法得

$$\int_0^{\frac{\pi}{2}} \sin x \mathrm{d}x = \frac{\sin 0 + 4 \sin \frac{\pi}{4} + \sin \frac{\pi}{2}}{6} \cdot \frac{\pi}{2} = 1.0022 \cdots,$$

精确值为 1. 容易看出,抛物线公式精确度最高.

5.7 定积分在物理学中的应用

5.7.1 作功问题

设有一物体在变力(方向始终保持不变)$F(x)$ 的作用下,沿直线由点 a 运动到点 b. 功的微元为

$$\mathrm{d}W = F(x)\mathrm{d}x ,$$

于是变力 $F(x)$ 所作的功为

$$W = \int_a^b \mathrm{d}W = \int_a^b F(x)\mathrm{d}x$$

例 5.7.1 设一弹簧在 4N 力的作用下伸长了 0.1m,试求使它伸长 0.5m 力所作的功 W.

解 如图 5-7-1,在弹性限度内,弹簧的伸长与所受外力成正比,即

$$F(x) = kx ,$$

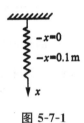

图 5-7-1

其中 k 为弹性系数,x 为伸长量,根据已知条件可得 $k = 40\mathrm{N/m}$,所以 $F(x) = 40x(\mathrm{N})$,则有

$$W = \int_0^{\frac{1}{2}} F(x)\mathrm{d}x = \int_0^{\frac{1}{2}} 40x\mathrm{d}x = \left[20x^2\right]_0^{\frac{1}{2}} = 5 \text{ J}.$$

例 5.7.2 一个半球形水池,其半径为 R,容器中盛满水,试将容器中的水全部抽出,需作功多少?

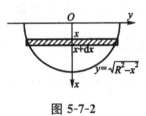

图 5-7-2

解 建立如图 5-7-2 所示坐标系,则水池边界半球可看作曲线 $y = \sqrt{R^2 - x^2}(0 \leqslant x \leqslant R)$ 绕 x 轴旋转而成.

在 $[0, R]$ 上任取区间 $[x, x+\mathrm{d}x]$,与该小区间对应的一薄层水体积近似为

$$\pi y^2 \mathrm{d}x = \pi(R^2 - x^2)\mathrm{d}x .$$

将其抽出水池的位移为 x,从而抽出这一薄层水所作的功为

…

$$\mathrm{d}W = \pi g x (R^2 - x^2)\mathrm{d}x ,$$

于是将池水全部抽出需作功

$$W = \int_0^R \mathrm{d}W = \pi g \int_0^R x (R^2 - x^2)\mathrm{d}x = \frac{\pi g R^4}{4}.$$

5.7.2　液体静压力问题

由物理学中的帕斯卡定律知道,液体中深度为 h 的压强

$$p = \rho g h ,$$

其中,ρ 为液体的密度,g 为重力加速度.若有一面积为 A 的平板,水平地放置在水深为 h 的地方,则其受到的液体静压力为 pA .如果平板非水平置于液体中,则由于水深不同导致压强不同,这时平板所受到的压力是一个不均匀分布的量.我们通过例子来说明液体静压力的计算方法.

例 5.7.3　一水坝中有一个等腰三角形的闸门,该闸门铅直地插入水中,它的底边与水平闸面齐平,已知三角形底边长 αm,高为 βm,求这个闸门受到的水压力.

解　建立如图 5-7-3 所示坐标系,根据闸门关于 x 轴的对称性,闸门受到的总压力等于闸门在第一象限所受压力的二倍.线段 AB 的方程为

$$y = \frac{\alpha}{2\beta}(\beta - x) \ (0 \leqslant x \leqslant \beta),$$

则该闸门所受到的水压力

$$p = 2\rho \int_0^\beta x \frac{\alpha}{2\beta}(\beta - x)\mathrm{d}x = \rho \frac{\alpha \beta^2}{6} .$$

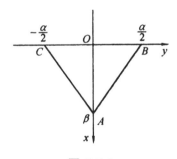

图 5-7-3

5.7.3　引力问题

由物理学知,质量分别为 m_1 和 m_2 ,相距为 r 的两质点间引力大小为

$$F = G \frac{m_1 m_2}{r^2} ,$$

其中,G 为引力系数,引力方向沿着两质点连接方向.

如果要计算一根细棒对一质点的引力,由于细棒上各点与质点的距离是变化的,并且各点处对质点的引力方向也是变化的所以不能直接应用上述公式计算,下面举例说明这种问题的计算方法.

例 5.7.4　设有一质量均匀分布,长为 l ,总质量为 M 的细直杆,在杆所在直线上距杆的一端 a 处有一质量为 m 的质点,求杆对该质点的引力 F .

解 建立如图 5-7-4 所示的坐标系,任取小区间 $[x, x+\mathrm{d}x] \subset [0, l]$,把在 x 到 $x+\mathrm{d}x$ 之间的这一小段杆看成是质点,那么小段杆对质点的引力为

$$\mathrm{d}F = G \frac{m \dfrac{M}{l}}{(l+a-x)^2} \mathrm{d}x \ ,$$

故所求引力为

$$
\begin{aligned}
F &= \int_0^l \mathrm{d}F \\
&= \frac{GmM}{l} \int_0^l \frac{\mathrm{d}x}{(l+a-x)^2} \\
&= \frac{GmM}{l} \frac{1}{l+a-x} \Big|_0^l \\
&= \frac{GmM}{l} \left(\frac{1}{a} - \frac{1}{l+a} \right) \\
&= \frac{GmM}{a(a+l)} \cdot
\end{aligned}
$$

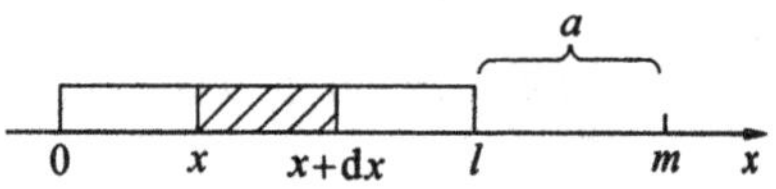

图 5-7-4

第6章 数项级数

6.1 数项级数的基本概念与性质

6.1.1 数项级数的基本概念

求和运算是数学的最基本运算,从初等数学到高等数学随时都可以遇到,这些求和主要是有限项之和.如:数值相加、函数相加、数列求和、积分求和等.那么无限项相加有没有和?若有和其含义又是什么呢?这就是我们所要讨论的问题.

设数列 $\frac{1}{2}, \frac{1}{4}, \frac{1}{8}, \frac{1}{16}, \frac{1}{32}, \cdots, \frac{1}{2^n}, \cdots$ 将数列的所有项按照给定的次序相加,得到表达式

$$\frac{1}{2} + \frac{1}{4} + \frac{1}{8} + \frac{1}{16} + \frac{1}{32} + \cdots + \frac{1}{2^n} + \cdots. \tag{6.1.1}$$

那么式(6.1.1)是否有和?若有和又等于什么?

用 S_n 表示式(6.1.1)的前 n 项和,即

$$s_1 = \frac{1}{2}, s_2 = \frac{1}{2} + \frac{1}{4}, s_3 = \frac{1}{2} + \frac{1}{4} + \frac{1}{8}, \cdots,$$

$$s_n = \frac{1}{2} + \frac{1}{4} + \frac{1}{8} + \cdots + \frac{1}{2^n} + \cdots,$$

由此得到一个数列 $\{s_n\}: s_1, s_2, s_3 \cdots, s_n, \cdots$.

事实上,由数列极限的概念,我们可以看出 S_n 其实就是式(6.1.1)在 $n \to \infty$ 时的极限.由等比数列求和公式得

$$S_n = \frac{\frac{1}{2}\left[1 - \left(\frac{1}{2}\right)^n\right]}{1 - \frac{1}{2}} = 1 - \frac{1}{2^n},$$

因此

$$\lim_{n \to \infty} S_n = \lim_{n \to \infty}\left(1 - \frac{1}{2^n}\right) = 1.$$

这表明式(6.1.1)的和存在,且其和为1,记作

$$\frac{1}{2} + \frac{1}{4} + \frac{1}{8} + \cdots + \frac{1}{2^n} + \cdots = 1.$$

上例反映了无穷项相加问题,为了解决无穷项相加问题,按照有限与无限之间的辩证转化关系,通过数列极限给出数项级数的相关概念.

定义 6.1.1 给定数列 $u_1, u_2, \cdots, u_n, \cdots$,把形如

$$u_1 + u_2 + \cdots + u_n + \cdots,$$

的表达式叫做常数项无穷级数,简称数项级数或级数,记作 $\sum\limits_{n=1}^{\infty} u_n$,即

$$\sum_{n=1}^{\infty} u_n = u_1 + u_2 + \cdots + u_n + \cdots, \qquad (6.1.2)$$

其中 $u_1, u_2, \cdots, u_n, \cdots$ 称为级数的项，u_n 称为级数的一般项或通项.

我们知道，任意有限项之和的意义是十分明确的，而无穷多个数"相加"，这是一个新的概念. 这种加法是不是具有"和数"？这个"和数"的确切意义又是什么？从上述实例知道，我们可以从有限项的和出发，研究其变换趋势，由此来理解无穷多个数相加的意义.

定义 6.1.2 级数 (6.1.2) 的前 n 项的和

$$s_n = u_1 + u_2 + \cdots + u_n = \sum_{i=1}^{n} u_i$$

称为级数 (6.1.2) 的前 n 项部分和. 当 n 依次取 $1, 2, 3, \cdots$ 时，它们构成一个新的数列 $\{s_n\}$，即

$$s_1 = u_1, s_2 = u_1 + u_2, \cdots, s_n = u_1 + u_2 + \cdots + u_n, \cdots$$

数列 $\{s_n\}$ 称为部分和数列.

下面根据数列 $\{s_n\}$ 是否存在极限，来引进无穷级数 (6.1.2) 收敛与发散的概念.

定义 6.1.3 如果级数 $\sum_{n=1}^{\infty} u_n$ 的部分和数列 $\{s_n\}$ 有极限 s，即

$$\lim_{n \to \infty} s_n = s$$

则称无穷级数 $\sum_{n=1}^{\infty} u_n$ 收敛，s 称为级数的和，并记为

$$s = u_1 + u_2 + \cdots + u_n + \cdots \text{ 或 } s = \sum_{n=1}^{\infty} u_n$$

如果数列 $\{s_n\}$ 没有极限，则称无穷级数 $\sum_{n=1}^{\infty} u_n$ 发散.

由此可见，级数的收敛性与它的部分和数列是否有极限是等价的. 显然，当无穷级数 $\sum_{n=1}^{\infty} u_n$ 收敛时，其部分和 s_n 是级数和 s 的近似值，它们之间的差值

$$r_n = s - s_n = \sum_{k=n+1}^{\infty} u_k = u_{n+1} + u_{n+2} + \cdots,$$

叫做级数 $\sum_{n=1}^{\infty} u_n$ 的余和. 用近似值 s_n 代替 s 所产生的绝对误差为这个余和的绝对值 $|r_n| = |s - s_n|$.

例 6.1.1 证明无穷级数

$$\sum_{n=1}^{\infty} \frac{1}{n(n+1)} = \frac{1}{1 \cdot 2} + \frac{1}{1 \cdot 3} + \cdots + \frac{1}{n \cdot (n+1)} + \cdots$$

是收敛的，并求其和.

证明 由于

$$u_n = \frac{1}{n \cdot (n+1)} = \frac{1}{n} - \frac{1}{n+1},$$

于是

$$s_n = \frac{1}{1 \cdot 2} + \frac{1}{1 \cdot 3} + \cdots + \frac{1}{n \cdot (n+1)}$$

$$= \left(1 - \frac{1}{2}\right) + \left(\frac{1}{2} - \frac{1}{3}\right) + \cdots + \left(\frac{1}{n} - \frac{1}{n+1}\right)$$

$$= 1 - \frac{1}{n+1} \ ,$$

因此

$$\lim_{n \to \infty} s_n = \lim_{n \to \infty} \left(1 - \frac{1}{n+1} \right) = 1 \ ,$$

故该级数收敛,其和为 1.

例 6.1.2　讨论等比级数(又称几何级数)

$$\sum_{n=0}^{\infty} aq^n = a + aq + aq^2 + \cdots + aq^n + \cdots \ (a \neq 0) \ ,$$

的敛散性.

解　分情况讨论

(1)当 $|q| \neq 1$ 时,该级数的部分和为

$$s_n = a + aq + aq^2 + \cdots + aq^{n-1} = \frac{a(1-q^n)}{1-q} = \frac{a}{1-q} - \frac{aq^n}{1-q} \ ,$$

如果 $|q| < 1$,有 $\lim\limits_{n \to \infty} q^n = 0$,则

$$\lim_{n \to \infty} s_n = \lim_{n \to \infty} \left(\frac{a}{1-q} - \frac{aq^n}{1-q} \right) = \frac{a}{1-q} \ ,$$

因此级数收敛于和 $\frac{a}{1-q}$;

如果 $|q| > 1$,有 $\lim\limits_{n \to \infty} q^n = \infty$,则 $\lim\limits_{n \to \infty} s_n = \infty$,因此级数发散.

(2)当 $|q| = 1$ 时,

如果 $q = 1$,有 $s_n = na$,则 $\lim\limits_{n \to \infty} s_n = \infty$,因此级数发散;

如果 $q = -1$,则级数为 $a - a + a - a + a - \cdots$,此时

$$s_n = \begin{cases} 0, & n \text{ 为偶数} \\ a, & n \text{ 为奇数} \end{cases} \ ,$$

因此 $\lim\limits_{n \to \infty} s_n$ 不存在,级数发散.

综上所述,当 $|q| < 1$ 时,等比级数 $\sum\limits_{n=0}^{\infty} aq^n$ 收敛,且收敛于和 $\frac{a}{1-q}$;当 $|q| \geqslant 1$ 时,等比级数 $\sum\limits_{n=0}^{\infty} aq^n$ 发散.

例 6.1.3　讨论级数 $\sum\limits_{n=1}^{\infty} \frac{1}{n(n+1)}$ 的收敛性.

解　该级数的部分和

$$s_n = \frac{1}{1 \cdot 2} + \frac{1}{2 \cdot 3} + \cdots + \frac{1}{n(n+1)}$$

$$= \left(1 - \frac{1}{2} \right) + \left(\frac{1}{2} - \frac{1}{3} \right) + \cdots + \left(\frac{1}{n} - \frac{1}{n+1} \right)$$

$$= 1 - \frac{1}{n+1} \ ,$$

从而

$$\lim_{n \to \infty} s_n = \lim_{n \to \infty}\left(1 - \frac{1}{n+1}\right) = 1 ,$$

于是该级数收敛且和为 1.

例 6.1.4（芝诺悖论） 乌龟与阿基里斯赛跑问题:芝诺(古希腊哲学家)认为如果先让乌龟爬行一段路程后,再让阿基里斯(古希腊神话中的赛跑英雄)去追它,那么阿基里斯将永远追不上乌龟.

芝诺的理论根据是:阿基里斯在追上乌龟前,必须先到达乌龟的出发点,这时乌龟已向前爬行了一段路程.于是,阿基里斯必须赶上这段路程,可是乌龟此时又向前爬行了一段路程.如此下去,虽然阿基里斯离乌龟越来越接近,但却永远追不上乌龟.显然,该结论是错误的,但从逻辑上讲这种推论却没有任何矛盾.这就是著名的芝诺悖论.在此,我们用数学的方法进行分析和反驳.

设乌龟的出发点为 A_1,阿基里斯的起跑点为 A_0,两者的间距为 s_1,如图 6-1-1 所示,乌龟的速度为 v,阿基里斯的速度是乌龟的 100 倍,即为 $100v$.

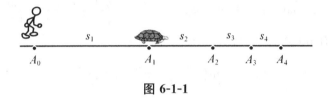

图 6-1-1

由于乌龟爬行到 A_2 的时间与阿基里斯到达 A_1 的时间相等,因此

$$\frac{s_2}{v} = \frac{s_1}{100v} ,$$

即 $s_2 = \frac{s_1}{100}$. 以此类推,可得

$$s_{n-1} = \frac{s_{n-2}}{100}, s_n = \frac{s_{n-1}}{100} ,$$

因此

$$s_n = \left(\frac{1}{100}\right)^{n-1} s_1 .$$

阿基里斯在追赶乌龟时所跑的路程为

$$
\begin{aligned}
s &= s_1 + s_2 + s_3 + \cdots + s_n + \cdots \\
&= s_1 + \frac{1}{100}s_1 + \left(\frac{1}{100}\right)^2 s_1 + \left(\frac{1}{100}\right)^3 s_1 + \cdots + \left(\frac{1}{100}\right)^{n-1} s_1 + \cdots \\
&= s_1 \cdot \left[1 + \frac{1}{100} + \left(\frac{1}{100}\right)^2 + \left(\frac{1}{100}\right)^3 + \cdots + \left(\frac{1}{100}\right)^{n-1} + \cdots\right] \\
&= s_1 \cdot \lim_{n \to \infty} \frac{1 \cdot \left[1 - \left(\frac{1}{100}\right)^n\right]}{1 - \frac{1}{100}} = \frac{100}{99} s_1 .
\end{aligned}
$$

虽然从表面看,阿基里斯在追赶乌龟的过程中总跑不完,但由计算可知当阿基里斯追到离起点 $\frac{100}{99}s_1$ 处时,已经追赶上了乌龟.

直接利用级数收敛的定义去求级数的和,一般来说是比较困难的.而级数的主要问题是判别收敛性.下面我们将研究级数的一些性质,然后给出级数的一些判别收敛与发散的准则.

6.1.2　级数的基本性质

性质 6.1.1　如果级数 $\sum\limits_{n=1}^{\infty} u_n$ 收敛,其和为 s ,则级数 $\sum\limits_{n=1}^{\infty} ku_n$ 也收敛,且其和为 ks .

证明　设级数 $\sum\limits_{n=1}^{\infty} u_n$ 与级数 $\sum\limits_{n=1}^{\infty} ku_n$ 的部分和分别为 s_n 与 σ_n ,则

$$\sigma_n = ku_1 + ku_2 + \cdots + ku_n = ks_n ,$$

因此

$$\lim_{n \to \infty}\sigma_n = \lim_{n \to \infty} ks_n = k\lim_{n \to \infty} s_n = ks ,$$

这表明级数 $\sum\limits_{n=1}^{\infty} ku_n$ 收敛,且其和为 ks .

由关系式 $\sigma_n = ks_n$ 可知,如果 $\{S_n\}$ 没有极限且 $k \neq 0$,那么 $\{\sigma_n\}$ 也不可能有极限.因此我们得到如下结论:级数的各项同乘(除)非零常数,不影响(改变)它的敛散性.

性质 6.1.2　如果级数 $\sum\limits_{n=1}^{\infty} u_n$ 和 $\sum\limits_{n=1}^{\infty} v_n$ 分别收敛与 s 和 σ ,则级数 $\sum\limits_{n=1}^{\infty} (u_n \pm v_n)$ 也收敛,且其和为 $s \pm \sigma$.

证明　设级数 $\sum\limits_{n=1}^{\infty} u_n$ 与 $\sum\limits_{n=1}^{\infty} v_n$ 的部分和分别为 s_n 和 σ_n ,则级数 $\sum\limits_{n=1}^{\infty} (u_n \pm v_n)$ 的部分和

$$\tau_n = \sum_{i=1}^{n} (u_i \pm v_i) = \sum_{n=1}^{\infty} u_i \pm \sum_{n=1}^{\infty} v_i = s_n \pm \sigma_n ,$$

因此

$$\lim_{n \to \infty} s_n = s , \quad \lim_{n \to \infty} \sigma_n = \sigma ,$$

于是

$$\lim_{n \to \infty} \tau_n = \lim_{n \to \infty} (s_n \pm \sigma_n) = s \pm \sigma ,$$

所以 $\sum\limits_{n=1}^{\infty} (u_n \pm v_n)$ 收敛,且

$$\sum_{n=1}^{\infty} (u_n \pm v_n) = s \pm \sigma = \sum_{n=1}^{\infty} u_n \pm \sum_{n=1}^{\infty} v_n .$$

性质 6.1.3　在级数中去掉、增加或改变有限项,级数的敛散性不变.

证明　我们只需证明"在级数的前面部分去掉或增加有限项,级数的敛散性不变",因为其他情形(即在级数中任意去掉、增加或改变有限项的情形)都可以看成在级数的前面部分先去掉有限项,然后再加上有限项的结果.

设级数

$$u_1 + u_2 + \cdots + u_k + u_{k+1} + \cdots + u_{k+n} \cdots ,$$

的部分和为 s_n ,去掉前 k 项后得到新级数

$$u_{k+1} + u_{k+2} + \cdots + u_{k+n} \cdots ,$$

设其部分和为 σ_n ,则有

$$\sigma_n = u_{k+1} + u_{k+2} + \cdots + u_{k+n} \cdots = s_{k+n} - s_k ,$$

其中 s_{k+n} 为原级数的前 $k+n$ 项之和. 由于 s_k 为常数,所以当 $n \to \infty$ 时,σ_n 与 s_{k+n} 同时有极限或同时无极限,因此两级数同时收敛或同时发散.

类似地,可证明在级数的前面增加有限项,级数的敛散性不变.

性质 6.1.4 如果级数 $\sum\limits_{n=1}^{\infty} u_n$ 收敛到 s,则对该级数的项任意加(有限个或无限个)括号后所得级数

$$(u_1 + \cdots + u_{i_1}) + (u_{i_1+1} + \cdots + u_{i_2}) + \cdots + (u_{i_{k-1}+1} + \cdots + u_{i_k}) + \cdots \qquad (6.1.3)$$

仍收敛,且其和仍为 s.

证明 设 $s_n = \sum\limits_{k=1}^{n} u_k$,已知 $\lim\limits_{n \to \infty} s_n = s$. 设级数(6.1.3)的部分和为 σ_n,则有

$$\sigma_1 = u_1 + \cdots + u_{i_1} = s_{i_1},$$
$$\sigma_2 = (u_1 + \cdots + u_{i_1}) + (u_{i_1+1} + \cdots + u_{i_2}) = s_{i_2},$$
$$\vdots$$
$$\sigma_n = (u_1 + \cdots + u_{i_1}) + (u_{i_1+1} + \cdots + u_{i_2}) + \cdots + (u_{i_{k-1}+1} + \cdots + u_{i_k}) = s_{i_n}.$$

由此可见,数列 $\{\sigma_n\}$ 实际上就是数列 $\{s_n\}$ 的一个子列,因此

$$\lim_{n \to \infty} \sigma_n = s.$$

需要注意的是,对于有限和来说,不仅能随意加括号,而且还可以随意去括号. 但在无穷级数中需要注意:

(1)收敛级数可以任意加括号(无限多个),但是不能任意去括号. 也就是说,收敛级数任意加无限多个括号后组成的新级数仍是收敛的,且其和不变;但是,若去掉原收敛级数的无线多个括号后,所组成的新级数可能发散.

(2)发散级数可以任意去括号(无限多个),但是不可以任意加括号. 也就是说,发散级数去掉无限个括号后,组成的新级数仍是发散的;但是若对发散级数加无限个括号,组成的新级数可能收敛.

例如,级数

$$(1-1) + (1-1) + \cdots,$$

收敛于零,但去括号后所得级数

$$1 - 1 + 1 - 1 + \cdots,$$

是发散的. 反之,发散级数

$$1 - 1 + 1 - 1 + \cdots,$$

任意加无限个括号后,组成的新级数

$$(1-1) + (1-1) + \cdots,$$

是收敛的.

性质 6.1.5(级数收敛的必要条件) 如果级数 $\sum\limits_{n=1}^{\infty} u_n$ 收敛,则 $\lim\limits_{n \to \infty} u_n = 0$.

证明 设 $\sum\limits_{n=1}^{\infty} u_n$ 的部分和为 s_n,且 $\lim\limits_{n \to \infty} s_n = s$. 由于

$$u_n = s_n - s_{n-1},$$

因此

$$\lim_{n \to \infty} u_n = \lim_{n \to \infty} (s_n - s_{n-1}) = \lim_{n \to \infty} s_n - \lim_{n \to \infty} s_{n-1} = s - s = 0 .$$

例 6.1.5　判断调和级数 $\sum\limits_{n=1}^{\infty} \dfrac{1}{n}$ 的敛散性.

证明　假设级数 $\sum\limits_{n=1}^{\infty} \dfrac{1}{n}$ 是收敛的且收敛于 s ,则级数 $\sum\limits_{n=1}^{\infty} \dfrac{1}{n}$ 的前 n 项部分和 s 满足

$$\lim_{n \to \infty} s_n = s , \quad \lim_{n \to \infty} s_{2n} = s ,$$

于是

$$\lim_{n \to \infty} (s_{2n} - s_n) = 0 .$$

又由于

$$s_{2n} - s_n = \frac{1}{n+1} + \frac{1}{n+2} + \cdots + \frac{1}{n+n}$$

$$> \frac{1}{n+n} + \frac{1}{n+n} + + \cdots + \frac{1}{n+n} = \frac{n}{n+n} = \frac{1}{2} ,$$

与假设矛盾,因此级数 $\sum\limits_{n=1}^{\infty} \dfrac{1}{n}$ 是发散的.

例 6.1.6　判断级数 $\sum\limits_{n=1}^{\infty} \dfrac{1}{\left(1 + \dfrac{1}{n}\right)^n}$ 的敛散性.

解　由于

$$\lim_{n \to \infty} u_n = \lim_{n \to \infty} \frac{1}{\left(1 + \dfrac{1}{n}\right)^n} = \frac{1}{e} \neq 0 ,$$

因此级数发散.

需要注意的是,一般项趋于零只是级数收敛的必要条件,而不是充分条件. 例如,调和级数

$$1 + \frac{1}{2} + \frac{1}{3} + \cdots + \frac{1}{n} + \cdots$$

虽然当 $n \to \infty$ 时,一般项 $u_n = \dfrac{1}{n} \to 0$,但它却是发散的.

例 6.1.7　试证

$$\lim_{n \to \infty} \frac{a_n}{(1+a_1)(1+a_2)\cdots(1+a_n)} = 0 \tag{6.1.4}$$

其中 $a_i > 0 (i = 1, 2, \cdots)$.

证明　由于级数

$$\sum_{n=1}^{\infty} \frac{a_n}{(1+a_1)(1+a_2)\cdots(1+a_n)}$$

的部分和 s_n 是单调递增的,并且

$$s_n = \frac{a_1(1+a_2)\cdots(1+a_n) + a_2(1+a_3)\cdots(1+a_n) + \cdots + a_{n-1}(1+a_n) + (1+a_n) - 1}{(1+a_1)(1+a_2)\cdots(1+a_n)}$$

$$= \frac{a_1(1+a_2)\cdots(1+a_n) + a_2(1+a_3)\cdots(1+a_n) + \cdots + a_{n-1}(1+a_n) + (1+a_n) - 1}{(1+a_1)(1+a_2)\cdots(1+a_n)}$$

$$= \frac{a_1(1+a_2)(1+a_2)\cdots(1+a_n) - 1}{(1+a_1)(1+a_2)\cdots(1+a_n)}$$

$$= 1 - \frac{1}{(1+a_1)(1+a_2)\cdots(1+a_n)} < 1 ,$$

因此，$\{s_n\}$ 是单调递增有上界的数列，故 $\{s_n\}$ 有极限，即级数(6.1.4)收敛，于是由性质 6.1.5 知，级数(6.1.4)的一般项以零为极限.

例 6.1.8 判断级数 $\sum\limits_{n=1}^{\infty}\left[2\left(\dfrac{3}{4}\right)^{n-1} - \dfrac{3}{n(n+1)}\right]$ 是否收敛，若收敛求其和.

解 因为级数 $\sum\limits_{n=1}^{\infty}2\left(\dfrac{3}{4}\right)^{n-1}$ 是 $a = 2$，公比为 $q = \dfrac{3}{4}$ 的等比数列，且 $|q| < 1$，可知级数 $\sum\limits_{n=1}^{\infty}2\left(\dfrac{3}{4}\right)^{n-1}$ 收敛于 $\dfrac{2}{1-\dfrac{3}{4}} = 8$．又因为，级数 $\sum\limits_{n=1}^{\infty}\dfrac{1}{n(n+1)}$ 收敛，且其和为 1．则由性质 6.1.2 可知，级数 $\sum\limits_{n=1}^{\infty}\left[2\left(\dfrac{3}{4}\right)^{n-1} - \dfrac{3}{n(n+1)}\right]$ 收敛，且其和为 $8 - 3 = 5$.

6.2 正项级数

对于一个给定的级数 $\sum\limits_{n=1}^{\infty}u_n$，要想求出它的部分和 s_n 的表达式，一般来说是不容易的，有时甚至就求不出来．因此，根据收敛的定义来判断一个级数是否收敛，除了少数情况外，往往是很困难的．需要采用简单易行的判定收敛或发散的方法．本节我们将讨论各项都是正数或零的级数，这种级数称为正项级数．这种级数特别重要，以后将看到许多级数的收敛性问题都可归结为正项级数的收敛性问题.

6.2.1 正项级数及其基本性质

定义 6.2.1 如果级数 $\sum\limits_{n=1}^{\infty}u_n$ 的每一项 $u_n \geqslant 0(n = 1,2,\cdots)$，则称 $\sum\limits_{n=1}^{\infty}u_n$ 为正项级数；若 $u_n \leqslant 0(n = 1,2,\cdots)$，则称 $\sum\limits_{n=1}^{\infty}u_n$ 为负项级数．正项级数与负项级数统称为同号级数.

由于负项级数的每一项乘以 -1 后就变成正项级数，而且它们有相同的收敛性，因而可只研究同号级数中的正项级数的敛散性.

定理 6.2.1(有界性准则) 正项级数 $\sum\limits_{n=1}^{\infty}u_n$ 收敛的充分必要条件是它的部分和数列 $\{s_n\}$ 有界.

证明 (1)级数 $\sum\limits_{n=1}^{\infty}u_n$ 的前 n 项部分和数列 $\{s_n\}$ 满足

$$s_n = s_{n-1} + u_n, \ n = 1,2,3,\cdots ,$$

显然 $\{s_n\}$ 是单调增加的，且 $\{s_n\}$ 有界；则由数列的单调有界准则可知，数列 $\{s_n\}$ 是收敛的，于是级数 $\sum\limits_{n=1}^{\infty}u_n$ 收敛.

(2)若正项级数 $\sum\limits_{n=1}^{\infty}u_n$ 是一个收敛的级数，设其收敛于 s，又其前 n 项部分和数列 $\{s_n\}$ 是单调增加的,则可得 $0 \leqslant s_n \leqslant s \leqslant M$,其中 M 是一正常数,即数列 $\{s_n\}$ 有界.

例 6.2.1 证明正项级数 $\displaystyle\sum_{n=0}^{\infty} \frac{1}{n!} = 1 + \frac{1}{1!} + \frac{1}{2!} + \cdots + \frac{1}{n!} + \cdots$ 是收敛的.

证明 由于

$$\frac{1}{n!} = \frac{1}{1 \cdot 2 \cdot 3 \cdot \cdots \cdot n} \leqslant \frac{1}{1 \cdot 2 \cdot 2 \cdot \cdots \cdot 2} = \frac{1}{2^{n-1}} (n = 2, 3, 4, \cdots)$$

于是对于任意的 n,有

$$S_n = 1 + \frac{1}{1!} + \frac{1}{2!} + \cdots + \frac{1}{(n-1)!} + \cdots < 1 + 1 + \frac{1}{2} + \frac{1}{2^2} + \cdots + \frac{1}{2^{n-1}}$$

$$= 1 + \frac{1 - \frac{1}{2^{n-1}}}{1 - \frac{1}{2}}$$

$$= 3 - \frac{1}{2^{n-2}} < 3$$

即正项级数的部分和数列有界,因此级数 $\displaystyle\sum_{n=0}^{\infty} \frac{1}{n!}$ 收敛.

例 6.2.2 讨论正项级数

$$\sum_{n=1}^{\infty} \frac{1}{n^p} = 1 + \frac{1}{2^p} + \frac{1}{3^p} + \cdots + \frac{1}{n^p} + \cdots$$

的敛散性,其中 p 是任意项级数. 此级数称为广义调和级数或 p 级数.

解 (1)当 $p = 1$ 时,即为调和级数,显然发散.

(2)当 $p < 1$ 时,记 p 级数与调和级数的部分和分别为 P_n 与 S_n,由于

$$\frac{1}{n^p} \geqslant \frac{1}{n} ,$$

因此

$$P_n = 1 + \frac{1}{2^p} + \frac{1}{3^p} + \cdots + \frac{1}{n^p} \geqslant 1 + \frac{1}{2} + \frac{1}{3} + \cdots + \frac{1}{n} = S_n ,$$

已知 $\displaystyle\lim_{n \to \infty} S_n = +\infty$,因此 $\displaystyle\lim_{n \to \infty} P_n = +\infty$,所以此时 p 级数发散.

(3)当 $p > 1$ 时,有不等式

$$\frac{1}{n^p} < \frac{1}{p-1} \left[\frac{1}{(n-1)^{p-1}} - \frac{1}{n^{p-1}} \right].$$

于是

$$P_n = 1 + \frac{1}{2^p} + \frac{1}{3^p} + \cdots + \frac{1}{n^p}$$

$$< 1 + \frac{1}{p-1} \left(\frac{1}{1^{p-1}} - \frac{1}{2^{p-1}} \right) + \frac{1}{p-1} \left(\frac{1}{2^{p-1}} - \frac{1}{3^{p-1}} \right)$$

$$+ \cdots + \frac{1}{p-1} \left[\frac{1}{(n-1)^{p-1}} - \frac{1}{n^{p-1}} \right]$$

$$= 1 + \frac{1}{p-1} \left(1 - \frac{1}{n^{p-1}} \right) < 1 + \frac{1}{p-1} = \frac{p}{p-1} ,$$

即 p 级数部分和数列 $\{P_n\}$ 有界,于是 p 级数收敛.

综上所述，p 级数当 $p \leqslant 1$ 时发散；当 $P > 1$ 时收敛.

6.2.2 正项级数的审敛法

定理 6.2.2（比较判别法） 设 $\sum\limits_{n=1}^{\infty} u_n$ 和 $\sum\limits_{n=1}^{\infty} v_n$ 是两个正项级数，且 $u_n \leqslant v_n (n = 1, 2, \cdots)$.

(1) 若 $\sum\limits_{n=1}^{\infty} u_n$ 收敛，则 $\sum\limits_{n=1}^{\infty} v_n$ 也收敛；

(2) 若 $\sum\limits_{n=1}^{\infty} u_n$ 发散，则 $\sum\limits_{n=1}^{\infty} v_n$ 也发散.

证明 设 $s_n = \sum\limits_{n=1}^{\infty} u_n$，$\sigma_n = \sum\limits_{n=1}^{\infty} v_n$，则由假设知，对每一个 n，有

$$0 \leqslant s_n \leqslant \sigma_n.$$

当 $\sum\limits_{n=1}^{\infty} v_n$ 收敛时，$\{\sigma_n\}$ 是有界数列，从而 $\{s_n\}$ 是有界的. 根据有界性准则，级数 $\sum\limits_{n=1}^{\infty} u_n$ 收敛，结论 (1) 得证.

下面用反证法证结论 (2). 假设 $\sum\limits_{n=1}^{\infty} u_n$ 发散，而 $\sum\limits_{n=1}^{\infty} v_n$ 收敛，则由结论 (1) 知 $\sum\limits_{n=1}^{\infty} u_n$ 也收敛，这就产生了矛盾. 所以结论 (2) 成立.

例 6.2.3 判别下列级数的敛散性.

(1) $\sum\limits_{n=1}^{\infty} \dfrac{1}{\sqrt{n(n-1)}}$；

(2) $\sum\limits_{n=1}^{\infty} \dfrac{2n+1}{(n+1)^2(n+2)^2}$；

(3) $\sum\limits_{n=1}^{\infty} 2^n \sin \dfrac{\pi}{3^n}$.

解 (1) 由于

$$u_n = \frac{1}{\sqrt{n(n-1)}} > \frac{1}{n+1},$$

而级数 $\sum\limits_{n=1}^{\infty} \dfrac{1}{n+1}$ 发散，因此由比较判别法知级数 $\sum\limits_{n=1}^{\infty} \dfrac{1}{\sqrt{n(n-1)}}$ 发散.

(2) 由于

$$\frac{2n+1}{(n+1)^2(n+4)^2} < \frac{2n+2}{(n+1)^2(n+4)^2} < \frac{2}{(n+1)^3} < \frac{2}{n^3},$$

而级数 $\sum\limits_{n=1}^{\infty} \dfrac{1}{n^3}$ 收敛，于是由比较判别法知，级数 $\sum\limits_{n=1}^{\infty} \dfrac{2n+1}{(n+1)^2(n+2)^2}$ 收敛.

(3) 由于

$$0 < u_n = 2^n \sin \frac{\pi}{3^n} < 2^n \frac{\pi}{3^n} = \pi \left(\frac{2}{3}\right)^n,$$

而等比级数 $\sum\limits_{n=1}^{\infty} \pi \left(\dfrac{2}{3}\right)^n$ 收敛，因此由比较判别法知级数 $\sum\limits_{n=1}^{\infty} 2^n \sin \dfrac{\pi}{3^n}$ 收敛.

事实上,比较判别法的一些缩放具有一定的盲目性,这是因为通过所建立的不等式未必能够判断所讨论的级数是否收敛.其一,不等式形式未必与定理 6.2.2 完全一致,如不等式

$$\frac{1}{n\ln n}<\frac{1}{n},\ n\geqslant 3.$$

虽然知道级数 $\sum_{n=1}^{\infty}\frac{1}{n}$ 发散,但并无法判别级数 $\sum_{n=1}^{\infty}\frac{1}{n\ln n}$ 的敛散性;其二,经过放缩后所生成的新级数,有时又不知道它的敛散性,例如

$$\sin\frac{1}{n\ln n}\leqslant\frac{1}{n\ln n}n\geqslant 2.$$

为此,我们给出一个新的判别法,即比较判别法的极限形式.

定理 6.2.3(比较判别法的极限形式) 设级数 $\sum_{n=1}^{\infty}u_n$ 与级数 $\sum_{n=1}^{\infty}v_n$ 均为正项级数,且 $v_n>0(n=1,2,\cdots)$,如果极限 $\lim_{n\to\infty}\frac{u_n}{v_n}=l(0\leqslant l\leqslant +\infty)$,则

(1)当 $0<l<+\infty$ 时,级数 $\sum_{n=1}^{\infty}u_n$ 与级数 $\sum_{n=1}^{\infty}v_n$ 具有相同的敛散性;

(2)当 $l=0$ 时,若级数 $\sum_{n=1}^{\infty}v_n$ 收敛,则级数 $\sum_{n=1}^{\infty}u_n$ 收敛;

(3)当 $l=+\infty$ 时,若级数 $\sum_{n=1}^{\infty}v_n$ 发散,则级数 $\sum_{n=1}^{\infty}u_n$ 发散.

证明 (1)当 $0<l<+\infty$ 时,任取 $\varepsilon=\frac{l}{2}>0$,存在正整数 N,当 $n>N$ 时,总有

$$\left|\frac{u_n}{v_n}-l\right|<\varepsilon$$

即

$$\frac{l}{2}v_n<u_n<\frac{3l}{2}v_n.$$

于是,由比较判别法知,级数 $\sum_{n=1}^{\infty}u_n$ 与级数 $\sum_{n=1}^{\infty}v_n$ 同时收敛或同时发散;

(2)当 $l=0$ 时,则存在 N,当 $n>N$ 时,有

$$\frac{a_n}{b_n}<1,$$

即 $a_n<b_n$.则由比较判别法知,若级数 $\sum_{n=1}^{\infty}v_n$ 收敛,则级数 $\sum_{n=1}^{\infty}u_n$ 收敛;

(3)当 $l=+\infty$ 时,任取 $M>0$,存在正整数 N,当 $n>N$ 时,有

$$\frac{u_n}{v_n}>M$$

即

$$u_n>Mv_n(n>N)$$

于是,由比判别法知,若级数数 $\sum_{n=1}^{\infty}v_n$ 发散,则级数 $\sum_{n=1}^{\infty}u_n$ 发散.

例 6.2.4 判定下列级数的收敛性.

(1) $\displaystyle\sum_{n=1}^{\infty} \frac{1}{\sqrt{n^3+1}}$;

(2) $\displaystyle\sum_{n=1}^{\infty} \tan^2 \frac{\pi}{n}$.

解 (1)由于

$$\lim_{n \to \infty} \frac{\dfrac{1}{\sqrt{n^3+1}}}{\dfrac{1}{n^{\frac{3}{2}}}} = \lim_{n \to \infty} \frac{n^{\frac{3}{2}}}{\sqrt{n^3+1}} = 1 ,$$

其中 $p = \dfrac{3}{2} > 1, l = 1$.由于级数 $\displaystyle\sum_{n=1}^{\infty} \frac{1}{n^{\frac{3}{2}}}$ 收敛,则由定理 6.2.3 可知,级数 $\displaystyle\sum_{n=1}^{\infty} \frac{1}{\sqrt{n^2+1}}$ 收敛.

(2)由于

$$\lim_{n \to \infty} \frac{\tan^2 \dfrac{\pi}{n}}{\dfrac{\pi}{n}} = 1 ,$$

又因为级数 $\displaystyle\sum_{n=1}^{\infty} \left(\frac{\pi}{n}\right)^2$ 是收敛的,于是由比较判别法的极限形式知, $\displaystyle\sum_{n=1}^{\infty} \tan^2 \frac{\pi}{n}$ 是收敛的.

定理 6.2.4(达朗贝尔判别法) 设 $\displaystyle\sum_{n=1}^{\infty} u_n$ 为正项级数,如果

$$\lim_{n \to \infty} \frac{u_{n+1}}{u_n} = \rho ,$$

则

(1)当 $\rho < 1$ 时,级数收敛;

(2)当 $\rho > 1$ 时,级数发散;

(3)当 $\rho = 1$ 时,级数可能收敛也可能发散.

证明 当 ρ 为有限数时,对任意的 $\varepsilon > 0$,存在 $N > 0$,使得当 $n > N$ 时,有

$$\left| \frac{u_{n+1}}{u_n} - \rho \right| < \varepsilon ,$$

即

$$\rho - \varepsilon < \frac{u_{n+1}}{u_n} < \rho + \varepsilon (n > N) .$$

(1)当 $\rho < 1$ 时,取 $0 < \varepsilon < 1 - \rho$,使 $r = \rho + \varepsilon < 1$,则有

$$u_{N+2} < r u_{N+1}, u_{N+3} < r u_{N+2} < r^2 u_{N+1}, \cdots, u_{N+m} < r u_{N+m-1} < r^2 u_{N+m-2} < \cdots < r^{m-1} u_{N+1}, \cdots$$

由于级数 $\displaystyle\sum_{m=1}^{\infty} r^{m-1} u_{N+1}$ 收敛,则由比较判别法知 $\displaystyle\sum_{m=1}^{\infty} u_{N+m} = \sum_{n=N+1}^{\infty} u_n$ 收敛,因此级数 $\displaystyle\sum_{n=1}^{\infty} u_n$ 收敛.

(2)当 $\rho > 1$ 时,取 $0 < \varepsilon < \rho - 1$,使 $r = \rho - \varepsilon > 1$,则当 $n > N$ 时,有 $\dfrac{u_{n+1}}{u_n} > r$,即

$u_{n+1} > r u_n > u_n$,即当 $n > N$ 时,级数 $\displaystyle\sum_{n=1}^{\infty} u_n$ 的一般项逐渐增大,于是 $\lim_{n \to \infty} u_n \neq 0$.于是由级数收敛的必要条件可知,级数 $\displaystyle\sum_{n=1}^{\infty} u_n$ 发散.

类似地,可以证明当 $\lim\limits_{n \to \infty} \dfrac{u_{n+1}}{u_n} = \infty$ 时,级数 $\sum\limits_{n=1}^{\infty} u_n$ 发散.

(3)当 $\rho = 1$ 时,达朗贝尔判别法失效.

例 6.2.5　判别下列级数的敛散性.

(1) $\sum\limits_{n=1}^{\infty} \dfrac{n+1}{3^n}$;

(2) $\sum\limits_{n=2}^{\infty} \dfrac{n}{\sqrt{n^3 - 2n}}$;

(3) $\sum\limits_{n=1}^{\infty} \dfrac{x^n}{n} \ (x > 0)$.

解　(1)由于

$$\lim_{n \to \infty} \frac{u_{n+1}}{u_n} = \lim_{n \to \infty} \frac{\dfrac{(n+1)+1}{3^{n+1}}}{\dfrac{n+1}{3^n}} = \lim_{n \to \infty} \frac{n+2}{3(n+1)} = \frac{1}{3} < 1 ,$$

因此级数 $\sum\limits_{n=1}^{\infty} \dfrac{n+1}{3^n}$ 收敛.

(2)由于

$$\lim_{n \to \infty} \frac{\dfrac{n}{\sqrt{n^3 - 2n}}}{\dfrac{1}{n^{\frac{1}{2}}}} = \lim_{n \to \infty} \frac{\sqrt{n^3}}{\sqrt{n^3 - 2n}} = \lim_{n \to \infty} \sqrt{\frac{n^2}{n^2 - 2}} = 1 ,$$

又因为级数 $\sum\limits_{n=2}^{\infty} \dfrac{1}{n^{\frac{1}{2}}}$ 是发散的,于是由比较判别法的极限形式知,级数 $\sum\limits_{n=2}^{\infty} \dfrac{n}{\sqrt{n^3 - 2n}}$ 发散.

(3)由于

$$\frac{a_{n+1}}{a_n} = \frac{\dfrac{x^{n+1}}{n+1}}{\dfrac{x^n}{n}} = x \cdot \frac{n}{n+1} ,$$

因此,对于任意给定的 $x > 0$,有

$$\lim_{n \to \infty} \frac{a_{n+1}}{a_n} = x .$$

由比较判别法知,当 $0 < x < 1$ 时,级数收敛;当 $x > 1$ 时,级数发散;当 $x = 1$ 时,比较判别法失效,但这时级数是调和级数 $\sum\limits_{n=1}^{\infty} \dfrac{1}{n}$,它是发散的.

定理 6.2.5(柯西判别法)　设 $\sum\limits_{n=1}^{\infty} u_n$ 为正项级数,如果

$$\lim_{n \to \infty} \sqrt[n]{u_n} = \rho ,$$

则

(1)当 $\rho < 1$ 时,级数收敛;

(2)当 $\rho > 1$ 时,级数发散;

(3)当 $\rho = 1$ 时,柯西根植判别法失效.

证明 (1)当 $\rho < 1$ 时,任取定一个数 q,使 $\rho < q < 1$,由于 $\lim\limits_{n \to \infty} \sqrt[n]{u_n} = \rho$,则存在 N,当 $n > N$ 时,有

$$\sqrt[n]{u_n} < q,$$

即

$$u_n < q^n, \quad n > N.$$

由于几何级数 $\sum\limits_{n=1}^{\infty} q^n (0 < q < 1)$ 是收敛的,则由比较判别法可知,级数 $\sum\limits_{n=1}^{\infty} u^n$ 收敛.

(2)当 $\rho > 1$ 时,必存在 N,使得当 $n > N$ 时,有

$$\sqrt[n]{u_n} > 1,$$

所以 a_n 不可能趋于零,这不符合级数收敛的必要条件,因此 $\sqrt[n]{u_n}$ 发散.

(3)当 $\rho = 1$ 时,柯西根植判别法失效.

例 6.2.6 判别下列级数的收敛性.

(1) $\sum\limits_{n=2}^{\infty} \dfrac{1}{(\ln n)^n}$;

(2) $\sum\limits_{n=1}^{\infty} \dfrac{2^n}{3^{\ln n}}$;

(3) $\sum\limits_{n=1}^{\infty} \dfrac{2 + (-1)^n}{2^n}$.

解 (1)由于

$$\lim_{n \to \infty} \sqrt[n]{u_n} = \lim_{n \to \infty} \frac{1}{\ln n} = 0 < 1,$$

于是由柯西根值判别法知,级数 $\sum\limits_{n=2}^{\infty} \dfrac{1}{(\ln n)^n}$ 收敛.

(2)由于

$$\lim_{n \to \infty} \sqrt[n]{u_n} = \lim_{n \to \infty} \frac{2}{3^{\frac{\ln n}{n}}} = \frac{2}{3^{\lim\limits_{n \to \infty} \frac{\ln n}{n}}} = 2 > 1,$$

由柯西判别法可知,级数 $\sum\limits_{n=1}^{\infty} \dfrac{2^n}{3^{\ln n}}$ 发散.

(3)由于

$$\lim_{n \to \infty} \sqrt[n]{u_n} = \lim_{n \to \infty} \sqrt[n]{\frac{2 + (-1)^n}{2^n}} = \frac{1}{2} \lim_{n \to \infty} \sqrt[n]{2 + (-1)^n} = \frac{1}{2}$$

由柯西判别法可知,级数 $\sum\limits_{n=1}^{\infty} \dfrac{2 + (-1)^n}{2^n}$ 收敛.

定理 6.2.6(积分判别法) 设函数 $f(x)$ 在 $[N, +\infty)$ 上非负且单调减少,其中 N 是某个自然数,令 $u_n = f(n)$,则级数 $\sum\limits_{n=1}^{\infty} u^n$ 与反常积分 $\int_N^{+\infty} f(x) \mathrm{d}x$ 同收敛.

证明 由于 $f(x)$ 在 $[N, +\infty)$ 上单调减少,因此

$$\int_k^{k+1} f(x) \mathrm{d}x \leqslant u_k \leqslant \int_{k-1}^k f(x) \mathrm{d}x, \quad k \geqslant N+1$$

在上式中依次取 $k = N+1, N+2, \cdots, n$ 后相加,得

$$\int_{N+1}^{n+1} f(x)\mathrm{d}x \leqslant \sum_{k=N+1}^{n} u_k \leqslant \int_{N}^{n} f(x)\mathrm{d}x ,$$

又由于

$$u_k \geqslant 0, f(x) \geqslant 0 .$$

因此级数 $\sum_{k=1}^{\infty} u_k$ 与积分 $\int_{N}^{+\infty} f(x)\mathrm{d}x$ 或者收敛或者取值 $+\infty$,则当 $n \to \infty$ 时,有

$$\int_{N+1}^{+\infty} f(x)\mathrm{d}x \leqslant \sum_{k=N+1}^{+\infty} u_k \leqslant \int_{N}^{+\infty} f(x)\mathrm{d}x ,$$

由此可知,级数 $\sum_{n=1}^{\infty} u^n$ 与反常积分 $\int_{N}^{+\infty} f(x)\mathrm{d}x$ 同收敛.

例 6.2.7　讨论级数 $\sum_{n=2}^{\infty} \dfrac{1}{n\ln^q n}(q > 0)$ 的敛散性.

解　令 $f(x) = \dfrac{1}{n\ln^q n}$,则 $f(x)$ 在 $[2, +\infty)$ 上非负且单调减少. 由于

$$\int_{2}^{+\infty} \frac{\mathrm{d}x}{x\ln^q x} = \int_{2}^{+\infty} \frac{\mathrm{d}(\ln x)}{\ln^q x} = \int_{2}^{+\infty} \frac{\mathrm{d}t}{t^q} , \ t = \ln x$$

不难发现,上述积分当 $q > 1$ 时收敛,当 $q \leqslant 1$ 时发散. 由积分判别法知,级数 $\sum_{n=2}^{\infty} \dfrac{1}{n\ln^q n}$ 也在 $q > 1$ 时收敛,在 $q \leqslant 1$ 时发散.

6.3　任意项级数

上一节我们讨论了正项级数的收敛性问题,关于一般项级数的收敛性判别问题要比正项级数复杂,本节只讨论某些特殊类型级数的收敛性问题.

6.3.1　交错级数及其审敛法

定义 6.3.1　如果一个级数既有无限多正项,又有无限多负项,则称其为变号级数.
在变号级数中,有一类特殊的变号级数,如

$$u_1 - u_2 + u_3 - u_4 + \cdots ,$$

或

$$-u_1 + u_2 - u_3 + u_4 - \cdots ,$$

其中 $u_n > 0, n = 1, 2, \cdots$,称此级数为交错级数.

定义 6.3.2　级数中的各项是正、负交错的,即具有形式

$$\sum_{n=1}^{\infty} (-1)^n u_n = u_1 - u_2 + u_3 - u_4 + \cdots$$

的级数称为交错级数,其中 $u_n > 0(n = 1, 2, \cdots)$.

定理 6.3.1(莱布尼茨定理)　如果交错级数 $\sum_{n=1}^{\infty} (-1)^{n-1} u_n$ 满足

(1) $u_n \geqslant u_{n+1}, n = 1, 2, \cdots$;

(2) $\lim\limits_{n\to\infty}u_n = 0$,

则交错级数 $\sum\limits_{n=1}^{\infty}(-1)^{n-1}u_n$ 收敛,且其和 $s\leqslant u_1$,用 s_n 代替 s 所产生的误差 $|r_n|\leqslant|u_{n+1}|$.

证明

由于

$$s_{2n} = (u_1 - u_2) + (u_3 - u_4) + \cdots + (u_{2n-1} - u_{2n}) ,$$

$$s_{2n} = u_1 - (u_2 - u_3) - (u_4 - u_5) - \cdots - (u_{2n-2} - u_{2n-1}) - u_{2n} ,$$

因此 s_{2n} 单调增加,且 $s_{2n}\leqslant u_1$,于是

$$\lim_{n\to\infty}s_{2n} = s \leqslant u_1 ,$$

又由于

$$s_{2n+1} = s_{2n} + u_{2n+1} ,$$

因此

$$\lim_{n\to\infty}s_{2n+1} = \lim_{n\to\infty}(s_{2n} + u_{2n+1}) = s ,$$

于是 $\lim\limits_{n\to\infty}s_n = s$,即级数收敛.

例 6.3.1　判别下列交错级数的敛散性.

(1) $\sum\limits_{n=1}^{\infty}(-1)^{n-1}\dfrac{\ln n}{n}$;

(2) $\sum\limits_{n=1}^{\infty}(-1)^{n-1}\dfrac{1}{n}$;

(3) $\sum\limits_{n=2}^{\infty}\dfrac{(-1)^n}{\sqrt{n}+(-1)^n}$.

解　(1)设 $f(x) = \dfrac{\ln x}{x}, x > 3$,则

$$f'(x) = \frac{1 - \ln x}{x^2} < 0 ,\ x > 3 ,$$

即当 $n > 3$ 时,数列 $\left\{\dfrac{\ln n}{n}\right\}$ 是递减数列,又利用洛必达法则知

$$\lim_{n\to\infty}\frac{\ln n}{n} = \lim_{x\to+\infty}\frac{\ln x}{x} = \lim_{x\to+\infty}\frac{1}{x} = 0 ,$$

由相关定理可知,此交错级数收敛.

(2)由于级数 $\sum\limits_{n=1}^{\infty}(-1)^{n-1}\dfrac{1}{n}$ 的通项 u_n 满足

$$u_n = \frac{1}{n} > \frac{1}{n+1} = u_{n+1} ,$$

且

$$\lim_{n\to\infty}u_n = \lim_{n\to\infty}\frac{1}{n} = 0 ,$$

于相关定理可知,此交错级数收敛,且其和 $s < 1$.

(3)由于

$$\sum_{n=2}^{\infty} \frac{(-1)^n}{\sqrt{n} + (-1)^n} = \sum_{n=2}^{\infty} (-1)^n \frac{\sqrt{n} - (-1)^n}{n - 1} = \sum_{n=1}^{\infty} \left[(-1)^n \frac{\sqrt{n+1}}{n} - \frac{1}{n} \right],$$

又

$$\lim_{n \to \infty} \frac{\sqrt{n+1}}{n} = 0, \quad \frac{\sqrt{n+1}}{n} > \frac{\sqrt{n+2}}{n+1},$$

则由莱布尼茨定理可知 $\sum_{n=1}^{\infty} (-1)^n \frac{\sqrt{n+1}}{n}$ 收敛,而 $\sum_{n=1}^{\infty} \frac{1}{n}$ 发散,因此级数

$$\sum_{n=1}^{\infty} \left[(-1)^n \frac{\sqrt{n+1}}{n} - \frac{1}{n} \right]$$

发散,即原级数发散.

6.3.2 绝对收敛与条件收敛

定义 6.3.3 若级数 $\sum_{n=1}^{\infty} u_n$ 的一般项可取任意实数,则称 $\sum_{n=1}^{\infty} u_n$ 为任意项级数. 正项级数和交错级数都是任意项级数的特殊形式.

定义 6.3.4 如果级数 $\sum_{n=1}^{\infty} |u_n|$ 收敛,则称级数 $\sum_{n=1}^{\infty} u_n$ 绝对收敛;若 $\sum_{n=1}^{\infty} u_n$ 收敛,而 $\sum_{n=1}^{\infty} |u_n|$ 发散,则称级数 $\sum_{n=1}^{\infty} u_n$ 条件收敛.

定理 6.3.2 如果级数 $\sum_{n=1}^{\infty} u_n$ 对应的绝对值级数 $\sum_{n=1}^{\infty} |u_n|$ 收敛,则级数 $\sum_{n=1}^{\infty} u_n$ 收敛.

证明 由于

$$u_n = (u_n + |u_n|) - |u_n|,$$

因此

$$\sum_{n=1}^{\infty} u_n = \sum_{n=1}^{\infty} ((u_n + |u_n|) - |u_n|) = \sum_{n=1}^{\infty} (u_n + |u_n|) - \sum_{n=1}^{\infty} |u_n|.$$

由于

$$0 \leqslant u_n + |u_n| \leqslant 2|u_n|,$$

且由 $\sum_{n=1}^{\infty} |u_n|$ 收敛可知,$\sum_{n=1}^{\infty} 2|u_n|$ 收敛,再由比较判别法知,正项级数 $\sum_{n=1}^{\infty} (u_n + |u_n|)$ 收敛. 因此级数 $\sum_{n=1}^{\infty} u_n$ 收敛. 证毕.

例 6.3.2 判断级数 $\sum_{n=1}^{\infty} (-1)^{n-1} \frac{n}{3^n}$ 是绝对收敛、条件收敛还是发散.

解 由于

$$\sum_{n=1}^{\infty} \left| (-1)^{n-1} \frac{n}{3^n} \right| = \sum_{n=1}^{\infty} \frac{n}{3^n},$$

并且

$$\lim_{n \to \infty} \frac{\frac{n+1}{3^{n+1}}}{\frac{n}{3^n}} = \lim_{n \to \infty} \frac{1}{3} \cdot \frac{n+1}{n} = \frac{1}{3} < 1,$$

于是由正项级数的比较判别法知级数 $\displaystyle\sum_{n=1}^{\infty}\frac{n}{3^n}$ 收敛，因此级数 $\displaystyle\sum_{n=1}^{\infty}(-1)^{n-1}\frac{n}{3^n}$ 绝对收敛.

绝对收敛级数有许多性质是条件收敛所没有的，下面给出有关绝对收敛级数的性质.

定义 6.3.5 给定级数 $\displaystyle\sum_{n=1}^{\infty}u_n$ ，用任意方式改变它项的次序后得到的新级数叫做原级数的重排级数.

定理 6.3.3 绝对收敛级数在任意重排后，仍然绝对收敛且和不变.

证明 先考虑正项级数 $\displaystyle\sum_{n=1}^{\infty}u_n$ 的情形. 设

$$s = \sum_{n=1}^{\infty}u_n, \quad s_n = \sum_{k=1}^{n}u_k ,$$

并设级数 $\displaystyle\sum_{n=1}^{\infty}u_n'$ 是重排后所构成的级数，其部分和记为 $s_n' = \displaystyle\sum_{k=1}^{n}a_k'$.

任意固定 n ，取 m 足够大，使 $a_1', a_2', \cdots, a_n'$ 各项都出现在 $s_m = u_1 + u_2 + \cdots + u_m$ 中，于是

$$s_n' \leqslant s_m \leqslant s .$$

这表明部分和序列 $\{s_n'\}$ 有上界，由于 $\displaystyle\sum_{n=1}^{\infty}u_n$ 是正项级数，因此 $\{s_n'\}$ 是单调增加的. 于是根据单调有界收敛定理可知

$$\lim_{n\to\infty}s_n' = s' \leqslant s . \tag{6.3.1}$$

另一方面，如果把原来的级数 $\displaystyle\sum_{n=1}^{\infty}u_n$ 看成是级数 $\displaystyle\sum_{n=1}^{\infty}u_n'$ 重排后所构成的级数，则有

$$s \leqslant s' , \tag{6.3.2}$$

则由式(6.3.1)与式(6.3.2)可知

$$s = s' .$$

现在设 $\displaystyle\sum_{n=1}^{\infty}u_n$ 是一般项的绝对收敛级数. 令

$$b_n = \frac{1}{2}(u_n + |u_n|), \quad n = 1, 2, \cdots ,$$

显然 $b_n \geqslant 0$ 且 $b_n \leqslant |u_n|$. 又由于 $\displaystyle\sum_{n=1}^{\infty}|u_n|$ 收敛，则由正项级数的比较判别法知，级数 $\displaystyle\sum_{n=1}^{\infty}b_n$ 收敛，从而级数 $\displaystyle\sum_{n=1}^{\infty}2b_n$ 也收敛. 又因为 $u_n = 2b_n - |u_n|$ ，所以

$$\sum_{n=1}^{\infty}u_n = \sum_{n=1}^{\infty}(2b_n - |u_n|) = \sum_{n=1}^{\infty}2b_n - \sum_{n=1}^{\infty}|u_n| .$$

若级数 $\displaystyle\sum_{n=1}^{\infty}u_n$ 重排项位置后的级数为 $\displaystyle\sum_{n=1}^{\infty}u_n'$ ，则相应地 $\displaystyle\sum_{n=1}^{\infty}b_n$ 重排变为 $\displaystyle\sum_{n=1}^{\infty}b_n'$ ，而 $\displaystyle\sum_{n=1}^{\infty}u_n$ 改变为 $\displaystyle\sum_{n=1}^{\infty}|u_n'|$. 由前面对正项级数证得的结论知

$$\sum_{n=1}^{\infty}b_n = \sum_{n=1}^{\infty}b_n', \sum_{n=1}^{\infty}|u_n'| = \sum_{n=1}^{\infty}|u_n| ,$$

因此

$$\sum_{n=1}^{\infty} |u'_n| = \sum_{n=1}^{\infty} 2b'_n - \sum_{n=1}^{\infty} |u'_n| = \sum_{n=1}^{\infty} 2b_n - \sum_{n=1}^{\infty} |u_n| = \sum_{n=1}^{\infty} |u_n| .$$

证毕.

在给出绝对收敛级数的另一个性质以前,先来讨论级数的乘法运算.

设有两个收敛级数 $\sum\limits_{n=1}^{\infty} a_n$ 和 $\sum\limits_{n=1}^{\infty} b_n$,把这两个级数项的所有可能乘积写成如下无穷方阵:

$$
\begin{array}{ccccc}
a_1 b_1 & a_1 b_2 & a_1 b_3 & \cdots & a_1 b_i & \cdots \\
a_2 b_1 & a_2 b_2 & a_2 b_3 & \cdots & a_2 b_i & \cdots \\
\vdots & \vdots & \vdots & & \vdots & \vdots \\
a_k b_1 & a_k b_2 & a_k b_3 & \cdots & a_k b_i & \cdots \\
\vdots & \vdots & \vdots & & \vdots & \vdots
\end{array}
$$

这无穷多个乘积可按照各种顺序求和而得到级数,最常见的对角线法:

$$
\begin{array}{ccccc}
a_1 b_1 & a_1 b_2 & a_1 b_3 & \cdots & a_1 b_i & \cdots \\
a_2 b_1 & a_2 b_2 & a_2 b_3 & \cdots & a_2 b_i & \cdots \\
a_3 b_1 & a_3 b_2 & a_3 b_3 & \cdots & a_3 b_i & \cdots \\
\vdots & \vdots & \vdots & & \vdots & \\
a_k b_1 & a_k b_2 & a_k b_3 & \cdots & a_k b_i & \cdots \\
\vdots & \vdots & \vdots & & \vdots & \vdots
\end{array}
$$

和正方形法:

$$
\begin{array}{ccccc}
a_1 b_1 & a_1 b_2 & a_1 b_3 & \cdots & a_1 b_i & \cdots \\
a_2 b_1 & a_2 b_2 & a_2 b_3 & \cdots & a_2 b_i & \cdots \\
\vdots & \vdots & \vdots & & \vdots & \vdots \\
a_k b_1 & a_k b_2 & a_k b_3 & \cdots & a_k b_i & \cdots \\
\vdots & \vdots & \vdots & & \vdots & \vdots
\end{array}
$$

将上面排列好的数列用加号连起来,就组成一个无穷级数,称按对角线排列所组成的级数

$$a_1 b_1 + (a_1 b_2 + a_2 b_1) + \cdots + (a_1 b_n + a_2 b_{n-1} + \cdots + a_n b_1) + \cdots$$

为两级数 $\sum\limits_{n=1}^{\infty} a_n$ 和 $\sum\limits_{n=1}^{\infty} b_n$ 的 Cauchy 乘积.那么当 $\sum\limits_{n=1}^{\infty} a_n = A , \sum\limits_{n=1}^{\infty} b_n = B$ 时,在什么条件下它们的乘积级数收敛,且其和为 $A \cdot B$,下面的柯西定理回答了这个问题.

定理 6.3.4　设级数 $\sum\limits_{n=1}^{\infty} a_n$ 和 $\sum\limits_{n=1}^{\infty} b_n$ 都绝对收敛,其和分别为 A 与 B,则他们的 Cauchy 乘积

$$a_1 b_1 + (a_1 b_2 + a_2 b_1) + \cdots + (a_1 b_n + a_2 b_{n-1} + \cdots + a_n b_1) + \cdots , \tag{6.3.3}$$

也是绝对收敛的,且其和为 $A \cdot B$.

证明　将式(6.3.3)去掉括号,即

$$a_1 b_1 + a_1 b_2 + \cdots + a_1 b_n + \cdots , \tag{6.3.4}$$

由级数的性质及比较判别法知,若级数(6.3.4)绝对收敛且其和为 s ,则级数(6.3.3)也绝对收敛且其和为 s .因此,只要证明级数(6.3.4)绝对收敛且其和为 $s = A \cdot B$ 即可.

(1)先证级数(6.3.4)绝对收敛.

令 s_m 表示级数(6.3.4)的前 m 项分别取绝对值后所作成的和,又设

$$\sum_{n=1}^{\infty} |a_n| = A^* , \quad \sum_{n=1}^{\infty} |b_n| = B^* ,$$

于是

$$s_m \leqslant (|a_1| + |a_2| + \cdots + |a_m|) \cdot (|b_1| + |b_2| + \cdots + |b_m|) \leqslant A^* \cdot B^* .$$

因此单调增加的数列 s_m 有上界,从而收敛,所以级数(6.3.4)绝对收敛.

(2)再证级数(6.3.4)的和为 $s = A \cdot B$.

将级数(6.3.4)的项重排并加上括号,使它成为按正方形法排列组成的级数:

$$a_1 b_1 + (a_1 b_2 + a_2 b_2 + a_2 b_1) + \cdots + (a_1 b_n + a_2 b_n + \cdots + a_n b_n$$
$$+ a_n b_{n-1} + \cdots + a_n b_1) + \cdots \qquad (6.3.5)$$

根据收敛级数的性质及定理 6.3.3 可知,绝对收敛级数(6.3.4)与级数(6.3.5)的和相同.而级数(6.3.5)的前 n 项和恰好为

$$(a_1 + a_2 + \cdots + a_n) \cdot (b_1 + b_2 + \cdots + b_n) = A_n \cdot B_n ,$$

因此

$$s = \lim_{n \to \infty} (A_n \cdot B_n) = A \cdot B .$$

证毕.

例 6.3.3　求级数 $\sum\limits_{n=0}^{\infty} x^n (|x| < 1)$ 自乘的柯西乘积级数.

解　当 $|x| < 1$ 时,原级数绝对收敛,因此

$$\sum_{n=0}^{\infty} x^n = \lim_{n \to \infty} (1 + x + x^2 + x^3 + \cdots + x^{n-1}) = \lim_{n \to \infty} \frac{1 - x^n}{1 - x} = \frac{1}{1 - x} ,$$

于是柯西乘积级数为

$$\frac{1}{(1-x)^2} = 1 \cdot 1 + (1 \cdot x + x \cdot 1) + (1 \cdot x^2 + x \cdot x + x^2 \cdot 1)$$
$$+ \cdots + (1 \cdot x^n + x \cdot x^{n-1} + \cdots + x^{n-1} \cdot x + x^n \cdot 1) + \cdots$$
$$= 1 + 2x + 3x^2 + \cdots + (n+1)x^n + \cdots = \sum_{n=0}^{\infty} (n+1)x^n , |x| < 1 .$$

例 6.3.4　证明级数 $\sum\limits_{n=1}^{\infty} \dfrac{\alpha}{n!}$ 绝对收敛(α 是某一确定实数).

证明　$\sum\limits_{n=1}^{\infty} \dfrac{\alpha}{n!}$ 的各项绝对值所组成的级数是 $\sum\limits_{n=1}^{\infty} \dfrac{|\alpha|^n}{n!}$,设 $\sum\limits_{n=1}^{\infty} \dfrac{|\alpha|^n}{n!} = \sum\limits_{n=1}^{\infty} u_n$,应用比较判别法,对于任何实数 α ,都有

$$\lim_{n \to \infty} \frac{u_{n+1}}{u_n} = \lim_{n \to \infty} \frac{|\alpha|}{n+1} = 0 ,$$

于是级数 $\sum\limits_{n=1}^{\infty} \dfrac{|\alpha|^n}{n!}$ 收敛,因此 $\sum\limits_{n=1}^{\infty} \dfrac{\alpha}{n!}$ 对于任何实数 α 都绝对收敛.

6.4　无穷乘积

6.4.1　无穷乘积

设 $\{p_n\}$ 是一数列,称形式乘积 $p_1 p_2 \cdots p_n \cdots \equiv \prod\limits_{n=1}^{\infty} p_n$ 为无穷乘积. 若前 n 项乘积 $\pi_n = p_1 p_2 \cdots p_n$ 在 $n \to \infty$ 时存在极限,则定义

$$\prod_{n=1}^{\infty} p_n = \lim_{n \to \infty} \pi_n = \lim_{n \to \infty}(p_1 p_2 \cdots p_n).$$

如果该极限是非零数,则称无穷乘积 $\prod\limits_{n=1}^{\infty} p_n$ 收敛;如果该极限为零或不存在,则称 $\prod\limits_{n=1}^{\infty} p_n$ 发散.

例 6.4.1　求 $\prod\limits_{n=1}^{\infty} \cos \dfrac{\varphi}{2^n}$.

解　由于

$$\sin\varphi = 2\cos \frac{\varphi}{2} \sin \frac{\varphi}{2}$$

$$= 2^2 \cos \frac{\varphi}{2} \cos \frac{\varphi}{2^2} \sin \frac{\varphi}{2^2}$$

$$= 2^n \cos \frac{\varphi}{2} \cos \frac{\varphi}{2^2} \cdots \cos \frac{\varphi}{2^n} \sin \frac{\varphi}{2^n},$$

所以当 $\varphi \neq 0$ 时,有

$$\prod_{n=1}^{\infty} \cos \frac{\varphi}{2^n} = \lim_{n \to \infty} \prod_{k=1}^{n} \cos \frac{\varphi}{2^k} = \lim_{n \to \infty} \frac{\sin\varphi}{2^n \sin \frac{\varphi}{2^n}} = \frac{\sin\varphi}{\varphi};$$

当 $\varphi = 0$ 时,则有

$$\prod_{n=1}^{\infty} \cos \frac{\varphi}{2^n} = \prod_{n=1}^{\infty} 1 = 1.$$

6.4.2　无穷乘积的敛散性

如果 $\prod\limits_{n=1}^{\infty} p_n$ 收敛,则 $\lim\limits_{n \to \infty} p_n = 1$. 那么此时

$$\lim_{n \to \infty} p_n = \lim_{n \to \infty} \frac{\pi_n}{\pi_{n-1}} = \frac{\lim\limits_{n \to \infty} \pi_n}{\lim\limits_{n \to \infty} \pi_{n-1}} = 1. \tag{6.4.1}$$

因此,常将 p_n 记作 $1 + a_n$,则有

$$\prod_{n=1}^{\infty} p_n = \prod_{n=1}^{\infty}(1 + a_n).$$

定理 6.4.1　$\prod\limits_{n=1}^{\infty} p_n = \prod\limits_{n=1}^{\infty}(1 + a_n) = \mathrm{e}^{\sum\limits_{n=1}^{\infty} \ln(1+a_n)}$. 无穷乘积 (6.4.1) 收敛 $\leftrightarrow \sum\limits_{n=1}^{\infty} \ln(1 + a_n)$.

定理 6.4.2　若一切 $a_n \geqslant 0$(或 $a_n \leqslant 0$)且 $a_n \to 0(n \to \infty)$,则无穷乘积 (6.4.1) 收敛

$$\Leftrightarrow \sum_{n=1}^{\infty} a_n .$$

定理 6.4.3 若 $\sum_{n=1}^{\infty} a_n$ 收敛,则无穷乘积(6.4.1)收敛 $\Leftrightarrow \sum_{n=1}^{\infty} a_n^2$ 收敛.

定理 6.4.4 $\prod_{n=1}^{\infty}(1+a_n)$ 绝对收敛 $\Leftrightarrow \sum_{n=1}^{\infty} a_n$ 绝对收敛.

定理 6.4.5 设 $\sum_{n=1}^{\infty} a_n$ 发散,则当任意 $a_n \geqslant 0$ 时,$\prod_{n=1}^{\infty}(1+a_n)=+\infty$;当任意 $a_n \leqslant 0$ 且 $a_n \to 0$ 时,$\prod_{n=1}^{\infty}(1+a_n)=0$.

例 6.4.2 讨论 $\prod_{n=1}^{\infty}\left[1+\dfrac{(-1)^{n-1}}{n^x}\right]$ 的敛散性,其中 x 是实参数.

解 当 $x \leqslant 0$ 时,$a_n \equiv \dfrac{(-1)^{n-1}}{n^x}$,这时无穷乘积发散;而当 $x > 0$ 时,

$$\sum_{n=1}^{\infty} a_n = \sum_{n=1}^{\infty}(-1)^{n-1}\frac{1}{n^x} .$$

所以,根据 $\sum_{n=1}^{\infty} a_n^2 = \sum_{n=1}^{\infty}\dfrac{1}{n^{2x}}$ 可知,无穷乘积在 $x > \dfrac{1}{2}$ 时收敛,在 $x \leqslant \dfrac{1}{2}$ 时发散.

例 6.4.3 证明 Stirling 公式: $n! \sim \left(\dfrac{n}{e}\right)^n \sqrt{2\pi n}\,(n \to \infty)$.

证明 设 $\pi_n = n!\dfrac{e^n}{n^{n+\frac{1}{2}}}$,$n = 1,2,\cdots$,则

$$\begin{aligned}
\frac{\pi_n}{\pi_{n-1}} &= e(1-\frac{1}{n})^{n-\frac{1}{2}} \\
&= e^{1+(n-\frac{1}{2})\ln(1-\frac{1}{n})} \\
&= e^{-\frac{1}{12n^2}+O(\frac{1}{n^2})} \\
&= 1 - \frac{1}{12n^2} + O(\frac{1}{n^2}).
\end{aligned}$$

因为 $\sum_{n=1}^{\infty} O(\dfrac{1}{n^2})$ 绝对收敛,所以无穷乘积

$$\lim_{n \to \infty}\pi_n = \prod_{n=1}^{\infty}\frac{\pi_n}{\pi_{n-1}} = \prod_{n=1}^{\infty}\left[1+O(\frac{1}{n^2})\right]$$

收敛. $\langle \pi_n \rangle$ 存在非零有限极限,记为 C.可得

$$C = \lim_{n \to \infty}\frac{\pi_n^2}{\pi_{2n}} = \frac{(2n)!!}{(2n-1)!!} \cdot \frac{2}{\sqrt{2n}} = \sqrt{2\pi}.$$

即可证明 $\pi_n \sim \sqrt{2\pi}\,(n \to \infty)$.

第7章 函数项级数

7.1 一致收敛性

7.1.1 函数项级数的概念

定义 7.1.1 设 $\{u_n(x)\}$ 是定义在数集 I 上的函数列,表达式

$$u_1(x) + u_2(x) + \cdots + u_n(x) + \cdots \tag{7.1.1}$$

称为定义在 I 上的函数项级数,而

$$s_n(x) = u_1(x) + u_2(x) + \cdots + u_n(x) \tag{7.1.2}$$

称为函数项级数(9.4.1)的部分和.

对于每一个 $x_0 \in I$,如果常数项级数 $\displaystyle\sum_{n=1}^{\infty} u_n(x_0)$ 收敛,则 x_0 称为函数项级数 $\displaystyle\sum_{n=1}^{\infty} u_n(x)$ 的收敛点;如果常数项级数 $\displaystyle\sum_{n=1}^{\infty} u_n(x_0)$ 发散,则 x_0 称为函数项级数 $\displaystyle\sum_{n=1}^{\infty} u_n(x)$ 的发散点.

函数项级数 $\displaystyle\sum_{n=1}^{\infty} u_n(x)$ 的收敛点的全体称为函数项级数的收敛域,一般用 D 表示;函数项级数 $\displaystyle\sum_{n=1}^{\infty} u_n(x)$ 的发散点的全体称为函数项级数的发散域.

对应于收敛域内的任意一个数 x,函数项级数成为一收敛的常数项级数,因而有一确定的和 s.这样在收敛域上函数项级数的和是 x 的函数 $s(x)$,通常称 $s(x)$ 为函数项级数的和函数,这函数的定义域即是级数的收敛域,并写成

$$s(x) = u_1(x) + u_2(x) + \cdots + u_n(x) + \cdots.$$

把函数项级数(7.1.1)的和函数 $s(x)$ 与部分和函数 $s_n(x)$ 的差

$$r_n(x) = s(x) - s_n(x) = u_{n+1}(x) + u_{n+2}(x) + \cdots,$$

称为函数项级数 $\displaystyle\sum_{n=1}^{\infty} u_n(x)$ 的余项.对于收敛域上的每一点 x,有

$$\lim_{n \to \infty} r_n(x) = 0.$$

由上面的定义可知,函数项级数在区域上的收敛性问题,是指函数项级数在该区域内每一点的收敛性问题,因而其实质还是常数项级数的收敛性问题.这样,我们认可利用常数项级数的收敛性判别法来判断函数项级数的收敛性.

例 7.1.1 求函数项级数 $\displaystyle\sum_{n=1}^{\infty} x^n(1-x)^n$ 的收敛域.

解 由于级数为等比级数

$$|r| = \left| \frac{u_{n+1}}{u_n} \right| = \left| \frac{x^{n+1}(1-x)^{n+1}}{x^n(1-x)^n} \right| = |x(1-x)|,$$

当 $|x(1-x)| < 1$，即 $\dfrac{1-\sqrt{5}}{2} < x < \dfrac{1+\sqrt{5}}{2}$ 时，所讨论级数收敛；

当 $x \geqslant \dfrac{1+\sqrt{5}}{2}$ 或 $x \leqslant \dfrac{1-\sqrt{5}}{2}$，该级数发散，所讨论的级数的收敛域为区间 $\left(\dfrac{1-\sqrt{5}}{2}, \dfrac{1+\sqrt{5}}{2} \right)$.

7.1.2 函数项级数的一致收敛性

我们知道，有限个连续函数的和仍然是连续函数，有限个函数的和的导数及积分也分别等于它们的导数及积分的和. 但是对于无穷多个函数的和是否也具有这些性质呢？换句话说，无穷多个连续函数的和 $s(x)$ 是否仍然是连续函数？无穷多个函数的导数及积分的和是否仍然分别等于它们的和函数的导数及积分呢？下面来看一个例子.

例 7.1.2 函数项级数
$$x + (x^2 - x) + (x^3 - x^2) + \cdots + (x^n - x^{n-1}) + \cdots$$
的每一项都在 $[0,1]$ 上连续，其前 n 项之和为 $s_n(x) = x^n$，因此和函数为
$$s(x) = \lim_{n \to \infty} s_n(x) = \begin{cases} 0, & 0 \leqslant x \leqslant 1 \\ 1, & x = 1 \end{cases}.$$

这和函数 $s(x)$ 在 $x = 1$ 处间断. 由此可见，函数项级数的每一项在 $[a,b]$ 上连续，并且级数在 $[a,b]$ 上收敛，其和函数不一定在 $[a,b]$ 上连续. 也可以举出这样的例子，函数项级数的每一项的导数及积分所组成的级数的和并不等于它们的和函数的导数及积分. 这就提出了这样一个问题：对什么级数，能够从级数每一项的连续性得出它的和函数的连续性，从级数的每一项的导数及积分所组成的级数之和得出原来级数的和函数的导数及积分呢？要回答这个问题，就需要引入下面的函数项级数的一致收敛性概念.

定义 7.1.2 若级数 $\displaystyle\sum_{n=1}^{\infty} u_n(x)$ 的部分和序列
$$s_n(x) = \sum_{k=1}^{n} u_k(x) \ (n = 1, 2, \cdots)$$
在 I 上一致收敛到 $s(x)$，则称级数 $\displaystyle\sum_{n=1}^{\infty} u_n(x)$ 在 I 上一致收敛到 $s(x)$.

由函数项级数一致收敛的定义，很容易得到下面的定理.

定理 7.1.1 函数项级数 $\displaystyle\sum_{n=1}^{\infty} u_n(x)$ 在 I 上一致收敛的充要条件是：$\forall \varepsilon > 0$，$\exists N = N(\varepsilon)$，当 $n > N$ 时，$\forall x \in I$ 都有
$$\left| \sum_{k=1}^{n} u_k(x) - s_n(x) \right| < \varepsilon$$

其中 $s_n(x)$ 是函数项级数 $\displaystyle\sum_{n=1}^{\infty} u_n(x)$ 的前 n 项和.

以上函数项级数一致收敛的定义在几何上可解释为：只要 n 充分大（$n > N$），在区间 I 上所有曲线 $y = s_n(x)$ 将位于曲线 $y = s(x) + \varepsilon$ 与 $y = s(x) - \varepsilon$ 之间.

例 7.1.3 试证几何级数 $\sum\limits_{n=1}^{\infty} x^{n-1}$ 在 $[-a,a](0 < a < 1)$ 上一致收敛,但在 $(-1,1)$ 上不一致收敛.

证明 由

$$\sup_{x \in [a,b]} |s(x) - s_n(x)| = \sup_{x \in [a,b]} \left| \frac{x^n}{1-x} \right| = \frac{a^2}{1-a} \to 0, \ n \to \infty.$$

因此级数 $\sum\limits_{n=1}^{\infty} x^{n-1}$ 在 $[-a,a]$ 上一致收敛.

若 $x \in (-1,1)$,则由

$$\sup_{x \in (-1,1)} |s(x) - s_n(x)| = \sup_{x \in (-1,1)} \left| \frac{x^n}{1-x} \right| = \left| \frac{\left(\frac{n}{n+1}\right)^n}{1 - \frac{n}{n+1}} \right| = \left(\frac{n}{n+1} \right)^{n-1} \to \infty, \ n \to \infty$$

可知级数 $\sum\limits_{n=1}^{\infty} x^{n-1}$ 在 $(-1,1)$ 上不一致收敛.

定理 7.1.2(魏尔斯特拉斯判别法) 如果函数项级数 $\sum\limits_{n=1}^{\infty} u_n(x)$ 在区间 I 上满足条件:

(1) $|u_n(x)| \leqslant a_n (n = 1,2,3,\cdots)$;

(2)正项级数 $\sum\limits_{n=1}^{\infty} a_n$ 收敛,

则函数项级数 $\sum\limits_{n=1}^{\infty} u_n(x)$ 在区间 I 上一致收敛.

证明 由条件(2),对于任意给定的 $\varepsilon > 0$,根据 Cauchy 收敛原理,存在自然数 N,使得当 $n > N$ 时,对任意的自然数 p,都有

$$a_{n+1} + a_{n+2} + \cdots + a_{n+p} < \frac{\varepsilon}{2},$$

再由条件(1)可得,对任何 $x \in I$,都有

$$|u_{n+1}(x) + u_{n+2}(x) + \cdots + u_{n+p}(x)| \leqslant |u_{n+1}(x)| + |u_{n+2}(x)| + \cdots + |u_{n+p}(x)|$$

$$\leqslant a_{n+1} + a_{n+2} + \cdots + a_{n+p} < \frac{\varepsilon}{2},$$

令 $p \to \infty$,则由上式可得

$$|r_n(x)| \leqslant \frac{\varepsilon}{2} < \varepsilon.$$

因此函数项级数 $\sum\limits_{n=1}^{\infty} u_n(x)$ 在区间 I 上一致收敛.

例 7.1.4 证明 $\sum\limits_{n=1}^{\infty} \frac{\sin nx^2}{n^2+1}$ 在 $(-\infty, +\infty)$ 上一致收敛.

证明 对每一个 $x \in (-\infty, +\infty)$,有

$$\left| \frac{\sin nx^2}{n^2+1} \right| \leqslant \frac{1}{n^2+1}, \ n = 1,2,\cdots,$$

而 $\sum\limits_{n=1}^{\infty} \frac{1}{n^2+1}$ 收敛,因此 $\sum\limits_{n=1}^{\infty} \frac{\sin nx^2}{n^2+1}$ 在 $(-\infty, +\infty)$ 上一致收敛.

到目前为止,所学过的函数项级数一致收敛性的判别法有:

(1)定义法:函数项级数的部分和数列 $\{s_n(x)\}$ 一致收敛于和函数 $s(x)$;

(2)魏尔斯特拉斯判别法:优级数判别法;

(3)柯西判别法:函数项级数一致收敛的充要条件.

上述 3 个方法对比较简单的函数项级数还是适用的,但是对比较复杂的级数而言,判断其一致收敛性并非是件容易的事情,解决这类问题的通常方法是将函数项级数 $\sum\limits_{n=1}^{\infty} w_n(x)$ 的一般项 $w_n(x)$ 表示为两项的积,即

$$w_n(x) = u_n(x)v_n(x).$$

根据函数列 $\{u_n(x)\}$ 和 $\{v_n(x)\}$ 或其级数所具有的性质,确定级数 $\sum\limits_{n=1}^{\infty} w_n(x)$ 的一致收敛性,即下面的阿贝尔判别法与狄利克雷判别法.

定理 7.1.3(阿贝尔判别法) 设函数项级数 $\sum\limits_{n=1}^{\infty} u_n(x)v_n(x)$ 满足下面两个条件:

(1)函数项级数 $\sum\limits_{n=1}^{\infty} u_n(x)$ 在区间 I 上一致收敛;

(2)对于每一个 $x \in I$,函数列 $\{v_n(x)\}$ 是单调的,且在区间 I 上一致有界.

则函数项级数 $\sum\limits_{n=1}^{\infty} u_n(x)v_n(x)$ 在区间 I 上一致收敛.

定理 7.1.4(狄利克雷判别法) 设函数项级数 $\sum\limits_{n=1}^{\infty} u_n(x)v_n(x)$ 满足下面两个条件:

(1)函数项级数 $\sum\limits_{n=1}^{\infty} u_n(x)$ 部分和函数列在区间 I 上一致有界;

(2)对于每一个 $x \in I$,数列 $\{v_n(x)\}$ 是单调的,且在区间 I 上一致收敛于 0.

则函数项级数 $\sum\limits_{n=1}^{\infty} u_n(x)v_n(x)$ 在区间 I 上一致收敛.

例 7.1.5 证明函数项级数 $\sum\limits_{n=1}^{\infty} (-1)^n \dfrac{(x+n)^n}{n^{n+1}}$ 在 $[0,1]$ 上一致收敛.

证明 由于

$$(-1)^n \frac{(x+n)^n}{n^{n+1}} = (-1)^n \frac{1}{n} \cdot \frac{(x+n)^n}{n^n},$$

其中级数

$$v_n(x) = \frac{(x+n)^n}{n^n} = \left(1 + \frac{x}{n}\right)^n$$

在 $[0,1]$ 上关于 n 是单调的,且 $x \in [0,1]$,有

$$|v_n(x)| = \frac{(x+n)^n}{n^{n+1}} \leqslant \left(1 + \frac{x}{n}\right)^n \leqslant \mathrm{e}.$$

又由于数项级数 $\sum\limits_{n=1}^{\infty} (-1)^n \dfrac{1}{n}$ 收敛,当然一致收敛. 根据阿贝尔判别法,函数项级数 $\sum\limits_{n=1}^{\infty} (-1)^n \dfrac{(x+n)^n}{n^{n+1}}$ 在 $[0,1]$ 上一致收敛.

例 7.1.6　若函数 $\langle a_n \rangle$ 单调趋于零,则级数

$$\sum_{n=1}^{\infty} a_n \sin nx \ \text{和} \ \sum_{n=1}^{\infty} a_n \cos nx$$

对 $\forall x \in (0, 2\pi)$ 都收敛.

证明　由于

$$2\sin \frac{x}{2}\left(\frac{1}{2} + \sum_{k=1}^{n} \cos kx\right) = \sin\left(n + \frac{1}{2}\right)x,$$

因此

$$\frac{1}{2} + \sum_{k=1}^{n} \cos kx = \frac{\sin\left(n + \frac{1}{2}\right)x}{2\sin \frac{x}{2}}.$$

从而级数 $\sum_{n=1}^{\infty} a_n \cos nx$ 的部分和数列当 $\forall x \in (0, 2\pi)$ 时有界,由狄利克雷判别法知,级数 $\sum_{n=1}^{\infty} a_n \cos nx$ 收敛.同理可证级数 $\sum_{n=1}^{\infty} a_n \sin nx$ 也收敛.

7.1.3　一致收敛级数的性质

一致收敛级数有许多重要的性质,介绍如下.

定理 7.1.5（和函数的连续性）　若函数项级数 $\sum_{n=1}^{\infty} u_n(x)$ 在区间 $[a, b]$ 上一致收敛于和函数 $s(x)$,且每一项 $u_n(x)$ 在 $[a, b]$ 上连续,则和函数 $s(x)$ 在 $[a, b]$ 上也连续.

证明　对任意的 $x, x_0 \in [a, b]$,由于级数 $\sum_{n=1}^{\infty} u_n(x)$ 在区间 $[a, b]$ 上一致收敛,于是 $\forall \varepsilon > 0$,$\exists N = N(\varepsilon)$,使得

$$\left| s(x) - s_N(x) \right| < \frac{\varepsilon}{3}.$$

又由于 $u_n(x)$ 在 $[a, b]$ 上连续,因此 $s_N(x)$ 也在 $[a, b]$ 上连续.于是对于上述 ε,$\exists \delta > 0$,当 $x \in I$,$\left| x - x_0 \right| < \delta$ 时,有

$$\left| s_N(x) - s_N(x_0) \right| < \frac{\varepsilon}{3}.$$

因此,当 $\left| x - x_0 \right| < \delta$ 时,有

$$\left| s(x) - s(x_0) \right| \leqslant \left| s(x) - s_N(x) \right| + \left| s_N(x) - s_N(x_0) \right| + \left| s_N(x_0) - s(x_0) \right|$$
$$< \frac{\varepsilon}{3} + \frac{\varepsilon}{3} + \frac{\varepsilon}{3} = \varepsilon.$$

这就证明了 $s(x)$ 在 $[a, b]$ 上连续.

定理 7.1.6（逐项可积性）　如果函数项级数 $\sum_{n=1}^{\infty} u_n(x)$ 在区间 $[a, b]$ 上一致收敛,且级数的每一项 $u_n(x)$ 都在区间 $[a, b]$ 上连续,则和函数 $s(x)$ 可积,且可逐项积分,即

$$\int_{x_0}^{x} s(x) \mathrm{d}x = \int_{x_0}^{x} u_1(x) \mathrm{d}x + \int_{x_0}^{x} u_2(x) \mathrm{d}x + \cdots + \int_{x_0}^{x} u_n(x) \mathrm{d}x + \cdots$$

其中 x_0, x 是区间 $[a, b]$ 内任意两点.逐项积分后的级数也在区间 $[a, b]$ 上一致收敛.

证明 由定理 7.1.5 可知,$s(x)$ 在区间 $[a,b]$ 上连续,从而在 $[a,b]$ 上可积. 由于函数项级数 $\sum\limits_{n=1}^{\infty} u_n(x)$ 在区间 $[a,b]$ 上一致收敛与和函数 $s(x)$,则 $\forall \varepsilon > 0, \exists N \in \mathbb{Z}^+, \forall n > N$ 和 $\forall x \in [a,b]$,有

$$\left| s(x) - s_n(x) \right| < \frac{\varepsilon}{b-a}.$$

于是

$$\left| \int_a^b s(x)\mathrm{d}x - \int_a^b s_n(x)\mathrm{d}x \right| = \left| \int_a^b [s(x) - s_n(x)]\mathrm{d}x \right| \leqslant \int_a^b \left| s(x) - s_n(x) \right| \mathrm{d}x$$

$$< \frac{\varepsilon}{b-a} \int_a^b \mathrm{d}x = \varepsilon.$$

因此

$$\int_a^b s(x)\mathrm{d}x = \lim_{n \to \infty} \int_a^b s_n(x)\mathrm{d}x = \sum_{n=1}^{\infty} \int_a^b u_n(x)\mathrm{d}x$$

$$= \int_{x_0}^x u_1(x)\mathrm{d}x + \int_{x_0}^x u_2(x)\mathrm{d}x + \cdots + \int_{x_0}^x u_n(x)\mathrm{d}x + \cdots.$$

定理 7.1.7(逐项可微性) 若函数项级数 $\sum\limits_{n=1}^{\infty} u_n(x)$ 满足:

(1)函数项级数 $\sum\limits_{n=1}^{\infty} u_n(x)$ 在 $[a,b]$ 上收敛于和函数 $s(x)$;

(2)每一项 $u_n(x)$ 在区间 $[a,b]$ 上有连续的导函数;

(3)函数项级数 $\sum\limits_{n=1}^{\infty} u_n'(x)$ 在区间 $[a,b]$ 上一致收敛.

则和函数 $s(x)$ 在区间 $[a,b]$ 上有连续的导函数,且 $s'(x) = \sum\limits_{n=1}^{\infty} u_n'(x)$.

证明 由条件(3),设 $T(x) = \sum\limits_{n=1}^{\infty} u_n'(x)$,再由条件(2)知,$T(x)$ 在 $[a,b]$ 上连续. $\forall x \in [a,b]$,于是由定理 7.1.6,得

$$\int_a^x T(t)\mathrm{d}t = \sum_{n=1}^{\infty} \int_a^x u_n'(x)\mathrm{d}t = \sum_{n=1}^{\infty} u_n(t) \Big|_a^x$$

$$= \sum_{n=1}^{\infty} [u_n(x) - u_n(a)]$$

$$= \sum_{n=1}^{\infty} u_n(x) - \sum_{n=1}^{\infty} u_n(a) = s(x) - s(a).$$

将上式的两端对 x 求导,有 $T(x) = s'(x)$,即和函数在区间 $[a,b]$ 上有连续的导函数,且

$$s'(x) = \sum_{n=1}^{\infty} u_n'(x).$$

7.2　幂级数

形如

$$\sum_{n=0}^{\infty} a_n x^n = a_0 + a_1 x + \cdots + a_n x^n + \cdots \tag{7.2.1}$$

的函数项级数称为 x 的幂级数,其中常数 $a_n(n=0,1,2,\cdots)$ 叫做幂级数的系数.更一般地,形如

$$\sum_{n=0}^{\infty} a_n (x-x_0)^n = a_0 + a_1(x-x_0) + \cdots + a_n(x-x_0)^n + \cdots, \tag{7.2.2}$$

的函数项级数称为 $(x-x_0)$ 的幂级数,其中 x_0 是某个确定的值.显然,对于幂级数 $\sum_{n=0}^{\infty} a_n(x-x_0)^n$,令 $x-x_0 = t$,该级数变为 $\sum_{n=0}^{\infty} a_n t^n$,可见两个级数可相互转化.因此,不失一般性,故下面我们只讨论形如 $\sum_{n=0}^{\infty} a_n x^n$ 的幂级数.

7.2.1　幂级数的收敛半径、收敛区间和收敛域

幂级数的收敛域问题的解决是以下面的阿贝尔定理为基础的.

定理 7.2.1(阿贝尔定理)　如果幂级数 $\sum_{n=0}^{\infty} a_n x^n$ 在 $x = x_0(x_0 \neq 0)$ 处收敛,则对于满足不等式 $|x| < |x_0|$ 的一切 x,幂级数 $\sum_{n=0}^{\infty} a_n x^n$ 绝对收敛;如果幂级数 $\sum_{n=0}^{\infty} a_n x^n$ 在 $x = x_0$ 处发散,则对于满足不等式 $|x| > |x_0|$ 的一切 x,幂级数 $\sum_{n=0}^{\infty} a_n x^n$ 发散.

证明　(1)设 $x_0(\neq 0)$ 是幂级数 $\sum_{n=0}^{\infty} a_n x^n$ 的收敛点,即数项级数 $\sum_{n=0}^{\infty} a_n x_0^n$ 收敛,根据级数收敛的必要条件,得

$$\lim_{n \to \infty} a_n x_0^n = 0.$$

于是存在常数 M,使得

$$|a_n x_0^n| \leqslant M (n=0,1,2,\cdots),$$

又由于当 $|x| < |x_0|$ 时,有

$$|a_n x_0^n| = \left| a_n x_0^n \cdot \frac{x^n}{x_0^n} \right| = |a_n x_0^n| \cdot \left| \frac{x^n}{x_0^n} \right| \leqslant M \left| \frac{x}{x_0} \right|^n,$$

且当 $\left| \frac{x}{x_0} \right| < 1$ 时,等比级数 $\sum_{n=0}^{\infty} M \left| \frac{x}{x_0} \right|^n$ 收敛,从而根据比较判别法可知,级数 $\sum_{n=0}^{\infty} |a_n x^n|$ 收敛,即级数 $\sum_{n=0}^{\infty} a_n x^n$ 绝对收敛.

(2)利用反证法证明后一部分.设 $x = x_0$ 时级数发散,并假设存在另一点 x_1,使得当 $|x_1| > |x_0|$ 时,级数 $\sum_{n=0}^{\infty} a_n x^n$ 收敛,根据(1)的结论,当 $x = x_0$ 时级数也应收敛,这与假设矛盾.从而得证.

因为幂级数的项都在 $(-\infty, +\infty)$ 上有定义,所以对每个实数 x,幂级数(7.2.1)或者收敛,或者发散.然而任何一个幂级数(7.2.1)在原点 $x = 0$ 处都发散,所以由阿贝尔定理可直接得到如下结论:

推论 如果幂级数 $\sum\limits_{n=0}^{\infty} a_n x^n$ 不是仅在 $x = 0$ 一点收敛,也不是在整个数轴上都收敛,则闭存在一个完全确定的整数 R,使得

(1)当 $|x| < R$ 时,幂级数绝对收敛;

(2)当 $|x| > R$ 时,幂级数发散;

(3)当 $x = R$ 与 $x = -R$ 时,幂级数可能收敛也可能发散.

称 R 为幂级数(7.2.1)的收敛半径,称开区间 $(-R, R)$ 为幂级数(7.2.1)的收敛区间,在收敛区间内幂级数(7.2.1)绝对收敛.

除 $R = 0$ 情况外,幂级数(7.2.1)的收敛域一般是一个以原点为中心,R 为半径的区间.对情况(1),还要讨论 $x = \pm R$ 时的两个数项级数

$$\sum_{n=0}^{\infty} a_n (-R)^n, \quad \sum_{n=0}^{\infty} a_n R^n$$

是否收敛,才能最后确定收敛域.

关于幂级数收敛半径的求法,我们有下面的定理.

定理 7.2.2 设幂级数 $\sum\limits_{n=0}^{\infty} a_n x^n$ 的所有系数 $a_n \neq 0$,如果 $\lim\limits_{n \to \infty} \left| \dfrac{a_{n+1}}{a_n} \right| = \rho$,则

(1)当 $0 < \rho < +\infty$ 时,幂级数的收敛半径 $R = \dfrac{1}{\rho}$;

(2)当 $\rho = 0$ 时,幂级数的收敛半径 $R = +\infty$;

(3)当 $\rho = +\infty$ 时,幂级数的收敛半径 $R = 0$.

证明 当 $x = 0$ 时级数必收敛.下面考察 $x \neq 0$ 的情形.

对幂级数 $\sum\limits_{n=0}^{\infty} a_n x^n$ 的各项取绝对值,可得正项级数

$$\sum_{n=0}^{\infty} |a_n x^n| = |a_0| + |a_1 x| + |a_2 x^2| + \cdots + |a_n x^n| + \cdots,$$

由于

$$\lim_{n \to \infty} \left| \frac{a_{n+1} x^{n+1}}{a_n x^n} \right| = |x| \lim_{n \to \infty} \left| \frac{a_{n+1}}{a_n} \right| = \rho |x|,$$

于是

(1)当 $0 < \rho < +\infty$ 时,则由比较判别法可知,当 $\rho |x| < 1$,即 $|x| < \dfrac{1}{\rho}$ 时,级数 $\sum\limits_{n=0}^{\infty} a_n x^n$ 收敛且绝对收敛;当 $|x| > \dfrac{1}{\rho}$ 时,级数 $\sum\limits_{n=0}^{\infty} |a_n x^n|$ 发散,且当 n 充分大时,有

$$|a_{n+1} x^{n+1}| > |a_n x^n|,$$

因此一般项 $|a_n x^n|$ 不趋于零,从而 $\sum\limits_{n=0}^{\infty} a_n x^n$ 发散,收敛半径 $R = \dfrac{1}{\rho}$.

(2)当 $\rho = 0$ 时,对任意的 x 有,$\rho |x| = 0 < 1$,从而 $\sum\limits_{n=0}^{\infty} a_n x^n$ 绝对收敛,收敛半径为

$R = +\infty$.

(3)当 $\rho = +\infty$ 时,对一切 $x \neq 0$ 及充分大的 n ,都有 $\left| \dfrac{a_{n+1}}{a_n} x \right| > 1$,此时

$$\left| a_{n+1} x^{n+1} \right| = \left| a_n x^n \right| \cdot \left| \dfrac{a_{n+1}}{a_n} x \right| > \left| a_n x^n \right| ,$$

所以 $\lim\limits_{n \to \infty} a_n x^n \neq 0$,从而幂级数也必发散,收敛半径为 $R = 0$.

例 7.2.1　求下列幂级数的收敛半径、收敛区间和收敛域,

(1) $\sum\limits_{n=1}^{\infty} \dfrac{2^n}{n} x^n$; (2) $\sum\limits_{n=1}^{\infty} n^n x^n$;

(3) $\sum\limits_{n=1}^{\infty} \dfrac{x^n}{n!}$; (4) $\sum\limits_{n=1}^{\infty} \dfrac{(x-1)^n}{2^n \cdot n}$.

解　(1)由于

$$\rho = \lim_{n \to \infty} \left| \dfrac{a_{n+1}}{a_n} \right| = \lim_{n \to \infty} \dfrac{\dfrac{2^{n+1}}{n+1}}{\dfrac{2^n}{n}} = \lim_{n \to \infty} \dfrac{2n}{n+1} = 2 ,$$

因此幂级数 $\sum\limits_{n=1}^{\infty} \dfrac{2^n}{n} x^n$ 的收敛半径为 $R = \dfrac{1}{2}$,收敛区间为 $\left(-\dfrac{1}{2}, \dfrac{1}{2} \right)$.

下面讨论幂级数在收敛区间的端点是否收敛.

当 $x = \dfrac{1}{2}$ 时,相应的数项级数为

$$\sum_{n=1}^{\infty} \dfrac{2^n}{n} \left(\dfrac{1}{2} \right)^n = \sum_{n=1}^{\infty} \dfrac{1}{n} .$$

此级数是调和级数,当然发散,所以级数 $\sum\limits_{n=1}^{\infty} \dfrac{2^n}{n} (x)^n$ 的收敛域是 $\left[-\dfrac{1}{2}, \dfrac{1}{2} \right)$;

当 $x = -\dfrac{1}{2}$ 时,相应的数项级数为

$$\sum_{n=1}^{\infty} \dfrac{2^n}{n} \left(-\dfrac{1}{2} \right)^n = \sum_{n=1}^{\infty} (-1)^n \dfrac{1}{n} .$$

此级数是交错级数,且 $\dfrac{1}{n}$ 单调减少,极限是 0,于是此级数收敛.

(2)由于

$$\rho = \lim_{n \to \infty} \left| \dfrac{a_{n+1}}{a_n} \right| = \lim_{n \to \infty} \left| \dfrac{(n+1)^{n+1}}{n^n} \right| = \lim_{n \to \infty} (n+1) \left(1 + \dfrac{1}{n} \right)^n = +\infty ,$$

所以幂级数 $\sum\limits_{n=1}^{\infty} n^n x^n$ 的收敛半径为 $R = 0$. 于是它的收敛域为 $\{0\}$ (级数仅在 $x = 0$ 处收敛,其他点都发散).

(3)由于

$$\rho = \lim_{n \to \infty} \left| \dfrac{a_{n+1}}{a_n} \right| = \lim_{n \to \infty} \left| \dfrac{n!}{(n+1)!} \right| = \lim_{n \to \infty} \dfrac{1}{n+1} = 0 ,$$

所以幂级数 $\sum\limits_{n=1}^{\infty} \dfrac{x^n}{n!}$ 的收敛半径为 $R = +\infty$,当然它的收敛域是 R .

(4)令 $t = x - 1$,则级数变为 $\sum\limits_{n=1}^{\infty} \dfrac{t^n}{2^n \cdot n}$,由于

$$\rho = \lim_{n \to \infty} \left| \frac{a_{n+1}}{a_n} \right| = \lim_{n \to \infty} \left| \frac{\dfrac{1}{2^{n+1}(n+1)}}{\dfrac{1}{2^n \cdot n}} \right| = \lim_{n \to \infty} \frac{n}{2(n+1)} = \frac{1}{2}$$

因此收敛半径 $R = 2$,收敛区间 $|t| < 2$,即 $-1 < x < 3$.

当 $x = 3$ 时,级数为调和级数 $\sum\limits_{n=1}^{\infty} \dfrac{1}{n}$,级数发散;当 $x = -1$ 时,级数为交错级数 $\sum\limits_{n=1}^{\infty} \dfrac{(-1)^n}{n}$,

级数收敛. 所以,幂级数 $\sum\limits_{n=1}^{\infty} \dfrac{(x-1)^n}{2^n \cdot n}$ 的收敛域为 $[-1, 3)$.

例 7.2.2 求幂级数 $\sum\limits_{n=1}^{\infty} \left(1 + \dfrac{1}{2} + \cdots + \dfrac{1}{n} \right) x^n$ 的收敛半径.

解 由于

$$1 > \left| \frac{a_n}{a_{n+1}} \right| = \frac{1 + \dfrac{1}{2} + \cdots + \dfrac{1}{n}}{1 + \dfrac{1}{2} + \cdots + \dfrac{1}{n} + \dfrac{1}{n+1}} = \frac{1 + \dfrac{1}{2} + \cdots + \dfrac{1}{n} + \dfrac{1}{n+1} - \dfrac{1}{n+1}}{1 + \dfrac{1}{2} + \cdots + \dfrac{1}{n} + \dfrac{1}{n+1}}$$

$$= 1 - \frac{\dfrac{1}{n+1}}{1 + \dfrac{1}{2} + \cdots + \dfrac{1}{n} + \dfrac{1}{n+1}} > 1 - \frac{1}{n+1} ,$$

于是由夹逼定理可知, $\lim\limits_{n \to \infty} \dfrac{a_{n+1}}{a_n} = 1$,因此 $R = 1$.

7.2.2 幂级数的性质

1. 幂级数和函数的分析性质

定理 7.2.3(阿贝尔第二定理) 设幂级数

$$\sum_{n=0}^{\infty} a_n x^n = a_0 + a_1 x + \cdots + a_n x^n + \cdots \tag{7.2.3}$$

的收敛半径为 $R > 0$,则 $\forall r \in (0, R)$,级数 $\sum\limits_{n=0}^{\infty} a_n x^n$ 在闭区间 $[-r, r]$ 上一致收敛.

证明 我们知道,级数(7.2.3)在 $(-R, R)$ 内任一点绝对收敛, $r \in (0, R)$,所以数项级数 $\sum\limits_{n=0}^{\infty} |a_n| r^n$ 是收敛的. 又因为 $x \in [-r, r]$ 时,有

$$|a_n x^n| \leqslant |a_n| r^n ,$$

据优级数判别法可知, $\sum\limits_{n=0}^{\infty} a_n r^n$ 在 $[-r, r]$ 上一致收敛.

由此可见,幂级数在收敛区间上未必一致收敛,但是它在收敛区间的任意闭子区间都一致收敛,这一性质称为幂级数的内闭一致收敛性.

定理 7.2.4 设幂级数 $\sum\limits_{n=0}^{\infty} a_n x^n$ 的收敛半径为 R ,则其和函数 $s(x)$ 在 $(-R, R)$ 内连续.

证明　任取 $x_0 \in (-R, R)$，即 $|x_0| < R$，在数 $|x_0|$ 与 R 之间任取一数 r，则 $|x_0| \in [-r, r] \subset (-R, R)$. 根据定理 7.2.2，级数(7.2.3)在 $[-r, r]$ 上一致收敛，因而和函数 $s(x)$ 在 x_0 处连续. 由于 x_0 是 $(-R, R)$ 中的任意一点，故和函数 $s(x)$ 在 $(-R, R)$ 上连续.

由和函数的连续性，幂级数 $\sum\limits_{n=0}^{\infty} a_n x^n$ 的和函数 $s(x)$ 在收敛域上连续. 如果收敛域包含区间的端点，则左端点右连续，右端点左连续.

定理 7.2.5　设幂级数 $\sum\limits_{n=0}^{\infty} a_n x^n$ 的收敛半径为 R，则其和函数 $s(x)$ 在 $(-R, R)$ 内可导，其导函数可通过逐项求导，得到

$$s'(x) = \sum_{n=1}^{\infty} n a_n x^{n-1}, \tag{7.2.4}$$

并且逐项求导后的幂级数的收敛半径仍为 R.

证明　先证级数 $\sum\limits_{n=1}^{\infty} n a_n x^{n-1}$ 在 $(-R, R)$ 内收敛. 为此，任取 $x_0 \in (-R, R)$，再取定 r，使得 $|x_0| < r < R$. 记 $q = \dfrac{|x_0|}{r} < 1$，则

$$\left| n a_n x^{n-1} \right| = n \left| \frac{x_0}{r} \right|^{n-1} \cdot \frac{1}{r} \cdot \left| a_n r^n \right| = n q^{n-1} \cdot \frac{1}{r} \cdot \left| a_n \right| r^n,$$

则由比值判别法可知，级数 $\sum\limits_{n=1}^{\infty} n q^{n-1}$ 是收敛的，因此其一般项趋于零，即

$$n q^{n-1} \to 0 \ (n \to \infty),$$

从而数列 $\{n q^{n-1}\}$ 有界，即存在常数 $M > 0$，使得

$$n q^{n-1} \cdot \frac{1}{r} \leqslant M \ (n = 1, 2, \cdots).$$

又 $0 < r < R$ 且级数 $\sum\limits_{n=1}^{\infty} |a_n| r^n$ 收敛，于是由比较判别法可知，级数 $\sum\limits_{n=1}^{\infty} n a_n x^{n-1}$ 收敛.

根据定理 7.2.3 可知，幂级数 $\sum\limits_{n=1}^{\infty} n a_n x^{n-1}$ 在 $(-R, R)$ 中内必一致收敛. 于是，对于幂级数 $\sum\limits_{n=0}^{\infty} a_n x^n$ 来说，定理 7.1.7 的三个条件都满足，因而等式(7.2.4)在 $[-r, r]$ 中成立，其中 r 是满足 $0 < r < R$ 的任一数. 由于 r 可以接近 R，所以等式(7.2.4)在 $(-R, R)$ 中成立.

反复应用上面所证得的结论，即可推知级数(7.2.4)的和函数 $s(x)$ 在 $(-R, R)$ 中有任意阶导数：

$$s^{(k)}(x) = \sum_{n=k}^{\infty} n(n-1)\cdots(n-k+1) a_n x^{n-k}, \ k = 1, 2, \cdots \tag{7.2.5}$$

且其收敛半径为 R.

定理 7.2.6　若级数 $\sum\limits_{n=0}^{\infty} a_n x^n$ 的收敛半径是 $R (R > 0)$，则 $\forall x \in (-R, R)$，它的和函数 $s(x)$ 在 $[0, x]$ 上可积，且可逐项积分，即

$$\int_0^x s(t) \mathrm{d}t = \sum_{n=0}^{\infty} \int_0^x a_n t^n \mathrm{d}t = \sum_{n=0}^{\infty} \frac{a_n}{n+1} x^{n+1}.$$

证明 由于 $\forall x \in (-R,R)$，$\exists r > 0$，使得 $x \in [-r,r] \subset (-R,R)$. 根据幂级数的内闭一致收敛性与逐项可积性可知，和函数 $s(x)$ 在 $[0,x]$ 上可积，且可逐项积分，即

$$\int_0^x s(t)\,\mathrm{d}t = \int_0^x \left(\sum_{n=0}^{\infty} a_n t^n \right) \mathrm{d}t = \sum_{n=0}^{\infty} \int_0^x a_n t^n \mathrm{d}t = \sum_{n=0}^{\infty} \frac{a_n}{n+1} x^{n+1}.$$

定理 7.2.5 和定理 7.2.6 告诉我们，在任何幂级数收敛区间的内部，对它逐项微分或逐项积分永远是可行的.

2. 幂级数的运算性质

设有两个幂级数

$$f(x) = \sum_{n=0}^{\infty} a_n x^n = a_0 + a_1 x + \cdots + a_n x^n + \cdots,$$

$$g(x) = \sum_{n=0}^{\infty} b_n x^n = b_0 + b_1 x + \cdots + b_n x^n + \cdots,$$

它们的收敛半径分别为 R_1 和 R_2，则它们有以下加减和乘除运算.

（1）加减运算

$$f(x) \pm g(x) = \sum_{n=0}^{\infty} a_n x^n \pm \sum_{n=0}^{\infty} b_n x^n = \sum_{n=0}^{\infty} (a_n \pm b_n) x^n,$$

其收敛半径 $R = \min\{R_1, R_2\}$，且 $\sum_{n=0}^{\infty} (a_n \pm b_n) x^n$ 在区间 $(-R,R)$ 内绝对收敛.

（2）乘法运算

$$f(x) g(x) = \sum_{n=0}^{\infty} a_n x^n \cdot \sum_{n=0}^{\infty} b_n x^n = \sum_{n=0}^{\infty} c_n x^n,$$

其中 $c_n = a_0 b_n + a_1 b_{n-1} + \cdots + a_{n-1} b_1 + a_n b_0$，其收敛半径 $R = \min\{R_1, R_2\}$，且 $\sum_{n=0}^{\infty} c_n x^n$ 在区间 $(-R,R)$ 内绝对收敛.

（3）除法运算

$$\frac{f(x)}{g(x)} = \frac{\displaystyle\sum_{n=0}^{\infty} a_n x^n}{\displaystyle\sum_{n=0}^{\infty} b_n x^n} = c_0 + c_1 x + c_2 x^2 + \cdots + c_n x^n + \cdots,$$

这里假设 $b_0 \neq 0$，为求系数 $c_0, c_1, c_2, \cdots, c_n, \cdots$，可将 $\sum_{n=0}^{\infty} b_n x^n$ 与 $\sum_{n=0}^{\infty} c_n x^n$ 相乘，根据等式两边级数的对应项系数相等，确定 c_n，即得

$$\begin{cases} a_0 = b_0 c_0, \\ a_1 = b_1 c_0 + b_0 c_1, \\ a_1 = b_2 c_0 + b_1 c_1 + b_0 c_2, \\ \cdots\cdots \end{cases}$$

解上面的方程组，便可依次求出 $c_0, c_1, c_2, \cdots, c_n, \cdots$，相除后所得幂级数 $\sum_{n=0}^{\infty} c_n x^n$ 的收敛半径 R 可能小于原来两级数的收敛半径 R_1, R_2.

3. 分析运算

关于幂级数的分析运算有下列结论：

(1) 幂级数 $\sum\limits_{n=0}^{\infty} a_n x^n$ 的和函数 $s(x)$ 在其收敛域上连续.

(2) 幂级数 $\sum\limits_{n=0}^{\infty} a_n x^n$ 的和函数 $s(x)$ 在收敛域上可积，并有逐项积分公式

$$\int_0^x s(x)\mathrm{d}x = \int_0^x \left(\sum_{n=0}^{\infty} a_n x^n\right)\mathrm{d}x = \sum_{n=0}^{\infty}\int_0^x a_n x^n \mathrm{d}x = \sum_{n=0}^{\infty}\frac{a_n}{n+1}x^{n+1}\ (x\in I)$$

且逐项积分后所得到的幂级数和原级数有相同的收敛半径.

(3) 幂级数 $\sum\limits_{n=0}^{\infty} a_n x^n$ 的和函数 $s(x)$ 在收敛域 $(-R,R)$ 内可导，而且可逐项求导，即

$$s'(x) = \left(\sum_{n=0}^{\infty} a_n x^n\right)' = \sum_{n=0}^{\infty}(a_n x^n)' = \sum_{n=1}^{\infty} n a_n x^{n-1}.$$

且逐项求导后所得到的幂级数和原级数有相同的收敛半径.

需要说明的是，虽然幂级数在 $(-R,R)$ 内，经逐项积分或逐项求导后得幂级数收敛半径仍为 R，但在 $x=\pm R$ 处的收敛性可能改变.

反复应用结论 (3) 可得：幂级数 $\sum\limits_{n=0}^{\infty} a_n x^n$ 的和函数 $s(x)$ 在其收敛区间 $(-R,R)$ 内具有任意阶导数，从以上性质可见，幂级数在其收敛区间 $(-R,R)$ 内就像普通的多项式一样，可以相加、相减、逐项积分、逐项求导，这些性质在求幂级数的和函数时有着重要的应用.

例 7.2.3　求幂级数 $\sum\limits_{n=1}^{\infty}(2^n+\sqrt{n})(x+1)^n$ 的收敛域.

解　将原幂级数分为两个幂级数

$$\sum_{n=1}^{\infty}2^n(x+1)^n,\quad \sum_{n=1}^{\infty}\sqrt{n}(x+1)^n,$$

前者的收敛半径为

$$R_1 = \lim_{n\to\infty}\frac{2^n}{2^{n+1}} = \frac{1}{2},$$

后者的收敛半径为

$$R_2 = \lim_{n\to\infty}\frac{\sqrt{n}}{\sqrt{n+1}} = 1.$$

于是，所求幂级数的收敛半径 $R=\min\left\{\frac{1}{2},1\right\}=\frac{1}{2}$，即收敛区间为

$$-\frac{3}{2} < x < -\frac{1}{2},$$

当 $x=-\frac{3}{2}$ 和 $x=-\frac{1}{2}$ 时，对应的级数依次为

$$\sum_{n=1}^{\infty}(-1)^n\frac{2^n+\sqrt{n}}{2^n},\quad \sum_{n=1}^{\infty}\frac{2^n+\sqrt{n}}{2^n},$$

因为 $\dfrac{2^n + \sqrt{n}}{2^n} = 1 \neq 0$，所以这两个级数都发散，从而原幂级数的收敛域为 $\left(-\dfrac{3}{2}, -\dfrac{1}{2} \right)$.

例 7.2.4 求幂级数 $\sum\limits_{n=0}^{\infty} (n+1)^2 x^n$ 的和函数.

解 由于

$$\left| \frac{a_{n+1}}{a_n} \right| = \frac{(n+2)^2}{(n+1)^2} \to 1 (n \to \infty) \ ,$$

于是幂级数 $\sum\limits_{n=0}^{\infty} (n+1)^2 x^n$ 的收敛半径 $R = 1$，易见当 $x = \pm 1$ 时，级数发散，所以级数 $\sum\limits_{n=0}^{\infty} (n+1)^2 x^n$ 的收敛域为 $(-1,1)$. 设

$$s(x) = \sum_{n=0}^{\infty} (n+1)^2 x^n (|x| < 1) \ ,$$

于是

$$\int_0^x s(x) \mathrm{d}x = \sum_{n=0}^{\infty} (n+1) x^{n+1} = x \sum_{n=0}^{\infty} (x^{n+1})' = x \left(\sum_{n=0}^{\infty} x^{n+1} \right)' = x \left(\frac{x}{1-x} \right)' = \frac{x}{(1-x)^2} \ ,$$

在上式两端求导，得所求和函数

$$s(x) = \frac{1+x}{(1-x)^3} \ (|x| < 1) \ .$$

例 7.2.5 求幂级数 $\sum\limits_{n=0}^{\infty} \dfrac{x^n}{n+1}$ 的和函数.

解 由于

$$\lim_{n \to \infty} \left| \frac{a_{n+1}}{a_n} \right| = \lim_{n \to \infty} \frac{n+1}{n+2} = 1$$

因此幂级数 $\sum\limits_{n=0}^{\infty} \dfrac{x^n}{n+1}$ 的收敛半径 $R = 1$.

在 $x = -1$ 处，幂级数变为 $\sum\limits_{n=0}^{\infty} \dfrac{(-1)^n}{n+1}$，收敛；在 $x = 1$ 处，幂级数变为 $\sum\limits_{n=0}^{\infty} \dfrac{1}{n+1}$，发散. 因此幂级数 $\sum\limits_{n=0}^{\infty} \dfrac{x^n}{n+1}$ 的收敛域为 $[-1,1)$.

设和函数为 $s(x)$，则

$$s(x) = \sum_{n=0}^{\infty} \frac{x^n}{n+1}, x \in [-1,1)$$

于是

$$xs(x) = \sum_{n=0}^{\infty} \frac{x^{n+1}}{n+1}$$

逐项求导数，得

$$[xs(x)]' = \left(\sum_{n=0}^{\infty} \frac{x^{n+1}}{n+1} \right)' = \sum_{n=0}^{\infty} \left(\frac{x^{n+1}}{n+1} \right)' = \sum_{n=0}^{\infty} x^n = \frac{1}{1-x}, \ x \in (-1,1)$$

因此

$$xs(x) = \int_0^x [xs(x)]' \mathrm{d}x = \int_0^x \frac{1}{1-x} \mathrm{d}x = -\ln(1-x), \ x \in [-1,1)$$

当 $x \neq 0$ 时

$$s(x) = -\frac{1}{x}\ln(1-x)$$

易得 $s(0) = a_0 = 1$，因此

$$s(x) = \begin{cases} -\dfrac{1}{x}\ln(1-x), & x \in [-1,1) \text{ 且 } x \neq 0 \\ 1, & x = 0 \end{cases}.$$

7.3　函数幂级数展开式及其应用

7.3.1　泰勒级数

函数中最简单的是多项式函数,而幂级数的前 n 项部分和恰好是多项式.这就使我们想到,能否将一个函数表示为幂级数来进行研究.前面章节讲过的泰勒公式为我们提供了解决这个问题的途径.

若函数 $f(x)$ 在点 x_0 的某个邻域内具有直到 $(n+1)$ 阶导数,则在该邻域内 $f(x)$ 的泰勒公式为

$$f(x) = f(x_0) + f'(x_0)(x-x_0) + \frac{f''(x_0)}{2!}(x-x_0)^2 + \cdots +$$

$$\frac{f^{(n)}(x_0)}{n!}(x-x_0)^n + R_n(x) \qquad (7.3.1)$$

其中, $R_n(x) = \dfrac{f^{(n+1)}(\xi)}{(n+1)!}(x-x_0)^{n+1}$, ξ 是介于 x 与 x_0 之间的某个值.

如果函数 $f(x)$ 在 x_0 的某邻域 $U(x_0)$ 内有任意阶导数,这时就自然地设想有下面的无穷级数展开式:

$$f(x) = f(x_0) + f'(x_0)(x-x_0) + \frac{f''(x_0)}{2!}(x-x_0)^2 + \cdots$$

$$+ \frac{f^{(n)}(x_0)}{n!}(x-x_0)^n + \cdots \qquad (7.3.2)$$

这种设想能否实现? 我们用下面的定理给出肯定的回答.

定理 7.3.1　设函数 $f(x)$ 在 x_0 的某邻域 $U(x_0)$ 内具有各阶导数,则在该邻域内 $f(x)$ 可展开成泰勒级数的充分必要条件是 $f(x)$ 的泰勒公式(7.3.1)中的余项 $R_n(x)$ 当 $n \to \infty$ 时极限为零,即

$$\lim_{n \to \infty} R_n(x) = 0, \ x \in U(x_0).$$

证明　必要性.设 $f(x)$ 在 $U(x_0)$ 内可展开成泰勒级数,即 $\forall x \in U(x_0)$,有

$$f(x) = f(x_0) + f'(x_0)(x-x_0) + \frac{f''(x_0)}{2!}(x-x_0)^2 + \cdots$$

$$+ \frac{f^{(n)}(x_0)}{n!}(x-x_0)^n + \cdots,$$

如果 $f(x)$ 的泰勒级数在点 x_0 的邻域内收敛于 $f(x)$,则级数的前 n 项之和的极限存在,且等于 $f(x)$,即

$$f(x) = \lim_{n \to \infty} s_n(x) = \lim_{n \to \infty} \left[f(x_0) + f'(x_0)(x - x_0) + \cdots + \frac{f^{(n)}(x_0)}{n!}(x - x_0)^n \right],$$

在泰勒公式两边取极限

$$\lim_{n \to \infty} f(x) = \lim_{n \to \infty} [s_n(x) + R_n(x)],$$

于是

$$f(x) = \lim_{n \to \infty} s_n(x) + \lim_{n \to \infty} R_n(x),$$

因此

$$f(x) = f(x) + \lim_{n \to \infty} R_n(x),$$

即

$$\lim_{n \to \infty} R_n(x) = 0.$$

充分性. 由题设，$\forall x \in U(x_0)$，有

$$\lim_{n \to \infty} R_n(x) = 0,$$

由于

$$f(x) = s_{n+1}(x) + R_n(x),$$

两边取极限，得

$$\lim_{n \to \infty} [s_{n+1}(x) + R_n(x)] \quad 或 \quad \lim_{n \to \infty} s_{n+1}(x) = f(x).$$

因此，$f(x)$ 的泰勒级数(7.3.2)在 $U(x_0)$ 内一切点 x 处都收敛，且收敛于 $f(x)$，即 $f(x)$ 在 $U(x_0)$ 内可展开成泰勒级数(7.3.2).

定理 7.3.2 若 $f(x) = \sum_{n=0}^{\infty} a_n(x - x_0)^n$，则

$$a_n = \frac{f^{(n)}(x_0)}{n!}, \ n = 0, 1, 2, \cdots.$$

证明 由于幂级数可以逐项微分，将 $f(x) = \sum_{n=0}^{\infty} a_n(x - x_0)^n$ 两端求 n 次导数，有

$$f^{(n)}(x) = n!a_n + (n+1)a_{n+1}(x - x_0) + \frac{(n+2)!}{2!}a_{n+2}(x - x_0)^2 + \cdots, \ n = 0, 1, 2, \cdots,$$

上式中取 $x = x_0$，则有

$$f^{(n)}(x_0) = n!a_n,$$

因此

$$a_n = \frac{f^{(n)}(x_0)}{n!}, \ n = 0, 1, 2, \cdots.$$

7.3.2 函数的幂级数展开

1.直接展开法

利用直接展开法将函数展开成幂级数的一般步骤为：
(1)求出 $f(x)$ 的各阶导数：

$$f'(x), f''(x), \cdots, f^{(n)}(x), \cdots;$$

(2)求 $f(x)$ 在 $x = 0$ 的各阶导数值：

$$f'(0), f''(0), \cdots, f^{(n)}(0), \cdots;$$

（3）写出幂级数

$$f(0) + f'(0)x + \frac{f''(0)}{2!}x^2 + \cdots + \frac{f^{(n)}(0)}{n!}x^n + \cdots,$$

并求出收敛半径 R 与收敛域；

（4）任取 $x \in (-R, R)$，若

$$\lim_{n \to \infty} R_n(x) = \lim_{n \to \infty} \frac{f^{(n+1)}(\xi)}{(n+1)!}x^{n+1} = 0, \ 0 < \xi < x,$$

则 $f(x)$ 可展开成 x 的幂级数，且它的幂级数展开式为

$$f(x) = f(0) + f'(0)x + \frac{f''(0)}{2!}x^2 + \cdots + \frac{f^{(n)}(0)}{n!}x^n + \cdots (-R < x < R),$$

否则不能展开成 x 的幂级数.

接下来，利用上面总结的麦克劳林级数展开的具体方法和步骤，将一些常见的初等函数展开成麦克劳林级数（关于 x 的幂级数）.

例 7.3.1　将函数 $f(x) = \mathrm{e}^x$ 展开成 x 的幂级数.

解　由于

$$f^{(n)}(x) = \mathrm{e}^x, \ n = 0, 1, 2, \cdots,$$

因此

$$f^{(n)}(0) = 1, \ n = 0, 1, 2, \cdots,$$

于是 $f(x)$ 的麦克劳林级数为

$$1 + x + \frac{x^2}{2!} + \cdots + \frac{x^2}{n!} + \cdots,$$

级数的收敛半径 $R = +\infty$，收敛区间为 $(-\infty, +\infty)$.

对于 x, ξ（ξ 介于 0 与 x 之间），有

$$|R_n(x)| = \left| \frac{\mathrm{e}^\xi}{(n+1)!}x^{n+1} \right| < \mathrm{e}^{|x|} \cdot \frac{|x|^{n+1}}{(n+1)!}$$

容易验证，$\sum\limits_{n=0}^{\infty} \frac{|x|^{n+1}}{(n+1)!}$ 是收敛的，于是

$$\lim_{n \to \infty} R_n(x) = 0 \lim_{n \to \infty} \frac{|x|^{n+1}}{(n+1)!} = 0,$$

又由 $\mathrm{e}^{|x|}$ 有界可知

$$\lim_{n \to \infty} |R_n(x)| = 0,$$

从而

$$\lim_{n \to \infty} R_n(x) = 0,$$

于是

$$\mathrm{e}^x = 1 + x + \frac{1}{2!}x^2 + \cdots + \frac{1}{n!}x^n + \cdots, \ -\infty < x < +\infty.$$

例 7.3.2　将函数 $f(x) = \sin x$ 展开成 x 的幂级数.

解　由于

$$f^{(n)}(x) = \sin\left(x + \frac{n\pi}{2}\right) \ (n = 1, 2, \cdots),$$

因此

$$f^{(k)}(0) = \begin{cases} 0, & k = 2n \\ (-1)^n, & k = 2n+1 \end{cases} \quad (n = 1, 2, \cdots),$$

于是 $\sin x$ 的麦克劳林级数为

$$x - \frac{1}{3!}x^3 + \frac{1}{5!}x^5 + \cdots + \frac{(-1)^n}{(2n+1)!}x^{2n+1} + \cdots,$$

则其收敛半径 $R = +\infty$，收敛域为 $(-\infty, +\infty)$.

又对任意固定的 $x \in (-\infty, +\infty)$（ξ 在 x 与 0 之间），余项的绝对值当 $n \to \infty$ 时的极限为零，即

$$|R_n(x)| = \left| \frac{\sin\left[\xi + \frac{(n+1)\pi}{2}\right]}{(n+1)!}x^{n+1} \right| \leqslant \frac{|x|^{n+1}}{(n+1)!} \to 0 \ (n \to \infty),$$

从而 $\sin x$ 的麦克劳林展开式为

$$\sin x = x - \frac{1}{3!}x^3 + \frac{1}{5!}x^5 + \cdots + \frac{(-1)^n}{(2n+1)!}x^{2n+1} + \cdots \ (x \in (-\infty, +\infty)).$$

2. 间接展开法

间接展开法是指从已知函数的展开式出发，利用幂级数的变换、四则运算、分析运算法则将函数展开成幂级数的方法. 因为函数的幂级数展开式唯一，所以间接展开法与直接展开法得到的结果相同.

例 7.3.3 将函数 $f(x) = \ln(1+x)$ 展开成 x 的幂级数.

解 由于

$$f'(x) = \frac{1}{1+x},$$

而 $\dfrac{1}{1+x}$ 是收敛的等比级数 $\displaystyle\sum_{n=0}^{\infty}(-1)^n x^n$ 的和函数，即

$$\frac{1}{1+x} = 1 - x + x^2 - x^3 + \cdots + (-1)^n x^n + \cdots \ (-1 < x < 1),$$

将上式从 0 到 x 逐项积分，便可求得函数 $f(x)$ 的幂级数展开式，即

$$\ln(1+x) = x - \frac{x^2}{2} + \frac{x^3}{3} - \frac{x^4}{4} + \cdots + (-1)^n \frac{x^{(n+1)}}{n+1} \ (-1 < x < 1).$$

例 7.3.4 将函数 $f(x) = \sin x$ 展开成 $\left(x - \dfrac{\pi}{4}\right)$ 的幂级数.

解 由于

$$\sin x = \sin\left[\frac{\pi}{4} + \left(x - \frac{\pi}{4}\right)\right]$$

$$= \sin\frac{\pi}{4}\cos\left(x - \frac{\pi}{4}\right) + \cos\frac{\pi}{4}\sin\left(x - \frac{\pi}{4}\right)$$

$$= \frac{1}{\sqrt{2}}\left[\cos\left(x - \frac{\pi}{4}\right) + \sin\left(x - \frac{\pi}{4}\right)\right],$$

而

$$\cos\left(x-\frac{\pi}{4}\right)=1-\frac{\left(x-\frac{\pi}{4}\right)^2}{2!}+\frac{\left(x-\frac{\pi}{4}\right)^4}{4!}-\frac{\left(x-\frac{\pi}{4}\right)^6}{6!}+\cdots,$$

$$\sin\left(x-\frac{\pi}{4}\right)=\left(x-\frac{\pi}{4}\right)-\frac{\left(x-\frac{\pi}{4}\right)^3}{3!}+\frac{\left(x-\frac{\pi}{4}\right)^5}{5!}-\frac{\left(x-\frac{\pi}{4}\right)^7}{7!}+\cdots,$$

于是

$$\sin x = \frac{1}{\sqrt{2}}\left[1+\left(x-\frac{\pi}{4}\right)-\frac{\left(x-\frac{\pi}{4}\right)^2}{2!}-\frac{\left(x-\frac{\pi}{4}\right)^3}{3!}+\frac{\left(x-\frac{\pi}{4}\right)^4}{4!}+\frac{\left(x-\frac{\pi}{4}\right)^5}{5!}-\cdots\right],$$

$-\infty<x<+\infty.$

7.3.3　函数幂级数展开式的应用

用幂级数可以表示函数,因此幂级数给函数的运算带来了方便,也使得幂级数有着广泛的应用,运用幂级数可以计算函数值的近似值、求极限、求定积分等.

1. 函数值的计算

在函数的幂级数展开式中,用泰勒多项式代替泰勒级数,就可得到函数的近似公式,这对于计算复杂函数的函数值是非常方便的,可以把函数近似表示为 x 的多项式,而多项式的计算只需用到四则运算,非常方便.

例 7.3.5　计算 e 的近似值,精确到 10^{-10}.

解　在指数函数 e^x 的展开式

$$\mathrm{e}^x=1+x+\frac{1}{2!}x^2+\cdots+\frac{1}{n!}x^n+\cdots(-\infty<x<+\infty)$$

中,令 $x=1$,得

$$\mathrm{e}\approx1+1+\frac{1}{2!}+\cdots+\frac{1}{n!}+\cdots.$$

取前 $n+1$ 项作为 e 的近似值,则

$$\mathrm{e}=1+1+\frac{1}{2!}+\cdots+\frac{1}{n!},$$

则误差

$$\begin{aligned}|r_n|&=\frac{1}{(n+1)!}+\frac{1}{(n+2)!}+\cdots+\frac{1}{(n+k)!}+\cdots\\&<\frac{1}{(n+1)!}+\frac{1}{(n+1)!(n+1)}+\cdots+\frac{1}{(n+1)!(n+1)^{k-1}}+\cdots\\&=\frac{1}{(n+1)!}\frac{1}{1-\frac{1}{n+1}}=\frac{1}{n!n}.\end{aligned}$$

由于 $13!\cdot13\approx8\times10^{10}>10^{10}$,所以取 $n=13$,即

$$\mathrm{e}\approx1+1+\frac{1}{2!}+\frac{1}{3!}+\cdots+\frac{1}{13!}\approx2.7182818284590\cdots.$$

例 7.3.6　计算 ln2 的近似值,要求精确到 10^{-4}.

解 在函数 $\ln(1+x)$ 的展开式

$$\ln(1+x) = x - \frac{x^2}{2} + \frac{x^3}{3} - \frac{x^4}{4} + \cdots + (-1)^{n-1}\frac{x^n}{n} + \cdots (-1 < x \leqslant 1)$$

中,令 $x=1$,得

$$\ln 2 = 1 - \frac{1}{2} + \frac{1}{3} - \frac{1}{4} + \cdots + (-1)^{n-1}\frac{1}{n} + \cdots (-1 < x \leqslant 1) .$$

由此计算 $\ln 2$ 的近似值,其误差为 $|r_n| \leqslant \dfrac{1}{n+1}$,为了保证误差不超过 10^{-4},就需要取级数的前 10000 项计算,计算量过大.为此需要用收敛速度快的级数来代替它.

将展开式

$$\ln(1+x) = x - \frac{x^2}{2} + \frac{x^3}{3} - \frac{x^4}{4} + \cdots + (-1)^{n-1}\frac{x^n}{n} + \cdots (-1 < x \leqslant 1)$$

中的 x 换成 $-x$,得

$$\ln(1-x) = -x - \frac{x^2}{2} - \frac{x^3}{3} - \frac{x^4}{4} - \cdots - \frac{x^n}{n} + \cdots (-1 < x \leqslant 1) ,$$

两式相减,得

$$\ln\frac{1+x}{1-x} = 2\left(x + \frac{x^3}{3} + \frac{x^5}{5} + \cdots + \frac{x^{2n+1}}{2n+1} + \cdots\right) (-1 \leqslant x < 1) ,$$

令 $\dfrac{1+x}{1-x} = 2$,解得 $x = \dfrac{1}{3}$,将其代入上式,得

$$\ln 2 = 2\left(1 \cdot \frac{1}{3} + \frac{1}{3} \cdot \frac{1}{3^3} + \frac{1}{5} \cdot \frac{1}{3^5} + \frac{1}{7} \cdot \frac{1}{3^7} + \cdots\right) .$$

误差为

$$|r_{2n+1}| = 2 \cdot \left| \frac{1}{2n+1} \cdot \frac{1}{3^{2n+1}} + \frac{1}{2n+3} \cdot \frac{1}{3^{2n+3}} + \cdots \right|$$

$$\leqslant 2 \cdot \frac{1}{2n+1} \cdot \frac{1}{3^{2n+1}} \left| 1 + \frac{1}{3^2} + \frac{1}{3^4} + \cdots \right|$$

$$< \frac{1}{4(2n+1) \cdot 3^{2n-1}} .$$

若取前四项作为 $\ln 2$ 的近似值,误差 $|r_{2n+1}| < 10^{-4}$,此时 $\ln 2 \approx 0.69314$.

例 7.3.7 利用 $\sin x \approx x - \dfrac{x^3}{3!}$,求 $\sin 9°$ 的值.

解 把角度化为弧度,有

$$9° = \frac{\pi}{180} \cdot 9 = \frac{\pi}{20} ,$$

则有

$$\sin\frac{\pi}{20} \approx \frac{\pi}{20} - \frac{1}{3!}\left(\frac{\pi}{20}\right)^3 .$$

在 $\sin x$ 的展开式

$$\sin x = x - \frac{x^3}{3!} + \frac{x^5}{5!} + \cdots + \frac{(-1)^n}{(2n+1)!}x^{2n+1} + \cdots (-\infty < x < +\infty)$$

中,令 $x = \dfrac{\pi}{20}$ 得

$$\sin\frac{\pi}{20} = \frac{\pi}{20} - \frac{1}{3!}\left(\frac{\pi}{20}\right)^3 + \frac{1}{5!}\left(\frac{\pi}{20}\right)^5 \cdots,$$

等式右端是一个收敛的交错级数,且满足莱布尼茨定理,若取它的前两项作为 $\sin\dfrac{\pi}{20}$ 的近似值,则误差为

$$|r_2| \leqslant \frac{1}{5!}\left(\frac{\pi}{20}\right)^5 < \frac{1}{120}(0.2)^5 < 10^{-5}.$$

取 $\dfrac{\pi}{20} \approx 0.157080$,则有

$$\sin 9° = \sin\frac{\pi}{20} \approx \frac{\pi}{20} - \frac{1}{3!}\left(\frac{\pi}{20}\right)^3 \approx 0.15643,$$

误差不超过 10^{-5}.

例 7.3.8　计算 $\sqrt[5]{240}$ 的近似值,要求误差不超过 0.0001.

解　由于

$$\sqrt[5]{240} = \sqrt[5]{243-3} = \sqrt[5]{3^5-3} = 3\left(1-\frac{1}{3^4}\right)^{\frac{1}{5}},$$

利用 $(1+x)^\alpha$ 的幂级数展开式,并取 $\alpha = \dfrac{1}{5}, x = -\dfrac{1}{3^4}$,有

$$\sqrt[5]{240} = 3\left(1 - \frac{1}{5}\cdot\frac{1}{3^4} - \frac{1\cdot4}{5^2\cdot2!}\cdot\frac{1}{3^8} - \frac{1\cdot4\cdot9}{5^3\cdot3!}\cdot\frac{1}{3^{12}} - \cdots\right),$$

容易发现,这个级数收敛很快,因此可取前两项之和作为 $\sqrt[5]{240}$ 的近似值,其误差为

$$|r_2| = 3\left(\frac{1\cdot4}{5^2\cdot2!}\cdot\frac{1}{3^8} + \frac{1\cdot4\cdot9}{5^3\cdot3!}\cdot\frac{1}{3^{12}} + \cdots\right) < 3\left(\frac{1\cdot4}{5^2\cdot2!}\cdot\frac{1}{3^8} + \frac{1\cdot4}{5^3\cdot2!}\cdot\frac{1}{3^{12}} + \cdots\right)$$

$$= 3\cdot\frac{1\cdot4}{5^2\cdot2!}\cdot\frac{1}{3^8}\cdot\left[1 + \frac{1}{81} + \cdots\right] = \frac{6}{25}\cdot\frac{1}{3^8}\cdot\frac{1}{1-\frac{1}{81}} = \frac{1}{25\times27\times40} < \frac{1}{20000},$$

从而

$$\sqrt[5]{240} \approx 3\left(1 - \frac{1}{5}\cdot\frac{1}{3^4}\right),$$

为了使"四舍五入"引起的误差与截断误差之和不超过 0.0001,计算时应取五位小数,然后再四舍五入,最后得

$$\sqrt[5]{240} \approx 2.9926.$$

2. 积分的计算

例 7.3.9　求极限 $\lim\limits_{x\to0}\dfrac{\cos x - \mathrm{e}^{-\frac{x^2}{2}}}{x^4}$.

解　把 $\cos x$ 和 $\mathrm{e}^{-\frac{x^2}{2}}$ 的幂级数展开式代入上式,有

$$\lim_{x\to0}\frac{\cos x - \mathrm{e}^{-\frac{x^2}{2}}}{x^4} = \lim_{x\to0}\frac{\left(1 - \frac{x^2}{2} + \frac{x^4}{24} - \cdots\right) - \left(1 - \frac{x^2}{2} + \frac{x^4}{2\cdot2^2} - \cdots\right)}{x^4}$$

$$= \lim_{x \to 0} \frac{-\frac{1}{12}x^4 + \cdots}{x^4} = -\frac{1}{12}.$$

例 7.3.10 计算 $\int_0^1 e^{-x^2} dx$,精确到小数点后四位.

解 由指数函数 e^x 的展开式

$$e^x = 1 + x + \frac{x^2}{2!} + \cdots + \frac{x^n}{n!} + \cdots (-\infty < x < +\infty),$$

得

$$e^{-x^2} = 1 - x^2 + \frac{x^4}{2!} - \frac{x^6}{3!} + \cdots + \frac{(-1)^n x^{2n}}{n!} + \cdots (-\infty < x < +\infty).$$

由指数函数的可积性,在区间 $[0,1]$ 上逐项积分,得

$$\int_0^1 e^{-x^2} dx \approx 1 - \frac{1}{3} + \frac{1}{5 \cdot 2!} - \frac{1}{7 \cdot 3!} + \frac{1}{9 \cdot 4!} - \cdots,$$

由于 $\frac{1}{15 \cdot 7!} < 10^{-4}$,所以

$$\int_0^1 e^{-x^2} dx \approx 1 - \frac{1}{3} + \frac{1}{5 \cdot 2!} - \frac{1}{7 \cdot 3!} + \frac{1}{9 \cdot 4!} - \frac{1}{11 \cdot 5!} + \frac{1}{13 \cdot 6!}$$

$$\approx 0.7468.$$

例 7.3.11 计算定积分 $\int_0^1 \frac{\sin x}{x} dx$ 的近似值.

解 因为 $\lim_{x \to 0} \frac{\sin x}{x} = 1$,所给积分不是广义积分,定义函数在 $x = 0$ 处的值为1,那么函数在 $[0,1]$ 上就连续了,函数的展开式为

$$\frac{\sin x}{x} = 1 - \frac{x^2}{3} + \frac{x^4}{5!} - \cdots + (-1)^{n-1} \frac{x^{2(n-1)}}{(2n-1)!} + \cdots (-\infty < x < +\infty)$$

对上式在区间 $[0,1]$ 上逐项积分,得

$$\int_0^1 \frac{\sin x}{x} dx = 1 - \frac{1}{3 \cdot 3!} + \frac{1}{5 \cdot 5!} - \cdots + (-1)^{n-1} \frac{1}{(2n-1) \cdot (2n-1)!} + \cdots,$$

取前三项的和,即

$$\int_0^1 \frac{\sin x}{x} dx \approx 1 - \frac{1}{3 \cdot 3!} + \frac{1}{5 \cdot 5!} \approx 0.94611.$$

3. 其他应用

例 7.3.12 证明欧拉公式 $e^{ix} = \cos x + i \sin x$,且 $e^{i\pi} = -1$.

证明 公式 $e^x = 1 + x + \frac{x^2}{2!} + \cdots + \frac{x^n}{n!} + \cdots$ 不仅对实变量成立,对复变量也成立,即

$$e^{ix} = 1 + xi - \frac{x^2}{2!} + \frac{x^3}{3!}i - \cdots - \frac{x^{2n}}{(2n)!} + \frac{x^{2n+1}}{(2n+1)!}i - \cdots$$

$$= \left[1 - \frac{x^2}{2!} + \frac{x^4}{4!} - \cdots + (-1)^n \frac{x^{2n}}{(2n)!} + \cdots \right] + i\left[x - \frac{x^3}{3!} + \frac{x^5}{5!} - \cdots + (-1)^{n-1} \frac{x^{2n-1}}{(2n-1)!} + \cdots \right]$$

$$= \cos x + i \sin x. \text{ 得证.}$$

若在欧拉公式中令 $x = \pi$,则有关系式 $e^{i\pi} + 1 = 0$ 或 $e^{i\pi} = -1$.

7.4　傅里叶级数

7.4.1　基本三角函数系

把非正弦周期信号分解为傅里叶级数是法国科学家傅里叶所做的重大贡献.他的关于把信号分解为正弦分量的思想证明了将周期信号展开为正弦级数的理论,为信号的分析和处理打下来基础,同时对后来的自然科学等领域也产生了巨大影响.

周期函数反映了客观世界中的周期运动.正弦函数是一种常见而简单的周期函数.例如描述简谐振动函数

$$y = A\sin(\omega t + \varphi),$$

就是一个以 $\dfrac{2\pi}{\omega}$ 为周期的正弦函数,其中 y 表示动点的位置,t 表示时间,A 为振幅,ω 为角频率,φ 为初相.

由于简谐振动叠加后,可以得到较复杂的非简谐的周期运动,因此反过来可设想把一个周期运动分解成有限个或无限个简谐运动的叠加.例如,光的传播具有波动性,白光是由频率不等的七种单色光组成的,复杂的声波、电磁波也是由频率不等的谐波叠加而成的.这就提出了一个问题:一个复杂的周期运动是由哪些频率不同的谐振动合成的? 它们各占的比重有多大? 用数学的观点看,就是把一个周期为 T 的函数 $f(t)$ 表示为

$$f(t) = A_0 + \sum_{n=1}^{\infty} A_n \sin(n\omega t + \varphi_n)$$
$$= A_0 + \sum_{n=1}^{\infty} (A_n \sin\varphi_n \cos n\omega t + A_n \cos\varphi_n \sin n\omega t),$$

其中 $A_0, A_n, \varphi_n (n = 1, 2, 3, \cdots)$ 都是常数.

令 $\dfrac{a_0}{2} = A_0, a_n = A_n \sin\varphi_n, b_n = A_n \cos\varphi_n, \omega t = x$,则得到级数

$$\frac{a_0}{2} + \sum_{n=1}^{\infty} (a_n \cos nx + b_n \sin nx),$$

这种形式的级数称为三角级数,其中 $a_0, a_n, b_n (n = 1, 2, \cdots)$ 为常数.

在三角级数的收敛性以及函数 $f(x)$ 如何展开成三角级数的讨论中,三角函数系的正交性起重要作用.所谓三角函数系

$$1, \cos x, \sin x, \cos 2x, \sin 2x, \cdots, \cos nx, \sin nx, \cdots.$$

在区间 $[-\pi, \pi]$ 上正交,就是指三角函数系中任何不同的两个函数的乘积在区间 $[-\pi, \pi]$ 上的积分等于零.

设 c 是任意实数,$[c, c+2\pi]$ 是长度为 2π 的区间,由于三角函数 $\cos nx, \sin nx (n = 1, 2, \cdots)$ 是周期为 2π 的函数,经简单计算,有

$$\int_c^{c+2\pi} \cos nx \, \mathrm{d}x = \int_0^{2\pi} \cos nx \, \mathrm{d}x = 0,$$

$$\int_c^{c+2\pi} \sin nx \, \mathrm{d}x = \int_0^{2\pi} \sin nx \, \mathrm{d}x = 0,$$

利用三角函数的积化和差公式容易证明

$$\int_c^{c+2\pi} \sin nx \cos mx\, \mathrm{d}x = 0,\ \int_c^{c+2\pi} \sin nx \sin mx\, \mathrm{d}x = \int_c^{c+2\pi} \cos nx \cos mx\, \mathrm{d}x = 0\ (m \neq n),$$

从而求得

$$\int_c^{c+2\pi} \cos^2 nx\, \mathrm{d}x = \int_c^{c+2\pi} \sin^2 nx\, \mathrm{d}x = \pi,\ \int_c^{c+2\pi} 1^2\, \mathrm{d}x = 2\pi,$$

由上述讨论知,三角函数系中每一个函数在长为 2π 的区间上有定义,其中任何两个不同的函数的乘积在此区间上的积分等于零,这一性质称为三角函数系的正交性.而每个函数自身平方的积分不等于零,为方便计算,长度为 2π 的区间常取为 $[-\pi,\pi]$.

7.4.2 周期为 2π 的傅里叶级数

在分析周期性现象时,经常遇到形如

$$\frac{a_0}{2} + \sum_{n=1}^{\infty}(a_n \cos nx + b_n \sin nx)$$

一类的函数级项数,它称为三角级数,前 n 项和

$$T_n(x) = \frac{a_0}{2} + \sum_{n=1}^{\infty}(a_k \cos kx + b_k \sin kx)$$

称为(n 次)三角多项式.

函数集合 $\{1, \cos x, \sin x, \cos 2x, \sin 2x, \cdots, \cos nx, \sin nx, \cdots\}$ 称为基本三角函数系.函数系中每个函数都是以 2π 为周期的周期函数.

定理 7.4.1(基本三角函数的正交性) 基本三角函数中任意两个不同函数的乘积在 $[-\pi,\pi]$ 上积分为零;任意的一个函数与自身乘积在 $[-\pi,\pi]$ 上积分为常数 π.

证明 通过直接计算可验证对一切正整数 m、n 有

$$\int_{-\pi}^{\pi} \cos nx\, \mathrm{d}x = \int_{-\pi}^{\pi} \sin nx\, \mathrm{d}x = 0,$$

$$\int_{-\pi}^{\pi} \sin nx \sin mx\, \mathrm{d}x = \int_{-\pi}^{\pi} \cos nx \cos mx\, \mathrm{d}x = \begin{cases} 0, n \neq m, \\ \pi, n = m, \end{cases}$$

$$\int_{-\pi}^{\pi} \sin nx \cos mx\, \mathrm{d}x = 0.$$

设函数 $f(x)$ 的周期为 2π,在 $[-\pi,\pi]$ 上可积,且 $f(x)$ 可以展成三角级数,即

$$f(x) = \frac{a_0}{2} + \sum_{n=1}^{\infty}(a_n \cos nx + b_n \sin nx),$$

两边积分可得

$$\int_{-\pi}^{\pi} f(x)\mathrm{d}x = \int_{-\pi}^{\pi} \frac{a_0}{2}\mathrm{d}x + \sum_{n=1}^{\infty}\int_{-\pi}^{\pi}(a_n \cos nx + b_n \sin nx)\mathrm{d}x = \pi a_0.$$

两边乘以 $\cos nx$ 后,再积分,得

$$\int_{-\pi}^{\pi} f(x)\cos nx\, \mathrm{d}x = \int_{-\pi}^{\pi} \frac{a_0}{2}\cos nx\, \mathrm{d}x + \sum_{k=1}^{\infty}\int_{-\pi}^{\pi}(a_k \cos kx + b_k \sin kx)\cos nx\, \mathrm{d}x = \pi a_n.$$

同理有

$$\int_{-\pi}^{\pi} f(x)\sin nx\, \mathrm{d}x = \int_{-\pi}^{\pi} \frac{a_0}{2}\sin nx\, \mathrm{d}x + \sum_{k=1}^{\infty}\int_{-\pi}^{\pi}(a_k \cos kx + b_k \sin kx)\sin nx\, \mathrm{d}x = \pi b_n.$$

因此求得系数

$$a_0 = \frac{1}{\pi}\int_{-\pi}^{\pi} f(x)\mathrm{d}x,$$

$$a_n = \frac{1}{\pi}\int_{-\pi}^{\pi} f(x)\cos nx\,\mathrm{d}x,$$

$$b_n = \frac{1}{\pi}\int_{-\pi}^{\pi} f(x)\sin nx\,\mathrm{d}x.$$

于是,对于一个周期为 2π 的函数 $f(x)$,只要上面各式积分存在,就可以对应一个由上述系数构成的三角级数,即

$$f(x) \sim \frac{a_0}{2} + \sum_{n=1}^{\infty}(a_n\cos nx + b_n\sin nx).$$

称这三角函数为 $f(x)$ 的傅里叶级数,系数 $a_0, a_n, b_n (n=1,2,\cdots)$ 称为 $f(x)$ 的傅里叶系数. 记号 "$\sim$" 不能改为等号,原因有二:一是 $f(x)$ 的傅里叶级数未必收敛;二是如果 $f(x)$ 的傅里叶级数收敛,但它的和函数未必是 $f(x)$ 本身. 所以,我们需要给出 $f(x)$ 的傅里叶级数收敛条件.

定理 7.4.2　设 $f(x)$ 是以 2π 为周期的周期函数,如果它满足条件

1. 在同一周期内连续或只有有限个第一类间断点;
2. 在同一周期内至多只有有限个极值点,则 $f(x)$ 的傅里叶级数收敛,且

(1) 当 x 是 $f(x)$ 的连续点时,级数收敛于 $f(x)$;

(2) 当 x 是 $f(x)$ 的间断点时,级数收敛于 $\frac{1}{2}(f(x+0)+f(x-0))$.

例 7.4.1　如图 7-4-1,设周期为 2π 的函数 $f(x)$ 在 $[-\pi,\pi]$ 上可表示为

$$f(x) = \begin{cases} 1, 0 \leqslant x \leqslant \pi \\ 0, -\pi \leqslant x \leqslant 0 \end{cases},$$

求 $f(x)$ 的傅里叶展开式.

解　傅里叶系数为

$$a_0 = \frac{1}{\pi}\int_{-\pi}^{\pi} f(x)\mathrm{d}x = 1,$$

$$a_n = \frac{1}{\pi}\int_{-\pi}^{\pi} f(x)\cos nx\,\mathrm{d}x = \frac{1}{\pi}\int_{0}^{\pi}\cos nx\,\mathrm{d}x = 0,$$

$$b_n = \frac{1}{\pi}\int_{-\pi}^{\pi} f(x)\sin nx\,\mathrm{d}x = \frac{1}{\pi}\int_{0}^{\pi}\sin nx\,\mathrm{d}x = \frac{1-(-1)^n}{n\pi}.$$

由此可得

$$f(x) \sim \frac{1}{2} + \sum_{n=1}^{\infty}\frac{1-(-1)^n}{n\pi}\sin nx = \frac{1}{2} + \frac{2}{\pi}\sum_{n=0}^{\infty}\frac{\sin(2n+1)x}{2n+1}.$$

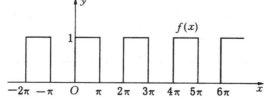

图 7-4-1

例 7.4.2　设 $f(x)$ 是周期为 2π 的函数,它在 $[-\pi,\pi]$ 上可表示为 $f(x)=x$,将 $f(x)$ 展成傅里叶级数.

解　如图 7-4-2 所示,傅里叶系数为

$$a_0 = \frac{1}{\pi}\int_{-\pi}^{\pi} f(x)\,\mathrm{d}x = 0,$$

$$a_n = \frac{1}{\pi}\int_{-\pi}^{\pi} f(x)\cos nx\,\mathrm{d}x = \frac{1}{\pi}\int_{-\pi}^{\pi} x\cos nx\,\mathrm{d}x = 0,$$

$$b_n = \frac{1}{\pi}\int_{-\pi}^{\pi} f(x)\sin nx\,\mathrm{d}x = (-1)^{n+1}\frac{2}{n}.$$

因为 $f(x)$ 在点 $x=(2k+1)\pi\,(k=0,\pm1,\pm2,\cdots)$ 间断,在其它点连续,故 $f(x)$ 的傅里叶展开式为

$$f(x) = 2\sum_{n=1}^{\infty} (-1)^{n+1}\frac{\sin nx}{n}\quad(x\neq(2k+1)\pi,k=0,\pm1,\pm2,\cdots).$$

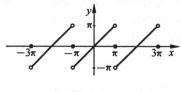

图 7-4-2

例 7.4.3　求 $f(x)=\mathrm{e}^{ax}\,(-\pi\leqslant x\leqslant\pi)$ 的傅里叶展开式($a\neq0$).

解　$f(x)$ 的定义域为 $[-\pi,\pi]$,将 $f(x)$ 拓展成周期为 2π 的函数,如图 7-4-3,于是得到傅里叶系数

$$a_0 = \frac{1}{\pi}\int_{-\pi}^{\pi} \mathrm{e}^{ax}\,\mathrm{d}x = \frac{1}{\pi a}(\mathrm{e}^{a\pi}-\mathrm{e}^{-a\pi}),$$

$$a_n = \frac{1}{\pi}\int_{-\pi}^{\pi} \mathrm{e}^{ax}\cos nx\,\mathrm{d}x = (-1)^n\frac{a}{\pi(a^2+n^2)}(\mathrm{e}^{a\pi}-\mathrm{e}^{-a\pi}),$$

$$b_n = \frac{1}{\pi}\int_{-\pi}^{\pi} \mathrm{e}^{ax}\sin nx\,\mathrm{d}x = (-1)^{n+1}\frac{n}{\pi(a^2+n^2)}(\mathrm{e}^{a\pi}-\mathrm{e}^{-a\pi}).$$

所以,当 $-\pi\leqslant x<\pi$ 时有

$$f(x) \sim \frac{(\mathrm{e}^{a\pi}-\mathrm{e}^{-a\pi})}{\pi}\left(\frac{1}{2a}+\sum_{n=1}^{\infty}(-1)^n\frac{a\cos nx-n\sin nx}{(a^2+n^2)}\right).$$

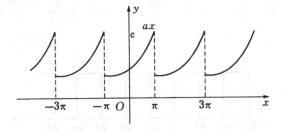

图 7-4-3

7.4.3　周期为 $2l$ 的函数的傅里叶级数

定理 7.4.3　设周期为 $2l$ 的周期函数 $f(x)$ 满足收敛定理的条件,则它的傅里叶级数展开式为

$$\frac{a_0}{2}+\sum_{n=l}^{\infty}\left(a_n\cos\frac{n\pi x}{l}+b_n\sin\frac{n\pi x}{l}\right),$$

其中傅里叶系数为

$$a_0=\frac{1}{l}\int_{-l}^{l}f(x)\mathrm{d}x,$$

$$a_n=\frac{1}{l}\int_{-l}^{l}f(x)\cos\frac{n\pi x}{l}\mathrm{d}x,\ n=1,2,\cdots,$$

$$b_n=\frac{1}{l}\int_{-l}^{l}f(x)\sin\frac{n\pi x}{l}\mathrm{d}x,\ n=1,2,\cdots.$$

证明　作变量代换 $z=\frac{\pi x}{l}$,于是区间 $-l\leqslant x\leqslant l$ 就变换成 $-\pi\leqslant x\leqslant\pi$.设函数 $f(x)=f(\frac{lz}{\pi})=F(z)$,从而 $F(z)$ 是周期为 2π 的周期函数,并且它满足收敛定理的条件,将 $F(z)$ 展开成傅里叶级数

$$F(z)=\frac{a_0}{2}+\sum_{n=1}^{\infty}(a_n\cos nz+b_n\sin nz),$$

其中

$$a_0=\frac{1}{\pi}\int_{-\pi}^{\pi}F(z)\mathrm{d}z,$$

$$a_n=\frac{1}{\pi}\int_{-\pi}^{\pi}F(z)\cos nz\,\mathrm{d}z,$$

$$b_n=\frac{1}{\pi}\int_{-\pi}^{\pi}F(z)\sin nz\,\mathrm{d}x.$$

在以上式子中令 $z=\frac{\pi x}{l}$,并注意到 $F(z)=f(x)$,于是有

$$f(x)=\frac{a_0}{2}+\sum_{n=l}^{\infty}\left(a_n\cos\frac{n\pi x}{l}+b_n\sin\frac{n\pi x}{l}\right),$$

而且

$$a_0=\frac{1}{l}\int_{-l}^{l}f(x)\mathrm{d}x,$$

$$a_n=\frac{1}{l}\int_{-l}^{l}f(x)\cos\frac{n\pi x}{l}\mathrm{d}x,\ n=1,2,\cdots,$$

$$b_n=\frac{1}{l}\int_{-l}^{l}f(x)\sin\frac{n\pi x}{l}\mathrm{d}x,\ n=1,2,\cdots.$$

类似的,可以证明定理的其余部分.

当 $f(x)$ 在区间 $[-l,l]$ 上满足狄利克雷收敛定理条件时,$f(x)$ 的傅里叶级数在 $f(x)$ 的连续点收敛于 $f(x)$,在间断点 x_0 处收敛于 $\frac{1}{2}[f(x_0+0)+f(x_0-0)]$,在 $x=\pm l$ 处收敛于 $\frac{1}{2}[f(-l+0)+f(l-0)]$.

当 $f(x)$ 为以 $2l$ 为周期的奇函数时，则 $f(x)$ 的傅里叶级数为正弦级数

$$\sum_{n=l}^{\infty} b_n \sin \frac{n\pi x}{l},$$

其中傅里叶系数为

$$b_n = \frac{2}{l} \int_0^l f(x) \sin \frac{n\pi x}{l} \mathrm{d}x, \ n = 1, 2, \cdots.$$

当 $f(x)$ 为以 $2l$ 为周期的偶函数时，则 $f(x)$ 的傅里叶级数为余弦级数

$$\frac{a_0}{2} + \sum_{n=1}^{\infty} a_n \cos \frac{n\pi x}{l} \mathrm{d}x,$$

其中傅里叶系数为

$$a_0 = \frac{2}{l} \int_0^l f(x) \mathrm{d}x,$$

$$a_n = \frac{2}{l} \int_0^l f(x) \cos \frac{n\pi x}{l} \mathrm{d}x, \ n = 1, 2, \cdots.$$

例 7.4.4 设 $f(x)$ 是周期为 2 的函数，它在 $[-1, 1)$ 上的表达式为

$$f(x) = \begin{cases} 0, & -1 \leqslant x < 0 \\ A, & 0 \leqslant x < 1 \end{cases}$$

其中常数 $A > 0$，将 $f(x)$ 展开成傅里叶级数.

解 令 $l = 1$，则傅里叶系数为

$$a_0 = \frac{1}{l} \int_{-l}^{l} f(x) \mathrm{d}x = \int_{-1}^{0} 0 \mathrm{d}x + \int_0^1 A \mathrm{d}x = A,$$

$$a_n = \frac{1}{l} \int_{-l}^{l} f(x) \cos \frac{n\pi x}{l} \mathrm{d}x = \int_0^1 A \cos n\pi x \mathrm{d}x = 0, \ n = 1, 2, \cdots,$$

$$b_n = \frac{1}{l} \int_{-l}^{l} f(x) \sin \frac{n\pi x}{l} \mathrm{d}x = \int_0^1 A \sin n\pi x \mathrm{d}x = \frac{A}{n\pi}(1 - \cos n\pi)$$

$$= \frac{A}{n\pi}[1 - (-1)^n] = \begin{cases} \dfrac{2A}{n\pi}, & n = 1, 3, \cdots \\ 0, & n = 2, 4, \cdots \end{cases}$$

从而求得函数 $f(x)$ 的傅里叶级数的展开式为

$$f(x) = \frac{A}{2} + \frac{2A}{\pi}\left(\sin \pi x + \frac{1}{3}\sin 3\pi x + \frac{1}{5}\sin 5\pi x + \cdots\right).$$

当 $x = 0, \pm 1, \cdots$ 时，$f(x)$ 的傅里叶级数收敛于 $\dfrac{A}{2}$，它的和函数的图形，如图 7-4-4 所示.

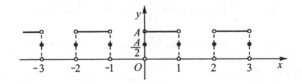

图 7-4-4

7.4.4　正弦级数与余弦级数

设 $f(x)$ 是以 2π 为周期的函数. 若 $f(x)$ 为奇函数,则有

$$a_n = \frac{1}{\pi}\int_{-\pi}^{\pi} f(x)\cos nx\,\mathrm{d}x = 0(n=0,1,2,\cdots),$$

$$b_n = \frac{2}{\pi}\int_{0}^{\pi} f(x)\sin nx\,\mathrm{d}x(n=1,2,\cdots).$$

于是 $f(x)$ 的傅里叶级数只有正弦项,称为正弦级数:

$$f(x) \sim \sum_{n=1}^{\infty} b_n \sin nx .$$

若 $f(x)$ 为偶函数,则有

$$a_n = \frac{2}{\pi}\int_{0}^{\pi} f(x)\cos nx\,\mathrm{d}x = 0(n=0,1,2,\cdots),$$

$$b_n = \frac{2}{\pi}\int_{0}^{\pi} f(x)\sin nx\,\mathrm{d}x = 0(n=1,2,\cdots).$$

于是 $f(x)$ 的傅里叶级数只有余弦项,称为余弦级数:

$$f(x) \sim \frac{a_0}{2} + \sum_{n=1}^{\infty} a_n \cos nx$$

设 $f(x)$ 仅在 $[0,\pi]$ 上有意义,如果通过补充 $f(x)$ 在 $[-\pi,0]$ 上的定义,再作 2π 周期延拓. 若延拓后函数成为偶(奇)函数,则称该延拓为偶(奇)延拓. 由于对 $f(x)$ 进行偶(奇)延拓后所得的函数成为偶(奇)函数,这样它的傅里叶级数便是余(正)弦级数,所以 $f(x)$ 在 $[0,\pi]$ 上的傅里叶级数也是余(正)弦级数.

例 7.4.5　将 $f(x) = \begin{cases} 1, 0 < x < h \\ 0, h < x < \pi \end{cases}$ $(0 < h < \pi)$ 展成余弦级数.

解　将 $f(x)$ 偶延拓成以 2π 为周期的周期函数,于是有

$$b_n = 0,$$

$$a_0 = \frac{2h}{\pi},$$

$$a_n = \frac{2}{\pi}\int_{0}^{\pi} f(x)\cos nx\,\mathrm{d}x$$

$$= \frac{2\sin nh}{n\pi}.$$

当 $0 < x < \pi$ 时,得

$$f(x) \sim \frac{h}{\pi} + \frac{2}{\pi}\sum_{n=1}^{\infty} \frac{\sin nh}{n}\cos nx .$$

7.4.6　周期为 $2l$ 的傅里叶级数

设以 $2l$ 为周期的周期函数 $f(x)$ 在 $[-l,l]$ 上可积,则 $f(x)$ 的傅里叶级数为

$$f(x) \sim \frac{a_0}{2} + \sum_{n=1}^{\infty}\left(a_n\cos\frac{n\pi x}{l} + b_n\sin\frac{n\pi x}{l}\right),$$

其中

$$a_n = \frac{1}{l}\int_{-1}^{1} f(x)\cos\frac{n\pi x}{l}\mathrm{d}x (n = 0,1,2,\cdots),$$

$$b_n = \frac{1}{l}\int_{-1}^{1} f(x)\sin\frac{n\pi x}{l}\mathrm{d}x (n = 1,2,\cdots).$$

若 $f(x)$ 满足收敛定理条件, 那么该傅里叶级数在 $f(x)$ 的连续点收敛于 $f(x)$ 本身, 在 $f(x)$ 的第一类间断点收敛于 $\frac{1}{2}[f(x+0)+f(x-0)]$.

例 7.4.6 求 $f(x) = |x|(-1\leqslant x \leqslant 1)$ 的傅里叶展开式.

解 $f(x)$ 是偶函数且可以延拓成周期是 2 的周期函数, 于是

$$f(x) \sim \frac{a_0}{2} + \sum_{n=1}^{\infty} a_n\cos n\pi x ,$$

其中

$$a_0 = 2\int_0^1 x\mathrm{d}x = 1,$$

$$a_n = 2\int_0^1 x\cos n\pi x\mathrm{d}x = -\frac{2[1-(-1)^n]}{(n\pi)^2}.$$

可得

$$f(x) \sim \frac{1}{2} - \sum_{n=1}^{\infty} \frac{2[1-(-1)^n]}{(n\pi)^2}\cos n\pi x, -1\leqslant x \leqslant 1 .$$

例 7.4.7 将 $f(x) = x^2(0\leqslant x \leqslant 2)$ 展成正弦级数.

解 将 $f(x)$ 奇延拓成以 4 为周期的周期函数 (如图 7-4-5), 因为

$$a_n = 0(n = 0,1,2,\cdots),$$

$$b_n = \frac{2}{2}\int_0^2 x^2\sin\frac{n\pi x}{2}\mathrm{d}x$$

$$= -\frac{2}{n\pi}\left[x^2\cos\frac{n\pi x}{2}\,\Big|_0^2 - \int_0^2\cos\frac{n\pi x}{2}\cdot 2x\mathrm{d}x\right]$$

$$= \frac{8}{n\pi}\left\{(-1)^{n+1} + \frac{2}{n^2\pi^2}[(-1)^n - 1]\right\}.$$

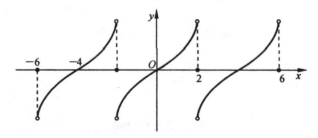

图 7-4-5

根据收敛定理

$$f(x) = \frac{8}{\pi}\sum_{n=1}^{\infty}\left\{\frac{(-1)^{n+1}}{n} + \frac{2}{n^2\pi^2}[(-1)^n - 1]\right\}\sin\frac{n\pi x}{2}, x \in [0,2).$$

第8章　多元函数的极限与连续

8.1　欧氏空间

8.1.1　n 维欧氏空间 $\mathbb{R}^n$

我们把 n 个一维实空间 $\mathbb{R}$ 构成的乘积集合称为 n 维实空间,记为

$$\mathbb{R}^n = \mathbb{R} \times \mathbb{R} \times \cdots \times \mathbb{R}（有 n 个 \mathbb{R}）,$$

$\mathbb{R}^n$ 中的元素是形如

$$x = (x_1, x_1, \cdots, x_1)$$

的 n 元有序组,其中 $x_i \in \mathbb{R}(i = 1, 2, \cdots, n)$,元素 x 也称为 $\mathbb{R}^n$ 中的一个点.

下面在 $\mathbb{R}^n$ 中引进代数运算、内积和范数的概念.

定义 8.1.1　设 $\boldsymbol{x} = (x_1, x_2, \cdots, x_n), \boldsymbol{y} = (y_1, y_2, \cdots, y_n)$ 是 $\mathbb{R}^n$ 中的点,则可定义

(1)相等:$\boldsymbol{x} = \boldsymbol{y}$,当且仅当 $x_1 = y_1, x_2 = y_2, \cdots, x_n = y_n$;

(2)和:$\boldsymbol{x} + \boldsymbol{y} = (x_1 + y_1, x_2 + y_2, \cdots, x_n + y_n)$;

(3)数乘:$\lambda \boldsymbol{x} = \lambda(x_1, x_2, \cdots, x_n)$;

(4)差:$\boldsymbol{x} - \boldsymbol{y} = \boldsymbol{x} + (-1)\boldsymbol{y}$;

(5)零向量(原点或原点):$\boldsymbol{0} = (0, 0, \cdots, 0)$;

(6)内积(点积):$\boldsymbol{x} \cdot \boldsymbol{y} = x_1 y_1 + x_2 y_2 + \cdots + x_n y_n = \sum_{i=1}^{n} x_i y_i$;内积也常记为 $(\boldsymbol{x}, \boldsymbol{y}) = \boldsymbol{x} \cdot \boldsymbol{y}$;

(7)范数:$\boldsymbol{x} = \sqrt{\boldsymbol{x} \cdot \boldsymbol{x}} = \sqrt{\sum_{i=1}^{n} x_i y_i}$;范数 $\boldsymbol{x} - \boldsymbol{y}$ 称为 $\boldsymbol{x}$ 和 $\boldsymbol{y}$ 之间的距离或者度量.

具有上述运算和结构的空间 R^n 称为 n 维欧氏空间.

范数具有以下基本性质:

定理 8.1.1　设 $\boldsymbol{x} = (x_1, x_2, \cdots, x_n), \boldsymbol{y} = (y_1, y_2, \cdots, y_n)$ 是 $\mathbb{R}^n$ 中的点,则

(1) $\boldsymbol{x} \geqslant \boldsymbol{0}$,当且仅当 $\boldsymbol{x} = \boldsymbol{0}$ 时,$\boldsymbol{x} = \boldsymbol{0}$;

(2) $\lambda \boldsymbol{x} = |\lambda| \cdot \boldsymbol{x}$,其中,$\lambda$ 为任意实数;

(3) $\boldsymbol{x} - \boldsymbol{y} = \boldsymbol{y} - \boldsymbol{x}$;

(4) $|(\boldsymbol{x}, \boldsymbol{y})| \leqslant \boldsymbol{x}\boldsymbol{y}$(柯西-许瓦兹不等式);

(5) $\boldsymbol{x} + \boldsymbol{y} \leqslant \boldsymbol{x} + \boldsymbol{y}$(三角不等式).

证明　可直接根据范数的定义得到(1)、(2)、(3),在此不再证明.

(4)当 $\boldsymbol{x} = (x_1, x_2, \cdots, x_n), \boldsymbol{y} = (y_1, y_2, \cdots, y_n)$ 时,对任意实数 λ 有

$$\sum_{i=1}^{n} (\lambda x_i + y_i)^2 = \left(\sum_{i=1}^{n} x_i^2\right)\lambda^2 + 2\left(\sum_{i=1}^{n} x_i y_i\right)\lambda + \left(\sum_{i=1}^{n} y_i^2\right) \geqslant 0,$$

注意到 λ^2 的系数 $\sum_{i=1}^{n} x_i^2 \geqslant 0$,所以其判别式 $\left(\sum_{i=1}^{n} x_i y_i\right)^2 - \left(\sum_{i=1}^{n} x_i^2\right)\left(\sum_{i=1}^{n} y_i^2\right) \leqslant 0$,这就是要证明

的不等式

$$|(\boldsymbol{x},\boldsymbol{y})| = \left|\sum_{i=1}^{n} x_i y_i\right| \leqslant \sqrt{\sum_{i=1}^{n} x_i^2} \sqrt{\sum_{i=1}^{n} y_i^2} = \boldsymbol{x}\boldsymbol{y}.$$

(5)结论(5)可以从结论(4)推得,因为

$$\begin{aligned} \boldsymbol{x} + \boldsymbol{y}^2 &= \sum_{i=1}^{n} (x_i + y_i)^2 \\ &= \sum_{i=1}^{n} (x_i^2 + 2x_i y_i + y_i^2) \\ &= \boldsymbol{x}^2 + 2(\boldsymbol{x},\boldsymbol{y}) + \boldsymbol{y}^2 \\ &\leqslant \boldsymbol{x}^2 + 2\boldsymbol{x}\boldsymbol{y} + \boldsymbol{y}^2 \\ &= (\boldsymbol{x} + \boldsymbol{y})^2, \end{aligned}$$

在等式两边开平方即得(5).

有时三角不等式可写成

$$\boldsymbol{x} - \boldsymbol{z} \leqslant \boldsymbol{x} - \boldsymbol{y} + \boldsymbol{y} - \boldsymbol{z}.$$

另外还有不等式

$$|\boldsymbol{x} - \boldsymbol{y}| \leqslant \boldsymbol{x} - \boldsymbol{y},$$

这两个不等式留给读者自己证明.

如果在 $\mathbb{R}^n$ 中选取一组单位向量:$e_1 = (1,0,\cdots,0)$,$e_2 = (0,1,\cdots,0)$,$\cdots$,$e_n = (0,0,\cdots,1)$,即 e_i 中第 i 个坐标为1,其余的坐标都是0,则根据向量的加法和数乘,我们可以把 $\mathbb{R}^n$ 中任一向量 $\boldsymbol{a} = (a_1,a_2,\cdots,a_n)$ 表示为

$$\boldsymbol{a} = a_1 e_1 + a_2 e_2 + \cdots + a_n e_n,$$

把这 n 个单位向量 $e_1,e_2\cdots,e_n$ 称为空间 $\mathbb{R}^n$ 中的单位坐标向量,或 $\mathbb{R}^n$ 中的一组基.

8.1.2 相关概念

与实直线上点的邻域相仿,我们引进 $\mathbb{R}^n$ 中的邻域.

定义 8.1.2 设 $P_0 = (x_0,y_0) \in \mathbb{R}^2$,$r > 0$ 是某定数,令

$$\begin{aligned} O(P_0,r) &= \{P \in \mathbb{R}^2 \mid P - P_0 < r\} \\ &= \{(x,y) \in \mathbb{R}^2 \mid (x-x_0)^2 + (y-y_0)^2 < r^2\}, \end{aligned}$$

并称 $O(P_0,r)$ 为点 P_0 的 r 邻域,或者称它为以 P_0 为中心、以 r 为半径的二维开球,实际上就是一个不包含边界圆周的开圆盘.而三维开球就是 $\mathbb{R}^3$ 中的集合

$$\begin{aligned} O(P_0,r) &= \{P \in \mathbb{R}^3 \mid P - P_0 < r\} \\ &= \{(x,y,z) \in \mathbb{R}^3 \mid (x-x_0)^2 + (y-y_0)^2 + (z-z_0)^2 < r^2\}, \end{aligned}$$

它是点 $P_0 = (x_0,y_0,z_0)$ 的邻域.

以上引进的邻域都是圆形的,我们还可以定义方形的邻域,即

$$O'(P_0,r) = \{(x,y) \in \mathbb{R}^2 \mid |x-x_0| < r, |y-y_0| < r\},$$

它是一个以 $P_0(x_0,y_0)$ 点为中心,以 $2r$ 为边长的开正方形,即不包含周界,如图 8-1-1 所示.

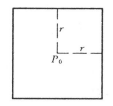

图 8-1-1

在实直线 R 上,一维开球就是一个开区间.

定义 8.1.3 设 $E \subset \mathbb{R}^2$,如果 E 中的每一点都是 E 的内点,则称 E 是 $\mathbb{R}^2$ 中的一个开集.

n 维开球,n 维上半空间 $\mathbb{R}_+^n = \{(x_1, x_2, \cdots, x_n) \in \mathbb{R}^n : x_n > 0\}$ 以及 $\mathbb{R}^n$ 本身都是 $\mathbb{R}^n$ 中的开集,我们还约定空集 $\varnothing$ 也是开集.

关于开集,需要注意:任意个开集的并仍为开集;有限个开集的交仍为开集.

定义 8.1.4 开集的补集称为闭集.

从闭集的定义来看,一个集合 E 是 $\mathbb{R}^n$ 中闭集当且仅当其补集 $E^c = \mathbb{R}^n - E$ 是开集.闭球是闭集,空集 $\varnothing$ 以及空间 $\mathbb{R}^n$ 本身也都是闭集,$\mathbb{R}^n (n > 1)$ 中一条直线是闭集.

关于闭集,需要注意:任意个闭集的交仍为闭集;有限个闭集的并仍为闭集.

定义 8.1.5 设 $x = (x_1, x_2) \in E$,如果存在 x 的一个邻域 $O(x, \delta) \subset E$,则称 x 是集合 E 的一个内点,如图 8-1-2 所示.也就是说,E 的内点 x 是这样的点,它本身属于集合 E,并且它近旁的一切点也属于 E.

图 8-1-2

定义 8.1.6 E 中全体内点组成的集合称为 E 的内部,记为 E^0 或 $\mathrm{Int}(E)$.

显然,任何点集的内部都是开集.

定义 8.1.7 点集 $E \subset \mathbb{R}^n$ 的边界点是 $\mathbb{R}^n$ 中这样的点 P,P 的任何邻域 $B(P, \varepsilon)$ 既包含 E 中的点又包含 E^c 中的点,E 的所有边界点构成 E 的边界,记为 ∂E.

容易看出,$\partial E = \overline{E} - E^0$,所以任何点集的边界都是闭集.

定义 8.1.8 设点 $y \subset \mathbb{R}^2$,但 $y \notin E$,如果存在 y 的一个邻域 $O(y, \delta)$,使得 $O(y, \delta) \cap E = \varnothing$,则称 y 是集合 E 的一个外点,如图 8-1-2 所示.也就是说,E 的外点 y 是这样的点,它本身不属于 E,并且它近旁的一切点也不属于 E.

定义 8.1.9 设 $E \subset \mathbb{R}^n, P \in \mathbb{R}^n$,如果 P 的任何 ε 邻域都含有 E 中无穷个点(或 P 的任何去心邻域 $B(P, \varepsilon) - \{P\}$ 都含有至少一个 E 中的点),那么就称 P 为 E 的一个聚点.E 的所有聚点构成的集合称为 E 的导集,记为 E'.

如果 $x \in E$，而 x 不是 E 的聚点，则称 x 是 E 的孤立点. 也就是说，E 的孤立点 x 本身属于 E，并且至少存在 x 的一个邻域 $O(x, \delta)$ 使得在这个邻域内除 x 外，再也找不到集合 E 的点.

例如，集合 $E = \{(x, y) \mid x^2 + y^2 < 1\} \bigcup \{(2, 2)\}$，则 E 的聚点是集合
$$\{(x, y) \mid x^2 + y^2 \leqslant 1\}$$
中的所有点，而点 $(2, 2)$ 是 E 的孤立点，如图 8-1-3 所示.

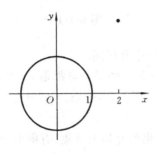

图 8-1-3

定理 8.1.2 非空点集 E 是闭集的充要条件是 E 的一切聚点(如果有的话)都属于 E.

定义 8.1.10 我们把集合
$$\overline{E} = E \bigcup \{E \text{ 的一切聚点}\}$$
称为集合 E 的闭包.

根据上述定理，任何一个集合 E 的闭包 $\overline{E}$ 都是闭集，不难验证闭包 $\overline{E}$ 又可以写为
$$\overline{E} = E \bigcup \partial E.$$

定义 8.1.11 设 D 是 $\mathbb{R}^2$ 中的一个开集，如果 $\forall x, y \in D$，都可用 D 内的一条折线，即由有限条直线段组成的连续曲线将 x 和 y 连接起来，则称 D 为一个连通的开集，如图 8-1-4 所示. 连通的开集称为开区域，开区域 D 的闭包 $\overline{D} = D \bigcup \partial D$ 称为闭区域. 闭区域显然是闭集.

图 8-1-4

例如，$\mathbb{R}^2$ 中的点集
$$E = \{(x, y) \mid 1 < x^2 + y^2 \leqslant 4\},$$
则 E 的内部是
$$E^0 = \{(x, y) \mid 1 < x^2 + y^2 < 4\},$$
E 的边界是
$$\partial E = \{(x, y) \mid x^2 + y^2 = 1\} \bigcup \{(x, y) \mid x^2 + y^2 = 4\}.$$
E 的内部 $E^0 = \{(x, y) \mid 1 < x^2 + y^2 < 4\}$ 是 $\mathbb{R}^2$ 中的一个开区域，而集合 $\{(x,$

$y)\,\big|\,1\leqslant x^2+y^2\leqslant 4\}$ 则是 $\mathbb{R}^2$ 中的闭区域.

8.2　多元函数与向量值函数的极限

8.2.1　多元函数的概念

自然科学与工程技术的许多问题,往往与多种因素有关,反映在数学上,就是一个变量依赖于多个变量的关系.

例如,灼热的铸件在冷却过程中,它的温度 τ 与铸件内部点的位置 x、y、z 和时间 t,以及外界换件温度 τ_0,空气流动的速度 v 等 6 个变量有关.因此需要研究多个变量之间的依赖关系.请看下面的例子.

例 8.2.1　平行四边形的面积 S 由它的相邻两边的长 a、b 与夹角 θ 所决定,即

$$S = ab\sin\theta\,(a>0,b>0,0<\theta<\pi),$$

这个关系式反映了对于每一个三元有序数组 (a,b,θ),变量 S 都有确定的值与之对应.

例 8.2.2　一定量的理想气体的压强 P 依赖于体积 V 和绝对温度 T,即

$$P = \frac{RT}{V},$$

其中,R 为常数.V、T 在集合 $\{(V,T)\,|\,V>0,T>T_0\}$ 内取定一对值 (V,T) 时,P 都有确定的值与之对应.

除去以上两个例子的具体意义,保留其数量上的共同特征,就可得出多元函数的定义.

定义 8.2.1　设有变量 x,y,z,D 是由二元有序数组 (x,y) 构成的集合,$\mathbb{R}$ 为实数集.如果按照某一确定的对应法则 f,对于每个 $(x,y)\in D$,均有唯一的实数 z 与之对应,则称 f 是定义在 D 上的二元函数,它在 (x,y) 处的函数值记为 $f(x,y)$,即

$$z = f(x,y),\ (x,y)\in D,$$

其中,x,y 称为自变量,z 称为因变量.点集 D 称为该函数的定义域,函数值的全体称为该函数的值域,记为 $f(D)$,即

$$f(D) = \{z\,|\,z=f(x,y),(x,y)\in D\}.$$

二元函数 $z=f(x,y)$ 的定义域与值域之间的对应关系,如图 8-2-1 所示.

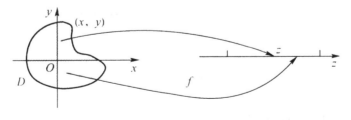

图 8-2-1

类似地,可定义 n 元函数,二元及二元以上的函数统称为多元函数.例如 $n=3$ 时为三元函数,一般记作 $u=f(x,y,z)$.与一元函数相同,多元函数的概念中也有两个要素:定义域和对应法则.

从几何上看,(x,y) 是 xOy 平面上的点,二元函数的定义域 D 表现为平面上的点集.因此二

元函数也可以这样定义:设 D 是 xOy 平面上的一个点集,对于 D 中的每一个点 $P(x,y)$,如果按照某一确定的对应法则 f,均有唯一确定的实数 z 与之对应,则称 f 是定义在平面点集 D 上的二元函数,记作 $z = f(x,y)$,或 $z = f(P)$.

下面讨论二元函数的几何意义.

设 $z = f(x,y)$ 是定义在区域 D 上的一个二元函数,点集

$$S = \{(s,y,z) \mid z = f(x,y),(x,y) \in D\}$$

称为二元函数 $z = f(x,y)$ 的图形.显然,属于 S 的点 $P(x_0,y_0,z_0)$ 满足三元方程

$$F(x,y,z) = z - f(x,y) = 0,$$

所以二元函数 $z = f(x,y)$ 的图形就是空间中区域 D 上的一张曲面,如图 8-2-2 所示,定义域 D 就是该曲面在 xOy 的投影.

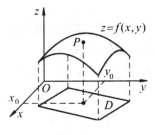

图 8-2-2

例如,二元函数 $z = \sqrt{x^2 + y^2}$ 表示顶点在原点的圆锥面,如图 8-2-3 所示,它的定义域 D 是整个 xOy 面;二元函数 $z = \sqrt{1 - x^2 - y^2}$ 表示以原点为中心、1 为半径的上半球面,如图 8-2-4 所示,它的定义域 D 是 xOy 面上以原点为圆心的单位圆.

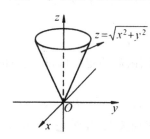

图 8-2-3

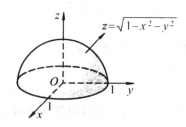

图 8-2-4

例 8.2.3 求二元函数

$$z = \sqrt{1 - x^2 - y^2}$$

的定义域.

解 要使表达式有意义,需满足

$$1 - x^2 - y^2 \geqslant 0,$$

解得

$$x^2 + y^2 \leqslant 1,$$

所以所求函数的定义域是

$$D:\{(x,y) \mid x^2 + y^2 \leqslant 1\}.$$

如图 8-2-5 所示,函数的定义域在几何上表示 xOy 平面上的单位圆 $x^2 + y^2 = 1$ 的内部和圆周上点的集合.

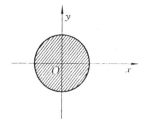

图 8-2-5

例 8.2.4　求二元函数

$$f(x,y) = \frac{\arcsin(3 - x^2 - y^2)}{\sqrt{x - y^2}}$$

的定义域.

解　要使表达式有意义,需满足

$$\begin{cases} |3 - x^2 - y^2| \leqslant 1, \\ x - y^2 > 0 \end{cases},$$

解得

$$\begin{cases} 2 \leqslant x^2 + y^2 \leqslant 4, \\ x > y^2 \end{cases},$$

所以所求定义域为

$$D = \{(x,y) \mid 2 \leqslant x^2 + y^2 \leqslant 4, x > y^2\}.$$

如图 8-2-6 所示.

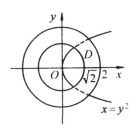

图 8-2-6

8.2.2　多元函数的极限

定义 8.2.2　设 $u = f(P), P \in D, P_0$ 是 D 的聚点,A 是一个常数,如果对 $\forall \varepsilon > 0$,$\exists \delta = \delta(\varepsilon) > 0$,使得当 $P \in D$ 且 $0 < \rho(P, P_0) < \delta$ 时恒有

$$|f(P) - A| < \varepsilon,$$

则称当 $P \to P_0$ 时,函数 $f(P)$ 以 A 为极限,记为

$$\lim_{P \to P_0} f(P) = A$$

或

$$f(P) \to A \ (P \to P_0).$$

多元函数极限的含义是只要点 $P(P \in D)$ 到 P_0 的距离 $\rho(P, P_0) \to 0$，就有 $f(P) \to A$.

务必注意,虽然多元函数的极限与一元函数极限的定义相似,但它要复杂得多. 一元函数在某点处极限存在的充要条件是左右极限存在且相等,而多元函数在某点处极限存在的充要条件是点 P 在 P_0 的某邻域内以任何可能的方式和途径趋于 P_0 时, $f(P)$ 都有极限且相等. 所以:

(1)如果点 P 以两种不同的方式或途径趋于 P_0 时, $f(P)$ 趋向不同的值,则可断定 $\lim\limits_{P \to P_0} f(P)$ 不存在;

(2)已知 P 以几种方式和途径趋于 P_0 时, $f(P)$ 趋于同一个数,这时还不能断定 $f(P)$ 有极限;

(3)如果已知 $\lim\limits_{P \to P_0} f(P)$ 存在,则可取一特殊途径来求极限.

当 P 是二维点 (x, y) 时,点 $P(x, y)$ 以任何方式趋近于 $P_0(x_0, y_0)$ 时, $f(x, y)$ 总趋向于 A,则称 A 是二元函数 $f(x, y)$ 当 (x, y) 趋近于 (x_0, y_0) 时的极限,记为

$$\lim_{\substack{x \to x_0 \\ y \to y_0}} f(x, y) = A$$

或

$$\lim_{(x, y) \to (x_0, y_0)} f(x, y) = A.$$

有关二元函数的极限概念需要注意以下几点:极限 $\lim\limits_{(x, y) \to (0, 0)} f(x, y) = A$ 是否成立,取决于当 $(x, y) \to (x_0, y_0)$ 时, $f(x, y) - A$ 是否为无穷小,而与函数 $f(x, y)$ 在点 (x_0, y_0) 是否有定义无关,因此在讨论极限时,只要求 $P_0(x_0, y_0)$ 是 $f(x, y)$ 的定义域的聚点即可. 在一元函数中, $x \to x_0$ 是在直线上进行的,只有两个方向. 而在二元函数中, $(x, y) \to (x_0, y_0)$ 具有无穷多个方向,其采用的路径也是任意的,即可以在直线上进行,也可以在曲线上进行. 二元函数 $f(x, y)$ 的极限是 A,意味着无论 (x, y) 以何种方式趋于 (x_0, y_0),函数都无限趋近于常数 A. 如果当 (x, y) 沿某一路径趋于 (x_0, y_0) 时, $f(x, y)$ 无极限,或 (x, y) 以不同方式趋于 (x_0, y_0) 时, $f(x, y)$ 趋于不同的值,那么就可以断定这函数的极限不存在.

例 8.2.5 求 $\lim\limits_{\substack{x \to 0 \\ y \to 0}} f(x^2 + y^2) \sin \dfrac{1}{xy}$.

解 因为

$$\left| \sin \frac{1}{xy} \right| \leqslant 1,$$

而当 $x \to 0, y \to 0$ 时, $x^2 + y^2 \to 0$,所以

$$\lim_{\substack{x \to 0 \\ y \to 0}} f(x^2 + y^2) \sin \frac{1}{xy} = 0.$$

例 8.2.6 证明:函数 $f(x, y) = \dfrac{x^2 - y^2}{x^2 + y^2}$ 在 $(0, 0)$ 处极限不存在.

证明 让 (x, y) 沿直线 $y = kx$ 而趋于 $(0, 0)$,则有

$$\lim_{\substack{x \to 0 \\ y = kx}} \frac{x^2 - y^2}{x^2 + y^2} = \lim_{x \to 0} \frac{x^2(1 - k^2)}{x^2(1 + k^2)} = \frac{1 - k^2}{1 + k^2},$$

它将随 k 的不同而具有不同的值,所以极限 $\lim\limits_{\substack{x\to 0\\ y\to 0}}\dfrac{x^2-y^2}{x^2+y^2}$ 不存在.

例 8.2.7　设 $f(x,y)=\dfrac{xy}{x^2+y}$,

证明:当点 (x,y) 沿任意直线趋于 $(0,0)$ 时极限都为 0,但 $f(x,y)$ 在点 $(0,0)$ 处极限不存在.

证明　当 (x,y) 沿 $y=kx$ (k 为任意实常数)趋于 $(0,0)$ 点时,有

$$\lim_{\substack{x\to 0\\ y=kx}}f(x,y)=\lim_{x\to 0}\frac{kx^2}{x^2+kx}=\lim_{x\to 0}\frac{kx}{x+k}=0 ,$$

当 (x,y) 沿 y 轴方向趋于 $(0,0)$ 点时,有

$$\lim_{\substack{x=0\\ y\to 0}}f(x,y)=0 ,$$

由此可知,点 (x,y) 沿任意直线趋于 $(0,0)$ 时极限都为 0,但当沿曲线 $y=-x^2+x^3$ 趋于 $(0,0)$ 点时,有

$$\lim_{\substack{x\to 0\\ y=-x^2+x^3}}f(x,y)=-1\neq 0 ,$$

所以 $f(x,y)$ 在点 $(0,0)$ 没有极限.

例 8.2.8　求 $\lim\limits_{\substack{x\to 0\\ y\to 0}}\dfrac{xy}{\sqrt{x^2+y^2}}$.

解　对任意的 $x\neq 0,y\neq 0$,有

$$\left|\frac{y}{\sqrt{x^2+y^2}}\right|\leqslant 1 ,$$

所以当 $x\to 0,y\to 0$ 时, $\dfrac{y}{\sqrt{x^2+y^2}}$ 是有界变量. 又

$$\lim_{(x,y)\to(0,0)} x=0 ,$$

根据无穷小与有界变量之积仍为无穷小可得

$$\lim_{\substack{x\to 0\\ y\to 0}}\frac{xy}{\sqrt{x^2+y^2}}=0 .$$

例 8.2.9　讨论极限 $\lim\limits_{\substack{x\to 0\\ y\to 0}}\dfrac{xy^2}{x^2+y^4}$ 的存在性.

解　当点 (x,y) 沿直线 $y=kx$ 趋于 $(0,0)$ 时,

$$\lim_{\substack{x\to 0\\ y\to 0}}f(x,y)=\lim_{x\to 0}\frac{k^2x^3}{x^2+k^4x^4}=\lim_{x\to 0}\frac{k^2x}{1+k^4x^2}=0 ,$$

又沿直线 $x=0$ 有

$$\lim_{\substack{x\to 0\\ y\to 0}}f(x,y)=\lim_{y\to 0}f(0,y)=0 ,$$

这说明沿任何直线趋于原点时, $f(x,y)$ 都趋于 0.尽管如此,还不能说 $f(x,y)$ 以 0 为极限,因为点 (x,y) 趋于 $(0,0)$ 的途径还有无穷多种,如当点 (x,y) 沿抛物线 $x=y^2$ 趋于 $(0,0)$ 时,

$$\lim_{\substack{x\to 0\\ y\to 0}}f(x,y)=\lim_{y\to 0}\frac{y^4}{y^4+y^4}=\frac{1}{2} ,$$

所以极限 $\lim\limits_{\substack{x \to 0 \\ y \to 0}} \dfrac{xy^2}{x^2 + y^4}$ 不存在.

函数 $f(x,y) = \dfrac{xy^2}{x^2 + y^4}$ 是 x 的奇函数,关于 y 对称,又是 y 的偶函数,图形关于坐标面 $y = 0$ 对称,如图 8-2-7 所示.

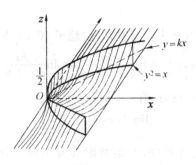

图 8-2-7

例 8.2.10　证明:$\lim\limits_{\substack{x \to 0 \\ y \to 0}} \dfrac{x^2 y^2}{x^4 + y^2} = 0$.

证明　利用不等式

$$|2x^2 y| \leqslant x^4 + y^2$$

可得

$$0 \leqslant \frac{x^2 y^2}{x^4 + y^2} \leqslant \frac{1}{2}|y|,$$

因为

$$\lim_{\substack{x \to 0 \\ y \to 0}} \frac{1}{2}|y| = 0,$$

所以根据夹逼准则可得

$$\lim_{\substack{x \to 0 \\ y \to 0}} \frac{x^2 y^2}{x^4 + y^2} = 0.$$

例 8.2.11　证明:$\lim\limits_{\substack{x \to 0 \\ y \to 0}} \dfrac{x^2 y}{x^4 + y^2}$ 不存在.

证明　令

$$y = kx^2,$$

则有

$$\lim_{\substack{x \to 0 \\ y = kx^2}} \frac{x^2 y}{x^4 + y^2} = \lim_{x \to 0} \frac{kx^4}{x^4 + k^2 x^4} = \frac{k^2}{1 + k^2},$$

即当 (x,y) 沿着不同的抛物线 $y = kx^2$ 趋向 $(0,0)$ 时,函数有不同的极限,根据极限的唯一性可得 $\lim\limits_{\substack{x \to 0 \\ y \to 0}} \dfrac{x^2 y}{x^4 + y^2}$ 不存在,得证.

8.2.3　向量值函数的概念

定义 8.2.3　设有 m 个 n 元函数 $y_i = f_i(x_1, x_2, \cdots, x_n), (i = 1, 2, \cdots, m)$ 定义于非空子集 D

$\subset \mathbb{R}^n$ 上,即有一个多元函数组

$$\begin{cases} y_1 = f_1(x_1, x_2, \cdots, x_n) \\ y_2 = f_2(x_1, x_2, \cdots, x_n) \\ \vdots \\ y_m = f_m(x_1, x_2, \cdots, x_n) \end{cases},$$

称向量

$$\boldsymbol{y} = (y_1, y_2, \cdots, y_m)^{\mathrm{T}} = (f_1(x), f_2(x), \cdots, f_m(x))^{\mathrm{T}}$$

为定义在 D 上,在 $\mathbb{R}^m$ 中取值的 n 元 m 维向量值函数,记为

$$\boldsymbol{y} = f(x),$$

其中, $\boldsymbol{x} = (x_1, x_2, \cdots, x_n)^{\mathrm{T}} \in D \subset R^n$.

例如,当空间点坐标 $(x, y, z)^{\mathrm{T}}$ 分别是时间 $t \in D$ 的函数时,就有一个一元三维向量值函数 $(x(t), y(t), z(t))^{\mathrm{T}}$,也可以写成

$$x(t)\boldsymbol{i} + y(t)\boldsymbol{j} + z(t)\boldsymbol{k}.$$

向量值函数的定义也可类似于一元函数的定义一样,描述为:

设 D 是 $\mathbb{R}^n$ 的一个非空子集,如果对于 D 的任意一个点 $\boldsymbol{x} = (x_1, x_2, \cdots, x_n)^{\mathrm{T}}$,都存在唯一确定的向量 $\boldsymbol{y} = (y_1, y_2, \cdots, y_m)^{\mathrm{T}} = f(x) = (f_1(x), f_2(x), \cdots, f_m(x))^{\mathrm{T}}$ 与之对应,就称向量 $\boldsymbol{f}$ 是 D 上的一个向量值函数,记为

$$\boldsymbol{y} = f(x), x \in D.$$

最常见的是 $m = 1, 2, 3$ 和 $n = 1, 2, 3$ 这些基本情况. 例如,当 $m = 1$ 就是 n 元函数.

当 $m = n = 2$ 时,就是映射

$$f: \begin{cases} x = x(u, v) \\ y = y(u, v) \end{cases}, (u, v) \in D,$$

它的值域 $f(D) = D'$ 是 $xO'y$ 平面上的点集. 我们可以说 f 把 uOv 平面上的点集 D 映成 $xO'y$ 平面上的点集 D'.

当 $m = n = 3$ 时,映射把三维空间的一个点集映成另一个三维空间的点集.

通常把 $m = n$ 时的可逆映射称为变量代换或坐标变换,简称为变换.

例如,空间的球坐标变换

$$\begin{cases} x = r\sin\theta\cos\varphi \\ y = r\sin\theta\sin\varphi \\ z = r\cos\theta \end{cases};$$

极坐标变换

$$\begin{cases} x = r\cos\theta \\ y = r\sin\theta \end{cases},$$

把 $rO\theta$ 平面上的一个半条状区域 $0 < r < +\infty, \alpha < \theta < \beta$ 映成 $xO'y$ 平面上的一个角状区域 $0 < x^2 + y^2 < +\infty, \alpha < \arctan\dfrac{y}{x} < \beta$.

8.2.4　向量值函数的极限、连续性和导数

定义 8.2.4 设 n 元 m 维向量值函数

$$\boldsymbol{y} = f(x) = (f_1(x), f_2(x), \cdots, f_m(x))^{\mathrm{T}}$$

在点 $\boldsymbol{a} = (a_1, a_2, \cdots, a_n)^{\mathrm{T}}$ 的某个去心邻域内有定义，$\boldsymbol{A} = (A_1, A_2, \cdots, A_m)^{\mathrm{T}}$ 是一 m 维定值向量，如果 $\forall \varepsilon > 0, \exists \delta > 0$，当 $0 < x - a < \delta$ 时，有

$$f(x) - \boldsymbol{A} < \varepsilon$$

成立，则称当 $x \to a$ 时，向量值函数 $f(x)$ 以 $\boldsymbol{A}$ 为极限，记为

$$\lim_{x \to a} f(x) = \boldsymbol{A}.$$

两个向量之间的范数

$$x - a = \sqrt{\sum_{i=1}^{n} (x_i - a_i)^2},$$

$$f(x) - \boldsymbol{A} = \sqrt{\sum_{k=1}^{m} (f_k(x) - A_k)^2},$$

容易看出 $\lim\limits_{x \to a} f(x) = A$ 的充分必要条件是

$$\lim_{x \to a} f_k(x) = A_k, k = 1, 2, \cdots, m.$$

特别的，当 $n = 1, m = 3$ 时，向量值函数

$$f(x) = (f_1(x), f_2(x), f_3(x))^{\mathrm{T}} = f_1(x)\boldsymbol{i} + f_2(x)\boldsymbol{j} + f_3(x)\boldsymbol{k}$$

在点 a 以 $\boldsymbol{A} = (A_1, A_2, A_3)^{\mathrm{T}} = A_1\boldsymbol{i} + A_2\boldsymbol{j} + A_3\boldsymbol{k}$ 为极限的定义是：

如果 $\forall \varepsilon > 0, \exists \delta > 0$，当 $0 < x - a = |x - a| < \delta$ 时，有

$$f(x) - \boldsymbol{A} = \sqrt{\sum_{k=1}^{3} (f_k(x) - A_k)^2} < \varepsilon$$

成立，则称当 $x \to a$ 时，向量值函数 $f(x)$ 以 $\boldsymbol{A}$ 为极限，记为

$$\lim_{x \to a} f(x) = \boldsymbol{A}.$$

假设 f 为定义在 $D \subset \mathbb{R}^n$ 上的多元函数，f 在 $x_0 \in D$ 的所有一阶偏导数都存在，而且 $x \in \mathbb{R}^n$ 为行向量，即 $\boldsymbol{x} = (x_1, x_2, \cdots, x_n)$，我们定义 f 在 x_0 的全导数为

$$f'(x_0) = \frac{\partial f}{\partial x}(x_0) = \left(\frac{\partial f}{\partial x_1}, \frac{\partial f}{\partial x_2}, \cdots, \frac{\partial f}{\partial x_n} \right)^{\mathrm{T}} \Bigg|_{x = x_0},$$

这里 T 表示转置，即 $f'(x_0)$ 为列向量。

如果 x 为列向量，即 $\boldsymbol{x} = (x_1, x_2, \cdots, x_n)^{\mathrm{T}}$，则我们规定 f 在 x_0 的全导数为一个行向量

$$f'(x_0) = \frac{\partial f}{\partial x}(x_0) = \left(\frac{\partial f}{\partial x_1}, \frac{\partial f}{\partial x_2}, \cdots, \frac{\partial f}{\partial x_n} \right) \Bigg|_{x = x_0}。$$

现在我们给出定义。

定义 8.2.5 设 $f : D \subset \mathbb{R}^n \to \mathbb{R}^m$ 是 m 维向量值函数，$x \in D$ 为列向量，$f(x) = (f_1(x), f_2(x), \cdots, f_m(x))^{\mathrm{T}}$ 也是列向量，其中，$f_i(i = 1, 2, \cdots, m)$ 称为 f 的第 i 个坐标函数，设 $x_0 \in D$，如果每一个 f_i 都在点 x_0 可微，则称向量值函数 f 在 x_0 可微，并称下列 Jacobi(雅克比)矩阵

$$\begin{vmatrix} \dfrac{\partial f_1}{\partial x_1}(x_0) & \dfrac{\partial f_1}{\partial x_2}(x_0) & \cdots & \dfrac{\partial f_1}{\partial x_n}(x_0) \\[2mm] \dfrac{\partial f_2}{\partial x_1}(x_0) & \dfrac{\partial f_2}{\partial x_2}(x_0) & \cdots & \dfrac{\partial f_2}{\partial x_n}(x_0) \\[2mm] \cdots & \cdots & \cdots & \cdots \\[2mm] \dfrac{\partial f_m}{\partial x_1}(x_0) & \dfrac{\partial f_m}{\partial x_2}(x_0) & \cdots & \dfrac{\partial f_m}{\partial x_n}(x_0) \end{vmatrix}$$

是向量值函数 f 在 x_0 处的全导数,记为 $f'(x_0)$,即

$$f'(x_0) = \left(\frac{\partial f_i}{\partial x_j}(x_0) \right)_{\substack{i=1,2,\cdots,m \\ j=1,2,\cdots,n}}.$$

例如,空间螺旋线的参数方程

$$\begin{cases} x = R\cos t \\ y = R\sin t \\ z = ct \end{cases}$$

可以写成一元三维向量值函数

$$r(t) = R\cos t\, \boldsymbol{i} + R\sin t\, \boldsymbol{j} + ct\boldsymbol{k} ,$$

它在点 t_0 处的导数是

$$r'(t_0) = - R\sin t_0\, \boldsymbol{i} + R\cos t_0\, \boldsymbol{j} + c\boldsymbol{k} 。$$

例 8.2.12　求三元二维向量值函数

$$f(x,y,z) = (3x + zt^y, x^3 + y^2\sin z)^{\mathrm{T}}$$

在任一点 (x_0,y_0,z_0) 处的导数.

解　因为向量值函数的两个坐标分量函数为

$$f_1(x,y,z) = 3x + zt^y ,$$
$$f_2(x,y,z) = x^3 + y^2\sin z ,$$

它们的偏导数分别是

$$\frac{\partial f_1}{\partial x} = 3, \frac{\partial f_1}{\partial y} = zt^y, \frac{\partial f_1}{\partial z} = t^y ,$$

$$\frac{\partial f_2}{\partial x} = 3x^2, \frac{\partial f_2}{\partial y} = 2y\sin z, \frac{\partial f_2}{\partial z} = y^2\cos z ,$$

所以 f 在点 (x_0,y_0,z_0) 处的导数是 Jacobi 矩阵

$$f'(x_0,y_0,z_0) = \begin{pmatrix} 3 & z_0 t^{y_0} & t^{y_0} \\ 3x_0^2 & 2y_0\sin z_0 & y_0^2\cos z_0 \end{pmatrix}.$$

定义 8.2.6　设 n 元 m 维向量值函数

$$\boldsymbol{y} = f(x) = (f_1(x), f_2(x), \cdots, f_m(x))^{\mathrm{T}}$$

在点 $a = (a_1, a_2, \cdots, a_n)^{\mathrm{T}}$ 的某个去心邻域内有定义,如果 $\forall \varepsilon > 0, \exists \delta > 0$,当 $0 < x - a < \delta$ 时,有

$$f(x) - A < \varepsilon$$

成立,即有

$$\lim_{x \to a} f(x) = f(a) ,$$

则称向量值函数 $f: D \to \mathbb{R}^m$ 在点 a 处连续.

如果 f 在 D 的每一点连续,则称 f 是 D 上的一个连续向量值函数. 很明显,向量值函数 $f: D \to \mathbb{R}^m$ 在点 $a \in D$ 连续的充分必要条件是

$$\lim_{x \to a} f_k(x) = f_k(a), k = 1, 2, \cdots, m .$$

这句是说向量值函数的连续性依赖于多元函数的连续性.

8.3　多元函数的连续性

8.3.1　二元连续函数的概念

定义 8.3.1　设二元函数 $z = f(x, y)$ 在点 (x_0, y_0) 的某一邻域内有定义,如果
$$\lim_{\substack{x \to x_0 \\ y \to y_0}} f(x, y) = f(x_0, y_0) ,$$
则称函数 $z = f(x, y)$ 在点 (x_0, y_0) 处连续;如果函数 $z = f(x, y)$ 在点 (x_0, y_0) 处不连续,则称函数 $z = f(x, y)$ 在点 (x_0, y_0) 处间断.

二元函数的连续性也可以等价地定义为:

设函数数 $z = f(x, y)$ 在点 (x_0, y_0) 的某一邻域内有定义,如果
$$\lim_{\substack{\Delta x \to 0 \\ \Delta y \to 0}} \Delta z = \lim_{\substack{\Delta x \to 0 \\ \Delta y \to 0}} [f(x_0 + \Delta x, y_0 + \Delta y) - f(x_0, y_0)] = 0 ,$$
则称 $f(x, y)$ 在点 (x_0, y_0) 处连续.

根据定义可知,函数 $f(x, y)$ 在一点连续就是这点的极限等于这点的函数值.

例如,函数
$$f(x, y) = \begin{cases} \dfrac{xy}{x^2 + y^2}, & x^2 + y^2 \neq 0 \\ 0, & x^2 + y^2 = 0 \end{cases}$$
在点 $(0, 0)$ 处的极限不存在,所以函数在点 $(0, 0)$ 处不连续,即点 $(0, 0)$ 是函数 $f(x, y)$ 的一个间断点;函数
$$f(x, y) = \sin \frac{1}{x^2 + y^2 - 1}$$
在圆周 $C = \{(x, y) \mid x^2 + y^2 = 1\}$ 上的点没有定义,所以 $f(x, y)$ 在圆周 C 上的各点都是函数的间断点.

定义 8.3.2　如果函数 $f(x, y)$ 在区域 D 内每一点都连续,则称函数 $f(x, y)$ 在区域 D 内连续,也称 $f(x, y)$ 为区域 D 内的连续函数.

若 $f(x, y)$ 在区域 D 内连续,则 $f(x, y)$ 在区域 D 内的图形就是一张连续曲面.

多元连续函数的性质与一元连续函数性质完全类似,证明也大体相同,可以证明多元连续函数的和、差、积仍是连续函数;在分母不为 0 时,多元连续函数的商仍是连续函数;多元连续函数的复合函数也是连续函数.

一元初等函数经过有限次的四则运算、复合运算得到的函数称为多元初等函数.进一步可以得出如下结论:一切多元初等函数在定义区域内是连续的.

与一元函数类似,二元函数有以下重要性质:

性质 8.3.1　二元连续函数的和、差、积、商(分母不为零)仍是连续函数.

性质 8.3.2　二元连续函数的复合函数也是连续函数.

性质 8.3.3　二元初等函数(指用一个表达式定义的函数,该表达式由常量及具有不同自变量的一元基本初等函数经过有限次的四则运算和复合而成)在其定义区域内也是连续函数.

以上关于二元函数连续性的讨论可类似推广到多元函数.

例 8.3.1　求 $\lim\limits_{(x,y)\to(0,0)}\dfrac{2-\sqrt{xy+4}}{xy}$.

解

$$
\begin{aligned}
\lim_{\substack{x\to 0\\ y\to 0}}\frac{2-\sqrt{xy+4}}{xy}
&=\lim_{\substack{x\to 0\\ y\to 0}}\frac{(2-\sqrt{xy+4})(2+\sqrt{xy+4})}{xy(2+\sqrt{xy+4})}\\
&=\lim_{\substack{x\to 0\\ y\to 0}}\frac{-xy}{xy(2+\sqrt{xy+4})}\\
&=\lim_{\substack{x\to 0\\ y\to 0}}\frac{-1}{2+\sqrt{xy+4}}\\
&=-\frac{1}{4}.
\end{aligned}
$$

上面的运算中用到了函数 $\dfrac{-1}{2+\sqrt{xy+4}}$ 在点 $(0,0)$ 的连续性.

例 8.3.2　讨论

$$
f(x,y)=\begin{cases} (x^2+y^2)\sin\dfrac{1}{x^2+y^2}, & x^2+y^2\neq 0\\[2mm] 0, & x^2+y^2=0 \end{cases}
$$

的连续性.

解　当 $(x,y)\neq(0,0)$ 时,有

$$
f(x,y)=(x^2+y^2)\sin\frac{1}{x^2+y^2},
$$

它是一个初等函数,一定是连续的.

当 $(x,y)=(0,0)$ 时,$f(0,0)=0$,而

$$
0\leqslant\left|(x^2+y^2)\sin\frac{1}{x^2+y^2}\right|\leqslant x^2+y^2,
$$

又

$$
\lim_{\substack{x\to 0\\ y\to 0}}(x^2+y^2)=0,
$$

所以

$$
\lim_{\substack{x\to 0\\ y\to 0}}f(x,y)=\lim_{\substack{x\to 0\\ y\to 0}}(x^2+y^2)\sin\frac{1}{x^2+y^2}=0,
$$

所以

$$
\lim_{\substack{x\to 0\\ y\to 0}}f(x,y)=f(0,0),
$$

则此函数在 $(0,0)$ 处连续.

综上可知,此函数在全平面上连续.

8.3.2　有界闭区域上二元连续函数的性质

闭区间上一元连续函数有几个重要性质:有界性、最值性、介值性、和重要的零点定理,它们在一元微积分理论中起着十分重要的作用.现在将这些性质推广到有界闭区域上的二元连续函

数上去.

定理 8.3.1(最值定理) 如果二元函数 $f(x,y)$ 在有界闭区域 D 上连续,则 $f(x,y)$ 在 D 上可以取到最大值和最小值.

定理 8.3.2(有界性定理) 如果二元函数 $f(x,y)$ 在有界闭区域 D 上连续,则 $f(x,y)$ 在 D 上一定有界.

定理 8.3.3(介值性) 如果二元函数 $f(x,y)$ 在有界闭区域 D 上连续,则 $f(x,y)$ 可以取得介于最大值和最小值之间的任何值.

定理 8.3.4(零点定理) 设函数 $f(x,y)$ 在区域 D 上连续,如果存在两点 $P_1(x_1,y_1)$,$P_2(x_2,y_2)$ 使得

$$f(x_1,y_1)f(x_2,y_2) < 0,$$

则至少存在一点 $P_0(x_0,y_0) \in D$ 使

$$f(x_0,y_0) = 0.$$

证明 因为 D 是区域,所以可以用含于 D 的折线段把点 P_1,P_2 连接起来,如果折线段的某个端点的函数值是 0,则结论不成立. 不然,必有一条线段,它的两个端点函数值异号,设这条线段的两个端点为 $M_1(x',y'),M_2(x'',y'')$,则

$$f(x',y')f(x'',y'') < 0,$$

线段 M_1M_2 的参数方程是

$$L_{M_1M_2}: \begin{cases} x = x' + (x''-x')t \\ y = y' + (y''-y')t \end{cases}, 0 \leqslant t \leqslant 1,$$

在这条线段上,有

$$f(x,y) = f[x' + (x''-x')t, y' + (y''-y')t] = F(t),$$

很明显 $F(t)$ 在 $[0,1]$ 上连续且

$$F(0)F(1) = f(x',y')f(x'',y'') < 0,$$

根据一元函数的零点定理可得,存在 $t_0 \in (0,1)$ 使得

$$F(t_0) = 0,$$

所以

$$F(t_0) = f[x' + (x''-x')t, y' + (y''-y')t] = 0,$$

那么存在 $P_0(x_0,y_0)$,其中,$x_0 = x' + (x''-x')t_0$,$y_0 = y' + (y''-y')t_0$,则有

$$f(x_0,y_0) = f[x' + (x''-x')t_0, y' + (y''-y')t_0] = 0.$$

定理 8.3.5(介值定理) 设函数 $f(x,y)$ 在区域 D 上连续,$P_1(x_1,y_1)$,$P_2(x_2,y_2)$ 是区域 D 上任意两点,且 $f(x_1,y_1) < f(x_2,y_2)$,则对任何的满足不等式

$$f(x_1,y_1) < \mu < f(x_2,y_2)$$

的 μ 都存在点 $P_0(x_0,y_0) \in D$ 使

$$f(x_0,y_0) = \mu.$$

证明 设

$$F(x,y) = f(x,y) - \mu,$$

根据 $f(x_1,y_1) < \mu < f(x_2,y_2)$ 可得

$$F(x_1,y_1) < 0$$

且

$$F(x_2, y_2) > 0,$$

因为函数 $f(x, y)$ 在区域 D 上连续，所以 $F(x, y)$ 在区域 D 上也连续，根据定理 8.3.4 可知，存在 $P_0(x_0, y_0) \in D$ 使得 $F(x_0, y_0) = 0$，从而可知 $f(x_0, y_0) = \mu$.

这里需要注意的是，零点定理和介值定理并不要求 D 是有界闭区域，只要求 D 是区域.

第 9 章　多元函数微分学及其应用

9.1　偏导数与全微分

9.1.1　偏导数

一元函数的导数刻画了函数对于自变量的变化率,在研究函数形态中具有极为重要的作用. 对于多元函数同样需要讨论它的变化率,由于多元函数的自变量不止一个,因此因变量与自变量的关系要比一元函数复杂得多. 在实际问题中,经常需要了解一个受多种因素制约的量,在其他因素固定不变的情况下,随一种因素变化的变化率问题. 例如,一定量理想气体的压强 P、体积 V 与绝对温度 T 之间存在着如下的函数关系

$$V = R \frac{T}{P},$$

其中, R 为常数. 我们可以讨论在等温条件下(视 T 为常数),体积 V 对于压强 p 的变化率,也可以分析在等压过程中(视 P 为常数)体积 V 对于温度 T 的变化率. 像这样在多元函数中只对某一个变量求变化率,而将其他变量视为常数的运算就是多元函数的求偏导数问题. 下面我们以二元函数 $z = f(x, y)$ 为例给出偏导数的概念.

定义 9.1.1　设二元函数 $z = f(x, y)$ 在点 (x_0, y_0) 的某一邻域内有定义,固定 $y = y_0$,将 $f(x, y_0)$ 看做 x 的一元函数,并在 x_0 求导数,即求极限

$$\lim_{\Delta x \to 0} \frac{f(x_0 + \Delta x, y_0) - f(x_0, y_0)}{\Delta x},$$

如果这个导数存在,则称其为二元函数 $z = f(x, y)$ 在点 (x_0, y_0) 关于变元 x 的偏导数,记为

$$\frac{\partial z}{\partial x}\Big|_{(x_0, y_0)} \text{ 或 } \frac{\partial f}{\partial x}\Big|_{\substack{x = x_0 \\ y = y_0}} \text{ 或 } f_x'(x_0, y_0).$$

同理,如果固定 $x = x_0$,极限

$$\lim_{\Delta y \to 0} \frac{f(x_0, y_0 + \Delta y) - f(x_0, y_0)}{\Delta y}$$

存在,则称此极限为函数 $f(x, y)$ 在 (x_0, y_0) 处关于 y 的偏导数,记为

$$\frac{\partial f(x_0, y_0)}{\partial y} \text{ 或 } \frac{\partial f}{\partial y}\Big|_{\substack{x = x_0 \\ y = y_0}} \text{ 或 } f_y'(x_0, y_0).$$

如果 $z = f(x, y)$ 在区域 D 内每一点 (x, y) 都具有对 x 或 y 的偏导数,显然此偏导数是变量 x, y 的二元函数,称此二元函数为函数 $f(x, y)$ 在 D 内对 x 或 y 的偏导函数,简称偏导数,记为

$$\frac{\partial f}{x}, z_x, f_x(x, y), f_x'(x, y); \frac{\partial f}{y}, z_y, f_y(x, y), f_y'(x, y).$$

由偏导数的定义可知,求函数 $f(x, y)$ 的偏导数 $f_x'(x, y)$,就是在函数 $f(x, y)$ 中视 y 为常数,只

对 x 求导数,即 $f_x(x,y) = \dfrac{\mathrm{d}}{\mathrm{d}x}f(x,y)\Big|_{y\text{不变}}$;同理,$f_y(x,y) = \dfrac{\mathrm{d}}{\mathrm{d}y}f(x,y)\Big|_{x\text{不变}}$.由此可知,求偏导数实际上是一元函数求导问题.

显然,函数 $f(x,y)$ 在 (x_0,y_0) 处的偏导数 $f_x(x_0,y_0)$ 与 $f_y(x_0,y_0)$ 为

$$f_x(x_0,y_0) = f_x(x,y)\big|_{(x_0,y_0)} = f_x(x,y_0)\big|_{x=x_0},$$
$$f_y(x_0,y_0) = f_y(x,y)\big|_{(x_0,y_0)} = f_y(x_0,y)\big|_{y=y_0}.$$

偏导数的概念还可推广到二元以上的函数.例如,三元函数 $u = f(x,y,z)$ 在点 (x,y,z) 处对 x 的偏导数定义为

$$f_x(x,y,z) = \lim_{\Delta x \to 0}\frac{f(x_0+\Delta x,y,z) - f(x,y,z)}{\Delta x},$$

其中,(x,y,z) 是函数 $u = f(x,y,z)$ 的定义域的内点.它们的求法也仍旧是一元函数的微分法问题.

下面我们来看一下偏导数的几何意义.

设二元函数 $z = f(x,y)$ 在点 (x_0,y_0) 处有偏导数,点 $P_0(x_0,y_0,f(x_0,y_0))$ 为曲面 $z = f(x,y)$ 上一点,过点 P_0 作平面 $y = y_0$,此平面与曲面相交得一曲线,曲线的方程为
$\begin{cases} z = f(x,y) \\ y = y_0 \end{cases}$,如图 9-1-1 所示.由于偏导数 $f_x(x_0,y_0)$ 等于一元函数 $f(x,y_0)$ 的导数,即
$f'(x,y_0)$,因此偏导数 $f_x(x_0,y_0)$ 为曲线 $\begin{cases} z = f(x,y) \\ y = y_0 \end{cases}$ 在点 P_0 处对 x 轴的切线斜率,即

$$f_x(x_0,y_0) = \tan\alpha.$$

同理,偏导数 $f_y(x_0,y_0)$ 为曲线 $\begin{cases} z = f(x,y) \\ x = x_0 \end{cases}$ 在点 P_0 处对 y 轴的切线斜率,即 $f_y(x_0,y_0) = \tan\beta$.

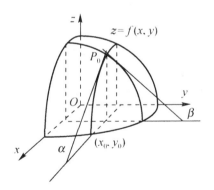

图 9-1-1

前面我们讨论到,如果一元函数在某点具有函数,则它在该点必定连续.但对于多元函数来说,即使各偏导数在某点都存在,也不能保证函数在该点连续.这是因为各偏导数存在只能保证点 P 沿着平行于坐标轴的方向趋于 P_0 时,函数值 $f(P)$ 趋于 $f(P_0)$,但不能保证点 P 按任何方式趋于 P_0 时,函数值 $f(P)$ 都趋于 $f(P_0)$.

例 9.1.1　设 $u = x^{\frac{z}{y}}(x > 0, x \neq 1, y \neq 0)$,

求证：$\dfrac{yx}{z}u_x + yu_y + zu_z = u$.

解 把 y 和 z 看作常量，对 x 求导得

$$\frac{\partial u}{\partial x} = \frac{z}{y}x^{\frac{z}{y}-1} ;$$

把 x 和 z 看作常量，对 y 求导得

$$\frac{\partial u}{\partial y} = x^{\frac{z}{y}}\ln x\frac{\partial}{\partial y}\left(\frac{z}{y}\right) = -\frac{z}{y^2}x^{\frac{z}{y}}\ln x ;$$

把 x 和 y 看作常量，对 z 求导得

$$\frac{\partial u}{\partial z} = x^{\frac{z}{y}}\ln x\frac{\partial}{\partial z}\left(\frac{z}{y}\right) = \frac{1}{y}x^{\frac{z}{y}}\ln x ,$$

所以

$$\frac{yx}{z}u_x + yu_y + zu_z = \frac{yx}{z}\frac{z}{y}x^{\frac{z}{y}-1} + y\left(-\frac{z}{y^2}\right)x^{\frac{z}{y}}\ln x + z\frac{1}{y}x^{\frac{z}{y}}\ln x$$

$$= x^{\frac{z}{y}}$$

$$= u.$$

例 9.1.2 讨论函数

$$f(x,y) = \begin{cases} \dfrac{xy}{x^2+y^2}, & x^2+y^2 \neq 0 \\ 0, & x^2+y^2 = 0 \end{cases}$$

在点 $(0,0)$ 处的偏导数与连续性的关系.

解 根据偏导数的定义可知

$$f_x(0,0) = \lim_{\Delta x \to 0}\frac{f(0+\Delta x,0) - f(0,0)}{\Delta x} = 0 ,$$

$$f_y(0,0) = \lim_{\Delta y \to 0}\frac{f(0+\Delta y,0) - f(0,0)}{\Delta y} = 0 ,$$

所以函数 $f(x,y)$ 在点 $(0,0)$ 处存在偏导数.

如果令 (x,y) 沿直线 $y = kx (k \neq 0)$ 趋于 $(0,0)$，则有

$$\lim_{\substack{x \to 0 \\ y = kx}}\frac{xy}{x^2+y^2} = \lim_{\substack{x \to 0 \\ y = kx}}\frac{kx^2}{x^2(1+k^2)} = \frac{k}{1+k^2} ,$$

它将随 k 的不同而具有不同的值，即极限 $\lim\limits_{\substack{x \to 0 \\ y \to 0}}\dfrac{xy}{x^2+y^2}$ 不存在，所以函数在点 $(0,0)$ 处不连续.

9.1.2 高阶偏导数

定义 9.1.2 设函数 $z = f(x,y)$ 在区域 D 内具有偏导数

$$\frac{\partial z}{\partial x} = f_x(x,y), \frac{\partial z}{\partial y} = f_y(x,y) ,$$

则在 D 内 $f_x(x,y)$ 和 $f_y(x,y)$ 都是 x,y 的函数. 如果这两个函数的偏导数存在，则称它们是函数 $z = f(x,y)$ 的二阶偏导数.

按照对变量求导次序的不同，二阶偏导数共有下列四种：

$$\frac{\partial}{\partial x}\left(\frac{\partial z}{\partial x}\right) = \frac{\partial^2 z}{\partial x^2} = f_{xx}(x,y)\ ,$$

$$\frac{\partial}{\partial y}\left(\frac{\partial z}{\partial x}\right) = \frac{\partial^2 z}{\partial x \partial y} = f_{xy}(x,y)\ ,$$

$$\frac{\partial}{\partial x}\left(\frac{\partial z}{\partial y}\right) = \frac{\partial^2 z}{\partial y \partial x} = f_{yx}(x,y)\ ,$$

$$\frac{\partial}{\partial y}\left(\frac{\partial z}{\partial y}\right) = \frac{\partial^2 z}{\partial y^2} = f_{yy}(x,y)\ ,$$

其中，$f_{xy}(x,y)$，$f_{yx}(x,y)$ 称为混合偏导数.

同理，可以定义三阶、四阶以及 n 阶偏导数.我们把二阶及二阶以上的偏导数统称为高阶偏导数.

定理 9.1.1　如果函数 $z = f(x,y)$ 的二阶混合偏导数 $\dfrac{\partial^2 z}{\partial x \partial y}$ 与 $\dfrac{\partial^2 z}{\partial y \partial x}$ 在区域 D 内连续,则它们在 D 内必相等,即

$$\frac{\partial^2 z}{\partial x \partial y} = \frac{\partial^2 z}{\partial y \partial x}.$$

证明略.一般来说,多元函数的混合偏导数如果连续,就与求偏导的次序无关.

例 9.1.3　求函数 $z = x^3 y^2 - 3xy^3 - xy + 1$ 的二阶偏导数.

解　一阶偏导数为

$$\frac{\partial z}{\partial x} = 3x^2 y^2 - 3y^3 - y, \frac{\partial z}{\partial y} = 2x^3 y - 9xy^2 - x,$$

二阶偏导数为

$$\frac{\partial^2 z}{\partial x^2} = 6xy^2\ ,$$

$$\frac{\partial^2 z}{\partial y^2} = 2x^3 - 18xy\ ,$$

$$\frac{\partial^2 z}{\partial x \partial y} = 6x^2 y - 9y^2 - 1\ ,$$

$$\frac{\partial^2 z}{\partial y \partial x} = 6x^2 y - 9y^2 - 1\ .$$

例 9.1.4　证明:函数 $z = \ln \sqrt{x^2 + y^2}$ 满足方程

$$\frac{\partial^2 z}{\partial x^2} + \frac{\partial^2 z}{\partial y^2} = 0\ .$$

证明　因为

$$z = \ln \sqrt{x^2 + y^2} = \frac{1}{2}\ln(x^2 + y^2)\ ,$$

所以

$$\frac{\partial z}{\partial x} = \frac{x}{x^2 + y^2}, \frac{\partial z}{\partial y} = \frac{y}{x^2 + y^2}\ ,$$

$$\frac{\partial^2 z}{\partial x^2} = \frac{x^2 + y^2 - 2x^2}{(x^2 + y^2)^2} = \frac{y^2 - x^2}{(x^2 + y^2)^2},$$

$$\frac{\partial^2 z}{\partial y^2} = \frac{x^2 + y^2 - 2y^2}{(x^2 + y^2)^2} = \frac{x^2 - y^2}{(x^2 + y^2)^2},$$

可得

$$\frac{\partial^2 z}{\partial x^2} + \frac{\partial^2 z}{\partial y^2} = \frac{y^2 - x^2}{(x^2 + y^2)^2} + \frac{x^2 - y^2}{(x^2 + y^2)^2} = 0 ,$$

得证.

例 9.1.5 求函数 $z = e^{xy} + \sin(x+y)$ 的二阶偏导数及 $\dfrac{\partial^3 z}{\partial x^3}$.

解 一阶偏导数为

$$\frac{\partial z}{\partial x} = y e^{xy} + \cos(x+y) , \quad \frac{\partial z}{\partial y} = x e^{xy} + \cos(x+y) ,$$

二阶偏导数为

$$\frac{\partial^2 z}{\partial x^2} = y^2 e^{xy} - \sin(x+y) ,$$

$$\frac{\partial^2 z}{\partial x \partial y} = (1 + xy) e^{xy} - \sin(x+y) ,$$

$$\frac{\partial^2 z}{\partial y \partial x} = (1 + xy) e^{xy} - \sin(x+y) ,$$

$$\frac{\partial^2 z}{\partial y^2} = x^2 e^{xy} - \sin(x+y) ,$$

所以

$$\frac{\partial^3 z}{\partial x^3} = y^3 e^{xy} - \cos(x+y) .$$

9.1.3 全微分

先看一个例子,由此引出全微分的定义.

例 9.1.6 对于长、宽分别为 x, y 的矩形,面积为 $S = xy$,当点 (x, y) 在点 (x_0, y_0) 处各有增量 $\Delta x, \Delta y$ 时,问此矩形的面积增加多少?

解 当边长各增加 $\Delta x, \Delta y$ 时,矩形面积 S 的改变量 ΔS 可以表示为

$$\Delta S = (x_0 + \Delta x)(y_0 + \Delta y) - x_0 y_0 = y_0 \Delta x + x_0 \Delta y + \Delta x \Delta y ,$$

其中,$y_0 \Delta x + x_0 \Delta y$ 是自变量改变量 $\Delta x, \Delta y$ 的线性函数,$\Delta x \Delta y$ 是比 $\rho = \sqrt{(\Delta x)^2 + (\Delta y)^2}$ 高阶的无穷小,即 $\Delta x \Delta y = o(\rho)$ $(\Delta x \to 0, \Delta y \to 0)$.

如图 9-1-2 所示,当 $\Delta x, \Delta y$ 很小时,$\Delta S \approx y_0 \Delta x + x_0 \Delta y$,这种近似的方法具有普遍的应用意义.由此我们给出二元函数的全微分的概念.

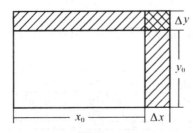

图 9-1-2

定义 9.1.3 如果函数 $z = f(x, y)$ 在点 (x, y) 处的全增量

$$\Delta z = f(x + \Delta x, y + \Delta y) - f(x, y)$$

可以表示为
$$\Delta z = A\Delta x + B\Delta y + o(\rho)\ (\rho = \sqrt{(\Delta x)^2 + (\Delta y)^2})\,,$$
其中，A、B 是 x、y 的函数且与 Δx、Δy 无关，$o(\rho)$ 表示比 ρ 高阶的无穷小量，则称 $A\Delta x + B\Delta y$ 是函数 $z = f(x,y)$ 在点 (x,y) 处的全微分，记作 $\mathrm{d}z$ 或 $\mathrm{d}f$，即
$$\Delta z = \mathrm{d}f(x,y) = A\Delta x + B\Delta y\,.$$
此时也称函数 $z = f(x,y)$ 在区域 D 内可微，且 $\Delta z = \mathrm{d}z + o(\rho)$．如果函数 $z = f(x,y)$ 在区域 D 内每点都可微，则称函数 $z = f(x,y)$ 在 D 内可微．

定理 9.1.2（可微的必要条件）　如果函数 $z = f(x,y)$ 在点 (x,y) 处可微，则有

(1) $f(x,y)$ 在点 (x,y) 处连续；

(2) $f(x,y)$ 在点 (x,y) 处的偏导一定存在且 $A = \dfrac{\partial z}{\partial x}$，$B = \dfrac{\partial z}{\partial y}$，即 $z = f(x,y)$ 在 (x,y) 处的全微分为
$$\mathrm{d}z = \frac{\partial z}{\partial x}\Delta x + \frac{\partial z}{\partial y}\Delta y\,.$$

证明　(1) 由于 $z = f(x,y)$ 在点 (x,y) 处可微，则有
$$\Delta z = A\Delta x + B\Delta y + o(\rho)\,,$$
所以
$$\lim_{\rho \to 0}\Delta z = 0\,,$$
那么
$$\lim_{\rho \to 0}f(x+\Delta x, y+\Delta y) = f(x,y)\,.$$
从而 $f(x,y)$ 在点 (x,y) 处连续．

(2) 由于 $z = f(x,y)$ 在点 (x,y) 处可微，于是在点 (x,y) 的某一邻域内有
$$f(x+\Delta x, y+\Delta y) - f(x,y) = A\Delta x + B\Delta y + o(\rho)\,,$$
当 $\Delta y = 0$ 时，上式变为
$$f(x+\Delta x, y) - f(x,y) = A\Delta x + o(|\Delta x|)\,,$$
在上式两端除以 Δx，再令 $\Delta x \to 0$，则有
$$\lim_{\Delta x \to 0}\frac{f(x+\Delta x, y) - f(x,y)}{\Delta x} = A\,,$$
于是偏导数 $\dfrac{\partial z}{\partial x}$ 存在，且 $\dfrac{\partial z}{\partial x} = A$．同理可证 $\dfrac{\partial z}{\partial y} = B$，从而有
$$\mathrm{d}z = \frac{\partial z}{\partial x}\Delta x + \frac{\partial z}{\partial y}\Delta y\,.$$

以上定理说明如果函数在某点处可微，则函数在该点处连续，且偏导数存在，但反之不一定成立．

定理 9.1.3（可微的充分条件）　如果函数 $z = f(x,y)$ 的偏导数 $f_x(x,y)$，$f_y(x,y)$ 在点 (x,y) 处连续，则函数 $f(x,y)$ 在该点处必可微．

证明　因为
$$\begin{aligned}
\Delta z &= f(x+\Delta x, y+\Delta y) - f(x,y)\\
&= [f(x+\Delta x, y+\Delta y) - f(x+\Delta x, y)] + [f(x+\Delta x, y) - f(x,y)]\,,
\end{aligned}$$
由于前一个表达式中 $x+\Delta x$ 不变，因而可以看作是 x 的一元函数 $f(x, y+\Delta y)$ 的增量，应用拉

格朗日中值定理可得
$$f(x+\Delta x,y+\Delta y)-f(x+\Delta x,y)=f_y(x+\Delta x,y+\theta_1\Delta y)\Delta y \ (0<\theta_1<1),$$
同理可得
$$f(x+\Delta x,y)-f(x,y)=f_x(x+\theta_2\Delta x,y)\Delta x \ (0<\theta_2<1),$$
又 $f_x(x,y)$ 与 $f_y(x,y)$ 在 (x,y) 处连续,根据极限存在与无穷小的关系有
$$f(x+\Delta x,y+\Delta y)-f(x+\Delta x,y)=f_y(x,y)\Delta y+\alpha\Delta y,$$
$$f(x+\Delta x,y)-f(x,y)=f_x(x,y)\Delta x+\beta\Delta x,$$
其中,α,β 为 $\Delta x\to0,\Delta y\to0$ 时的无穷小,α 为 Δy 的函数,β 为 Δx 的函数.由此便可求得全增量为
$$\Delta z=f_x(x,y)\Delta x+f_y(x,y)\Delta y+\beta\Delta x+\alpha\Delta y,$$
且当 $\Delta x\to0,\Delta y\to0$ 时,
$$\left|\frac{\beta\Delta x+\alpha\Delta y}{\sqrt{(\Delta x)^2+(\Delta y)^2}}\right|\leqslant|\beta|+|\alpha|\to0.$$
由定义可知,这就证明了 $z=f(x,y)$ 在点 $f(x,y)$ 处可微.

综上讨论可知,偏导数存在且连续只是可微的充分条件而不是必要条件,函数可微只是函数连续或偏导数存在的充分条件而不是必要条件.

以上关于全微分的定义和定理可推广到 n 元函数,即如果 $u=f(x_1,x_2,\cdots,x_n)$ 可微,则
$$\mathrm{d}u=\frac{\partial u}{\partial x_1}\Delta x_1+\frac{\partial u}{\partial x_2}\Delta x_2+\cdots+\frac{\partial u}{\partial x_n}\Delta x_n.$$

例 9.1.7 求函数 $z=x^2y^2$ 在点 $(2,-1)$ 处,当 $\Delta x=0.02,\Delta y=-0.01$ 时的全增量与全微分.

解 容易求得全增量为
$$\Delta z=(2+0.02)^2\times(-1-0.01)^2-2^2\times(-1)^2\approx0.1624.$$
函数 $z=x^2y^2$ 的两个偏导数
$$\frac{\partial z}{\partial x}=2xy^2,\frac{\partial z}{\partial y}=2x^2y$$
在全平面上连续,于是根据定理 9.1.3 可知此函数在点 $(2,-1)$ 处的全微分存在且
$$\frac{\partial z}{\partial x}\bigg|_{(2,-1)}=4,\frac{\partial z}{\partial y}\bigg|_{(2,-1)}=-8,$$
所以所求函数在 $(2,-1)$ 处的全微分为
$$\mathrm{d}z=\frac{\partial z}{\partial x}\bigg|_{(2,-1)}\Delta x+\frac{\partial z}{\partial y}\bigg|_{(2,-1)}\Delta y=4\cdot0.02+(-8)(-0.01)=0.16.$$

例 9.1.8 证明:函数
$$f(x,y)=\begin{cases}x+y+(x^2+y^2)\sin\dfrac{1}{x^2+y^2},x^2+y^2\neq0\\0,x^2+y^2=0\end{cases}$$
在原点可微.

证明 易证函数在全平面有定义且连续,函数在原点的全增量为
$$\Delta z=f(0+\Delta x,0+\Delta y)-f(0,0)$$
$$=\Delta x+\Delta y+(\Delta x^2+\Delta y^2)\sin\frac{1}{\Delta x^2+\Delta y^2}$$

$$= \Delta x + \Delta y + \sqrt{\Delta x^2 + \Delta y^2} \sin \frac{1}{\Delta x^2 + \Delta y^2} \sqrt{\Delta x^2 + \Delta y^2}$$

$$= \Delta x + \Delta y + \alpha(x, y)\rho,$$

其中, $\alpha(x, y) = \sqrt{\Delta x^2 + \Delta y^2} \sin \dfrac{1}{\Delta x^2 + \Delta y^2}$, $\rho = \sqrt{\Delta x^2 + \Delta y^2}$, 显然, 当 $\rho \to 0$ 时, $\alpha \to 0$, 此时, 全增量 Δz 就表示为线性部分 $\Delta x + \Delta y$ 与高阶无穷小部分 $o(\rho) = \alpha(x, y)\rho$ 之和, 根据全微分的定义可知, 该函数在原点可微, 全微分为

$$\mathrm{d}z = \mathrm{d}f(0, 0) = \Delta x + \Delta y.$$

9.2　复合函数求导法

9.2.1　多元复合函数的求导法则

定理 9.2.1　如果函数 $u = \varphi(t)$ 及 $v = \psi(t)$ 都在点 t 处可导, 函数 $z = f(u, v)$ 在对应点 (u, v) 处具有连续偏导数, 则复合函数 $z = f[\varphi(t), \psi(t)]$ 在对应点 t 处可导, 且其导数可用下列公式计算:

$$\frac{\mathrm{d}z}{\mathrm{d}t} = \frac{\partial z}{\partial u}\frac{\mathrm{d}u}{\mathrm{d}t} + \frac{\partial z}{\partial v}\frac{\mathrm{d}v}{\mathrm{d}t}.$$

证明　设给 t 以增量 Δt, 则函数 u, v 相应得到增量

$$\Delta u = \varphi(t + \Delta t) - u(t), \Delta v = \psi(t + \Delta t) - v(t),$$

由于函数 $z = f(u, v)$ 在点 (u, v) 处有连续的偏导数, 因此 $f(u, v)$ 在点 (u, v) 处可微, 从而

$$\Delta z = \frac{\partial z}{\partial u}\Delta u + \frac{\partial z}{\partial v}\Delta v + \varepsilon_1 \Delta u + \varepsilon_2 \Delta v,$$

其中, 当 $\Delta u \to 0, \Delta v \to 0$ 时, $\varepsilon_1 \to 0, \varepsilon_2 \to 0$. 在上式两端同时除以 Δt, 得

$$\frac{\Delta z}{\Delta t} = \frac{\partial z}{\partial u}\frac{\Delta u}{\Delta t} + \frac{\partial z}{\partial v}\frac{\Delta v}{\Delta t} + \varepsilon_1 \frac{\Delta u}{\Delta t} + \varepsilon_2 \frac{\Delta v}{\Delta t},$$

所以

$$\frac{\mathrm{d}z}{\mathrm{d}t} = \lim_{\Delta t \to 0} \frac{\Delta z}{\Delta t} = \frac{\partial z}{\partial u}\frac{\mathrm{d}u}{\mathrm{d}t} + \frac{\partial z}{\partial v}\frac{\mathrm{d}v}{\mathrm{d}t}.$$

上面讨论了多元复合函数的中变量均为一元函数的求导法则. 类似地可以得到多元复合函数的中间变量为二元函数的求导法则.

定理 9.2.2　如果函数 $u = \varphi(x, y)$ 及 $v = \psi(x, y)$ 都在点 (x, y) 具有对 x 及 y 的偏导数, 函数 $z = f(u, v)$ 在对应点 (u, v) 处可微, 则复合函数 $z = f(\varphi(x, y), \psi(x, y))$ 在点 (x, y) 的两个偏导数存在, 且

$$\frac{\partial z}{\partial x} = \frac{\partial z}{\partial u}\frac{\partial u}{\partial x} + \frac{\partial z}{\partial v}\frac{\partial v}{\partial x}, \frac{\partial z}{\partial y} = \frac{\partial z}{\partial u}\frac{\partial u}{\partial y} + \frac{\partial z}{\partial v}\frac{\partial v}{\partial y}.$$

证明　给 x 以增量 Δx, 相应地函数 $u = \varphi(x, y)$ 及 $v = \psi(x, y)$ 得到增量 $\Delta u, \Delta v$, 进而使函数 $z = f(u, v)$ 获得增量 Δz, 又由于函数 $z = f(u, v)$ 在点 (u, v) 处可微, 因此

$$\Delta z = \frac{\partial z}{\partial u}\Delta u + \frac{\partial z}{\partial v}\Delta v + o(\rho),$$

其中, $\rho = \sqrt{(\Delta u)^2 + (\Delta v)^2}$, 将上式两边同除以 Δx 可得

$$\frac{\Delta z}{\Delta x} = \frac{\partial z}{\partial u}\frac{\Delta u}{\Delta x} + \frac{\partial z}{\partial v}\frac{\Delta v}{\Delta x} + \frac{o(\rho)}{\rho}\sqrt{\left(\frac{\partial u}{\partial x}\right)^2 + \left(\frac{\partial v}{\partial x}\right)^2}\frac{|\Delta x|}{\Delta x},$$

由于函数 $u = \varphi(x,y)$ 及 $v = \psi(x,y)$ 在点 (x,y) 偏导数存在,因此当自变量 y 不变时,u,v 均是 x 的连续函数,从而可知当 $\Delta x \to 0$ 时,$\Delta u \to 0, \Delta v \to 0$,进而 $\rho \to 0$,于是 $\lim\limits_{\Delta x \to 0}\frac{o(\rho)}{\rho} = 0$. 又因为

$\sqrt{\left(\frac{\partial u}{\partial x}\right)^2 + \left(\frac{\partial v}{\partial x}\right)^2}\dfrac{|\Delta x|}{\Delta x}$ 为有界变量,所以

$$\lim_{\Delta x \to 0}\frac{o(\rho)}{\rho}\sqrt{\left(\frac{\partial u}{\partial x}\right)^2 + \left(\frac{\partial v}{\partial x}\right)^2}\frac{|\Delta x|}{\Delta x} = 0,$$

当 $\Delta x \to 0$ 时

$$\frac{\Delta u}{\Delta x} = \frac{\partial u}{\partial x}, \frac{\Delta v}{\Delta x} = \frac{\partial v}{\partial x},$$

所以

$$\lim_{\Delta x \to 0}\frac{\Delta z}{\Delta x} = \frac{\partial z}{\partial u}\frac{\partial u}{\partial x} + \frac{\partial z}{\partial v}\frac{\partial v}{\partial x},$$

则

$$\frac{\partial z}{\partial x} = \frac{\partial z}{\partial u}\frac{\partial u}{\partial x} + \frac{\partial z}{\partial v}\frac{\partial v}{\partial x},$$

且复合函数 $z = f(\varphi(x,y), \psi(x,y))$ 在点 x 的偏导数存在.

同理可证,复合函数 $z = f(\varphi(x,y), \psi(x,y))$ 在点 y 的偏导数存在,且

$$\frac{\partial z}{\partial y} = \frac{\partial z}{\partial u}\frac{\partial u}{\partial y} + \frac{\partial z}{\partial v}\frac{\partial v}{\partial y},$$

得证.

例 9.2.1 已知 $z = e^{u\cos v}, u = xy, v = \ln(x-y)$,求偏导数 $\frac{\partial z}{\partial x}, \frac{\partial z}{\partial y}$.

解 因为

$$\frac{\partial z}{\partial u} = e^{u\cos v}\cos v, \frac{\partial z}{\partial v} = e^{u\cos v}u(-\sin v),$$

$$\frac{\partial u}{\partial x} = y, \frac{\partial u}{\partial y} = x, \frac{\partial v}{\partial x} = \frac{1}{x-y}, \frac{\partial v}{\partial y} = \frac{-1}{x-y},$$

都连续,所以

$$\frac{\partial z}{\partial x} = \frac{\partial z}{\partial u}\frac{\partial u}{\partial x} + \frac{\partial z}{\partial v}\frac{\partial v}{\partial x}$$

$$= e^{u\cos v}\left(y\cos v - \frac{u\sin v}{x-y}\right)$$

$$= e^{xy\cos(\ln(x-y))}\left[y\cos(\ln(x-y)) - \frac{xy\sin(\ln(x-y))}{x-y}\right],$$

$$\frac{\partial z}{\partial y} = \frac{\partial z}{\partial u}\frac{\partial u}{\partial y} + \frac{\partial z}{\partial v}\frac{\partial v}{\partial y}$$

$$= e^{xy\cos(\ln(x-y))}\left[x\cos(\ln(x-y)) + \frac{xy\sin(\ln(x-y))}{x-y}\right].$$

例 9.2.2 设 $z = f(x^2 - y^2, xy)$,其中 f 有连续偏导数,求 $\frac{\partial z}{\partial x}, \frac{\partial z}{\partial y}$.

解　令 $u = x^2 - y^2$，$v = xy$，则 $z = f(u,v)$，所以

$$\frac{\partial z}{\partial x} = \frac{\partial z}{\partial u}\frac{\partial u}{\partial x} + \frac{\partial z}{\partial v}\frac{\partial v}{\partial x} = f_u(u,v)2x + f_v(u,v)y,$$

$$\frac{\partial z}{\partial y} = \frac{\partial z}{\partial u}\frac{\partial u}{\partial y} + \frac{\partial z}{\partial v}\frac{\partial v}{\partial y} = f_u(u,v)(-2y) + f_v(u,v)x.$$

一般地，将函数 $f(u,v)$ 中的变量由左到右按正整数顺序编号，如 f_1 表示 f 对第一个变量的偏导数，则 $f_1 = f_u(u,v)$，$f_2 = f_v(u,v)$，那么上面结果可简记为

$$\frac{\partial z}{\partial x} = 2xf_1 + yf_2, \frac{\partial z}{\partial y} = -2yf_1 + xf_2.$$

9.2.2　全微分形式的不变性

与一元函数微分类似，对于多元函数，其一阶微分也具有形式不变性的特征.

设二元函数 $z = f(u,v)$ 可微，当 u,v 为自变量时，函数 $z = f(u,v)$ 的全微分为

$$\mathrm{d}z = \frac{\partial z}{\partial u}\mathrm{d}u + \frac{\partial z}{\partial v}\mathrm{d}v,$$

当 u,v 为中间变量 $u = \varphi(x,y)$，$v = \psi(x,y)$ 时，根据复合函数求导法则，函数 $z = f[u(x,y)$，$v(x,y)]$ 的全微分为

$$\begin{aligned}
\mathrm{d}z &= \frac{\partial z}{\partial x}\mathrm{d}x + \frac{\partial z}{\partial y}\mathrm{d}y \\
&= \left(\frac{\partial z}{\partial u}\frac{\partial u}{\partial x} + \frac{\partial z}{\partial v}\frac{\partial v}{\partial x}\right)\mathrm{d}x + \left(\frac{\partial z}{\partial u}\frac{\partial u}{\partial y} + \frac{\partial z}{\partial v}\frac{\partial v}{\partial y}\right)\mathrm{d}y \\
&= \frac{\partial z}{\partial u}\left(\frac{\partial u}{\partial x}\mathrm{d}x + \frac{\partial u}{\partial y}\mathrm{d}y\right) + \frac{\partial z}{\partial v}\left(\frac{\partial v}{\partial x}\mathrm{d}x + \frac{\partial v}{\partial y}\mathrm{d}y\right) \\
&= \frac{\partial z}{\partial u}\mathrm{d}u + \frac{\partial z}{\partial v}\mathrm{d}v,
\end{aligned}$$

可见不论 u,v 为自变量还是中间变量，其一阶微分形式是不变的，这就是二元函数一阶微分形式不变性.

和一元函数的情况类似，以下的微分公式对多元函数也是成立的.

（1）$\mathrm{d}(u + v) = \mathrm{d}u + \mathrm{d}v$；

（2）$\mathrm{d}(uv) = u\mathrm{d}v + v\mathrm{d}u$；

（3）$\mathrm{d}\dfrac{u}{v} = \dfrac{v\mathrm{d}u - u\mathrm{d}v}{v^2}$.

例 9.2.3　利用一阶全微分形式的不变性求函数 $u = \dfrac{x}{x^2 + y^2 + z^2}$ 的偏导数.

解　因为

$$\begin{aligned}
\mathrm{d}u &= \frac{(x^2 + y^2 + z^2)\mathrm{d}x - x\mathrm{d}(x^2 + y^2 + z^2)^2}{(x^2 + y^2 + z^2)^2} \\
&= \frac{(x^2 + y^2 + z^2)\mathrm{d}x - x(2x\mathrm{d}x + 2y\mathrm{d}y + 2z\mathrm{d}z)}{(x^2 + y^2 + z^2)^2} \\
&= \frac{(y^2 + z^2 - x^2)\mathrm{d}x - 2xy\mathrm{d}y - 2xz\mathrm{d}z}{(x^2 + y^2 + z^2)^2},
\end{aligned}$$

所以

$$\frac{\partial u}{\partial x} = \frac{y^2 + z^2 - x^2}{(x^2 + y^2 + z^2)^2},$$

$$\frac{\partial u}{\partial y} = \frac{-2xy}{(x^2 + y^2 + z^2)^2},$$

$$\frac{\partial u}{\partial z} = \frac{-2xz}{(x^2 + y^2 + z^2)^2}.$$

例 9.2.4 设 $z = \arctan \dfrac{y}{x}$,求 $\dfrac{\partial z}{\partial x}, \dfrac{\partial z}{\partial y}$.

解 设 $u = \dfrac{y}{x}$,则 $z = \arctan u$,那么

$$dz = \frac{1}{1+u^2} du$$

$$= \frac{1}{1+\left(\dfrac{y}{x}\right)^2} \frac{x dy - y dx}{x^2}$$

$$= \frac{1}{x^2 + y^2}(x dy - y dx),$$

所以

$$\frac{\partial z}{\partial x} = -\frac{y}{x^2 + y^2},$$

$$\frac{\partial z}{\partial y} = \frac{x}{x^2 + y^2}.$$

9.3 隐函数存在定理

9.3.1 由方程确定的隐函数

定理 9.3.1 设二元函数 $F(x,y)$ 在点 $P(x,y)$ 为内点的某邻域 D 内满足条件:
(1)偏导数 F_x, F_y 在 D 内连续;
(2) $F(x,y) = 0$;
(3) $F_y(x,y) \neq 0$,
则方程 $F(x,y) = 0$ 在点 (x,y) 的某邻域内唯一确定一个具有连续导数的函数 $y = f(x)$ 使 $y_0 = f(x_0)$, $F(x, f(x)) \equiv 0$ 且

$$\frac{dy}{dx} = -\frac{F_x}{F_y}.$$

当 $F(x,y,z)$ 满足定理 9.3.1 中类似条件时,则由方程 $F(x,y,z) = 0$ 确定了一个二元可导隐函数 $z = z(x,y)$.把它代入原方程 $F(x,y,z) = 0$ 中,可得

$$F[x,y,z(x,y)] \equiv 0,$$

上式两边分别对 x, y 求偏导数可得

$$F_x + F_z \frac{\partial z}{\partial x} = 0, F_y + F_z \frac{\partial z}{\partial y} = 0,$$

又 $F_z(x,y) \neq 0$,则有公式

$$\frac{\partial z}{\partial x} = -\frac{F_x}{F_z}, \frac{\partial z}{\partial y} = -\frac{F_y}{F_z}.$$

例 9.3.1　设 $y - x - \frac{1}{2}\sin y = 0$,求 $\dfrac{\mathrm{d}y}{\mathrm{d}x}$.

解　设 $F(x,y) = y - x - \frac{1}{2}\sin y$,因为

$$F_x = -1, F_y = 1 - \frac{1}{2}\cos y ,$$

所以

$$\begin{aligned}
\frac{\mathrm{d}y}{\mathrm{d}x} &= -\frac{F_x}{F_y} \\
&= -\frac{-1}{1 - \frac{1}{2}\cos y} \\
&= \frac{2}{2 - \cos y}.
\end{aligned}$$

例 9.3.2　设函数 $y = f(x)$ 由方程 $\sin y + \mathrm{e}^x - xy^2 = 0$ 确定,求 $\dfrac{\mathrm{d}y}{\mathrm{d}x}$.

解　设 $F(x,y) = \sin y + \mathrm{e}^x - xy^2$,根据定理 9.3.1 可得

$$\begin{aligned}
\frac{\mathrm{d}y}{\mathrm{d}x} &= -\frac{F_x}{F_y} \\
&= -\frac{\mathrm{e}^x - y^2}{\cos y - 2xy} \\
&= \frac{y^2 - \mathrm{e}^x}{2xy - \cos y}.
\end{aligned}$$

例 9.3.3　设函数 $z = z(x,y)$ 由方程 $\mathrm{e}^z = x^2 + y^2 + z^2 - 4z = 0$ 确定,求 $\dfrac{\partial^2 z}{\partial x \partial y}$.

解　设 $F(x,y,z) = x^2 + y^2 + z^2 - 4z$,则有

$$\frac{\partial z}{\partial x} = -\frac{F_x}{F_z} = -\frac{2x}{2z - 4} ,$$

$$\frac{\partial z}{\partial y} = -\frac{F_y}{F_z} = -\frac{2y}{2z - 4} = \frac{y}{2 - z} ,$$

那么

$$\begin{aligned}
\frac{\partial^2 z}{\partial x \partial y} &= \frac{\partial}{\partial y}\left(\frac{\partial z}{\partial x}\right) \\
&= \frac{\partial}{\partial y}\left(\frac{x}{2 - z}\right) \\
&= \frac{x}{(2 - z)^2}\frac{\partial z}{\partial y} \\
&= \frac{xy}{(2 - z)^3}.
\end{aligned}$$

9.3.2　由方程组确定的隐函数

通常可以把方程组

$$\begin{cases} F(x,y,u,v) = 0 \\ G(x,y,u,v) = 0 \end{cases}$$

理解为 x 和 y 是"常量",u 和 v 是"变量",所以从方程组解得 $u = u(x,y), v = v(x,y)$,也就是此方程确定了二元隐函数组. 和二元方程一样,并非所有方程组都能确定这样的隐函数组,所以明确隐函数组存在的条件至关重要.

定义 9.3.1 设函数 $F(x,y,u,v)$ 和 $G(x,y,u,v)$ 偏导数存在,雅克比行列式 $J = \dfrac{\partial(F,G)}{\partial(u,v)}$ 定义为

$$\frac{\partial(F,G)}{\partial(u,v)} = \begin{vmatrix} F_u & F_v \\ G_u & G_v \end{vmatrix}.$$

定理 9.3.2 设函数 $F(x,y,u,v)$ 和 $G(x,y,u,v)$ 在点 $P(x_0,y_0,u_0,v_0)$ 的某一邻域 Ω 内满足条件:

(1) $F(x,y,u,v)$ 和 $G(x,y,u,v)$ 的所有偏导数在 Ω 内连续;

(2) $F(x_0,y_0,u_0,v_0) = 0, G(x_0,y_0,u_0,v_0) = 0$;

(3) 雅克比行列式 $J = \dfrac{\partial(F,G)}{\partial(u,v)}$ 在点 P 不等于 0,

则在点 $P(x_0,y_0,u_0,v_0)$ 的某一邻域内此方程组确定唯一一组定义在点 (x_0,y_0) 的某邻域内具有连续偏导数的隐函数组

$$u = u(x,y), v = v(x,y)$$

使

$$F(x,y,u(x,y),v(x,y)) \equiv 0, G(x,y,u(x,y),v(x,y)) \equiv 0$$

且满足

$$u_0 = u(x_0,y_0), v = v(x_0,y_0)$$

同时有

$$\frac{\partial u}{\partial x} = -\frac{1}{J}\frac{\partial(F,G)}{\partial(x,v)}, \frac{\partial v}{\partial x} = -\frac{1}{J}\frac{\partial(F,G)}{\partial(u,x)},$$

$$\frac{\partial u}{\partial y} = -\frac{1}{J}\frac{\partial(F,G)}{\partial(y,v)}, \frac{\partial v}{\partial y} = -\frac{1}{J}\frac{\partial(F,G)}{\partial(u,y)}.$$

在此仅推导求导公式.

设 $u = u(x,y), v = v(x,y)$ 由方程组 $F(x,y,u,v) = 0, G(x,y,u,v) = 0$ 确定,则

$$\begin{cases} F(x,y,u(x,y),v(x,y)) \equiv 0 \\ G(x,y,u(x,y),v(x,y)) \equiv 0 \end{cases},$$

在方程组的每个方程两边分别对 x 求偏导可得

$$\begin{cases} F_x + F_u \dfrac{\partial u}{\partial x} + F_v \dfrac{\partial v}{\partial x} = 0 \\ G_x + G_u \dfrac{\partial u}{\partial x} + G_v \dfrac{\partial v}{\partial x} = 0 \end{cases},$$

因为

$$J = \frac{\partial(F,G)}{\partial(u,v)} = \begin{vmatrix} F_u & F_v \\ G_u & G_v \end{vmatrix}_P \neq 0,$$

所以

$$\frac{\partial u}{\partial x} = -\frac{1}{J}\frac{\partial(F,G)}{\partial(x,v)}, \frac{\partial v}{\partial x} = -\frac{1}{J}\frac{\partial(F,G)}{\partial(u,x)},$$

同理,在方程组的每个方程两边分别对 y 求偏导,建立偏导方程组可得

$$\frac{\partial u}{\partial y} = -\frac{1}{J}\frac{\partial(F,G)}{\partial(y,v)}, \frac{\partial v}{\partial y} = -\frac{1}{J}\frac{\partial(F,G)}{\partial(u,y)}.$$

例 9.3.4　设 $x = r\cos\theta, y = r\sin\theta$,求 $r_x, r_y, \theta_x, \theta_y$.

解　因为

$$r = \sqrt{x^2 + y^2},$$

所以

$$r_x = \frac{x}{r}, r_y = \frac{y}{r},$$

又

$$\theta = \arctan\frac{y}{x},$$

所以

$$\theta_x = \frac{1}{1 + \left(\frac{y}{x}\right)^2}\left(-\frac{y}{x^2}\right) = -\frac{y}{r^2}, \theta_y = \frac{x}{r^2}.$$

例 9.3.5　设 $x = x(u,v), y = y(u,v), z = z(u,v)$,$x,y,z$ 都可微,求 z_x, z_y.

解　可以把 z 看作是 x,y 的函数,x,y 是独立的自变量,则

$$\begin{cases} z_u = z_x x_u + z_y y_u, \\ z_v = z_x x_v + z_y y_v, \end{cases}$$

其中,$x_u, x_v, y_u, y_v, z_u, z_v$ 都可以从已知的方程中求得,这样便可解得

$$z_x = -\frac{\dfrac{\partial(y,z)}{\partial(u,v)}}{\dfrac{\partial(x,y)}{\partial(u,v)}}, z_y = -\frac{\dfrac{\partial(z,x)}{\partial(u,v)}}{\dfrac{\partial(x,y)}{\partial(u,v)}},$$

其中假设 $\dfrac{\partial(x,y)}{\partial(u,v)} \neq 0$.

例 9.3.6　设 $\begin{cases} x + y + z + u + v = 1 \\ x^2 + y^2 + z^2 + u^2 + v^2 = 2 \end{cases}$,求 x_u, y_u, x_{uu}, y_{uu}.

解　可以把 x,y 看作是 z,u,v 的函数,z,u,v 是独立的自变量,将方程组关于 u 求导可得

$$\begin{cases} x_u + y_u + 1 = 0 \\ xx_u + yy_u + u = 0 \end{cases}, \tag{9.3.1}$$

把第一个方程乘以 y 再减去第二个方程可得

$$(y - x)x_u + y - u = 0,$$

当 $x \neq y$ 时,解得

$$x_u = \frac{u - y}{y - x}, y_u = 1 - x_u - \frac{x - u}{y - x}.$$

再将方程组关于 u 求导,仍旧要注意将 x,y 以及 x_u, y_u 看作是 z,u,v 的函数,z,u,v 是独立

的自变量,可得

$$\begin{cases} x_{uu} + y_{uu} = 0 \\ (x_u)^2 + xx_{uu} + (y_u)^2 + yy_{uu} + 1 = 0 \end{cases}, \qquad (9.3.2)$$

其中,x_{uu},y_{uu}是未知的,x_u,y_u已知,把方程组(9.3.2)的第一式代入第二式可得

$$(x - y)x_{uu} + (x_u)^2 + (y_u)^2 + 1 = 0,$$

当 $y - x \neq 0$ 时,解得

$$x_{uu} = \frac{1}{y - x}[(x_u)^2 + (y_u)^2 + 1] = \frac{(u-y)^2 + (u-x)^2 + (x-y)^2}{(y-x)^3},$$

$$y_{uu} = -x_{uu} = \frac{(u-y)^2 + (u-x)^2 + (x-y)^2}{(x-y)^3}.$$

9.4 偏导数的几何应用

9.4.1 空间曲线的切线与法平面

为将平面曲线的切线概念推广到空间曲线,首先给出空间曲线的法平面概念.

定义 9.4.1 设 M_0 是空间曲线 Γ 上的一定点,在 Γ 上 M_0 的附近任取一点 M,过 M_0、M 两点的直线称为 Γ 的割线,如图 9-4-1 所示.当点 M 沿曲线 Γ 趋于 M_0 时,割线 $M_0 M$ 存在极限位置 $M_0 T$,则称直线 $M_0 T$ 为曲线 Γ 在点 M_0 的切线.过点 M_0 且与切线 $M_0 T$ 垂直的平面称为曲线 Γ 在点 M_0 的法平面,图 9-4-1 中的 Π 即为法平面.

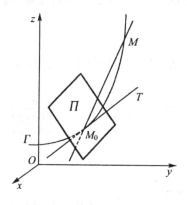

图 9-4-1

下面给出空间曲线 Γ 在点 M_0 的切线与法平面方程.

1. 参数方程表示的空间曲线

设空间曲线 Γ 的参数方程为

$$\begin{cases} x = \varphi(t) \\ y = \psi(t), t \in [\alpha, \beta], \\ z = \omega(t) \end{cases}$$

其中,$\varphi(t)$,$\psi(t)$,$\omega(t)$ 可导,$\varphi'(t)$,$\psi'(t)$,$\omega'(t)$ 不全为 0.

在曲线 Γ 上取对应于 $t = t_0$ 的一点 $M_0(x_0, y_0, z_0)$ 及对应于 $t = t_0 + \Delta t$ 的邻近一点 $M(x_0 + \Delta x, y_0 + \Delta y, z_0 + \Delta z)$，则曲线 Γ 的割线 $M_0 M$ 的方向向量为 $(\Delta x, \Delta y, \Delta z)$ 或 $\left(\dfrac{\Delta x}{\Delta t}, \dfrac{\Delta y}{\Delta t}, \dfrac{\Delta z}{\Delta t} \right)$，则割线 $M_0 M$ 的方程为

$$\frac{x - x_0}{\dfrac{\Delta x}{\Delta t}} = \frac{y - y_0}{\dfrac{\Delta y}{\Delta t}} = \frac{z - z_0}{\dfrac{\Delta z}{\Delta t}}.$$

令 $M \to M_0$（此时 $\Delta t \to 0$），则曲线 Γ 在点 M_0 处的切线方程为

$$\frac{x - x_0}{\varphi'(t_0)} = \frac{y - y_0}{\psi'(t_0)} = \frac{z - z_0}{\omega'(t_0)},$$

切线的方向向量称为曲线的切向量，记作 s，则

$$s = (\varphi'(t_0), \psi'(t_0), \omega'(t_0)).$$

s 是曲线 Γ 在点 M_0 处的切线的一个方向向量，根据定义可知，曲线 Γ 在点 M_0 处的法平面方程为

$$\varphi'(t_0)(x - x_0) + \psi'(t_0)(y - y_0) + \omega'(t_0)(z - z_0) = 0.$$

例 9.4.1　求曲线 $x = t, y = t^2, z = t^3$ 在点 $(1,1,1)$ 处的切线和法平面方程.

解　由于 $x'(t) = 1, y'(t) = 2t, z'(t) = 3t^2$，因此曲线在点 $(1,1,1)$ 处的切向量为 $(1,2,3)$，于是切线方程为

$$\frac{x - 1}{1} = \frac{y - 1}{2} = \frac{z - 1}{3}.$$

法平面方程为

$$(x - 1) + 2(y - 1) + 3(z - 1) = 0,$$

整理得

$$x + 2y + 3z - 6 = 0.$$

2. 两个曲面交线表示的空间曲线

设空间曲线 Γ 的方程是

$$\begin{cases} F(x, y, z) = 0 \\ G(x, y, z) = 0 \end{cases}, \tag{9.4.1}$$

并假设

$$J = \frac{\partial(F, G)}{\partial(y, z)} \bigg|_{(x_0, y_0, z_0)} \neq 0,$$

则 (9.4.1) 方程组在点 $M_0(x_0, y_0, z_0)$ 某一邻域确定的隐函数组为

$$\begin{cases} y = y(x) \\ z = z(x) \end{cases}$$

且

$$\begin{cases} F[x, y(x), z(x)] \equiv 0 \\ G[x, y(x), z(x)] \equiv 0 \end{cases}, \tag{9.4.2}$$

很明显隐函数组 $\begin{cases} y = y(x) \\ z = z(x) \end{cases}$ 就是曲线的参数方程，所以只需求出 $y'(x), z'(x)$ 就能得到曲线的切向量.

为此我们在恒等式(9.4.2)两边分别对 x 求偏导可得

$$
\begin{cases}
\dfrac{\partial F}{\partial x} + \dfrac{\partial F}{\partial y}\dfrac{\mathrm{d}y}{\mathrm{d}x} + \dfrac{\partial F}{\partial z}\dfrac{\mathrm{d}z}{\mathrm{d}x} = 0 \\[2mm]
\dfrac{\partial G}{\partial x} + \dfrac{\partial G}{\partial y}\dfrac{\mathrm{d}y}{\mathrm{d}x} + \dfrac{\partial G}{\partial z}\dfrac{\mathrm{d}z}{\mathrm{d}x} = 0
\end{cases},
\tag{9.4.3}
$$

根据假设可知,在点 $M_0(x_0,y_0,z_0)$ 的某邻域内

$$
J = \frac{\partial(F,G)}{\partial(y,z)} \neq 0 ,
$$

由(9.4.3)解得

$$
\left.\frac{\mathrm{d}y}{\mathrm{d}x}\right|_{x=x_0} = y'(x_0) = \frac{\begin{vmatrix} F_z' & F_x' \\ G_z' & G_x' \end{vmatrix}}{\begin{vmatrix} F_y' & F_z' \\ G_y' & G_z' \end{vmatrix}} ,\quad
\left.\frac{\mathrm{d}z}{\mathrm{d}x}\right|_{x=x_0} = z'(x_0) = \frac{\begin{vmatrix} F_x' & F_y' \\ G_x' & G_y' \end{vmatrix}}{\begin{vmatrix} F_y' & F_z' \\ G_y' & G_z' \end{vmatrix}} ,
$$

所以曲线 Γ 在点 $M_0(x_0,y_0,z_0)$ 处的切向量是 $\boldsymbol{s} = (1, y'(x_0), z'(x_0))$,可写为

$$
\boldsymbol{s} = \left(\left.\begin{vmatrix} F_y' & F_z' \\ G_y' & G_z' \end{vmatrix}\right|_{M_0}, \left.\begin{vmatrix} F_z' & F_x' \\ G_z' & G_x' \end{vmatrix}\right|_{M_0}, \left.\begin{vmatrix} F_x' & F_y' \\ G_x' & G_y' \end{vmatrix}\right|_{M_0} \right) = \left.\begin{vmatrix} \boldsymbol{i} & \boldsymbol{j} & \boldsymbol{k} \\ F_x' & F_y' & F_z' \\ G_x' & G_y' & G_z' \end{vmatrix}\right|_{M_0},
$$

则曲线 Γ 在点 $M_0(x_0,y_0,z_0)$ 处的切线方程是

$$
\frac{x-x_0}{\left.\begin{vmatrix} F_y' & F_z' \\ G_y' & G_z' \end{vmatrix}\right|_{M_0}} = \frac{y-y_0}{\left.\begin{vmatrix} F_z' & F_x' \\ G_z' & G_x' \end{vmatrix}\right|_{M_0}} = \frac{z-z_0}{\left.\begin{vmatrix} F_x' & F_y' \\ G_x' & G_y' \end{vmatrix}\right|_{M_0}},
$$

曲线 Γ 在点 $M_0(x_0,y_0,z_0)$ 处的法平面方程是

$$
\left.\begin{vmatrix} F_y' & F_z' \\ G_y' & G_z' \end{vmatrix}\right|_{M_0}(x-x_0) + \left.\begin{vmatrix} F_z' & F_x' \\ G_z' & G_x' \end{vmatrix}\right|_{M_0}(y-y_0) + \left.\begin{vmatrix} F_x' & F_y' \\ G_x' & G_y' \end{vmatrix}\right|_{M_0}(z-z_0) = 0 .
$$

例 9.4.2 求曲线

$$
\begin{cases}
x^2 + y^2 + z^2 = 4a^2 \\
x^2 + y^2 = 2ax
\end{cases}
$$

在 $M_0(a,a,\sqrt{2}\,a)$ 处的切线和法平面方程.

解 易知方程组表示的曲线是球面与柱面的交线. 令

$$
F(x,y,z) = x^2 + y^2 + z^2 - 4a^2 ,
$$
$$
G(x,y,z) = x^2 + y^2 - 2ax ,
$$

那么

$$
(F_x', F_y', F_z')\,|_{M_0} = (2a, 2a, 2\sqrt{2}\,a) ,
$$
$$
(G_x', G_y', G_z')\,|_{M_0} = (0, 2a, 0) ,
$$

从而可知曲线在 M_0 处的一个切向量为

$$
(F_x', F_y', F_z')\,|_{M_0} \times (G_x', G_y', G_z')\,|_{M_0} = (-4\sqrt{2}\,a^2, 0, 4a^2) ,
$$

所求的切线方程为

$$
\frac{x-a}{-\sqrt{2}} = \frac{y-a}{0} = \frac{z-\sqrt{2}\,a}{1}
$$

或

$$\begin{cases} x+\sqrt{2}\,z=3a, \\ y=a \end{cases}$$

那么法平面方程为

$$-\sqrt{2}\,(x-a)+0(y-a)+(z-\sqrt{2}\,a)=0,$$

化简得

$$\sqrt{2}\,x-z=0.$$

9.4.2　曲面的切平面与法线

1. 隐函数表示的曲面

设曲面 S 的方程为 $(x,y,z)=0$，点 $M_0(x_0,y_0,z_0)$ 是曲面 S 上的一点，并设函数 $F(x,y,z)$ 的偏导数在该点连续且不同时为 0. 在曲面 S 上，通过点 M_0 任意引一条曲线 Γ，如图 9-4-2 所示，其参数方程为

$$x=\varphi(t), y=\psi(t), z=\omega(t)\ (\alpha\leqslant t\leqslant\beta).$$

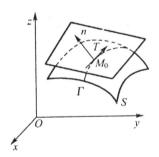

图 9-4-2

假设 $t=t_0$ 对应于点 $M_0(x_0,y_0,z_0)$，且 $\varphi'(t_0),\psi'(t_0),\omega'(t_0)$ 不同时为 0，则曲线 Γ 在点 M_0 处的切向量为 $\boldsymbol{s}=(\varphi'(t_0),\psi'(t_0),\omega'(t_0))$. 由于曲线 Γ 完全在曲面 S 上，因此存在恒等式

$$F[\varphi(t),\psi(t),\omega(t)]\equiv 0,$$

上式两边对 t 求导，并令 $t=t_0$，可得

$$\frac{\mathrm{d}}{\mathrm{d}t}F[\varphi(t),\psi(t),\omega(t)]\,|_{t=t_0}=0,$$

即

$$F_x(x_0,y_0,z_0)\varphi'(t_0)+F_y(x_0,y_0,z_0)\psi'(t_0)+F_z(x_0,y_0,z_0)\omega'(t_0)=0.$$

记向量 $\boldsymbol{n}=(F_x(x_0,y_0,z_0),F_y(x_0,y_0,z_0),F_z(x_0,y_0,z_0))$，则上式又可表示为

$$\boldsymbol{n}\cdot\boldsymbol{s}=0,$$

这表明曲面 S 上过点 M_0 处的一切曲线在点 M_0 处的切线都在同一个平面上，如图 9-4-2 所示，则称此平面为曲面 S 在点 M_0 处的切平面，$\boldsymbol{n}$ 为切平面的法向量，且切平面方程为

$$F_x(x_0,y_0,z_0)(x-x_0)+F_y(x_0,y_0,z_0)(y-y_0)+F_z(x_0,y_0,z_0)(z-z_0)=0.$$

过点 M_0 且垂直于切平面的直线称为曲面在该点的法线，显然，它的方向向量为法向量 $\boldsymbol{n}$，

因此其方程为

$$\frac{x-x_0}{F_x(x_0,y_0,z_0)}=\frac{y-y_0}{F_y(x_0,y_0,z_0)}=\frac{z-z_0}{F_z(x_0,y_0,z_0)}.$$

例 9.4.3　以原点为中心、a 为半径的球面 S 的参数方程为

$$x=a\sin\varphi\cos\theta,y=a\sin\varphi\sin\theta,z=a\cos\varphi\ (0\leqslant\varphi\leqslant\pi,0\leqslant\theta<2\pi),$$

当 $\varphi=\dfrac{\pi}{6},\theta=\dfrac{\pi}{3}$ 时,求 S 的切平面和法向量.

解　因为

$$\frac{\partial x}{\partial\varphi}=a\cos\varphi\cos\theta,\frac{\partial y}{\partial\varphi}=a\cos\varphi\sin\theta,\frac{\partial z}{\partial\varphi}=-a\sin\varphi,$$

$$\frac{\partial x}{\partial\theta}=-a\sin\varphi\sin\theta,\frac{\partial y}{\partial\theta}=a\sin\varphi\cos\theta,\frac{\partial z}{\partial\theta}=0,$$

则当 $\varphi=\dfrac{\pi}{6},\theta=\dfrac{\pi}{3}$ 时,有

$$x=\frac{1}{4}a,y=\frac{\sqrt{3}}{4}a,z=\frac{\sqrt{3}}{2}a,$$

所以

$$\frac{\partial x}{\partial\varphi}=\frac{\sqrt{3}}{4}a,\frac{\partial y}{\partial\varphi}=\frac{3}{4}a,\frac{\partial z}{\partial\varphi}=-\frac{1}{2}a,$$

$$\frac{\partial x}{\partial\theta}=-\frac{\sqrt{3}}{4}a,\frac{\partial y}{\partial\theta}=\frac{1}{4}a,\frac{\partial z}{\partial\theta}=0,$$

从而可知切平面方程为

$$\begin{cases}x=\dfrac{1}{4}a+\dfrac{\sqrt{3}}{4}a\left(\varphi-\dfrac{\pi}{6}\right)-\dfrac{\sqrt{3}}{4}a\left(\theta-\dfrac{\pi}{3}\right)\\[2mm]y=\dfrac{\sqrt{3}}{4}a+\dfrac{3}{4}a\left(\varphi-\dfrac{\pi}{6}\right)+\dfrac{1}{4}a\left(\theta-\dfrac{\pi}{3}\right)\\[2mm]z=\dfrac{\sqrt{3}}{2}a-\dfrac{1}{2}a\left(\varphi-\dfrac{\pi}{6}\right)\end{cases},$$

法向量为

$$\boldsymbol{n}=\left(\frac{\sqrt{3}}{4},\frac{3}{4},-\frac{1}{2}\right)\times\left(-\frac{\sqrt{3}}{4},\frac{1}{4},0\right)=\frac{1}{16}(2,2\sqrt{3},4\sqrt{3}).$$

2.显函数表示的曲面

设曲面 S 的方程为

$$z=f(x,y),$$

若令

$$F(x,y,z)=f(x,y)-z,$$

于是

$$F_x(x,y,z)=f_x(x,y),F_y(x,y,z)=f_y(x,y),F_z(x,y,z)=-1,$$

从而,当 $f_x(x,y)$、$f_y(x,y)$ 在点 (x_0,y_0) 处连续时,曲面 $z=f(x,y)$ 在点 $M_0(x_0,y_0,z_0)$ 处的法向量为

$$n = (f_x(x_0, y_0), f_y(x_0, y_0), -1),$$

从而求得其切平面方程为

$$f_x(x_0, y_0)(x - x_0) + f_y(x_0, y_0)(y - y_0) - (z - z_0) = 0,$$

上式又可写为

$$(z - z_0) = f_x(x_0, y_0)(x - x_0) + f_y(x_0, y_0)(y - y_0),$$

其法线方程为

$$\frac{x - x_0}{f_x(x_0, y_0)} = \frac{y - y_0}{f_y(x_0, y_0)} = \frac{z - z_0}{-1}.$$

例 9.4.4　求椭球面 $x^2 + 2y^2 + 3z^2 = 6$ 在点 $(1,1,1)$ 处的切平面方程及法线方程.

解　设 $F(x, y, z) = x^2 + 2y^2 + 3z^2 - 6$,则

$$n = (F_x, F_y, F_z) = (2x, 4y, 6z), \ n\big|_{(1,1,1)} = (2, 4, 6),$$

从而此曲面在点 $(1,1,1)$ 处的切平面方程为

$$2(x - 1) + 4(y - 1) + 6(z - 1) = 0,$$

整理得

$$x + 2y + 3z - 6 = 0.$$

法线方程为

$$\frac{x - 1}{1} = \frac{y - 1}{2} = \frac{z - 1}{3}.$$

9.5　多元函数微分学的应用

在实际问题中,我们会遇到大量求多元函数的最大值、最小值的问题.与一元函数的情形类似,多元函数的最大值、最小值与极大值、极小值有着密切的联系.

9.5.1　二元函数的极值

定义 9.5.1　设函数 $z = f(x, y)$ 在点 (x_0, y_0) 的某邻域内有定义,对于该邻域内任何异于 (x_0, y_0) 的点 (x, y) 恒有不等式,如果

$$f(x, y) < f(x_0, y_0)$$

则称函数 $f(x, y)$ 在点 (x_0, y_0) 取得极大值;如果

$$f(x, y) > f(x_0, y_0)$$

则称函数 $f(x, y)$ 在点 (x_0, y_0) 取得极小值.极大值和极小值统称为极值.函数取得极值的点 (x_0, y_0) 称为极值点,如图 9-5-1 所示.

定理 9.5.1(极值存在的必要条件)　设函数 $z = f(x, y)$ 在点 (x_0, y_0) 的两个偏导数存在,若 (x_0, y_0) 是 $f(x, y)$ 的极值点,则

$$f_x(x_0, y_0) = 0, f_y(x_0, y_0) = 0.$$

证明　因为 (x_0, y_0) 是 $f(x, y)$ 的极值点,所以如果固定 $y = y_0$,则一元函数 $f(x, y_0)$ 以 $x = x_0$ 为极值点.再由一元函数极值存在的必要条件可知

$$f_x(x_0, y_0) = 0,$$

同理可证 $f_y(x_0, y_0) = 0$.

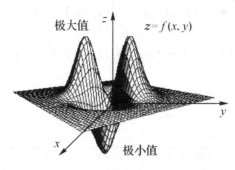

图 9-5-1

这里需要注意的是定理 9.5.1 可推广,如果三元函数 $u = f(x, y, z)$ 在 (x_0, y_0, z_0) 具有偏导数,则它在点 (x_0, y_0, z_0) 取得极值的必要条件是

$$f_x(x_0, y_0, z_0) = 0, f_y(x_0, y_0, z_0) = 0, f_z(x_0, y_0, z_0) = 0.$$

与一元函数类似,把使 $f_x(x_0, y_0) = 0, f_y(x_0, y_0) = 0$ 同时成立的点 (x, y) 为函数 $f(x, y)$ 的驻点. 这里需要注意以下两点:

(1)可导函数的极值必为驻点,但驻点却不一定是函数的极值点.

例如,函数 $f(x, y) = x^2 + y^2$ 在 $(0, 0)$ 处有

$$f_x(0, 0) = 2x \mid_{(0,0)} = 0, f_y(0, 0) = -2y \mid_{(0,0)} = 0,$$

$(0, 0)$ 为驻点,但在 $(0, 0)$ 的任何一个去心邻域内位于 x 轴上的点 $(x, 0)(x \neq 0)$ 有 $f(x, 0) = x^2 > 0$,位于 y 轴上的点 $(0, y)(y \neq 0)$ 有 $f(0, y) = -y^2 < 0$,又因为 $f(0, 0) = 0$,所以 $f(0, 0)$ 不为极值,即 $(0, 0)$ 不是此函数极值点.

(2)极值点也可能是函数偏导数不存在的点.

例如,函数 $f(x, y) = \sqrt{x^2 + y^2}$,已知 $f(0, 0) = 0$ 为此函数的极小值,即 $(0, 0)$ 为此函数极小值点,但易证 $f_x(0, 0), f_y(0, 0)$ 均不存在.

由上可知驻点可能是极值点,也可能不是极值点,我们给出下面的定理来判定函数的极值点.

定理 9.5.2(极值存在的充分条件) 设函数 $z = f(x, y)$ 在点 (x_0, y_0) 的某邻域内有一阶到二阶的连续偏导数,且 $f_x(x_0, y_0) = 0, f_y(x_0, y_0) = 0$. 令

$$f_{xx}(x_0, y_0) = A, f_{xy}(x_0, y_0) = B, f_{yy}(x_0, y_0) = C,$$

(1)当 $AC - B^2 > 0$ 时,函数 $f(x, y)$ 在 (x_0, y_0) 处有极值,且当 $A > 0$ 时有极小值 $f(x_0, y_0)$;当 $A < 0$ 时有极大值 $f(x_0, y_0)$;

(2)当 $AC - B^2 < 0$ 时,函数 $f(x, y)$ 在 (x_0, y_0) 处没有极值;

(3)当 $AC - B^2 = 0$ 时,无法判定.

证略.

例如,$z = xy^2$ 在点 $(0, 0)$ 处取得极值,$z = (x^2 + y^2)^2$ 在点 $(0, 0)$ 处取得极小值,$z = -(x^2 + y^2)^2$ 在点 $(0, 0)$ 处取得极大值,而这三个函数在点 $(0, 0)$ 处都满足 $AC - B^2 = 0$.

根据上面两个定理,如果函数 $f(x, y)$ 具有二阶连续偏导数,则求 $z = f(x, y)$ 的极值的步骤如下:

(1)求驻点,即解方程组

$$\begin{cases} f_x(x,y) = 0 \\ f_y(x,y) = 0 \end{cases},$$

求出 $f(x,y)$ 的所有驻点 $(x_i, y_j)(i = 1, 2, \cdots, n; j = 1, 2, \cdots, n)$；

（2）求出每个驻点的二阶偏导数的值.

$$A = f_{xx}(x_i, y_j), B = f_{xy}(x_i, y_j), C = f_{yy}(x_i, y_j)$$

（3）根据 $AC - B^2$ 的正负号判定驻点是否为极值点；

（4）求出函数 $f(x,y)$ 在极值点处的极值.

例 9.5.1　讨论函数 $z = f(x,y) = x^2 + y^2 - 1$ 的极值，如图 9-5-2.

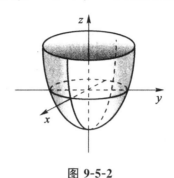

图 9-5-2

解　因为当 $(x,y) \neq (0,0)$ 时，

$$f(x,y) = x^2 + y^2 - 1 > -1 = f(0,0),$$

所以函数 $z = f(x,y) = x^2 + y^2 - 1$ 在点 $(0,0)$ 处取得极小值 $f(0,0) = -1$.

9.5.2　二元函数的最值

与一元函数类似，我们可以利用函数的极值来求函数的最大值和最小值. 如果函数 $f(x,y)$ 在有界闭区域 D 上连续，则 $f(x,y)$ 在 D 上必定取得最大值和最小值，且函数的最大值点和最小值点必在函数的极值点或边界点上，因此只需求出 $f(x,y)$ 在各驻点和不可导点的函数值以及在边界上的最大值和最小值，然后进行比较即可，可见二元函数的最值问题要比一元函数的要复杂的多.

假设函数 $f(x,y)$ 在有界闭区域 D 上连续，偏导数存在且驻点只有有限个，则求二元函数的最值有以下步骤：

（1）求出 $f(x,y)$ 在 D 内的所有驻点处的函数值；

（2）求出 $f(x,y)$ 在 D 边界上的最值；

（3）将以上求得的函数值进行比较，最大的为最大值，最小的为最小值.

在实际问题中，如果根据问题的性质可以判断出函数 $f(x,y)$ 的最值一定在 D 的内部取得，而函数 $f(x,y)$ 在 D 内只有一个驻点，则可以肯定该驻点处的函数值就是函数 $f(x,y)$ 在 D 上的最值.

例 9.5.2　求函数 $f(x,y) = x^2 y(5 - x - y)$ 在闭区域 $D: x \geqslant 0, y \geqslant 0, x + y \leqslant 4$ 上的最大值与最小值.

解　显然函数 $f(x,y)$ 在 D 内处处可导，如图 9-5-3 所示，且

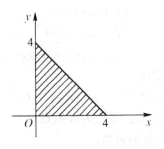

图 9-5-3

$$\begin{cases} \dfrac{\partial z}{\partial x} = xy(10 - 3x2 - y) = 0 \\ \dfrac{\partial z}{\partial y} = x^2(5 - x - 2y) = 0 \end{cases},$$

解得驻点为 $\left(\dfrac{5}{2}, \dfrac{5}{4}\right)$，对应的函数值为 $z = \dfrac{625}{64}$.

下面求函数在 D 的边界上的最值：

在边界 $x = 0$ 及 $y = 0$ 上，$f(x, y) = 0$；

在边界 $x + y = 4$ 上，函数 z 称为关于 x 的一元函数 $z = x^2(4 - x), 0 \leqslant x \leqslant 4$，此函数求导有 $\dfrac{\mathrm{d}z}{\mathrm{d}x} = x(8 - 3x)$. 所以 $z = x^2(4 - x)$ 在 $[0, 4]$ 上的驻点为 $x = \dfrac{8}{3}$，相应的函数值为 $z = \dfrac{256}{27}$.

比较可知，函数在闭区域 D 上得最大值为 $z = \dfrac{256}{27}$，它在点 $\left(\dfrac{5}{2}, \dfrac{5}{4}\right)$ 处取得；最小值为 $z = 0$，它在 D 的边界 $x = 0$ 及 $y = 0$ 上取得.

例 9.5.3 设 q_1 为商品 A 的需求量，q_2 为商品 B 的需求量，其需求函数分别是
$$q_1 = 16 - 2q_1 + 4p_2, \quad q_2 = 20 + 4p_1 - 10p_2,$$
总成本函数为
$$C = 3q_1 + 2q_2,$$
p_1, p_2 为商品 A 和 B 的价格，试问价格 p_1, p_2 取何值时可使利润最大.

解 根据题意可知总收益函数为
$$R = p_1q_1 + p_2q_2 = p_1(16 - 2q_1 + 4p_2) + p_2(20 + 4p_1 - 10p_2),$$
所以总利润函数为
$$\begin{aligned} L &= R - C \\ &= (p_1 - 3)q_1 + (p_2 - 2)q_2 \\ &= (p_1 - 3)(16 - 2q_1 + 4p_2) + (p_2 - 2)(20 + 4p_1 - 10p_2), \end{aligned}$$
所以问题变为求总利润函数的最大值点. 解方程组
$$\begin{cases} \dfrac{\partial L}{\partial p_1} = 14 - 4p_1 + 8p_2 = 0 \\ \dfrac{\partial L}{\partial p_2} = 28 + 8p_1 - 20p_2 = 0 \end{cases}$$
可得唯一的驻点 $p_1 = \dfrac{63}{2}, p_2 = 14$.

根据题意可知所求利润的最大值一定在区域 $D = \{(p_1, p_2) \mid p_1 > 0, p_2 > 0\}$ 内取得,又函数在 D 内只有唯一的驻点,所以该驻点即为所求的最大值点. 所以当价格为 $p_1 = \dfrac{63}{2}, p_2 = 14$ 时,利润可达最大值,此时的产量为 $q_1 = 9, q_2 = 6$.

9.5.3　条件极值及其应用

极值问题有两类,一类是在给定的区域上求函数的极值,对于函数的自变量并无其他限制条件,这类极值被我们称为无条件极值;另一类是对函数的自变量还有附加条件的极值问题.

例如,求表面积为 a^2 而体积最大的长方体的体积问题. 设长方体的长、宽、高分别为 x, y, z ,则体积 $V = xyz$. 因为长方体的表面积为定值,所以自变量 x, y, z 还需满足附加条件 $2(xy + yz + xz) = a^2$. 类似于这样对自变量有附加条件的极值称为条件极值. 有些情况下,可将条件极值问题转化为无条件极值问题,如在上述问题中,可以从 $2(xy + yz + xz) = a^2$ 接触变量 z 关于变量 x, y 的表达式,并代入体积 $V = xyz$ 的表达式中,即可将上述条件极值问题化为无条件极值问题;但并不是所有条件极值都可以转化为无条件极值,因为有时很难在约束条件中解出某一个变量. 为此,下面介绍一种求解条件极值的方法——拉格朗日乘数法.

假设三元函数 $G(x, y, z)$ 和 $f(x, y, z)$ 在所考察的区域内有一阶连续偏导数,则求函数 $u = f(x, y, z)$ 在条件 $G(x, y, z) = 0$ 下的极值问题,可以转化为求拉格朗日函数

$$L(x, y, z, \lambda) = f(x, y, z) + \lambda G(x, y, z) \quad (\lambda \text{ 为某一常数})$$

的无条件极值问题. 利用拉格朗日乘数法求函数 $u = f(x, y, z)$ 在条件 $G(x, y, z) = 0$ 下的极值有如下步骤:

(1)构造拉格朗日函数

$$L(x, y, z, \lambda) = f(x, y, z) + \lambda G(x, y, z) \quad (\lambda \text{ 为某一常数});$$

(2)由方程组

$$\begin{cases} L_x = f_x(x, y, z) + \lambda G_x(x, y, z) = 0 \\ L_y = f_y(x, y, z) + \lambda G_y(x, y, z) = 0 \\ L_z = f_z(x, y, z) + \lambda G_z(x, y, z) = 0 \\ L_\lambda = G(x, y, z) = 0 \end{cases}$$

解出 x, y, z, λ ,其中,x, y, z 就是所求条件极值的可能极值点.

例 9.5.4　设某工厂某产品的数量 S 与所用的两种原料 A, B 的数量 x, y 间有关系式

$$S(x, y) = 0.005x^2 y.$$

现用 150 万元购置原料,已知 A, B 原料每吨单价分别为 1 万元和 2 万元,问怎样购进两种原料,才能使生产的数量最多?

解　根据题意可知,该问题可归结为求函数

$$S(x, y) = 0.005x^2 y$$

在约束条件

$$x + 2y = 150$$

下的最大值. 构造拉格朗日函数

$$L(x, y, \lambda) = 0.005x^2 y + \lambda(x + 2y - 150),$$

解得 $\lambda = -25, x = 100, y = 25$.

因为只有唯一的一个驻点,且实际问题的最大值是存在的,所以驻点 $(100,25)$ 也是函数 $S(x,y)$ 的最大值点,最大值为

$$S(100,25) = 0.005 \times 100^2 \times 25 = 1250 \text{ 吨},$$

即购进 A 原料 100 吨、B 原料 25 吨,可使生产量达到最大值 1250 吨.

例 9.5.5 设生产某种产品必须投入两种要素,x_1 和 x_2 分别为两要素的投入量,Q 为产出量.若生产函数为 $Q = 2x_1^\alpha x_2^\beta$,其中 α,β 为正常数,且 $\alpha + \beta = 1$,假设两种要素的价格分别为 p_1,p_2,试问:当产出量为 12 时,两要素个投入多少可以使得投入总费用最小?

解 根据题意可知,$2x_1^\alpha x_2^\beta = 12$,问题是求总费用 $p_1 x_1 + p_2 x_2$ 的最小值,作拉格朗日函数

$$L(x_1, x_2, \lambda) = p_1 x_1 + p_2 x_2 + \lambda(12 - 2x_1^\alpha x_2^\beta),$$

从而

$$L_{x_1}(x_1, x_2, \lambda) = p_1 - 2\lambda\alpha x_1^{\alpha-1} x_2^\beta = 0, \tag{9.5.1}$$

$$L_{x_2}(x_1, x_2, \lambda) = p_2 - 2\lambda\beta x_1^\alpha x_2^{\beta-1} = 0, \tag{9.5.2}$$

$$L_\lambda(x_1, x_2, \lambda) = 12 - 2x_1^\alpha x_2^\beta = 0, \tag{9.5.3}$$

由(9.5.1)式和(9.5.2)式可得

$$\frac{p_2}{p_1} = \frac{\beta x_1}{\alpha x_2},$$

所以

$$x_1 = \frac{p_2 \alpha}{p_1 \beta} x_2,$$

把 x_1 代入(9.5.3)式可得

$$x_2 = 6\left(\frac{p_1 \beta}{p_2 \alpha}\right)^\alpha, \quad x_1 = \left(\frac{p_2 \alpha}{p_1 \beta}\right)^\beta,$$

显然,驻点唯一,且实际问题存在最小值,所以当 $x_1 = \left(\dfrac{p_2 \alpha}{p_1 \beta}\right)^\beta$,$x_2 = 6\left(\dfrac{p_1 \beta}{p_2 \alpha}\right)^\alpha$ 时,投入总费用最小.

例 9.5.6 设销售收入 R(万元)与花费在两种广告宣传上的费用 x,y(万元)之间的关系为

$$R = \frac{200x}{x+5} + \frac{100y}{10+y},$$

利润额相当于 $\dfrac{1}{5}$ 的销售收入,并要扣除广告费用.已知广告费用总预算金是 25 万元,试问如何分配两种广告费用可使利润最大.

解 设利润为 L,则

$$L = \frac{1}{5}R - x - y = \frac{40x}{x+5} + \frac{20y}{10+y} - x - y,$$

并且

$$x + y = 25.$$

令

$$L(x,y,\lambda) = \frac{40x}{x+5} + \frac{20y}{10+y} - x - y + \lambda(x+y-25),$$

由方程组

$$\begin{cases} L_x = \dfrac{200}{(5+x)^2} - 1 + \lambda = 0 \\[3mm] L_y = \dfrac{200}{(10+y)^2} - 1 + \lambda = 0 \\[3mm] L_\lambda = x + y - 25 = 0 \end{cases}$$

的前两个方程可得

$$(5+x)^2 = (10+y)^2.$$

又因为

$$y = 25 - x,$$

于是

$$x = 15, y = 10.$$

根据问题本身的意义及驻点的唯一性可知,当投入两种广告的费用分别为 15 万元和 10 万元时,可使利润最大.

9.5.4　其他应用

1.一类具有Ⅲ 型食饵—捕食系统的周期解存在性

具有 Holling Ⅲ型食饵—捕食系统的微分方程组模型[1]

$$\begin{cases} x' = x\left(a - bx - \dfrac{cxy}{m+x^2}\right) - gxy \\[3mm] y' = y\left(-d + \dfrac{fx^2}{m+x^2}\right) \end{cases} \tag{9.5.4}$$

其中 $x(t)$ 表示 t 时刻食饵总数, $y(t)$ 表示 t 时刻捕食者总数, $a,b,c,d,f,g,m > 0$ 恒为常数,都有一定的生态学意义[2].很多文献[3]考虑具有功能反应函数食饵—捕食系统周期解的存在性,然而自然环境,生态系统并非一成不变,经常受到周期性的干扰,为了模拟这种变化,需要研究非自治周期食饵—捕食系统.

考虑非自治周期食饵—捕食系统

$$\begin{cases} x' = x\left(a(t) - b(t)x - \dfrac{c(t)xy}{m(t)+x^2}\right) - g(t)xy \\[3mm] y' = y\left(-d(t) + \dfrac{f(t)x^2}{m(t)+x^2}\right) \end{cases} \tag{9.5.5}$$

在生态学意义下,应有 $x \geqslant 0, y \geqslant 0$, 记,其中 $a(t),b(t),c(t),d(t),f(t),g(t),m(t)$ 为非负连续的 T 周期函数.这种对参数周期性的假定是和环境变化的周期性一致,比如季节气候的变化,生殖习惯,食物供给等. 重合度理论[4]中的延拓定理是解决此类问题的很好工具[5].时滞系统周

①　马知恩 ,种群生态学的数学建模与研究[M],合肥教育出版社 1996:56～73

②　马知恩 ,种群生态学的数学建模与研究[M],合肥教育出版社 1996:56～73

③　李晨松,郝敦元,一类具功能反应食饵—捕食者的定性分析,内蒙古大学学报[J],2008,39(4):366～368

④　*Gaines R. E* , *Mawhin J. L*, Coincidence, Degree and Nonlinear Differential Equations[M] ,Springer ,Berlin ,1977: 00 10.

⑤　Martin Bohner,Meng Fan,Jimin Zhang,Existence of periodic solutions in predator – prey and competition dynamic systems ,Nonlinear Analysis[J]: Real World Applications 7 (2006): 1193 ～1204

期解也可以应用[①].

使用下面记号 $\bar{f} = \dfrac{1}{T}\displaystyle\int_0^T f(t)\mathrm{d}t$, $\tilde{f} = \max_{[0,T]} f(t)$, $\hat{f} = \min_{[0,T]} f(t)$ 其中 f 是连续的 T 周期函数.

（1）所需概念与引理

定义 9.5.1[②] 设 Ω 为 $\mathbb{R}^n$ 中有界开集，$F \in C^2(\bar{\Omega}, \mathbb{R}^n)$ ，$p \in \mathbb{R}^n$ ，$p \notin f(\partial\Omega)$ ，则 F 在 Ω 中关于 p 点的 Brouwer 度为 $\deg(F,\Omega,p) = \displaystyle\sum_{x \in F^{-1}(p)} sign \det DF(x)$.

引理 9.5.1[3]**（延拓定理）** 设 L 是指标为零的 Fredholm 算子，N 在 $\bar{\Omega} \subset G$ 上是 L 紧的，若下面条件满足：

(a) $\forall \lambda \in (0,1)$ ，方程 $Lx = \lambda Nx$ 的解满足 $x \notin \partial\Omega$ ；

(b) $\forall x \in \partial\Omega \bigcap KerL$ ，$QNx \neq 0$ ；

(c) $\deg(JQN, \Omega \bigcap KerL, 0) \neq 0$ ，其中 $JQN : KerL \to KerL$

则方程 $Lx = Nx$ 在 $DomL \bigcap \bar{\Omega}$ 内至少存在一个解.

（2）结果及其证明

命题 9.5.1 在 $\mathbb{R}_+^2 = \{(x,y) \mid x > 0, y > 0\}$ 上，系统（9.5.2）是正向不变的.

证明 $x(t) = x(0)\exp\left\{\left[\displaystyle\int_0^t a(t) - b(t)x - \dfrac{c(t)xy}{m(t)+x^2}\right) - g(t)y\right]\mathrm{d}t\right\}$

$$y(t) = y(0)\exp\left\{\left[\displaystyle\int_0^t \left[-d(t) + \dfrac{f(t)x^2}{m(t)+x^2}\right]\mathrm{d}t\right\} \quad 结论显然，证毕.$$

命题 9.5.2 代数方程组

$$\begin{cases} \bar{a} - \bar{b}\mathrm{e}^u - \dfrac{1}{T}\displaystyle\int_0^T \dfrac{c(t)\mathrm{e}^{v+u}}{m(t)+\mathrm{e}^{2u}}\mathrm{d}t - g(t)\mathrm{e}^v = 0 \\ -\bar{d} + \dfrac{1}{T}\displaystyle\int_0^T \dfrac{f(t)\mathrm{e}^{2u}}{m(t)+\mathrm{e}^{2u}}\mathrm{d}t = 0 \end{cases} \tag{9.5.3}$$

有唯一解，其中 $(u,v)^{\mathrm{T}}$ 为常向量.

证明 设函数 $\varphi(z) = -\bar{d} + \dfrac{1}{T}\displaystyle\int_0^T \dfrac{f(t)z}{m(t)+z}\mathrm{d}t$ ，$z \in [0, +\infty)$ ，$\varphi(z)$ 严格增函数，且 $\varphi(0) = -\bar{d} < 0$ ，$\lim\limits_{z \to +\infty}\varphi(z) = \bar{f} - \bar{d} > 0$ ，所以存在唯一解 $z^* > 0$ ，进而（9.5.3）有唯一解不妨设为 $\vec{u}^* = (u_1, v_1)^{\mathrm{T}}$ ，证毕.

命题 9.5.3 系统（2）等价于系统

$$\begin{cases} u' = a(t) - b(t)\mathrm{e}^{u(t)} - \dfrac{c(t)\mathrm{e}^{v(t)+u(t)}}{m(t)+\mathrm{e}^{2u(t)}} - g(t)\mathrm{e}^{v(t)} \\ v' = -d(t) + \dfrac{f(t)\mathrm{e}^{2u(t)}}{m(t)+\mathrm{e}^{2u(t)}} \end{cases} \tag{9.5.4}$$

证明 令 $x(t) = \exp\{u(t)\}$ ，$y(t) = \exp\{v(t)\}$ 结论显然，证毕.

为了使用引理 9.5.1 取

$$X = Z = \{(u(t),v(t))^{\mathrm{T}} \in C(\mathbb{R}, \mathbb{R}^2) \mid u(t+T) = u(t), v(t+T) = v(t)\}$$

① Qiming Liu，Rui Xu，Periodic solution for a delayed three－species food－chain system with Holling type－II functional response，International Journal of Mathematics and Mathematical Sciences [J] Volume 2003 (2003)，Issue 64：4057～4070

② 马天，汪守宏. 非线性演化方程的稳定性与分歧[M] 科学出版社 2007：48～49.

取范数 $(u,v)^{\mathrm{T}} = \max\limits_{t\in[0,T]}|u(t)| + \max\limits_{t\in[0,T]}|v(t)|$ 则 X,Z 在此范数下均为 Banach 空间.

令 L :

$$DomL \subset X \to X \ , \ L(u,v)^{\mathrm{T}} = (u',v')^{\mathrm{T}} \ ,$$

$$DomL = \{(u(t),v(t))^{\mathrm{T}} \in X \mid (u(t),v(t))^{\mathrm{T}} \in C^1(\mathbb{R},\mathbb{R}^2)\} \ ,$$

$$N(u,v)^{\mathrm{T}} = (a(t)-b(t)\mathrm{e}^{u(t)}-\frac{c(t)\mathrm{e}^{v(t)+u(t)}}{m(t)+\mathrm{e}^{2u(t)}}-g(t)\mathrm{e}^{v(t)} \ , \ -\mathrm{d}(t)+\frac{f(t)\mathrm{e}^{2u(t)}}{m(t)+\mathrm{e}^{2u(t)}})^{\mathrm{T}} \ ,$$

定义投影算子 P 和 Q , $P(u,v)^{\mathrm{T}} = Q(u,v)^{\mathrm{T}} = (\frac{1}{T}\int_0^T u(t)\mathrm{d}t,\frac{1}{T}\int_0^T v(t)\mathrm{d}t)^{\mathrm{T}}$, $(u,v)^{\mathrm{T}}\in X$,于是 $KerL = \mathrm{lm}P = \mathbb{R}^2$, $KerQ = \mathrm{lm}L = \{(u(t),v(t))^{\mathrm{T}}\in X \mid \bar{u}=\bar{v}=0\}$ 是 X 中闭子集,且 $\dim KerL = co\dim\mathrm{lm}L = 2 < +\infty$,所以 L 是指标为零的 Fredholm 算子,定义 L 的广义逆算子 K_P :

$$(z_1,z_2)^{\mathrm{T}} = (\int_0^t z_1(s)\mathrm{d}s - \frac{1}{T}\int_0^T\int_0^t z_1(s)\mathrm{d}s\mathrm{d}t, \int_0^t z_2(s)\mathrm{d}s - \frac{1}{T}\int_0^T\int_0^t z_2(s)\mathrm{d}s\mathrm{d}t)^{\mathrm{T}} \ ,$$

$$QN\vec{u}(s) = \begin{bmatrix} \dfrac{1}{T}\displaystyle\int_0^T (a(s)-b(s)\mathrm{e}^{u(s)}-\dfrac{c(t)\mathrm{e}^{v(s)+u(s)}}{m(s)+\mathrm{e}^{2u(s)}}-g(s)\mathrm{e}^{v(s)})\mathrm{d}s \\[4mm] \dfrac{1}{T}\displaystyle\int_0^T (-\mathrm{d}(s)+\dfrac{f(s)\mathrm{e}^{2u(s)}}{m(s)+\mathrm{e}^{2u(s)}})\mathrm{d}s \end{bmatrix}$$

$$K_p(I-Q)Nu = \begin{bmatrix} \displaystyle\int_0^t (a(s)-b(s)\mathrm{e}^{u(s)}-\dfrac{c(t)\mathrm{e}^{v(s)+u(s)}}{m(s)+\mathrm{e}^{2u(s)}}-g(s)\mathrm{e}^{v(s)})\mathrm{d}s \\[4mm] \displaystyle\int_0^t (-\mathrm{d}(s)+\dfrac{f(s)\mathrm{e}^{2u(s)}}{m(s)+\mathrm{e}^{2u(s)}})\mathrm{d}s \end{bmatrix}$$

$$-\begin{bmatrix} \dfrac{1}{T}\displaystyle\int_0^T\int_0^t (a(s)-b(s)\mathrm{e}^{u(s)}-\dfrac{c(t)\mathrm{e}^{v(s)+u(s)}}{m(s)+\mathrm{e}^{2u(s)}}-g(s)\mathrm{e}^{v(s)})\mathrm{d}s\mathrm{d}t \\[4mm] \dfrac{1}{T}\displaystyle\int_0^T\int_0^t (-\mathrm{d}(s)+\dfrac{f(s)\mathrm{e}^{2u(s)}}{m(s)+\mathrm{e}^{2u(t)}})\mathrm{d}s\mathrm{d}t \end{bmatrix}$$

$$-\begin{bmatrix} (t-\dfrac{T}{2})\displaystyle\int_0^T (a(s)-b(s)\mathrm{e}^{u(s)}-\dfrac{c(t)\mathrm{e}^{v(s)+u(s)}}{m(s)+\mathrm{e}^{2u(s)}}-g(s)\mathrm{e}^{v(s)})\mathrm{d}s \\[4mm] (t-\dfrac{T}{2})\displaystyle\int_0^T (-\mathrm{d}(s)+\dfrac{f(s)\mathrm{e}^{2u(s)}}{m(s)+\mathrm{e}^{2u(s)}})\mathrm{d}s \end{bmatrix}$$

显然 QN 与 $K_p(I-Q)N$ 连续. 设 Ω 是 X 中任意有界开集,显然 $QN(\bar\Omega)$ 有界,利用 Arzela-Ascoli 定理, $K_p(I-Q)N(\bar\Omega)$ 的闭是紧集,从而 N 在 $\bar\Omega$ 上是 L 紧的.

令 $R_1 = (\bar{a}-\bar{b}(\dfrac{\overline{dm}}{\bar{f}-\bar{d}})^{\frac{1}{2}}\mathrm{e}^{-2T\bar{a}})$, $R_2 = (\bar{a}-\bar{b}(\dfrac{\overline{d\widetilde{m}}}{\bar{f}-\bar{d}})^{\frac{1}{2}}\mathrm{e}^{2T\bar{a}})$

定理 9.5.1 当 f 不恒为 1, $\bar{f} > \bar{d}$, $\min(R_1,R_2) > 0$ 时,则系统(2)至少存一个正 T 周期解.

证明 根据命题 9.5.3,如果 $(u(t),v(t))^{\mathrm{T}}$ 是(4)的 T 周期解,则

$$(x(t),y(t)) = (\exp\{u(t)\},\exp\{v(t)\})$$

是(9.5.2)的 T 周期解,所以只需证明(9.5.4)有 T 周期解. 对于 $\lambda\in(0,1)$,构造系统

$$\begin{cases} u' = \lambda(a(t)-b(t)\mathrm{e}^{u(t)}-\dfrac{c(t)\mathrm{e}^{v(t)+u(t)}}{m(t)+\mathrm{e}^{2u(t)}}-g(t)\mathrm{e}^{v(t)}) \\[4mm] v' = \lambda(-\mathrm{d}(t)+\dfrac{f(t)\mathrm{e}^{2u(t)}}{m(t)+\mathrm{e}^{2u(t)}}) \end{cases} \tag{9.5.5}$$

假设对于某个 $\lambda \in (0,1)$，$(u(t),v(t))^T$ 是(9.5.5)的 T 周期解,对上式在 $[0,T]$ 上积分,

$$T\bar{a} = \int_0^T (b(t)e^{u(t)} + \frac{c(t)e^{v(t)+u(t)}}{m(t)+e^{2u(t)}} + g(t)e^{v(t)})dt \, , \, T\bar{d} = \int_0^T \frac{f(t)e^{2u(t)}}{m(t)+e^{2u(t)}}dt \qquad (9.5.6)$$

所以
$$\int_0^T |u'|\,dt \leqslant \lambda \int_0^T (a(t) + b(t)e^{u(t)} + \frac{c(t)e^{v(t)+u(t)}}{m(t)+e^{2u(t)}} + g(t)e^{v(t)})dt$$

$$< T\bar{a} + \int_0^T (b(t)e^{u(t)} + \frac{c(t)e^{v(t)+u(t)}}{m(t)+e^{2u(t)}} + g(t)e^{v(t)})dt = 2T\bar{a} \qquad (9.5.7)$$

与 $\int_0^T |v'|\,dt \leqslant \int_0^T (d(t) + \frac{f(t)e^{2u(t)}}{m(t)+e^{2u(t)}})dt < 2T\bar{d}$,取 $t_1,t_2,\xi_1,\xi_2 \in [0,T]$ 满足

$$u(t_1) = \min_{t\in[0,T]} u(t) \, , \, u(\xi_1) = \max_{t\in[0,T]} u(t) \, , \, v(t_2) = \min_{t\in[0,T]} v(t) \, , \, v(\xi_2) = \max_{t\in[0,T]} v(t)$$
$$(9.5.8)$$

所以 由(9.5.8)得

$$T\bar{d} \leqslant \frac{\int_0^T f(t)\,dt}{\hat{m}e^{-2u(\xi_1)}+1} \, , \, T\bar{d} \geqslant \frac{\int_0^T f(t)\,dt}{\tilde{m}e^{-2u(t_1)}+1} \qquad (9.5.9)$$

解得
$$u(\xi_1) \geqslant \frac{1}{2}\ln\frac{\hat{m}\bar{d}}{\bar{f}-\bar{d}} \, , \, u(t_1) \leqslant \frac{1}{2}\ln\frac{\tilde{m}\bar{d}}{\bar{f}-\bar{d}} \qquad (9.5.10)$$

因此得

$$u(t) \leqslant u(t_1) + \int_0^T |u'|\,dt \leqslant \frac{1}{2}\ln\frac{\tilde{m}\bar{d}}{\bar{f}-\bar{d}} + 2T\bar{a} \overset{\Delta}{=} H_1 \, , \, u(t)$$

$$\geqslant u(\xi_1) - \int_0^T |u'|\,dt \geqslant \frac{1}{2}\ln\frac{\hat{m}\bar{d}}{\bar{f}-\bar{d}} - 2T\bar{a} \overset{\Delta}{=} H_2$$

由(9.5.6)得

$$e^{v(t_2)} \leqslant \frac{T\bar{a} - \int_0^T (b(t)e^{u(t)}\,dt}{\int_0^T (\frac{c(t)e^{u(t)}}{m(t)+e^{2u(t)}} + g(t))dt}$$

$$\leqslant (\frac{\bar{c}e^{H_2}}{\tilde{m}+e^{2H_1}} + \bar{g})^{-1}(\bar{a} - \bar{b}(\frac{\bar{d}\tilde{m}}{\bar{f}-\bar{d}})^{\frac{1}{2}}e^{-2T\bar{a}})$$

$$= (\frac{\bar{c}e^{H_2}}{\tilde{m}+e^{2H_1}} + \bar{g})^{-1}R_1$$

$$e^{v(\xi_2)} \geqslant \frac{T\bar{a} - \int_0^T (b(t)e^{u(t)}\,dt}{\int_0^T (\frac{c(t)e^{u(t)}}{m(t)+e^{2u(t)}} + g(t))dt}$$

$$\geqslant (\frac{\bar{c}e^{H_1}}{\hat{m}+e^{2H_2}} + \bar{g})^{-1}(\bar{a} - \bar{b}(\frac{\bar{d}\tilde{m}}{\bar{f}-\bar{d}})^{\frac{1}{2}}e^{2T\bar{a}})$$

$$= (\frac{\bar{c}e^{H_2}}{\hat{m}+e^{2H_1}} + \bar{g})^{-1}R_2$$

同理 $v(t) \leqslant v(t_2) + \int_0^T |v'|\,dt \leqslant -\ln(\frac{\bar{c}e^{H_2}}{\tilde{m}+e^{2H_1}} + \bar{g}) + \ln R_1 + 2T\bar{d} \overset{\Delta}{=} H_3$

$$v(t) \geqslant v(\xi_2) - \int_0^T |v'|\,dt \geqslant -\ln(\frac{\bar{c}e^{H_2}}{\hat{m}+e^{2H_1}} + \bar{g}) + \ln R_2 - 2T\bar{d} \overset{\Delta}{=} H_4$$

$$|u(t)| < |H_1| + |H_2| + 1 = B_1 , \quad |v(t)| < |H_3| + |H_4| + 1 = B_2 ,$$

显然 $H_i(i=1,2,3,4)$, $B_i(i=1,2)$ 与 λ 选择无关. 令 $B = B_1 + B_2 + B_3$ 其中 B_3 充分大, 令 $\Omega = \vec{u}(t) = \{(u(t),v(t))^T \in X : \vec{u}(t) | < B\}$, 则 Ω 满足引理 9.5.1 中 (a) 条件. $\vec{u} \in \partial\Omega \bigcap KerL = \partial\Omega \bigcap \mathbb{R}^2$ 时, 即 $\vec{u}$ 是 $\vec{u} = B$ 的常向量, 当 $\vec{u} \in \partial\Omega \bigcap \mathbb{R}^2$ 时

$$QN\vec{u} = \begin{bmatrix} \dfrac{1}{T}\displaystyle\int_0^T (a(s) - b(s)\mathrm{e}^u - \dfrac{c(t)\mathrm{e}^{u+v}}{m(s) + \mathrm{e}^{2u(s)}} - g(s)\mathrm{e}^v)\mathrm{d}s \\ \dfrac{1}{T}\displaystyle\int_0^T (-\mathrm{d}(s) + \dfrac{f(s)\mathrm{e}^{2u}}{m(s) + \mathrm{e}^{2u}})\mathrm{d}s \end{bmatrix} \neq 0 \text{ 条件(b)满足.}$$

命题 9.5.2 可知, 代数方程组存在唯一解 $\vec{u}^*(t) = (u_1,v_1)^T$, 则 $\deg(JQN, \Omega \bigcap KerL, 0) = \mathrm{sgn}\left\{\dfrac{1}{T^2}(\displaystyle\int_0^T (\dfrac{c(t)\mathrm{e}^{u_1}}{m(t) + \mathrm{e}^{2u_1}} + g)\mathrm{d}t)(\displaystyle\int_0^T \dfrac{f(t) - 1}{(m(t) + \mathrm{e}^{2u_1})^2}\mathrm{d}t)\mathrm{e}^{u_1 + v_1}\right\} \neq 0$ 条件 (c) 也满足. 综上分析, 满足引理 9.5.1 一切条件, 所以至少有一个 T 周期解. 证毕.

2. 一类 Kolmogorov 系统的极限环存在与唯一性

(1) 问题与引理

两种群相互作用的 Kolmogorov 系统模型[1]一般形式为

$$\dot{x} = xF_1(x,y) \qquad \dot{y} = yF_2(x,y)$$

文献[2]讨论了 $F_1(x,y)$ 是 $n+1$ 次多项式, $F_2(x,y)$ 是三次多项式.

本文考虑更一般的系统

$$\begin{cases} \dfrac{\mathrm{d}x}{\mathrm{d}t} = x(a_0 - a_1 x + a_2 x^{n-1} - a_3 x^n - a_4 x^m \varphi(y)) \\ \dfrac{\mathrm{d}y}{\mathrm{d}t} = y(b_1 x^n - b_2) \end{cases} \tag{9.5.11}$$

其中 $a_0, a_1, a_2, a_3, a_4, b_1, b_2 > 0$, $\dfrac{a_0}{a_1} = \dfrac{a_2}{a_3}$, $n > m+1$, $m > 1$, $m,n \in \mathbb{N}$, 且 n 为奇数, $\varphi(0) = 0$, $\lim\limits_{y \to \infty}\varphi(y) = +\infty$, $\varphi'(y) > 0$, $\varphi(y) = O(y^k)$, $k > 1$, $\varphi(y)$ 的生态意义参见文献[3].

文献[4]讨论了本文当 $m = 1$, $\varphi(y) = y^m$ 的情况. 考虑此模型的实际生态学意义, 应有 $x \geqslant 0$, $y \geqslant 0$, 记 $\overline{G} = \{(x,y) : x \geqslant 0, y \geqslant 0\}$. 作变换 $x = \left(\dfrac{b_2}{b_1}\right)^{\frac{1}{n}}\tilde{x}$, $\tilde{\varphi}(y) = \dfrac{a_4}{a_0}\left(\dfrac{b_2}{b_1}\right)^{\frac{m}{n}}\varphi(y)$, $t = \dfrac{\tilde{t}}{a_0}$, 仍记 $\tilde{x}, \tilde{\varphi}, \tilde{t}$ 为 x, φ, t, 则系统 (9.5.11) 化为等价系统

$$\begin{cases} \dfrac{\mathrm{d}x}{\mathrm{d}t} = x(1 - A_1 x + A_2 x^{n-1} - A_3 x^n - x^m \varphi(y)) = X(x,y) \\ \dfrac{\mathrm{d}y}{\mathrm{d}t} = A_0 y(x^n - 1) = Y(x,y) \end{cases} \tag{9.5.12}$$

其中 $A_0 = \dfrac{b_2}{a_0}$, $A_1 = \dfrac{a_1}{a_0}\left(\dfrac{b_2}{b_1}\right)^{\frac{1}{n}}$, $A_2 = \dfrac{a_2}{a_0}(\dfrac{b_2}{b_1})^{\frac{n-1}{n}}$, $A_3 = \dfrac{a_3 b_2}{a_0 b_1}$, 由于 $\dfrac{a_0}{a_1} = \dfrac{a_2}{a_3}$ 可得 $A_3 = A_1 A_2$ 当

---

① 陈兰荪. 数学生态模型与研究方法[M]. 北京. 科学出版社. 1988

② 颜向平, 张存华, 张飞翔等. 一类 $n+1$ 次 Kolmogorov 系统的极限环. 兰州大学学报[J]. 2004. 40.(2):1—4

③ 袁月定, 陈海波. 一类 Kolmogorov 捕食系统的极限环. 数学理论与应用[J]. 2005,25(3):75—78.

④ 杨瑜, 陈文成, 卓向来. 一类 Kolmogorov 系统的动力性质. 生物数学学报[J]. 2007,22(1):67—72

$1-A_1+A_2-A_3<0$ 时，系统(9.5.12)只有两个平衡点 $O(0,0)$，$A(x_1,0)$．

其中 $x_1=\dfrac{1}{A_1}$．由于 $\varphi'(y)>0$，所以当 $1-A_1+A_2-A_3>0$ 时，$1-A_1+A_2-A_3-\varphi(y)=0$ 有唯一正根，记为 y_0．此时系统(2)有三个平衡点 $O(0,0)$，$A(x_1,0)$，$B(1,y_0)$．

引理 9.5.2 平衡点 $O(0,0)$ 始终是鞍点

证明 由于 $\dfrac{\partial X}{\partial x}=1-2A_1x+nA_2x^{n-1}-A_3(n+1)x^n-(m+1)x^m\varphi(y)$，$\dfrac{\partial X}{\partial y}=-x^{m+1}\varphi'(y)$

$\dfrac{\partial Y}{\partial x}=nA_0x^{n-1}y$，$\dfrac{\partial Y}{\partial y}=A_0(x^n-1)$，令 $q(x,y)=\dfrac{\partial X}{\partial x}\dfrac{\partial Y}{\partial y}-\dfrac{\partial X}{\partial y}\dfrac{\partial Y}{\partial x}$，$p(x,y)=\dfrac{\partial X}{\partial x}+\dfrac{\partial Y}{\partial y}$

$q(0,0)=-A_0<0$．所以是鞍点．

引理 9.5.3 (1)当 $0<A_1<1$ 时，$A(x_1,0)$ 是鞍点；

(2)当 $-m+(m-1)A_1+(n-m-1)A_2-(n-m)A_3-1<0$ 时，$B(1,y_0)$ 是不稳定的焦点，结点或退化临界结点．

证明 当 $A_1<1$ 时，如引理 9.5.2，$q(x_1,0)=-A_0\left(1+\dfrac{A_2}{A_1^{n-1}}\right)\left(\dfrac{1}{A_1^n}-1\right)<0$．所以 $A(x_1,0)$ 是鞍点．由于

$$p(1,y_0)=-m+(m-1)A_1+(n-m-1)A_2-(n-m)A_3<0,$$
$$q(1,y_0)=nA_0y_0\varphi'(y_0)>0,$$

当 $p^2-4q<0(>0,=0)$，$B(1,y_0)$ 是不稳定的焦点，结点或退化临界结点．

(2)主要结果

定理 9.5.2 当 $0<A_1<1$，$-m+(m-1)A_1+(n-m-1)A_2-(n-m)A_3-1<0$，$1-A_1+A_2-A_3>0$ 时，方程(9.5.12)存在包含 $B(1,y_0)$ 点的稳定的极限环．

证明 作直线 $L_1:x-x_1=0$，则方程(9.5.12)在此直线上 $\dfrac{\mathrm{d}L_1}{\mathrm{d}t}=-\dfrac{1}{A_1^{m+1}}\varphi(y)<0$．方程 (9.5.12)的轨线通过直线 L_1 时，方向由右向左穿过．再作直线

$$L_2:x+y-k=0,$$

方程(9.5.12)在此直线上

$$\dfrac{\mathrm{d}L_2}{\mathrm{d}t}=\dfrac{\mathrm{d}x}{\mathrm{d}t}+\dfrac{\mathrm{d}y}{\mathrm{d}t}=-x^{m+1}\varphi(k-x)+x-A_1x^2+A_2x^n-A_3x^{n+1}+A_0(k-x)(x^n-1).$$

当 $x\in[0,x_1]$，$k>0$ 充分大时，$\dfrac{\mathrm{d}L_2}{\mathrm{d}t}<0$，方程(9.5.12)的轨线通过直线 L_2 时，方向由上向下穿过．L_1，L_2 都为无切直线，它们与方程(9.5.12)的积分直线 $x=0,y=0$ 围成环域的外境界线，内部唯一的平衡点 $B(1,y_0)$ 是不稳定的，所以由 Bendixson 环域定理，内部一定存在稳定的极限环．

由方程(9.5.11)的条件 $2A_2(n-m-1)x^{n-1}+2A_1(m-1)x-[A_3(n-m)+m]=0$ 有唯一正根，不妨设为 λ．

令 $K(x)=2A_2(n-m-1)(n-1)(x+1)^n+A_1(m-1)(n-1)n(x+1)^2+A_2(n-1)(n-m-1)(n-2)-[A_3(n-m)+m]n(n-1)(x+1)$．

定理 9.5.3 在定理 9.5.2 的条件下，当 $K(\lambda-1)>0$ 时，方程(9.5.12)存在唯一的稳定极

限环.

证明　令 $x = \tilde{x} + 1 y = \tilde{y} + y_0$，$\tilde{x} = u, \tilde{y} + y_0 = y_0 e^v$，$\tau = (u+1)^{m+1} t$，仍记 u, v, τ 为 x，y, t，则方程(2)化为：

$$\begin{cases} \dfrac{\mathrm{d}x}{\mathrm{d}t} = -F(x) - \psi(y) \\[2mm] \dfrac{\mathrm{d}y}{\mathrm{d}t} = g(x) \end{cases}$$

其中 $F(x) = -(x+1)^{-m} + A_1(x+1)^{1-m} - A_2(x+1)^{n-m-1} + A_3(x+1)^{n-m} + \varphi(y_0)$

$$g(x) = A_0 \frac{(x+1)^n - 1}{(x+1)^{m+1}}，\quad \psi(y) = \varphi(y_0 e^y) - \varphi(y_0)，$$

$$G(x) = \int_0^x g(\xi)\mathrm{d}\xi = \frac{A_0}{n-m}(x+1)^{n-m} + \frac{A_0}{(x+1)^m} - \frac{A_0(n-m+1)}{n-m}$$

由定理 9.5.2 可见极限环只能在 $(-1, +\infty)$ 上存在，$G(+\infty) = G(-1+0) = +\infty$，$F(0) = 0$，

$xg(x) = A_0 x \dfrac{(x+1)^n - 1}{(x+1)^{m+1}} > 0$，$\psi'(y) = y_0 e^y \varphi' > 0$，

令

$$\begin{aligned} f(x) &= F'(x) \\ &= m(x+1)^{-m-1} + A_1(1-m)(x+1)^{-m} - \\ & \quad A_2(n-m-1)(x+1)^{n-m-2} + A_3(n-m)(x+1)^{n-m-1}， \end{aligned}$$

当 $x \neq 0$ 时，

$$\left(\frac{f(x)}{g(x)} \right)' = \frac{L(x)}{A_0\left[(x+1)^n - 1\right]^2}，$$

其中

$$\begin{aligned} L(x) &= A_1(m-1)(n-1)(x+1)^n + A_2(n-m-1)(x+1)^{2n-2} \\ &\quad + A_2(n-1)(n-m-1)(x+1)^{n-2} - A_1(1-m) - \left[A_3(n-m)n + mn\right](x+1)^{n-1} \end{aligned}$$

，

则

$$L(-1) = (m-1)A_1 > 0，$$

则

$$L'(x) = (x+1)^{n-3}K(x)，\quad K(-1) = A_2(n-1)(n-m-1)(n-2) > 0，$$

$K(x)$ 的极小值为 $K(\lambda - 1) > 0$，所以 $K(x) > 0$，因此 $L'(x) > 0$，$\left(\dfrac{f(x)}{g(x)} \right)' > 0$ [1].

---

① 张芷芬, 丁同仁, 黄文灶等. 微分方程定性理论[M]. 北京 科学出版社 1997.

第 10 章　反常积分与含参变量的积分

10.1　反常积分的性质与收敛判别

10.1.1　无穷限的反常积分

定义 10.1.1　设函数 $f(x)$ 在 $[a, +\infty)$ 上有定义,且对任意 $b > a$, f 在 $[a, b]$ 上可积,那么视 b 为变量,则有变上限积分

$$F(b) = \int_a^b f(x)\mathrm{d}x .$$

令 $b \to +\infty$,要考虑的是 $F(b)$ 的极限.借用定积分的记号,把形式积分

$$\int_a^{+\infty} f(x)\mathrm{d}x$$

称为函数 $f(x)$ 在无穷区间 $[a, +\infty)$ 上的反常积分.

若极限 $\lim\limits_{b \to +\infty} \int_a^b f(x)\mathrm{d}x$ 存在,则称反常积分 $\int_a^{+\infty} f(x)\mathrm{d}x$ 收敛,且

$$\int_a^{+\infty} f(x)\mathrm{d}x = \lim_{b \to +\infty} \int_a^b f(x)\mathrm{d}x ,$$

若上述极限不存在,则称反常积分 $\int_a^{+\infty} f(x)\mathrm{d}x$ 发散.

例 10.1.1　计算无穷积分 $\int_{-\infty}^{+\infty} \dfrac{1}{1 + x^2}\mathrm{d}x$.

解

$$
\begin{aligned}
\int_{-\infty}^{+\infty} \frac{1}{1 + x^2}\mathrm{d}x &= \left[\arctan x\right]_{-\infty}^{+\infty} \\
&= \lim_{x \to +\infty} \arctan x - \lim_{x \to -\infty} \arctan x \\
&= \frac{\pi}{2} - \left(-\frac{\pi}{2}\right) \\
&= \pi .
\end{aligned}
$$

例 10.1.2　计算反常积分 $\int_a^{+\infty} t\mathrm{e}^{-pt}\mathrm{d}t$ (p 是常数,且 $p > 0$).

解

$$
\begin{aligned}
\int_a^{+\infty} t\mathrm{e}^{-pt}\mathrm{d}t &= \left[\int t\mathrm{e}^{-pt}\mathrm{d}t\right]_0^{+\infty} \\
&= \left[-\frac{1}{p}\int t\mathrm{d}\mathrm{e}^{-pt}\right]_0^{+\infty} \\
&= \left[-\frac{t}{p}\mathrm{e}^{-pt} + \frac{1}{p}\int \mathrm{e}^{-pt}\mathrm{d}t\right]_0^{+\infty}
\end{aligned}
$$

$$= \left[-\frac{t}{p}\mathrm{e}^{-pt}\right]_0^{+\infty} - \left[\frac{1}{p^2}\mathrm{e}^{-pt}\right]_0^{+\infty}$$

$$= -\frac{1}{p}\lim_{t\to+\infty}t\mathrm{e}^{-pt} - 0 - \frac{1}{p^2}(0-1)$$

$$= \frac{1}{p^2}.$$

10.1.2　无穷限积分收敛性判别法

定理 10.1.1　设函数 $f(x)$ 在区间 $[a,+\infty)$ 上连续,且 $f(x)\geqslant 0$.若函数

$$F(x) = \int_a^x f(t)\mathrm{d}t$$

在 $[a,+\infty)$ 上有界,则无穷限积分 $\int_a^{+\infty} f(x)\mathrm{d}x$ 收敛.

定理 10.1.2　设函数 $f(x)$、$g(x)$ 在区间 $[a,+\infty)$ 上连续,如果 $0\leqslant f(x)\leqslant g(x)$ ($a\leqslant x<+\infty$),并且 $\int_a^{+\infty} g(x)\mathrm{d}x$ 收敛,则 $\int_a^{+\infty} f(x)\mathrm{d}x$ 也收敛;如果 $0\leqslant g(x)\leqslant f(x)$ ($a\leqslant x<+\infty$),并且 $\int_a^{+\infty} g(x)\mathrm{d}x$ 发散,则 $\int_a^{+\infty} f(x)\mathrm{d}x$ 也发散.

定理 10.1.3　设函数 $f(x)$ 在区间 $[a,+\infty)$ ($a>0$)上连续,且 $f(x)\geqslant 0$.若存在常数 $M>0$ 及 $p>1$,使得 $f(x)\leqslant \frac{M}{x^p}(a\leqslant x<+\infty)$,则无穷限积分 $\int_a^{+\infty} f(x)\mathrm{d}x$ 收敛;若存在常数 $N>0$,使得 $f(x)\geqslant \frac{N}{x}(a\leqslant x<+\infty)$,则无穷限积分 $\int_a^{+\infty} f(x)\mathrm{d}x$ 发散.

定理 10.1.4　设函数 $f(x)$ 在区间 $[a,+\infty)$ 上连续,且 $f(x)\geqslant 0$.若存在常数 $p>1$,使得 $\lim_{x\to+\infty} x^p f(x)$ 存在,则无穷限积分 $\int_a^{+\infty} f(x)\mathrm{d}x$ 收敛;若 $\lim_{x\to+\infty} xf(x) = \mathrm{d}>0$ (或 $\lim_{x\to+\infty} xf(x) = +\infty$),则无穷限积分 $\int_a^{+\infty} f(x)\mathrm{d}x$ 发散.

证明　设函数 $\lim_{x\to+\infty} x^p f(x) = c(p>1)$,那么存在充分大的 $x_1(x_1\geqslant a, x_1>0)$,当 $x>x_1$ 时,必有

$$|x^p f(x) - c| < 1,$$

可得

$$0\leqslant x^p f(x) \leqslant 1+c.$$

于是,在区间 $x_1<x<+\infty$ 内不等式 $0\leqslant f(x) < \frac{1+c}{x^p}$ 成立.由定理 10.1.3 可知,$\int_{x_1}^{+\infty} f(x)\mathrm{d}x$ 收敛,而

$$\int_a^{+\infty} f(x)\mathrm{d}x = \lim_{t\to+\infty}\int_a^t f(x)\mathrm{d}x$$

$$= \lim_{t\to+\infty}\left[\int_a^{x_1} f(x)\mathrm{d}x + \int_{x_1}^t f(x)\mathrm{d}x\right]$$

$$= \int_a^{x_1} f(x)\mathrm{d}x + \lim_{t\to+\infty}\int_{x_1}^t f(x)\mathrm{d}x$$

$$= \int_a^{x_1} f(x)\mathrm{d}x + \int_{x_1}^{+\infty} f(x)\mathrm{d}x,$$

所以无穷限积分 $\displaystyle\int_a^{+\infty} f(x)\mathrm{d}x$ 收敛.

若 $\displaystyle\lim_{x\to+\infty} xf(x)=d>0$（或 $+\infty$），则存在充分大 x_1，当 $x>x_1$ 时，必有

$$\left| xf(x)-\mathrm{d}\right|<\frac{\mathrm{d}}{2}.$$

则有

$$xf(x)>\frac{\mathrm{d}}{2}.$$

当 $\displaystyle\lim_{x\to+\infty} xf(x)=+\infty$ 时，可取任意正数作为 d. 在区间 $x_1<x<+\infty$ 内不等式 $f(x)\geqslant\dfrac{d/2}{x}$ 成立. 根据定理 10.1.3 可知，$\displaystyle\int_{x_1}^{+\infty} f(x)\mathrm{d}x$ 发散，反常积分 $\displaystyle\int_a^{+\infty} f(x)\mathrm{d}x$ 发散.

定理 10.1.5　设函数 $f(x)$ 在区间 $[a,+\infty)$ 上连续，如果无穷限积分 $\displaystyle\int_a^{+\infty}\left| f(x)\right|\mathrm{d}x$ 收敛，则无穷限积分 $\displaystyle\int_a^{+\infty} f(x)\mathrm{d}x$ 也收敛.

例 10.1.3　讨论无穷限积分 $\displaystyle\int_2^{+\infty}\frac{1}{x\sqrt{x-\sqrt{x^2-1}}}\mathrm{d}x$ 的收敛性.

解　由于

$$x\cdot\frac{1}{x\sqrt{x-\sqrt{x^2-1}}}=\frac{1}{\sqrt{x-\sqrt{x^2-1}}}$$

$$=\frac{\sqrt{x^2+(x^2-1)}}{\sqrt{x^2-(x^2-1)}}$$

$$=\sqrt{x}\sqrt{1+\sqrt{1-\frac{1}{x^2}}},$$

则有

$$\lim_{x\to\infty} x\cdot\frac{1}{x\sqrt{x-\sqrt{x^2-1}}}=+\infty.$$

例 10.1.4　讨论无穷限积分 $\displaystyle\int_1^{+\infty}\frac{x^{\frac{3}{2}}}{1+x^2}\mathrm{d}x$ 的收敛性.

解　由于

$$\lim_{x\to\infty} x\frac{x^{\frac{3}{2}}}{1+x^2}=\lim_{x\to\infty}\frac{x^2\sqrt{x}}{1+x^2}=+\infty,$$

根据定理 10.1.4，所给无穷限积分发散.

例 10.1.5　讨论无穷限积分 $\displaystyle\int_0^{+\infty}\mathrm{e}^{-ax}\cos bx\,\mathrm{d}x$（$a,b$ 都是常数，且 $a>0$）的收敛性.

解　因为

$$\left|\mathrm{e}^{-ax}\cos bx\right|\leqslant\mathrm{e}^{-ax},$$

而 $\displaystyle\int_0^{+\infty}\mathrm{e}^{-ax}\mathrm{d}x$ 收敛，根据定理 10.1.2，无穷限积分 $\displaystyle\int_0^{+\infty}\left|\mathrm{e}^{-ax}\cos bx\right|\mathrm{d}x$ 收敛，由定理 10.1.5 可知所给无穷限积分收敛.

10.2　瑕积分的性质与收敛判别

10.2.1　瑕积分

定义 10.2.1　设函数 $f(x)$ 在区间 $(a,b]$ 上有定义,且对 $\forall \varepsilon > 0$（$0 < \varepsilon < b - a$）, $f(x)$ 在 $[a + \varepsilon, b]$ 上可积,但 $f(x)$ 在 $x \to a^+$ 时无界,则称 a 为 $f(x)$ 的瑕点, $\int_a^b f(x)\mathrm{d}x$ 为 $f(x)$ 在 $(a, b]$ 区间上的瑕积分,如果极限

$$\lim_{\varepsilon \to 0^+} \int_{a+\varepsilon}^b f(x)\mathrm{d}x$$

存在,则称瑕积分 $\int_a^b f(x)\mathrm{d}x$ 收敛,并且以此极值为其值,即

$$\int_a^b f(x)\mathrm{d}x = \lim_{\varepsilon \to 0^+} \int_{a+\varepsilon}^b f(x)\mathrm{d}x ,$$

如果极限不存在,则称瑕积分 $\int_a^b f(x)\mathrm{d}x$ 发散.

同理可定义 b 为瑕点时的瑕积分,即函数 $f(x)$ 在 $x \to b^-$ 时无界. 如果 $\lim\limits_{\varepsilon \to 0^+} \int_a^{b-\varepsilon} f(x)\mathrm{d}x$ 存在, 则称瑕积分 $\int_a^b f(x)\mathrm{d}x$ 收敛.并且以此值为其值,即

$$\int_a^b f(x)\mathrm{d}x = \lim_{\varepsilon \to 0^+} \int_a^{b-\varepsilon} f(x)\mathrm{d}x ,$$

如果极限 $\lim\limits_{\varepsilon \to 0^+} \int_a^{b-\varepsilon} f(x)\mathrm{d}x$ 不存在,则称瑕积分 $\int_a^b f(x)\mathrm{d}x$ 发散.

例 10.2.1　计算反常积分 $\int_a^b \dfrac{1}{\sqrt{1-x^2}}\mathrm{d}x$.

解　因为

$$\lim_{x \to 1^-} \frac{1}{\sqrt{1-x^2}} = +\infty ,$$

所以点 1 是瑕点,于是有

$$\int_0^1 \frac{1}{\sqrt{1-x^2}}\mathrm{d}x = \left[\arcsin x\right]_0^1 = \lim_{x \to 1^-} \arcsin x - 0 = \frac{\pi}{2} .$$

例 10.2.2　计算反常积分 $\int_0^a \dfrac{1}{\sqrt{a^2-x^2}}\mathrm{d}x$（$a > 0$）.

解　因为

$$\lim_{x \to a^-} \frac{1}{\sqrt{a^2-x^2}} = +\infty ,$$

所以 $x = a$ 是瑕点,则有

$$\int_0^a \frac{1}{\sqrt{a^2-x^2}}\mathrm{d}x = \left[\arcsin \frac{x}{a}\right]_0^{a^-} = \lim_{x \to a^-} \arcsin \frac{x}{a} - 0 = \frac{\pi}{2} .$$

例 10.2.3　计算反常积分 $\int_0^{+\infty} \dfrac{1}{\sqrt{x(x+1)^3}}\mathrm{d}x$.

解 这里积分上限为 $+\infty$，积分 $x=0$ 为被积函数的瑕点.

令 $\sqrt{x}=t$，则 $x=t^2$，$x\to0^+$ 时 $t\to0$，$x\to+\infty$ 时 $t\to+\infty$. 则有

$$\int_0^{+\infty}\frac{\mathrm{d}x}{\sqrt{x(x+1)^3}}=\int_0^{+\infty}\frac{2t\mathrm{d}t}{t(t^2+1)^{\frac{3}{2}}}=2\int_0^{+\infty}\frac{\mathrm{d}t}{(t^2+1)^{\frac{3}{2}}}.$$

再令 $t=\tan u$，取 $u=\arctan t$，$t=0$ 时 $u=0$，$t\to+\infty$ 时 $u=\frac{\pi}{2}$. 则有

$$\int_0^{+\infty}\frac{\mathrm{d}x}{\sqrt{x(x+1)^3}}=2\int_0^{\frac{\pi}{2}}\frac{sec^2u\mathrm{d}u}{sec^3u}=2\int_0^{\frac{\pi}{2}}\cos u\mathrm{d}u=2.$$

例 10.2.4 讨论反常积分 $\int_a^b\frac{\mathrm{d}x}{(x-a)^p}$ 的收敛性，其中 p 为任意实数.

解 当 $p\neq1$ 时，有

$$\int_a^b\frac{\mathrm{d}x}{(x-a)^p}=\left[\frac{1}{1-p}(x-a)^{1-p}\right]_{a^+}^b=\begin{cases}\frac{(b-a)^{1-p}}{1-p},p<1,\\+\infty,\ p>1\end{cases}$$

当 $p=1$ 时，

$$\begin{aligned}\int_a^b\frac{\mathrm{d}x}{(x-a)^p}&=\int_a^b\frac{\mathrm{d}x}{x-a}\\&=\left[\ln(x-a)\right]_{a^+}^b\\&=\ln(b-a)-\lim_{x\to a^+}\ln(x-a)\\&=+\infty.\end{aligned}$$

因此，当 $p<1$ 时，反常积分 $\int_a^b\frac{\mathrm{d}x}{(x-a)^p}$ 收敛，值为 $\frac{(b-a)^{1-p}}{1-p}$；当 $p\geqslant1$ 时，这个此反常积分法发散.

例 10.2.5 讨论反常积分 $\int_{-1}^1\frac{\mathrm{d}x}{x^4}$ 的敛散性.

解 因为 $\lim\limits_{x\to0}\frac{1}{x^4}=+\infty$，所以 $x=0$ 是瑕点. 将积分拆成两项之和，即

$$\int_{-1}^1\frac{\mathrm{d}x}{x^4}=\int_{-1}^0\frac{\mathrm{d}x}{x^4}+\int_0^1\frac{\mathrm{d}x}{x^4},$$

由于

$$\int_{-1}^1\frac{\mathrm{d}x}{x^4}=\left[-\frac{x^{-3}}{3}\right]_{0^+}^1=-\frac{1}{3}-\lim_{x\to0^+}\left(-\frac{x^{-3}}{3}\right)=+\infty,$$

所以反常积分 $\int_0^1\frac{\mathrm{d}x}{x^4}$ 发散，故反常积分 $\int_{-1}^1\frac{\mathrm{d}x}{x^4}$ 发散.

10.2.2 瑕积分的收敛性判别法

定理 10.2.1 设函数 $f(x)$ 在区间 $(a,b]$ 上连续，且 $f(x)\geqslant0$，$x=a$ 为 $f(x)$ 的瑕点. 如果存在常数 $M>0$ 及 $q<1$，使得

$$f(x)\leqslant\frac{M}{(x-a)^q}\ (a<x\leqslant b),$$

则反常积分 $\int_a^b f(x)\mathrm{d}x$ 收敛；如果存在常数 $N>0$，使得

$$f(x) \geqslant \frac{N}{x-a} \ (a < x \leqslant b),$$

则反常积分 $\displaystyle\int_a^b f(x)\mathrm{d}x$ 发散.

定理 10.2.2　设函数 $f(x)$ 在区间 $(a,b]$ 上连续,且 $f(x) \geqslant 0$,$x=a$ 为 $f(x)$ 的瑕点.如果存在常数 $0 < q < 1$,使得

$$\lim_{x \to a^+}(x-a)^q f(x)$$

存在,则反常积分 $\displaystyle\int_a^b f(x)\mathrm{d}x$ 收敛;如果

$$\lim_{x \to a^+}(x-a)f(x) = \mathrm{d} > 0 \ \text{或} \ \lim_{x \to a^+}(x-a)f(x) = +\infty,$$

那么反常积分 $\displaystyle\int_a^b f(x)\mathrm{d}x$ 发散.

例 10.2.6　讨论反常积分 $\displaystyle\int_0^1 \frac{\ln x}{(1-x)^2}\mathrm{d}x$ 的收敛性.

解　$x=0$ 和 $x=1$ 都是被积函数的瑕点.要考虑 $\displaystyle\int_0^{\frac{1}{2}} \frac{\ln x}{(1-x)^2}\mathrm{d}x$ 和 $\displaystyle\int_{\frac{1}{2}}^1 \frac{\ln x}{(1-x)^2}\mathrm{d}x$.

因为

$$\lim_{x \to 0^+} x^{\frac{1}{2}} \cdot \frac{-\ln x}{(1-x)^2} = \lim_{x \to 0^+} \frac{-x^{\frac{1}{2}}\ln x}{(1-x)^2} = 0,$$

所以反常积分 $\displaystyle\int_0^{\frac{1}{2}} \frac{\ln x}{(1-x)^2}\mathrm{d}x$ 收敛;

又因为

$$\lim_{x \to 1^-}(1-x) \cdot \frac{-\ln x}{(1-x)^2} = \lim_{x \to 1^-} \frac{-\ln x}{1-x} = 1,$$

所以反常积分 $\displaystyle\int_{\frac{1}{2}}^1 \frac{\ln x}{(1-x)^2}\mathrm{d}x$ 发散.

综上可知,反常积分 $\displaystyle\int_0^1 \frac{\ln x}{(1-x)^2}\mathrm{d}x$ 发散.

例 10.2.7　讨论椭圆积分 $\displaystyle\int_0^1 \frac{\mathrm{d}x}{\sqrt{(1-x^2)(1-k^2 x^2)}} \ (k^2 < 1)$ 的收敛性.

解　$x=1$ 是被积函数的瑕点,由于

$$\lim_{x \to 1^-}(1-x)^{\frac{1}{2}} \cdot \frac{1}{\sqrt{(1-x^2)(1-k^2 x^2)}} = \lim_{x \to 1^-} \frac{1}{\sqrt{(1+x)(1-k^2 x^2)}}$$
$$= \frac{1}{\sqrt{2(1-k^2)}},$$

所以椭圆积分 $\displaystyle\int_0^1 \frac{\mathrm{d}x}{\sqrt{(1-x^2)(1-k^2 x^2)}}$ 收敛.

例 10.2.8　讨论反常积分 $\displaystyle\int_0^1 \frac{1}{\sqrt{x}}\cos\frac{1}{x}\mathrm{d}x$ 的收敛性.

解　因为

$$\int_0^1 \mathrm{d}x \left| \frac{1}{\sqrt{x}}\cos\frac{1}{x} \right| \leqslant \frac{1}{\sqrt{x}},$$

而 $\int_0^1 \dfrac{1}{\sqrt{x}}\mathrm{d}x$ 收敛,所以反常积分 $\int_0^1 \left| \dfrac{1}{\sqrt{x}}\cos\dfrac{1}{x} \right| \mathrm{d}x$ 收敛,从而反常积分 $\int_0^1 \dfrac{1}{\sqrt{x}}\cos\dfrac{1}{x}\mathrm{d}x$ 也收敛.

例 10.2.9 讨论反常积分 $\Gamma(s) = \int_0^{+\infty} x^{s-1}\mathrm{e}^{-x}\mathrm{d}x$ ($s>0$)的敛散性.

解 因为这个积分的积分区间 $[0,+\infty)$ 是无穷的,而且当 $s-1<0$ 时,$x=0$ 是 $x^{s-1}\mathrm{e}^{-x}$ 的瑕点,因此它既是无穷区间的反常积分,又是无界函数的反常积分.因此我们将其分成两个积分

$$I_1(s) = \int_0^1 x^{s-1}\mathrm{e}^{-x}\mathrm{d}x \text{ 和 } I_2(s) = \int_1^{+\infty} x^{s-1}\mathrm{e}^{-x}\mathrm{d}x.$$

先看 $I_1(s)$.当 $s\geqslant 1$ 时,它是定积分,有确定的值.当 $0<s<1$,则 $x=0$ 是被积函数的瑕点.由于当 $x>0$ 时,有

$$0 < x^{s-1}\mathrm{e}^{-x} < \dfrac{1}{x^{1-s}},$$

所以对任意的 ε($0<\varepsilon\leqslant 1$),有

$$0 < \Psi(\varepsilon) = \int_\varepsilon^1 x^{s-1}\mathrm{e}^{-x}\mathrm{d}x < \int_\varepsilon^1 x^{s-1}\mathrm{d}x \leqslant \int_0^1 x^{s-1}\mathrm{d}x = \dfrac{1}{s}.$$

即 $\Psi(\varepsilon)$ 在 $(0,1]$ 有界.又因为 $\Psi(\varepsilon)$ 单调减少,由单调函数单侧极限存在定理可知

$$\lim_{\varepsilon\to 0^+}\Psi(\varepsilon) = \lim_{\varepsilon\to 0^+}\int_\varepsilon^1 x^{s-1}\mathrm{e}^{-x}\mathrm{d}x$$

存在,即 $I_1(s)$ 收敛.

再看 $I_2(s)$.由于

$$\lim_{x\to+\infty}\dfrac{x^{s-1}\mathrm{e}^{-x}}{\dfrac{1}{x^2}} = \lim_{x\to+\infty}\dfrac{x^{s+1}}{\mathrm{e}^{-x}} = 0,$$

故由极限定义可知道 $\exists N>1$,$\forall x\geqslant N$ 有

$$0 < x^{s-1}\mathrm{e}^{-x} < \dfrac{1}{x^2},$$

对于 $\forall b\geqslant N$,有

$$\Phi(b) = \int_N^b x^{s-1}\mathrm{e}^{-x}\mathrm{d}x < \int_N^b \dfrac{\mathrm{d}x}{x^2} \leqslant \int_N^{+\infty}\dfrac{\mathrm{d}x}{x^2} = \dfrac{1}{N}.$$

说明 $\Phi(b)$ 在 $[N,+\infty)$ 有上界,又因为 $\Phi(b)$ 单调增加,根据单调有界函数极限存在准则知

$$\lim_{b\to+\infty}\Phi(b) = \lim_{b\to+\infty}\int_N^b x^{s-1}\mathrm{e}^{-x}\mathrm{d}x$$

存在,所以反常积分 $\int_N^{+\infty} x^{s-1}\mathrm{e}^{-x}\mathrm{d}x$ 收敛,从而 $I_2(s)$ 也收敛.

综上可知,反常积分 $\int_0^{+\infty} x^{s-1}\mathrm{e}^{-x}\mathrm{d}x$ ($s>0$)是收敛的.

10.3 含参变量常义积分

假设当 y 在某个范围中任意固定时,定积分 $\int_a^b f(x,y)\mathrm{d}x$ 存在,则称 $\int_a^b f(x,y)\mathrm{d}x$ 是含参变量的定积分(此处 y 为参变量).此时,由积分确定了一个 y 的函数,该函数的定义域就是使得积

分 $\int_a^b f(x,y)\mathrm{d}x$ 存在的那些 y 的值构成的集合.

定理 10.3.1　设 $f(x) = \int_c^{\mathrm{d}} g(x,t)\mathrm{d}t$. 如果二元函数 $g(x,y)$ 在矩形

$$D = \{(x,y)\,|\,a \leqslant x \leqslant b, c \leqslant y \leqslant \mathrm{d}\}$$

上连续,则 $f(x)$ 在区间 $[a,b]$ 上连续.

证明　任取 $x_0 \in [a,b]$,为了证明 $f(x)$ 在点 x_0 连续,只需要证明对于任意给定的正数 ε,都能够找到正数 δ,只要 $x \in [a,b]$ 满足不等式 $|x-x_0| < \delta$,就有 $|f(x)-f(x_0)| < \varepsilon$.

$$
\begin{aligned}
|f(x)-f(x_0)| &= \left|\int_c^{\mathrm{d}} f(x_0,y)\mathrm{d}x - \int_c^{\mathrm{d}} f(x,y)\mathrm{d}x\right|\\
&\leqslant \int_c^{\mathrm{d}} |f(x_0,y)-f(x,y)|\mathrm{d}x\\
&< (b-a)\varepsilon.
\end{aligned}
$$

所以 $f(x)$ 在区间 $[a,b]$ 上连续.

定理 10.3.2　设 $f(x) = \int_c^{\mathrm{d}} g(x,y)\mathrm{d}y$. 如果二元函数 $g(x,y)$ 在矩形

$$D = \{(x,y)\,|\,a \leqslant x \leqslant b, c \leqslant y \leqslant \mathrm{d}\}$$

上连续,则积分 $\int_a^b f(x)\mathrm{d}x$ 存在,并且有

$$\int_a^b f(x)\mathrm{d}x = \int_a^b \mathrm{d}x \int_c^{\mathrm{d}} g(x,y)\mathrm{d}y = \int_c^{\mathrm{d}} \mathrm{d}y \int_a^b g(x,y)\mathrm{d}x.$$

定理 10.3.3　设 $f(x) = \int_c^{\mathrm{d}} g(x,y)\mathrm{d}y$,假设函数 $g(x,y)$ 以及此函数关于参变量 x 的偏导数 $\dfrac{\partial g}{\partial x}$ 都在区域 $D = \{(x,y)\,|\,a \leqslant x \leqslant b, c \leqslant y \leqslant \mathrm{d}\}$ 上连续,那么 $f(x)$ 在区间 $[a,b]$ 上可导,且有

$$f'(x) = \frac{\mathrm{d}}{\mathrm{d}x}\int_c^{\mathrm{d}} g(x,y)\mathrm{d}y = \int_c^{\mathrm{d}} \frac{\partial g(x,y)}{\partial x}\mathrm{d}y.$$

证明　对于任意给定的 $x \in [a,b]$,当 $x+\Delta x \in [a,b]$ 时,根据积分中值定理得

$$
\begin{aligned}
\frac{f(x+\Delta x)-f(x)}{\Delta x} &= \int_c^{\mathrm{d}} \frac{g(x+\Delta x,y)-g(x,y)}{\Delta x}\mathrm{d}x\\
&= \int_c^{\mathrm{d}} \frac{\partial}{\partial x} g(x+\theta\Delta x,y)\mathrm{d}x\,(0<\theta<1).
\end{aligned}
$$

由定理 10.4.1,则有

$$
\begin{aligned}
\frac{\mathrm{d}}{\mathrm{d}x}\int_c^{\mathrm{d}} g(x,y)\mathrm{d}y &= \lim_{\Delta x\to 0}\frac{f(x+\Delta x)-f(x)}{\Delta x}\\
&= \lim_{\Delta x\to 0}\int_c^{\mathrm{d}} \frac{\partial}{\partial x} g(x+\theta\Delta x,y)\mathrm{d}x\\
&= \int_c^{\mathrm{d}} \lim_{\Delta x\to 0}\frac{\partial}{\partial x} g(x+\theta\Delta x,y)\mathrm{d}x\\
&= \int_c^{\mathrm{d}} \frac{\partial g(x,y)}{\partial x}\mathrm{d}y.
\end{aligned}
$$

这说明求导运算与积分号可以交换.

定理 10.3.4 设函数 $g(x,y)$ 及其关于参变量 x 的偏导数 $\dfrac{\partial g}{\partial x}$ 都在区域 $D = \{(x,y) \mid a \leqslant x \leqslant b, c \leqslant y \leqslant d\}$ 上连续，又设函数 $\alpha(x)$，$\beta(x)$ 可导，且它们的值域都属于区间 $[c,d]$，则 $f(x) = \displaystyle\int_{\alpha(x)}^{\beta(x)} g(x,y)\mathrm{d}y$ 在区间 $[a,b]$ 上可导，且

$$f'(x) = \frac{\mathrm{d}}{\mathrm{d}x}\int_{\alpha(x)}^{\beta(x)} g(x,y)\mathrm{d}y = \int_{\alpha(x)}^{\beta(x)} \frac{\partial g(x,y)}{\partial x}\mathrm{d}y + g[x,\beta(x)]\beta'(x) - g[x,\alpha(x)]\alpha'(x).$$

例 10.3.1 求 $\displaystyle\lim_{\alpha \to 0}\int_0^1 \frac{\mathrm{d}x}{1 + x^2\cos\alpha x}$.

解 因为函数

$$f(x,\alpha) = \frac{1}{1 + x^2\cos\alpha x}$$

在区域 $0 \leqslant x \leqslant 1, -\dfrac{1}{2} \leqslant \alpha \leqslant \dfrac{1}{2}$ 上连续，由定理 10.3.1 得

$$\lim_{\alpha \to 0}\int_0^1 \frac{\mathrm{d}x}{1 + x^2\cos\alpha x} = \int_0^1 \lim_{\alpha \to 0}\frac{\mathrm{d}x}{1 + x^2\cos\alpha x} = \int_0^1 \frac{\mathrm{d}x}{1 + x^2} = \frac{\pi}{4}.$$

例 10.3.2 计算 $I = \displaystyle\int_0^1 \frac{x^b - x^a}{\ln x}\mathrm{d}x$，其中 $b > a > 0$.

解 因为 $\displaystyle\int_a^b x^y\mathrm{d}y = \frac{x^b - x^a}{\ln x}$，所以 $I = \displaystyle\int_0^1 \mathrm{d}x\int_a^b x^y\mathrm{d}y$.

而 $f(x,y) = x^y$ 在区域 $0 \leqslant x \leqslant 1, a \leqslant y \leqslant b$ 上连续，所以

$$I = \int_0^1 \mathrm{d}x\int_a^b x^y\mathrm{d}y = \int_a^b \mathrm{d}y\int_0^1 x^y\mathrm{d}x = \int_a^b \frac{1}{1 + y}\mathrm{d}y = \ln\frac{1 + a}{1 + b}.$$

例 10.3.3 求 $F(y) = \displaystyle\int_y^{y^2} \frac{\sin(xy)}{x}\mathrm{d}x$.

解 由定理 10.3.4 得

$$F'(y) = \int_y^{y^2} \cos(xy)\mathrm{d}x + 2y\frac{\sin y^3}{y^2} - \frac{\sin y^2}{y}$$

$$= \frac{3\sin y^3 - 2\sin y^2}{y}.$$

例 10.3.4 计算积分 $\displaystyle\int_0^\pi \ln(1 + \frac{1}{2}\cos x)\mathrm{d}x$.

解 记 $I(y) = \displaystyle\int_0^\pi \ln(1 + \frac{1}{2}\cos x)\mathrm{d}x$，根据定理 10.3.3 得到

$$I'(y) = \int_0^\pi \frac{\partial}{\partial y}\ln(1 + y\cos x)\mathrm{d}x$$

$$= \int_0^\pi \frac{\cos x}{1 + y\cos x}\mathrm{d}x$$

$$= \frac{\pi}{y} - \frac{1}{y}\int_0^\pi \frac{\mathrm{d}x}{1 + y\cos x}.$$

令 $t = \tan\dfrac{x}{2}$，则 $\cos x = \dfrac{1 - t^2}{1 + t^2}$，$\mathrm{d}x = \dfrac{2\mathrm{d}t}{1 + t^2}$. 于是

$$\int_0^\pi \frac{\mathrm{d}x}{1 + y\cos x} = \int_0^{+\infty} \frac{\dfrac{2}{1 + t^2}}{1 + y\dfrac{1 - t^2}{1 + t^2}}\mathrm{d}t$$

$$= \int_0^{+\infty} \frac{2}{1 + y + (1-y)t^2} dt$$

$$= \frac{2}{\sqrt{1-y^2}} \frac{\pi}{2}.$$

则有

$$I'(y) = \pi \left(\frac{1}{y} - \frac{1}{y\sqrt{1-y^2}} \right),$$

积分得到

$$I(y) = \pi \ln(1 + \sqrt{1-y^2}) + C.$$

当 $y = 0$ 时，$I(0) = 0$，所以 $C = -\pi \ln 2$，则有

$$\int_0^\pi \ln \left(1 + \frac{1}{2} \cos x \right) dx = I \left(\frac{1}{2} \right)$$

$$= \pi \ln \left(1 + \frac{\sqrt{3}}{2} \right) - \pi \ln 2$$

$$= \pi \ln \frac{2 + \sqrt{3}}{4}.$$

10.4　含参变量广义积分

10.4.1　含参变量广义积分的一致收敛

广义积分

$$\Gamma(s) = \int_0^{+\infty} x^{s-1} e^{-x} dx$$

含参变量 s，它有两个奇点：$+\infty$ 和 0。又广义积分

$$B(x, y) = \int_0^1 t^{x-1} (1-t)^{y-1} dt$$

含两个参变量 x 和 y，它也有 $0, 1$ 两个奇点。对有奇点的含参变量积分的讨论涉及一致收敛这一重要概念。

设已给含参变量的广义积分

$$F(x) = \int_c^{+\infty} f(x, y) dy, x \in I$$

I 是任意区间，假设对每个 $x \in I$，上述积分已收敛。先来讨论该积分在奇点 $+\infty$ 处一致收敛的定义。先做出"余积分"：

$$r(x, d) = \int_d^{+\infty} f(x, y) dy, x \in I, d \geqslant c,$$

它是 x, d 的二元函数，在矩形 $I \times [c, +\infty)$ 上有定义。

定义 10.4.1　如果对 $\forall \varepsilon > 0$，$\exists d_\varepsilon > c$ 使得"余积分"绝对值 $|r(x, d)|$ 在矩形 $I \times [d_\varepsilon, +\infty)$ 上小于 ε，如图 10-4-1 所示，即

$$\left| \int_d^{+\infty} f(x, y) dy \right| < \varepsilon, \forall x \in I, d \geqslant d_\varepsilon,$$

则称在奇点 $+\infty$ 处,积分 $\displaystyle\int_c^{+\infty} f(x,y)\mathrm{d}y$ 在 $x \in I$ 时一致收敛.

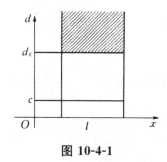

图 10-4-1

定义 10.4.2 如果对 $\forall \varepsilon > 0$,$\exists \delta_\varepsilon > 0$ 使得 $|r(x,\delta)|$ 在矩形 $I \times [0, \delta_\varepsilon)$ 上点点小于 ε,即

$$\left| \int_c^{c+\delta} f(x,y)\mathrm{d}y \right| < \varepsilon,\ \forall\, x \in I, \delta \in [0, \delta_\varepsilon],$$

则称在奇点 c 处积分 $\displaystyle\int_c^{+\infty} f(x,y)\mathrm{d}y$ 在 $x \in I$ 时一致收敛.

当一个含参变量积分有有限多个奇点时,只有积分在每个奇点处都一致收敛时才称该积分一致收敛.

例 10.4.1 证明:$F(s) = \displaystyle\int_0^{+\infty} \mathrm{e}^{-sx} \dfrac{\sin x}{x}\mathrm{d}x$,$s \in [\lambda, M]$ 一致收敛,常数 $M > \lambda > 0$.

证明 用比较判别法可知上述积分收敛,有唯一奇点 $+\infty$,$+\infty$ 处的"余积分",当 $s \in [\lambda, M]$ 时,有

$$\left| \int_d^{+\infty} \mathrm{e}^{-sx} \frac{\sin x}{x}\mathrm{d}x \right| \leqslant \int_d^{+\infty} \mathrm{e}^{-sx}\mathrm{d}x \leqslant \int_d^{+\infty} \mathrm{e}^{-\lambda x}\mathrm{d}x$$

$$= \frac{1}{\lambda}\mathrm{e}^{-\lambda d},$$

$\forall \varepsilon > 0$,取 $\dfrac{1}{\lambda}\mathrm{e}^{-\lambda d_\varepsilon} < \varepsilon$,即 $d_\varepsilon > \dfrac{1}{\lambda}\ln\dfrac{1}{\lambda\varepsilon}$ 且 $d_\varepsilon > 0$,则对 $\forall s \in [\lambda, M], d \geqslant d_\varepsilon$,

$$\left| \int_d^{+\infty} \mathrm{e}^{-sx} \frac{\sin x}{x}\mathrm{d}x \right| < \varepsilon$$

成立,所以上述积分在 $s \in [\lambda, M]$ 上一致收敛.

例 10.4.2 证明:积分 $\Gamma(s) = \displaystyle\int_0^{+\infty} t^{s-1}\mathrm{e}^{-t}\mathrm{d}t$ 在 $s \in (0, +\infty)$ 上内闭一致收敛.

证明 取 $(0, +\infty)$ 得内闭区间 $[\lambda, M], M > \lambda > 0$,以下 $s \in [\lambda, M]$.已给积分有 $0, +\infty$ 两个奇点,把它分成

$$\int_0^{+\infty} t^{s-1}\mathrm{e}^{-t}\mathrm{d}t = \int_0^1 t^{s-1}\mathrm{e}^{-t}\mathrm{d}t + \int_1^{+\infty} t^{s-1}\mathrm{e}^{-t}\mathrm{d}t.$$

先讨论第二个积分,在 $t \in [1, +\infty)$ 上,函数 $t^{M-1}\mathrm{e}^{-\frac{t}{2}}$ 有界,设 $\left| t^{M-1}\mathrm{e}^{-\frac{t}{2}} \right| \leqslant K$,则对 $+\infty$ 处的"余积分"($d \geqslant 1$)有

$$\left| \int_d^{+\infty} t^{s-1}\mathrm{e}^{-t}\mathrm{d}t \right| \leqslant \int_d^{+\infty} t^{M-1}\mathrm{e}^{-t}\mathrm{d}t \leqslant K\int_d^{+\infty} t^{-\frac{t}{2}}\mathrm{d}t = 2K\mathrm{e}^{-\frac{d}{2}},$$

取 $2K\mathrm{e}^{-\frac{1}{2}d_\varepsilon} < \varepsilon$,即 $d_\varepsilon > 2\ln\dfrac{2K}{\varepsilon}$,则当 $s \in [\lambda, M], d \geqslant d_\varepsilon$ 时,

$$\left|\int_d^{+\infty} t^{s-1}\mathrm{e}^{-t}\mathrm{d}t\right| < \varepsilon$$

成立,所以第二个积分在奇点 $+\infty$ 一致收敛.

再来讨论第一个积分,当 $s\in[\lambda,M]$ 时,对 0 点的"余积分"($\delta\in[0,1]$)有

$$\left|\int_0^\delta t^{s-1}\mathrm{e}^{-t}\mathrm{d}t\right| \leqslant \int_0^\delta t^{\lambda-1}\mathrm{d}t = \frac{1}{\lambda}\delta^\lambda,$$

取 $\frac{1}{\lambda}\delta_\varepsilon^\lambda < \varepsilon$,即取正数 $\delta_\varepsilon < (\lambda\varepsilon)^{\frac{1}{\lambda}}$,则当 $s\in[\lambda,M],0\leqslant\delta\leqslant\delta_\varepsilon$ 时,

$$\left|\int_0^\delta t^{s-1}\mathrm{e}^{-t}\mathrm{d}t\right| < \varepsilon$$

成立,所以第一个积分在奇点 0 处一致收敛.

综上所述,本例积分在 $s\in[\lambda,M]$ 时一致收敛,由于 $[\lambda,M]$ 表示了 $(0,+\infty)$ 中的一切内闭区间,则本例得证.

10.4.2　一致收敛的判别法

定理 10.4.1(柯西收敛准则) 广义积分 $\int_c^\lambda f(x,y)\mathrm{d}y$ 关于 x 在 E 上一致收敛的充要条件是对任意 $\varepsilon>0$,存在 λ 的去心邻域 $\hat{N}_\lambda$ 使得只要 $p,q\in\hat{N}_\lambda$ 就有

$$\left|\int_p^q f(x,y)\mathrm{d}y\right| < \varepsilon$$

对所有 $x\in E$ 成立.

证明 必要性的证明无需再讲.

充分性:对每个固定的 x,根据广义积分的柯西收敛准则可知 $\int_c^\lambda f(x,y)\mathrm{d}y$ 收敛.令

$$I(x) = \int_c^\lambda f(x,y)\mathrm{d}y,$$

对任意的 $\varepsilon>0$,存在 $\hat{N}_\lambda$ 使得当 $p,q\in\hat{N}_\lambda$ 时有

$$\left|\int_p^q f(x,y)\mathrm{d}y\right| < \frac{\varepsilon}{2}$$

对所有 $x\in E$ 成立.令 $q\to\lambda$,可得

$$\left|\int_p^\lambda f(x,y)\mathrm{d}y\right| \leqslant \frac{\varepsilon}{2} < \varepsilon,$$

即

$$\left|\int_c^p f(x,y)\mathrm{d}y - I(x)\right| < \varepsilon.$$

使用最多的判别法还是下面的魏尔斯特拉斯判别法,它是由柯西收敛准则推出来的.

定理 10.4.2(魏尔斯特拉斯判别法) 如果 $|f(x,y)|\leqslant g(y)$ 在 $E\times[c,\lambda)$ 上成立,并且广义积分 $\int_c^\lambda g(y)\mathrm{d}y$ 收敛,那么广义积分 $\int_c^\lambda f(x,y)\mathrm{d}y$ 关于 x 在 E 上一致收敛.

定理 10.4.3(阿贝尔判别法) 设 $\int_c^\lambda f(x,y)\mathrm{d}y$ 关于 x 在 E 上一致收敛,$g(x,y)$ 对每个固定的 $x\in E$ 是 y 的单调函数且 $g(x,y)$ 在 $E\times[c,\lambda)$ 上有界,则

$$\int_c^\lambda f(x,y)g(x,y)\mathrm{d}y$$

关于 x 在 E 上一致收敛.

证明　证明的关键是下述积分第二中值定理

$$\int_p^q f(x,y)g(x,y)\mathrm{d}y = g(x,p)\int_p^\varepsilon f(x,y)\mathrm{d}y + g(x,q)\int_\varepsilon^q f(x,y)\mathrm{d}y.$$

$g(x,y)$ 对每个固定的 $x\in E$ 是 y 的单调函数是上式成立的前提.

定理 10.4.4(狄利克雷判别法)　设 $\int_c^p f(x,y)\mathrm{d}y$ 关于 (x,p) 在 $E\times[c,\lambda)$ 上一致有界,$g(x,y)$ 对每个固定的 $x\in E$ 是 y 的单调函数且 $y\to\lambda$ 时,$g(x,y)$ 在 E 上一致收敛于 0,则

$$\int_c^\lambda f(x,y)g(x,y)\mathrm{d}y$$

关于 x 在 E 上一致收敛.

例 10.4.3　证明:积分 $\int_0^{+\infty}\mathrm{e}^{-kx}\cos\alpha x\mathrm{d}x$ 在 $\alpha\in(-\infty,+\infty)$ 上是一致收敛的,其中,k 为正常数.

证明　因为

$$|\mathrm{e}^{-kx}\cos\alpha x|\leqslant\mathrm{e}^{-kx}$$

且 $\int_0^{+\infty}\mathrm{e}^{-kx}\mathrm{d}x$ 收敛,所以根据魏尔斯特拉斯判别法可知原积分在 $(-\infty,+\infty)$ 上一致收敛.

例 10.4.4　证明:积分 $\int_0^{+\infty}\mathrm{e}^{-xy}\dfrac{\sin x}{x}\mathrm{d}x$ 在 $[0,+\infty)$ 上一致收敛.

证明　因为无穷积分 $\int_0^{+\infty}\dfrac{\sin x}{x}\mathrm{d}x$ 收敛,当然关于参量 y 在 $[0,+\infty)$ 一致收敛,函数 e^{-xy} 对每个 $y\in[0,+\infty)$ 关于 x 单调,且当 $y\geqslant 0,x\geqslant 0$ 时有

$$|\mathrm{e}^{-xy}|\leqslant 1,$$

所以根据阿贝尔判别法可得原积分在 $[0,+\infty)$ 上一致收敛.

例 10.4.5　讨论积分

$$\int_0^{+\infty}\frac{\sin y^2}{1+y^x}\mathrm{d}y$$

在 $(0,+\infty)$ 上的一致收敛性.

解　令

$$f(x,y)=\sin y^2,\quad g(x,y)=(1+y^x)^{-1},$$

广义积分

$$\int_0^{+\infty}f(x,y)\mathrm{d}y=\int_0^{+\infty}\sin y^2\mathrm{d}y=\int_0^{+\infty}\frac{\sin t}{2\sqrt{t}}\mathrm{d}t$$

收敛,由于不含 x,所以关于 x 在 $(0,+\infty)$ 上一致收敛.

另外,$g(x,y)$ 对每个固定的 $x\in(0,+\infty)$ 是 y 的单调函数且 $g(x,y)$ 在 $(0,+\infty)\times[0,+\infty)$ 上有界,所以

$$\int_0^{+\infty}\frac{\sin y^2}{1+y^x}\mathrm{d}y$$

在 $(0,+\infty)$ 上一致收敛.

10.4.3　一致收敛积分的性质

定理 10.4.5　设 $f(x,y)$ 在矩形 $I \times [c, +\infty)$ 上连续且积分 $\int_c^{+\infty} f(x,y)\mathrm{d}y$ 在 $x \in I$ 内闭一致收敛,则

$$F(x) = \int_c^{+\infty} f(x,y)\mathrm{d}y$$

在 I 上连续.

证明　I_1 表示 I 任一内闭区间,按一致收敛定义,$\forall \varepsilon > 0$,$\exists d_\varepsilon > c$,当 $d > d_\varepsilon$ 时,

$$\left| \int_d^{+\infty} f(x,y)\mathrm{d}y \right| < \frac{\varepsilon}{3}, x \in I_1.$$

固定这个 d,常义积分

$$F_d(x) = \int_c^d f(x,y)\mathrm{d}y$$

给出连续函数,所以对 I_1 中任一点 $\overline{x}$,必 $\exists \delta > 0$,当 $|x - \overline{x}| < \delta, x \in I$ 时,有

$$\left| F_d(x) - F_d(\overline{x}) \right| < \frac{\varepsilon}{3},$$

综上可知,当 $|x - \overline{x}| < \delta, x \in I_1$ 时,

$$\left| F(x) - F(\overline{x}) \right| \leqslant \left| F_d(x) - F_d(\overline{x}) \right| + \left| \int_d^{+\infty} f(x,y)\mathrm{d}y \right| + \left| \int_d^{+\infty} f(\overline{x},y)\mathrm{d}y \right| < \varepsilon,$$

所以 $F(x)$ 在 I_1 中任一点 $\overline{x}$ 连续,I_1 是 I 任一内闭区间,则 $F(x)$ 在 I 上连续.

这里需要注意的是,如果 c 也是奇点,则定理 10.4.5 只要 f 在 $I \times (c, +\infty)$ 上连续,证明过程只需相应改动一下就行.

定理 10.4.6　设 $f(x,y)$ 在 $[a,b] \times [c, \lambda)$ 上连续,积分 $\int_c^\lambda f(x,y)\mathrm{d}y$ 在 $[a,b]$ 上一致收敛,则

$$\int_a^b \left[\int_c^\lambda f(x,y)\mathrm{d}y \right]\mathrm{d}x = \int_c^\lambda \left[\int_a^b f(x,y)\mathrm{d}x \right]\mathrm{d}y.$$

证明　对等式

$$\int_a^b \left[\int_c^p f(x,y)\mathrm{d}y \right]\mathrm{d}x = \int_c^p \left[\int_a^b f(x,y)\mathrm{d}x \right]\mathrm{d}y,$$

令 $p \to \lambda$,在两端取极限,只需证明

$$\lim_{p \to \lambda} \int_a^b \left[\int_c^p f(x,y)\mathrm{d}y \right]\mathrm{d}x = \int_a^b \left[\int_c^\lambda f(x,y)\mathrm{d}y \right]\mathrm{d}x$$

就可以了.

$\forall \varepsilon > 0$,因为 $\int_c^\lambda f(x,y)\mathrm{d}y$ 在 $[a,b]$ 上一致连续,所以存在 λ 的去心邻域 $\mathring{N}_\lambda$ 使得当 $p \in \mathring{N}_\lambda$ 时,对所有 $x \in [a,b]$ 有

$$\left| \int_c^p f(x,y)\mathrm{d}y - \int_c^\lambda f(x,y)\mathrm{d}y \right| < \frac{\varepsilon}{b-a},$$

所以

$$\left| \int_a^b \left[\int_c^p f(x,y)\mathrm{d}y \right]\mathrm{d}x - \int_a^b \left[\int_c^\lambda f(x,y)\mathrm{d}y \right]\mathrm{d}x \right| < \varepsilon,$$

得证.

定理 10.4.7 设 $f(x,y)$, $\dfrac{\partial f}{\partial x}(x,y)$ 在 $[a,b] \times [c,\lambda)$ 上连续, 对每个 $x \in [a,b]$, 广义积分 $\int_c^\lambda f(x,y)\mathrm{d}y$ 收敛, 另外 $\int_c^\lambda \dfrac{\partial f}{\partial x}(x,y)\mathrm{d}y$ 在 $[a,b]$ 上一致收敛, 则函数 $F(x) = \int_c^\lambda f(x,y)\mathrm{d}y$ 在 $[a,b]$ 上连续可导且

$$F'(x) = \int_c^\lambda \frac{\partial f}{\partial x}(x,y)\mathrm{d}y.$$

证明 利用微分中值定理可得

$$\frac{F(x+\Delta x) - F(x)}{\Delta x} = \int_c^\lambda \frac{\partial f}{\partial x}(x+\Delta x, y)\mathrm{d}y,$$

令 $\Delta x \to 0$, 根据定理 10.4.5 可得

$$F'(x) = \int_c^\lambda \frac{\partial f}{\partial x}(x,y)\mathrm{d}y.$$

例 10.4.6 证明: $F(t) = \displaystyle\int_0^{+\infty} \frac{\sin tx}{x}\mathrm{d}x$ 在任一个区间 $(-\delta, \delta)$ 上不一致收敛, $\delta > 0$.

证明 当 $t > 0$ 时,

$$F(t) = \int_0^{+\infty} \frac{\sin tx}{tx}\mathrm{d}(tx) = \frac{\pi}{2},$$

而

$$F(0) = 0,$$

当 $t < 0$ 时,

$$F(t) = \frac{\pi}{2},$$

所以 $F(t)$ 在 $t = 0$ 不连续, 根据定理 10.4.5 可知, $F(t) = \displaystyle\int_0^{+\infty} \frac{\sin tx}{x}\mathrm{d}x$ 在任一个区间 $(-\delta, \delta)$ 上不一致收敛.

例 10.4.7 证明: 函数

$$F(t) = \int_0^{+\infty} \frac{x\mathrm{d}x}{2 + x^t}$$

在 $(2, +\infty)$ 上连续.

证明 只需证明在任何 $[a,b] \subset (2, +\infty)$ 上,

$$F(t) = \int_1^{+\infty} \frac{x\mathrm{d}x}{2 + x^t}$$

连续. 因为在 $[a,b] \times [1, +\infty)$ 上有

$$\frac{x\mathrm{d}x}{2 + x^t} \leqslant \frac{1}{x^{a-1}},$$

而

$$\int_1^{+\infty} \frac{1}{x^{a-1}}\mathrm{d}x$$

收敛, 所以根据魏尔斯特拉斯判别法可知

$$F(t) = \int_1^{+\infty} \frac{x\mathrm{d}x}{2 + x^t}$$

在 $[a,b]$ 上一致收敛,所以 $F(t)$ 在 $[a,b]$ 上连续,得证.

例 10.4.8　证明:函数

$$F(x) = \int_0^{+\infty} \frac{x}{x^2 + y^2} \mathrm{d}y$$

在 $(0, +\infty)$ 上连续.

证明　对任意 $x_0 \in (0, +\infty)$,存在相应的闭区间 $[a,b]$ 使得 $x_0 \in [a,b] \subset (0, +\infty)$.

令

$$f(x, y) = \frac{x}{x^2 + y^2} ,$$

显然 $f(x,y)$ 在 $[a,b] \times (0, +\infty)$ 上连续,又

$$|f(x,y)| = \left| \frac{x}{x^2 + y^2} \right| \leqslant \frac{b}{a^2 + y^2}, x \in [a,b] ,$$

易知广义积分 $\int_0^{+\infty} \frac{b}{a^2 + y^2} \mathrm{d}y$ 收敛,所以根据魏尔斯特拉斯判别法可知,含参量反常积分 $\int_0^{+\infty} \frac{x}{x^2 + y^2} \mathrm{d}y$ 在 $[a,b]$ 上一致收敛,所以根据定理 10.4.5 可知,$F(x) = \int_0^{+\infty} \frac{x}{x^2 + y^2} \mathrm{d}y$ 在 $[a,b]$ 上连续,当然在 x_0 连续,再根据 x_0 的任意性可得,$F(x) = \int_0^{+\infty} \frac{x}{x^2 + y^2} \mathrm{d}y$ 在 $(0, +\infty)$ 上连续.

例 10.4.9　证明:$\int_0^{+\infty} \frac{\mathrm{e}^{-ay} - \mathrm{e}^{-by}}{y} \mathrm{d}y = \ln \frac{b}{a}, b > a > 0$.

证明　将被积函数表示成积分形式,即

$$\frac{\mathrm{e}^{-ay} - \mathrm{e}^{-by}}{y} = \int_a^b \mathrm{e}^{-xy} \mathrm{d}x .$$

令

$$f(x, y) = \mathrm{e}^{-xy} ,$$

则对 $\forall x \in [a,b], y \geqslant 0$ 有

$$|f(x,y)| \leqslant \mathrm{e}^{-ay} ,$$

易知无穷积分 $\int_0^{+\infty} \mathrm{e}^{-ay} \mathrm{d}y$ 收敛,所以含参量积分 $\int_0^{+\infty} f(x,y) \mathrm{d}y$ 在 $[a,b]$ 上一致收敛,所以

$$\int_0^{+\infty} \frac{\mathrm{e}^{-ay} - \mathrm{e}^{-by}}{y} \mathrm{d}y = \int_0^{+\infty} \mathrm{d}y \int_a^b \mathrm{e}^{-xy} \mathrm{d}x$$

$$= \int_a^b \mathrm{d}x \int_0^{+\infty} \mathrm{e}^{-xy} \mathrm{d}y$$

$$= \int_a^b \frac{1}{x} \mathrm{d}x$$

$$= \ln \frac{b}{a} .$$

例 10.4.10　计算 $F(t) = \int_0^{+\infty} \mathrm{e}^{-tx} \frac{\sin x}{x} \mathrm{d}x$.

解　因为 $\int_0^{+\infty} \frac{1}{x} \sin x \mathrm{d}x$ 收敛,e^{-tx} 对每个 $t \in [0,b]$ 是 x 的单调函数,并且 e^{-tx} 在 $[0,b] \times [0, +\infty)$ 上有界,根据阿贝尔判别法可得

$$\int_0^{+\infty} e^{-tx} \frac{\sin x}{x} dx$$

在 $[0,b]$ 上一致收敛,所以 $F(t)$ 在 $[0,b]$ 上连续,从而在 $[0,+\infty)$ 上连续.

对任何 $[a,b] \subset (0,+\infty)$,根据狄利克雷判别法可得

$$\int_0^{+\infty} \frac{\partial}{\partial t} \left(e^{-tx} \frac{\sin x}{x} \right) dx = -\int_0^{+\infty} e^{-tx} \sin x dx$$

关于 t 在 $[a,b]$ 上一致收敛. 根据定理 10.4.7 可得 $F(t)$ 在 $[a,b]$ 从而在 $(0,+\infty)$ 上有连续导数,

$$
\begin{aligned}
F'(t) &= -\int_0^{+\infty} e^{-tx} \sin x dx \\
&= \int_0^{+\infty} e^{-tx} d\cos x \\
&= -1 + t\int_0^{+\infty} e^{-tx} \cos x dx \text{(分部积分)} \\
&= -1 + t\int_0^{+\infty} e^{-tx} d\sin x \\
&= -1 + t^2 \int_0^{+\infty} e^{-tx} \sin x dx \text{(分部积分)} \\
&= -1 - t^2 F'(t),
\end{aligned}
$$

即

$$F'(t) = -(1+t^2)^{-1},$$

积分得到

$$F(t) = F(0) - \arctan t,$$

又因为 $\lim\limits_{t \to +\infty} F(t) = 0$,而 $\lim\limits_{t \to +\infty} \arctan t = \frac{\pi}{2}$,所以

$$F(0) = \frac{\pi}{2},$$

由此可得

$$F(t) = \frac{\pi}{2} - \arctan t.$$

例 10.4.11 计算无穷积分 $\int_0^{+\infty} \frac{e^{-ax^2} - e^{-x^2}}{x} dx, a > 0$.

解 解法 1:因为

$$\frac{e^{-ax^2} - e^{-x^2}}{x} = -\int_1^a x e^{-tx^2} dt,$$

令

$$f(t,x) = x e^{-tx^2},$$

则 $f(t,x)$ 在 $[1,a] \times [0,+\infty)$ 或 $[a,1] \times [0,+\infty)$ 上连续且 $\int_0^{+\infty} e^{-tx^2} dt$ 对一切 $t \in [1,a]$ 或 $t \in [a,1]$ 上一致收敛,所以

$$\int_0^{+\infty} \frac{e^{-ax^2} - e^{-x^2}}{x} dx = -\int_0^{+\infty} dx \int_1^a x e^{-tx^2} dt$$

$$=-\int_1^a \mathrm{d}t \int_0^{+\infty} x\mathrm{e}^{-tx^2}\,\mathrm{d}x$$

$$=-\int_1^a \frac{1}{2t}\,\mathrm{d}t$$

$$=-\frac{1}{2}\ln a.$$

解法 2:把 a 看成参量,令

$$f(a,x)=\frac{\mathrm{e}^{-ax^2}-\mathrm{e}^{-x^2}}{x},F(a)=\int_0^{+\infty}\frac{\mathrm{e}^{-ax^2}-\mathrm{e}^{-x^2}}{x}\,\mathrm{d}x\,,$$

对任意 $a\in(0,+\infty)$,总存在闭区间 $[\alpha,\beta]$ 使得 $a\in[\alpha,\beta]\subset(0,+\infty)$,显然 $f(a,x)=\dfrac{\mathrm{e}^{-ax^2}-\mathrm{e}^{-x^2}}{x}$ 和 $f_a(a,x)=-x\mathrm{e}^{-ax^2}$ 在 $[\alpha,\beta]\times(0,+\infty)$ 上连续,又由

$$|f_a(a,x)|=|-x\mathrm{e}^{-ax^2}|\leqslant x\mathrm{e}^{-ax^2},a\in[\alpha,\beta]$$

可知无穷积分 $\int_0^{+\infty} x\mathrm{e}^{-ax^2}\,\mathrm{d}x$ 收敛,根据魏尔斯特拉斯判别法可知,含参量反常积分 $\int_0^{+\infty} f_a(a,x)\mathrm{d}x$ 在 $[\alpha,\beta]$ 上一致收敛,又含参量反常积分 $\int_0^{+\infty} f(a,x)\mathrm{d}x$ 在 $[\alpha,\beta]$ 上收敛,所以

$$F'(a)=-\int_0^{+\infty} x\mathrm{e}^{-ax^2}\,\mathrm{d}x=-\frac{1}{2a}$$

或

$$F(a)=\int\frac{1}{2a}\,\mathrm{d}a=-\frac{1}{2}\ln a+C.$$

令 $a=1,F(1)=0$,可得

$$C=0\,,$$

所以

$$F(a)=-\frac{1}{2}\ln a\,,$$

即

$$\int_0^{+\infty}\frac{\mathrm{e}^{-ax^2}-\mathrm{e}^{-x^2}}{x}\,\mathrm{d}x=-\frac{1}{2}\ln a\,.$$

例 10.4.12　计算无穷积分 $I=\displaystyle\int_0^{+\infty}\frac{\arctan bx-\arctan ax}{x}\,\mathrm{d}x,b>a>0$.

解　因为

$$\lim_{x\to 0}\frac{\arctan bx-\arctan ax}{x}=b-a\,,$$

所以 $x=0$ 不是瑕点.

解法 1:因为

$$\frac{\arctan bx-\arctan ax}{x}=\int_a^b\frac{\mathrm{d}t}{1+t^2x^2}\,,$$

所以

$$I=\int_0^{+\infty}\frac{\arctan bx-\arctan ax}{x}\,\mathrm{d}x$$

$$= \int_0^{+\infty} \left(\int_a^b \frac{\mathrm{d}t}{1+t^2x^2} \right) \mathrm{d}x$$

$$= \int_a^b \left(\int_0^{+\infty} \frac{\mathrm{d}t}{1+t^2x^2} \right) \mathrm{d}t$$

$$= \int_a^b \frac{\pi}{2t} \mathrm{d}t$$

$$= \frac{\pi}{2} \ln \frac{b}{a}.$$

解法 2:令

$$I(t) = \int_0^{+\infty} \frac{\arctan tx - \arctan ax}{x} \mathrm{d}x \ ,$$

$$f(t,x) = \frac{\arctan tx - \arctan ax}{x} \ ,$$

则 $f(t,x)$ 在 $a \leqslant t \leqslant b, x \geqslant 0$ 上连续,$f_t(t,x) = \frac{1}{1+t^2x^2}$ 在 $a \leqslant t \leqslant b, x \geqslant 0$ 上也连续. 因为

$$\lim_{x \to +\infty} x^2 \frac{\arctan tx - \arctan ax}{x} = \lim_{x \to +\infty} \frac{\arctan tx - \arctan ax}{\frac{1}{x}}$$

$$= \lim_{x \to +\infty} \frac{\dfrac{t}{1+t^2x^2} - \dfrac{a}{1+a^2x^2}}{-\dfrac{1}{x^2}}$$

$$= \frac{1}{a} - \frac{1}{t} > 0, a < t \leqslant b,$$

所以积分 $\int_0^{+\infty} \frac{\arctan bx - \arctan ax}{x} \mathrm{d}x$ 在 $[a,b]$ 上收敛. 又由

$$\frac{1}{1+t^2x^2} \leqslant \frac{1}{1+a^2x^2}$$

且 $\int_0^{+\infty} \frac{1}{1+a^2x^2} \mathrm{d}x$ 收敛,所以 $\int_0^{+\infty} f_t(t,x)\mathrm{d}x$ 关于 t 在 $[a,b]$ 上收敛,所以

$$I'(t) = \int_0^{+\infty} \frac{\mathrm{d}x}{1+t^2x^2} = \frac{\pi}{2t} \ ,$$

$$I(t) = \frac{\pi}{2} \ln t + C \ ,$$

令 $t=a, F(a)=0$,可得

$$C = -\frac{\pi}{2} \ln a \ ,$$

所以

$$I = I(b) = \frac{\pi}{2} \ln \frac{b}{a} \ .$$

解法 3:把形式为

$$\int_0^{+\infty} \frac{f(bx) - f(ax)}{x} \mathrm{d}x, b > a > 0$$

的积分称为 Froullani(弗罗兰尼)积分,还可用定积分的方法来求其值.

$$
\begin{aligned}
I &= \lim_{\substack{N \to +\infty \\ \varepsilon \to 0+0}} \int_{\varepsilon}^{N} \frac{\arctan bx - \arctan ax}{x} \mathrm{d}x \\
&= \lim_{\substack{N \to +\infty \\ \varepsilon \to 0+0}} \left(\int_{\varepsilon}^{N} \frac{\arctan bx}{x} \mathrm{d}x - \int_{\varepsilon}^{N} \frac{\arctan ax}{x} \mathrm{d}x \right) \\
&= \lim_{\substack{N \to +\infty \\ \varepsilon \to 0+0}} \left(\int_{b\varepsilon}^{bN} \frac{arctan x}{x} \mathrm{d}x - \int_{a\varepsilon}^{aN} \frac{\arctan x}{x} \mathrm{d}x \right) \\
&= \lim_{\substack{N \to +\infty \\ \varepsilon \to 0+0}} \left(\int_{aN}^{bN} \frac{arctan x}{x} \mathrm{d}x - \int_{a\varepsilon}^{b\varepsilon} \frac{\arctan x}{x} \mathrm{d}x \right) \\
&= \lim_{\substack{N \to +\infty \\ \varepsilon \to 0+0}} \left(arctan \varepsilon \ln \frac{b}{a} - \arctan \eta \ln \frac{b}{a} \right) \\
&= \frac{\pi}{2} \ln \frac{b}{a},
\end{aligned}
$$

其中, $a\varepsilon < \eta < bN$.

10.5　欧拉积分

作为含参变量的广义积分理论的应用,本节将讨论两个特殊函数——B 函数和 Γ 函数,统称为欧拉积分.

10.5.1　Γ 函数

定义 10.5.1　含参变量 $s(s > 0)$ 的广义积分

$$
\Gamma(s) = \int_{0}^{+\infty} x^{s-1} \mathrm{e}^{-x} \mathrm{d}x
$$

称为 Γ 函数.

定理 10.5.1　$\Gamma(s)$ 是 $(0, +\infty)$ 上的连续函数.

证明　要证明 $\Gamma(s)$ 在 $s > 0$ 上连续并由任意阶连续函数,只需证明积分

$$
\int_{0}^{+\infty} x^{s-1} (\ln x)^n \mathrm{e}^{-x} \mathrm{d}x, n = 1, 2, n
$$

在 $[\delta, A](\delta < 1)$ 上一致收敛,即在 $(0, +\infty)$ 上内闭一致收敛.

实际上,当 $s \geqslant \delta, 0 \leqslant x \leqslant 1$ 时,不等式

$$
\left| x^{s-1} (\ln x)^n \mathrm{e}^{-x} \right| \leqslant x^{\delta-1} \left| \ln x \right|^n
$$

成立. 因为

$$
\lim_{x \to 0^+} x^{1-\frac{\delta}{2}} \cdot x^{\delta-1} \left| \ln x \right|^n = \lim_{x \to 0^+} x^{\frac{\delta}{2}} \left| \ln x \right|^n = 0,
$$

则反常积分 $\int_{0}^{1} x^{\delta-1} \left| \ln x \right|^n \mathrm{d}x$ 收敛,所以积分

$$
\int_{0}^{1} x^{s-1} (\ln x)^n \mathrm{e}^{-x} \mathrm{d}x
$$

在 $s \geqslant \delta$ 上一致收敛.

又当 $0 < s \leqslant A, x \geqslant 1$ 时,不等式

$$
\left| x^{s-1} (\ln x)^n \mathrm{e}^{-x} \right| \leqslant x^{A+n-1} \mathrm{e}^{-x}
$$

成立. 因为积分

$$\int_1^{+\infty} x^{A+n-1} e^{-x} dx$$

收敛,所以积分

$$\int_1^{+\infty} x^{s-1} (\ln x)^n e^{-x} dx$$

在 $0 \leqslant s \leqslant A$ 上一致收敛.

综上所述,含参量积分 $\int_1^{+\infty} x^{s-1} (\ln x)^n e^{-x} dx$ 在 $\delta \leqslant s \leqslant A$ 上一致收敛.

根据连续性定理和积分号下求导定理可知,$\Gamma(s)$ 在 $[\delta, A]$ 上连续和任意次可导,并且导数连续,再由 δ, A 的任意性可知 $\Gamma(s)$ 在 $(0, +\infty)$ 上连续和任意次连续可导.

Γ 函数有以下几个重要公式:

1.(递推公式):$\Gamma(s+1) = s\Gamma(s)$ $(s > 0)$.

证明 利用分部积分法有

$$\begin{aligned}
\Gamma(s+1) &= \int_0^{+\infty} x^s e^{-x} dx = -\int_0^{+\infty} x^s d e^{-x} \\
&= -x^s e^{-x} \Big|_0^{+\infty} + s \int_0^{+\infty} x^{s-1} e^{-x} dx \\
&= s\Gamma(s),
\end{aligned}$$

其中,由洛必达法则可求得 $\lim\limits_{x \to +\infty} x^s e^{-x} = 0$,显然有

$$\Gamma(1) = \int_0^{+\infty} e^{-x} dx = 1,$$

利用递推公式可得

$$\Gamma(2) = 1\Gamma(1) = 1,$$
$$\Gamma(3) = 2\Gamma(2) = 2!,$$
$$\cdots$$
$$\Gamma(n+1) = n\Gamma(n) = n! \ (n \text{ 为正整数}).$$

2.余元公式:$\Gamma(s)\Gamma(1-s) = \dfrac{\pi}{\sin(\pi s)}$ $(0 < s < 1)$.

当 $s = \dfrac{1}{2}$ 时,由余元公式可得,$\Gamma(\dfrac{1}{2}) = \sqrt{\pi}$.

3.在 $\Gamma(s) = \int_0^{+\infty} x^{s-1} e^{-x} dx$ 中,令 $x = u^2$,可得

$$\Gamma(s) = 2\int_0^{+\infty} x^{2s-1} e^{-u^2} du, \tag{10.5.1}$$

再令 $t = 2s - 1$,则 $s = \dfrac{1+t}{2}$,则有

$$\int_0^{+\infty} x^t e^{-u^2} du = \frac{1}{2}\Gamma(\frac{1+t}{2}) \ (t > -1),$$

这样可通过 Γ 函数计算出来.

在(10.5.1)式中,令 $s = \dfrac{1}{2}$,可得

$$\Gamma\left(\frac{1}{2}\right) = 2\int_0^{+\infty} e^{-u^2}\,du = \sqrt{\pi}\ ,$$

所以

$$\int_0^{+\infty} e^{-u^2}\,du = \frac{\sqrt{\pi}}{2}\ .$$

利用 Γ 函数的递推公式,对计算 Γ 函数的任意一个函数值都可化为求 Γ 函数在 $[0,1]$ 上的函数值.例如,

$$\begin{aligned}
\Gamma(3.4) &= \Gamma(2.4+1) = 2.4 \times \Gamma(2.4)\\
&= 2.4 \times \Gamma(1.4+1) = 2.4 \times 1.4 \times \Gamma(1.4)\\
&= 2.4 \times 1.4 \times \Gamma(0.4+1)\\
&= 2.4 \times 1.4 \times 0.4 \times \Gamma(0.4).
\end{aligned}$$

例 10.5.1　计算下列各值.

(1) $\dfrac{\Gamma(6)}{2\Gamma(3)}$;

(2) $\dfrac{\Gamma\left(\frac{5}{2}\right)}{\Gamma\left(\frac{1}{2}\right)}$.

解　(1)因为

$$\Gamma(6) = 5\Gamma(5) = 5 \times 4\Gamma(4) = 5 \times 4 \times 3\Gamma(3)\ ,$$

所以

$$\frac{\Gamma(6)}{2\Gamma(3)} = \frac{5 \times 4 \times 3\Gamma(3)}{2\Gamma(3)} = 30\ .$$

(2)因为

$$\Gamma\left(\frac{5}{2}\right) = \Gamma\left(\frac{3}{2}+1\right) = \frac{3}{2}\Gamma\left(\frac{3}{2}\right) = \frac{3}{2}\Gamma\left(\frac{1}{2}+1\right) = \frac{3}{2} \times \frac{1}{2}\Gamma\left(\frac{1}{2}\right)\ ,$$

所以

$$\frac{\Gamma\left(\frac{5}{2}\right)}{\Gamma\left(\frac{1}{2}\right)} = \frac{\frac{3}{2} \times \frac{1}{2}\Gamma\left(\frac{1}{2}\right)}{\Gamma\left(\frac{1}{2}\right)} = \frac{3}{4}\ .$$

例 10.5.2　求 $\displaystyle\int_0^{+\infty} x^3 e^{-x}\,dx$.

解　$\displaystyle\int_0^{+\infty} x^3 e^{-x}\,dx = \Gamma(4) = 3! = 6$.

例 10.5.3　求 $\displaystyle\int_0^{+\infty} x^2 e^{1-x}\,dx$.

解　$\displaystyle\int_0^{+\infty} x^2 e^{1-x}\,dx = \int_0^{+\infty} e x^2 e^{-x}\,dx = e\Gamma(3) = e2! = 2e$.

例 10.5.4　求 $\displaystyle\int_0^{+\infty} x^{s-1} e^{-\lambda x}\,dx$.

解　令 $\lambda x = y$,则 $\lambda\,dx = dy$,则

$$\int_0^{+\infty} x^{s-1} e^{-\lambda x}\,dx = \frac{1}{\lambda}\int_0^{+\infty} \left(\frac{y}{\lambda}\right)^{s-1} e^{-y}\,dy = \frac{1}{\lambda^s}\int_0^{+\infty} y^{s-1} e^{-y}\,dy = \frac{\Gamma(s)}{\lambda^s}\ .$$

例 10.5.5 证明：$\dfrac{1}{\sigma\sqrt{2\pi}}\displaystyle\int_{-\infty}^{+\infty}\mathrm{e}^{-\frac{(x-\mu)^2}{2\sigma^2}}\mathrm{d}x=1\;(\sigma>0)$.

证明 令 $u=\dfrac{x-\mu}{\sqrt{2}\,\sigma}$，则 $\mathrm{d}x=\sqrt{2}\,\sigma\mathrm{d}u$，则有

$$\frac{1}{\sigma\sqrt{2\pi}}\int_{-\infty}^{+\infty}\mathrm{e}^{-\frac{(x-\mu)^2}{2\sigma^2}}\mathrm{d}x=\frac{1}{\sigma\sqrt{2\pi}}\int_{-\infty}^{+\infty}\mathrm{e}^{-u^2}\sqrt{2}\,\sigma\mathrm{d}u$$

$$=\frac{1}{\sqrt{\pi}}\int_{-\infty}^{+\infty}\mathrm{e}^{-u^2}\mathrm{d}u\;(因为是偶函数)$$

$$=\frac{2}{\sqrt{\pi}}\int_{0}^{+\infty}\mathrm{e}^{-u^2}\mathrm{d}u$$

$$=\frac{2}{\sqrt{\pi}}\frac{\sqrt{\pi}}{2}$$

$$=1,$$

得证.

10.5.2 B 函数

定义 10.5.2 含参变量的积分

$$B(x,y)=\int_{0}^{1}t^{x-1}(1-t)^{y-1}\mathrm{d}t$$

称为 B 函数，其中，$x>0,y>0$.

定理 10.5.2 对任意的 $x>0,y>0$，有

$$B(x,y)=\int_{0}^{+\infty}\frac{z^{y-1}}{(1+z)^{x+y}}\mathrm{d}z.$$

证明 根据定义可得

$$B(x,y)=\int_{0}^{1}t^{x-1}(1-t)^{y-1}\mathrm{d}t,$$

令 $t=\dfrac{1}{1+z}$，则 $1-t=\dfrac{z}{1+z}$，$\mathrm{d}t=-\dfrac{\mathrm{d}z}{(1+z)^2}$，代入上式可得

$$B(x,y)=\int_{0}^{+\infty}\frac{z^{y-1}}{(1+z)^{x+y}}\mathrm{d}z\;(x>0,y>0).$$

定理 10.5.3 对任意的 $x>0,y>0$，有

$$B(x,y)=\frac{\Gamma(x)\Gamma(y)}{\Gamma(x+y)}.$$

证明 当 $x>0,y>0$ 时，

$$\Gamma(x)\Gamma(y)=\int_{0}^{+\infty}u^{x-1}\mathrm{e}^{-u}\mathrm{d}u\int_{0}^{+\infty}v^{y-1}\mathrm{e}^{-v}\mathrm{d}v,$$

在上式中，令 $v=ut$，再交换积分次序可得

$$\Gamma(x)\Gamma(y)=\int_{0}^{+\infty}u^{x-1}\mathrm{e}^{-u}\mathrm{d}u\int_{0}^{+\infty}u^y t^{y-1}\mathrm{e}^{-ut}\mathrm{d}t$$

$$=\int_{0}^{+\infty}t^{y-1}\mathrm{d}t\int_{0}^{+\infty}u^{x+y-1}\mathrm{e}^{-(1+t)u}\mathrm{d}u,$$

在右端用变量代换 $w=u(1+t)$，可得

$$\Gamma(x)\Gamma(y) = \int_0^{+\infty} t^{y-1} \mathrm{d}t \int_0^{+\infty} \frac{w^{x+y-1} \mathrm{e}^{-w}}{(1+t)^{x+y}} \mathrm{d}w$$

$$= \Gamma(x+y) \int_0^{+\infty} \frac{t^{y-1}}{(1+t)^{x+y}} \mathrm{d}t$$

$$= \Gamma(x+y) B(x+y),$$

那么

$$B(x,y) = \frac{\Gamma(x)\Gamma(y)}{\Gamma(x+y)} \quad (x>0, y>0).$$

由于证明交换积分次序的合理性很繁琐,在这里我们略去了.

根据定理 10.5.3 和 Γ 函数的递推公式可得 B 函数的递推公式

$$B(x+1, y+1) = \frac{xy}{(x+y)(x+y+1)} B(x,y).$$

实际上,我们有

$$B(x+1, y+1) = \frac{\Gamma(x+1)\Gamma(y+1)}{\Gamma(x+y+2)}$$

$$= \frac{x\Gamma(x) y\Gamma(y)}{(x+y+1)(x+y)\Gamma(x+y)}$$

$$= \frac{xy}{(x+y)(x+y+1)} B(x,y).$$

由定理 10.5.3 和 Γ 函数的性质很容易得到 B 函数的另一些公式:

1. $B(x,y) = B(y,x)$,即 B 函数关于变量 x, y 是对称的;

2. $B(m,n) = \dfrac{(m-1)!(n-1)!}{(m+n-1)!}$,其中, m, n 是自然数.

例 10.5.6　求 $\displaystyle\int_0^{+\infty} \frac{\mathrm{d}x}{1+x^4}$.

解　令 $t = x^4$,则

$$\int_0^{+\infty} \frac{\mathrm{d}x}{1+x^4} = \frac{1}{4} \int_0^{+\infty} \frac{t^{\frac{1}{4}-1}}{1+t} \mathrm{d}t$$

$$= \frac{1}{4} B\left(\frac{1}{4}, \frac{3}{4}\right)$$

$$= \frac{1}{4} \frac{\pi}{\sin \frac{\pi}{4}}$$

$$= \frac{\pi}{2\sqrt{2}}.$$

例 10.5.7　求 $\displaystyle\int_0^{\frac{\pi}{2}} \sin^n x \cos^m x \, \mathrm{d}x$,其中, n, m 都是非负整数.

解　令 $t = \sin^2 x$,则有

$$\int_0^{\frac{\pi}{2}} \sin^n x \cos^m x \, \mathrm{d}x = \frac{1}{2} \int_0^1 t^{\frac{n-1}{2}} (1-t)^{\frac{m-1}{2}} \mathrm{d}t$$

$$= \frac{1}{2} B\left(\frac{n+1}{2}, \frac{m+1}{2}\right)$$

$$= \frac{1}{2}\frac{\Gamma\left(\frac{n+1}{2}\right)\Gamma\left(\frac{m+1}{2}\right)}{\Gamma\left(\frac{n+m}{2}+1\right)}.$$

在这个表达式中，Γ 函数的自变量所取的值或是整数，或是半整数，所以所求的积分是可以算出来的. 特别的当 $m=0$ 时，就有

$$\int_0^{\frac{\pi}{2}}\sin^n x\,\mathrm{d}x = \frac{1}{2}\frac{\Gamma\left(\frac{1}{2}\right)\Gamma\left(\frac{n+1}{2}\right)}{\Gamma\left(\frac{n}{2}+1\right)} = \begin{cases} \dfrac{(n-1)!!}{n!!}\dfrac{\pi}{2}, & n\text{ 是偶数} \\ \dfrac{(n-1)!!}{n!!}, & n\text{ 是奇数} \end{cases}.$$

第 11 章　重积分及其应用

11.1　二重积分的概念与性质

11.1.1　二重积分的概念

下面先研究两个实例.

例 11.1.1　设有一平面薄板,它所占平面区域为 xOy 平面上的有界闭区域 D ,它在点 (x, y) 处的面密度为 $\rho(x,y)$,且 $\rho(x,y) \geqslant 0$,在 D 上连续,如图 11-1-1 所示.

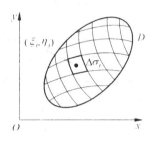

图 11-1-1

下面求该薄板的质量 m .

如果薄板是均匀的,即面密度是常数,那么薄板的质量可以用公式

$$质量＝面密度×面积$$

来计算.

现在面密度 $\mu(x,y)$ 不是常量,此时薄板的质量就不能直接用上式直接计算,可采用如下方法计算:

(1)分割:将薄板所在的区域 D 任意分成 n 个小块 $\Delta\sigma_i (i = 1, 2, \cdots, n)$,并用 $\Delta\sigma_i$ 表示第 i 个小区域的面积, $\Delta m_i (i = 1, 2, \cdots, n)$ 表示第 i 个小块的质量.

(2)近似代替:当小区域 $\Delta\sigma_i$ 很小时,这些小块就可以近似地看做均匀薄板.于是,利用均匀薄板的质量求解公式,在第 i 个小区域 $\Delta\sigma_i$ 上任取一点 (ξ_i, η_i) ,则有

$$\Delta m_i \approx \rho(\xi_i, \eta_i)\Delta\sigma_i, (i = 1, 2, \cdots, n),$$

其中 Δm_i 便是近似求得的第 i 小块的质量.

(3)求和:令 λ_i 为 $\Delta\sigma_i$ 的直径,设 $\lambda = \max\{\lambda_1, \lambda_2, \cdots, \lambda_n\}$,它表示所有小区域中的最大直径. m 的近似值为 n 个小块的质量之和,即

$$m = \sum_{i=1}^{n} \Delta m_i \approx \sum_{i=1}^{n} \rho(\xi_i, \eta_i)\Delta\sigma_i.$$

(4)取极限:当 λ 足够小时,这个 m 的近似值也就足够精确,当 λ 趋近于 0 时,和式 $\sum_{i=1}^{n} \rho(\xi_i,$

$\eta_i)\Delta\sigma_i$ 的极限即为薄板的质量 m ,即

$$m = \lim_{\lambda \to 0}\sum_{i=1}^{n}\rho(\xi_i,\eta_i)\Delta\sigma_i.$$

例 11.1.2　设有一个柱体,它以 xOy 面上的有界闭区域 D 为底,以 D 的边界曲线为准线,母线平行于 z 轴的柱面,并以 $z = f(x,y)$ 所围成的几何体为曲顶,其中,$(x,y) \in D,f(x,y) \geqslant 0$ 且连续,我们称这个柱体为曲顶柱体,如图 11-1-2 所示.

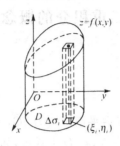

图 11-1-2

现在我们来分析该曲顶柱体的体积,可用如下方法求解曲面柱体的体积:

(1)分割:把区域 D 任意分成 n 个小区域 $\Delta\sigma_1,\Delta\sigma_2,\cdots,\Delta\sigma_n$,分别以这些小闭区域的边界曲线为准线,作母线平行于 z 轴的柱面,这些柱面把原来的曲顶柱体分为 n 个小曲顶柱体,如图 11-1-2.假设第 i 个小曲顶柱体的体积为 ΔV_i ,则

$$V = \Delta V_1 + \Delta V_2 + \cdots + \Delta V_n = \sum_{i=1}^{n}\Delta V_i.$$

(2)近似代替:在每个小闭区域 $\Delta\sigma_i$(其面积也记为 $\Delta\sigma_i$)上任取一点 (ξ_i,η_i) ,则 ΔV_i 近似等于以 $\Delta\sigma_i$ 为底,以 $f(\xi_i,\eta_i)$ 为高的平顶柱体的体积,即

$$\Delta V_i \approx f(\xi_i,\eta_i)\Delta\sigma_i, i = 1,2,\cdots,n.$$

(3)求和:所有小曲顶柱体体积之和为整个曲顶柱积,则曲顶柱体体积的近似值为

$$V = \sum_{i=1}^{n}\Delta V_i \approx \sum_{i=1}^{n}f(\xi_i,\eta_i)\Delta\sigma_i,(\xi_i,\eta_i) \in \Delta\sigma_i.$$

(4)取极限:分割的越细,上述近似值越精确,记 λ 为 $\Delta\sigma_i$ 的直径(一个闭区域的直径是指区域上任意两点间距离的最大值)中的最大者,所以令 $\lambda \to 0$,取上述和的极限,则有

$$V = \lim_{\lambda \to 0}\sum_{i=1}^{n}f(\xi_i,\eta_i)\Delta\sigma_i.$$

虽然上面两个问题的实际意义完全不同,但分析问题和解决问题的方法和步骤是完全相同的,最后都归结为求一个特殊和式的极限问题,这种和的极限可以抽象出二重积分的定义.

定义 11.1.1　设二元函数 $f(x,y)$ 在有界闭区域 D 上有定义,把闭区域 D 任意分成 n 个小闭区域 $\Delta\sigma_1,\Delta\sigma_2,\cdots,\Delta\sigma_n$,其中 $\Delta\sigma_i$ 表示第 i 个小闭区域,同时也表示第 i 个小闭区域的面积,在每个 $\Delta\sigma_i$ 上任取一点 (ξ_i,η_i) ,作乘积

$$f(\xi_i,\eta_i)\Delta\sigma_i(i = 1,2,\cdots,n),$$

并作和式

$$\sum_{i=1}^{n}f(\xi_i,\eta_i)\Delta\sigma_i, \tag{10.1.1}$$

如果当各小闭区域直径中的最大值 λ 趋近于 0 时,(10.1.1)式的极限存在,则称此极限为函数 $f(x,y)$ 在闭区域 D 上的二重积分,记为

$$\iint\limits_{D} f(x,y)\mathrm{d}\sigma$$

或

$$\iint\limits_{D} f(x,y)\mathrm{d}x\mathrm{d}y,$$

即

$$\iint\limits_{D} f(x,y)\mathrm{d}\sigma = \iint\limits_{D} f(x,y)\mathrm{d}x\mathrm{d}y = \lim_{\lambda \to 0}\sum_{i=1}^{n} f(\xi_i,\eta_i)\Delta\sigma_i,$$

其中 $f(x,y)$ 称为被积函数,$\mathrm{d}\sigma$ 称为面积微元,$f(x,y)\mathrm{d}\sigma$ 称为被积表达式,x 和 y 称为积分变量,D 称为积分区域,并称 $\sum\limits_{i=1}^{n} f(\xi_i,\eta_i)\Delta\sigma_i$ 为积分和.

如果上述极限不存在,说明函数 $f(x,y)$ 在闭区域 D 上是不可积的.

在二重积分定义中的 $f(\xi_i,\eta_i)\Delta\sigma_i$ 是以 $\Delta\sigma_i$ 为底,以 $f(\xi_i,\eta_i)$ 为高的平顶柱体的体积,当 $\Delta\sigma_i$ 的直径很小时,$f(x,y)$ 在 $\Delta\sigma_i$ 上变化很小,因此可将以 $\Delta\sigma_i$ 为底,以 $z = f(x,y)$ 为顶的小曲顶柱体近似地看做平顶柱体,其体积的近似值可取为 $f(\xi_i,\eta_i)\Delta\sigma_i$,于是积分和 $\sum\limits_{i=1}^{n} f(\xi_i,\eta_i)\Delta\sigma_i$ 就是整个曲顶柱体体积的近似值.显然,当 $\lambda \to 0$ 时,积分和以曲顶柱体的体积为极限,即二重积分等于曲顶柱体的体积,这就是二重积分的几何意义.如果 $f(x) \leqslant 0$,则曲顶柱体就在 xOy 平面的下方,二重积分的值是负的,因而曲顶柱体的体积就是二重积分的负值;如果 $f(x,y)$ 在 D 的某些区域上为正,在某些区域上为负,则二重积分 $\iint\limits_{D} f(x,y)\mathrm{d}\sigma$ 就等于这些区域上曲顶柱体体积的代数和.

对于二重积分,需要注意以下几点:

(1)如果被积函数 $f(x,y)$ 在有界闭区域 D 上连续,则一定可积;

(2)二重积分的积分值域 $\iint\limits_{D} f(x,y)\mathrm{d}\sigma$ 与区域 D 的分割方式及点 (ξ_i,η_i) 的取法无关.

例 11.1.3　已知 D 为区域 $x^2 + y^2 \leqslant 1$,求 $\iint\limits_{D} \sqrt{1-x^2-y^2}\,\mathrm{d}\sigma$ 的值.

解　由于被积函数

$$z = \sqrt{1-x^2-y^2} \geqslant 0,$$

根据二重积分的几何意义可知,$\iint\limits_{D} \sqrt{1-x^2-y^2}\,\mathrm{d}\sigma$ 在数值上等于以曲面 $z = \sqrt{1-x^2-y^2}$ 为顶,以 D 为底的曲顶柱体的体积.它实际上是一个半径为 1 的半球体的体积,因此

$$\iint\limits_{D} \sqrt{1-x^2-y^2}\,\mathrm{d}\sigma = \frac{1}{2}V_{球} = \frac{1}{2} \times \frac{4}{3}\pi \times 1^2 = \frac{2}{3}\pi.$$

11.1.2　二重积分的性质

将二重积分与定积分的定义相比较,可看出它们是十分类似的概念.在 $\iint\limits_{D} f(x,y)\mathrm{d}\sigma$ 与

$\iint\limits_{D} g(x,y)\mathrm{d}\sigma$ 均存在的条件下,可使用类似证明定积分性质的方法来证明二重积分具有如下性质:

性质 11.1.1 如果 $f(x,y)$ 在区域 D 上可积,k 为常数,则 $kf(x,y)$ 在 D 上也可积,且

$$\iint\limits_{D} kf(x,y)\mathrm{d}\sigma = k\iint\limits_{D} f(x,y)\mathrm{d}\sigma.$$

证明 根据二重积分的定义和极限的性质可知

$$\iint\limits_{D} f(x,y)\mathrm{d}\sigma = \lim_{\lambda\to 0}\sum_{i=1}^{n} f(\xi_i,\eta_i)\Delta\sigma_i,$$

$$\iint\limits_{D} kf(x,y)\mathrm{d}\sigma = \lim_{\lambda\to 0}\sum_{i=1}^{n} kf(\xi_i,\eta_i)\Delta\sigma_i = k\lim_{\lambda\to 0}\sum_{i=1}^{n} kf(\xi_i,\eta_i)\Delta\sigma_i,$$

所以

$$\iint\limits_{D} kf(x,y)\mathrm{d}\sigma = k\iint\limits_{D} f(x,y)\mathrm{d}\sigma.$$

性质 11.1.2 如果 $f(x,y),g(x,y)$ 均在区域 D 上可积,则 $f(x,y)\pm g(x,y)$ 在区域 D 上也可积,且

$$\iint\limits_{D}\left[f(x,y)\pm g(x,y)\right]\mathrm{d}\sigma = \iint\limits_{D} f(x,y)\mathrm{d}\sigma \pm \iint\limits_{D} g(x,y)\mathrm{d}\sigma.$$

上述两性质合称为二重积分的线性性质.

性质 11.1.3 设函数 $f(x,y)$ 在有界闭区域 D 上可积,且 $f(x,y)\geqslant 0$,则

$$\iint\limits_{D} f(x,y)\mathrm{d}\sigma \geqslant 0.$$

性质 11.1.4(积分对于区域的可加性) 设 $D = D_1\bigcup D_2\bigcup\cdots\bigcup D_n$,且 $D_1,D_2,\cdots,D_n$ 中任意两个区域无公共点,则 $f(x,y)$ 在有界闭区域 D 上可积的充分必要条件是 $f(x,y)$ 在 D_1,$D_2,\cdots,D_n$ 上都可积,并且

$$\iint\limits_{D} f(x,y)\mathrm{d}\sigma + \iint\limits_{D_1} f(x,y)\mathrm{d}\sigma + \cdots + \iint\limits_{D_n} f(x,y)\mathrm{d}\sigma.$$

性质 11.1.5(保序性) 设函数 $f(x,y),g(x,y)$ 都在有界闭区域 D 上可积,且 $f(x,y)\geqslant g(x,y),\forall(x,y)\in D$,则

$$\iint\limits_{D} f(x,y)\mathrm{d}\sigma \geqslant \iint\limits_{D} g(x,y)\mathrm{d}\sigma.$$

证明 设

$$h(x,y) = f(x,y) - g(x,y),$$

则

$$h(x,y)\geqslant 0,$$

根据性质 11.1.3 可知

$$\iint\limits_{D} h(x,y)\mathrm{d}\sigma \geqslant 0,$$

再根据性质 11.1.2 可知

$$\iint\limits_{D} h(x,y)\mathrm{d}\sigma = \iint\limits_{D}[f(x,y)-g(x,y)]\mathrm{d}\sigma = \iint\limits_{D}f(x,y)\mathrm{d}\sigma - \iint\limits_{D}g(x,y)\mathrm{d}\sigma,$$

由以上两式可得

$$\iint\limits_{D}f(x,y)\mathrm{d}\sigma - \iint\limits_{D}g(x,y)\mathrm{d}\sigma \geqslant 0,$$

即

$$\iint\limits_{D}f(x,y)\mathrm{d}\sigma \geqslant \iint\limits_{D}g(x,y)\mathrm{d}\sigma.$$

性质 11.1.6　设有界闭区域 D 的面积是 σ,则

$$\iint\limits_{D}1\mathrm{d}\sigma = \sigma.$$

此性质的几何意义是:以 D 为底、以 1 为高的平顶柱体的体积在数值上等于柱体的底面积.

性质 11.1.7　设函数 $f(x,y)$ 在有界闭区域 D 上可积,则

$$\left|\iint\limits_{D}f(x,y)\mathrm{d}\sigma\right| \leqslant \iint\limits_{D}|f(x,y)|\mathrm{d}\sigma.$$

性质 11.1.8（积分中值定理）　设函数 $f(x,y)$ 在有界闭区域 D 上连续,则至少存在一点 $(\xi,\eta)\in D$ 使得

$$\iint\limits_{D}f(x,y)\mathrm{d}\sigma = f(\xi,\eta)\sigma,$$

其中 σ 为积分区域 D 的面积.

性质 11.1.9（估值定理）　设函数 $f(x,y)$ 在区域 D 上可积,且 $m\leqslant f(x,y)\leqslant M$,则

$$m\sigma \leqslant \iint\limits_{D}f(x,y)\mathrm{d}\sigma \leqslant M\sigma.$$

证明　因为函数 $f(x,y)$ 在有界闭区域 D 上连续,所以根据最值定理可知函数 $f(x,y)$ 在 D 上可取得最小值 m 和最大值 M,即

$$m \leqslant f(x,y) \leqslant M,$$

则根据性质 11.1.5 可得

$$\iint\limits_{D}m\mathrm{d}\sigma \leqslant \iint\limits_{D}f(x,y)\mathrm{d}\sigma \leqslant \iint\limits_{D}M\mathrm{d}\sigma,$$

又由性质 11.1.1 和性质 11.1.6 可得

$$m\sigma \leqslant \iint\limits_{D}f(x,y)\mathrm{d}\sigma \leqslant M\sigma,$$

两边同除以 σ 可得

$$m \leqslant \frac{1}{\sigma}\iint\limits_{D}f(x,y)\mathrm{d}\sigma \leqslant M,$$

得证.

根据积分中值定理可知,在 D 上至少有一点 (ξ,η) 使得

$$\frac{1}{\sigma}\iint\limits_{D}f(x,y)\mathrm{d}\sigma = f(\xi,\eta)$$

或

$$\iint\limits_{D} f(x,y)\,\mathrm{d}\sigma = \sigma f(\xi,\eta)\,,$$

性质 11.1.9 得证.

例 11.1.4 设 D 是圆环 $1 \leqslant x^2 + y^2 < 4$,证明:

$$\frac{3\pi}{\mathrm{e}^4} \leqslant \iint\limits_{D} \mathrm{e}^{-(x^2+y^2)}\,\mathrm{d}\sigma \leqslant \frac{3\pi}{\mathrm{e}}\,.$$

证明 由题意可得区域 D 的面积为

$$\sigma = \pi \cdot 2^2 - \pi \cdot 1^2 = 3\pi\,,$$

因为

$$1 \leqslant x^2 + y^2 < 4\,,$$

所以

$$\frac{3\pi}{\mathrm{e}^4} = \frac{1}{\mathrm{e}^4}\iint\limits_{D}\mathrm{d}\sigma \leqslant \iint\limits_{D}\mathrm{e}^{-(x^2+y^2)}\,\mathrm{d}\sigma \leqslant \frac{1}{\mathrm{e}}\iint\limits_{D}\mathrm{d}\sigma = \frac{3\pi}{\mathrm{e}}\,,$$

即

$$\frac{3\pi}{\mathrm{e}^4} \leqslant \iint\limits_{D}\mathrm{e}^{-(x^2+y^2)}\,\mathrm{d}\sigma \leqslant \frac{3\pi}{\mathrm{e}}\,.$$

例 11.1.5 估计二重积分 $I = \iint\limits_{D}(x^2 + 4y^2 + 9)\,\mathrm{d}\sigma$ 的值,其中 D 为圆形区域 $x^2 + y^2 \leqslant 4$.

解 设 $f(x,y) = x^2 + 4y^2 + 9$,则它在闭区域 D 上连续,因此函数在 D 上必须达到最大值 M 和最小值 m.

因为

$$\begin{cases} f_x(x,y) = 2x = 0 \\ f_y(x,y) = 8y = 0 \end{cases},$$

可得驻点为 $(0,0)$. 记作

$$F(x,y,\lambda) = x^2 + 4y^2 + 9 + \lambda(x^2 + y^2 - 4)\,,$$

根据

$$\begin{cases} F_x = 2x + 2x\lambda = 0 \\ F_y = 2y + 2y\lambda = 0 \\ F_\lambda = x^2 + y^2 - 4 = 0 \end{cases},$$

可得驻点 $(0,\pm2)$,$(\pm2,0)$. 列表比较(见表 11-1-1).

表 11-1-1

(x,y)	$(0,0)$	$(0,\pm2)$	$(\pm2,0)$
$f(x,y)$	9	25	13

所以在 D 上 $f(x,y)$ 的最大值、最小值分别为

$$M = 25, m = 9\,.$$

又 D 的面积为 $\sigma = 4\pi$,所以

$$9 \times 4\pi \leqslant I \leqslant 25 \times 4\pi, 36\pi \leqslant I \leqslant 100\pi\,.$$

例 11.1.6 利用二重积分的性质比较 $\iint\limits_{D}(x+y)^2\,\mathrm{d}\sigma$ 和 $\iint\limits_{D}(x+y)^3\,\mathrm{d}\sigma$,$D$ 由 x 轴、y 轴及直线

$x + y = 1$ 围成.

解　区域 D 满足 $0 \leqslant x + y \leqslant 1$,所以
$$(x + y)^2 \geqslant (x + y)^3 ,$$
易知
$$\iint\limits_{D} (x + y)^2 \mathrm{d}\sigma \geqslant \iint\limits_{D} (x + y)^3 \mathrm{d}\sigma .$$

例 11.1.7　估计二重积分
$$I = \iint\limits_{D} \frac{\mathrm{d}\sigma}{\sqrt{x^2 + y^2 + 2xy + 16}}$$
的值,其中积分区域 D 为矩形闭区域 $\{(x,y) \mid 0 \leqslant x < 1, 0 \leqslant y \leqslant 2\}$.

解　由于
$$f(x,y) = \frac{1}{\sqrt{x^2 + y^2 + 2xy + 16}} ,$$
区域 D 的面积 $\sigma = 2$,且在 D 上 $f(x,y)$ 的最大值和最小值分别为
$$M = \frac{1}{\sqrt{(0 + 0)^2 + 4^2}} = \frac{1}{4}, m = \frac{1}{\sqrt{(1 + 2)^2 + 4^2}} = \frac{1}{5} ,$$
所以
$$\frac{1}{5} \times 2 \leqslant I \leqslant \frac{1}{4} \times 2 ,$$
即
$$\frac{2}{5} \leqslant I \leqslant \frac{2}{4} .$$

11.2　二重积分的计算

11.2.1　直角坐标系下二重积分的计算

在直角坐标系 xOy 中,用两组平行于坐标轴的直线划分区域 D,则除了包含边界的一些小闭区域外,其余小闭区域都是矩形. 设矩形闭区域 $\Delta\sigma_i$ 的边长为 Δx_i 和 Δy_i,如图 11-2-1 所示,则
$$\Delta\sigma_i = \Delta x_i \Delta y_i ,$$
把面积微元 $\mathrm{d}\sigma$ 写成 $\mathrm{d}x\mathrm{d}y$,由此
$$\iint\limits_{D} f(x,y)\mathrm{d}\sigma = \iint\limits_{D} f(x,y)\mathrm{d}x\mathrm{d}y .$$

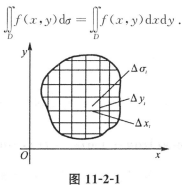

图 11-2-1

下面给出二重积分的计算方法,根据二重积分的定义,对闭区域 D 的划分是任意的.为方便起见,不妨设被积函数 $f(x,y) \geqslant 0$,现就区域 D 的不同形状分情况讨论.

(1)称形如
$$D = \{(x,y) \mid \varphi_1(x) \leqslant y \leqslant \varphi_2(x), x \in [a,b]\}$$
的区域为 X 型域,其中 $y = \varphi_1(x)$ 和 $y = \varphi_2(x)$ 均为 $[a,b]$ 上的连续函数,如图 11-2-2 所示. X 型域的特点是:任何平行于 y 轴且穿过区域 D 内部的直线与 D 的边界相交不多于两点.

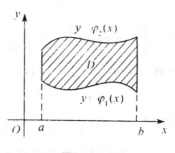

图 11-2-2

在此求以 $z = f(x,y)$ 为顶,以 D 为底的曲顶柱体的体积.在区间 $[a,b]$ 内任取 x,过 x 作垂直于 x 轴的平面与柱体相交,截出的面积设为 $S(x)$,如图 11-2-3 所示.

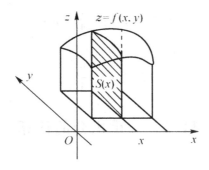

图 11-2-3

由定积分可知
$$S(x) = \int_{\varphi_1(x)}^{\varphi_2(x)} f(x,y)\mathrm{d}y ,$$
所求曲顶柱体的体积为
$$V = \int_a^b S(x)\mathrm{d}x = \int_a^b \left[\int_{\varphi_1(x)}^{\varphi_2(x)} f(x,y)\mathrm{d}y\right]\mathrm{d}x , \tag{11.2.1}$$
上式右端也可写成
$$\int_a^b \mathrm{d}x \int_{\varphi_1(x)}^{\varphi_2(x)} f(x,y)\mathrm{d}y ,$$
这一结果也是所求二重积分 $\iint\limits_D f(x,y)\mathrm{d}x\mathrm{d}y$ 的值,便可得到 X 型域上二重积分的计算公式
$$\iint\limits_D f(x,y)\mathrm{d}x\mathrm{d}y = \int_a^b \mathrm{d}x \int_{\varphi_1(x)}^{\varphi_2(x)} f(x,y)\mathrm{d}y . \tag{11.2.2}$$

从上面的公式可以看出,计算二重积分需要计算两次定积分:先把 x 视为常数,将函数

$f(x,y)$ 看作以 y 为变量的一元函数,并在 $\left[\varphi_1(x),\varphi_2(x)\right]$ 上对 y 求定积分,第一次积分的结果与 x 有关;第二次积分时,x 是积分变量,积分限是常数,计算结果是一个定值.以上过程称为先对 y 后对 x 的累次积分或二次积分.

（2）称形如
$$D = \{(x,y) \mid \psi_1(x) \leqslant x \leqslant \psi_2(x), y \in [c,d]\}$$
的区域为 Y 型域,其中 $\psi_1(x)$ 与 $\psi_2(x)$ 均在 $[c,d]$ 上连续,如图 11-2-4 所示.Y 型域的特点是:任何平行于 x 且穿过区域 D 内部的直线与 D 的边界相交不多于两点.

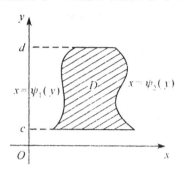

图 11-2-4

当 D 为 Y 型域时,有
$$\iint\limits_{D} f(x,y)\mathrm{d}x\mathrm{d}y = \int_c^d \mathrm{d}y \int_{\psi_1(x)}^{\psi_2(x)} f(x,y)\mathrm{d}x .$$

（3）对于那些既不是 X 型域也不是 Y 型域的有界闭区域,可分解成若干个 X 型域和 Y 型域的并集,如图 11-2-5 所示.

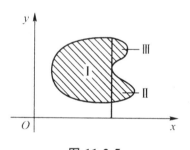

图 11-2-5

（4）如果区域 D 既为 X 型域又为 Y 型域,且 $f(x,y)$ 在 D 上连续时,如图 11-2-6 所示,则有
$$\int_a^b \mathrm{d}x \int_{\varphi_1(x)}^{\varphi_2(x)} f(x,y)\mathrm{d}y = \int_c^d \mathrm{d}y \int_{\psi_1(x)}^{\psi_2(x)} f(x,y)\mathrm{d}x ,$$
即累次积分可交换积分顺序.

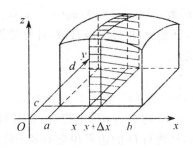

图 11-2-6

例 11.2.1　计算 $\iint\limits_{D} xy\mathrm{d}x\mathrm{d}y$,其中 D 为 $y = x^2 , y = \sqrt{2-x^2}$ 及 x 轴所围成的区域.

解　区域 D 如图 11-2-7 所示.

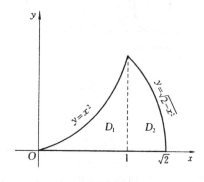

图 11-2-7

解法 1:这里采用先对 y 后对 x 积分.

$0 \leqslant x \leqslant \sqrt{2}$,此时图形 D 不再属于标准图形,所以要将 D 分割,不妨把 D 分割成 D_1 , D_2 两部分. 即

$$D_1 = \{(x,y) \mid 0 \leqslant x \leqslant 1 , 0 \leqslant y \leqslant x^2\} ,$$
$$D_2 = \{(x,y) \mid 1 \leqslant x \leqslant \sqrt{2} , 0 \leqslant y \leqslant \sqrt{2-x^2}\} ,$$

从而

$$
\begin{aligned}
\iint\limits_{D} xy\mathrm{d}x\mathrm{d}y &= \iint\limits_{D_1} xy\mathrm{d}x\mathrm{d}y + \iint\limits_{D_2} xy\mathrm{d}x\mathrm{d}y \\
&= \int_0^1 \mathrm{d}x \int_0^{x^2} xy\,\mathrm{d}y + \int_1^{\sqrt{2}} \mathrm{d}x \int_0^{\sqrt{2-x^2}} xy\,\mathrm{d}y \\
&= \int_0^1 \left(\frac{1}{2}xy^2\right)\Big|_0^{x^2} \mathrm{d}x + \int_1^{\sqrt{2}} \left(\frac{1}{2}xy^2\right)\Big|_0^{\sqrt{2-x^2}} \mathrm{d}x \\
&= \frac{1}{2}\int_0^1 x^5 \mathrm{d}x + \frac{1}{2}\int_1^{\sqrt{2}} x(2-x^2)\mathrm{d}x \\
&= \frac{1}{2}\cdot\frac{1}{6}x^6\Big|_0^1 + \frac{1}{2}x^2\Big|_1^{\sqrt{2}} - \frac{1}{2}\cdot\frac{1}{4}x^4\Big|_0^{\sqrt{2}} \\
&= \frac{5}{24} .
\end{aligned}
$$

解法 2：先对 x 后对 y 积分.

$$0 \leqslant y \leqslant 1 \text{，因为}$$

$$D = \{(x,y) \mid \sqrt{y} \leqslant x \leqslant \sqrt{2-y^2}, 0 \leqslant y \leqslant 1\},$$

则

$$\iint\limits_{D} xy\,\mathrm{d}x\,\mathrm{d}y = \int_0^1 \mathrm{d}y \int_{\sqrt{y}}^{\sqrt{2-y^2}} xy\,\mathrm{d}x$$

$$= \int_0^1 \left(y \cdot \frac{x^2}{2} \Big|_{\sqrt{y}}^{\sqrt{2-y^2}} \right) \mathrm{d}y$$

$$= \int_0^1 \frac{1}{2} y(2 - y^2 - y)\,\mathrm{d}y$$

$$= \frac{1}{2} \left(y^2 - \frac{y^4}{4} - \frac{y^3}{3} \right) \Big|_0^1$$

$$= \frac{5}{24}.$$

例 11.2.2　计算 $\iint\limits_{D} y\sqrt{1+x^2-y^2}\,\mathrm{d}\sigma$，其中 D 为由直线 $y=x$、$x=-1$ 和 $y=1$ 所围成的闭区域.

解　画出积分区域 D 如图 11-2-8 所示. D 既是 X 型又是 Y 的. 利用公式（11.2.1）则有

$$\iint\limits_{D} y\sqrt{1+x^2-y^2}\,\mathrm{d}\sigma = \int_{-1}^1 \left[\int_x^1 y\sqrt{1+x^2-y^2}\,\mathrm{d}y \right] \mathrm{d}x$$

$$= -\frac{1}{3} \int_{-1}^1 \left[(1+x^2-y^2)^{\frac{3}{2}} \right]_x^1 \mathrm{d}x$$

$$= -\frac{1}{3} \int_{-1}^1 (\mid x \mid^3 - 1)\,\mathrm{d}x$$

$$= -\frac{2}{3} \int_0^1 (x^3 - 1)\,\mathrm{d}x$$

$$= \frac{1}{2}.$$

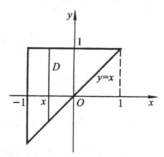

图 11-2-8

利用公式（11.2.2）（图 11-2-9），则有

$$\iint\limits_{D} y\sqrt{1+x^2-y^2}\,\mathrm{d}\sigma = \int_{-1}^1 \left[\int_{-1}^y y\sqrt{1+x^2-y^2}\,\mathrm{d}x \right] \mathrm{d}y.$$

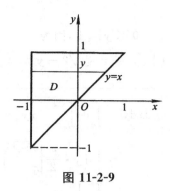

图 11-2-9

例 11.2.3　把二重积分 $\iint\limits_{D} f(x,y)\mathrm{d}\sigma$ 化为两种不同顺序的累次积分,其中 D 是由 $y = x$, $y = 2 - x$ 和 x 轴所围成的闭区域.

解　首先画出区域 D,如图 11-2-10 所示.

如果积分顺序为先 y 后 x,积分区域 D 分为 D_1 和 D_2,其中 $D_1 = \{(x,y) \mid 0 \leqslant x \leqslant 1, 0 \leqslant y \leqslant x\}$, $D_2 = \{(x,y) \mid 1 \leqslant x \leqslant 2, 0 \leqslant y \leqslant 2 - x\}$,
则有

$$\iint\limits_{D} f(x,y)\mathrm{d}\sigma = \int_0^1 \mathrm{d}x \int_0^x f(x,y)\mathrm{d}y + \int_1^2 \mathrm{d}x \int_0^{2-x} f(x,y)\mathrm{d}y.$$

如果积分顺序为先 x 后 y,积分区域为

$$D = \{(x,y) \mid 0 \leqslant y \leqslant 1, y \leqslant x \leqslant 2 - y\},$$

于是

$$\iint\limits_{D} f(x,y)\mathrm{d}x\mathrm{d}y = \int_0^1 \mathrm{d}y \int_y^{2-y} f(x,y)\mathrm{d}x.$$

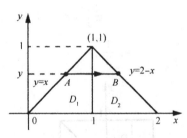

图 11-2-10

例 11.2.4　计算 $\iint\limits_{D} xy\mathrm{d}\sigma$,其中 D 是由抛物线 $y^2 = x$ 与直线 $y = x - 2$ 所围成的区域.

解　面积分区域图形,如图 11-2-11 所示.首先求出曲线的交点.

$$\begin{cases} y^2 = x \\ y = x - 2 \end{cases},$$

解出交点 $(1, -1)$, $(4, 2)$.

积分顺序为先 x 后 y

$$\iint\limits_{D} xy\,\mathrm{d}\sigma = \int_{-1}^{2}\mathrm{d}y\int_{y^2}^{y+2}xy\,\mathrm{d}x\mathrm{d}y$$

$$= \int_{-1}^{2} y \cdot \frac{x^2}{2}\Big|_{y^2}^{y+2}\mathrm{d}y$$

$$= \int_{-1}^{2} y\Big[\frac{(y+2)^2}{2} - \frac{y^4}{2}\Big]\mathrm{d}y$$

$$= \frac{1}{2}\int_{-1}^{2} y[y^2 + 4y + 4 - y^4]\mathrm{d}y$$

$$= \frac{1}{2}\Big[\frac{y^4}{4} + \frac{4}{3}y^3 + 2y^2 - \frac{y^6}{6}\Big]_{-1}^{2}$$

$$= \frac{45}{8}.$$

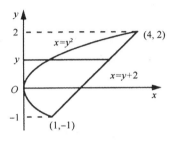

图 11-2-11

例 11.2.5　计算 $\iint\limits_{D}\mathrm{e}^{\frac{x}{y}}\mathrm{d}x\mathrm{d}y$，其中 D 是由 $y^2 = x, x = 0, y = 1$ 所围成的区域.

解　区域 D 如图 11-2-12 所示. 考虑到被积函数，将二重积分化成先对 x 的二次积分.

$$\iint\limits_{D}\mathrm{e}^{\frac{x}{y}}\mathrm{d}x\mathrm{d}y = \int_{0}^{1}\int_{0}^{y^2}\mathrm{e}^{\frac{x}{y}}\mathrm{d}x$$

$$= \int_{0}^{1}\mathrm{d}y\int_{0}^{y^2}\mathrm{e}^{\frac{x}{y}}\mathrm{d}\Big(\frac{x}{y}\Big)$$

$$= \int_{0}^{1} y(\mathrm{e}^{\frac{x}{y}})\,\big|_{0}^{y^2}\mathrm{d}y = \int_{0}^{1} y(\mathrm{e}^{y} - 1)\mathrm{d}y$$

$$= \int_{0}^{1} y\mathrm{e}^{y}\mathrm{d}y - \frac{y^2}{2}\Big|_{0}^{1}$$

$$= y\mathrm{e}^{y}\,\big|_{0}^{1} - \int_{0}^{1}\mathrm{e}^{y}\mathrm{d}y - \frac{1}{2}$$

$$= \mathrm{e} - \mathrm{e}^{y}\,\big|_{0}^{1} - \frac{1}{2}$$

$$= \mathrm{e} - (\mathrm{e} - 1) - \frac{1}{2}$$

$$= \frac{1}{2}.$$

如果把二重积分化成先对 y 积分的二次积分，则有

$$\iint\limits_{D}\mathrm{e}^{\frac{x}{y}}\mathrm{d}x\mathrm{d}y = \int_{0}^{1}\mathrm{d}x\int_{\sqrt{x}}^{1}\mathrm{e}^{\frac{x}{y}}\mathrm{d}y,$$

其中，$\int_{\sqrt{x}}^{1} e^{\frac{x}{y}} dy$ 无法用牛顿－莱布尼茨公式计算.

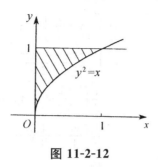

图 11-2-12

例 11.2.6 计算 $\iint\limits_{D} xy\mathrm{d}x\mathrm{d}y$，其中 $D: x^2+y^2 \leqslant 1, x \geqslant 0, y \geqslant 0$.

解 区域 D 如图 11-2-13 所示. 先对 y 积分（固定 x），y 的变化范围由 0 到 $\sqrt{1-x^2}$，然后再在 x 的最大变化范围 $[0,1]$ 内对 x 积分，则有

$$\iint\limits_{D} xy\mathrm{d}x\mathrm{d}y = \int_0^1 \mathrm{d}x \int_0^{\sqrt{1-x^2}} xy\mathrm{d}y$$
$$= \int_0^1 x\left(\frac{1}{2}y^2\right)\Big|_0^{\sqrt{1-x^2}} \mathrm{d}x$$
$$= \int_0^1 \frac{1}{2}x(1-x^2)\mathrm{d}x$$
$$= \frac{1}{2}\left(\frac{x^2}{2}-\frac{x^4}{4}\right)\Big|_0^1$$
$$= \frac{1}{8}.$$

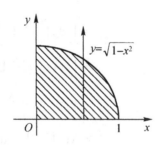

图 11-2-13

11.2.2 二重积分在极坐标系中的计算

有些二重积分在直角坐标系下计算十分复杂，尤其是对于积分区域为圆域或圆域的一部分，被积函数为 $f(x^2+y^2)$ 或 $f\left(\frac{y}{x}\right)$ 等形式时，采用极坐标系计算通常会显得更简便.

下面就来讨论极坐标系下二重积分的计算.

设函数 $z=f(x,y)$ 在有界闭区域 D 上连续，在直角坐标系中，一般以平行于 x 轴和 y 轴的

两族直线来分割区域 D ,然后作积分并求其极限,而在极坐标系中,则用半径 r 为常数的一族同心圆和倾角 θ 为常数的一族过极点的射线来分割 D ,如图 11-2-14 所示,得出若干个小块,每块面积记为 $\Delta\sigma_i$.

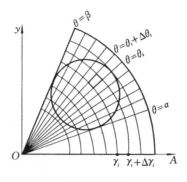

图 11-2-14

因为扇形的面积为 $S = \dfrac{1}{2}r^2\theta$,则每一小块的面积等于 $r+\Delta r$ 为半径的大扇形的面积与以 r 为半径的小扇形的面积之差,则

$$\Delta\sigma_i = \frac{1}{2}(r_i + \Delta r_i)^2\Delta\theta_i - \frac{1}{2}r_i^2\Delta\theta_i = r_i\Delta r\Delta\theta + \frac{1}{2}(\Delta r_i)^2\Delta\theta_i ,$$

其中 $\Delta r_i,\Delta\theta_i$ 分别表示变量 r 与 θ 的增量. 当 $\Delta r_i,\Delta\theta_i$ 充分小时,有

$$\Delta\sigma_i \approx r_i\Delta r_i\Delta\theta_i ,$$

所以极坐标下面积元素为

$$\mathrm{d}\sigma = r\mathrm{d}r\mathrm{d}\theta .$$

如果将被积函数 $f(x,y)$ 中的 x 和 y 用平面直角坐标 (x,y) 与极坐标 (r,θ) 的变换公式 $x = r\cos\theta, y = r\sin\theta$ 代换,则可得极坐标系下二重积分的计算公式为

$$\iint\limits_{D} f(x,y)\mathrm{d}x\mathrm{d}y = \iint\limits_{D} f(r\cos\theta, r\sin\theta)r\mathrm{d}r\mathrm{d}\theta .$$

极坐标系下的二重积分也可转化为二次积分来计算,下面分三种情况讨论.

(1)积分区域 D 把原点 O 包含在内部的有界闭区域, D 的边界曲线为 $r = r(\theta),0 \leqslant \theta \leqslant 2\pi$,如图 11-2-15 所示,这时

$$D = \{(r,\theta) \,|\, 0 \leqslant r \leqslant r(\theta), 0 \leqslant \theta \leqslant 2\pi\} ,$$

则二重积分可化为

$$\iint\limits_{D} f(r\cos\theta, r\sin\theta)r\mathrm{d}r\mathrm{d}\theta = \int_0^{2\pi}\mathrm{d}\theta\int_0^{r(\theta)} f(r\cos\theta, r\sin\theta)r\mathrm{d}r .$$

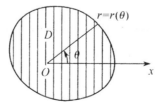

图 11-2-15

(2)积分区域 D 是由曲线 $r=r(\theta),\alpha\leqslant\theta\leqslant\beta$ 和两条射线 $\theta=\alpha,\theta=\beta$ 所围成的区域,如图 11-2-16 所示,这时

$$D=\{(r,\theta)\,|\,0\leqslant r\leqslant r(\theta),\alpha\leqslant\theta\leqslant\beta\}\,,$$

则二重积分可化为

$$\iint\limits_{D}f(r\cos\theta,r\sin\theta)r\mathrm{d}r\mathrm{d}\theta=\int_{\alpha}^{\beta}\mathrm{d}\theta\int_{0}^{r(\theta)}f(r\cos\theta,r\sin\theta)r\mathrm{d}r\,.$$

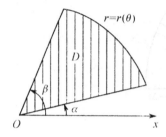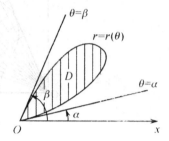

图 11-2-16

(3)积分区域 D 是由两条曲线 $r=r_1(\theta),r=r_2(\theta),r_1(\theta)\leqslant r_2(\theta),\alpha\leqslant\theta\leqslant\beta$ 和两条射线 $\theta=\alpha,\theta=\beta$ 所围成的区域,如图 11-2-17 所示,这时

$$D=\{(r,\theta)\,|\,r_1(\theta)\leqslant r\leqslant r_2(\theta),\alpha\leqslant\theta\leqslant\beta\}\,,$$

则二重积分可化为

$$\iint\limits_{D}f(r\cos\theta,r\sin\theta)r\mathrm{d}r\mathrm{d}\theta=\int_{\alpha}^{\beta}\mathrm{d}\theta\int_{r_1(\theta)}^{r_2(\theta)}f(r\cos\theta,r\sin\theta)r\mathrm{d}r\,.$$

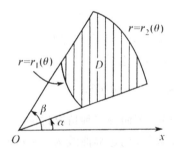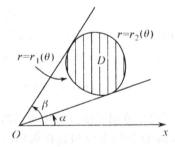

图 11-2-17

对于一般的区域 D,可以用分割的方法使得在每个小区域上可以用上述公式计算,然后再依据二重积分对积分区域的可加性将各个计算的结果求和。

例 11.2.7 求球体 $x^2+y^2+z^2\leqslant R^2$ 被圆柱面 $x^2+y^2=Rx(R>0)$ 所截得的(含在圆柱面内的部分)立体的体积(图 11-2-18(a))。

解 设柱面与 xOy 面相交所围的区域在第一象限的部分为 D ,由于对称性,有

$$V=4\iint\limits_{D}\sqrt{R^2-x^2-y^2}\,\mathrm{d}\sigma\,,$$

化为极坐标系下的积分为

$$V=4\iint\limits_{D}\sqrt{R^2-\rho^2}\,\rho\mathrm{d}\rho\mathrm{d}\theta\,,$$

其中 D 的图形如图 11-2-18(b)所示.

$$D:\begin{cases} 0 \leqslant \theta \leqslant \dfrac{\pi}{2} \\ 0 \leqslant \rho \leqslant R\cos\theta \end{cases},$$

于是

$$\begin{aligned}
V &= 4\int_0^{\frac{\pi}{2}} \mathrm{d}\theta \int_0^{R\cos\theta} \sqrt{R^2 - \rho^2}\, \rho\,\mathrm{d}\rho \\
&= 4\int_0^{\frac{\pi}{2}} \left[-\frac{1}{3}(R^2 - \rho^2)^{\frac{3}{2}} \right]_0^{R\cos\theta} \mathrm{d}\theta \\
&= \frac{4}{3}R^3 \int_0^{\frac{\pi}{2}} (1 - \sin^3\theta)\,\mathrm{d}\theta \\
&= \frac{2}{3}R^3 \left(\pi - \frac{4}{3} \right).
\end{aligned}$$

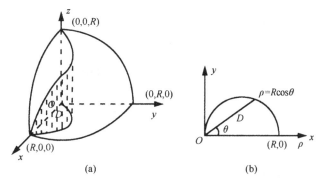

图 11-2-18

例 11.2.8　计算 $\iint\limits_D y\,\mathrm{d}\sigma$,其中 D 是由不等式

$$\begin{cases} x^2 + y^2 \leqslant 4 \\ x^2 + y^2 \geqslant 2x \\ x \geqslant 0 \\ y \geqslant 0 \end{cases}$$

所确定的区域,如图 11-2-19 所示.

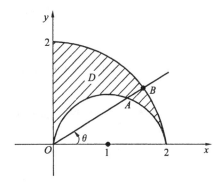

图 11-2-19

解 画出 D 的图形边界 $x^2 + y^2 = 4$ 的极坐标方程为 $\rho = 2$，边界 $x^2 + y^2 = 2x$ 的极坐标方程为 $\rho = 2\cos\theta$，所以

$$D : \begin{cases} 0 \leqslant \theta \leqslant \dfrac{\pi}{2} \\ 2\cos\theta \leqslant \rho \leqslant 2 \end{cases}$$

因此

$$\iint\limits_D y \mathrm{d}\sigma = \int_0^{\frac{\pi}{2}} \mathrm{d}\theta \int_{2\cos\theta}^2 \rho\sin\theta \cdot \rho\mathrm{d}\rho$$

$$= \frac{8}{3} \int_0^{\frac{\pi}{2}} (\sin\theta - \cos^3\theta\sin\theta)\mathrm{d}\theta$$

$$= 2 .$$

例 11.2.9 计算二重积分 $\iint\limits_D y\mathrm{d}x\mathrm{d}y$，其中 D 是由直线 $x = -2, y = 0, y = 2$ 以及曲线 $x = -\sqrt{2y - y^2}$ 所围成的平面区域.

解 解法 1：积分区域 D 为图 11-2-20 中的阴影部分，记半圆区域为 D_1，则有

$$\iint\limits_D y\mathrm{d}x\mathrm{d}y = \iint\limits_{D + D_1} y\mathrm{d}x\mathrm{d}y - \iint\limits_{D_1} y\mathrm{d}x\mathrm{d}y ,$$

又

$$\iint\limits_{D + D_1} y\mathrm{d}x\mathrm{d}y = \int_{-2}^0 \mathrm{d}x \int_0^2 y\mathrm{d}y = x\Big|_{-2}^0 \times \frac{1}{2} y^2 \Big|_0^2 = 4 .$$

下面用极坐标计算 $\iint\limits_{D_1} y\mathrm{d}x\mathrm{d}y$.

D_1 的边界方程 $x = -\sqrt{2y - y^2}$ 是圆 $x^2 + y^2 = 2y$ 的左半圆，在极坐标系下，

$$x^2 + y^2 = r^2, 2y = 2r\sin\theta \left(\frac{\pi}{2} \leqslant \theta \leqslant \pi \right) ,$$

所以 D_1 的边界极坐标方程是

$$r = 2\sin\theta \left(\frac{\pi}{2} \leqslant \theta \leqslant \pi \right) ,$$

即

$$D_1 = \left\{ (r,\theta) \,\middle|\, 0 \leqslant r \leqslant 2\sin\theta, \frac{\pi}{2} \leqslant \theta \leqslant \pi \right\} ,$$

那么

$$\iint\limits_{D + D_1} y\mathrm{d}x\mathrm{d}y = \int_{\frac{\pi}{2}}^{\pi} \mathrm{d}\theta \int_0^{2\sin\theta} r\sin\theta \times r\mathrm{d}r$$

$$= \frac{8}{3} \int_{\frac{\pi}{2}}^{\pi} \sin^4\theta \mathrm{d}\theta = \frac{8}{3} \int_{\frac{\pi}{2}}^{\pi} \left(\frac{1 - \cos 2\theta}{2} \right)^2 \mathrm{d}\theta$$

$$= \frac{8}{3 \times 4} \int_{\frac{\pi}{2}}^{\pi} \left(1 - 2\cos 2\theta + \frac{1 + \cos 4\theta}{2} \right) \mathrm{d}\theta$$

$$= \frac{2}{3} \left[\frac{3}{2}\theta - \sin 2\theta + \frac{1}{8}\sin 4\theta \right] \Big|_{\frac{\pi}{2}}^{\frac{\pi}{2}}$$

$$= \frac{\pi}{2}.$$

所以

$$\iint\limits_{D} y \, \mathrm{d}x \mathrm{d}y = 4 - \frac{\pi}{2}.$$

解法 2：如图 11-2-20 所示，

$$D_1 = \left\{ (x,y) \mid -2 \leqslant x \leqslant -\sqrt{2y-y^2}, 0 \leqslant y \leqslant 2 \right\},$$

$$\iint\limits_{D} y \, \mathrm{d}x \mathrm{d}y = \int_0^2 y \mathrm{d}y \int_{-2}^{-\sqrt{2y-y^2}} \mathrm{d}x$$

$$= 2\int_0^2 y \mathrm{d}y - \int_0^2 y \sqrt{2y-y^2} \, \mathrm{d}y$$

$$= 4 - \int_0^2 y \sqrt{1-(y-1)^2} \, \mathrm{d}y.$$

令 $y - a = \sin t$，则 $\mathrm{d}y = \cos t \mathrm{d}t$，那么

$$\int_0^2 y \sqrt{1-(y-1)^2} \, \mathrm{d}y = \int_{-\frac{\pi}{2}}^{\frac{\pi}{2}} (1+\sin t)\cos^2 t \mathrm{d}t$$

$$= \int_{-\frac{\pi}{2}}^{\frac{\pi}{2}} \cos^2 t \mathrm{d}t + \int_{-\frac{\pi}{2}}^{\frac{\pi}{2}} \cos^2 t \times \sin t \mathrm{d}t$$

$$= \int_0^{\frac{\pi}{2}} (1+\cos 2t) \mathrm{d}t + 0$$

$$= \frac{\pi}{2}.$$

所以

$$\iint\limits_{D} y \, \mathrm{d}x \mathrm{d}y = 4 - \frac{\pi}{2}.$$

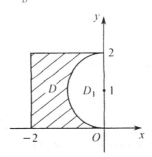

图 11-2-20

例 11.2.10　将二重积分 $\iint\limits_{D} f(x,y) \mathrm{d}x \mathrm{d}y$ 化为极坐标下的二次积分，其中积分区域为

$$D: \begin{cases} y \leqslant x, \\ x^2 + y^2 \leqslant 2Ry, \end{cases} \quad (R > 0)$$

如图 11-2-21 所示

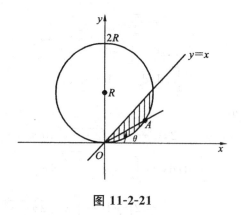

图 11-2-21

解 令

$$\begin{cases} x = \rho\cos\theta \\ y = \rho\sin\theta \end{cases}$$

直角坐标系下的方程 $x^2 + y^2 = 2Ry$ 和 $y = x$ 变为极坐标系下的方程为 $\rho = 2R\sin\theta$ 和 $\theta = \frac{\pi}{4}$.

紧接积分域 D 的边界的两条射线为 $\theta = 0$, $\theta = \frac{\pi}{4}$. 在区间 $\left[0, \frac{\pi}{4}\right]$ 内任意固定 θ 从原点出发作射线交边界于两点 O 与 A, 其极径为别为 $\rho_1 = 0$, $\rho_2 = 2R\sin\theta$.

$$\begin{cases} 0 \leqslant \theta \leqslant \frac{\pi}{4} \\ 0 \leqslant \rho \leqslant 2R\sin\theta \end{cases}$$

所以

$$\iint\limits_{D} f(x,y)\mathrm{d}x\mathrm{d}y = \int_0^{\frac{\pi}{4}} \mathrm{d}\theta \int_0^{2R\sin\theta} f(\rho\cos\theta, \rho\sin\theta)\rho\mathrm{d}\rho .$$

11.3 二重积分的换元法

在定积分的计算中,换元法是一种十分有效的方法. 通过前面的例子,我们看到通过 $x = r\cos\theta$, $y = r\sin\theta$ 的变量代换,可使直角坐标系下的二重积分转化为极坐标系下的二重积分,从而使得一些二重积分简单易求. 下面就采用这种观点来讨论二重积分换元法的一般情形,有如下的换元积分定理.

定理 11.3.1 设函数 $f(x,y)$ 在有界闭区域 D 上连续,如果变换 $x = x(u,v)$, $y = y(u,v)$ 把 uOv 平面上的闭区域 D' 一对一地变为 xOy 平面上的闭区域 D, 函数 $x = x(u,v)$, $y = y(u,v)$ 在 D' 上有连续偏导数,并且雅克比行列式(Jacobian)

$$J = \frac{\partial(x,y)}{\partial(u,v)} = \begin{vmatrix} \dfrac{\partial x}{\partial u} & \dfrac{\partial x}{\partial v} \\ \dfrac{\partial y}{\partial u} & \dfrac{\partial y}{\partial v} \end{vmatrix} \neq 0 ,$$

则有

$$\iint\limits_{D} f(x,y)\mathrm{d}\sigma = \iint\limits_{D'} f(x,(u,v),y(u,v))\,|J|\,\mathrm{d}u\mathrm{d}v .$$

上式即为二重积分的换元公式.

下面利用换元法验证在极坐标系下二重积分的计算公式.

我们知道,直角坐标与极坐标之间具有如下关系:

$$\begin{cases} x = r\cos\theta, 0 \leqslant r \leqslant +\infty \\ y = r\sin\theta, 0 \leqslant \theta \leqslant 2\pi \end{cases}$$

由此可得相应的雅克比行列式

$$J = \frac{\partial(x,y)}{\partial(r,\theta)} = \begin{vmatrix} \cos\theta & -r\sin\theta \\ \sin\theta & r\cos\theta \end{vmatrix} = r .$$

设上述变换将极坐标系中有界闭区域 D' 变换成直角坐标系中的有界闭区域 D ,则可得

$$\iint\limits_{D} f(x,y)\mathrm{d}x\mathrm{d}y = \iint\limits_{D'} f(r\cos\theta,r\sin\theta)r\mathrm{d}r\mathrm{d}\theta .$$

值得注意的是,如果定理中的 $J = \dfrac{\partial(x,y)}{\partial(u,v)}$ 只在 D' 内个别点上,或一条曲线上为零,换元公式仍成立,还可以证明

$$\frac{\partial(x,y)}{\partial(u,v)} \frac{\partial(u,v)}{\partial(x,y)} = 1 .$$

例 11.3.1　求球体 $x^2 + y^2 + z^2 \leqslant a^2$ 被球柱面 $x^2 + y^2 = ay$ 所截下的体积 V ,如图 11-3-1 所示.

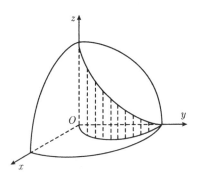

图 11-3-1

解　由对称性可知

$$V = 4\iint\limits_{D} \sqrt{a^2 - x^2 - y^2}\,\mathrm{d}x\mathrm{d}y ,$$

其中区域 $D : x^2 + y^2 \leqslant ay, x \geqslant 0$,如图 11-3-2 所示,化成极坐标形式为

$$D : 0 \leqslant r \leqslant a\sin\theta, 0 \leqslant \theta \leqslant \frac{\pi}{2} ,$$

所以

$$V = 4\int_0^{\frac{\pi}{2}} \mathrm{d}\theta \int_0^{a\sin\theta} \sqrt{a^2 - r^2}\,r\mathrm{d}r$$

$$= \frac{4}{3}a^3 \int_0^{\frac{\pi}{2}} (1 - \cos^3\theta)\,\mathrm{d}\theta$$

$$= \frac{4}{3}\left(\frac{\pi}{2} - \frac{2}{3}\right)a^3 .$$

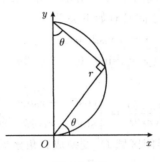

图 11-3-2

例 11.3.2　求由直线 $x + y = 1$，$x + y = 2$，$y = 3x$，$y = 4x$ 所围成区域 D 的面积 A．

解　积分区域 D 的图形，如图 11-3-3 所示.

作变换

$$u = x + y , \quad v = \frac{y}{x} ,$$

$x + y = 1$，$x + y = 2$ 两条直线变成 uOv 平面上的 $u = 1$，$u = 2$ 两条直线；$y = 3x$，$y = 4x$ 两条直线分别变成 $v = 3$ 和 $v = 4$ 两条直线，即将 xOy 平面积分区域 D 变成 uOv 平面的矩形区域 D'，如图 11-3-3(b)所示.

从而

$$\iint\limits_{D} \mathrm{d}x\mathrm{d}y = \iint\limits_{D'} \left| \frac{\partial(x,y)}{\partial(u,v)} \right| \mathrm{d}u\mathrm{d}v .$$

根据所作变换可得

$$x = \frac{u}{1+v} , \quad y = \frac{uv}{1+v} ,$$

$$\frac{\partial(x,y)}{\partial(u,v)} = \begin{vmatrix} \dfrac{1}{1+v} & \dfrac{-u}{(1+v)^2} \\ \dfrac{v}{1+v} & \dfrac{u}{(1+v)^2} \end{vmatrix} = \frac{u}{(1+v)^2} ,$$

因此有

$$A = \iint\limits_{D'} \left| \frac{u}{(1+v)^2} \right| \mathrm{d}u\mathrm{d}v .$$

因为 D' 在第一象限，所以 u，v 均为正值，

$$A = \int_1^2 \mathrm{d}u \int_3^4 \frac{u}{(1+v)^2}\mathrm{d}v = \int_1^2 \mathrm{d}u \, \frac{-1}{1+v} \bigg|_3^4 \mathrm{d}u = \frac{3}{40} .$$

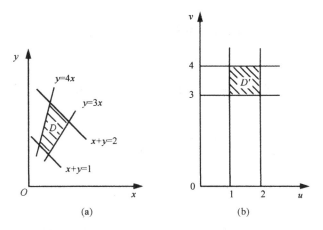

图 11-3-3

例 11.3.3　计算 $\iint\limits_D e^{\frac{y-x}{y+x}}\,\mathrm{d}x\mathrm{d}y$,其中 D 是由 x 轴、y 轴和直线 $x+y=2$ 所围成的闭区域.

解　令 $u=y-x,v=y+x$,则 $x=\dfrac{v-u}{2},y=\dfrac{v+u}{2}$. 作变换 $x=\dfrac{v-u}{2},y=\dfrac{v+u}{2}$,则 xOy 平面上的闭区域 D 和它在 uOv 平面上的对应区域 D' ,如图 11-3-4 所示.

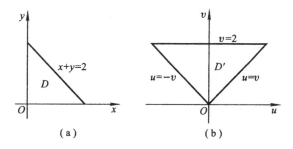

图 11-3-4

雅克比式为

$$J=\frac{\partial(x,y)}{\partial(v,u)}=\begin{vmatrix} -\dfrac{1}{2} & \dfrac{1}{2} \\ \dfrac{1}{2} & \dfrac{1}{2} \end{vmatrix}=-\frac{1}{2},$$

所以

$$\begin{aligned} \iint\limits_D e^{\frac{y-x}{y+x}}\,\mathrm{d}x\mathrm{d}y &= \iint\limits_{D'} e^{\frac{u}{v}}\left|-\frac{1}{2}\right|\mathrm{d}u\mathrm{d}v \\ &= \frac{1}{2}\int_0^2 \mathrm{d}v\int_{-v}^{v} e^{\frac{u}{v}}\,\mathrm{d}u \\ &= \frac{1}{2}\int_0^2 (e-e^{-1})v\,\mathrm{d}v \\ &= e-e^{-1}. \end{aligned}$$

例 11.3.4　求由抛物线 $y^2=px,y^2=qx(0<p<q)$ 及双曲线 $xy=a,xy=b(0<a<$

b) 所围区域的面积 A.

解 积分区域如图 11-3-5(a)所示,作变换

$$u = \frac{y^2}{x}, xy = v,$$

则将积分区域 D 变换成 uOv 平面区域 D',如图 11-3-5(b)所示.

因为

$$\frac{\partial(x,y)}{\partial(u,v)} = \frac{1}{\dfrac{\partial(u,v)}{\partial(x,y)}},$$

所以雅克比行列式为

$$|J| = \left|\frac{\partial(x,y)}{\partial(u,v)}\right| = \left|\frac{1}{\dfrac{\partial(u,v)}{\partial(x,y)}}\right| = \frac{1}{\dfrac{3y^2}{x}} = \frac{1}{3u},$$

所求面积为

$$\begin{aligned}
A &= \iint\limits_{D} \mathrm{d}x\mathrm{d}y \\
&= \iint\limits_{D'} \frac{1}{3u}\mathrm{d}u\mathrm{d}v \\
&= \int_p^q \mathrm{d}u \int_a^b \frac{1}{3u}\mathrm{d}v \\
&= \frac{1}{3}(b-a)\ln\frac{q}{p}.
\end{aligned}$$

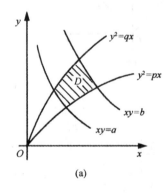
(a)

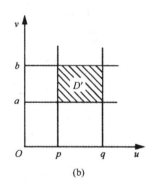
(b)

图 11-3-5

例 11.3.5 计算由平面 $2x + 3y + z - 6 = 0$ 和三个坐标平面所围成的四面体的体积.

解 如图 11-3-6(a)所示,即求以 $z = 6 - 2x - 3y$ 为顶,以 $\triangle ABO$ 围成区域 D 为底的柱体的体积,即

$$V = \iint\limits_{D}(6 - 2x - 3y)\mathrm{d}x\mathrm{d}y$$

其中积分域 D 的图形如图 11-3-6(b)所示,直线 AB 的方程为 $\dfrac{x}{3} + \dfrac{y}{2} = 1$,即

$$y = 2\left(1 - \frac{x}{3}\right).$$

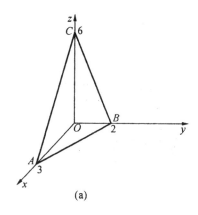
(a)

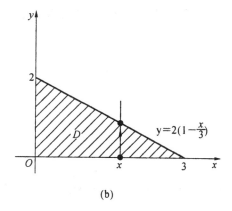
(b)

图 11-3-6

如果先对 y 积分,那么积分区域 D 为

$$D:\begin{cases} 0 \leqslant x \leqslant 3 \\ 0 \leqslant y \leqslant 2\left(1 - \dfrac{x}{3}\right) \end{cases}$$

所以

$$\begin{aligned}
V &= \iint\limits_{D}(6 - 2x - 3y)\mathrm{d}x\mathrm{d}y \\
&= \int_0^3 \mathrm{d}x \int_0^{2\left(1-\frac{x}{3}\right)}(6 - 2x - 3y)\mathrm{d}y \\
&= \int_0^3 \left[12\left(1 - \frac{x}{3}\right)^2 - 6\left(1 - \frac{x}{3}\right)^2\right]\mathrm{d}x \\
&= 6\int_0^3 \left(1 - \frac{x}{3}\right)^2 \mathrm{d}x \\
&= 6.
\end{aligned}$$

例 11.3.6　求 $\displaystyle\iint\limits_{D}(\sqrt{x} + \sqrt{y})\mathrm{d}x\mathrm{d}y$,其中 D 是由 $\sqrt{x} + \sqrt{y} = 1$ 与坐标轴围成的区域,如图 11-3-7 所示.

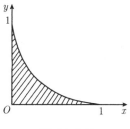

图 11-3-7

解　为了有理化被积函数,作变量代换

$$x = r^2\cos^4 t, \ y = r^2\sin^4 t,$$

由此可得

$$D':0 \leqslant \sqrt{x} + \sqrt{y} = r \leqslant 1, 0 \leqslant t \leqslant \frac{\pi}{2},$$

且

$$\frac{\partial(x,y)}{\partial(r,t)} = \begin{vmatrix} 2r^2\cos^4 t & 2r^2\sin^4 t \\ -4r^2\cos^3 t\sin t & 4r^2\sin^3 t\cos t \end{vmatrix} = 8r^3\cos^3 t\sin^3 t,$$

所以

$$\iint\limits_{D}(\sqrt{x} + \sqrt{y})\mathrm{d}x\mathrm{d}y = 8\int_0^{\frac{\pi}{2}}\cos^3 t\sin^3 t\mathrm{d}t\int_0^1 r^4\mathrm{d}r = \frac{2}{15}.$$

例 11.3.7 求 $z = 2 - x^2 - y^2$ 与 $z = x^2 + y^2$ 所围成体积.

解 画出图形, 如图 11-3-8(a)所示.

两曲面的交线:

$$\begin{cases} z = 2 - x^2 - y^2 \\ z = x^2 + y^2 \end{cases} \Rightarrow \begin{cases} z = 1 \\ x^2 + y^2 = 1 \end{cases}$$

它在 xOy 坐标面上的投影为一个圆 $x^2 + y^2 = 1$.

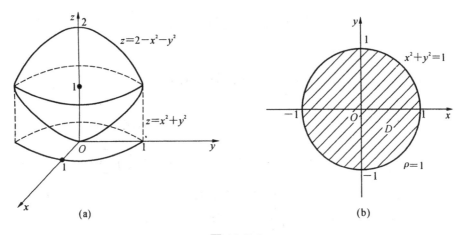

图 11-3-8

该立体的体积为二个曲顶柱体的体积之差, 如图 11-3-8(a)所示, 上顶的方程为 $z = 2 - x^2 - y^2$, 下顶的方程 $z = x^2 + y^2$. 两曲面的交线在 xOy 平面的投影为 $x^2 + y^2 = 1$, 它所围成的闭区域为 $D:x^2 + y^2 \leqslant 1$, 所以

$$V = \iint\limits_{D}\big[(2 - x^2 - y^2) - (x^2 + y^2)\big]\mathrm{d}\sigma$$

$$= 2\iint\limits_{D}(2 - x^2 - y^2)\mathrm{d}\sigma,$$

设

$$x = \rho\cos\theta, \ y = \rho\sin\theta,$$

则积分区域为

$$D: \begin{cases} 0 \leqslant \theta \leqslant 2\pi \\ 0 \leqslant \rho \leqslant 1 \end{cases}.$$

因此

$$V = 2\iint\limits_{D}(1 - x^2 - y^2)\mathrm{d}\sigma$$

$$= 2\int_0^{2\pi}\mathrm{d}\theta\int_0^1(1 - \rho^2)\rho\mathrm{d}\rho$$

$$= \pi.$$

11.4　三重积分的概念与计算

11.4.1　三重积分的概念

二重积分在几何上表示立体的体积,而三重积分在几何上已没有几何意义,但它在物理和力学中有重要的应用.

定义 11.4.1　设 $z = f(x,y,z)$ 在有界闭区域 Ω 上有定义,用分法 T 把 Ω 分为 n 个小闭区域 $\Delta v_1, \Delta v_2, \cdots, \Delta v_n$, T 表示所有小空间立体 Δv_i 的直径的最大值,在 Δv_i 上任取一点 (ξ_i, η_i, ζ_i),如果

$$\lim_{T \to 0}\sum_{i=1}^n f(\xi_i, \eta_i, \zeta_i)\Delta v_i = I$$

存在,且数 I 与分法 T 及点 (ξ_i, η_i, ζ_i) 无关,则称 $f(x,y,z)$ 在 Ω 上可积,并称 I 是 $\lim\limits_{T \to 0}\sum\limits_{i=1}^n f(\xi_i, \eta_i, \zeta_i)\Delta v_i = I$ 的三重积分,记为 $\iiint\limits_{\Omega} f(x,y,z)\mathrm{d}v$,即

$$\iiint\limits_{\Omega} f(x,y,z)\mathrm{d}v = \lim_{T \to 0}\sum_{i=1}^n f(\xi_i, \eta_i, \zeta_i)\Delta v_i.$$

其中,Ω 为积分区域,$f(x,y,z)\mathrm{d}v$ 称为被积表达式,$f(x,y,z)$ 称为被积函数,$\mathrm{d}v$ 或 $\mathrm{d}x\mathrm{d}y\mathrm{d}z$ 称为体积元素.

关于三重积分需要注意以下三点:

(1)如果函数 $f(x,y,z)$ 在 Ω 上连续,则三重积分存在;

(2)与二重积分相似,在直角坐标系中,体积元素也可记作 $\mathrm{d}x\mathrm{d}y\mathrm{d}z$,从而有

$$\iiint\limits_{\Omega} f(x,y,z)\mathrm{d}v = \iiint\limits_{\Omega} f(x,y,z)\mathrm{d}x\mathrm{d}y\mathrm{d}z;$$

(3)三重积分有明显的物理意义.设物体在有界区域 Ω 上按密度 $\rho(x,y,z)$ 分布,根据定义可知,Riemann 和 $\sum\limits_{i=1}^n \rho(\xi_i, \eta_i, \zeta_i)\Delta x_i\Delta y_i\Delta z_i$ 就是 Ω 上物体质量的近似值,而积分 $\iiint\limits_{\Omega}\rho(x,y,z)\mathrm{d}x\mathrm{d}y\mathrm{d}z$ 就是物体的总质量.

11.4.2　三重积分的性质

三重积分的有关性质和二重积分类似,在此我们只简单给出常用且重要的性质,不再给予证明.

性质 11.4.1 $\displaystyle\iiint\limits_{\Omega} kf(x,y,z)\mathrm{d}v = k\iiint\limits_{\Omega} f(x,y,z)\mathrm{d}v.$

性质 11.4.2 设函数 $f(x,y,z)$ 和 $g(x,y,z)$ 在 Ω 上可积,k 是任意常数,则

$$\iiint\limits_{\Omega}\left[f(x,y,z)\pm g(x,y,z)\right]\mathrm{d}v = \iiint\limits_{\Omega} f(x,y,z)\mathrm{d}v + \iiint\limits_{\Omega} g(x,y,z)\mathrm{d}v.$$

上述两性质合称为三重积分的线性性质.

性质 11.4.3(体积公式) 如果 $f(x,y,z)=1$,则

$$\iiint\limits_{\Omega} f(x,y,z)\mathrm{d}v = \overline{\Omega},$$

$\overline{\Omega}$ 是空间区域 Ω 的体积.

性质 11.4.4(积分对于区域的可加性) 设函数 $f(x,y,z)$ 在 Ω_1 和 Ω_2 上可积,则 $f(x,y,z)$ 在 $\Omega = \Omega_1 \bigcup \Omega_2$ 上可积,且 Ω_1 和 Ω_2 没有公共点时,有

$$\iiint\limits_{\Omega} f(x,y,z)\mathrm{d}v = \iiint\limits_{\Omega_1} f(x,y,z)\mathrm{d}v + \iiint\limits_{\Omega_2} f(x,y,z)\mathrm{d}v.$$

性质 11.4.5(奇偶性和对称性) 设函数 $f(x,y,z)$ 在 Ω 上连续,Ω 关于 yOz 坐标面对称,则

$$\iiint\limits_{\Omega} f(x,y,z)\mathrm{d}v = \begin{cases} 0, & f \text{ 关于 } x \text{ 的奇函数} \\ 2\iiint\limits_{\Omega_1} f(x,y,z)\mathrm{d}v, & f \text{ 是关于 } x \text{ 是偶函数} \end{cases},$$

其中,Ω_1 是 Ω 被 yOz 坐标面分成的半部分.

11.4.3 三重积分的计算

1.直角坐标系中三重积分的计算

(1)先一后二法(投影法或穿针法).

定义 11.4.2 设空间立体 Ω 在 xOy 平面上的投影区域为 D_{xy},曲面 $z = \varphi_1(x,y)$,$z = \varphi_2(x,y)$,$\varphi_1(x,y) \leqslant \varphi_2(x,y)$ 为定义在 D_{xy} 上的两个光滑曲面,如果 Ω 可表示成

$$\Omega = \{(x,y,z) \,|\, \varphi_1(x,y) \leqslant z \leqslant \varphi_2(x,y), (x,y) \in D_{xy}\},$$

则称 Ω 为 z -型空间区域.

同理可得到 x -型空间区域和 y -型空间区域.

定理 11.4.1 设函数 $f(x,y,z)$ 在 z -型空间区域

$$\Omega = \{(x,y,z) \,|\, \varphi_1(x,y) \leqslant z \leqslant \varphi_2(x,y), (x,y) \in D_{xy}\}$$

上可积,如果对每个固定点 $(x,y) \in D_{xy}$,定积分

$$F(x,y) = \int_{\varphi_1(x,y)}^{\varphi_2(x,y)} f(x,y,z)\mathrm{d}z$$

存在,则二重积分 $\displaystyle\iint\limits_{D_{xy}} F(x,y)\mathrm{d}x\mathrm{d}y = \iint\limits_{D_{xy}}\left[\int_{\varphi_1(x,y)}^{\varphi_2(x,y)} f(x,y,z)\mathrm{d}z\right]\mathrm{d}x\mathrm{d}y$ 也存在,且

$$\iiint\limits_{V} f(x,y,z)\mathrm{d}x\mathrm{d}y\mathrm{d}z$$

$$= \iint\limits_{D_{xy}} \left[\int_{\varphi_1(x,y)}^{\varphi_2(x,y)} f(x,y,z) \mathrm{d}z \right] \mathrm{d}x \mathrm{d}y$$

$$= \iint\limits_{D_{xy}} \mathrm{d}x \mathrm{d}y \int_{\varphi_1(x,y)}^{\varphi_2(x,y)} f(x,y,z) \mathrm{d}z .$$

进一步,如果射影区域 D_{xy} 是平面 x -型空间区域,即

$$D_{xy} = \{ (x,y) \mid \psi_1(x) \leqslant y \leqslant \psi_2(x), a \leqslant x \leqslant b \} ,$$

则三重积分可化为

$$\iiint\limits_{\Omega} f(x,y,z) \mathrm{d}x \mathrm{d}y \mathrm{d}z = \int_a^b \mathrm{d}x \int_{\psi_1(x)}^{\psi_2(x)} \mathrm{d}y \int_{\varphi_1(x,y)}^{\varphi_2(x,y)} f(x,y,z) \mathrm{d}z$$

上式右端称为先对 z 、再对 y 、最后对 x 的累次积分.

当空间立体是 x -型空间区域和 y -型空间区域时,也有类似的累次积分公式.

(2)截面法(先二后一法).

定理 11.4.2　设函数 $f(x,y,z)$ 在空间立体 Ω 上可积, Ω 可表示成

$$\Omega = \{ (x,y,z) \mid (x,y) \in D(z), a \leqslant z \leqslant b \} ,$$

其中 $D(z)$ 为平面 $z = z$ 与 V 相交的截面,如果对每个固定的 $z \in [a,b]$,二重积分 $\iint\limits_{D(z)} f(x,y,$
$z) \mathrm{d}x \mathrm{d}y$ 存在,则积分 $\int_a^b \mathrm{d}z \iint\limits_{D(z)} f(x,y,z) \mathrm{d}x \mathrm{d}y$ 也存在,且

$$\iiint\limits_{\Omega} f(x,y,z) \mathrm{d}x \mathrm{d}y \mathrm{d}z = \int_a^b \mathrm{d}z \iint\limits_{D(z)} f(x,y,z) \mathrm{d}x \mathrm{d}y .$$

例 11.4.1　计算 $\iiint\limits_{\Omega} \dfrac{1}{(1+x+y+z)^3} \mathrm{d}v$,其中 Ω 是由曲面 $x+y+z=1$ 及三个坐标面围成的区域.

解　积分区域 Ω 如图 11-4-1 所示, Ω 在 xOy 的投影是图中的阴影区域,可得

$$\Omega: 0 \leqslant x \leqslant 1, 0 \leqslant y \leqslant 1-x, 0 \leqslant z \leqslant 1-x-y ,$$

所以

$$\iiint\limits_{\Omega} \frac{1}{(1+x+y+z)^3} \mathrm{d}v = \int_0^1 \mathrm{d}x \int_0^{1-x} \mathrm{d}y \int_0^{1-x-y} \frac{1}{(1+x+y+z)^3} \mathrm{d}z$$

$$= \frac{1}{2} \left(\ln 2 - \frac{5}{8} \right) .$$

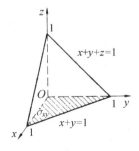

图 11-4-1

例 11.4.2　计算三重积分

$$\iiint\limits_{\Omega} z^2 \, \mathrm{d}x\mathrm{d}y\mathrm{d}z$$

其中 Ω 为椭球体

$$\frac{x^2}{a^2} + \frac{y^2}{b^2} + \frac{z^2}{c^2} \leqslant 1$$

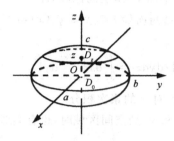

图 11-4-2

解 画出 Ω 的图形及 D_z 的图形(11-4-2)，Ω 可表示为

$$\Omega = \left\{ (x,y,z) \mid -c \leqslant z \leqslant c, \frac{x^2}{a^2} + \frac{y^2}{b^2} \leqslant 1 - \frac{z^2}{c^2} \right\}$$

于是有

$$
\begin{aligned}
\iiint\limits_{\Omega} z^2 \, \mathrm{d}x\mathrm{d}y\mathrm{d}z &= \int_{-c}^{c} \mathrm{d}z \iint\limits_{D_z} z^2 \, \mathrm{d}x\mathrm{d}y \\
&= \int_{-c}^{c} z^2 \, \mathrm{d}z \iint\limits_{D_z} \mathrm{d}x\mathrm{d}y \\
&= \int_{-c}^{c} z^2 \pi ab \left(1 - \frac{z^2}{c^2}\right) \mathrm{d}z \\
&= \frac{2\pi ab}{c^2} \int_{0}^{c} z^2 (c^2 - z^2) \, \mathrm{d}z \\
&= \frac{2\pi ab}{c^2} \left[\frac{c^2 z^3}{3} - \frac{z^5}{5} \right]_{0}^{c} \\
&= \frac{4\pi abc^3}{15}.
\end{aligned}
$$

例 11.4.3 计算 $\iiint\limits_{\Omega} z^2 \mathrm{d}v$，其中 $\Omega: \frac{x^2}{a^2} + \frac{y^2}{b^2} + \frac{z^2}{c^2} \leqslant 1$.

解 如图 11-4-3 所示，过 z 轴上区间 $[-c, c]$ 内任一点 z 做垂直于竖轴的平面截 Ω 可得

$$D(z): \frac{x^2}{a^2} + \frac{y^2}{b^2} \leqslant 1 - \frac{z^2}{c^2},$$

所以

$$\iiint\limits_{\Omega} z^2 \mathrm{d}v = \int_{-c}^{c} z^2 \mathrm{d}z \iint\limits_{D(z)} \mathrm{d}x\mathrm{d}y,$$

其中，$\iint\limits_{D(z)} \mathrm{d}x\mathrm{d}y$ 等于椭圆 $\frac{x^2}{a^2} + \frac{y^2}{b^2} \leqslant 1 - \frac{z^2}{c^2}$ 的面积

$$\pi ab \sqrt{1 - \frac{z^2}{c^2}} c \sqrt{1 - \frac{z^2}{c^2}} = \pi ab \left(1 - \frac{z^2}{c^2}\right),$$

所以

$$\iiint\limits_{\Omega} z^2 \mathrm{d}v = 2\pi ab \int_0^c z^2 \left(1 - \frac{z^2}{c^2}\right) \mathrm{d}x = \frac{4}{15}\pi abc^3 .$$

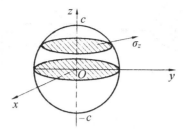

图 11-4-3

例 $11.4.4$　计算三重积分

$$\iiint\limits_{\Omega} z \mathrm{d}x\mathrm{d}y\mathrm{d}z$$

其中 Ω 为椭球体

$$\frac{x^2}{a^2} + \frac{y^2}{b^2} + \frac{z^2}{c^2} \leqslant 1$$

的上半部分.

解　画出积分区域 Ω 及在 xOy 面上的投影 D，D 为椭圆

$$D = \left\{(x,y) \mid \frac{x^2}{a^2} + \frac{y^2}{b^2} \leqslant 1\right\} (\text{图 11-4-4}).$$

所以

$$\begin{aligned}
\iiint\limits_{\Omega} z \mathrm{d}x\mathrm{d}y\mathrm{d}z &= \int_{-a}^{a} \mathrm{d}x \int_{-\frac{b}{a}\sqrt{a^2-x^2}}^{\frac{b}{a}\sqrt{a^2-x^2}} \mathrm{d}y \int_0^{c\sqrt{1-\frac{x^2}{a^2}-\frac{y^2}{b^2}}} z\mathrm{d}z \\
&= \frac{c^2}{2} \int_{-a}^{a} \mathrm{d}x \int_{-\frac{b}{a}\sqrt{a^2-x^2}}^{\frac{b}{a}\sqrt{a^2-x^2}} \left(1 - \frac{x^2}{a^2} - \frac{y^2}{b^2}\right) \mathrm{d}y \\
&= c^2 \int_{-a}^{a} \mathrm{d}x \int_0^{\frac{b}{a}\sqrt{a^2-x^2}} \left(1 - \frac{x^2}{a^2} - \frac{y^2}{b^2}\right) \mathrm{d}y \\
&= \frac{2bc^2}{3a^3} \int_{-a}^{a} (a^2 - x^2)^{\frac{3}{2}} \mathrm{d}x \\
&= \frac{4bc^2}{3a^3} \int_0^{a} (a^2 - x) \mathrm{d}x \\
&\xlongequal{(x=a\sin t)} \frac{4abc^2}{3} \int_0^{\frac{\pi}{2}} \cos^4 t\mathrm{d}t \\
&= \frac{\pi}{4} abc^2 .
\end{aligned}$$

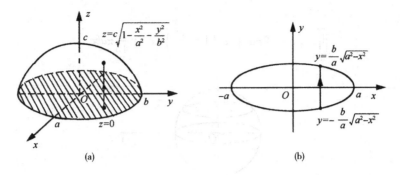

图 11-4-4

例 11.4.5 求由抛物线 $x^2 + y^2 = az(a > 0)$ 与锥面 $z = 2a - \sqrt{x^2 + y^2}$ 所围成立体的体积,如图 11-4-5 所示.

解 穿针法.

$$
\begin{aligned}
\Delta V &= \iiint_V \mathrm{d}x\mathrm{d}y\mathrm{d}z \\
&= \iint_{D_{xy}} \mathrm{d}x\mathrm{d}y \int_{\frac{x^2+y^2}{a}}^{2a-\sqrt{x^2+y^2}} \mathrm{d}z \\
&= \iint_{D_{xy}} \left(2a - \sqrt{x^2 + y^2} - \frac{x^2 + y^2}{a} \right) \mathrm{d}x\mathrm{d}y \\
&= \int_0^{2\pi} \mathrm{d}\theta \int_0^a \left[2a - r - \frac{r^2}{a} \right] \cdot r\mathrm{d}r \\
&= \frac{5\pi a^3}{6},
\end{aligned}
$$

其中 $D_{xy} : x^2 + y^2 \leqslant a^2$.

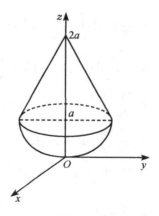

图 11-4-5

例 11.4.6 计算三重积分

$$
\iiint_\Omega z \, \mathrm{d}x\mathrm{d}y\mathrm{d}z
$$

其中 Ω 为 $x \geqslant 0, y \geqslant 0, z \geqslant 0, x^2 + y^2 + z^2 \leqslant R^2$.

解　首先绘出积分区域 Ω，如图 11-4-6(a)所示，Ω 中最低点的竖坐标 $z = 0$，最高点的竖坐标为 $z = R$. 在 z 轴上区间 $[0, R]$ 中任意一点 z，过点 $(0, 0, z)$ 作平行于 xOy 面的平面，此平面截 Ω 所得截面为一平面区域 P_z，如图 11-4-6(b)所示.

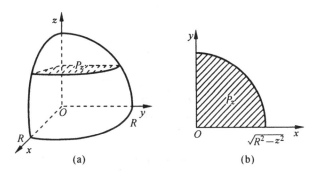

图 **11-4-6**

$$P_z : \begin{cases} x \geqslant 0 \\ y \geqslant 0 \\ x^2 + y^2 \leqslant R^2 - z^2 \end{cases},$$

可得

$$\iiint\limits_{\Omega} z \, \mathrm{d}x\mathrm{d}y\mathrm{d}z = \int_0^R \mathrm{d}z \iint\limits_{P_z} z \, \mathrm{d}x\mathrm{d}y.$$

求内层积分时，注意将 z 看成常数及 P_z 的面积为

$$\frac{\pi(R^2 - z^2)}{4},$$

所以

$$\iint\limits_{P_z} z \, \mathrm{d}x\mathrm{d}y = z \iint\limits_{P_z} \mathrm{d}x\mathrm{d}y = z \cdot \frac{\pi(R^2 - z^2)}{4},$$

即得

$$\begin{aligned}
\iiint\limits_{\Omega} z \, \mathrm{d}x\mathrm{d}y\mathrm{d}z &= \int_0^R \mathrm{d}z \iint\limits_{P_z} z \, \mathrm{d}x\mathrm{d}y \\
&= \int_0^R z \cdot \frac{\pi(R^2 - z^2)}{4} \mathrm{d}z \\
&= \frac{\pi}{4}\left(\frac{R^2 z^2}{2} - \frac{z^4}{4}\right)\Bigg|_0^R \\
&= \frac{\pi R^4}{16}.
\end{aligned}$$

例 11.4.7　求三重积分

$$I = \iiint\limits_{\Omega} y \cos(x + z) \mathrm{d}x\mathrm{d}y\mathrm{d}z,$$

其中 Ω 由平面 $y = 0, z = 0, x + z = \dfrac{\pi}{2}$ 及柱面 $y = \sqrt{x}$ 围成.

解 Ω 是以平面 $x+z=\dfrac{\pi}{2}$ 为顶的曲顶柱体,它在 Oxy 平面上的投影区域 D 由直线 $y=0$,$x=\dfrac{\pi}{2}$ 及曲线 $y=\sqrt{x}$ 所围成,如图 11-4-7 所示.

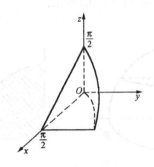

图 11-4-7

$$I = \iint_D \left\{ \int_0^{\pi/2-x} \cos(x+z)\,\mathrm{d}z \right\} y\,\mathrm{d}x\mathrm{d}y$$

$$= \iint_D \sin(x+z)\Big|_0^{\frac{\pi}{2}-x}\, y\,\mathrm{d}x\mathrm{d}y$$

$$= \iint_D (1-\sin x)\, y\,\mathrm{d}x\mathrm{d}y$$

$$= \int_0^{\frac{\pi}{2}} \mathrm{d}x \int_0^{\sqrt{x}} (1-\sin x)\, y\,\mathrm{d}y$$

$$= \int_0^{\frac{\pi}{2}} \frac{1}{2} x (1-\sin x)\,\mathrm{d}x$$

$$= \frac{1}{2}\left(\frac{\pi^2}{8} - 1 \right).$$

例 11.4.8 求三重积分

$$I = \iiint_\Omega (x+y+z)^2\,\mathrm{d}V,$$

其中 $\Omega : \dfrac{x^2}{a^2} + \dfrac{y^2}{b^2} + \dfrac{z^2}{c^2} \leqslant 1\,(a>0,b>0,c>0)$.

解

$$I = \iiint_\Omega (x^2+y^2+z^2+2xy+2yz+2zx)\,\mathrm{d}V$$

因为 Ω 关于 Oxy 平面对称,而 $2yz$,$2zx$ 关于 z 轴为奇函数,因此

$$\iiint_\Omega 2yz\,\mathrm{d}V = \iint_D 2zx\,\mathrm{d}V = 0,$$

同理,Ω 关于 Oyz 平面对称,而 $2xy$ 是关于 x 的奇函数,因此 $\displaystyle\iiint_\Omega 2xy\,\mathrm{d}V = 0$. 于是

$$I = \iiint_\Omega (x^2+y^2+z^2)\,\mathrm{d}V.$$

分项求积分,先求 $\iiint\limits_{\Omega} z^2 \mathrm{d}V$. 其中区域 $D(z)$ 为

$$\frac{x^2}{a^2} + \frac{y^2}{b^2} = 1 - \frac{z^2}{c^2}(\,|\,z\,|<c)\,,$$

这是一个椭圆,其两个半径长分别为

$$a\sqrt{1 - \frac{z^2}{c^2}} \text{ 及 } b\sqrt{1 - \frac{z^2}{c^2}}\,.$$

再注意对称性,有

$$\iiint\limits_{\Omega} z^2 \mathrm{d}V = 2\int_0^c \mathrm{d}z \iint\limits_{D(z)} z^2 \mathrm{d}x\mathrm{d}y$$

$$= 2\int_0^c z^2 \pi ab \left(1 - \frac{z^2}{c^2}\right)\mathrm{d}z$$

$$= \frac{4\pi abc^3}{15}\,.$$

再根据椭球方程关于 x,y,z 的某种对等性,用类比的方法不难推出

$$\iiint\limits_{\Omega} y^2 \mathrm{d}V = \frac{4\pi ab^3 c}{15}\,,\ \iiint\limits_{\Omega} z^2 \mathrm{d}V = \frac{4\pi a^3 bc}{15}\,.$$

因此

$$I = \frac{4\pi abc}{15}(a^2 + b^2 + c^2)\,.$$

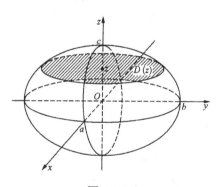

图 11-4-8

2.柱坐标系中三重积分的计算

三维空间的柱坐标系就是平面极坐标系加上 z 轴,如图 11-4-9 所示,所以直角坐标与柱面坐标之间的关系是

$$x = r\cos\theta, y = r\sin\theta, z = z(0 \leqslant r < +\infty, 0 \leqslant \theta < 2\pi, -\infty < z < +\infty)$$

且

$$x^2 + y^2 = r^2\,.$$

三个坐标面分别是

(1) $r = r_0$,是一个以 z 轴为中心轴、半径为 r_0 的圆柱面;

(2) $\theta = \theta_0$,是一个过 z 轴、极角为 θ_0 的半平面;

（3）$z = z_0$，是一个与 xOy 平面平行，高度为 z_0 的水平面.

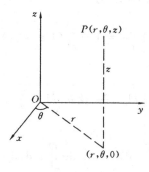

图 11-4-9

在平面极坐标系中计算二重积分时，必须用极坐标表示面积微元，即 $d\sigma = r dr d\theta$．为了在柱坐标系下计算三重积分 $\iiint\limits_{\Omega} f(x,y,z) dv$，我们需要用柱坐标表示体积微元 dv．如图 11-4-10 所示，体积元素 ΔV 由半径为 r 和 $r + dr$ 的圆柱面，极角为 θ 和 $\theta + d\theta$ 的半平面，以及高度为 z 和 $z + dz$ 的水平面所围成．通过以直带曲和以平行代相交把 ΔV 近似看作一长方体，该长方体的三条边分别为 $dz, dr, r d\theta$，则有

$$\Delta V \approx r d\theta dz dr,$$

略去高阶无穷小后，可得体积微元

$$dv = r d\theta dz dr.$$

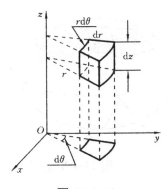

图 11-4-10

于是把直角坐标系中的三重积分变换到柱坐标时，只要把被积函数 $f(x,y,z)$ 中 x, y, z 分别换成 $r\cos\theta, r\sin\theta, z$；把体积微元 dv 换成柱坐标系中的体积微元 $r d\theta dz dr$；最后把积分区域 Ω 换成 r, θ, z 的相应变化范围 Ω'，即

$$\iiint\limits_{\Omega} f(x,y,z) dx dy dz = \iiint\limits_{\Omega'} f(r\cos\theta, r\sin\theta, z) r d\theta dz dr \tag{11.4.1}$$

式（11.4.1）称为三重积分的柱坐标变换公式．柱坐标系中的三重积分也可以转化为三次积分来计算，下面通过例子来说明.

例 11.4.9　计算由抛物面 $x^2 + y^2 = az$，柱面 $x^2 + y^2 = 2ax (a > 0)$ 和平面 $z = 0$ 所围成的空间区域 Ω 的体积，如图 11-4-11 所示.

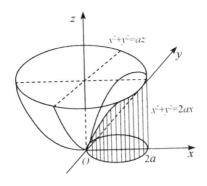

图 11-4-11

解　区域 Ω 在 xOy 平面上的投影区域为圆域 $D:0\leqslant(x-a)^2+y^2\leqslant a^2$，则 Ω 用柱面坐标可表示为

$$0\leqslant z\leqslant\frac{r^2}{a},0\leqslant r\leqslant 2a\cos\theta,-\frac{\pi}{2}\leqslant\theta\leqslant\frac{\pi}{2},$$

所以 Ω 的体积是

$$
\begin{aligned}
\Delta\Omega &=\iiint\limits_{\Omega}f(x,y,z)\mathrm{d}x\mathrm{d}y\mathrm{d}z\\
&=\iiint\limits_{\Omega}f(r\cos\theta,r\sin\theta,z)r\mathrm{d}\theta\mathrm{d}z\mathrm{d}r\\
&=4a^3\int_{-\frac{\pi}{2}}^{\frac{\pi}{2}}\mathrm{d}\theta\int_0^{2a\cos\theta}\mathrm{d}r\int_0^{\frac{r^2}{a}}r\mathrm{d}z\\
&=4a^3\int_{-\frac{\pi}{2}}^{\frac{\pi}{2}}\cos^4\theta\mathrm{d}\theta\\
&=\frac{3}{2}\pi a^3.
\end{aligned}
$$

例 11.4.10　计算三重积分

$$\iiint\limits_{\Omega}(x^2+y^2)\mathrm{d}V,$$

其中 Ω 由曲面 $x^2+y^2=2z$ 和 $z=2$ 所围成的区域，如图 11-4-12 所示.

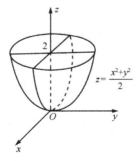

图 11-4-12

解 Ω 在 xOy 面上的投影 D 是圆域 $x^2 + y^2 \leqslant 4$,曲面 $z = \dfrac{x^2 + y^2}{2}$ 的柱坐标方程是 $z_1 = \dfrac{r^2}{2}, z_2 = 2$,

所以

$$
\begin{aligned}
\iiint\limits_{\Omega} (x^2 + y^2)\,\mathrm{d}V &= \iint\limits_{D} r\,\mathrm{d}r\mathrm{d}\theta \int_{\frac{r^2}{2}}^{2} r^2\,\mathrm{d}z \\
&= \int_{0}^{2\pi}\mathrm{d}\theta \int_{0}^{2} r^3\,\mathrm{d}r \int_{\frac{r^2}{2}}^{2}\mathrm{d}z \\
&= 2\pi \int_{0}^{2} r^3 \left(2 - \frac{r^2}{2}\right)\mathrm{d}r \\
&= 2\pi \left(\frac{r^4}{2} - \frac{r^6}{12}\right)\Bigg|_{0}^{2} \\
&= \frac{16\pi}{3} .
\end{aligned}
$$

例 11.4.11   求三重积分

$$
I = \iiint\limits_{\Omega} x^2 y^2 z^2\,\mathrm{d}V ,
$$

其中 Ω 是由曲面 $2z = x^2 + y^2$ 及平面 $z = 2$ 所围成,如图 11-4-13 所示.

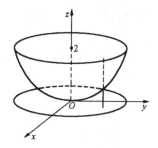

图 11-4-13

解   在直角坐标中,积分区域为

$$
\Omega = \left\{ (x,y,z) \mid x^2 + y^2 \leqslant 4, \frac{1}{2}(x^2 + y^2) \leqslant z \leqslant 2 \right\}
$$

而在柱坐标中,积分区域为

$$
\Omega' = \left\{ (r,\theta,z) \mid 0 \leqslant \theta \leqslant 2\pi, 0 \leqslant r \leqslant 2, \frac{1}{2}r^2 \leqslant z \leqslant 2 \right\} .
$$

这样,可得

$$
\begin{aligned}
I &= \iiint\limits_{\Omega} x^2 y^2 z\,\mathrm{d}x\mathrm{d}y\mathrm{d}z \\
&= \iiint\limits_{\Omega'} z r^4 \cos^2\theta \sin^2\theta \cdot r\mathrm{d}r\mathrm{d}\theta\mathrm{d}z \\
&= \iint\limits_{D} r^5 \cos^2\theta \sin^2\theta\,\mathrm{d}r\mathrm{d}\theta \int_{\frac{r^2}{2}}^{2} z\mathrm{d}z \\
&= \iint\limits_{D} r^5 \cos^2\theta \sin^2\theta \cdot \frac{1}{2}\left(4 - \frac{1}{4}r^4\right)\mathrm{d}r\mathrm{d}\theta ,
\end{aligned}
$$

其中
$$D = \{(r,\theta) \mid 0 \leqslant \theta \leqslant 2\pi, 0 \leqslant r \leqslant 2\}.$$
于是
$$I = \frac{1}{2}\int_0^{2\pi} \cos^2\theta \sin^2\theta d\theta \int_0^2 \left(4 - \frac{1}{4}r^4\right)r^5 dr$$

$$= 2\int_0^{\frac{\pi}{2}} \cos^2\theta(1 - \cos^2\theta)d\theta \cdot \frac{256}{15}$$

$$= 2 \cdot \frac{\pi}{4}\left(1 - \frac{3}{4}\right) \cdot \frac{256}{15}$$

$$= \frac{32\pi}{15}.$$

例 11.4.12 计算三重积分

$$\iiint\limits_V z\,\mathrm{d}x\mathrm{d}y\mathrm{d}z,$$

其中 V 是由上半球面 $x^2 + y^2 + z^2 = 4$ 和旋转抛物面 $x^2 + y^2 = 3z$ 所围成的立体.

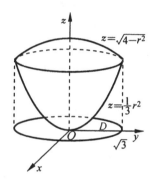

图 11-4-14

解 给出积分区域 V,如图 11-4-14 所示. V 的上、下两个边界曲面的方程为

$$z = \sqrt{4 - x^2 - y^2} \ \text{与} \ z = \frac{1}{3}(x^2 + y^2),$$

其柱面坐标方程为

$$z = \sqrt{4 - r^2} \ \text{与} \ z = \frac{1}{3}r^2.$$

两方程消去 z 得他们交线在 xOy 面上的投影柱面方程和投影曲线方程分别为

$$x^2 + y^2 = 3 \ \text{和} \ \begin{cases} x^2 + y^2 = 3 \\ z = 0 \end{cases}.$$

所以 V 在 xOy 面上的投影区域 D 为圆域 $x^2 + y^2 \leqslant 3$,即 $r \leqslant \sqrt{3}$. 所以

$$\iiint\limits_V z\,\mathrm{d}x\mathrm{d}y\mathrm{d}z = \iiint\limits_V zr\,\mathrm{d}r\mathrm{d}\theta\mathrm{d}z$$

$$= \iint\limits_D r\mathrm{d}r\mathrm{d}\theta \int_{\frac{r^2}{3}}^{\sqrt{4-r^2}} z\mathrm{d}z$$

$$= \int_0^{2\pi} \mathrm{d}\theta \int_0^{\sqrt{3}} r\mathrm{d}r \int_{\frac{r^2}{3}}^{\sqrt{4-r^2}} z\mathrm{d}z$$

$$= 2\pi \int_0^{\sqrt{3}} \frac{1}{2}\left[4 - r^2 - \frac{r^2}{9}\right] r \mathrm{d}r$$

$$= \frac{13}{4}\pi .$$

3. 球坐标系中三重积分的计算

设 $M(x,y,z)$ 是空间内一点,点 M 到原点 O 的距离为 r,向量 $\overrightarrow{OM}$ 与 z 轴正向的夹角为 φ,点 M 在 xOy 面上的投影为 P,从 z 轴正向看,自 x 轴按逆时针方向转到向量 $\overrightarrow{OP}$ 的角度为 θ,则称 r,φ,θ 为 M 的球坐标,如图 11-4-15 所示. 规定柱坐标 r,φ,θ 的变化范围是

$$\begin{cases} 0 \leqslant r < +\infty \\ 0 \leqslant \varphi \leqslant \pi \\ 0 \leqslant \theta \leqslant 2\pi \end{cases} .$$

三个坐标面分别是

(1) $r = r_0$ (r_0 为常数),即以原点 O 为中心,以 r_0 为半径的球面;

(2) $\varphi = \varphi_0$ (φ_0 为常数),即顶点在原点,以 z 轴为轴,顶角为 $2\varphi_0$ 的锥面;

(3) $\theta = \theta_0$ (θ_0 为常数),即通过 z 轴、极角为 θ_0 的半平面.

所以点 M 的直角坐标与球坐标的关系是

$$\begin{cases} x = r\sin\varphi\cos\theta \\ y = r\sin\varphi\sin\theta \\ z = r\cos\varphi \end{cases} .$$

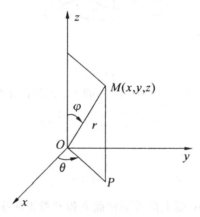

图 11-4-15

要把三重积分 $\iiint\limits_{\Omega} f(x,y,z)\mathrm{d}x\mathrm{d}y\mathrm{d}z$ 中的变量变换为球坐标,我们用三组球坐标面把积分区域 Ω 分成若干小闭区域,现在考虑由 r,φ,θ 各取微小增量 $\mathrm{d}r,\mathrm{d}\varphi,\mathrm{d}\theta$ 所成的六面体的体积 Δv,如图 11-4-16 所示,略去高阶无穷小,该六面体可看作长方体,边长分别是 $r\mathrm{d}\varphi,r\sin\varphi\mathrm{d}\theta,\mathrm{d}r$,所以球坐标系中的体积元素是

$$\mathrm{d}v = r^2\sin\varphi\mathrm{d}r\mathrm{d}\varphi\mathrm{d}\theta ,$$

所以三重积分 $\iiint\limits_{\Omega} f(x,y,z)\mathrm{d}x\mathrm{d}y\mathrm{d}z$ 可化为球坐标系中的三重积分

$$\iiint\limits_{\Omega} f(x,y,z)\mathrm{d}x\mathrm{d}y\mathrm{d}z = \iiint\limits_{\Omega} f(r\sin\varphi\cos\theta,r\sin\varphi\sin\theta,r\cos\varphi)r^2\sin\varphi\mathrm{d}r\mathrm{d}\varphi\mathrm{d}\theta$$

或

$$\iiint\limits_{\Omega} f(x,y,z)\mathrm{d}x\mathrm{d}y\mathrm{d}z = \iiint\limits_{\Omega} F(r,\varphi,\theta)r^2\sin\varphi\mathrm{d}r\mathrm{d}\varphi\mathrm{d}\theta ,$$

其中 $F(r,\varphi,\theta) = f(r\sin\varphi\cos\theta,r\sin\varphi\sin\theta,r\cos\varphi)$.

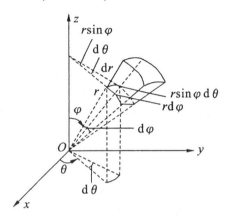

图 11-4-16

例 11.4.13　计算三重积分

$$\iiint\limits_{\Omega} f(x^2 + y^2 + z^2)\mathrm{d}x\mathrm{d}y\mathrm{d}z ,$$

其中 Ω 是由圆锥面 $x^2 + y^2 + z^2$ 和上半球面 $x^2 + y^2 + z^2 = R^2$ 所围成的区域,如图 11-4-17 所示.

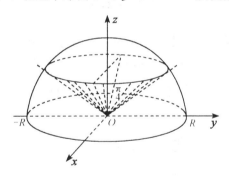

图 11-4-17

解　令

$$\begin{cases} x = r\sin\varphi\cos\theta \\ y = r\sin\varphi\sin\theta \\ z = r\cos\varphi \end{cases}.$$

则 Ω 用球坐标可表示为

$$0 \leqslant r \leqslant R, 0 \leqslant \varphi \leqslant \frac{\pi}{4}, 0 \leqslant \theta \leqslant 2\pi ,$$

所以

$$\iiint\limits_{\Omega} f(x^2 + y^2 + z^2)\mathrm{d}x\mathrm{d}y\mathrm{d}z$$

$$= \iiint\limits_{\Omega} r^2 r^2 \sin\varphi \mathrm{d}r\mathrm{d}\varphi\mathrm{d}\theta$$

$$= \int_0^{2\pi}\mathrm{d}\theta\int_0^{\frac{\pi}{4}}\mathrm{d}\varphi\int_0^R r^4\sin\varphi\mathrm{d}r$$

$$= \frac{2\pi}{5}R^5\left(1 - \frac{\sqrt{2}}{2}\right).$$

例 11.4.14　计算三重积分

$$\iiint\limits_{\Omega} \sqrt{x^2 + y^2 + z^2}\,\mathrm{d}x\mathrm{d}y\mathrm{d}z\ ,$$

其中 Ω 是由球面 $x^2 + y^2 + z^2 = 2az$ 所围成的区域,如图 11-4-18 所示.

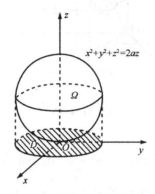

图 11-4-18

解　由图可见,Ω 投影到 xOy 面上是包围原点在内的圆,所以 $0 \leqslant \theta < 2\pi$,过 z 轴作一个角为 θ 的半平面,可以想象应截出一圆心在 z 轴上点 $(0,0,a)$、半径为 a 的半圆,圆周过原点,应有 $0 \leqslant \varphi \leqslant \dfrac{\pi}{2}$.最后,在 θ 和 φ 的讨论的范围内作射线(从原点出发),交 Ω 的边界面于 O 点和球面上另一点,而球面方程为 $r = 2a\cos\varphi$,于是

$$\iiint\limits_{\Omega} \sqrt{x^2 + y^2 + z^2}\,\mathrm{d}x\mathrm{d}y\mathrm{d}z$$

$$= \iiint\limits_{\Omega} r \cdot r^2 \sin\varphi \mathrm{d}r\mathrm{d}\varphi\mathrm{d}\theta$$

$$= \int_0^{2\pi}\mathrm{d}\theta\int_0^{\frac{\pi}{2}}\mathrm{d}\varphi\int_0^{2a\cos\theta} r^3\sin\varphi\mathrm{d}r$$

$$= 2\pi\int_0^{\frac{\pi}{2}}\sin\varphi\cdot\frac{r^4}{4}\Bigg|_0^{2a\cos\theta}\mathrm{d}\varphi$$

$$= 2\pi\int_0^{\frac{\pi}{2}}\frac{16a^4}{4}\sin\varphi\cos^4\varphi\mathrm{d}\varphi$$

$$= 8\pi a^4\left[-\frac{1}{5}\cos^5\varphi\right]_0^{\frac{\pi}{2}}$$

$$= \frac{8}{5}\pi a^4 \,.$$

例 11.4.15　球体 $x^2 + y^2 + z^2 \leqslant z$ 内,各点处的密度的大小等于该点到坐标原点的距离,求球体的质量 M.

解　设球体 $x^2 + y^2 + z^2 \leqslant z$ 所围成域为 Ω,那么其上各点的密度为

$$\rho = \sqrt{x^2 + y^2 + z^2} \,,$$

其质量为

$$M = \iiint\limits_{\Omega} \sqrt{x^2 + y^2 + z^2}\, \mathrm{d}V \,.$$

用球面坐标表示球面,方程为

$$r = \cos\varphi \,.$$

球体的质量为

$$M = \iiint\limits_{\Omega} r \cdot r^2 \sin\varphi \mathrm{d}r \mathrm{d}\varphi \mathrm{d}\theta = \iiint\limits_{\Omega} r^3 \sin\varphi \mathrm{d}r \mathrm{d}\varphi \mathrm{d}\theta \,.$$

由于球体 Ω 可看成半圆绕 z 轴旋转而成,因此

$$M = \int_0^{2\pi} \mathrm{d}\theta \iint\limits_{P_\theta} r^3 \sin\varphi \mathrm{d}r \mathrm{d}\varphi \,,$$

其中 P_θ 为 $\theta = \theta$ 的半平面截 Ω 所得截面区域,它为一个半圆,如图 11-4-19 所示,记作

$$P_\theta : \begin{cases} 0 \leqslant \varphi \leqslant \dfrac{\pi}{2} \\[2mm] 0 \leqslant r \leqslant \cos\varphi \end{cases} ,$$

所以

$$\begin{aligned}
M &= \int_0^{2\pi} \mathrm{d}\theta \int_0^{2\pi} \sin\varphi \mathrm{d}\varphi \int_0^{\cos\varphi} r^3 \mathrm{d}r \\
&= 2\pi \int_0^{2\pi} \frac{1}{4} \cos^4\varphi \sin\varphi \mathrm{d}\varphi \\
&= \frac{\pi}{2} \left(-\frac{1}{5} \cos^5\varphi \right) \Big|_0^{\frac{\pi}{2}} \\
&= \frac{\pi}{10} \,.
\end{aligned}$$

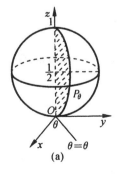
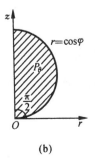

(a)　　　　　　(b)

图 11-4-19

11.5 应用举例

11.5.1 平面图形的面积

由二重积分的几何意义和性质可知,如果在区域 D 上 $f(x,y)=1$,则平面区域 D 的面积为

$$\iint\limits_{D} 1\mathrm{d}\sigma = \sigma = \iint\limits_{D} \mathrm{d}\sigma ,$$

因此可用二重积分计算平面图形的面积.

例 11.5.1 求由曲线 $y=2-x, y^2=4x+4$ 所围成的区域 D 的面积.

解 区域 D 如图 11-5-1 所示,于是所求面积为

$$
\begin{aligned}
\sigma &= \iint\limits_{D} \mathrm{d}\sigma \\
&= \int_{-6}^{2} \mathrm{d}y \int_{\frac{y^2-4}{4}}^{2-y} \mathrm{d}x \\
&= \int_{-6}^{2} \left(2-y-\frac{y^2-4}{4}\right) \mathrm{d}y \\
&= \left(2y-\frac{y^2}{2}-\frac{y^3}{22}+y\right) \Big|_{-6}^{2} \\
&= \frac{28}{3} .
\end{aligned}
$$

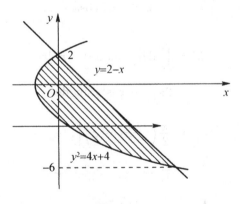

图 11-5-1

例 11.5.2 求有双曲线 $xy=1$ 与直线 $x+y=\dfrac{5}{2}$ 所围成的平面图形的面积.

解 区域 D 如图 11-5-2 所示.

解方程组

$$
\begin{cases}
xy = 1 \\
x+y = \dfrac{5}{2}
\end{cases},
$$

可得交点为

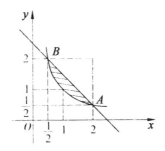

图 11-5-2

$$A\left(2,\frac{1}{2}\right) , B\left(\frac{1}{2},2\right) .$$

积分区域 D 可以表示为

$$\frac{1}{2} \leqslant x \leqslant 2, \ \frac{1}{x} \leqslant y \leqslant \frac{5}{2} - x ,$$

所以

$$\begin{aligned}
\sigma &= \iint\limits_{D}\mathrm{d}\sigma \\
&= \int_{\frac{1}{2}}^{2}\mathrm{d}x\int_{\frac{1}{x}}^{\frac{5}{2}-x}\mathrm{d}y \\
&= \int_{\frac{1}{2}}^{2}\left(\frac{5}{2} - x - \frac{1}{x}\right)\mathrm{d}x \\
&= \left[\frac{5}{2}x - \frac{x^2}{2} - \ln|x|\right]_{\frac{1}{2}}^{2} \\
&= \frac{15}{8} - 2\ln2 .
\end{aligned}$$

例 11.5.3　求由抛物线 $x = y^2$ 和直线 $y = x - 2$ 所围成的平面图形的面积.

解　区域 D 如图 11-5-3 所示.

解方程组

$$\begin{cases} x = y^2 \\ y = x - 2 \end{cases},$$

可得交点为

$$A(1,-1),B(4,2) .$$

本题适合采用先对 x 后对 y 积分的顺序.在 y 的变化区间 $[-1,2]$ 上,作一平行于 x 轴的直线段穿过 D 域,沿 x 轴的正方向看去,入口的边界曲线为 $x = y^2$(下限),出口的边界线为 $x = y + 2$(上限),所以

$$\begin{aligned}
\sigma &= \iint\limits_{D}\mathrm{d}x\mathrm{d}y \\
&= \int_{-1}^{2}\mathrm{d}y\int_{y^2}^{y+2}\mathrm{d}x \\
&= \int_{-1}^{2}(2 + y - y^2)\mathrm{d}y
\end{aligned}$$

$$= \left(2y + \frac{y^2}{2} - \frac{y^3}{3}\right)\Bigg|_{-1}^{2}$$

$$= \frac{9}{2}.$$

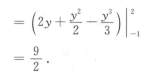

图 11-5-3

11.5.2 体积

对于以 xOy 平面上的有界闭区域 D 为底,其侧面为以 D 的边界线为准线,而母线平行于 z 轴的柱面,其顶是连续曲面 $z = f(x,y) \geqslant 0$,如图 11-5-4 所示.由二重积分的几何意义可知,曲顶柱体的体积值为

$$V = \iint\limits_{D} f(x,y)\,\mathrm{d}\sigma .$$

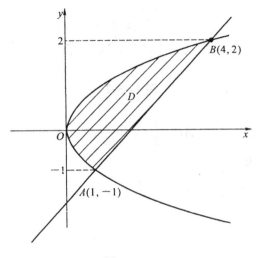

图 11-5-4

对于空间区域 Ω ,其在 xOy 平面上的投影区域为 D . 如果已知母线平行于 z 轴,而准线为 D 的边界线的柱面,将 Ω 分成上、下两个曲面 $z = f(x,y)$ 和 $z = g(x,y)$,如图 11-5-5 所示,则空间区域 Ω 的体积值为

$$V = \iint\limits_{D} [f(x,y) - g(x,y)] \mathrm{d}\sigma .$$

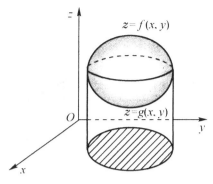

图 **11-5-5**

例 11.5.4　求由锥面 $z = 4 - \sqrt{x^2 + y^2}$ 与旋转抛物面 $z = x^2 + y^2$ 所围立体的体积.

解　如图 11-5-6 所示,选用极坐标计算,则有

$$V = \iint\limits_{D} [(4 - \sqrt{x^2 + y^2}) - \frac{1}{2}(x^2 + y^2)] \mathrm{d}x\mathrm{d}y = \iint\limits_{D} (4 - r - \frac{r^2}{2}) r \mathrm{d}r \mathrm{d}y ,$$

求立体在 xOy 面上的投影区域 D. 由题可知

$$\begin{cases} z = 4 - \sqrt{x^2 + y^2} , \\ 2z = x^2 + y^2 \end{cases},$$

消去 x, y 得

$$z^2 - 10z + 16 = (z-2)(z-8) = 0 ,$$

因此 $z = 2, z = 8$ 舍去. 所以 D 由 $x^2 + y^2 = 4$ 即 $r = 2$ 围成,所以

$$\begin{aligned} V &= \int_0^{2\pi} \mathrm{d}\theta \int_0^2 (4 - r - \frac{r^2}{2}) \mathrm{d}r \\ &= 2\pi \left(2r^2 - \frac{r^3}{3} - \frac{r^4}{8} \right) \Big|_0^2 \\ &= \frac{20}{3}\pi \end{aligned}$$

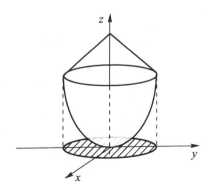

图 **11-5-6**

例 11.5.5　计算由平面 $2x + 3y + z - 6 = 0$ 和三个坐标平面所围成的四面体的体积,如图 11-5-7 所示.

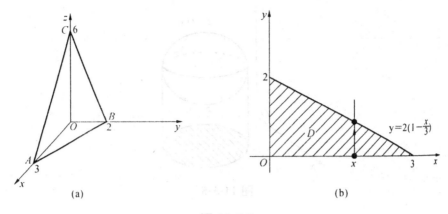

图 11-5-7

解　设所求的体积为 V ,即求以

$$z = 6 - 2x - 3y$$

为顶,以 $\triangle AOB$ 围成区域 D 为底的柱体的体积,则

$$V = \iint\limits_{D} (6 - 2x - 3y)\mathrm{d}x\mathrm{d}y ,$$

其中积分域 D 的图形如图 11-5-7(b)所示,直线 AB 的方程为

$$\frac{x}{3} + \frac{y}{x} = 1 ,$$

即

$$y = 2\left(1 - \frac{x}{3}\right) .$$

先对 y 积分,则积分区域 D 为

$$D: \begin{cases} 0 \leqslant x \leqslant 3 \\ 0 \leqslant y \leqslant 2\left(1 - \dfrac{x}{3}\right) \end{cases} ,$$

则

$$
\begin{aligned}
V &= \iint\limits_{D} (6 - 2x - 3y)\mathrm{d}x\mathrm{d}y \\
&= \int_{0}^{3} \mathrm{d}x \int_{0}^{2\left(1 - \frac{x}{3}\right)} (6 - 2x - 3y)\mathrm{d}y \\
&= \int_{0}^{3} \left[12\left(1 - \frac{x}{3}\right)^{2} - 6\left(1 - \frac{x}{3}\right)^{2} \right]\mathrm{d}x \\
&= 6\int_{0}^{3} \left(1 - \frac{x}{3}\right)^{2} \mathrm{d}x \\
&= 6 .
\end{aligned}
$$

11.5.3　转动惯量

设在 $\mathbb{R}^3$ 有一质点,其坐标为 (x,y,z),质量为 m. 根据力学知识可知,该质点对 x 轴、y 轴、z 轴的转动惯量是

$$I_x = (y^2 + z^2)m,$$
$$I_y = (z^2 + x^2)m,$$
$$I_z = (x^2 + y^2)m.$$

设在 $\mathbb{R}^3$ 有 n 个质点,它们分别位于点 $(x_i,y_i,z_i)(i=1,2,\cdots,n)$ 处,质量分别为 $m_i(i=1,2,\cdots,n)$. 根据转动惯量的可加性可知,该质点对 x 轴、y 轴、z 轴的转动惯量是

$$I_x = \sum_{i=1}^{n} (y_i^2 + z_i^2)m_i,$$
$$I_y = \sum_{i=1}^{n} (z_i^2 + x_i^2)m_i,$$
$$I_z = \sum_{i=1}^{n} (x_i^2 + y_i^2)m_i.$$

设有一物体,占有 $\mathbb{R}^3$ 中闭区域 Ω,在点 (x,y,z) 处的密度为 $\rho(x,y,z)$,并假设 $\rho(x,y,z)$ 在 Ω 上连续,现在求该物体对 x 轴、y 轴、z 轴的转动惯量 I_x、I_y、I_z.

在 Ω 上任取一个直径很小的闭区域 $\mathrm{d}v$,该小区域的体积也可用 $\mathrm{d}v$ 来表示,(x,y,z) 为 $\mathrm{d}v$ 上一点,因为 $\mathrm{d}v$ 很小,且 $\rho(x,y,z)$ 在 Ω 上连续,所以我们可以认为 $\mathrm{d}v$ 的质量 $\mathrm{d}m$ 近似等于 $\rho(x,y,z)\mathrm{d}v$,即

$$\mathrm{d}m = \rho(x,y,z)\mathrm{d}v,$$

并将这部分质量近似看做集中在点 (x,y,z) 处,略去高阶无穷小,则 $\mathrm{d}v$ 对 x 轴、y 轴、z 轴的转动惯量 $\mathrm{d}I_x$、$\mathrm{d}I_y$、$\mathrm{d}I_z$ 分别是

$$\mathrm{d}I_x = (y^2 + z^2)\mathrm{d}m = (y^2 + z^2)\rho(x,y,z)\mathrm{d}v,$$
$$\mathrm{d}I_y = (z^2 + x^2)\mathrm{d}m = (z^2 + x^2)\rho(x,y,z)\mathrm{d}v,$$
$$\mathrm{d}I_z = (x^2 + y^2)\mathrm{d}m = (x^2 + y^2)\rho(x,y,z)\mathrm{d}v.$$

根据转动惯性的可加性和三重积分的概念可得该物体对对 x 轴、y 轴、z 轴的转动惯量 I_x,I_y,I_z 分别是

$$I_x = \iiint_{\Omega} (y^2 + z^2)\rho(x,y,z)\mathrm{d}v,$$
$$I_y = \iiint_{\Omega} (z^2 + x^2)\rho(x,y,z)\mathrm{d}v,$$
$$I_z = \iiint_{\Omega} (x^2 + y^2)\rho(x,y,z)\mathrm{d}v.$$

同理可得,如果平面薄片占有 R^2 中区域 D,其面密度为 $\rho(x,y)$,则该平面薄片对 x 轴、y 轴的转动惯量 I_x、I_y 分别是

$$I_x = \iint_{D} y^2 \rho(x,y)\mathrm{d}\sigma,$$
$$I_y = \iint_{D} x^2 \rho(x,y)\mathrm{d}\sigma.$$

例 11.5.6　求半径为 a 的均匀半圆薄片对于其直径边的转动惯量,其面密度 μ 为常数.

解　如图 11-5-8 所示,薄片所占的区域为

$$D = \{(x,y) \mid x^2 + y^2 \leqslant a^2, y \geqslant 0\},$$

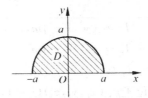

图 11-5-8

根据公式可知,该薄片对 x 轴的转动惯量是

$$
\begin{aligned}
I_x &= \iint\limits_D y^2 \mu \mathrm{d}\sigma \\
&= \mu \iint\limits_D y^2 \mathrm{d}\sigma \\
&= \mu \frac{1}{4} a^4 \int_0^\pi \sin^2\theta \mathrm{d}\theta \\
&= \frac{1}{4} \mu a^4 \frac{\pi}{2} \\
&= \frac{1}{8} \mu \pi a^4.
\end{aligned}
$$

例 11.5.7　求密度为 1 的均匀球体对于过球心的一条轴的转动惯量.

解　取球心为原点,z 轴与 l 轴重合,如图 11-5-9 所示.

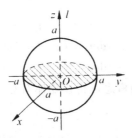

图 11-5-9

设球的半径为 a,则球体所占的空间区域是

$$\Omega = \{(x,y,z) \mid x^2 + y^2 + z^2 \leqslant a^2\},$$

根据公式可知,球体对 z 轴的转动惯量是

$$
\begin{aligned}
I_z &= \iiint\limits_\Omega (x^2 + y^2) \mathrm{d}v \\
&= \iiint\limits_\Omega r^2 \sin^2\varphi r^2 \sin\varphi \mathrm{d}r \mathrm{d}\theta \mathrm{d}\varphi \\
&= \int_0^{2\pi} \mathrm{d}\theta \int_0^\pi \sin^3\varphi \mathrm{d}\varphi \int_0^a r^4 \mathrm{d}r
\end{aligned}
$$

$$= \frac{2}{5}\pi a^5 \frac{4}{3}$$

$$= \frac{8}{15}\pi a^5$$

11.5.4　引力

设在 $\mathbb{R}^3$ 中的点 $P(x,y,z)$ 处有一质量为 m 的质点,在点 $P_0(x_0,y_0,z_0)$ 处有一单位质量的质点,如图 11-5-10 所示.

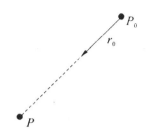

图 11-5-10

根据 Newton 万有引力定律可知,点 P 处质点对点 P_0 处质点的万有引力为

$$\boldsymbol{F} = G\frac{m}{|\boldsymbol{r}|^2}\boldsymbol{r}_0 \text{（ } G \text{ 为引力常数）},$$

其中

$$\boldsymbol{r} = \overrightarrow{P_0P} = (x-x_0)\boldsymbol{i} + (y-y_0)\boldsymbol{j} + (z-z_0)\boldsymbol{k},$$

$$|\boldsymbol{r}| = \sqrt{(x-x_0)^2 + (y-y_0)^2 + (z-z_0)^2},$$

$$\boldsymbol{r}_0 = \frac{\boldsymbol{r}}{|\boldsymbol{r}|} = \frac{(x-x_0)\boldsymbol{i} + (y-y_0)\boldsymbol{j} + (z-z_0)\boldsymbol{k}}{\sqrt{(x-x_0)^2 + (y-y_0)^2 + (z-z_0)^2}},$$

即

$$\boldsymbol{F} = F_x\boldsymbol{i} + F_y\boldsymbol{j} + F_z\boldsymbol{k}$$

$$= Gm\frac{(x-x_0)\boldsymbol{i} + (y-y_0)\boldsymbol{j} + (z-z_0)\boldsymbol{k}}{\left[(x-x_0)^2 + (y-y_0)^2 + (z-z_0)^2\right]^{\frac{3}{2}}}$$

所以万有引力 $\boldsymbol{F}$ 在 x 轴、y 轴、z 轴正向的分量 F_x、F_y、F_z 分别是

$$F_x = Gm\frac{(x-x_0)}{\left[(x-x_0)^2 + (y-y_0)^2 + (z-z_0)^2\right]^{\frac{3}{2}}},$$

$$F_y = Gm\frac{(y-y_0)}{\left[(x-x_0)^2 + (y-y_0)^2 + (z-z_0)^2\right]^{\frac{3}{2}}},$$

$$F_z = Gm\frac{(z-z_0)}{\left[(x-x_0)^2 + (y-y_0)^2 + (z-z_0)^2\right]^{\frac{3}{2}}}.$$

设有一物体,占有 $\mathbb{R}^3$ 中的闭区域 Ω,在点 (x,y,z) 处的密度为 $\rho(x,y,z)$,假设 $\rho(x,y,z)$ 在 Ω 上连续,现在求该物体对点 $P_0(x_0,y_0,z_0)$ 处单位质量的质点的万有引力

$$\boldsymbol{F} = F_x\boldsymbol{i} + F_y\boldsymbol{j} + F_z\boldsymbol{k}.$$

在 Ω 上任取一个直径很小的闭区域 $\mathrm{d}v$,该区域的体积也可用 $\mathrm{d}v$ 来表示,(x,y,z) 为 $\mathrm{d}v$ 上一点,且 $\rho(x,y,z)$ 在 Ω 上连续,所以我们可以认为 $\mathrm{d}v$ 的质量 $\mathrm{d}m$ 近似等于 $\rho(x,y,z)\mathrm{d}v$,并将这

部分质量近似看做集中在点 (x,y,z) 处,略去高阶无穷小,则 $\mathrm{d}v$ 内物体对点 P_0 处单位质量的质点的万有引力 $\mathrm{d}F$ 在 x 轴、y 轴、z 轴正向的分量 $\mathrm{d}F_x$、$\mathrm{d}F_y$、$\mathrm{d}F_z$ 分别是

$$\mathrm{d}F_x = G\mathrm{d}m\frac{(x-x_0)}{\left[(x-x_0)^2+(y-y_0)^2+(z-z_0)^2\right]^{\frac{3}{2}}},$$

$$\mathrm{d}F_y = G\mathrm{d}m\frac{(y-y_0)}{\left[(x-x_0)^2+(y-y_0)^2+(z-z_0)^2\right]^{\frac{3}{2}}},$$

$$\mathrm{d}F_z = G\mathrm{d}m\frac{(z-z_0)}{\left[(x-x_0)^2+(y-y_0)^2+(z-z_0)^2\right]^{\frac{3}{2}}}.$$

或

$$\mathrm{d}F_x = G\frac{(x-x_0)}{\left[(x-x_0)^2+(y-y_0)^2+(z-z_0)^2\right]^{\frac{3}{2}}}\rho(x,y,z)\mathrm{d}v,$$

$$\mathrm{d}F_y = G\frac{(y-y_0)}{\left[(x-x_0)^2+(y-y_0)^2+(z-z_0)^2\right]^{\frac{3}{2}}}\rho(x,y,z)\mathrm{d}v,$$

$$\mathrm{d}F_z = G\frac{(z-z_0)}{\left[(x-x_0)^2+(y-y_0)^2+(z-z_0)^2\right]^{\frac{3}{2}}}\rho(x,y,z)\mathrm{d}v.$$

根据三重积分的概念可得,该物体对点 $P_0(x_0,y_0,z_0)$ 处单位质量的质点的万有引力 F 在 x 轴、y 轴、z 轴正向的分量 F_x、F_y、F_z 分别是

$$F_x = G\iiint\limits_{\Omega}\frac{(x-x_0)\rho(x,y,z)}{\left[(x-x_0)^2+(y-y_0)^2+(z-z_0)^2\right]^{\frac{3}{2}}}\mathrm{d}v,$$

$$F_y = G\iiint\limits_{\Omega}\frac{(y-y_0)\rho(x,y,z)}{\left[(x-x_0)^2+(y-y_0)^2+(z-z_0)^2\right]^{\frac{3}{2}}}\mathrm{d}v,$$

$$F_z = G\iiint\limits_{\Omega}\frac{(z-z_0)\rho(x,y,z)}{\left[(x-x_0)^2+(y-y_0)^2+(z-z_0)^2\right]^{\frac{3}{2}}}\mathrm{d}v.$$

例 11.5.8 求由圆柱面 $x^2+y^2=a^2$，$x^2+y^2=b^2 (a>b>0)$ 和平面 $z=0$，$z=h>0$ 所围成的均匀圆柱体 Ω 对位于原点,质量为 m 的质点的引力.

解 设圆柱体 Ω 的密度为 ρ，它对质点的引力为

$$\boldsymbol{F} = F_x\boldsymbol{i} + F_y\boldsymbol{j} + F_z\boldsymbol{k},$$

根据 Ω 的均匀性和柱体的对称性可得

$$F_x = F_y = 0,$$

又

$$F_z = G\iiint\limits_{\Omega}\frac{(z-z_0)\rho(x,y,z)}{\left[(x-x_0)^2+(y-y_0)^2+(z-z_0)^2\right]^{\frac{3}{2}}}\mathrm{d}v$$

$$= G\iiint\limits_{\Omega}\frac{z}{(x^2+y^2+z^2)^{\frac{3}{2}}}m\rho\,\mathrm{d}x\mathrm{d}y\mathrm{d}z$$

$$= Gm\rho\int_0^{2\pi}\mathrm{d}\theta\int_a^b r\,\mathrm{d}r\int_0^h\frac{rz}{(r^2+z^2)^{\frac{3}{2}}}\mathrm{d}z$$

$$= 2\pi Gm\rho\int_a^b\mathrm{d}r\int_0^h\frac{rz}{(r^2+z^2)^{\frac{3}{2}}}\mathrm{d}z$$

$$= 2\pi Gm\rho\int_b^a\left(1-\frac{r}{\sqrt{r^2+h^2}}\right)\mathrm{d}r$$

$$= 2\pi Gm\rho(a - b - \sqrt{a^2 + h^2} + \sqrt{b^2 + h^2})\,,$$

所以

$$\boldsymbol{F} = 2\pi Gm\rho(a - b - \sqrt{a^2 + h^2} + \sqrt{b^2 + h^2})\boldsymbol{k}\ (G\ \text{为引力常数}).$$

第 12 章　曲线积分与曲面积分

12.1　第一类曲线积分

12.1.1　基本概念与性质

在实际问题中,经常要求把在线段上的定积分推广到平面或空间的曲线上.这就引出了第一类曲线积分的概念.

设 L 是空间中一条有限长的光滑曲线,如图 12-1-1 所示,$f(x,y,z)$ 是定义在 L 上的函数.用分点 $N_0,N_1,\cdots,N_n$ 把曲线 L 分成 n 个小弧段 $l_1,l_2,\cdots,l_n$,并记这些弧段的弧长为 Δl_i.在每个小弧段 l_i 上任取一点 $M_i(x_i,y_i,z_i)\Delta l_i$,作和数

$$\sum_{i=1}^{n} f(x_i,y_i,z_i)\Delta l_i$$

如果当所有小弧段的最大长度 λ 趋向于零时,对任意的分割和取点,这个和数都有同一极限 I,则称 I 为 $f(x,y,z)$ 在曲线 L 上的第一类曲线积分(对弧长的曲线积分),记为

$$I = \int_L f(x,y,z)\,\mathrm{d}l = \lim_{\lambda \to 0} \sum_{i=1}^{n} f(x_i,y_i,z_i)\Delta l_i$$

其中 $\mathrm{d}l$ 称为弧长元素.

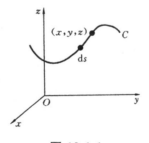

图 12-1-1

第一类曲线积分与定积分及二重积分具有类似的性质.下面我们列举第一类曲线积分的几条简单性质:

性质 12.1.1(积分关于被积函数的线性性质)　假设曲线积分 $\displaystyle\int_L f\,\mathrm{d}l$ 和 $\displaystyle\int_L g\,\mathrm{d}l$ 都存在,则对于任意常数 α,β,曲线积分 $\displaystyle\int_L (\alpha f + \beta g)\,\mathrm{d}l$ 也存在,并且

$$\int_L (\alpha f + \beta g)\,\mathrm{d}l = \alpha \int_L f\,\mathrm{d}l + \beta \int_L g\,\mathrm{d}l.$$

性质 12.1.2(积分关于曲线的可加性)　设曲线 L 由 k 条曲线 $L_1,L_2,\cdots,L_n$ 连接而成,则

$$\int_L f\,\mathrm{d}l = \int_{L_1} f\,\mathrm{d}l + \int_{L_2} f\,\mathrm{d}l + \cdots + \int_{L_k} f\,\mathrm{d}l.$$

性质 12.1.3（积分存在的充分条件）　若曲线 $L: x = x(t), y = y(t), z = z(t)\ (\alpha \leqslant t \leqslant \beta)$ 中的函数 $x(t), y(t), z(t)$ 有连续的导数，并且 $f(x, y, z)$ 在曲线 L 上是连续函数，则曲线积分 $\int_L f(x, y, z)\,\mathrm{d}l$ 存在.

注意：(x, y, z) 仅在曲线 L 上变动时，$f(x, y, z)$ 就变成参数 t 的一元函数 $f(x(t), y(t), z(t))$. 如果该一元函数在参数 t 的变换范围连续，就称 $f(x, y, z)$ 在曲线 L 上连续.

12.1.2　第一类曲线积分的计算

下面从形式上推出关于第一型曲线积分的计算公式.

假设 f 是曲线 L 上的连续函数，而曲线 L 有参数方程
$$x = x(t),\ y = y(t),\ z = z(t)\ (\alpha \leqslant t \leqslant \beta)$$
其中三个函数 $x = x(t), y = y(t), z = z(t)$ 在区间 $[\alpha, \beta]$ 有连续导数. 分割区间 $[\alpha, \beta]$：
$$\alpha = t_0 < t_1 < \cdots < t_n = \beta$$
这时曲线 L 就被分成若干小弧段 $\Delta L_1, \Delta L_2, \cdots, \Delta L_n$，其中每一小段曲线的长度为
$$\Delta l_i = \int_{t_{i-1}}^{t_i} \sqrt{[x'(t)]^2 + [y'(t)]^2 + [z'(t)]^2}\,\mathrm{d}t$$
又根据积分中值定理，得
$$\begin{aligned}
\Delta l_i &= \int_{t_{i-1}}^{t_i} \sqrt{[x'(t)]^2 + [y'(t)]^2 + [z'(t)]^2}\,\mathrm{d}t \\
&= \sqrt{[x'(\tau_i)]^2 + [y'(\tau_i)]^2 + [z'(\tau_i)]^2}\,\Delta t_i
\end{aligned} \tag{12.1.1}$$
其中，$\tau_i \in [t_{i-1}, t_i]$. 又在 ΔL_i 上取点 P_i，构造积分和
$$\sum_i f(P_i)\Delta l_i = \sum_i f(P_i)\sqrt{[x'(\tau_i)]^2 + [y'(\tau_i)]^2 + [z'(\tau_i)]^2}\,\Delta t_i \tag{12.1.2}$$
由于 f 在 L 上连续，由曲线积分存在的充分条件可知，$\int_L f\,\mathrm{d}l$ 存在，因此，这里的 P_i 可以在 ΔL_i 上任取，于是可以令 $P_i = (x(\tau_i), y(\tau_i), z(\tau_i))$. 由此，积分和（12.1.2）就转化为下面的形式
$$\sum_i f(P_i)\Delta l_i = \sum_i f((x(\tau_i), y(\tau_i), z(\tau_i)))\cdot\sqrt{[x'(\tau_i)]^2 + [y'(\tau_i)]^2 + [z'(\tau_i)]^2}\,\Delta t_i \tag{12.1.3}$$
由于 $x(t), y(t), z(t)$ 在区间 $[\alpha, \beta]$ 连续，所以当 $\max\Delta t_i \to 0$ 时，有 $\max\Delta l_i \to 0$. 又由于曲线积分存在，因此当 $\max\Delta t_i \to 0$ 时，等式（12.1.3）左端的和式 $\sum_i f(P_i)\Delta l_i$ 趋向于曲线积分 $\int_L f\,\mathrm{d}l$.

另一方面，由于函数 $f(x(t), y(t), z(t))\sqrt{[x'(t)]^2 + [y'(t)]^2 + [z'(t)]^2}$ 连续，因此当 $\max\Delta t_i \to 0$ 时，等式（12.1.3）右端的和式趋向于积分
$$\int_\alpha^\beta f(x(t), y(t), z(t))\sqrt{[x'(t)]^2 + [y'(t)]^2 + [z'(t)]^2}\,\mathrm{d}t$$
于是，在等式（12.1.3）两端取极限，就得到
$$\int_L f\,\mathrm{d}l = \int_\alpha^\beta f(x(t), y(t), z(t))\sqrt{[x'(t)]^2 + [y'(t)]^2 + [z'(t)]^2}\,\mathrm{d}t \tag{12.1.4}$$
这就是曲线积分的计算公式.

例 12.1.1　计算半径为 R、中心角为 2α 的圆弧 L 对于它的对称轴的转动惯量 I（设线密度

$\mu = 1$).

解 取坐标如图 12-1-2 所示,则

$$I = \int_L y^2 \, \mathrm{d}s .$$

为了计算方便,利用 L 的参数方程

$$x = R\cos\theta , \ y = R\sin\theta \ (-\alpha \leqslant \theta \leqslant \alpha)$$

从而

$$
\begin{aligned}
I &= \int_L y^2 \, \mathrm{d}s \\
&= \int_{-\alpha}^{\alpha} R^2 \sin^2\theta \ \sqrt{(-R\sin\theta)^2 + (R\cos\theta)^2} \, \mathrm{d}\theta \\
&= R^3 \int_{-\alpha}^{\alpha} \sin^2\theta \mathrm{d}\theta \\
&= \frac{R^3}{2} \Big[\theta - \frac{\sin 2\theta}{2} \Big]_{-\alpha}^{\alpha} \\
&= \frac{R^3}{2} (2\alpha - \sin 2\alpha) \\
&= R^3 (\alpha - \sin\alpha\cos\alpha) .
\end{aligned}
$$

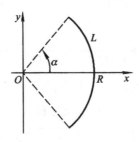

图 12-1-2

例 12.1.2 计算曲线积分 $\displaystyle\int_L \sqrt{y} \, \mathrm{d}s$,其中 L 为摆线 $x = a(t - \sin t), y = a(1 - \cos t)$ 在 $0 \leqslant t \leqslant 2\pi$ 之间的一段弧.

解 将此曲线积分化为对参变量 t 的定积分,于是

$$
\begin{aligned}
\mathrm{d}s &= \sqrt{[a(t - \sin t)]'^2 + [a(1 - \cos t)]'^2} \, \mathrm{d}t \\
&= \sqrt{a^2(1 - \cos t)^2 + a^2 \sin^2 t} \, \mathrm{d}t \\
&= a \ \sqrt{2(1 - \cos t)} \, \mathrm{d}t \\
\int_L \sqrt{y} \, \mathrm{d}s &= \int_0^{2\pi} \sqrt{a(1 - \cos t)} \cdot a \cdot \sqrt{2(1 - \cos t)} \, \mathrm{d}t \\
&= a \ \sqrt{2a} \int_0^{2\pi} \sqrt{a(1 - \cos t)} \, \mathrm{d}t \\
&= a \ \sqrt{2a} \big[t - \sin t \big] \Big|_0^{2\pi} \\
&= 2\sqrt{2} \pi a^{\frac{3}{2}} .
\end{aligned}
$$

例 12.1.3 计算

$$\int_L (x+y)\mathrm{d}s$$

其中 L 为 $x^2 + y^2 = R^2$ 的上半圆周,如图 12-1-3 所示.

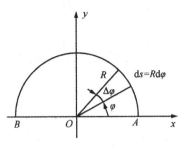

图 12-1-3

解 $x = R\cos\varphi, y = R\sin\varphi$,

$$\mathrm{d}s = \sqrt{(-R\sin\varphi)^2 + (R\cos\varphi)^2} = R\mathrm{d}\varphi ,$$

因此

$$\begin{aligned}
\int_L (x+y)\mathrm{d}s &= \int_0^\pi R(\cos\varphi + \sin\varphi)R\mathrm{d}\varphi \\
&= R^2 \left[\sin\varphi - \cos\varphi \right]_0^\pi \\
&= 2R^2 .
\end{aligned}$$

例 12.1.4 计算曲线积分 $\int_L (x^2 + y^2 + z^2)\mathrm{d}l$,其中 L 是螺旋线 $x = R\cos t, y = R\sin t$, $z = kt$ 在 $0 \leqslant t \leqslant 2\pi$ 的弧段.

解 L 的弧长元素是

$$\mathrm{d}l = \sqrt{(-R\sin t)^2 + (R\cos t)^2 + k^2}\,\mathrm{d}t = \sqrt{R^2 + k^2}\,\mathrm{d}t$$

因此

$$\begin{aligned}
\int_L (x^2 + y^2 + z^2)\mathrm{d}l &= \int_0^{2\pi} (R^2 + k^2 t^2)\sqrt{R^2 + k^2}\,\mathrm{d}t \\
&= 2\pi(R^2 + \frac{4}{3}\pi^2 k^2)\sqrt{R^2 + k^2} .
\end{aligned}$$

例 12.1.5 计算

$$\int_L x\mathrm{d}s ,$$

其中 L 为

(1) $y = x^2$ 上由原点 O 到 $B(1,1)$ 的一段弧;

(2)折线 OAB , A 为 $(1,0)$, B 为 $(1,1)$,如图 12-1-4 所示.

解 (1) $\mathrm{d}s = \sqrt{1 + 4x^2}\,\mathrm{d}x$,

$$\begin{aligned}
\int_L x\mathrm{d}s &= \int_0^1 x\sqrt{1 + 4x^2} \\
&= \frac{1}{12}(5\sqrt{5} - 1) .
\end{aligned}$$

(2)在 AB 上, $x = 1$, $\mathrm{d}s = \mathrm{d}y$,在 OA 上 $y = 0$, $\mathrm{d}s = \mathrm{d}x$,那么有

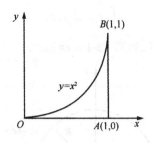

图 12-1-4

$$\int_L x \,\mathrm{d}s = \int_{OA} x \,\mathrm{d}s + \int_{OA} x \,\mathrm{d}s$$

$$= \int_0^1 x \,\mathrm{d}x + \int_0^1 \mathrm{d}y$$

$$= \frac{3}{2}.$$

例 12.1.6 求一均匀半圆周(设密度 $\rho = 1$)对位于圆心的单位质点的引力.

解 将坐标原点置于圆心,设圆的半径为 a,且该半圆周是上半圆周,如图 12-1-5 所示.
设所求引力为

$$\boldsymbol{F} = F_x \boldsymbol{i} + F_y \boldsymbol{j}.$$

由对称性知 $F_x = 0$. 下面利用微元法求 F_y,在圆周上点 (x, y) 处取一微元 $\mathrm{d}s$,其质量 $\rho \mathrm{d}s$ 把这个微元近似地看作一个点,它对位于圆心处的单位质点的引力的大小是

$$k \frac{\rho \mathrm{d}s}{a^2} = k \frac{\mathrm{d}s}{a^2}, k \text{ 为比例常数}.$$

引力的方向是向量 $x\boldsymbol{i} + y\boldsymbol{j}$ 的方向,其单位向量是 $\boldsymbol{e}_r = \dfrac{1}{a}(x\boldsymbol{i} + y\boldsymbol{j})$. 于是该引力为

$$k \frac{\mathrm{d}s}{a^2} \boldsymbol{e}_r = k \frac{\mathrm{d}s}{a^3}(x\boldsymbol{i} + y\boldsymbol{j}).$$

将它沿半圆周 C 累加起来,便得到

$$F_y = \int_C k \frac{y}{a^3} \mathrm{d}s.$$

半圆周 C 的方程是

$$y = \sqrt{a^2 - x^2} \ (-a \leqslant x \leqslant a),$$

其弧长微分是

$$\mathrm{d}s = \sqrt{1 + \left(\frac{-x}{\sqrt{a^2 - x^2}}\right)^2} \,\mathrm{d}x$$

$$= \frac{a}{\sqrt{a^2 - x^2}} \,\mathrm{d}x.$$

求得

$$F_y = \int_{-a}^{a} \frac{\sqrt{a^2 - x^2}}{a^3} \frac{a}{\sqrt{a^2 - x^2}} \,\mathrm{d}x$$

$$= \frac{k}{a^2} \int_{-a}^{a} \mathrm{d}x$$

$$= \frac{2k}{a}.$$

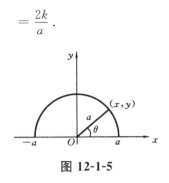

图 12-1-5

12.2　第二类曲线积分

12.2.1　基本概念与性质

从数学的观点看,对于场可以用函数来表示,反之,给定一个函数,等价于给定了一个场. 若建立平面直角坐标系 xOy,则平面场 G 中的任一点则可用它的坐标 (x,y) 表示,由此可知,数量场可以用一个数量值函数 $z = f(x,y)$ 表示;若 G 是一向量场,则可用定义在 G 上的二元向量值函数表示:

$$\boldsymbol{F}(x,y) = P(x,y)\boldsymbol{i} + Q(x,y)\boldsymbol{j}$$

其中二元数量值函数 $P(x,y),Q(x,y)$ 为 $F(x,y)$ 的坐标. 若 G 是一空间向量场,那么在引入空间直角坐标系后,可以用三元向量值函数表示 G,即

$$\boldsymbol{A}(x,y,z) = P(x,y,z)\boldsymbol{i} + Q(x,y,z)\boldsymbol{j} + R(x,y,z)\boldsymbol{k}.$$

在数量场中,我们从几何上用等值线(面)描述数量场的分布,对于向量场则用向量线来刻画向量场的分布. 所谓向量线是位于向量场中这样的曲线:该曲线上每点处的切线与该点的场向量重合.

据此,我们给出对坐标曲线积分的定义.

设 v 是空间区域 V 中的向量场,L 是 V 中光滑定向曲线,τ 是与 L 定向相一致的单位切向量,则 $\int_L v \cdot \tau \mathrm{d}l$ 称为 v 沿定向曲线 L 的第二类曲线积分(对坐标曲线积分). 当 L 是封闭曲线时,$\int_L v \cdot \tau \mathrm{d}l$ 称为 v 沿回路 L 的环量,记为

$$\oint_L v \cdot \tau \mathrm{d}l.$$

如果定向曲线 L 用自然方程 $r = r(l)$ 表示,其中 l 是从起点到 L 上一点的弧长,则与 L 定向一致的单位切向量

$$\tau = \left(\frac{\mathrm{d}x}{\mathrm{d}l}, \frac{\mathrm{d}y}{\mathrm{d}l}, \frac{\mathrm{d}z}{\mathrm{d}l} \right) = (\cos\alpha, \cos\beta, \cos\gamma)$$

其中,α, β, λ 为 τ 的方向角,于是

$$\tau \mathrm{d}l = (\cos\alpha \cdot \mathrm{d}l, \cos\beta \cdot \mathrm{d}l, \cos\gamma \cdot \mathrm{d}l) = (\mathrm{d}x, \mathrm{d}y, \mathrm{d}z) = \mathrm{d}r$$

称 $\tau \mathrm{d}l$ 为有向弧微元,$\mathrm{d}x = \cos\alpha \cdot \mathrm{d}l, \mathrm{d}y = \cos\beta \cdot \mathrm{d}l, \mathrm{d}z = \cos\gamma \cdot \mathrm{d}l$ 就是 $\tau \mathrm{d}l$ 在 Ox, Oy, Oz 方向

上的投影. 因此, 对坐标曲线积分又可表示为

$$\int_L P\,\mathrm{d}x + Q\,\mathrm{d}y + R\,\mathrm{d}z .$$

由定义可知对坐标曲线积分有如下性质:

(1) 设 c_1, c_2 是两个常数, 则

$$\int_L (c_1 v_1 + c_2 v_2) \cdot \mathrm{d}l = c_1 \int_L v_1 \mathrm{d}l + c_2 \int_L v_2 \mathrm{d}l ;$$

(2) 设 $L = L_1 + L_2$, 且 L_1 与 L_2 的方向均与 L 的方向一致, 则

$$\int_L v \cdot \mathrm{d}l = \int_{L_1} v \cdot \mathrm{d}l + \int_{L_2} v \cdot \mathrm{d}l ;$$

(3) 设 L 是有向光滑曲线弧段, L^- 表示与 L 方向相反的曲线段, 则

$$\int_L v \cdot \mathrm{d}l = -\int_{L^-} v \cdot \mathrm{d}l .$$

注意: 虽然对坐标曲线积分是用对弧长曲线积分定义的, 但这两类曲线积分有着本质的不同. 其显著差别是, 对坐标曲线积分是两个向量值函数数量积的积分, 且积分与曲线的方向有关, 而对弧长的曲线积分是数量值函数的积分, 且积分与曲线的方向无关.

12.2.2　第二类曲线积分的计算

设在取定的直角坐标系下, 有

$$v = P(x,y,z)i + Q(x,y,z)j + R(x,y,z)k ,$$
$$L: r = r(t) = (x(t), y(t), z(t)) \ (\alpha \leqslant t \leqslant \beta \text{ 或者 } \beta \leqslant t \leqslant \alpha) ,$$

由于

$$\tau = \varepsilon \frac{r'(t)}{|r'(t)|} , \ \varepsilon = \pm 1 ,$$

(其中 $\varepsilon = \pm 1$ 分别对应于曲线按参数增加或者按参数减小的方向确定), 从而得到

$$\int_L P\,\mathrm{d}x + Q\,\mathrm{d}y + R\,\mathrm{d}z = \int_L v \cdot \tau \mathrm{d}l$$
$$= \varepsilon \int_\alpha^\beta v \frac{r'(t)}{|r'(t)|} |r'(t)| \,\mathrm{d}t$$

$$\int_{\text{起点参数}}^{\text{终点参数}} (P(x(t),y(t),z(t))x'(t) + Q(x(t),y(t),z(t))y'(t) + R(x(t),y(t),z(t))z'(t))\mathrm{d}t .$$

例 12.2.1　计算

$$\int_L x^2\,\mathrm{d}x + (y-x)\,\mathrm{d}y ,$$

其中 L 为

(1) 从 $A(a,0)$ 沿上半圆周 $x^2 + y^2 = a^2$ 到 $B(-a,0)$;

(2) 从 $A(a,0)$ 沿 x 轴到 $B(-a,0)$, 如图 12-2-1 所示.

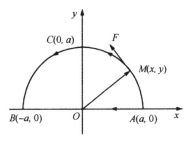

图 12-2-1

解 (1)圆的参数方程

$$x = a\cos t ,\quad y = a\sin t ,$$

A 对应 $t = 0$，B 对应 $t = \pi$ 则

$$\int_L x^2 \mathrm{d}x + (y - x)\mathrm{d}y = \int_0^\pi [a^2 \cos^2 t(-a\sin t) + a(\sin t - \cos t)a\cos t]\mathrm{d}t$$

$$= -\frac{2}{3}a^3 - \frac{\pi}{2}a^2 .$$

(2)直线 AB 方程 $y = 0$，从而

$$\int_L x^2 \mathrm{d}x + (y - x)\mathrm{d}y = \int_a^{-a} x^2 \mathrm{d}x = -\frac{2}{3}a^3 .$$

例 12.2.2 计算曲线积分 $\displaystyle\int_L xy\mathrm{d}y + x^2 \mathrm{d}y$，其中 L 是三角形 OAB 的正向周界(如图 12-2-2 所示).

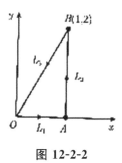

图 12-2-2

解 由于

$$\int_L xy\mathrm{d}y + x^2 \mathrm{d}y = \int_{L_1} xy\mathrm{d}x + x^2 \mathrm{d}y + \int_{L_2} xy\mathrm{d}x + x^2 \mathrm{d}y$$

$$+ \int_{L_3} xy\mathrm{d}x + x^2 \mathrm{d}y ,$$

接下来分别计算 L_1，L_2 和 L_3 的三个曲线积分.

在 L_1 上从图 12-2-2 中观察可知，$y = 0$，且 x 的值从 0 变到 1，从而得到

$$\int_{L_1} xy\mathrm{d}x + x^2 \mathrm{d}y = \int_0^1 x \cdot 0\mathrm{d}x + x^2 \mathrm{d}(0) = 0 ,$$

在 L_2 上 $x = 1$，y 值从 0 变到 2，从而得到

$$\int_{L_2} xy\,\mathrm{d}x + x^2\,\mathrm{d}y = \int_0^2 1 \cdot y\mathrm{d}(1) + 1 \cdot \mathrm{d}y = 2 \ ;$$

在 L_3 上 $y = 2x$，x 的值从 1 变到 0，从而得到

$$\int_{L_3} xy\,\mathrm{d}x + x^2\,\mathrm{d}y = \int_1^0 x \cdot 2x\mathrm{d}x + x^2\mathrm{d}(2x) = -\frac{4}{3} \ .$$

综上可得

$$\int_L xy\,\mathrm{d}y + x^2\,\mathrm{d}y = 0 + 2 - \frac{4}{3} = \frac{2}{3} \ .$$

例 12.2.3　求 $\oint_L y^2\,\mathrm{d}x - x^2\,\mathrm{d}y$，其中 L 是半径为 1，中心在点 $(1,1)$ 的圆周，且沿逆时针方向（图 12-2-3）（$\oint_L$ 表示曲线积分的路径为闭曲线，此时可取闭曲线上任一点为起点，它同时又为终点）．

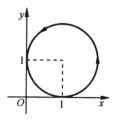

图 12-2-3

解　L 的参数方程为

$$x - 1 = \cos t \ , \ y - 1 = \sin t \ ,$$

即

$$x = 1 + \cos t, y = 1 + \sin t \ (\ 0 \leqslant t \leqslant 2\pi\ ),$$

因此

$$\oint_L y^2\,\mathrm{d}x - x^2\,\mathrm{d}y = -\int_0^{2\pi} (2 + \sin t + \cos t + \sin^3 t + \cos^3 t)\mathrm{d}t = -4\pi \ .$$

例 12.2.4　计算曲线积分 $\oint_L 2xy\,\mathrm{d}x + xy\,\mathrm{d}y$，其中 L 是抛物线 $y = x^2$ 和直线 $y = x$ 所围成的区域的边界，取逆时针方向，如图 12-2-4 所示．

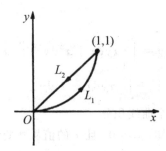

图 12-2-4

解　$\oint_L 2xy\mathrm{d}x + xy\mathrm{d}y = \int_{L_1} 2xy\mathrm{d}x + xy\mathrm{d}y + \int_{L_2} 2xy\mathrm{d}x + xy\mathrm{d}y$.

从图中观察可知，L_1 的方程为：

$$y = x^2 , \quad x = x ,$$

且 x 的值从 0 变到 1 则

$$\begin{aligned}
\int_{L_1} 2xy\mathrm{d}x + xy\mathrm{d}y &= \int_0^1 (2x \cdot x^2 + x \cdot x^2 \cdot 2x)\mathrm{d}x \\
&= \int_0^1 (2x^3 + 2x^4)\mathrm{d}x \\
&= \frac{9}{10} .
\end{aligned}$$

L_2 的方程为：

$$y = x , \quad x = x ,$$

且 x 的值从 1 变到 0 则

$$\begin{aligned}
\int_{L_2} 2xy\mathrm{d}x + xy\mathrm{d}y &= \int_1^0 (2x \cdot x + x \cdot x \cdot 1)\mathrm{d}x \\
&= \int_1^0 (2x^2 + x^2)\mathrm{d}x \\
&= \int_1^0 3x^2 \mathrm{d}x \\
&= -1 .
\end{aligned}$$

综上可得

$$\oint_L 2xy\mathrm{d}x + xy\mathrm{d}y = \frac{9}{10} - 1 = -\frac{1}{10} .$$

例 12.2.5　计算

$$\int_L xy\mathrm{d}x$$

其中 L 为抛物线 $y^2 = x$ 上从点 $A(1, -1)$ 到点 $B(1, 1)$ 的一段弧，如图 12-2-5 所示.

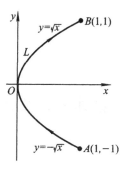

图 12-2-5

解　因为 $y = \pm\sqrt{x}$ 不是单值函数，所以要将 L 分为 AO 与 OB 两部分. 在 AO 上，$y = -\sqrt{x}$，x 从 1 变到 0；在 OB 上 $y = \sqrt{x}$，x 从 0 变到 1，所以

$$\int_L xy\,\mathrm{d}x = \int_{AO} xy\,\mathrm{d}x + \int_{OB} xy\,\mathrm{d}x$$
$$= \int_1^0 x(-\sqrt{x})\,\mathrm{d}x + \int_1^0 x\sqrt{x}\,\mathrm{d}x$$
$$= 2\int_1^0 x^{\frac{3}{2}}\,\mathrm{d}x$$
$$= \frac{4}{5}.$$

例 12.2.6 计算曲线积分 $I = \oint_L x^2 y^3\,\mathrm{d}x + z\,\mathrm{d}y + y\,\mathrm{d}z$，其中 L 是抛物面 $z = 4 - x^2 - y^2$ 与平面 $z = 3$ 的交线，从 z 轴的正向往负向看方向为逆时针.

解 L 的方程为

$$\begin{cases} z = 3 \\ z = 34 - x^2 - y^2 \end{cases},$$

求解方程可得

$$\begin{cases} z = 3 \\ x^2 + y^2 = 1 \end{cases}.$$

令 L 的参数方程为：

$$\begin{cases} x = \cos t \\ y = \sin t \\ z = 3 \end{cases} \quad (0 \leqslant t \leqslant 2\pi),$$

从而可得

$$I = \int_0^{2\pi} \left[\cos^2 t \sin^3 t(-\sin t) + 3\cos t + 0\right]\mathrm{d}t$$
$$= -\int_0^{2\pi} \sin^4 t(1 - \sin^2 t)\,\mathrm{d}t + 3\int_0^{2\pi} \cos t\,\mathrm{d}t$$
$$= -4\int_0^{\frac{\pi}{2}} (\sin^4 t - \sin^6 t)\,\mathrm{d}t + 0$$
$$= -4\left(\frac{1 \times 3}{2 \times 4} \times \frac{\pi}{2} - \frac{1 \times 3 \times 5}{2 \times 4 \times 6} \times \frac{\pi}{2}\right)$$
$$= -\frac{\pi}{8}.$$

12.3 格林公式及其应用

12.3.1 平面闭曲线的定向

设平面上有一条简单闭曲线(简称闭路)C：
$$\boldsymbol{r}(t) = x(t)\boldsymbol{i} + y(t)\boldsymbol{j}, t \in [a,b], r(a) = r(b).$$
闭路 C 将平面 R2 分成两个不相交的区域，而 C 是它们的公共边界. 这两个区域中有一个是有界的，称为内部区域；另一个是无界的，称为外部区域.

若闭路 C 位于 Oxy 平面上，一人按 z 轴的正向站立，沿闭路环行. 如果 C 围成的有界区域总位于人的左边,此时 C 的方向定义为正向,如图 12-3-1(a)所示;反之为负向,如图 12-3-1(b)所示.正向的闭路 C,记为 C^+ ,负向的闭路 C 记为 C^- .

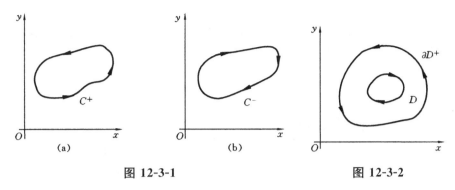

图 12-3-1　　　　　　　　　图 12-3-2

若 Oxy 平面上的开区域 D 由一条或有限条封闭曲线所围成,一人按 z 轴正向站立,沿 D 的边界行进,如果 D 位于左边,则此时各条边界曲线方向定义为区域 D 的边界的正向,记为 ∂D^+,如图 12-3-2 所示.

平面的开区域可分为如下两大类:

一类是单连通区域;

另一类是非单连通区域.

如果在开区域 D 内任取一闭路,而闭路所围成的内部区域总是整个包含在 D 内,则称 D 为单连通区域,如图 12-3-3 所示.

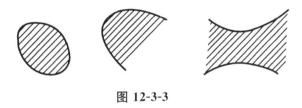

图 12-3-3

图 12-3-4 所示区域都是非单连通区域(又称复连通区域).

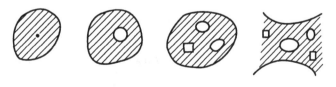

图 12-3-4

常见的有界单连通区域 D 由唯一的闭路 C 围成,此时 $\partial D^+ = C^+$,如图 12-3-1(a)所示.

12.3.2　格林公式

定理 12.3.1　设闭区域 D 由分段光滑的曲线 L 围城,函数 $P(x,y)$ 及 $Q(x,y)$ 在闭区域 D 上具有一阶连续偏导数,则格林公式成立,即

$$\iint_D \left(\frac{\partial Q}{\partial x} - \frac{\partial P}{\partial y} \right) \mathrm{d}x\mathrm{d}y = \oint_L P\,\mathrm{d}x + Q\,\mathrm{d}y \qquad (12.3.1)$$

其中 L 为 D 的取正向的边界曲线.

证明　首先假设穿过区域 D 内部且平行坐标轴的直线与 D 的边界线的交点恰好为两点,即区域 D 既为 X 型又为 Y 型的情形.

如图 12-3-5 和 12-3-6 所示的区域均属于该种情形.

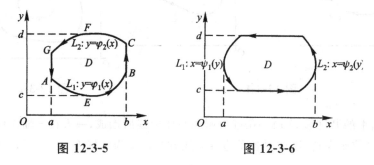

图 12-3-5　　　　　　　图 12-3-6

图 12-3-5 所示的区域 D 显然为 X 型,然而 D 又为 Y 型的,如果设有向曲线 $\overline{FGAE}$ 为 L_1': $x = \psi_1(y)$, $\overline{EBCF}$ 为 L_2': $x = \psi_2(y)$,从而区域 D 可表达为

$$D = \{(x,y) \mid \psi_1(y) \leqslant x \leqslant \psi_2(y), c \leqslant y \leqslant \mathrm{d}\} .$$

所以区域 D 又为 Y 型的.

设 D 如图 12-3-5 所示,从而有

$$D = \{(x,y) \mid \varphi_1(x) \leqslant y \leqslant \varphi_2(x), a \leqslant x \leqslant b\} .$$

由于 $\dfrac{\partial P}{\partial y}$ 连续,则由二重积分的计算方法可得

$$\iint_D \frac{\partial P}{\partial y}\mathrm{d}x\mathrm{d}y = \int_a^b \left\{ \int_{\varphi_1(x)}^{\varphi_2(x)} \frac{\partial P(x,y)}{\partial y}\mathrm{d}y \right\} \mathrm{d}x$$

$$= \int_a^b \{ P[x,\varphi_2(x)] - P[x,\varphi_1(x)] \}\mathrm{d}x .$$

根据对坐标的曲线积分的性质和计算法,可得

$$\oint_L P\,\mathrm{d}x$$

$$= \int_{L_1} P\,\mathrm{d}x + \int_{BC} P\,\mathrm{d}x + \int_{L_2} P\,\mathrm{d}x + \int_{GA} P\,\mathrm{d}x$$

$$= \int_{L_1} P\,\mathrm{d}x + \int_{L_2} P\,\mathrm{d}x$$

$$= \int_a^b P[x,\varphi_1(x)]\mathrm{d}x + \int_b^a P[x,\varphi_2(x)]\mathrm{d}x$$

$$= \int_a^b \{ P[x,\varphi_1(x)] - P[x,\varphi_2(x)] \}\mathrm{d}x ,$$

所以

$$-\iint_D \frac{\partial P}{\partial y}\mathrm{d}x\mathrm{d}y = \oint_L P\,\mathrm{d}x \qquad (12.3.2)$$

又因为

$$D = \{(x,y) \mid \psi_1(y) \leqslant x \leqslant \psi_2(y), c \leqslant y \leqslant d\},$$

所以有

$$
\begin{aligned}
&\iint\limits_{D} \frac{\partial Q}{\partial x} \mathrm{d}x\mathrm{d}y \\
&= \int_{c}^{d}\left[\int_{\psi_1(y)}^{\psi_2(y)} \frac{\partial Q}{\partial x}\mathrm{d}x\right]\mathrm{d}y \\
&= \int_{c}^{d}\{Q[\psi_2(y),y] - Q[\psi_1(y),y]\}\mathrm{d}y \\
&= \int_{L_2'} Q\mathrm{d}y + \int_{L_1'} Q\mathrm{d}y \\
&= \oint_{L} Q\mathrm{d}y .
\end{aligned}
\tag{12.3.3}
$$

因为对于区域 D,(12.3.2),(12.3.3)同时成立,合并后可得公式(12.3.1).则对于图 12-3-6 所示的区域 D,完全类似地可证(12.3.1)成立.

更一般的情形,如果区域的边界线与平行坐标轴的直线的交点多于两个,则可引进几条平行坐标轴的辅助直线,从而将区域 D 分成几个小区域,使得每个小区域均符合上述条件,例如,图 12-3-7 中 L_1 为 D_1 的正向边界、L_2 为 D_2 的正向边界、L_3 为 D_3 为正向边界,其中中间虚线为加的辅助直线,根据格林公式,则有

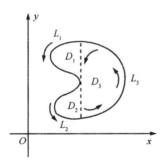

图 12-3-7

$$
\iint\limits_{D_1}\left(\frac{\partial Q}{\partial x} - \frac{\partial P}{\partial y}\right)\mathrm{d}\sigma = \oint_{L_1} P\mathrm{d}x + Q\mathrm{d}y ,
$$

$$
\iint\limits_{D_2}\left(\frac{\partial Q}{\partial x} - \frac{\partial P}{\partial y}\right)\mathrm{d}\sigma = \oint_{L_2} P\mathrm{d}x + Q\mathrm{d}y ,
$$

$$
\iint\limits_{D_3}\left(\frac{\partial Q}{\partial x} - \frac{\partial P}{\partial y}\right)\mathrm{d}\sigma = \oint_{L_3} P\mathrm{d}x + Q\mathrm{d}y .
$$

上述三个公式等式两边分别相加,根据二重积分的性质,并且注意到在辅助直线上的积分,因为其方向相反,从而相互抵消了,所以有

$$
\begin{aligned}
&\iint\limits_{D}\left(\frac{\partial Q}{\partial x} - \frac{\partial P}{\partial y}\right)\mathrm{d}\sigma \\
&= \iint\limits_{D_1}\left(\frac{\partial Q}{\partial x} - \frac{\partial P}{\partial y}\right)\mathrm{d}\sigma + \iint\limits_{D_2}\left(\frac{\partial Q}{\partial x} - \frac{\partial P}{\partial y}\right)\mathrm{d}\sigma + \iint\limits_{D_3}\left(\frac{\partial Q}{\partial x} - \frac{\partial P}{\partial y}\right)\mathrm{d}\sigma
\end{aligned}
$$

$$= \oint_{L_1} P\mathrm{d}x + Q\mathrm{d}x + \oint_{L_2} P\mathrm{d}x + Q\mathrm{d}x + \oint_{L_3} P\mathrm{d}x + Q\mathrm{d}x$$

$$= \oint_{L} P\mathrm{d}x + Q\mathrm{d}x$$

即有

$$\iint_{D}\left(\frac{\partial Q}{\partial x} - \frac{\partial P}{\partial y}\right)\mathrm{d}\sigma = \oint_{L} P\mathrm{d}x + Q\mathrm{d}y .$$

从而可见,只要满足定理 12.3.1 的条件:区域 D 为单连通域、L 为正向边界、P 和 Q 在 D 上具有一阶连续偏导数,格林公式为正确的.

需要注意,对于复连通区域 D ,格林公式(12.3.1)右端应包含沿区域 D 的全部边界的曲线积分,且边界的方向对区域 D 来说均为正向.

下面来说明格林公式的一个简单应用.

在公式(12.3.1)中取

$$P = -y , Q = x ,$$

可得

$$2\iint_{D}\mathrm{d}x\mathrm{d}y = \oint_{L} x\mathrm{d}y - y\mathrm{d}x ,$$

上式左端为闭区域 D 的面积 A 的两倍,则有

$$A = \frac{1}{2}\oint_{L} x\mathrm{d}y - y\mathrm{d}x .$$

12.3.3 格林公式的应用

例 12.3.1 计算椭圆 $L: \dfrac{x^2}{a^2} + \dfrac{y^2}{b^2} = 1$ 所围的面积 $A.$

解 椭圆的参数方程为

$$\begin{cases} x = a\cos t \\ y = b\sin t \end{cases} (0 \leqslant t \leqslant 2\pi) ,$$

参数由 t 变到 2π 时,L 的方向为逆时针方向可得

$$A = \frac{1}{2}\oint_{L} - y\mathrm{d}x + x\mathrm{d}y$$

$$= \frac{1}{2}\int_{0}^{2\pi}\left[(-b\sin t)(-a\sin t) + (a\cos t)(b\cos t)\right]\mathrm{d}t$$

$$= \frac{ab}{2}\int_{0}^{2\pi}(\sin^2 t + \cos^2 t)\mathrm{d}t$$

$$= \pi ab .$$

例 12.3.2 计算曲线积分

$$\oint_{\overset{\frown}{ABO}}(\mathrm{e}^x\sin y - my)\mathrm{d}x + (\mathrm{e}^x\cos y - m)\mathrm{d}y ,$$

其中弧 $\overset{\frown}{ABO}$ 是点 $A(a,0)$ 到点 $O(0,0)$ 的上半圆周

$$x^2 + y^2 = ax \ (如图 12\text{-}3\text{-}8 \text{ 所示}).$$

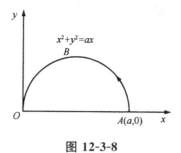

图 12-3-8

解　弧 $\overparen{ABO}$ 不是闭曲线,不能直接利用格林公式,若把直线 OA 加上后,其则变为闭曲线,记作

$$L = \overparen{ABO} + OA ,$$

L 为正向闭路,其所围成的区域为 D.

由于

$$P(x,y) = \mathrm{e}^x \sin y - my ,$$
$$Q(x,y) = \mathrm{e}^x \cos y - m ,$$
$$\frac{\partial Q}{\partial x} - \frac{\partial P}{\partial y} = \mathrm{e}^x \cos y - \mathrm{e}^x \cos y + m = m .$$

根据格林公式,可得

$$\oint_L (\mathrm{e}^x \sin y - my)\mathrm{d}x + (\mathrm{e}^x \cos y - m)\mathrm{d}y$$
$$= \iint_D m\,\mathrm{d}\sigma$$
$$= m \cdot \frac{\pi}{2}\left(\frac{a}{2}\right)^2$$
$$= m\,\frac{\pi}{8}a^2 ,$$

而

$$\int_{\overparen{ABO}} (\mathrm{e}^x \sin y - my)\mathrm{d}x + (\mathrm{e}^x \cos y - m)\mathrm{d}y$$
$$= \oint_{\overparen{ABO}} (\mathrm{e}^x \sin y - my)\mathrm{d}x + (\mathrm{e}^x \cos y - m)\mathrm{d}y$$
$$- \int_{OA} (\mathrm{e}^x \sin y - my)\mathrm{d}x + (\mathrm{e}^x \cos y - m)\mathrm{d}y$$
$$= \frac{m\pi}{8}a^2 - \int_0^a 0\,\mathrm{d}x + 0$$
$$= \frac{m\pi}{8}a^2 .$$

例 12.3.3　设 L 是任意一条分段光滑的闭曲线,证明

$$\oint_L (2xy + \cos x)\mathrm{d}x + (x^2 + \sin y)\mathrm{d}y = 0 .$$

证明　令 $P = 2xy + \cos x$, $Q = x^2 + \sin y$,则

$$\frac{\partial Q}{\partial x} - \frac{\partial P}{\partial y} = 2x - 2x = 0,$$

所以有

$$\oint_L (2xy + \cos x)\,\mathrm{d}x + (x^2 + \sin y)\,\mathrm{d}y = \iint_D 0\,\mathrm{d}x\,\mathrm{d}y = 0.$$

例 12.3.4　计算

$$\oint_L \frac{x\,\mathrm{d}y - y\,\mathrm{d}x}{x^2 + y^2},$$

其中 L 为一条无重点(即对于连续曲线 $L: x = \varphi(t), y = \psi(t), \alpha \leqslant t \leqslant \beta$,若除了 $t = \alpha, t = \beta$ 外,当 $t_1 \neq t_2$ 时,$(\varphi(t_1), \psi(t_1))$ 与 $(\varphi(t_2), \psi(t_2))$ 总是相异的,那么则称 L 为无重点的曲线)、分段光滑且不经过原点的连续曲线,L 的方向为逆时针方向.

解　设

$$P = \frac{-y}{x^2 + y^2}, Q = \frac{x}{x^2 + y^2}.$$

那么当

$$x^2 + y^2 \neq 0,$$

则有

$$\frac{\partial Q}{\partial x} = \frac{y^2 - x^2}{(y^2 + x^2)^2} = \frac{\partial P}{\partial y}.$$

将 L 所围成的闭区域记为 D. 当 $(0,0) \notin D$ 时,有

$$\oint_L \frac{x\,\mathrm{d}y - y\,\mathrm{d}x}{x^2 + y^2} = 0;$$

当 $(0,0) \in D$ 时,选取适当小的 $r > 0$,作位于 D 的圆周

$$l: x^2 + y^2 = r^2.$$

记 L 和 l 所围城的闭区域为 D_1(如图 12-3-9 所示). 对于复连通区域 D_1,应用格林公式,可得

$$\oint_L \frac{x\,\mathrm{d}y - y\,\mathrm{d}x}{x^2 + y^2} - \oint_l \frac{x\,\mathrm{d}y - y\,\mathrm{d}x}{x^2 + y^2} = 0;$$

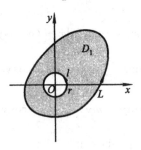

图 12-3-9

其中 l 的方向取逆时针方向. 从而有

$$\oint_L \frac{x\,\mathrm{d}y - y\,\mathrm{d}x}{x^2 + y^2}$$

$$= \oint_l \frac{x\,dy - y\,dx}{x^2 + y^2}$$

$$= \int_0^{2\pi} \frac{r^2\cos^2\theta + r^2\cos^2\theta}{r^2}$$

$$= 2\pi .$$

例 12.3.5　利用格林公式计算曲线积分 $\int_L (x+y)dx + (y-x)dy$,其中 L 为椭圆

$$\frac{x^2}{a^2} + \frac{y^2}{b^2} = 1$$

的逆时针方向.

解　由格林公式可知

$$\int_L (x+y)dx + (y-x)dy = \iint_D (-1-1)dxdy = -2\pi ab .$$

若用 A 表示平面区域 D 的面积, ∂D 表示区域 D 的边界正方向,那么则有

$$A = \frac{1}{2}\int_{\partial D} -y\,dx + x\,dy = \int_{\partial D} -y\,dx = \int_{\partial D} x\,dy ,$$

曲线 L 的参数方程为

$$x = x(t), y = y(t), \quad \alpha \leqslant t \leqslant \beta .$$

L 内部区域的面积

$$A = \left| \frac{1}{2}\int_L -y\,dx + x\,dy \right| = \frac{1}{2}\left| \int_\alpha^\beta (-y(t)x'(t) + x(t)y'(t))dt \right| .$$

12.4　第一类曲面积分

12.4.1　基本概念与性质

引例　曲面 S 的质量 M .

若曲面质量为非均匀的,面密度不是常数,不妨设面密度为

$$\rho(x,y,z) ,$$

那么类似于求曲线质量的办法,从而可求得曲面质量.将曲面任意地分为 n 块小曲面记作 ΔS_i ,其中 $i = 1,2,\cdots,n$, ΔS_i 也代表面积,在 ΔS_i 上任意取一点 (ξ_i,η_i,ζ_i) ,可得

$$\Delta m_i \approx \rho(\xi_i,\eta_i,\zeta_i)\Delta S_i\ (i = 1,2,\cdots,n),$$

从而有

$$M \approx \sum_{i=1}^n \rho(\xi_i,\eta_i,\zeta_i)\Delta S_i ,$$

所以

$$M = \lim_{\lambda \to 0} \sum_{i=1}^n \rho(\xi_i,\eta_i,\zeta_i)\Delta S_i ,$$

其中 λ 表示 n 个小块曲面直径的最大直径.

定义 12.4.1　设曲面 S 为光滑的,函数 $f(x,y,z)$ 在 S 上有界,把 S 任意分成 n 小块 ΔS_i ,并且 ΔS_i 也代表第 i 小块曲面的面积,设 (ξ_i,η_i,ζ_i) 为 ΔS_i 上任意取定的一点,作乘积

$$f(\xi_i, \eta_i, \zeta_i)\Delta S_i (i = 1, 2, 3, \cdots, n) ,$$

并作和

$$\sum_{i=1}^{n} f(\xi_i, \eta_i, \zeta_i)\Delta S_i ,$$

若当各小块曲面的直径的最大值 $\lambda \to 0$ 时,该和的极限总是存在,则称此极限为函数 $f(x,y,z)$ 在曲面 S 上的第一类曲面积分(或对面积的曲面积分),记作

$$\iint\limits_{S} f(x,y,z)\mathrm{d}S ,$$

即有

$$\iint\limits_{S} f(x,y,z)\mathrm{d}S = \lim_{\lambda \to 0} \sum_{i=1}^{n} f(\xi_i, \eta_i, \zeta_i)\Delta S_i ,$$

其中函数 $f(x,y,z)$ 叫做被积函数,S 叫做积分曲面,$f(x,y,z)\mathrm{d}S$ 称为被积表达式,$\mathrm{d}S$ 称为曲面的面积元素,若曲面为闭曲面,则曲面积分可记作

$$\oiint\limits_{S} f(x,y,z)\mathrm{d}S .$$

若 $f(x,y,z)$ 在曲面 S 上连续,那么

$$\iint\limits_{S} f(x,y,z)\mathrm{d}S$$

一定存在.

根据第一类曲面积分的定义可知,曲面 S 的质量为

$$M = \iint\limits_{S} \rho(x,y,z)\mathrm{d}S .$$

下面给出第一类曲面积分的性质:

性质 12.4.1(线性性质) 设函数 f,g 在光滑曲面 S 上的第一类曲面积分存在,k_1, k_2 是两个常数,则 $k_1 f + k_2 g$ 在 S 上的对面积的曲面积分也存在,并且

$$\iint\limits_{S} (k_1 f + k_2 g)\mathrm{d}S = k_1 \iint\limits_{S} f\mathrm{d}S + k_2 \iint\limits_{S} g\mathrm{d}S .$$

性质 12.4.2(可加性) 设函数 f 在光滑曲面 S 上的第一类曲面积分存在,S 可以划分为两个光滑曲面 S_1, S_2,则 f 在 S_1, S_2 上的第一类曲面积分都存在;反之,如果 f 在 S_1, S_2 上的第一类曲面积分都存在,则 f 在 S 上的第一类曲面积分也存在,即

$$\iint\limits_{S} f\mathrm{d}S = k_1 \iint\limits_{S_1} f\mathrm{d}S + k_2 \iint\limits_{S_2} f\mathrm{d}S .$$

当 S 为一封闭曲面时,习惯上把 $f(x,y,z)$ 在 S 上的第一类曲面积分记为

$$\oiint\limits_{S} f(x,y,z)\mathrm{d}S .$$

12.4.2　对面积的曲面积分的计算法

设曲面 S 的方程为

$$z = z(x,y) ,$$

S 在平面 xOy 上的投影为 D_{xy}(如图 12-4-1 所示),函数 $z = z(x,y)$ 在 D_{xy} 上具有一阶连续偏导

数,函数 $f(x,y,z)$ 在 S 上连续.

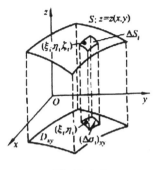

图 12-4-1

根据第一类曲面积分的定义,则有

$$\iint_S f(x,y,z)\mathrm{d}S = \lim_{\lambda \to 0} \sum_{i=1}^n f(\xi_i,\eta_i,\zeta_i)\Delta S_i \tag{12.4.1}$$

设 S 上第 i 小块曲面 ΔS_i(其面积也记作 ΔS_i)在平面 xOy 上的投影区域为 $(\Delta\sigma_i)_{xy}$,其面积也记作 $(\Delta\sigma_i)_{xy}$,那么式(12.4.1)中的 ΔS_i 可表示为二重积分

$$\Delta S_i = \iint_{(\Delta\sigma_i)_{xy}} \sqrt{1 + z_x^2(x,y) + z_y^2(x,y)}\, \mathrm{d}x\mathrm{d}y .$$

根据二重积分的中值定理,可得

$$\Delta S_i = \sqrt{1 + z_x^2(\xi_i',\eta_i') + z_y^2(\xi_i',\eta_i')}\,(\Delta\sigma_i)_{xy} ,$$

其中 (ξ_i',η_i') 为小闭区域 $(\Delta\sigma_i)_{xy}$ 上的一点. 又因为 (ξ_i,η_i,ζ_i) 为 S 上的一点,所以

$$\zeta_i = z(\xi_i,\eta_i) ,$$

此处 $(\xi_i,\eta_i,0)$ 也为小闭区域 $(\Delta\sigma_i)_{xy}$ 上的点. 所以

$$\sum_{i=1}^n f(\xi_i,\eta_i,\zeta_i)\Delta S_i$$

$$= \sum_{i=1}^n f[\xi_i,\eta_i,z(\xi_i,\eta_i)]\sqrt{1 + z_x^2(\xi_i',\eta_i') + z_y^2(\xi_i',\eta_i')}\,(\Delta\sigma_i)_{xy} ,$$

因为函数 $f[x,yz(x,y)]$ 以及函数 $\sqrt{1 + z_x^2(x,y) + z_y^2(x,y)}$ 都在闭区域 D_{xy} 上连续,可证明,当 $\lambda \to 0$ 时,上式右端的极限和

$$\sum_{i=1}^n f[x,y,z(x,y)]\sqrt{1 + z_x^2(x,y) + z_y^2(x,y)}\,\mathrm{d}x\mathrm{d}y$$

的极限相等. 其等于二重积分

$$\iint_{D_{xy}} f[x,y,z(x,y)]\sqrt{1 + z_x^2(x,y) + z_y^2(x,y)}\,\mathrm{d}x\mathrm{d}y ,$$

所以左端的极限即曲面积分 $\iint_S f(x,y,z)\mathrm{d}S$ 也存在,并且有

$$\iint_S f(x,y,z)\mathrm{d}S$$

$$= \iint_{D_{xy}} f[x,y,z(x,y)]\sqrt{1 + z_x^2(x,y) + z_y^2(x,y)}\,\mathrm{d}x\mathrm{d}y . \tag{12.4.2}$$

这就把第一类曲面积分化为二重积分的公式.

例 12.4.1 求抛物面壳 $z = \frac{1}{2}(x^2 + y^2)$ 其中 $0 \leqslant z \leqslant 1$ 的质量,该壳的面密度为 $\rho(x,y,z) = z$.

解
$$
\begin{aligned}
M &= \iint\limits_{S} \rho(x,y,z)\mathrm{d}S \\
&= \iint\limits_{S} z\,\mathrm{d}S \\
&= \iint\limits_{D_{xy}} z\,\sqrt{1 + z_x'^2 + z_y'^2}\,\mathrm{d}\sigma \\
&= \iint\limits_{D_{xy}} \frac{1}{2}(x^2 + y^2)\,\sqrt{1 + x^2 + y^2}\,\mathrm{d}\sigma ,
\end{aligned}
$$

其中 D_{xy} 为圆域: $x^2 + y^2 \leqslant 2$. 利用极坐标,可得

$$
\begin{aligned}
M &= \frac{1}{2}\iint\limits_{D} r^2 \sqrt{1 + r^2}\,\mathrm{d}r\mathrm{d}\theta \\
&= \frac{1}{2}\int_0^{2\pi}\mathrm{d}\theta\int_0^{\sqrt{2}} r^3\sqrt{1 + r^2}\,\mathrm{d}r \\
&= \frac{\pi}{2}\int_0^2 t\,\sqrt{1 + t}\,\mathrm{d}t \\
&= \frac{2(1 + 6\sqrt{3})}{15}\pi .
\end{aligned}
$$

例 12.4.2 计算 $\iint\limits_{S}(x + 2y + 3z)\mathrm{d}S$,其中 S 是平面 $x + \frac{y}{2} + z = 1$ 在第一象限的部分.

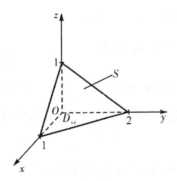

图 12-4-2

解 如图 12-4-2 所示,平面 S 在 xOy 面上的投影区域为 $x + \frac{y}{2} = 1$ 与两坐标轴围成的区域,由题可知, $z = 1 - x - \frac{y}{2}$,所以

$$
\sqrt{1 + z_x'^2(x,y) + z_y'^2(x,y)} = \sqrt{1 + 1 + \frac{1}{4}} = \frac{3}{2} ,
$$

从而求得

$$\iint\limits_{S}(x+2y+3z)\mathrm{d}S = \frac{3}{2}\iint\limits_{D_{xy}}(x+2y+3-3x-\frac{3}{2}y)\mathrm{d}x\mathrm{d}y$$

$$= \frac{3}{2}\int_{0}^{1}\mathrm{d}x\int_{0}^{2-2x}(-2x+\frac{1}{2}y+3)\mathrm{d}y$$

$$= \frac{3}{2}\int_{0}^{1}(5x^{2}-12x+7)\mathrm{d}x$$

$$= 4.$$

例 12.4.3　计算曲面积分

$$\iint\limits_{S}\frac{\mathrm{d}S}{z},$$

其中 S 为球面 $x^{2}+y^{2}+z^{2}=a^{2}$ 被平面 $z=h$，其中 $0<h<a$ 截出的顶部（如图 12-4-3 所示）.

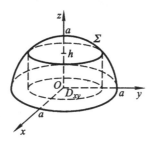

图 12-4-3

解　S 的方程为

$$z = \sqrt{a^{2}-x^{2}-y^{2}},$$

S 在 xOy 面上的投影区域 D_{xy} 为圆形闭区域

$$\{(x,y)\mid x^{2}+y^{2}\leqslant a^{2}-h^{2}\}$$

又

$$\sqrt{1+z_{x}^{2}+z_{y}^{2}} = \frac{a}{\sqrt{a^{2}-x^{2}-y^{2}}}.$$

则有

$$\iint\limits_{S}\frac{\mathrm{d}S}{z} = \iint\limits_{D_{xy}}\frac{a\,\mathrm{d}x\mathrm{d}y}{a^{2}-x^{2}-y^{2}}.$$

利用极坐标，可得

$$\iint\limits_{S}\frac{\mathrm{d}S}{z} = \iint\limits_{D_{xy}}\frac{a\rho\mathrm{d}\rho\mathrm{d}\theta}{a^{2}-\rho^{2}}$$

$$= a\int_{0}^{2\pi}\mathrm{d}\theta\int_{0}^{\sqrt{a^{2}-h^{2}}}\frac{\rho\mathrm{d}\rho}{a^{2}-\rho^{2}}$$

$$= 2\pi a\left[-\frac{1}{2}\ln(a^{2}-\rho^{2})\right]_{0}^{\sqrt{a^{2}-h^{2}}}$$

$$= 2\pi a\ln\frac{a}{h}.$$

例 12.4.4　设 S 是锥面 $z^{2}=k^{2}(x^{2}+y^{2})(z\geqslant 0)$ 被柱面 $x^{2}+y^{2}=2ax(a>0)$ 所截的曲

面，如图 12-4-4 所示，计算曲面积分

$$\iint\limits_S (y^2 z^2 + z^2 x^2 + x^2 y^2) \mathrm{d}S.$$

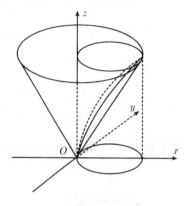

图 12-4-4

解 所给曲面 S 的面积元素为

$$\mathrm{d}S = \sqrt{1 + z_x'^2 + z_y'^2} \mathrm{d}x\mathrm{d}y = \sqrt{1 + k^2} \mathrm{d}x\mathrm{d}y,$$

并且 S 在平面 xOy 上的投影区域 D 是圆

$$x^2 + y^2 \leqslant 2ax,$$

所以

$$\iint\limits_S (y^2 z^2 + z^2 x^2 + x^2 y^2) \mathrm{d}S = \sqrt{1 + k^2} \iint\limits_D [k^2 (x^2 + y^2)^2 + x^2 y^2] \mathrm{d}x\mathrm{d}y$$

$$= 2\sqrt{1 + k^2} \int_0^{\frac{\pi}{2}} \mathrm{d}\varphi \int_0^{2a\cos\varphi} r^5 (k^2 + \cos^2\varphi\sin^2\varphi) \mathrm{d}r$$

$$= \frac{\pi}{24} a^6 (80k^2 + 7) \sqrt{1 + k^2}.$$

例 12.4.5 求密度 $\rho \equiv 1$ 的均匀球壳 $x^2 + y^2 + z^2 = a^2 (z \geqslant 0)$ 对于 Oz 轴的转动惯量.

解 转动惯量为

$$I_z = \iint\limits_S (x^2 + y^2) \mathrm{d}s$$

$$= \iint\limits_{x^2 + y^2 \leqslant a^2} x^2 + y^2 \frac{a}{\sqrt{a^2 - x^2 - y^2}} \mathrm{d}x\mathrm{d}y$$

$$= a \int_0^{2\pi} \mathrm{d}\theta \int_0^a \frac{r^3}{\sqrt{a^2 - r^2}} \mathrm{d}r$$

$$= 2\pi a^4 \int_0^{2\pi} \sin^3\theta \mathrm{d}\theta$$

$$= \frac{4}{3} \pi a^4.$$

例 12.4.6 设 S 为由曲面 $x = 0, y = 0$ 以及 $x^2 + y^2 + z^2 = a^2 (x \geqslant 0, y \geqslant 0)$ 所围成的立体的表面（见图 12-4-5），S 上每点的面密度 $\rho = x^2 + y^2 + z^2$，求 S 的质量 m.

解 将立体的表面各个部分分别记作 S_1, S_2, S_3, S_4，它们的方程分别为

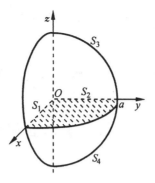

图 12-4-5

$$S_1 : y = 0 \ (\, x^2 + z^2 \leqslant a^2, x \geqslant 0 \,),$$

$$S_2 : x = 0 \ (\, y^2 + z^2 \leqslant a^2, y \geqslant 0 \,),$$

$$S_3 = \sqrt{a^2 - x^2 - y^2} \ (\, x^2 + y^2 \leqslant a^2, x \geqslant 0, y \geqslant 0 \,),$$

$$S_4 = - \sqrt{a^2 - x^2 - y^2} \ (\, x^2 + y^2 \leqslant a^2, x \geqslant 0, y \geqslant 0 \,).$$

根据公式可得

$$m\oiint\limits_{S} (x^2 + y^2 + z^2) \mathrm{d}S$$

$$= \iint\limits_{S_1} (x^2 + y^2 + z^2) \mathrm{d}S + \iint\limits_{S_2} (x^2 + y^2 + z^2) \mathrm{d}S$$

$$+ \iint\limits_{S_3} (x^2 + y^2 + z^2) \mathrm{d}S + \iint\limits_{S_4} (x^2 + y^2 + z^2) \mathrm{d}S$$

而

$$\iint\limits_{S_1} (x^2 + y^2 + z^2) \mathrm{d}S = \iint\limits_{\substack{x^2 + z^2 \leqslant a^2 \\ x \geqslant 0}} (x^2 + 0 + z^2) \mathrm{d}x \mathrm{d}z$$

$$= \int_0^\pi \mathrm{d}\theta \int_0^a r^3 \mathrm{d}\theta$$

$$= \frac{\pi a^4}{4}.$$

同理可得

$$\iint\limits_{S_2} (x^2 + y^2 + z^2) \mathrm{d}S = \frac{\pi a^4}{4},$$

$$\iint\limits_{S_3} (x^2 + y^2 + z^2) \mathrm{d}S = \iint\limits_{\substack{x^2 + y^2 \leqslant a^2 \\ x \geqslant 0, y \geqslant 0}} a^2 \cdot \frac{a}{\sqrt{a^2 - x^2 - y^2}} \mathrm{d}x \mathrm{d}y$$

$$= \int_0^{\frac{\pi}{2}} \mathrm{d}\theta \int_0^a \frac{a^3 r \mathrm{d}r}{\sqrt{a^2 - r^2}} \mathrm{d}\theta$$

$$= \frac{\pi a^4}{2},$$

同理可得

$$\iint\limits_{S_4}(x^2+y^2+z^2)\mathrm{d}S=\frac{\pi a^4}{2}\ ,$$

所以

$$m=\frac{\pi a^4}{4}+\frac{\pi a^4}{4}+\frac{\pi a^4}{2}+\frac{\pi a^4}{2}=\frac{3\pi a^4}{2}\ .$$

12.5 第二类曲面积分

12.5.1 基本概念与性质

首先对曲面做一些说明,这里假定曲面为光滑的.

我们知道对坐标的曲线积分与积分路径的方向有关,所以讨论的曲线为有向曲线弧.对第二类曲面积分也具有方向性,与曲面的侧有关.

通常遇到的曲面均为双侧的.例如由方程 $z=z(x,y)$ 表示的曲面,有上下侧之分(此处假定 z 轴铅直向上);方程 $y=y(x,z)$ 表示的曲面,有左右侧之分;方程 $x=x(y,z)$ 表示的曲面,有前后侧之分;一张包围某一空间区域的闭曲面,有内外侧之分.

曲面有单侧和双侧的区别,在讨论对第二类曲面积分时,我们需要指定曲面的侧.若规定曲面上一点的法向量的正方向,当此点沿着曲面上任一条不越过曲面边界的闭曲线连续移动(法向量正方向也连续变动)从而回到原来位置上时,法向量的正方向保持不变,则称曲面为双侧曲面.若曲面上的点按照上述方式移动,再回到原来位置时,出现的方向量的正方向与原来的方向相反,那么该曲面为单侧的.

曲面 S 为双侧曲面,如图如图 12-5-1 所示.

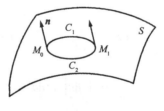

图 12-5-1

曲面为单侧曲面,如图 12-5-2 所示.

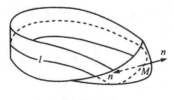

图 12-5-2

设曲面指定侧的单位法向量为 $\boldsymbol{n}$,方向余弦为 $\cos\alpha,\cos\beta,\cos\gamma$,从而有

$$\boldsymbol{n}=\cos\alpha\boldsymbol{i}+\cos\beta\boldsymbol{j}+\cos\gamma\boldsymbol{k}\ .$$

确定了侧的曲面,称之为有向曲面.

下面通过一个例子,从而引入对第二类曲面积分的概念.

引例　流向曲面一侧的流量.

设有一稳定流动的不可压缩流体(液体中各点的流速只与该点的位置有关而与时间无关)的速度场由

$$\boldsymbol{v}(x,y,z) = P(x,y,z)\boldsymbol{i} + Q(x,y,z)\boldsymbol{j} + R(x,y,z)\boldsymbol{k}$$

给出,S 为速度场中的一片有向曲面,函数 $P(x,y,z),Q(x,y,z),R(x,y,z)$ 均在 S 上连续,则求在单位时间内流向 S 指定侧的流体的质量,即流量 Φ.

若流体流过平面上面积为 A 的一个闭区域,并且流体在该闭区域上各点出的流速为 $\boldsymbol{v}$(常向量),又设 $\boldsymbol{n}$ 为此平面的单位法向量(如图 12-5-3 所示).

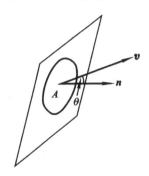

图 12-5-3

则在单位时间内流过该闭区域的流体组成一个底面积为 A、斜高为 $|\boldsymbol{v}|$ 的斜柱体(如图 12-5-4 所示).

图 12-5-4

当 $(\widehat{\boldsymbol{v},\boldsymbol{n}}) = \theta < \dfrac{\pi}{2}$ 时,该斜柱体的体积为

$$A\,|\,\boldsymbol{v}\,|\cos\theta = A\boldsymbol{v}\cdot\boldsymbol{n}.$$

也就是通过闭区域 A 流向 $\boldsymbol{n}$ 所指一侧的流量 Φ;

当 $(\widehat{\boldsymbol{v},\boldsymbol{n}}) = \dfrac{\pi}{2}$ 时,易知流体通过闭区域 A 流向 $\boldsymbol{n}$ 所指一侧的流量 Φ 为零,因为 $A\boldsymbol{v}\cdot\boldsymbol{n} = 0$,所以 $\Phi = A\boldsymbol{v}\cdot\boldsymbol{n} = 0$;

当 $(\widehat{\boldsymbol{v},\boldsymbol{n}}) > \dfrac{\pi}{2}$ 时,$A\boldsymbol{v}\cdot\boldsymbol{n} < 0$,此时仍把 $A\boldsymbol{v}\cdot\boldsymbol{n}$ 称之为流体通过闭区域 A 流向 $\boldsymbol{n}$ 所指一侧的流量,其表示流体通过闭区域 A 流向 $-\boldsymbol{n}$ 所指一侧,并且 $-\boldsymbol{n}$ 所指一侧的流量为 $-A\boldsymbol{v}\cdot\boldsymbol{n}$. 所以,不论 $(\widehat{\boldsymbol{v},\boldsymbol{n}})$ 为何值,流体通过闭区域 A 流向 $\boldsymbol{n}$ 所指一侧的流量 Φ 都为 $A\boldsymbol{v}\cdot\boldsymbol{n}$.

因为现在所讨论的为有向曲面而不是平面,并且其流速 $\boldsymbol{v}$ 也不是常向量,所以所求流量不能直接使用上述方法计算.可采用"分割、取近似、求和、取极限"的方法来解决.

将曲面 S 任意分成 n 个小曲面 ΔS_i,其中 $i = 1,2,\cdots,n$,同时用 ΔS_i 表示小曲面面积,在每一个小曲面上任取一点 (ξ_i,η_i,ζ_i),在该点的单位向量 n_i 为

$$n_i = \cos\alpha_i i + \cos\beta_i j + \cos\gamma_i k ,$$

该点的流速为

$$v = v(\xi_i,\eta_i,\zeta_i)$$
$$= P(\xi_i,\eta_i,\zeta_i)i + Q(\xi_i,\eta_i,\zeta_i)j + R(\xi_i,\eta_i,\zeta_i)k .$$

一方面我们把小曲面 ΔS_i 近似看成平面,而另一方面把小曲面 ΔS_i 上流速近似看成为常向量 $v(\xi_i,\eta_i,\zeta_i)$,如图 12-5-5 所示.

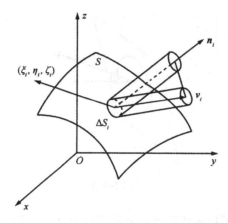

图 12-5-5

从而有

$$\Delta \Phi_i \approx \Delta S_i [v(\xi_i,\eta_i,\zeta_i) \cdot n_i] .$$

于是,通过曲面 S 流向指定侧的流量

$$\Phi = \sum_{i=1}^{n} \Delta \Phi_i$$
$$\approx \sum_{i=1}^{n} [v(\xi_i,\eta_i,\zeta_i) \cdot n_i] \Delta S_i$$
$$= \sum_{i=1}^{n} [P(\xi_i,\eta_i,\zeta_i)\cos\alpha_i + Q(\xi_i,\eta_i,\zeta_i)\cos\beta_i + R(\xi_i,\eta_i,\zeta_i)\cos\gamma_i] \Delta S_i .$$

设 λ 为 ΔS_i ($i = 1,2,\cdots,n$)直径的最大值,从而有

$$\Phi = \lim_{\lambda \to 0} \sum_{i=1}^{n} [P(\xi_i,\eta_i,\zeta_i)\cos\alpha_i + Q(\xi_i,\eta_i,\zeta_i)\cos\beta_i$$
$$+ R(\xi_i,\eta_i,\zeta_i)\cos\gamma_i] \Delta S_i .$$

可分成三个极限

$$\lim_{\lambda \to 0} \sum_{i=1}^{n} P(\xi_i,\eta_i,\zeta_i)\cos\alpha_i \Delta S_i ,$$

$$\lim_{\lambda \to 0} \sum_{i=1}^{n} Q(\xi_i,\eta_i,\zeta_i)\cos\beta_i \Delta S_i$$

$$\lim_{\lambda \to 0} \sum_{i=1}^{n} R(\xi_i, \eta_i, \zeta_i) \cos \gamma_i \Delta S_i .$$

定义 12.5.1　设 S 为光滑曲面，函数 $R(x,y,z)$ 在 S 上有界. 把 S 任意分成 n 块小曲面 ΔS_i，同时 ΔS_i 也表示第 i 块小曲面的面积，ΔS_i 在 xOy 面上的投影为 $(\Delta S_i)_{xy}$，(ξ_i, η_i, ζ_i) 为 ΔS_i 上任意取定的一点. 若当各个小块曲面的直径最大值 $\lambda \to 0$ 时，则有

$$\lim_{\lambda \to 0} \sum_{i=1}^{n} R(\xi_i, \eta_i, \zeta_i)(\Delta S_i)_{xy}$$

总存在，那么称该极限为函数 $R(x,y,z)$ 在有向曲面 S 上对坐标 x、y 的曲面积分，记为

$$\iint_S R(x,y,z)\mathrm{d}x\mathrm{d}y$$

即有

$$\iint_S R(x,y,z)\mathrm{d}x\mathrm{d}y = \lim_{\lambda \to 0} \sum_{i=1}^{n} R(\xi_i, \eta_i, \zeta_i)(\Delta S_i)_{xy} ,$$

其中 $R(x,y,z)$ 称为被积函数，S 称为积分曲面.

类似地，定义函数 $P(x,y,z)$ 在有向曲面 S 上对坐标 y、z 的曲面积分 $\iint_S P(x,y,z)\mathrm{d}y\mathrm{d}z$ 和函数 $Q(x,y,z)$ 在有向曲面 S 上对坐标 z、x 的曲面积分 $\iint_S R(x,y,z)\mathrm{d}z\mathrm{d}x$ 分别为

$$\iint_S P(x,y,z)\mathrm{d}y\mathrm{d}z = \lim_{\lambda \to 0} \sum_{i=1}^{n} P(\xi_i, \eta_i, \zeta_i)(\Delta S_i)_{yz} ,$$

$$\iint_S Q(x,y,z)\mathrm{d}z\mathrm{d}x = \lim_{\lambda \to 0} \sum_{i=1}^{n} Q(\xi_i, \eta_i, \zeta_i)(\Delta S_i)_{zx} .$$

上述三个曲面积分称之为第二类曲面积分.

当 $P(x,y,z)$、$Q(x,y,z)$、$R(x,y,z)$ 在有向光滑曲面 S 上连续时，对坐标的曲面积分存在，在以后的讨论中我们总假设 $P(x,y,z)$、$Q(x,y,z)$、$R(x,y,z)$ 在 S 上连续.

组合曲面积分为

$$\iint_S R(x,y,z)\mathrm{d}x\mathrm{d}y + \iint_S P(x,y,z)\mathrm{d}y\mathrm{d}z + \iint_S Q(x,y,z)\mathrm{d}z\mathrm{d}x$$

上式可简写为

$$\iint_S P(x,y,z)\mathrm{d}y\mathrm{d}z + Q(x,y,z)\mathrm{d}z\mathrm{d}x + R(x,y,z)\mathrm{d}x\mathrm{d}y .$$

根据引例和定义可知，流量为一个组合曲面积分，即有

$$\Phi = \iint_S R(x,y,z)\mathrm{d}x\mathrm{d}y + P(x,y,z)\mathrm{d}y\mathrm{d}z + Q(x,y,z)\mathrm{d}z\mathrm{d}x .$$

对第二类曲面积分有如下性质：

性质 12.5.1　若 S 分为 S_1 和 S_2 两块，则有

$$\iint_S P(x,y,z)\mathrm{d}y\mathrm{d}z + Q(x,y,z)\mathrm{d}z\mathrm{d}x + R(x,y,z)\mathrm{d}x\mathrm{d}y$$

$$= \iint_{S_1} P(x,y,z)\mathrm{d}y\mathrm{d}z + Q(x,y,z)\mathrm{d}z\mathrm{d}x + R(x,y,z)\mathrm{d}x\mathrm{d}y +$$

$$\iint\limits_{S_2} P(x,y,z)\mathrm{d}y\mathrm{d}z + Q(x,y,z)\mathrm{d}z\mathrm{d}x + R(x,y,z)\mathrm{d}x\mathrm{d}y,$$

此性质可以推广到 S 分成 $S_1,S_2,\cdots,S_n$ 几部分的情况.

性质 12.5.2　设 S 为有向曲面,而 $-S$ 则为与 S 相反侧的有向曲面,则有

$$\iint\limits_{-S} P(x,y,z)\mathrm{d}y\mathrm{d}z + Q(x,y,z)\mathrm{d}z\mathrm{d}x + R(x,y,z)\mathrm{d}x\mathrm{d}y$$

$$=-\iint\limits_{S} P(x,y,z)\mathrm{d}y\mathrm{d}z + Q(x,y,z)\mathrm{d}z\mathrm{d}x + R(x,y,z)\mathrm{d}x\mathrm{d}y.$$

对第二类的曲面积分的其他性质也都与对第二类曲线积分的性质相类似.

12.5.2　第二型曲面积分的计算

下面我们以 $\iint\limits_{S} R(x,y,z)\mathrm{d}x\mathrm{d}y$ 为例讨论对第二类曲面积分的计算方法.

设积分曲面 S 的方程由单值函数 $z = z(x,y)$ 给出,即曲面 S 与平行 z 轴的直线的交点只有一个,在 xOy 面上的投影区域为 D_{xy},函数 $z = z(x,y)$ 在 D_{xy} 上具有一阶连续偏导数,被积函数 $R(x,y,z)$ 在 S 上连续.

可将对坐标的曲面积分化为投影域 D_{xy} 上的二重积分计算,即有

$$\iint\limits_{S} R(x,y,z)\mathrm{d}x\mathrm{d}y =\pm \iint\limits_{D_{xy}} R[x,y,z(x,y)]\mathrm{d}x\mathrm{d}y \tag{12.5.1}$$

当 S 所取的侧法向量方向余弦 $\cos\gamma > 0$ 取正号(称为上侧),$\cos\gamma < 0$ 则取负号(称为下侧).

式(12.5.1)两端的 $\mathrm{d}x\mathrm{d}y$ 的意义不同,式左端的 $\mathrm{d}x\mathrm{d}y$ 为有向曲面面积元素 $\mathrm{d}S$ 在 xOy 面上的投影,而右边的 $\mathrm{d}x\mathrm{d}y$ 为平面上的面积元素,它不会为负值.

类似地,若 S 的方程为单值函数 $x = x(y,z)$,在 yOz 面上的投影域为 D_{yz},从而有

$$\iint\limits_{S} P(x,y,z)\mathrm{d}y\mathrm{d}z =\pm \iint\limits_{D_{yz}} P[x(y,z),y,z]\mathrm{d}y\mathrm{d}z,$$

余弦 $\cos\alpha > 0$ 取正号(称为前侧),$\cos\alpha < 0$ 则取负号(称为后侧).

若 S 的方程为单值函数 $y = y(x,z)$,在 zOx 面上的投影域为 D_{zx},从而有

$$\iint\limits_{S} Q(x,y,z)\mathrm{d}z\mathrm{d}x =\pm \iint\limits_{D_{zx}} Q[x,y(x,z),z]\mathrm{d}z\mathrm{d}x,$$

余弦 $\cos\beta > 0$ 取正号(称为右侧),$\cos\alpha < 0$ 则取负号(称为左侧).

例 12.5.1　计算 $I = \iint\limits_{S} y\mathrm{d}z\mathrm{d}x + z\mathrm{d}x\mathrm{d}y$,其中 S 为圆柱面 $x^2 + y^2 = 1$ 的前半个柱面介于平面 $z = 0$ 及 $z = 3$ 之间的部分,取后侧.

解　如图 12-5-6 所示,将积分曲线 S 投影到 zOx 面上,可得

$$D_{zx} = \{(z,x) \mid 0 \leqslant x \leqslant 1, 0 \leqslant z \leqslant 3\},$$

曲线 S 按 zOx 面分成左、右两部分 S_1 及 S_2,其中 $S_1: y = -\sqrt{1-x^2}$,取左侧,则有

$$\iint\limits_{S} y\mathrm{d}z\mathrm{d}x = \iint\limits_{S_1} y\mathrm{d}z\mathrm{d}x + \iint\limits_{S_2} y\mathrm{d}z\mathrm{d}x$$

$$= \iint\limits_{D_{zx}} (-\sqrt{1-x^2})\mathrm{d}z\mathrm{d}x - \iint\limits_{D_{zx}} \sqrt{1-x^2}\,\mathrm{d}z\mathrm{d}x$$

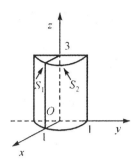

图 12-5-6

$$= -2 \iint\limits_{D_{zx}} \sqrt{1-x^2}\, \mathrm{d}z\mathrm{d}x = -2\int_0^1 \mathrm{d}x \int_0^3 \sqrt{1-x^2}\, \mathrm{d}z$$

$$= -6\int_0^1 \sqrt{1-x^2}\, \mathrm{d}x$$

$$= (-6) \cdot \frac{\pi}{4}$$

$$= -\frac{3}{2}\pi .$$

容易发现,到曲面 S 上任意点处的法向量与 z 轴正向的夹角 $\gamma = \dfrac{\pi}{2}$,因此 $\mathrm{d}x\mathrm{d}y = \cos\gamma\mathrm{d}S = 0$,从而 $\iint\limits_{S} z\,\mathrm{d}x\mathrm{d}y = 0$,由此可得

$$I = \iint\limits_{S} y\,\mathrm{d}z\mathrm{d}x + z\,\mathrm{d}x\mathrm{d}y = \iint\limits_{S} z\,\mathrm{d}x\mathrm{d}y + 0 = -\frac{3}{2}\pi .$$

例 12.5.2　计算曲面积分

$$\iint\limits_{S} xyz\,\mathrm{d}x\mathrm{d}y ,$$

其中 S 为球面 $x^2 + y^2 + z^2 = 1$ 外侧在 $x \geqslant 0, y \geqslant 0$ 的部分.

解　将 S 分成 S_1 和 S_2 两部分(如图 12-5-7 所示),S_1 的方程为

$$z_1 = \sqrt{1-x^2-y^2} ,$$

S_2 的方程为

$$z_2 = -\sqrt{1-x^2-y^2} .$$

因为 S_1 上侧法向量 $\boldsymbol{n}_1$ 与 z 轴正向夹角 $\gamma < \dfrac{\pi}{2}$,因此 $\cos\gamma > 0$,而 S_2 下侧法向量 $\boldsymbol{n}_2$ 与 z 轴正向夹角 $\gamma > \dfrac{\pi}{2}$,所以 $\cos\gamma < 0$,

$$\iint\limits_{S} xyz\,\mathrm{d}x\mathrm{d}y = \iint\limits_{S_1} xyz\,\mathrm{d}x\mathrm{d}y + \iint\limits_{S_2} xyz\,\mathrm{d}x\mathrm{d}y$$

$$= \iint\limits_{D_{xy}} xy\sqrt{1-x^2-y^2}\,\mathrm{d}x\mathrm{d}y - \iint\limits_{D_{xy}} xy(-\sqrt{1-x^2-y^2})\,\mathrm{d}x\mathrm{d}y$$

$$= 2\iint\limits_{D_{xy}} xy\ \sqrt{1-x^2-y^2}\,\mathrm{d}x\mathrm{d}y$$

$$= 2\int_0^{\frac{\pi}{2}}\mathrm{d}\theta\int_0^1 r\cos\theta r\sin\theta\ \sqrt{1-r^2}\,r\mathrm{d}r$$

$$= 2\int_0^{\frac{\pi}{2}}\sin\theta\cos\theta\mathrm{d}\theta\int_0^1 r^3\sqrt{1-r^2}\,\mathrm{d}r$$

$$= \frac{2}{15}.$$

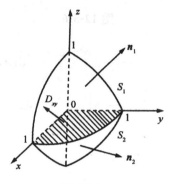

图 12-5-7

例 12.5.3　求曲面积分 $\iint\limits_S x^3\mathrm{d}y\mathrm{d}z+y^3\mathrm{d}z\mathrm{d}x$，其中 S 为上半椭球面 $\dfrac{x^2}{a^2}+\dfrac{y^2}{b^2}+\dfrac{z^2}{c^2}=1(z\geqslant 0)$ 的上侧.

解　将上述椭球面 S 表示成参数方程

$$x=a\sin\theta\cos\varphi,y=b\sin\theta\sin\varphi,z=c\cos\theta,$$

其中 φ 和 θ 的变化范围是

$$0\leqslant\theta\leqslant\frac{\pi}{2},0\leqslant\varphi\leqslant 2\pi.$$

由于

$$\frac{\partial(y,z)}{\partial(\theta,\varphi)}=bc\sin^2\theta\cos\varphi,$$

$$\frac{\partial(z,x)}{\partial(\theta,\varphi)}=ac\sin^2\theta\sin\varphi,$$

$$\frac{\partial(x,y)}{\partial(\theta,\varphi)}=ab\cos\theta\sin\theta>0.$$

向量 $\boldsymbol{r}'_\theta\times\boldsymbol{r}'_\varphi$ 指向曲面 S 上方，

$$\iint\limits_S x^3\mathrm{d}y\mathrm{d}z=\iint\limits_{\substack{0\leqslant\varphi\leqslant 2\pi\\0\leqslant\theta\leqslant\frac{\pi}{2}}} a^3\sin^3\theta\cos^3\varphi\cdot bc\sin^2\theta\cos\varphi\mathrm{d}\theta\mathrm{d}\varphi$$

$$= a^3bc\int_0^{2\pi}\cos^4\varphi\mathrm{d}\varphi\int_0^{\frac{\pi}{2}}\sin^5\theta\mathrm{d}\theta$$

$$= \frac{2}{5}\pi a^3bc$$

同样可得到

$$\iint\limits_S y^3 \mathrm{d}z\mathrm{d}x = \frac{2}{5}\pi ab^3 c$$

所以曲面积分的值为

$$\iint\limits_S x^3 \mathrm{d}y\mathrm{d}z + y^3 \mathrm{d}z\mathrm{d}x = \frac{2}{5}\pi a^3 bc + \frac{2}{5}\pi ab^3 c = \frac{2}{5}\pi abc(a^2 + b^2) .$$

例 12.5.4　计算曲面积分

$$\iint\limits_S (z^2 + x)\mathrm{d}y\mathrm{d}z - z\mathrm{d}x\mathrm{d}y$$

其中 S 为旋转抛物面 $z = \dfrac{1}{2}(x^2 + y^2)$ 介于平面 $z = 0$ 和 $z = 2$ 之间部分的下侧.

解　根据抛物线面的方程可得

$$\frac{\partial z}{\partial x} = x , \qquad \frac{\partial z}{\partial y} = y$$

所以曲面 S 上点 (x,y,z) 处的单位法向量为

$$\boldsymbol{n} = \left\{ \frac{x}{\sqrt{1 + x^2 + y^2}} , \frac{y}{\sqrt{1 + x^2 + y^2}} , \frac{-1}{\sqrt{1 + x^2 + y^2}} \right\} ,$$

其方向余弦分别为

$$\cos\alpha = \frac{x}{\sqrt{1 + x^2 + y^2}} , \cos\beta = \frac{y}{\sqrt{1 + x^2 + y^2}} , \cos\gamma = \frac{-1}{\sqrt{1 + x^2 + y^2}} ,$$

$$\iint\limits_S (z^2 + x)\mathrm{d}y\mathrm{d}z = \iint\limits_S (z^2 + x)\cos\alpha \frac{\mathrm{d}x\mathrm{d}y}{\cos\gamma}$$

$$= \iint\limits_S (z^2 + x)(-x)\mathrm{d}x\mathrm{d}y ,$$

$$\iint\limits_S (z^2 + x)\mathrm{d}y\mathrm{d}z - z\mathrm{d}x\mathrm{d}y$$

$$= \iint\limits_S [(z^2 + x)(-x) - z\mathrm{d}x\mathrm{d}y$$

$$= -\iint\limits_{D_{xy}} \left\{ \left[\frac{1}{4}(x^2 + y^2)^2 + x \right](-x) - \frac{1}{2}(x^2 + y^2) \right\}\mathrm{d}x\mathrm{d}y$$

$$= \iint\limits_{D_{xy}} \frac{1}{4}(x^2 + y^2)^2 x\mathrm{d}x\mathrm{d}y + \iint\limits_{D_{xy}} \left[x^2 + \frac{1}{2}(x^2 + y^2) \right]\mathrm{d}x\mathrm{d}y$$

$$= \int_0^{2\pi} \mathrm{d}\theta \int_0^2 \frac{1}{4}r^4 r\cos\theta \,\mathrm{d}r + \int_0^{2\pi} \mathrm{d}\theta \int_0^2 \left(r^2\cos^2\theta + \frac{1}{2}r^2 \right)r\mathrm{d}r$$

$$= 0 + 8\pi$$

$$= 8\pi .$$

12.6　高斯公式

　　格林公式建立了沿平面闭曲线的曲线积分与该闭曲线所围平面区域上的二重积分之间的关系. 在空间沿封闭曲面的曲面积分与该封闭曲面所围空间区域上的三重积分也有类似关系,这个

关系就是下面所要讲的高斯公式.

定理 12.6.1(高斯公式) 设空间闭区域 V 是由光滑或分片光滑的封闭曲线 S 所围成的单连通区域,函数 $P(x,y,z)$、$Q(x,y,z)$、$R(x,y,z)$ 在 V 上有一阶连续偏导数,则

$$\oiint\limits_S P\mathrm{d}y\mathrm{d}z + Q\mathrm{d}z\mathrm{d}x + R\mathrm{d}x\mathrm{d}y = \iiint\limits_V \left(\frac{\partial P}{\partial x} + \frac{\partial Q}{\partial y} + \frac{\partial R}{\partial z}\right)\mathrm{d}V ,$$

其中 S 取外侧.

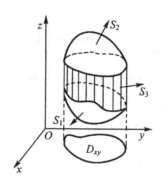

图 12-6-1

证明 设闭区域 V 在 xOy 面上的投影区域为 D_{xy} ,并假设任何平行于 z 轴的直线穿过 V 的内部与 V 的边界曲面 S 的交点均为两个,如图 12-6-1 所示,则 V 可表示为

$$V = \{(x,y,z) \mid z_1(x,y) \leqslant z \leqslant z_2(x,y),(x,y) \in D_{xy}\} ;$$

其中,V 的底面 $S_1:z = z_1(x,y)$,取下侧;V 的顶面 $S_2:z = z_2(x,y)$,取上侧;V 的侧面为柱面 S_3:取外侧.于是由三重积分的计算方法有

$$\iiint\limits_V \frac{\partial R}{\partial z}\mathrm{d}V = \iint\limits_{D_{xy}} \mathrm{d}x\mathrm{d}y \int_{z_1(x,y)}^{z_2(x,y)} \frac{\partial R}{\partial z}\mathrm{d}z$$

$$= \iint\limits_{D_{xy}} \{R[x,y,z_2(x,y)] - R[x,y,z_1(x,y)]\}\mathrm{d}x\mathrm{d}y$$

再根据对第二类曲面积分的计算方法,可得

$$\oiint\limits_S R(x,y,z)\mathrm{d}x\mathrm{d}y = \oiint\limits_{S_1} R(x,y,z)\mathrm{d}x\mathrm{d}y + \oiint\limits_{S_2} R(x,y,z)\mathrm{d}x\mathrm{d}y + \oiint\limits_{S_3} R(x,y,z)\mathrm{d}x\mathrm{d}y$$

$$= \iint\limits_{D_{xy}} R[x,y,z_2(x,y)]\mathrm{d}x\mathrm{d}y - \iint\limits_{D_{xy}} R[x,y,z_1(x,y)]\mathrm{d}x\mathrm{d}y + 0$$

因此

$$\iiint\limits_V \frac{\partial R}{\partial z}\mathrm{d}V = \oiint\limits_S R(x,y,z)\mathrm{d}x\mathrm{d}y .$$

同理,如果穿过 V 内部且与 x 轴平行的直线以平行于 y 轴的直线与 V 的边界曲面 S 的交点也都恰有两个,则可证得

$$\iiint\limits_V \frac{\partial P}{\partial x}\mathrm{d}V = \oiint\limits_S P(x,y,z)\mathrm{d}y\mathrm{d}z ,$$

$$\iiint\limits_V \frac{\partial Q}{\partial y}\mathrm{d}V = \oiint\limits_S P(x,y,z)\mathrm{d}z\mathrm{d}x ,$$

将上面三式相加从而得到高斯公式.

如果平行于坐标轴的直线穿过 V 的内部与其边界曲面 S 的交点多于两个,可引入若干辅助曲面将 V 分成若干满足上述条件的闭区域,而曲面积分在辅助曲面正反两侧相互抵消,故高斯公式成立.

例 12.6.1　利用高斯公式计算曲面积分

$$\oiint\limits_{S}(x-y)\mathrm{d}x\mathrm{d}y+(y-z)x\mathrm{d}y\mathrm{d}z$$

其中 S 为柱面 $x^2+y^2=1$ 及平面 $z=0,z=3$ 所围成的空间闭区域 Ω 的整个边界曲面的外侧(如图 12-6-2 所示).

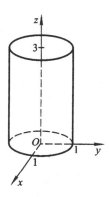

图 12-6-2

解　由于

$$P=(y-z)x\,,\,Q=0\,,\,R=x-y\,,$$
$$\frac{\partial P}{\partial x}=y-z\,,\frac{\partial Q}{\partial y}=0\,,\frac{\partial R}{\partial z}=0\,.$$

根据高斯公式将所给曲面积分化为三重积分,在利用柱面坐标计算三重积分,从而可得

$$\oiint\limits_{S}(x-y)\mathrm{d}x\mathrm{d}y+(y-z)x\mathrm{d}y\mathrm{d}z$$
$$=\iiint\limits_{\Omega}(y-z)\mathrm{d}x\mathrm{d}y\mathrm{d}z$$
$$=\iiint\limits_{\Omega}(\rho\sin\theta-z)\rho\mathrm{d}\rho\mathrm{d}\theta\mathrm{d}z$$
$$=\int_{0}^{2\pi}\mathrm{d}\theta\int_{0}^{1}\rho\mathrm{d}\rho\int_{0}^{3}(\rho\sin\theta-z)\mathrm{d}z$$
$$=-\frac{9\pi}{2}\,.$$

例 12.6.2　利用高斯公式计算曲面积分

$$\iint\limits_{S}y(x-z)\mathrm{d}y\mathrm{d}z+x^2\mathrm{d}z\mathrm{d}x+(y^2+xz)\mathrm{d}x\mathrm{d}y\,,$$

其中 S 是长方体 $V:0\leqslant x\leqslant a,0\leqslant y\leqslant b,0\leqslant z\leqslant c$ 的外侧表面.

解　由于

$$P=y(x-z),Q=x^2,R=y^2+xz,$$

$$\frac{\partial P}{\partial x}+\frac{\partial Q}{\partial y}+\frac{\partial R}{\partial z}=x+y\ ,$$

因此

$$\iint\limits_{S}y(x-z)\mathrm{d}y\mathrm{d}z+x^2\mathrm{d}z\mathrm{d}x+(y^2+xz)\mathrm{d}x\mathrm{d}y$$

$$=\iiint\limits_{V}(x+y)\mathrm{d}x\mathrm{d}y\mathrm{d}z=\int_0^a\mathrm{d}x\int_0^b\mathrm{d}y\int_0^c(x+y)\mathrm{d}z$$

$$=\frac{1}{2}abc(a+b)\ .$$

例 12.6.3 计算积分

$$\iint\limits_{S}x^2\mathrm{d}y\mathrm{d}z+y^2\mathrm{d}z\mathrm{d}x+z^2\mathrm{d}x\mathrm{d}y\ ,$$

其中 S 为圆锥面 $x^2+y^2=z^2(0\leqslant z\leqslant h)$ 的下侧.

解 因为曲面 S 不是封闭曲面,所以不能直接应用高斯公式,因此我们做一平面 $S':z=h$,其单位法向量与 z 轴正向指向相同(如图 12-6-3 所示).从而 S 和 S' 组成一封闭曲面,根据高斯公式可得

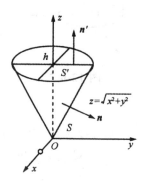

图 12-6-3

$$\iint\limits_{S+S'}x^2\mathrm{d}y\mathrm{d}z+y^2\mathrm{d}z\mathrm{d}x+z^2\mathrm{d}x\mathrm{d}y$$

$$=2\iiint\limits_{\Omega}(x+y+z)\mathrm{d}x\mathrm{d}y\mathrm{d}z$$

$$=2\int_0^{2\pi}\mathrm{d}\theta\int_0^h r\mathrm{d}r\int_r^h(r\cos\theta+r\sin\theta+z)\mathrm{d}z$$

$$=2\int_0^{2\pi}\mathrm{d}\theta\int_0^h\left[r(r\cos\theta+r\sin\theta)(h-r)+r\frac{h^2-r^2}{2}\right]\mathrm{d}r$$

$$=2\pi\int_0^h(h^2r-r^3)\mathrm{d}r$$

$$=\frac{1}{2}\pi h^4\ .$$

而且

$$\iint\limits_{S'}x^2\mathrm{d}y\mathrm{d}z+y^2\mathrm{d}z\mathrm{d}x+z^2\mathrm{d}x\mathrm{d}y$$

第 12 章　曲线积分与曲面积分

$$= \iint\limits_{D_{xy}} h^2 \, \mathrm{d}x \mathrm{d}y$$

$$= \pi h^4 .$$

所以

$$\iint\limits_{S} x^2 \, \mathrm{d}y \mathrm{d}z + y^2 \, \mathrm{d}z \mathrm{d}x + z^2 \, \mathrm{d}x \mathrm{d}y$$

$$= \frac{1}{2} \pi h^4 - \pi h^4$$

$$= -\frac{1}{2} \pi h^4 .$$

例 12.6.4　计算曲面积分

$$I = \oiint\limits_{S} 2x^3 \, \mathrm{d}y \mathrm{d}z + 2y^3 \, \mathrm{d}z \mathrm{d}x + 3(z^2 - 1) \, \mathrm{d}x \mathrm{d}y ,$$

其中 S 是曲面 $z = 1 - x^2 - y^2 (z \geqslant 0)$ 的上侧,如图 12-6-4 所示.

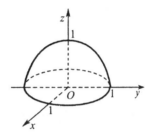

图 12-6-4

解　引进辅助曲面 $S_1: 0, (x, y) \in D_{xy}$,取下侧,即

$$D_{xy} = \{(x, y) \mid x^2 + y^2 \leqslant 1\} ,$$

则有

$$I = \oiint\limits_{S + S_1} 2x^3 \, \mathrm{d}y \mathrm{d}z + 2y^3 \, \mathrm{d}z \mathrm{d}x + 3(z^2 - 1) \, \mathrm{d}x \mathrm{d}y$$

$$- \oiint\limits_{S_1} 2x^3 \, \mathrm{d}y \mathrm{d}z + 2y^3 \, \mathrm{d}z \mathrm{d}x + 3(z^2 - 1) \, \mathrm{d}x \mathrm{d}y ,$$

于是,根据高斯公式,可得

$$\oiint\limits_{S + S_1} 2x^3 \, \mathrm{d}y \mathrm{d}z + 2y^3 \, \mathrm{d}z \mathrm{d}x + 3(z^2 - 1) \, \mathrm{d}x \mathrm{d}y$$

$$= \iiint\limits_{V} 6(x^2 + y^2 + z) \, \mathrm{d}x \mathrm{d}y \mathrm{d}z$$

$$= 6 \int_0^{2\pi} \mathrm{d}\theta \int_0^1 \mathrm{d}r \int_0^{1 - r^2} (z + r^2) r \mathrm{d}z$$

$$= 12\pi \int_0^1 \left[\frac{1}{2} r (1 - r^2)^2 + r^3 (1 - r^2) \right] \mathrm{d}r$$

$$= 2\pi .$$

又由于

· 389 ·

$$\oiint\limits_{S_1} 2x^3 \mathrm{d}y\mathrm{d}z + 2y^3 \mathrm{d}z\mathrm{d}x + 3(z^2-1)\mathrm{d}x\mathrm{d}y = - \iint\limits_{x^2+y^2 \leqslant 1} (-3)\mathrm{d}x\mathrm{d}y = 3\pi,$$

因此

$$I = 2\pi - 3\pi = -\pi.$$

例 12.6.5 证明电场强度 $\boldsymbol{E} = \dfrac{q}{r^3}\boldsymbol{r}$ 通过包围原点在内的任意闭曲面 S 外侧的通量都等于 $4\pi q$.

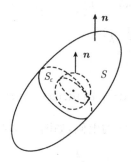

图 12-6-5

证明 在曲面 S 内以原点为中心作一个半径为 ε 的球面 S_ε,用 V 表示由闭曲面 S 和 S_ε 所围成的环形区域,如图 12-6-5 所示,则由高斯公式得

$$\iint\limits_{S+S_\varepsilon^-} \boldsymbol{E} \cdot \boldsymbol{n}\mathrm{d}S = \iiint\limits_{V} \mathrm{div}\boldsymbol{E}\mathrm{d}V.$$

其中,$\boldsymbol{n}$ 指向 V 的边界曲面的外侧,具体地说,在 S 上指向封闭曲面 S 的外侧,而在 S_ε 上,指向封闭曲面 S_ε 的内侧.由于当 $\boldsymbol{r}$ 不等于零时,$\mathrm{div}\boldsymbol{E}$ 恒等于零,因此

$$\iint\limits_{S+S_\varepsilon^-} \boldsymbol{E} \cdot \boldsymbol{n}\mathrm{d}S = 0,$$

上式也可写成

$$\iint\limits_{S} \boldsymbol{E} \cdot \boldsymbol{n}\mathrm{d}S = \iint\limits_{S_\varepsilon^-} \boldsymbol{E} \cdot \boldsymbol{n}\mathrm{d}S,$$

其中法向量 $\boldsymbol{n}$ 都是指向 S 和 S_ε 的外侧,如图 12-6-5 所示.由此可得

$$\iint\limits_{S} \boldsymbol{E} \cdot \boldsymbol{n}\mathrm{d}S = 4\pi q,$$

顺便指出,如果 S 是不包电荷的任意闭曲面,那么显然有

$$\iint\limits_{S} \boldsymbol{E} \cdot \boldsymbol{n}\mathrm{d}S = 0.$$

12.7 斯托克斯公式

斯托克斯(Stokes)公式为格林公式的推广.格林公式表示了平面闭区域上的二重积分与其边界线上的曲线积分之间的关系,而斯托克斯公式则把曲面 S 上的曲面积分与沿着 S 的边界曲线的曲线积分联系起来.

定理 12.7.1 设 Γ 为分段光滑的空间有向闭曲线，S 以 Γ 为边界的分片光滑的有向曲面，函数 $P(x,y,z)$、$Q(x,y,z)$、$R(x,y,z)$ 在包含曲面 S 在内的一个空间区域内具有一阶连续偏导数，则有

$$\oint_\Gamma P(x,y,z)\mathrm{d}x + Q(x,y,z)\mathrm{d}y + R(x,y,z)\mathrm{d}z$$
$$= \iint_S \left(\frac{\partial R}{\partial y} - \frac{\partial Q}{\partial z}\right)\mathrm{d}y\mathrm{d}z + \left(\frac{\partial P}{\partial z} - \frac{\partial R}{\partial x}\right)\mathrm{d}z\mathrm{d}x + \left(\frac{\partial Q}{\partial x} - \frac{\partial P}{\partial y}\right)\mathrm{d}x\mathrm{d}y,$$

其中 Γ 的正向与曲面 S 的侧符合右手规则，即当右手除拇指外的四指依 Γ 的绕行方向时，拇指所指的方向和 S 上法向量的指向相同. 上述公式称之为斯托克斯公式.

为了便于记忆，利用行列式记号把斯托克斯公式可以写成

$$\oint_\Gamma P(x,y,z)\mathrm{d}x + Q(x,y,z)\mathrm{d}y + R(x,y,z)\mathrm{d}z$$
$$= \iint_S \begin{vmatrix} \mathrm{d}y\mathrm{d}z & \mathrm{d}z\mathrm{d}x & \mathrm{d}x\mathrm{d}y \\ \dfrac{\partial}{\partial x} & \dfrac{\partial}{\partial y} & \dfrac{\partial}{\partial z} \\ P & Q & R \end{vmatrix}.$$

因为

$$\mathrm{d}y\mathrm{d}z = \cos\alpha\,\mathrm{d}S,\quad \mathrm{d}z\mathrm{d}x = \cos\beta\,\mathrm{d}S,\quad \mathrm{d}x\mathrm{d}y = \cos\gamma\,\mathrm{d}S,$$

所以斯托克斯公式又可以写成

$$\oint_\Gamma P(x,y,z)\mathrm{d}x + Q(x,y,z)\mathrm{d}y + R(x,y,z)\mathrm{d}z$$
$$= \iint_S \begin{vmatrix} \cos\alpha & \cos\beta & \cos\gamma \\ \dfrac{\partial}{\partial x} & \dfrac{\partial}{\partial y} & \dfrac{\partial}{\partial z} \\ P & Q & R \end{vmatrix}\mathrm{d}S,$$

其中 $\boldsymbol{n} = \cos\alpha\boldsymbol{i} + \cos\beta\boldsymbol{j} + \cos\gamma\boldsymbol{k}$ 为有向曲面 S 的单位法向量.

证明 首先假设 S 与平行于 z 轴的直线相交不多于一点，且设 S 为曲面

$$z = f(x,y)$$

的上侧，S 的正向边界曲线 Γ 在 xOy 面上的投影为平面有向曲线 C，C 所围成的闭区域为 D_{xy}（如图 12-7-1 所示）.

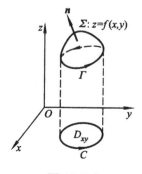

图 12-7-1

把曲线积分

$$\iint\limits_S \frac{\partial P}{\partial z}\mathrm{d}z\mathrm{d}x - \frac{\partial P}{\partial y}\mathrm{d}x\mathrm{d}y$$

化为闭区域 D_{xy} 上的二重积分,然后利用格林公式使其与曲线积分相联系.

依据对第一类和对第二类曲面积分间的关系,则有

$$\iint\limits_S \frac{\partial P}{\partial z}\mathrm{d}z\mathrm{d}x - \frac{\partial P}{\partial y}\mathrm{d}x\mathrm{d}y = \iint\limits_S \left(\frac{\partial P}{\partial z}\cos\beta - \frac{\partial P}{\partial y}\cos\gamma\right)\mathrm{d}S . \qquad (12.7.1)$$

有向曲面 S 的法向量的方向余弦为:

$$\cos\alpha = \frac{-f_x}{\sqrt{1+f_x^2+f_y^2}} ,$$

$$\cos\beta = \frac{-f_y}{\sqrt{1+f_x^2+f_y^2}} , \quad \cos\gamma = \frac{1}{\sqrt{1+f_x^2+f_y^2}} ,$$

所以 $\cos\beta = -f_y\cos\gamma$,将其代入到(12.7.1)式中,可得

$$\iint\limits_S \frac{\partial P}{\partial z}\mathrm{d}z\mathrm{d}x - \frac{\partial P}{\partial y}\mathrm{d}x\mathrm{d}y = -\iint\limits_S \left(\frac{\partial P}{\partial y} + \frac{\partial P}{\partial z}f_y\right)\cos\gamma\mathrm{d}S$$

即有

$$\iint\limits_S \frac{\partial P}{\partial z}\mathrm{d}z\mathrm{d}x - \frac{\partial P}{\partial y}\mathrm{d}x\mathrm{d}y = -\iint\limits_S \left(\frac{\partial P}{\partial y} + \frac{\partial P}{\partial z}f_y\right)\mathrm{d}x\mathrm{d}y \qquad (12.7.2)$$

上式右侧的曲面积分化为二重积分时,需要把 $P(x,y,z)$ 中的 z 用 $f(x,y)$ 来表示,根据复合函数的微分法,则有

$$\frac{\partial}{\partial y}P[x,y,f(x,y)] = \frac{\partial P}{\partial y} + \frac{\partial P}{\partial z} \cdot f_y .$$

因此,(12.7.2)式可写成

$$\iint\limits_S \frac{\partial P}{\partial z}\mathrm{d}z\mathrm{d}x - \frac{\partial P}{\partial y}\mathrm{d}x\mathrm{d}y = -\iint\limits_{D_{xy}} \frac{\partial}{\partial y}P[x,y,f(x,y)]\mathrm{d}x\mathrm{d}y .$$

依据格林公式,上式右端的二重积分可化为沿闭区域 D_{xy} 的边界 C 的曲线积分

$$-\iint\limits_{D_{xy}} \frac{\partial}{\partial y}P[x,y,f(x,y)]\mathrm{d}x\mathrm{d}y = \oint_C P[x,y,f(x,y)]\mathrm{d}x ,$$

从而有

$$\iint\limits_{D_{xy}} \frac{\partial P}{\partial z}\mathrm{d}z\mathrm{d}x - \frac{\partial P}{\partial y}\mathrm{d}x\mathrm{d}y = \oint_C P[x,y,f(x,y)]\mathrm{d}x .$$

由于函数 $P[x,y,f(x,y)]$ 在曲线 C 上点 (x,y) 处的值与函数 $P(x,y,z)$ 在曲线 Γ 上对应点 (x,y,z) 处的值为一样的,且两曲线上的对应小弧段在 x 轴上的投影也一样.则根据曲线积分的定义,上式右端的曲线积分与曲线 Γ 上的曲线积分 $\int_\Gamma P(x,y,z)\mathrm{d}x$ 相等.所以,证得

$$\iint\limits_S \frac{\partial P}{\partial z}\mathrm{d}z\mathrm{d}x - \frac{\partial P}{\partial y}\mathrm{d}x\mathrm{d}y = \oint_\Gamma P(x,y,z)\mathrm{d}x . \qquad (12.7.3)$$

若 S 取下侧,Γ 则相应的改为相反的方向,则(12.7.3)式两端同时改变其符号,所以(12.7.3)式依然成立.

若曲面与平行于 z 轴的直线的交点多于一个,那么可作辅助线将曲面分成几部分,再利用公

式(12.7.3)并相加.由于沿辅助线而方向相反的两个曲线积分相加是正好相互抵消,所以公式(12.7.3)依然成立.

类似地可证

$$\iint\limits_{S} \frac{\partial Q}{\partial x} \mathrm{d}z\mathrm{d}x - \frac{\partial Q}{\partial z} \mathrm{d}x\mathrm{d}y = \oint\limits_{\Gamma} Q(x,y,z)\mathrm{d}y ,$$

$$\iint\limits_{S} \frac{\partial R}{\partial y} \mathrm{d}z\mathrm{d}x - \frac{\partial R}{\partial x} \mathrm{d}x\mathrm{d}y = \oint\limits_{\Gamma} R(x,y,z)\mathrm{d}z .$$

将上述两式与公式(12.7.3)相加即可得到

$$\oint\limits_{\Gamma} P(x,y,z)\mathrm{d}x + Q(x,y,z)\mathrm{d}y + R(x,y,z)\mathrm{d}z$$

$$= \iint\limits_{S} \left(\frac{\partial R}{\partial y} - \frac{\partial Q}{\partial z} \right)\mathrm{d}y\mathrm{d}z + \left(\frac{\partial P}{\partial z} - \frac{\partial R}{\partial x} \right)\mathrm{d}z\mathrm{d}x + \left(\frac{\partial Q}{\partial x} - \frac{\partial P}{\partial y} \right)\mathrm{d}x\mathrm{d}y .$$

例 12.7.1　计算曲线积分

$$I = \oint\limits_{L} z\,\mathrm{d}x + x\,\mathrm{d}y + y\,\mathrm{d}z ,$$

其中 L 为平面 $x+y+z=1$ 被三个坐标面所截得的三角形 S 的整个边界,其正方向与这个三角形上侧的法向量成右手系.

解　令 $P=z, Q=x, R=y$,可得

$$I = \oint\limits_{L} z\,\mathrm{d}x + x\,\mathrm{d}y + y\,\mathrm{d}z$$

$$= \iint\limits_{S} \begin{vmatrix} \mathrm{d}y\mathrm{d}z & \mathrm{d}z\mathrm{d}x & \mathrm{d}x\mathrm{d}y \\ \dfrac{\partial}{\partial x} & \dfrac{\partial}{\partial y} & \dfrac{\partial}{\partial z} \\ z & x & y \end{vmatrix}$$

$$= \iint\limits_{S} \mathrm{d}y\mathrm{d}z + \mathrm{d}z\mathrm{d}x + \mathrm{d}x\mathrm{d}y .$$

其中 S 取上侧,如图 12-7-2 所示.

设曲面 S 在 xOy 面上投影区域为 D_{xy} ,则由对称性可知

$$I = 3\iint\limits_{S} \mathrm{d}x\mathrm{d}y = 3\iint\limits_{D_{xy}} \mathrm{d}x\mathrm{d}y = \frac{3}{2} .$$

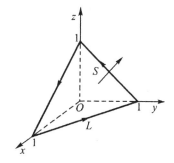

图 12-7-2

例 12.7.2 根据斯托克斯公式计算曲线积分

$$I = \oint_{\Gamma} (y^2 - z^2) \mathrm{d}x + (z^2 - x^2) \mathrm{d}y + (x^2 - y^2) \mathrm{d}z ,$$

其中 Γ 为用平面 $x + y + z = \dfrac{3}{2}$ 截立方体 $0 \leqslant x \leqslant 1$，$0 \leqslant y \leqslant 1$，$0 \leqslant z \leqslant 1$ 的表面所得的截痕，如果从 Ox 轴的正向看去，取其逆时针方向（如图 12-7-3 所示）.

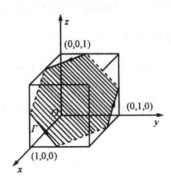

图 12-7-3

解 取 S 为平面 $x + y + z = \dfrac{3}{2}$ 的上侧被 Γ 所围成部分，S 的单位法向量为

$$\boldsymbol{n} = \frac{1}{\sqrt{3}} \{1, 1, 1\}$$

则有

$$\cos\alpha = \cos\beta = \cos\gamma = \frac{1}{\sqrt{3}} .$$

根据斯托克斯公式，则有

$$I = \iint_{S} \begin{vmatrix} \dfrac{1}{\sqrt{3}} & \dfrac{1}{\sqrt{3}} & \dfrac{1}{\sqrt{3}} \\ \dfrac{\partial}{\partial x} & \dfrac{\partial}{\partial y} & \dfrac{\partial}{\partial z} \\ y^2 - z^2 & z^2 - x^2 & x^2 - y^2 \end{vmatrix} \mathrm{d}S$$

$$= -\frac{4}{\sqrt{3}} \iint_{S} (x, y, z) \mathrm{d}S .$$

由于在 S 上 $x + y + z = \dfrac{3}{2}$，所以

$$I = -\frac{4}{\sqrt{3}} \times \frac{3}{2} \iint_{S} \mathrm{d}S$$

$$= -2\sqrt{3} \iint_{D_{xy}} \sqrt{3} \, \mathrm{d}x\mathrm{d}y$$

$$= -6\sigma_{xy} ,$$

其中 D_{xy} 为 S 在 xOy 平面上的投影区域，σ_{xy} 为 D_{xy} 的面积（如图 12-7-4 所示）.

因为

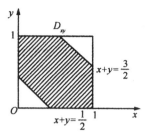

图 12-7-4

$$\sigma_{xy} = 1 - 2 \times \frac{1}{8} = \frac{3}{4},$$

所以

$$I = -\frac{9}{2}.$$

例 12.7.3　计算曲线积分

$$\oint_L z\,\mathrm{d}x + x\,\mathrm{d}y + y\,\mathrm{d}z\,,$$

其中 L 是球面 $x^2 + y^2 + z^2 = 2(x+y)$ 与平面 $x+y=2$ 的交线,且 L 的正向从原点看去是逆时针方向,如图 12-7-5 所示.

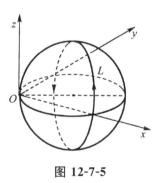

图 12-7-5

解　令平面 $x+y=2$ 上由曲线 L 所围部分为斯托克斯公式中的曲面 S,则 S 的法向量的方向余弦按右手法则为

$$\cos\alpha = -\frac{1}{\sqrt{2}},\cos\beta = -\frac{1}{\sqrt{2}},\cos\gamma = 0\,.$$

则可得

$$\oint_L z\,\mathrm{d}x + x\,\mathrm{d}y + y\,\mathrm{d}z = \iint_S \begin{vmatrix} \cos\alpha & \cos\beta & \cos\gamma \\ \dfrac{\partial}{\partial x} & \dfrac{\partial}{\partial y} & \dfrac{\partial}{\partial z} \\ y & z & x \end{vmatrix} \mathrm{d}S$$

$$= \iint_S \left(\frac{1}{\sqrt{2}} + \frac{1}{\sqrt{2}}\right)\mathrm{d}S$$

$$= \sqrt{2} \iint\limits_{S} \mathrm{d}S$$
$$= \sqrt{2} \cdot \left[\pi(\sqrt{2})^2 \right]$$
$$= 2\sqrt{2}\,\pi .$$

参考文献

[1]周运明,尚德生.数学分析(上册).北京:科学出版社,2008

[2]吴赣昌.微积分(经管类)(上册)(第四版).北京:中国人民大学出版社,2011

[3]曾今武,吴满.微积分.广州:华南理工大学出版社,2006

[4]徐玉民,于新凯.高等数学(上册).北京:科学出版社,2011

[5]王学武,郭林,孙喜东.数学分析(2).北京:清华大学出版社,2011

[6]同济大学数学系.高等数学(下册)(第6版).北京:高等教育出版社,2007

[7]王政,宋元平.数学分析(下册).北京:科学出版社,2008

[8]李大华,林益,汤燕斌等.工科数学分析(下)(第3版).武汉:华中科技大学出版社,2008

[9]林益,刘国钧.微积分(经管类)(第2版).武汉:武汉理工大学出版社,2010

[10]郭林,王学武,王利珍.数学分析(1).北京:清华大学出版社,2011

[11]欧阳光中,姚允龙,周渊.数学分析(上册).上海:复旦大学出版社,2011

[12]彭红军,张伟,李媛等.微积分(经济管理).北京:机械工业出版社,2009

[13]章学诚,刘西垣.微积分.武汉:武汉大学出版社,2007

[14]马建国.数学分析(下).北京:科学出版社,2011

[15]李冬松,王洪滨.工科数学分析(下).哈尔滨:哈尔滨工业大学出版社,2011

[16]彭放,刘安平.工科数学分析(下册).武汉:中国地质大学出版社,2010

[17]谢盛刚,李娟,陈秋桂.微积分(下)(第2版).北京:科学出版社,2011

[18]卢兴江,金蒙伟.微积分(上册).杭州:浙江大学出版社,2006

[19]王洪滨,李冬松.工科数学分析(上).哈尔滨:哈尔滨工业大学出版社,2011

[20]张学齐.微积分(上册).北京:中国人民大学出版社,2007

[21]胡耀胜,汤茂林.高等数学.北京:机械工业出版社,2008

[22]马军,许成锋,孔祥文.微积分.上海:同济大学出版社,2010

[23]任德麟.微积分原理与严格的理论基础.北京:科学出版社,2010

[24]大连理工大学应用数学系.工科微积分(上).大连:大连理工大学出版社,2007

[25]罗敏娜,杨淑辉,陈文英.微积分.大连:大连理工大学出版社,2009

[26]范培华,章学诚,刘西垣.微积分.北京:中国商业出版社,2006

[27]华中科技大学高等数学课题组.微积分(第二版).武汉:华中科技大学出版社,2009

[28]欧阳光中,姚允龙,周渊.数学分析(下册).上海:复旦大学出版社,2011

[29]徐玉民,于新凯.高等数学(下册).北京:科学出版社,2011

[30]赵晶,李宏伟.工科数学分析(上册).武汉:中国地质大学出版社,2010

[31]韩云瑞,扈志明,张广远.微积分教程(上册)(第四版).北京:清华大学出版社,2006

[32]张学齐.微积分(下册).北京:中国人民大学出版社,2007

[33]吴赣昌.微积分(经管类)(下册)(第四版).北京:中国人民大学出版社,2011

[34]韩云瑞,扈志明,张广远.微积分教程(下册)(第四版).北京:清华大学出版社,2006

[35]张志军,熊得之.微积分及其应用.北京:科学出版社,2007

[36]同济大学数学系.高等数学(上册)(第 6 版).北京:高等教育出版社,2007

[37]上海交通大学数学系微积分课程组.大学数学 微积分(上册).北京:高等教育出版社,2008